Librairie de C. REINWALD et Cⁱᵉ, 15, rue des Saints-Pères

HISTOIRE

DE

LA CRÉATION

DES ÊTRES ORGANISÉS

D'APRÈS LES LOIS NATURELLES

Par le Professeur E. HÆCKEL

CONFÉRENCES SCIENTIFIQUES SUR LA DOCTRINE DE L'ÉVOLUTION EN GÉNÉRAL ET CELLE DE DARWIN, GŒTHE ET LAMARCK EN PARTICULIER

TRADUITES DE L'ALLEMAND PAR LE Dʳ LÉTOURNEAU

ET PRÉCÉDÉES D'UNE INTRODUCTION BIOGRAPHIQUE PAR LE PROFESSEUR CH. MARTINS

---

1 volume in-8 avec 15 planches, 19 gravures sur bois, 18 tableaux généalogiques et une carte chromolithographique

Prix : cartonné........ 15 fr.

Il y a deux manières d'envisager les rapports du monde et de son créateur, deux philosophies naturelles qui se partagent actuellement l'esprit des savants.

Pour certains, Dieu est un incomparable architecte, sans cesse occupé à construire de splendides édifices ou d'humbles cabanes qu'il modifie, retouche, agrandit, rétrécit, ornemente ou simplifie sans cesse. Il se trouve présent sous chaque phénomène : tantôt, couvrant la terre d'une luxuriante verdure et de formes animales d'une variété infinie, tantôt étendant d'un pôle à l'autre un morne manteau de glace, fauchant comme à plaisir ces êtres qu'il avait animés, les remplaçant ensuite par d'autres plus conformes aux idées nouvelles qui hantent son esprit. C'est lui qui étire les brins d'herbe pour en faire des arbres, lui qui de sa main puissante fait mouvoir les astres, ou, se bornant à un emploi plus modeste, enfonce les boulets des canons Krupp dans les coupoles de nos édifices.

D'autres philosophes se font une autre idée de l'Être suprême.

Ils pensent que son intervention personnelle incessante n'est pas nécessaire pour faire aller les choses. Ils croient à des lois immuables, suivant lesquelles les phénomènes s'accomplissent fatalement, forcément, sans que rien d'extérieur à ces lois viennent jamais entraver leur action. Le monde est : il se compose d'une quantité déterminée de matière, d'une quantité déterminée de mouvement. La matière et le mouvement, diversement combinés, inséparables d'ailleurs l'un de l'autre, se transforment sans cesse suivant les lois émanées de toute éternité de la sagesse du Créateur, et cela suffit pour expliquer tous les phénomènes connus, quelques variés et complexes qu'on les suppose.

Quant au Créateur lui-même, les philosophes de cette seconde école ne cherchent pas à pénétrer sa nature. On a prétendu que quelques-uns d'entre eux niaient son existence; c'est une insigne folie. Ce qui est vrai, c'est qu'ils le croient trop grand pour être jamais abordable par l'intelligence humaine, trop sage pour avoir besoin de retoucher sans cesse son ouvrage, trop puissant pour qu'il lui soit nécessaire de s'y prendre à deux fois pour mener à bien ses entreprises. Ces hommes ont, en général, peu de foi dans les miracles et dans le droit divin ; ils ont, en conséquence, de puissants ennemis. C'est dans la nature des choses; ils le savent et s'en consolent.

Il faut bien le reconnaître, tous les efforts de la science moderne tendent à leur donner raison. Les physiciens ont démontré que la lumière, la chaleur, l'électricité n'étaient que des modes spéciaux du mouvement dont sont sans cesse animés les particules matérielles infiniment ténues; les atomes qui constituent les corps. Cette simple notion leur a suffi pour reconstituer l'histoire du développement des mondes : ils ont deviné la nature des comètes, amas de pierres lancées dans l'espace avec une vitesse inouïe ; montré comment ces astres morcelés se transforment à la longue en soleils radieux, comment les soleils eux-mêmes se refroidissent lentement pour passer à l'état de planètes obscures comme la terre, comment celles-ci, enfin, par les progrès du refroidissement, peuvent arriver à se briser, comme est en train de le faire notre lune, pour repasser enfin à l'état fragmentaire particulier aux comètes ; ces fragments se séparent plus tard les uns des autres sous l'action d'influences diverses, et l'astre, s'émiettant sur sa route, lègue peu à peu chacun de ses morceaux à des astres plus jeunes qui s'accroissent de ces débris.

Ainsi, chaque année, tombent sur la terre des milliers de pierres météoriques, ayant jadis appartenu à des mondes disparus et dont le nombre prodigieux nous est révélé par les myriades d'étoiles filantes qui sillonnent notre ciel.

C'est avec une régularité mathématique que s'accomplissent tous les phénomènes physiques ; l'évolution des astres n'est que l'un de ces phénomènes, le plus grandiose de tous.

Les naturalistes, à leur tour, se sont demandé si les résultats acquis par les physiciens n'étaient pas applicables à la nature vivante ; si les phénomènes vitaux ne s'accomplissaient pas suivant des lois aussi fixes, aussi immuables que les phénomènes physiques; si la vie elle-même ne subissait pas une évolution parallèle à celle de l'astre sur lequel elle se manifeste.

De là est née la physiologie expérimentale, dont notre illustre Claude Bernard a été le principal promoteur; de là est né le Darwinisme, qui est aujourd'hui le champ de bataille de toutes les écoles philosophiques.

Le livre de Hæckel, dont M. Reinwald offre aujourd'hui une excellente traduction à notre grand public, n'est pas autre chose que l'application la plus hardie qui ait jamais été faite de la doctrine darwinienne aux sciences naturelles. C'est une série de vingt-quatre leçons populaires faites à Iéna par le professeur Hæckel, dans le but de populariser les idées qui ont actuellement cours en Angleterre et en Allemagne sur l'origine des êtres vivants, les transformations qu'ils ont subies dans le cours des âges et celles qu'ils sont destinés à subir encore.

Hæckel, comme Darwin, admet que la vie apparut jadis spontanément sur la terre. Sous l'influence de conditions, aujourd'hui disparues peut-être, se forma au sein des mers une sorte de gelée vivante, semblable à celle qui constitue encore ces êtres si rudimentaires découverts par Hæckel lui-même et qu'il nomme des *Monères*.

C'est de cette gelée, fragmentée peut-être en grumeaux microscopiques, que sont sortis, par une lente évolution, par une série d'innombrables transformations, de perfectionnements successifs et graduels, tous les êtres qui vivent actuellement sur notre globe, tous ceux qui ont vécu et qui furent les ancêtres de nos animaux et de nos végétaux actuels.

L'homme lui-même n'est que le dernier terme de l'évolution de cette gelée. Lui qui se révolte à l'idée que ses ancêtres ont pu jadis ressembler au singe, il aurait, suivant Hæckel, traversé tous les degrés les plus inférieurs de l'échelle animale : infusoire microscopique au début, plus tard simple ver, rampant péniblement dans la vase des océans sans bornes des premiers âges, il se serait élevé lentement, à travers tous les degrés de la hiérarchie animale, s'arrêtant des siècles entiers à chaque grade conquis, pour atteindre enfin cette dignité humaine dont il est si fier, qu'il n'a pas hésité à se proclamer le roi de la création.

Ce n'est donc pas seulement avec les singes actuels que l'homme aurait des ancêtres communs. Tous les végétaux, tous les animaux peuvent, dans l'opinion des Allemands, revendiquer la même origine, tous sont membres d'une même famille ; mais les divers rejetons des monères primitives n'ont pas eu tous la même fortune : les uns ne sont pas sortis de la condition paternelle, les autres se sont échelonnés sur tous les degrés possibles de la hiérarchie vitale.

Quelque différents qu'ils puissent être aujourd'hui, tous ces rejetons n'en sont pas moins frères dans le sens le plus général de ce mot : on peut considérer la création actuelle comme représentant les branches terminales d'un arbre généalogique immense, dont la souche unique est la gelée vivante qui s'organisa au sein des eaux, alors que la terre encore brûlante commençait à peine à leur permettre de se condenser à sa surface.

C'est cet arbre généalogique que Hæckel a tenté de reconstruire : gigantesque entreprise, dans laquelle il a déployé une hardiesse ressemblant trop souvent peut-être à de la témérité. « Mais, dit-il quelquefois, que d'autres fassent mieux, et je serai le premier à les applaudir. » Il faut lire ce livre, d'une puissante originalité, pour se faire une idée de ce que peut aujourd'hui oser la science. Sa lecture est facile, grâce aux figures nombreuses, aux magnifiques planches coloriées qui illustrent le texte.

Nous ne pouvons ni ne voulons prolonger davantage cette analyse : retracer ici la généalogie de l'homme, faire ressortir les affinités qui le lient aux divers groupes d'animaux actuellement existants serait pour cette fois trop long ; nous y reviendrons peut-être ; d'autant mieux que seulement alors nous pourrons faire ressortir ce qu'il y a de fondé et ce qu'il y a d'hypothétique dans les doctrines grandioses et séduisantes où se complaît aujourd'hui l'imagination des savants. Malheureusement, ces doctrines sont un peu comme les hautes cimes, elles agrandissent les horizons, mais engendrent aussi le vertige.

(Le National.)

L'Histoire de la Création de Hœckel sera lue certainement avec le plus grand attrait par tous ceux qui aiment à se tenir au courant du mouvement scientifique, et qui ne manqueront pas d'y voir l'une des productions caractéristiques de la période d'évolution que subit en ce moment la zoologie.

Rien n'a été négligé dans la publication de la *Création* de Hœckel. Des planches faites avec grand soin, tirées souvent en couleur, éclairent le texte par des illustrations qui présentent nettement aux yeux, la pensée de l'auteur.

Le Darwinisme a incontestablement déterminé un mouvement considérable dans les études zoologiques et paléontologiques ; des progrès certains ont été la conséquence de ce mouvement. Aussi les publications de M. Reinwald ont cela surtout de très-utile qu'elles rappellent, en France et dans les pays où les publications françaises sont recherchées, l'attention vers des vues nouvelles, qui, dans bien des cas, ont largement contribué au progrès.

(Archives de zoologie expérimentale.)

PARIS. — IMP. SIMON RAÇON ET COMP., RUE D'ERFURTH, 1.

LETTRES

PHYSIOLOGIQUES

PARIS. — IMP. SIMON RAÇON ET COMP., RUE D'ERFURTH, 1.

LETTRES

PHYSIOLOGIQUES

PAR

Le Professeur CARL VOGT

———

PREMIÈRE ÉDITION FRANÇAISE DE L'AUTEUR

———

PARIS

C. REINWALD ET Cᴵᵉ, ÉDITEURS

15, RUE DES SAINTS-PÈRES, 15

—

1875

TABLE DES MATIÈRES

FIN DE LA TABLE DES MATIÈRES.

PRÉFACE

———

La science, de nos jours, offre un spectacle saisissant aux yeux de ceux qui veulent bien les ouvrir. On dirait une ruche immense dans laquelle tous les habitants sont diversement occupés. Telle abeille ouvrière apporte du miel, telle autre le pollen des fleurs où elle vient de butiner ; celle-ci s'occupe à façonner les cellules, celle-là nourrit les petites larves, destinées à continuer un jour l'œuvre de leurs devancières. Il en est qui témoignent leur dévouement et leur soumission à une souveraine, jalouse de son omnipotence ; il y en est même qui ne font absolument rien que bourdonner et n'en jouissent pas moins d'un grand crédit à la cour. Il est vrai que les ouvrières, plus sages en ceci que mainte créature plus parfaite, ne se gênent en aucune façon pour mettre à mort ces membres inutiles de la société dès que leur temps est venu. Mais le travail continue toujours, et en voyant de près toutes ces cellules à moitié remplies, ces gâteaux à peine commencés, ces débris de cocons déchirés,

a

ces ébauches de tout genre, on se dira peut-être : A quoi bon tout ce désordre? Peut-il en sortir quelque chose?

Il en est de même dans les sciences exactes : on se perd dans cette infinité de détails, dans cette profusion de matériaux et de faits accumulés de toutes parts. Chaque jour apporte un nouveau contingent d'observations en apparence incohérentes, d'expériences isolées, d'erreurs à corriger; mais, en groupant ces faits, on s'aperçoit que certaines lignes principales se dessinent au milieu de ce chaos; on y remarque des directions jalonnées d'avance, et on se persuade que les travaux plus féconds sont ceux qui ont été entrepris et continués suivant un plan méthodique et en vue d'un but déterminé, quoique souvent éloigné. Un homme que j'aime à citer, parce qu'il a guidé mes premiers pas dans la science, Justus Liebig, dit avec raison : « Les résul-« tats de tout travail scientifique portant le sceau de l'excel-« lence peuvent s'exprimer en quelques mots. Ces quel-« ques mots restent des faits impérissables. Mais pour les « trouver, il a fallu peut-être des expériences sans nombre, « des travaux sans fin. Ces travaux mêmes, ces expériences « compliquées, ces appareils montés à grand'peine tombent « dans l'oubli, dès que la solution des questions posées est « trouvée; ce sont les puits, les galeries qu'il a fallu creu-« ser, les échelles qu'il a fallu ajouter bout à bout pour « arriver au riche filon qu'il s'agissait d'exploiter; ce sont « les canaux et les pompes, qui dégagent les eaux et les gaz « délétères, dont la présence rendait la mine inaccessible. « Tout travail, même le plus insignifiant en apparence,

« doit avoir ce caractère, savoir, que d'un certain nom-
« bre d'observations doit se dégager une conclusion nette
« et précise. »

Pouvons-nous dire que la physiologie soit arrivée à ce
point? Est-elle assez avancée pour que nous puissions connaître les lois de la vie? Graves questions sans doute, mais
qui seront résolues par l'affirmative ou par la négative
suivant les convictions personnelles de celui qui est appelé
à les juger.

La tâche de la physiologie est peut-être la plus compliquée de celles de toutes les autres sciences. La vie de l'organisme, et surtout de l'organisme le plus élevé, n'est possible
que par le concours des forces les plus diverses. Pour les
analyser, il faut s'adresser à une foule de sciences auxi-
liaires, mettre à contribution toutes les données de la mécanique, de la physique, de la chimie et pousser les recherches sur la structure du corps et de ses organes aussi loin
que le permettent nos appareils les plus pénétrants. Il est
vrai qu'une certaine école, qui subsiste encore çà et là
dans quelques recoins perdus du monde scientifique, avait
rendu la tâche bien plus facile, quant aux recherches sur
les phénomènes que présente la vie. La force vitale, agent
mystérieux, entièrement inconnu et inconnaissable, tirait
d'embarras l'observateur qui se trouvait arrêté devant
un fait inexpliqué ou un problème en apparence insoluble.
La force vitale digérait, nourrissait, absorbait, sécrétait, re-
cevait la sensation, provoquait la pensée et la volonté. Pourquoi se rompre la tête et suivre à la piste tous ces phéno-

mènes? Quelques phrases bien tournées, quelques aperçus nuageux, quelques pensées soi-disant profondes, mais en réalité incompréhensibles, rendaient inutiles ces longues investigations, ces analyses chimiques hérissées de difficultés, ces vivisections pénibles, même pour celui qui les exécute! Cette vaine hypothèse arrêtait ainsi tout progrès dans la connaissance des fonctions normales du corps, comme dans l'explication de ces fonctions anormales, désignées sous le nom de maladies. La force vitale agissait à sa guise dans le corps sain, se défendait à sa manière contre l'invasion de la maladie dans le corps affaibli, et finalement succombait ou triomphait suivant le destin ou la volonté de la Providence.

Heureusement on a quitté cette voie funeste; on a reconnu que l'on ne peut étudier et connaître les phénomènes vitaux qu'en les comparant continuellement avec les phénomènes du monde inorganique, que les mêmes forces agissent sur la matière dans les deux règnes de la nature, et doivent être analysées de la même manière, et qu'enfin, on ne peut arriver à des résultats positifs, qu'en soumettant tous ces phénomènes, dits vitaux, à la mensuration et au calcul. Plus la machine de l'organisme est compliquée, plus il faut multiplier les observations et les expériences, en s'entourant de toutes les précautions imaginables, afin d'éviter les erreurs et d'exclure des agents étrangers qui pourraient, par leur intervention, compromettre le succès de l'expérience. La physiologie n'a fait des progrès réels et incontestables qu'à partir du moment où elle a suivi cette méthode rigoureuse d'investigation. Si encore aujourd'hui quelques parties sont restées assez obscures, c'est, en réalité, parce que nous n'avons pas encore trouvé les voies et moyens qui nous permettraient d'étudier ces fonctions en suivant les mêmes méthodes. Quelques essais faits dans ces derniers temps donnent l'espoir que nous arriverons peut-être un jour à analyser les fonctions du cerveau comme nous analysons les fonctions du poumon ou de l'estomac; il nous sera permis, peut-être, de comprendre à l'avenir la pensée, la sensation et la volonté aussi bien que nous comprenons aujourd'hui, non-seulement la circulation et la respiration, mais aussi la vue et l'audition, auxquelles on applique non pas une philosophie psychologique et spéculative comme jadis, mais les lois de l'optique et de l'acoustique. En attendant, nous pouvons bien l'avouer, nos connaissances en physiologie, et nécessairement aussi en physiologie appliquée, c'est-à-dire en médecine, présentent toujours des lacunes dans toutes les questions où les méthodes exactes des sciences physiques n'ont pas encore trouvé leur application.

Convient-il de négliger, vis-à-vis des résultats immenses, dus à l'application des sciences physiques, l'étude de la structure des organes et des organismes, de leurs rapports de forme et de leur combinaison en vue de l'exercice d'une fonction déterminée? Je suis d'autant moins porté à vouloir reléguer ces études au second plan, qu'elles se trouvent en connexion intime avec les recherches physiques et chimiques, et que les unes complètent les autres. Pour ne citer qu'un exemple, nous ne serions jamais parvenus à

nous faire une idée claire et nette de la vision si les recherches microscopiques les plus délicates et les plus minu-
tieuses ne nous avaient fait connaître la structure de l'œil,
et surtout de la rétine, jusque dans ses moindres détails.
Je le disais déjà il y a trente ans : si, pour l'œil du véritable
chirurgien, le corps humain doit être transparent comme
du verre, de manière qu'il sache quelle partie, quel vaisseau, quel nerf il rencontrera en plongeant son bistouri
dans telle ou telle partie du corps, ce même corps doit être
pour l'œil spirituel du physiologiste parfaitement translucide jusque dans ses éléments microscopiques les plus déliés ; cet œil doit pouvoir suivre chaque corpuscule sanguin
jusque dans les derniers contours des capillaires et chaque
filament nerveux depuis son origine dans le cerveau jusqu'à
sa terminaison dans les organes périphériques.

Les sciences morphologiques, qui étudient avant tout la
structure et la forme des organismes, ont reçu dans ces derniers temps une impulsion puissante par les travaux de
Charles Darwin. Je n'hésite pas à comparer cette impulsion
à celle imprimée aux sciences physiques et chimiques, par
la découverte de l'identité des forces et de leur transformation. C'est surtout dans la troisième partie de mon ouvrage
que les vues qui découlent des principes Darwiniens trouve-
ront leur application. J'ai, en effet, cru devoir traiter le
développement embryogénique du corps humain avec détail, tout en sachant fort bien que, généralement, cette
étude est très-négligée dans les manuels de physiologie et
même entièrement mise de côté dans les livres qu'on des-

tine au grand public. Je n'ai jamais pu comprendre, en effet, pourquoi on agit ainsi ; il m'a toujours semblé que l'homme présentait de l'intérêt, non-seulement dans son état accompli, mais aussi dans le développement progressif de son corps : je suis même convaincu, qu'on ne peut comprendre clairement la structure et la fonction d'un organe ou d'un organisme, que lorsqu'on sait de quelle manière il est arrivé à devenir ce qu'il est en définitive.

Un mot encore sur l'histoire de ce livre, car tout petit qu'il est, il en a déjà une, assez courte il est vrai. Il y a plus de trente ans, me trouvant à Neuchâtel, en collaboration avec Agassiz, je reçus, de la part d'un grand journal d'Allemagne, la demande d'écrire pour son feuilleton scientifique et littéraire une série de lettres sur la physiologie. De là le titre de l'ouvrage, que je n'ai pas pu changer, de nombreuses éditions et traductions ayant paru depuis ce temps, en Allemagne, en Russie et en Italie. Pour cette première édition française, faite d'après la quatrième allemande, j'ai eu la bonne chance de pouvoir profiter du concours de mon fils Émile et de son ami, M. Louis Thiébaut, de Rouen.

Le fait que je viens de préciser, quant à l'origine du livre, indique en même temps le but que je m'étais proposé. Il ne s'agissait pas d'écrire un manuel complet, il fallait seulement indiquer à grands traits les faits et les conclusions immédiates qui en découlent, de manière à être compris par le grand public. Je n'avais pas à préparer mes lecteurs par des introductions donnant des définitions et des abstractions; il fallait, suivant mon idée, les placer immédiatement en face des faits et des observations, et leur réndre compréhensibles les questions qu'on doit se poser, ainsi que les méthodes suivies pour obtenir des réponses satisfaisantes. Je ne pouvais supposer parmi ceux auxquels je m'adressais, les connaissances indispensables en anatomie humaine, que l'étudiant en médecine doit acquérir avant d'aborder l'étude de la physiologie. Il fallait donc faire une large part à ces expositions anatomiques et microscopiques, nécessaires pour l'intelligence des principales fonctions. Il ne s'agissait pas non plus d'embarrasser l'exposition des faits et des raisonnements basés sur ces faits par des citations, des noms propres et par tout ce bagage d'érudition, nécessaire dans des livres de science pure, mais fastidieux dans des écrits qui s'adressent à un autre public qu'aux initiés du sanctuaire scientifique. Il importe au fond fort peu de savoir si c'est monsieur un tel qui a trouvé tel fait, ou si c'est tel autre qui a fait telle expérience. Ce qui est important, c'est de savoir si une observation est bien faite, et si les résultats obtenus sont de bon aloi. Personne n'ignore, du reste, que des poules aveugles réussissent quelquefois à trouver une perle. On peut se réjouir de l'éclat et de la belle eau de cette perle, sans éprouver le besoin de connaître la poule qui l'a trouvée en grattant la terre. La connaissance de la vérité suffit, quelle que soit son origine.   C.

CARL VOGT.

Genève, 15 janvier 1875.

PREMIÈRE PARTIE

LA VIE VÉGÉTATIVE

LETTRES PHYSIOLOGIQUES

LETTRE PREMIÈRE

LA CIRCULATION

Le sang est le soutien de la vie. En dehors du sang il ne peut y avoir ni formations nouvelles, ni transformation de l'état de choses existant, ni métamorphose rétrograde et régulière des matières devenues inutiles. Principe fécond de la vie, le sang circule sans cesse, d'une manière constante, et pénètre jusqu'aux infimes extrémités du corps. Les voies qu'il parcourt suivant des lois déterminées lui sont partout largement ouvertes. Il rencontre dans toutes les directions des canaux par lesquels il va communiquer sa force vivifiante aux organes environnants, et échanger ses éléments avec les leurs.

La notion de la circulation et son existence évidente sont tombées à la longue dans le domaine du bon sens populaire, qui les regarde comme des axiomes. C'est là une de ces rares vérités qui ont franchi les murs du sanctuaire de la science ; on en admet l'existence sans s'enquérir des preuves ni des conséquences. La circulation soulève cependant, au point de vue scientifique, une

foule de questions importantes. Comment se comportent les vaisseaux et les canaux dans lesquels circule le sang? Quel est le
secret de cette circulation continue? Par quelle force est-elle
régie? Quels sont les éléments con-
stituants du sang et la composition
chimique qui lui est propre, et
comment, en somme, peut-on expliquer le rôle que le système circulatoire joue dans l'organisme?

Nous savons par expérience que
le cœur est le centre de la circulation du sang. Il donne naissance
à tout un système de canaux qui se
ramifient dans toutes les parties du
corps, en branches d'abord, puis en
rameaux de plus en plus petits, jusqu'à ce qu'enfin ces vaisseaux deviennent imperceptibles à l'œil nu.
Nous pouvons déjà distinguer à première vue, dans ces canaux cylindriques ou vaisseaux, deux catégories très-distinctes. Les uns sont
consistants, élastiques, et même
quand ils sont vides ou tranchés
ils restent béants et cylindriques
comme un tuyau de caoutchouc;
c'est par leur moyen que le cœur
chasse le sang vers la périphérie du
corps. On nomme *artères* ces canaux, dans lesquels le courant sanguin a une direction centrifuge. Les

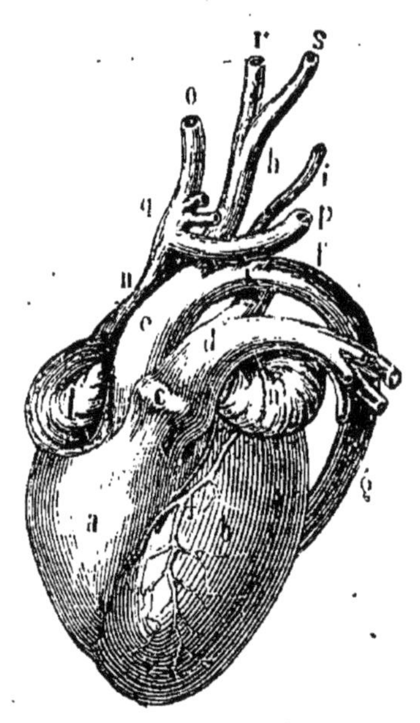

Fig. 1. — Le cœur avec les grands
troncs vasculaires sanguins vu de
face; *a*, ventricule droit; *b*, ventricule gauche; *c* et *d*, artère pulmonaire; *e*, aorte ou grande artère
du corps; *f*, crosse de l'aorte;
g, aorte descendante; *h*, tronc
commun de l'artère sous-clavière
droite (*r*) et de l'artère carotide
droite (*s*); *i*, artère carotide gauche; *k*, commencement de l'artère
sous-clavière gauche dont on a
négligé de compléter le dessin;
l, oreillette droite; *m*, oreillette
gauche; *n*, veine cave supérieure;
q, *o*, veine sous-clavière commune
droite; *p*, veine sous-clavière commune gauche; *u*, pointe du cœur.

autres vaisseaux ont des parois plus minces qui s'affaissent sur
elles-mêmes lorsqu'on les coupe ou qu'on les vide; le sang y
revient de la périphérie au cœur. Nous nommons *veines* ces vaisseaux à circulation centripète.

Le cœur lui-même est un muscle creux, une poche de forme
conique, à parois épaisses, formées de fibres musculaires disposées en spirale, qui compriment la poche en se contractant
et peuvent ainsi chasser le liquide
qu'elle contient. Une cloison intérieure partage cette poche en deux
moitiés dans le sens de sa longueur, une moitié à gauche, l'autre
à droite ; chacune d'elles est sub-
divisée à son tour, au moyen d'une
paroi transversale, en deux loges,
qui communiquent par une ouverture. La paroi longitudinale n'offre
aucune ouverture qui puisse servir
de communication. *Il n'y a aucune
liaison quelconque entre la partie
droite et la partie gauche du cœur ;*
le sang de l'une ne peut jamais se
mêler à celui de l'autre. Le cœur
est ainsi divisé en quatre loges ; chacune d'elles communique avec des
vaisseaux sanguins, les unes avec
les veines qui leur amènent le sang,
les autres avec les artères qui l'emmènent. Les premières sont les
oreillettes ou *proventricules ;* elles
ont, comme les veines des parois
musculaires moins développées ;
leur capacité est plus grande que
celles des *ventricules*, qui se distinguent par des couches musculaires

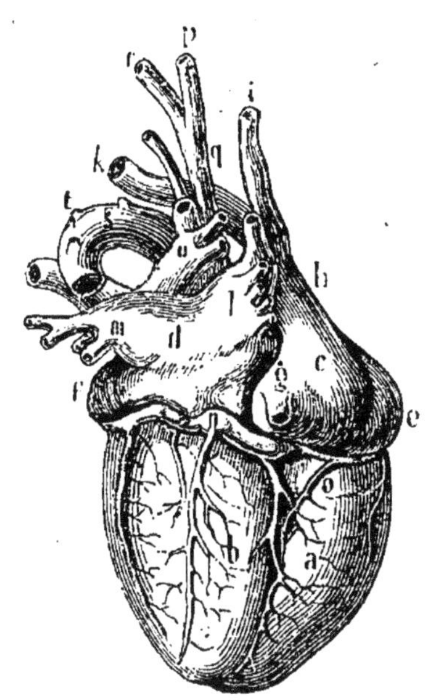

Fig. 2. — Le cœur avec les tronc
vasculaires sanguins vus de derrière ; *a*, ventricule droit ; *b*, ventricule gauche ; *c*, oreillette droite ;
d, oreillette gauche ; *e*, auricule
droit ; *f*, auricule gauche ; *g*, veine-
cave inférieure ; *h*, supérieure ;
i, veine sous-clavière commune
droite ; *k*, veine sous-clavière
commune gauche ; *l*, veine pulmonaire droite ; *m*, veine pulmonaire gauche ; *n*, veine coronaire
du cœur ; *o*, artère coronaire du
cœur ; *q*, tronc commun de l'artère
sous-clavière droite (*p*) et de l'artère carotide droite (*r*) ; *s*, crosse
de l'aorte ; *t*, naissance de l'artère sous-clavière gauche ; *u*, artère pulmonaire.

très-fortes. Chaque moitié du cœur a donc son ventricule et son
oreillette qui communiquent entre eux par les orifices auriculo-
ventriculaires percés dans la paroi transversale. On peut conclure de la structure même des vaisseaux qui arrivent au cœur

que le sang va des veines aux oreillettes et de là aux ventricules pour être finalement lancé dans les artères. La minceur
relative des parois musculaires des oreillettes s'explique-même
par cette circonstance ; elles n'ont d'autre rôle que de chasser,

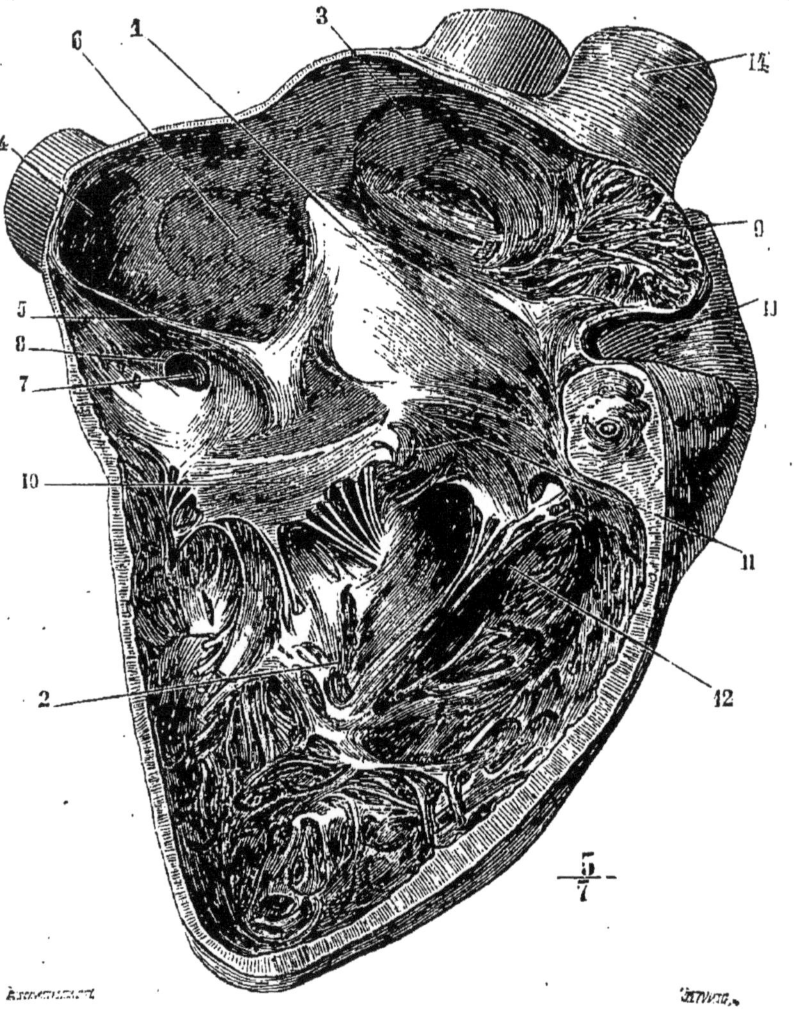

Fig. 3. — Surface interne de la moitié droite du cœur dont la paroi extérieure a été
enlevée au moyen d'une section verticale allant de la base à la pointe, ce qui permet
de voir la cavité de l'oreillette et celle du ventricule. — 1, oreillette droite ouverte
(le trait aboutit à la paroi presque tendineuse qui sépare l'oreillette droite de l'oreillette gauche); 2, paroi séparant le ventricule droit du ventricule gauche (on voit
les nombreux cordons tendineux et les saillies musculaires qui naissent de la cloison); 3, ouverture de la veine cave supérieure; 4, ouverture de la veine cave
inférieure; 5, prolongement membraneux attaché à cette ouverture et servant de

par leur contraction, dans les ventricules le sang qui revient de
la périphérie. Cette fonction est facilitée par le peu de chemin
à parcourir et par la largeur des orifices auriculo-ventriculaires.
Les ventricules au contraire ont besoin d'une force beaucoup plus
grande pour chasser le sang à travers les étroits canaux artériels
jusqu'aux régions les plus éloignées de la double route qu'ils
doivent lui faire parcourir, que les artères procèdent du ventricule gauche ou du droit. La direction du courant dans le cœur est
réglée par un système parfait de valvules membraneuses. C'est
dans les ventricules que ce système de clapets est développé de la
manière la plus remarquable. Chaque loge du cœur a naturellement deux ouvertures : la première communiquant avec les vaisseaux, la seconde avec l'autre loge située du même côté de la
cloison longitudinale. Sans les valvules, le sang serait indistinctement chassé par ces deux ouvertures au moment de la contraction. Les valvules sont disposées de telle façon, que suivant la
direction du courant sanguin, elles s'ouvrent ou se ferment d'elles-
mêmes, comme les écluses d'un réservoir à double courant. A
chaque orifice auriculo-ventriculaire se trouve une valvule comparable à une voile et placée de telle façon que l'ouverture devient béante au moment de l'entrée du sang dans le ventricule,
tandis qu'elle se ferme lorsque ce dernier, en se contractant,
chasse le sang contre elle.

La valvule en forme de voile qui se trouve dans la partie
droite du cœur s'appelle la *valvule tricuspide;* celle du cœur
gauche se nomme *valvule bicuspide* ou *mitrale.* Toutes deux sont
formées de fines membranes tissées de fibres tendineuses et munies du côté du ventricule de petits tendons fins et souvent en-
trelacés. Ces tendons, partant des parois mêmes du ventricule,

valvule; 6, trou ovale ouvert jusqu'à la naissance et servant à faire communiquer
la moitié droite avec la moitié gauche du cœur; ce trou se ferme plus tard; 7, ouverture de la veine coronaire du cœur; 8, valvule membraneuse de cette veine;
9, auricule droit; 10 et 11, valvule tricuspide avec ses cordons tendineux et dans la
position qu'elle occupe pendant le diastole du ventricule au moment où le sang y
entre; 12, cavité passant derrière la valvule pour aboutir à l'ouverture des artères
pulmonaires (13); 14, tronc de l'aorte sortant du ventricule gauche. (D'après Beaunis et Bouchard, *Nouveaux éléments d'anatomie descriptive,* 2ᵉ édit., Paris, 1873.)

sont en connexion avec des saillies musculeuses qui avancent dans le ventricule. Ces saillies se contractent, en même temps que les ventricules déploient au moyen de leurs tendons, comme au moyen de cordages, les voiles membraneuses, et déterminent ainsi une plus rapide fermeture de l'orifice. Alors les parois libres des valvules, en se déployant, s'appuient les unes contre les autres ; de cette façon elles ferment hermétiquement cette ouverture à la moindre pression du ventricule ; elles s'ouvrent au contraire au moment où cette pression cède, pour laisser entrer le courant sanguin venant de l'oreillette. Les valvules qui se trouvent à la naissance des deux artères principales (pulmonaire et aorte) sont encore plus simples. Ce sont les *valvules sigmoïdes*, formées de trois soupapes en forme de poches. Elles se composent d'une membrane tendineuse assez mince dont l'un des bords est libre et en ligne droite, tandis que l'autre s'attache à l'artère suivant une courbe. La convexité de cette courbe est tournée du côté du cœur, et le bord libre vers la périphérie. Les soupapes s'appuient contre la paroi des artères comme les poches d'une voiture contre les portières. Le courant sanguin, projeté hors du ventricule, se dirige du bord attaché à la paroi vers le bord libre de la soupape ; il applique ainsi cette paroi libre contre celle de l'artère et passe sans encombre. Lors de la dilatation du ventricule, le sang, attiré par le vide, reflue en arrière ; il s'engage dans le bord libre du clapet qu'il abaisse et qui vient fermer l'ouverture, puisque les bords des trois valvules coïncident exactement.

Des expériences ont prouvé qu'il suffit d'une pression très-faible pour fermer les soupapes, et cela si bien qu'elles ne laissent pas passer la moindre goutte de liquide. Il est facile de s'en assurer en examinant le cœur d'un animal fraîchement tué, d'un veau par exemple. Si l'on verse de l'eau dans une des grandes artères, l'impulsion, quelque faible qu'elle soit, suffit cependant pour fermer les valvules sigmoïdes, de telle façon qu'il n'entre pas une seule goutte d'eau dans le ventricule. Si, au moyen d'un tube introduit dans les artères, on verse de l'eau dans

le ventricule, on peut, en ouvrant les oreillettes, observer le jeu
des valvules en forme de voile. Bien des maladies de cœur in-
curables proviennent d'une désorganisation primitive ou mala-

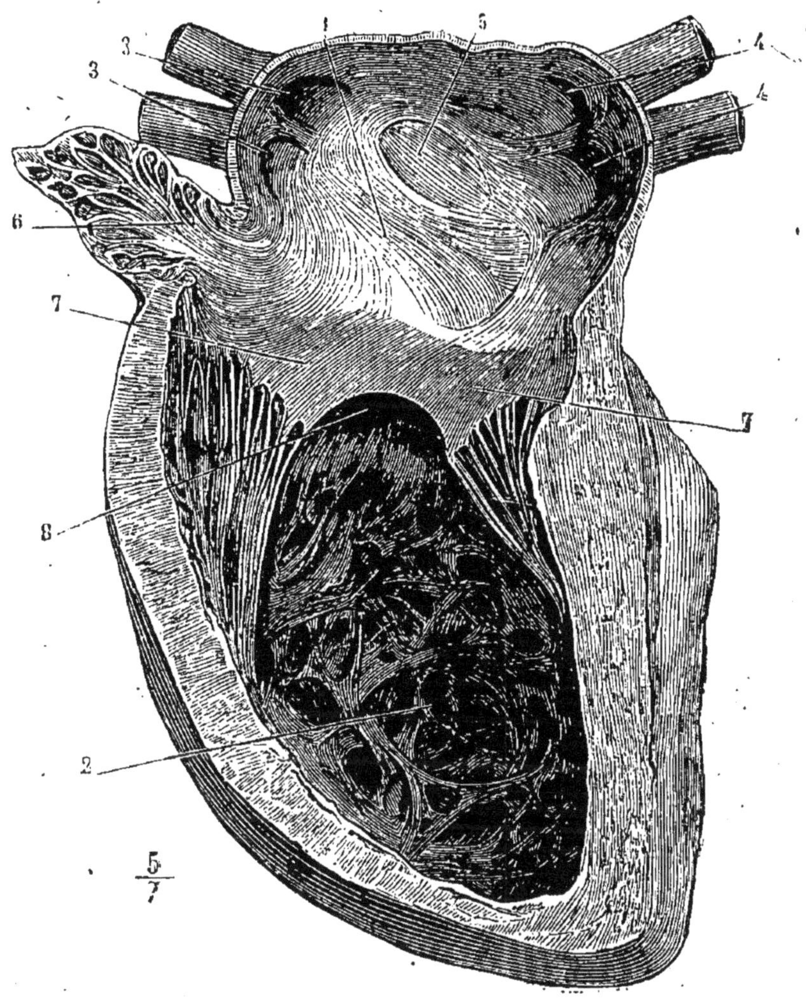

Fig. 4. — Surface interne de la moitié gauche du cœur, mise à nu par une coupe
verticale au moyen de laquelle on a enlevé la paroi extérieure. — 1, cloison tendineuse séparant l'oreillette gauche de l'oreillette droite; 2, cloison entre le ventricule gauche et le ventricule droit avec des faisceaux musculaires en grande
quantité; 3 et 4, orifices des veines pulmonaires; 5, fosse ovale fermée (*foramen
ovale*); 6, auricule gauche; 7, valvule mitrale dans la position qu'elle occupe au
moment de l'entrée du sang dans le ventricule; 8, cavité allant par-dessous la
valvule jusqu'à l'orifice de l'aorte. (D'après Beaunis et Bouchard, *Nouveaux éléments d'anatomie descriptive*, 2e édit., Paris, 1873.)

dive des valvules du cœur ; l'insuffisance des valvules empêche leur jeu, rend imparfaite leur fermeture et produit ainsi des perturbations dans la circulation. Si les valvules en voile sont modifiées, une partie du sang du ventricule, au lieu de sortir par les artères, revient dans l'oreillette ; si le jeu des soupapes sigmoïdes est incomplet, le sang poussé dans les artères rentre en partie dans le ventricule.

Autant sont complets ces systèmes de valvules, placées aux orifices des deux ventricules (aussi bien les sigmoïdes que celles en forme de voile), autant le sont peu les dispositions qu'on remarque à l'entrée des veines dans les oreillettes. Il y a bien des muscles circulaires contractiles, il y a même aussi des protubérances et des replis membraneux qui peuvent resserrer plus ou moins ces orifices ; mais ce mécanisme n'est pas aussi développé que dans les artères ; il n'y a pas possibilité d'arrêter complétement le retour du sang, comme dans les ventricules, au moment de la contraction. Cependant les systèmes valvulaires à l'entrée des ouvertures de chacun des deux ventricules suffisent pour faire du cœur une sorte de presse hydrostatique aspirante et surtout foulante, munie de soupapes et capable d'imprimer au sang la direction voulue. Les forces sont calculées avec tant de précision, leur action combinée offre tant d'harmonie, qu'il suffit de la moindre défectuosité des soupapes pour amener des dérangements dans l'écoulement. Dans ce cas, en effet, la fermeture ne saurait plus être complète ; au contraire, quand les valvules sont dans leur état normal, le cœur a toujours encore assez de force, même dans ses plus faibles contractions au moment de la mort, pour entretenir le jeu des valvules et diriger le courant sanguin. Car il faut bien se dire que le cœur sans valvules ne serait qu'une machine motrice servant à chasser le sang par toutes ses ouvertures sans pouvoir lui donner une direction uniforme et déterminée. Les valvules seules, disposées suivant des lois toutes mécaniques, dirigent le sang ; elles permettent ainsi la circulation, c'est-à-dire la vie.

L'expérience a prouvé que les cavités de même nom se contractent ensemble ; ainsi les deux oreillettes se contractent au moment de la dilatation des ventricules, et inversement. Pendant la *systole* ou contraction des ventricules, l'extrémité conique du cœur se relève, tourne un peu autour de son axe et vient frapper la paroi pectorale entre la cinquième et la sixième côte, un peu à gauche de la ligne médiane. Pendant la dilatation ou *diastole* des ventricules et la systole des oreillettes, le cœur retombe dans sa position première. Le cœur a cette faculté de changer continuellement de position, parce qu'il n'est retenu en place que par les vaisseaux sanguins qui en partent ; il est suspendu librement dans le péricarde, sorte de grand sac à parois lisses, qui l'entoure largement de toutes parts.

Chacun des battements sensibles du cœur se compose de trois temps : 1° la diastole ou dilatation des ventricules, pendant laquelle les oreillettes se contractent ; 2° la contraction ou systole des ventricules pendant laquelle les oreillettés se dilatent ; 5° un temps de repos, pendant lequel le cœur tout entier s'affaisse. Dans la systole des ventricules, les valvules des artères s'ouvrent et celles des orifices auriculo-ventriculaires se ferment ; il en résulte que le sang chassé dans les artères ne peut rentrer dans les oreillettes. A ce moment les oreillettes se dilatent et le sang venant du dehors y fait irruption. Notre figure schématique (*fig.* 5) représente ce moment de l'activité du cœur. Dans la systole des oreillettes, les ouvertures des veines se ferment autant que possible pour empêcher le retour du sang dans cette direction ; les orifices auriculo-ventriculaires s'ouvrent largement et laissent pénétrer le sang dans les ventricules, les valvules artérielles se ferment pour résister au retour du sang dans les ventricules qui se dilatent dans le même temps.

De la contraction des ventricules et des oreillettes naissent des bruits particuliers qu'on peut entendre en appliquant l'oreille à la région cardiaque d'un homme ou d'un animal. Cependant on se sert ordinairement, pour cette auscultation (ainsi s'appelle cet examen au moyen de l'oreille), d'un instrument offrant une structure particulière, le stéthoscope. On entend d'abord un bruit sourd et prolongé comme celui des eaux d'un fleuve ; c'est le moment de la systole des ventricules. Un autre bruit sec,

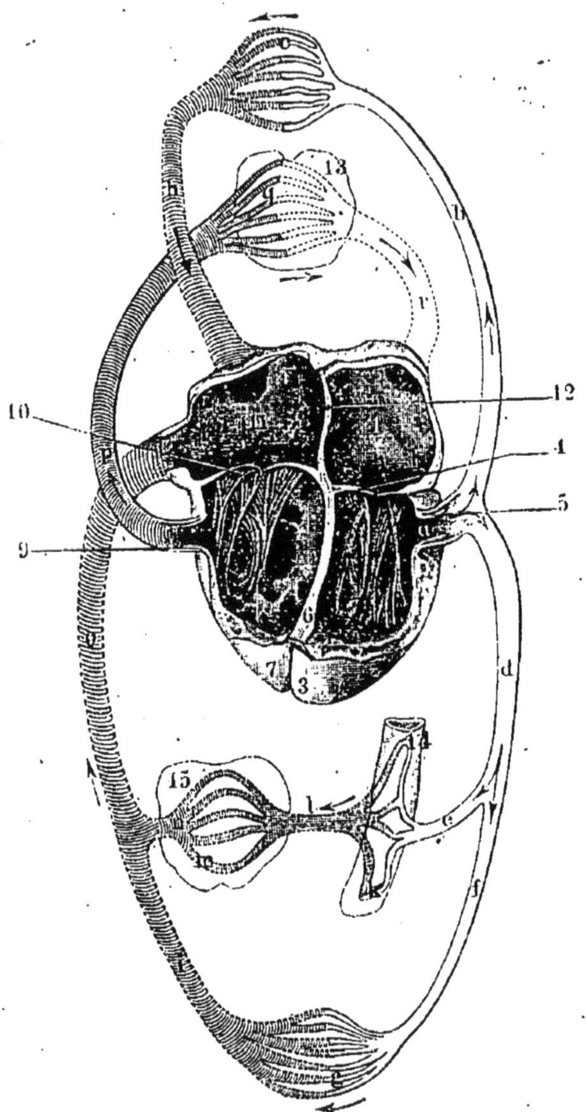

Fig. 5. — Représentation schématique de la circulation sanguine. Le cœur est ouvert dans le sens longitudinal par une coupe transversale à la cloison dans le but de laisser voir les cavités internes et les valvules, et ces dernières sont représentées dans la position qu'elles occupent au commencement de la contraction ou systole des ventricules. Les valvules en forme de voiles placées entre les ventricules et les oreillettes sont par conséquent fermées. Les valvules semi-lunaires des grandes ar-

sonore et clapotant succède immédiatement; c'est la systole des oreillettes qui commence. Lors du premier bruit, le cœur va frapper la paroi thoracique, et, dans l'état normal, il est impossible de distinguer un intervalle entre ce choc et le premier bruit. La possibilité d'entendre ces bruits et leurs variations si diverses dans les maladies organiques du cœur, une fois reconnue, une époque nouvelle a commencé dans l'histoire de la médecine. On s'est ingénié à expliquer le lien de ces bruits avec les battements du cœur, ainsi que leur cause physique; et il n'est aucune partie du cœur à laquelle on n'ait cherché à donner une part active dans leur production. On a voulu mettre en avant la contraction des fibres musculaires du cœur, la projection du sang dans les cavités du cœur qui lui sont ouvertes, le frôlement du courant sanguin contre les parois du cœur. Mais toutes ces hypothèses sont demeurées en grande partie sans résultats. On semble maintenant être d'accord sur ce point, que les bruits du cœur ont leur origine dans les mouvements des valvules, et qu'ils naissent de leurs oscillations. Leur variation

tères, au contraire, sont ouvertes. Les systèmes capillaires sont indiqués par de simples ramifications. Tous les vaisseaux allant au cœur (les veines) sont représentés au moyen de lignes pointillées, tandis que tous les vaisseaux centrifuges (les artères), sont indiqués par des lignes continues. De petites flèches indiquent la direction du courant sanguin. Les vaisseaux qui renferment du sang noir et sont en relation avec la moitié droite du cœur (les veines du cœur et les artères pulmonaires) présentent des hachures transversales, les vaisseaux du système de la veine porte, des hachures croisées, les vaisseaux contenant du sang clair (veines pulmonaires et artères du corps) n'ont pas été ombrés. — 1, oreillette gauche; 2, cavité du ventricule gauche présentant les tendons et les saillies musculaires qui s'attachent aux parties flottantes de la valvule en forme de voile (n° 4); 3, pointe du cœur; 4, valvule mitrale; 5, valvules semi-lunaires de l'aorte; 6, cloison séparant les deux ventricules; 7, pointe du ventricule droit; 8, cavité du ventricule droit; 9, valvule semi-lunaire de l'artère pulmonaire; 10, valvule tricuspide; 11, oreillette droite; 12, paroi séparant les oreillettes; 13, poumons; 14, intestins; 15, foie. — a, courant sanguin artériel (aorte); b, courant artériel desservant les parties supérieures du corps; c, système capillaire de la moitié supérieure du corps; d, courant artériel desservant les parties inférieures; e, courant artériel desservant les organes digestifs; f, courant artériel pour la moitié inférieure du corps; g, système capillaire de la partie inférieure du corps; h, courant veineux venant de la moitié supérieure du corps (veine cave supérieure); i, courant veineux venant de la partie inférieure du corps; k, système capillaire des organes digestifs; l, veine porte; m, système capillaire du foie; n, veines hépatiques; o, veine cave inférieure; p, artère pulmonaire; q, système capillaire des poumons; r, veine pulmonaire.

s'explique par les différences de grandeur et d'arrangement de ces mêmes valvules. Le premier bruit, plus long, plus soutenu et plus sourd, provient de la fermeture des grandes valvules en forme de voile qui se trouvent aux orifices auriculo-ventriculaires. Le second bruit est engendré par la fermeture des soupapes artérielles, qui sont plus petites et en forme de poche. On entend en outre, simultanément au premier bruit, un son provenant de la contraction des épaisses parois des ventricules. Chaque muscle, en effet, donne naissance pendant sa contraction à un bruissement étouffé que l'on peut, par exemple, très-facilement entendre si l'on place le stéthoscope sur le bras pendant que l'avant-bras est en mouvement.

Suivons maintenant le sang dans sa circulation depuis l'oreillette gauche, d'où il sort par une ouverture que ferment derrière lui les valvules sigmoïdes. Le sang entre dans la grande artère du corps appelée *aorte*, et va nourrir toutes les parties du corps à travers les ramifications de cette artère.

Dans notre figure schématique (*fig. 5*), nous avons représenté ce courant comme s'il se bifurquait, envoyant la branche *b* dans la partie supérieure du corps, la branche *d* dans la partie inférieure; la première nourrissant la tête, le cou et les bras, la seconde le tronc et les extrémités inférieures. Dans la nature cette division n'est pas si tranchée; cependant les grandes artères du cou ou carotides nourrissent surtout la tête, les sous-clavières surtout les bras, et l'aorte inférieure le reste du corps.

Les dernières ramifications des artères deviennent si ténues qu'on ne peut les voir qu'à l'aide du microscope. Elles forment alors des réseaux qui s'enchevêtrent dans tous les organes. Les portions isolées de substance organique qui se trouvent entre les réseaux des capillaires dans certains tissus (par exemple dans les poumons ou le foie), sont souvent si insignifiantes que les anciens anatomistes regardaient le tissu de ces organes comme composé exclusivement de capillaires. La disposition des capillaires varie avec celle des organes; les réseaux capillaires des muscles diffèrent de ceux des intestins, de la peau

ou des os. Il est facile de s'en assurer en examinant les figures
ci-dessous. Le schéma 6 représente les capillaires du foie, le
schéma 7 la disposition du réseau des poumons, enfin le schéma 8

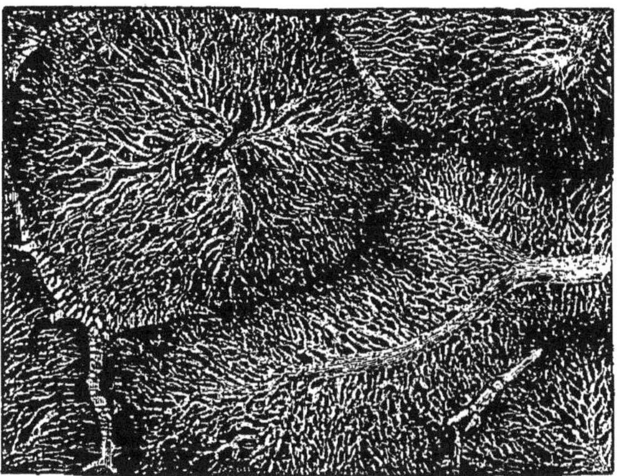

Fig. 6. — Réseau capillaire du foie injecté depuis les veines hépatiques.

celle du réseau vasculaire sanguin d'une villosité intestinale.
Plus la circulation est active dans un organe, plus les capil-

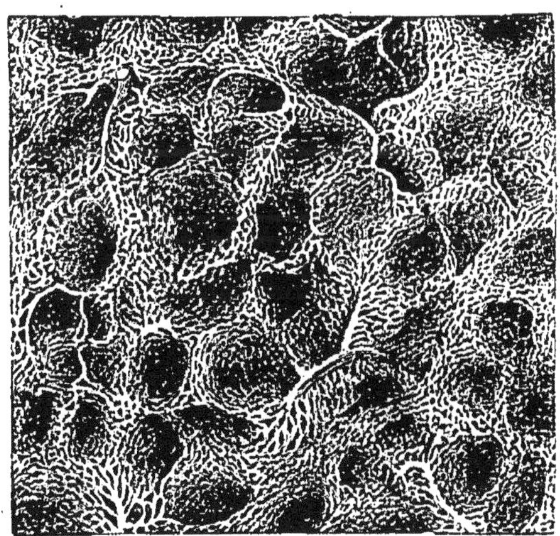

Fig. 7. — Réseau capillaire des vésicules pulmonaires.

laires sont serrés et moins il y a de substance entre eux. Il n'y a
que très-peu d'organes, comme par exemple l'épiderme et les

cheveux, qui soient complétement privés de capillaires et dans lesquels le sang ne pénètre point. Les capillaires se réunissent peu à peu en petits troncs, qui s'anastomosent entre eux pour former enfin deux troncs veineux principaux, les veines caves supérieure et inférieure, qui aboutissent à l'oreillette droite, ramenant ainsi au cœur tout le sang chassé du ventricule gauche. Le sang revient alors dans le cœur droit. La circulation qui se fait du ventricule gauche à travers les capillaires du corps jusqu'à l'oreillette droite, a reçu le nom de *grande circulation*, et comme il est facile de s'en convaincre et de le démontrer, le mouvement du sang n'y dépend que des impulsions que lui impriment les contractions du ventricule gauche. Arrivé dans l'oreillette droite, le courant sanguin reçoit par la contraction de cette dernière une nouvelle impulsion; il s'élance dans le ventricule droit, pour être chassé par celui-ci dans l'artère pulmonaire. Cette artère se distribue uniquement dans le poumon et s'y ramifie en capillaires extrèmement abondants, spacieux et serrés en même temps, qui se rassemblent de nouveau pour former des veines et pour aboutir enfin par les gros troncs des veines pulmonaires dans l'oreillette gauche. De là, le sang est chassé dans le ventricule gauche, où il recommence sa course. On a appelé *petite circulation* ou *circulation pulmonaire*, cette partie du cours du sang qui s'étend depuis le ventricule droit aux poumons et de là à l'oreillette gauche.

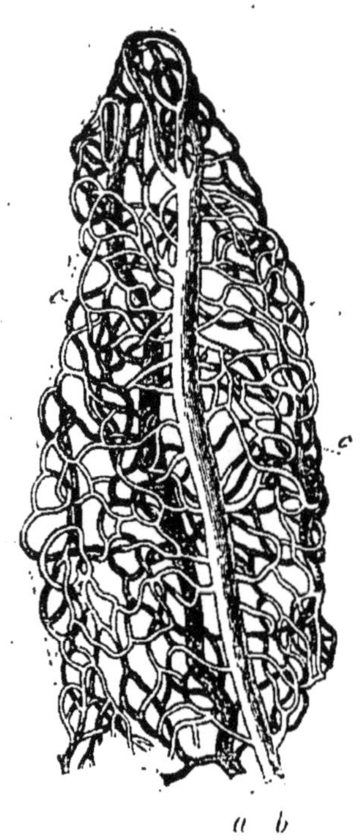

Fig. 8. — Réseau capillaire d'une villosité de l'intestin; *a*, artère (ombrée); *b*, veine; *c*, réseau capillaire à mailles assez larges.

Le sang traverse donc deux fois le cœur dans une seule révolution; une première fois après la grande circulation, à travers le cœur droit qui le chasse dans les poumons, une seconde fois quand du poumon il arrive dans le cœur gauche qui le chasse dans le corps. A chaque circulation appartiennent deux divisions différentes du cœur : à la grande, le ventricule gauche et l'oreillette droite ; à la petite, le ventricule droit et l'oreillette gauche ; et ces moitiés du cœur, si distinctes dans le cœur lui-même, ne communiquent que par les capillaires du corps et ceux des poumons. Chaque moitié d'une circulation forme pour ainsi dire un arbre ; le vaisseau qui part du cœur en serait le tronc et les branches seraient représentées par une myriade de petits vaisseaux capillaires. Le système artériel qui part du ventricule gauche par l'aorte forme un de ces arbres, dont les branches passent insensiblement par les capillaires du corps dans les racines de l'arbre formé par le système veineux. Si l'on voulait pousser plus loin encore la comparaison, le tronc du système veineux, qui prend naissance dans les capillaires, se continuerait par les veines caves dans le cœur droit, et aurait son sommet dans les poumons avec de nouvelles ramifications. Des capillaires du poumon naîtrait alors l'arbre artériel, dont les racines seraient les veines pulmonaires, dont le tronc traverserait le cœur gauche et qui aurait pour sommet les capillaires du corps. De quelque manière qu'on les envisage, il faut pour chacune des deux circulations deux loges du cœur qui en forment le centre, un système capillaire périphérique et un système de canaux efférents et afférents, les artères et les veines. Le ventricule gauche appartient à la grande circulation avec l'oreillette droite, les artères et les veines du corps. La circulation pulmonaire comprend le ventricule droit, l'oreillette gauche, les artères et les veines pulmonaires.

Faisons ici une mention particulière du *système de la veine porte*, qui est pour ainsi dire encastré dans la grande circulation. Outre le tronc et les jambes, la branche inférieure de l'aorte nourrit encore les viscères de la cavité abdominale et surtout le tube intestinal. Les artérioles se subdivisent en capillaires formant des veines qui se réunissent finalement en une veine commune plus grande, la veine porte. Si cette veine présentait une disposition pareille à celle des veines des autres organes, elle irait se déverser immédiatement dans une veine cave, et de là dans l'oreillette droite. Mais il n'en est point ainsi. La veine porte entre dans le foie et s'y ramifie en capillaires comme le ferait une artère. Ce n'est qu'après avoir passé par ces capillaires du foie que le sang entre dans les veines hépatiques (n). De là le sang se rend dans la veine cave, d'où il passe dans le cœur. Tandis que dans tout le reste du corps, le sang ne traverse qu'un seul système de capillaires avant de recevoir une nouvelle impulsion du cœur, le sang qui nourrit les intestins parcourt deux systèmes de capillaires, le système intestinal et celui du foie. Il n'y a pas entre ces deux systèmes de force motrice quelconque, ce n'est qu'après les avoir traversés que le sang rentre dans le cœur. Nous verrons plus tard que cette disposition particulière de la circulation intestinale et hépatique (système de la veine porte), qui appartient à tous les vertébrés jusqu'aux poissons inclusivement, a une influence toute particulière sur la nutrition du corps en général.

C'est dans les capillaires que s'opèrent, comme nous aurons occasion de le constater, les transformations physiques et chimiques du sang ; c'est dans les capillaires aussi que se passent les phénomènes de nutrition, de différenciation et d'absorption.

Cet échange de matières dans les capillaires entre le sang d'un côté et les organes environnants de l'autre, influe nécessairement sur la couleur et la composition du sang, qui devient plus foncé dans les capillaires du corps et y prend une teinte bleue violacée, tandis que dans ceux des poumons il devient rouge clair et écumeux. Il ne faut pas croire que ce soit en traversant le cœur que le sang soit modifié dans sa composition chimique. Le cœur, en effet, n'a que des relations mécaniques avec le sang ; il n'est qu'une pompe aspirante et foulante communiquant un mouvement particulier au sang qui se dirige vers elle. Or, puisque le sang éprouve un changement en passant à travers les capillaires, tandis qu'il conserve la même composition en traversant le cœur, il en résulte que *les réservoirs de nom contraire des deux circulations contiendront un sang analogue, et les deux moitiés du cœur chacune un sang de nature différente.* Les veines pulmonaires ont un sang rouge clair qui se rend dans le cœur gauche et de là, sans changer de couleur, dans les artères du corps. Dans les capillaires du corps le sang devient foncé et bleuâtre ; il ne se transforme pas en parcourant les veines, le cœur droit et les artères pulmonaires. Il devient rouge seulement dans les capillaires des poumons. On a appelé sang artériel le sang rouge, et veineux le sang noir ; de là la dénomination de cœur artériel pour le cœur gauche, et de cœur veineux pour le droit. Malheureusement ces dénominations donnent lieu à des confusions ; car le nom d'artères doit être réservé aux vaisseaux qui conduisent le sang du cœur vers la périphérie et celui de veines aux tubes qui le ramènent vers le cœur. Or, les artères pulmonaires contiennent du sang noir ou veineux, et les veines pulmonaires du sang rouge ou artériel. Je sais moi-même combien ces noms malencontreux m'ont empêché, au début de mes études, de comprendre clairement la circulation. Je ne les emploierai donc pas ici ; et pour prévenir toute confusion je ne parlerai que du sang bleu ou rouge, et, pour le cœur, de la moitié droite ou gauche.

L'arrangement hydraulique du système vasculaire et du cœur suffit de tous points à ce qu'on a droit d'en attendre. Il n'y a dans le cœur aucune force inutilement dépensée ; par leur masse et leur volume, les parois des loges satisfont exactement au trajet qu'elles doivent faire parcourir au sang. Le ventricule gauche doit pousser le sang dans toutes les artères, dans tous les capillaires, dans toutes les veines du corps, et même dans le système de la veine porte jusqu'à l'oreillette droite à travers deux systèmes de capillaires ; aussi est-il de beaucoup le plus développé musculairement. La masse de ses muscles est, en effet, exactement double de celle des muscles du ventricule droit quant au poids et au volume. Le ventricule droit, dont la force motrice n'a d'autre fonction que de faire parcourir au sang un trajet bien plus court à travers les poumons, a pour cette raison des parois contractiles beaucoup plus minces. Quelque simples et évidents que soient entre eux ces rapports, on a pendant long-temps voulu attribuer au sang lui-même une influence sur son propre mouvement. Il semblait absolument contraire à la notion alors admise d'une vie propre du sang, d'admettre qu'il se comportait à l'égard des mouvements du cœur comme un liquide inerte quelconque, ne jouant aucun rôle dans la vie de l'organisme. On oubliait que tout mouvement, qu'il appartienne ou non à un organisme, obéit aux mêmes lois physiques, et que les os vivent aussi bien que le sang, quoiqu'ils ne soient pour ainsi dire par rapport aux muscles que des leviers inanimés. Je ne puis ici entreprendre de réfuter toutes ces hypothèses vieillies d'une force motrice du sang innée, d'un mouvement propre de ses globules, et d'une répétition de la marche des planètes dans ce liquide. L'observation, l'expérience, le calcul et l'application à ce phénomène des méthodes de la physique, ont mathématiquement prouvé que *tout mouvement du sang dépend uniquement de l'activité du cœur*, que la force motrice n'existe que dans le cœur, et que le courant suit toujours la même route dans les vaisseaux, que l'on prenne du sang ou tout autre liquide, pourvu qu'il ait une composition moléculaire analogue.

Chaque contraction chasse du cœur et des ventricules une certaine quantité de sang dans les artères qui en sont elles-mêmes remplies. Les artères sont des tubes formés d'un tissu élastique fibreux ; elles se dilatent par conséquent sous l'impulsion du sang, mais leur propre élasticité ainsi que le suspens qui a lieu dans l'impulsion lors de la diastole des ventricules, les fait revenir de cette dilatation passive ; elles reprennent leur premier volume. Une nouvelle systole des ventricules survient, suivie d'une nouvelle impulsion, d'une nouvelle ondée de sang, d'une nouvelle dilatation et d'une nouvelle résistance des parois élastiques. Le *pouls* est produit par ces continuelles dilatations et contractions des parois artérielles ; ce mouvement cadencé et alternant du flux sanguin est l'oracle que nous interrogeons dans toutes les maladies. Il faut distinguer dans le pouls trois facteurs : la force d'impulsion du cœur, l'amplitude du flux sanguin et le degré d'élasticité des artères, ce dernier donnant naissance à un plus ou moins grand développement de la résistance des parois des artères. Ces trois éléments contribuent aux diverses modifications du pouls : c'est au médecin à les observer et à en user pour ses diagnoses. De l'activité du cœur dépendent la fréquence et la cadence du pouls ; sa plénitude plus ou moins grande dépend de l'amplitude du flux sanguin et de la quantité totale du sang ; enfin son plus ou moins de dureté, de la puissance contractile des artères. L'expérience a prouvé que les propriétés en apparence les plus opposées du pouls peuvent s'allier : un pouls plein peut être en même temps faible et mou, lorsqu'un état de paralysie des parois des artères empêche une vigoureuse contraction. Un pouls faible et à peine sensible peut cependant avoir de la dureté quand la contraction des fibres élastiques est convulsive. Il résulte clairement de là que le pouls peut présenter des phénomènes maladifs très-divers, dus à la connexion intime des battements du cœur avec le système nerveux central ; dus aussi à une relation étroite entre l'élaboration du sang, la digestion, la nutrition et la masse sanguine ; dus enfin à la dépendance où se trouve la contraction vasculaire relativement au système nerveux périphérique et aux influences extérieures.

Outre les variations produites par un état maladif, le pouls subit encore bien des modifications suivant l'âge, le sexe et la stature des individus. On peut établir cette loi générale, que le nombre des pulsations est en raison inverse de la masse du corps. Un enfant nouveau-né présente 130 à 140 pulsations en moyenne ; un adulte de 20 à 50 ans, 70 à peu près ; un vieillard, 75 par minute. L'influence de la respiration n'est pas moins grande. Les pulsations sont d'autant plus fréquentes et les contractions du cœur d'autant plus énergiques que la respiration est plus active. On compte en général 3 à 4 pulsations pour une respiration. Dans un animal fraîchement tué, on peut, au moyen de la respiration artificielle, rétablir les battements du cœur. La pulsa-

.tion se ralentit et s'affaiblit par une très-forte aspiration, tandis qu'elle devient plus précipitée et plus sensible avec une forte 'expiration. La position du corps a aussi son influence. Lorsqu'on est debout, le pouls est plus fréquent que lorsqu'on est assis. Il est plus rare dans une position horizontale ; il est plus lent si l'on dort la nuit que si l'on dort le jour, avant le repas et quand l'appétit est modéré qu'après. Après le repas, il subit une augmentation graduelle, et au bout de trois ou quatre heures il atteint son maximum de fréquence.

A chaque pulsation une certaine quantité de sang est lancée du cœur dans les artères ; cette quantité doit avoir des rapports intimes avec la capacité des cavités du cœur même. Le ventricule ne peut évidemment lancer plus de sang qu'il n'en peut contenir ; il projette au dehors presque tout le sang qu'il avait reçu pendant la diastole. Si l'on connaît la capacité des cavités du cœur et la quantité de sang contenu dans le corps entier, on peut facilement calculer le temps que mettra la masse du sang pour traverser le cœur, ou en d'autres termes, on pourra déterminer le temps nécessaire pour un circuit complet du flux sanguin. Malheureusement il est malaisé de déterminer la masse du sang d'un individu. On ne peut y arriver en laissant couler tout le sang d'un animal vivant. La mort causée par la paralysie du cerveau et du cœur, survient bien avant que tout le sang se soit écoulé des vaisseaux ; il en reste donc toujours une certaine quantité dans le corps, et cela, soit dans les capillaires, soit dans les tissus. On ne saurait calculer exactement cette quantité, quoiqu'elle soit en général proportionnelle à la masse du corps. On a pesé des criminels avant leur décapitation et après ; ces pesées donnaient très-exactement la quantité de sang écoulée. On a ensuite chassé le sang resté dans les capillaires au moyen d'injections d'eau tiède, et on a déterminé la quantité de ce sang en évaporant l'eau injectée, et en pesant la quantité du résidu. La propriété colorante du sang a servi de même à la détermination de la masse. Un autre procédé consistait à enlever à un animal vivant une certaine quantité de sang sans amener, autant que faire se peut, de perturbations dans l'organisme ; on déterminait ensuite exactement le poids spécifique de ce sang, ainsi que la quantité de matière solide qu'il contenait. On injectait ensuite une certaine quantité d'eau distillée dans les veines de l'animal, ce qui peut se faire sans danger ; puis au bout de quelques minutes, nécessaires pour le mélange de l'eau et du sang, on prenait une nouvelle quantité du mélange dont on calculait comme précédemment la pesanteur spécifique et le contenu en matières solides. La comparaison des poids du sang pur et du mélange devait donner la masse du sang de l'animal, en admettant (ce qui n'a pas lieu) que l'eau se mêle partout à doses égales avec le sang, et que le sang mélangé d'eau n'exsude pas à travers les vaisseaux. Toutes ces méthodes ont conduit à des résultats trop divers pour qu'on puisse considérer leurs données comme définitives. Vierordt arriva enfin par d'autres moyens à un résultat plus satisfaisant. On ouvre la veine jugulaire au cou d'un cheval, et on y introduit un réactif facile à reconnaître ; à intervalles déterminés par une montre à secondes, on ouvre la jugulaire du côté opposé pour examiner si le réactif introduit y est parvenu. Pour arriver d'une veine jugulaire à l'autre, le sang avait dû passer dans le cœur droit, puis dans les poumons, dans le cœur gauche, enfin dans le corps, et avait dû, par conséquent, parcourir tout le système circulatoire. Pour ce circuit, on a trouvé chez le cheval une moyenne de 31″,5 ; chez le chat, 6″,69 ; chez le hérisson, 7″,61 ; chez le lapin, 7″,79 ; chez le chien, 16″,7. De plus, au moyen d'instruments d'une grande précision, on a déterminé la vitesse du sang dans l'aorte ainsi que la section de cette artère, ce qui a permis de calculer combien de sang entre dans le corps par l'aorte dans une seconde, c'est-à-dire combien de sang est chassé du cœur dans ce même temps. La comparaison des résultats a conduit à cette loi générale pour les mammifères et les oiseaux de toute taille, qu'il faut un total de 27 battements pour faire traverser le cœur à toute la masse sanguine ; on a également déduit de là la masse du sang, qui est en moyenne de 1/13 du poids total du corps chez les animaux à sang chaud. Cette loi, appliquée à l'homme, donne pour moyenne du poids du sang 5 kilogr., employant 23" pour un circuit. Tous ces chiffres ne sont que des moyennes. On prend pour poids moyen du corps mâle chez l'homme 65 kilogr.; il ne faut pas oublier que le poids du sang est en rapport avec celui du corps, et que la rapidité d'un circuit dépend naturellement du nombre de pulsations, ces dernières variant non-seulement avec l'âge, mais encore avec diverses autres causes.

Sans trop s'écarter de la vérité, on peut donc admettre en somme ronde que la masse du sang parcourt en 24 heures 3,700 fois le corps. Le travail que fait le ventricule gauche pour chasser le sang, pouvant être évalué à un demi-kilogrammètre par seconde, ce travail suffirait donc pour élever en un jour, à la hauteur d'un mètre, un poids de 8,000 quintaux en chiffres ronds. Si cette valeur du travail mécanique du cœur est considérable, la rapidité de la circulation dans le corps explique en même temps l'effet foudroyant de certains poisons qui, introduits dans le sang, atteignent avec lui les organes centraux du système nerveux.

Plus on s'éloigne du cœur en suivant le cours du sang, moins ce cours est rapide et le pouls sensible. Enfin ce dernier s'efface complétement, et le sang entre lentement dans les plus ténues et les plus éloignées des artérioles, où il coule d'une manière continue et régulière. On peut expliquer du reste d'une manière satisfaisante tous ces phénomènes au moyen des lois de la physique. Le frôlement du sang contre les parois artérielles n'est pas bien fort, puisque ces parois sont très-lisses ; toutefois il contribue à ralentir le flux sanguin. L'élargissement des voies ouvertes au sang contribue bien davantage à ce ralentissement. On sait que la vitesse d'un fleuve diminue quand le lit s'élargit, et devient presque nulle dans les nappes d'eau et dans les lacs ; la même chose se passe dans des tubes fermés. La distribution des vaisseaux offre une application de cette loi. Il est vrai que les branches d'une artère prises une à une sont moins larges que le tronc principal ; mais leur capacité totale dépasse toujours celle de ce tronc.

L'aorte abdominale, par exemple, se partage au fond du bassin en deux grandes artères, les artères crurales. Une seule artère crurale est plus petite que l'aorte ; mais son diamètre atteint au moins les deux tiers du diamètre de l'aorte, en sorte que les diamètres des deux artères crurales réunies dépassent celui de l'aorte d'un tiers au moins. Toutes les branches des artères et des veines se comportent d'une manière analogue ; plus sont nombreuses les divisions des capillaires, plus large aussi en somme est la voie et plus lente la circulation. On a dit avec raison qu'en faisant un dessin idéal du calibre de ces vaisseaux, chaque système formerait un cône ayant le cœur pour sommet, et pour base les capillaires périphériques.

L'absence du pouls dans les plus éloignées des artérioles a d'autres causes encore qu'une diminution de la force d'impulsion produite par la distance. La simple observation montre, en effet, quelle est dans les jambes la vigueur de cette impulsion. Regardez, chez un homme assis, les jambes croisées, celle des deux jambes qui ne repose pas sur le sol ; vous ne tarderez pas à pouvoir compter les pulsations par le va-et-vient vertical du pied. Dans cette position la jambe est un très-long levier analogue à l'aiguille d'un dynamomètre ; c'est pourquoi les pulsations de l'artère du genou, communiquées à un grand bras de levier, deviennent sensibles à l'œil. La transformation des chocs rhythmiques en un cours calme et régulier, qui remplace finalement les pulsations, comme cela se voit dans les artérioles et les capillaires, provient de l'addition sommaire des chocs isolés dont la totalité se dépense contre les parois à cause de l'élasticité de ces parois ; elles résistent à la dilatation, et cette résistance devient enfin si grande qu'elle fait équilibre à la force d'impulsion. Ainsi s'établit l'uniformité dans le cours du sang.

Les *capillaires* sont l'intermédiaire immédiat entre les artères et les veines ; c'est à travers ce mince réseau que s'opère l'échange direct entre le sang d'un côté et la substance organique de l'autre. L'observation a prouvé que tous les capillaires, même les plus ténus, ont toujours des parois propres d'une épaisseur appré-

ciable, et que les vaisseaux sont partout des tubes clos. L'échange
de substance ne peut donc avoir lieu entre les organes environnants et le sang qui est en circulation, qu'à travers les parois de
vaisseaux. Mais cet échange n'est possible qu'entre des corps liquides ou gazeux, et les particules solides introduites dans le sang
ne peuvent transsuder à travers les parois que réduites à des molécules infinitésimales. C'est pourquoi les globules sanguins qui
sont solides et nagent dans le sang ne peuvent avoir d'influence
directe sur la nutrition des tissus du corps, comme nous le verrons en étudiant plus tard leurs propriétés. Ils ne peuvent s'é-
changer avec la substance des organes qui les entourent que par
de continuelles décompositions et dissolutions dans le liquide
sanguin. Le mouvement du sang dans les capillaires dépend de
la seule impulsion donnée par le cœur. Il n'y a point là de dé-
ploiement d'une nouvelle force, comme on le croyait autrefois.

Les parois des capillaires ont une conformation toute particulière. Elles s'imbibent très-facilement de liquides et de gaz, et
sont des plus favorables à l'endosmose et à l'exosmose, c'est-à-
dire à un échange de matières à travers des membranes animales.
Ces parois sont en outre très-contractiles et très-fortement soumises à l'influence d'actions provenant soit de la température,
soit de l'organisme lui-même. Le froid peut les fermer complètement, et cette énorme contractilité leur donne une action puissante sur l'ensemble de la circulation. Supposons les capillaires
d'un organe contractés de moitié, ou seulement du tiers. Dans
ce cas, la moitié ou le tiers du sang destiné à la nutrition d'un
organe, peut seul y parvenir, et les autres organes reçoivent un
excès de sang.

Il a fallu un travail prodigieux et des observations faites sur
une grande échelle pour déterminer tout ce qui a rapport aux
capillaires. C'est surtout l'existence de parois propres dans ces
tubes microscopiques qui a été combattue par des observateurs
d'un grand talent. Ceux-ci ne considéraient les capillaires que
comme de petits canaux creusés dans la substance. Cependant
cette opinion perd de jour en jour du terrain, et on regarde de

nos jours comme axiome ce fait de l'existence de membranes propres des capillaires. Il semble avéré que chez l'homme et les animaux supérieurs tout au moins, les capillaires n'ont aucune ouverture.

Il n'est pas d'observation à faire au microscope qui soit plus intéressante que celle du cours du sang dans les vaisseaux les plus fins d'un animal vivant. On choisit pour cela les parties transparentes du corps, comme la palmure des doigts d'une grenouille, la queue des têtards, le mésentère d'une souris chloroformée ou encore des embryons translucides ou des poissons à peine éclos, chez ces derniers on peut même passer en revue toute la circulation. On voit alors les pulsations dans les artères et le cours uniforme du sang dans les veines et les capillaires. On voit les globules du sang se pousser, rouler, glisser les

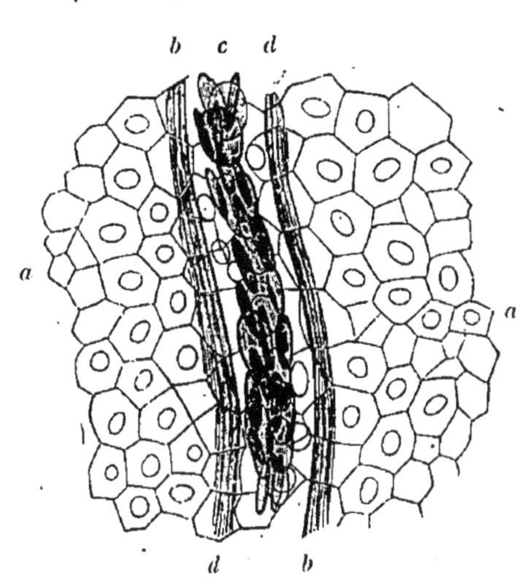

Fig. 9. — Un vaisseau capillaire dans la palmure de la grenouille vue par un grossissement assez fort. *a*, épiderme composé de cellules; *b*, paroi du vaisseau; *c*, courant médian des globules sanguins; *d*, courant pariétal avec les corpuscules de la lymphe qui y circulent.

uns sur les autres mêlés aux globules de la lymphe. On voit aussi dans les capillaires le courant médian, plus rapide, dans lequel se meuvent surtout les globules du sang, ainsi que le courant pariétal, beaucoup plus lent, dans lequel nagent quelques globules blancs. Quand on prépare habilement ces animaux, quand par exemple on humecte la palmure tendue d'une patte de grenouille, on peut observer pendant des heures entières la circulation continue du sang (*fig.* 9).

De même que les artères se divisent insensiblement en capillaires, les capillaires se groupent pour former des veines. Dans la région capillaire il est impossible de distinguer où finit l'artère et où commence la veine. C'est le choc du cœur qui seul est toujours la force motrice agissant sur le sang des veines. Mais comme cette pulsation s'est déjà transformée en une pression constante dans les capillaires, elle garde dans les veines ce nouveau caractère. Malgré cela il subsiste toujours dans cette pression une faible oscillation dépendant de la systole ou de la diastole. Quand par exemple on ouvre une veine, le sang jaillit en courant continu avec quelques vagues alternantes. Mais ces dernières sont peu considérables. On voit au contraire le sang jaillir d'une manière intermittente d'une artère blessée. Il y a entre ces deux modes de jaillissement la même différence qu'entre le jet d'une pompe à feu et celui d'une pompe simple sans réservoir d'air. La pression qui fait circuler le sang dans les veines est fort affaiblie, cependant le courant y est plus rapide encore que dans les capillaires, parce que la réunion insensible des veines en troncs plus gros pousse le sang entre les parois toujours plus resserrées. Le rapport entre les branches des veines et leur tronc est tout à fait le même que dans les artères, seulement le courant y circule des rameaux au tronc. Si nous nous représentons les deux systèmes de vaisseaux comme deux cônes appuyés l'un à l'autre par la base et dont les sommets sont au cœur, le courant artériel va du sommet à la base, soit des passages plus étranglés vers des espaces toujours plus larges, ce qui le ralentit visiblement. Le courant veineux, au contraire, qui va de la base au sommet, subit une accélération constante par suite du rétrécissement graduel des voies qu'il doit parcourir. Près du cœur, la dilatation des oreillettes pendant la diastole a une nouvelle influence sur ce mouvement, car le sang est aspiré par l'oreillette où se fait le vide, comme l'eau est attirée dans un ballon de caoutchouc comprimé auquel on laisse reprendre sa forme première en tenant l'ouverture plongée dans le liquide. Malgré tout cela, des perturbations considérables se produiraient dans la circulation veineuse, si des valvules particulières placées dans l'intérieur des veines ne venaient pas obvier à bien des inconvénients. Les veines n'ont pas les parois élastiques des artères, elles ne peuvent résister à une pression des parties environnantes, quand celles-ci se meuvent ou se déplacent, et cette pression est souvent plus forte que celle du sang à l'intérieur de la veine. Le sang serait par conséquent repoussé à chaque pression de ce genre vers la périphérie, et arrêterait la circulation capillaire, s'il n'y avait des soupapes en poche capables de résister au retour du sang vers la périphérie et de fermer la veine. Dans les parties inférieures du corps, les jambes, le sang veineux devant lutter contre la pesanteur pour aller de bas en haut, ces soupapes servent aussi à empêcher un retour du sang dans le cas d'un relâchement momentané de la pression du cœur. Mais la présence de ces soupapes dans les veines du cou, où le sang suit la direction de la pesanteur, prouve qu'elles ont encore une autre fonction. Leur absence dans les veines qui ne peuvent recevoir de pression des parties environnantes en sont une nouvelle preuve. On peut constater facilement la présence de ces clapets dans la peau des mains. Si l'on ferme le poing, les veines superficielles des mains, colorées en bleu, ressortent fortement. Si on place alors l'annulaire de l'autre main sur une articulation, et qu'on pèse pour comprimer la veine complétement, puis qu'on remonte vers le bras en la pressant avec l'index pour en chasser le sang, ce dernier n'entrera pas depuis le bras dans la veine vidée. A la partie terminale de la portion où l'on a fait le vide, et où se trouve la valvule, se produira une accumulation de sang appréciable à cause de la pression du sang contre la soupape.

Cherchons maintenant à résumer en peu de mots les recherches que nous venons d'exposer. Le sang circule en un courant continu et toujours dans le même sens dans un système de tubes hermétiquement fermés. De la partie gauche du cœur il va dans le corps, puis revient à la partie droite et opère à travers les poumons son retour au cœur gauche. Les artères sont des canaux allant du cœur à la périphérie, les veines des canaux allant de la périphérie au cœur. Les capillaires servent d'intermédiaires à toutes les manifestations de la vie végétative (nutrition, absorption et sécrétion). Ce n'est que dans les capillaires que le sang subit des transformations physiques et chimiques. Il devient violet foncé dans les capillaires du corps, où il se charge d'acide carbonique ; dans ceux des poumons il devient rouge et reçoit de l'oxygène. Ces changements ne peuvent s'opérer que par endosmose et exosmose à travers les parois continues des vaisseaux. La force impulsive du sang a pour siége le cœur seùl, qui est une pompe foulante munie de soupapes combinées d'après les lois physiques qui la font jouer.

Est-ce à dire que la physiologie prétende pouvoir calmer ce cœur qui s'agite si impétueusement dans notre poitrine, qu'elle veuille lui mettre un frein et lui dicter des lois? Serait-ce donc imagination pure que cette sympathie du cœur pour nos sentiments et nos émotions? Ne seraient-ce là que de vaines figures de rhétorique, des rêveries d'un esprit malade, lorsque, par suite d'une vieille habitude, nous parlons d'une accélération dans les battements de notre cœur sous l'influence de la joie, lorsque nous disons qu'il frissonne de peur? Voudrions-nous faire, comme dans la fable de Hauff, arracher à l'homme ce cœur, siége de toutes les émotions, pour y substituer une pierre insensible, produisant seulement un tic-tac continuel? N'aurions-nous rien dans la poitrine qui participe à nos plaisirs et à nos peines, mais seulement un organe marchant comme l'échappement régulier et impassible d'une montre, ne battant pas plus vite dans l'amour ni dans la haine? Non! certainement non! la mécanique ne va pas jusque-là. Elle nous fait connaître quelles sont les forces de la physique appliquées au cœur et aux vaisseaux, et quels sont leurs effets. Mais l'observation et la réflexion nous montrent aussi que l'application de ces forces dépend d'un moteur suprême, le système nerveux. Chaque impression ressentie par les nerfs se reflète dans le mouvement et la manière d'être du cœur, ainsi que dans la distribution du sang. Nous ne sommes point abusés lorsque nous croyons sentir que notre cœur a des battements plus précipités dans l'entrainement, des frissons convulsifs dans la peur et dans l'attente. Mais nous sommes dans l'erreur, lorsque nous attribuons au cœur cette sympathie

comme inhérente à sa nature même. Le cœur n'est que le miroir
des impressions et des sensations éprouvées par le cerveau, centre du système nerveux, et les excitations subies par cet organe
réagissent sur le cœur plus vivement que ne le ferait une action
immédiate. Nous ne nous trompons point lorsque nous croyons
sentir nos joues rougir de honte et pâlir de crainte; mais ce ne
sont point là des changements produits par le sang; c'est l'effet
des nerfs vasculaires qui régissent sa distribution; l'impulsion
que ces nerfs reçoivent du cerveau resserre les vaisseaux; l'engourdissement et la paralysie des nerfs les font s'ouvrir et se
gorger de sang. Il est hors de doute que c'est grâce à cette connexion intime entre le cœur, ses battements, la dilatation et la
contraction de ses vaisseaux d'une part, et le cerveau de l'autre,
que ce dernier peut surtout influer sur la vie végétative. Le
chagrin, la douleur, la crainte usent le corps; l'entrain, un
tempérament joyeux et une certaine modération dans les affections et les passions nous donnent la santé et la fraîcheur; chacun peut trouver en lui-même la confirmation de ces assertions;
mais les causes de cette connexion sont moins aisées à expliquer, car c'est du renouvellement incessant du sang que dépendent la nutrition, la respiration, toute la vie végétative en un
mot; cette régénération et ce mouvement du sang sont liés intimement avec les battements du cœur. Il suffit d'un facteur qui
manque pour rendre faux tout un calcul; et là où trop de passion, des affections vives et variables, et l'influence continue
d'une disposition de l'esprit à l'accablement rendent irrégulière
ou paralysent l'activité du cœur et des vaisseaux, le sang ne peut
suivre un cours régulier et il en résulte pour le corps une mauvaise nutrition.

LETTRE II.

LE SANG, LA LYMPHE, LE CHYLE

Le sang tel qu'il jaillit d'une veine que l'on vient d'ouvrir, tel qu'il circule dans un corps vivant, n'est pas un liquide rouge simple et homogène ; il se compose de deux parties essentielles et de formes différentes : de globules blancs ou rouges et d'un liquide incolore appelé le plasma. En général, le sang a une couleur d'un rouge cerise clair, mais qui semble varier suivant les circonstances. Il est plus clair chez les jeunes gens, chez ceux qui mènent une vie active et chez les individus faibles et peu sanguins. Il est plus foncé chez les hommes à constitution robuste, ou qui sont adonnés à une vie sédentaire. L'influence de l'air sur la couleur du sang se manifeste au moment même où il jaillit. Le sang qui sort d'une veine largement ouverte est plus foncé que celui qui s'écoule par un étroit orifice et se trouve ainsi en contact plus direct avec l'air qu'il traverse. Le sang des artères qui jaillit d'une blessure d'une manière intermittente est d'un rouge cerise plus tranché avec une teinte de vermillon, tandis que le sang veineux est plus violet. L'odeur du sang rappelle celle de la transpiration cutanée et provient sans nul doute d'une substance graisseuse que les glandes de la peau extraient du sang. Quant à sa densité, le sang offre une moyenne de 1,056. Les femmes et les jeunes gens ont un sang plus léger et plus clair que les hommes faits. Mais ces circonstances elles-mêmes varient énormément suivant l'état sanitaire de l'individu ou l'absorption d'éléments solides ou liquides.

Parmi les substances contenues dans le sang, et qu'on ne peut apercevoir qu'au microscope, viennent tout d'abord les *globules* ou *corpuscules rouges*. Ce sont de petits disques arrondis et élastiques dont le diamètre atteint en moyenne 1/186 millimètres. Ils ont, au microscope, une couleur jaune pâle, et c'est leur accumulation en grandes masses qui donne naissance à cette teinte que nous venons de mentionner. Les globules de l'homme ont la forme d'un disque un peu creusé vers le milieu avec renflement sur les bords, ce qui les rend assez semblables à des pièces de monnaie. Leur masse paraît homogène, ou du moins les diverses observations qui ont fait conclure tantôt à l'existence d'un noyau, tantôt à celle d'un vide au centre, ne sont que des illusions d'optique ou des variations dues à des influences extérieures. Il est vrai qu'il y a dans les globules de la grenouille, beaucoup plus gros et de forme ovale, un noyau qui produit même un renflement central et

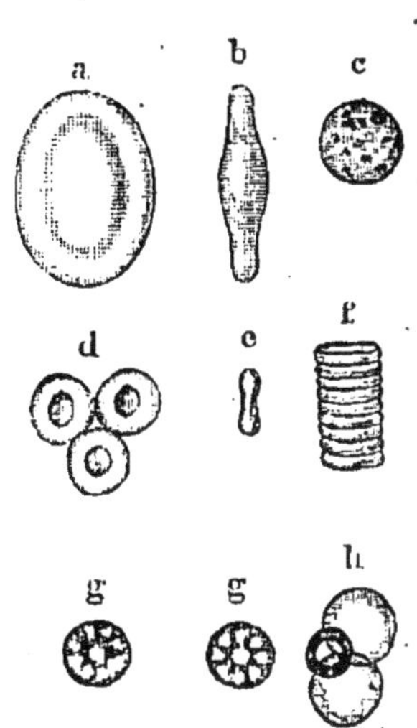

Fig. 10. — Éléments sanguins de la grenouille grossis 500 fois. *a*, globule sanguin ovale vu de face; *b*, le même vu par la tranche; *c*, globule blanc ou lymphatique.

Fig. 11. — Éléments sanguins et lymphatiques de l'homme grossis 800 fois. *d*, globules sanguins vus de face; *e*, un d'entre eux vu par la tranche; *f*, rouleau de globules accolés; *g*, *g*, globule blanc de la lymphe; *h*, vésicule graisseuse du chyle donnant à ce liquide son aspect laiteux.

dont l'existence ne peut être contestée. Mais, ici encore, nous nous appuierons de l'opinion toute récente d'un observateur scrupuleux, qui soutient que ce noyau est produit par un phénomène de coagulation, dû à l'influence de l'air sur la masse des globules, et que dans les globules non soumis à l'influence de l'air, on n'observe aucun noyau de ce genre. Il a fortement

été question aussi d'une enveloppe plus solide des globules et
d'un liquide intérieur, mais il nous paraît plus vraisemblable
d'admettre les globules comme généralement composés d'une
substance albumineuse, spongieuse et boursouflée, *l'hémoglobine*,
dont la couche extérieure est beaucoup plus dense, et se plie,
se contracte, se dilate même jusqu'à éclater, sous diverses influences. Une des meilleures preuves de l'élasticité et du peu
de consistance des globules se donne par l'observation de la
circulation capillaire dans les parties transparentes des animaux
qui, comme les grenouilles, ont des globules assez gros. Si un
nouvel embranchement, si une sinuosité du vaisseau viennent
arrêter le courant sanguin, en comprimant les globules et en les
pressant les uns contre les autres, sous ces influences mécaniques ils changeront de forme.

On voit souvent des globules s'infléchir et devenir ovoïdes ou
allongés pour entrer dans un capillaire très-ténu, puis reprendre leur forme en arrivant dans un vaisseau plus large. Les globules nagent séparément dans le sang en circulation et glissent
facilement les uns à côté des autres. Ils s'agglomèrent volontiers
en s'agglutinant par leurs surfaces lisses quand on les sort de
leurs vaisseaux ou que la circulation est arrêtée, et forment
ainsi des colonnettes assez semblables à des rouleaux de pièces
de monnaie. La substance spongieuse, facilement dilatable des
globules, est d'une très-grande sensibilité à de diverses influences. Les globules se dilatent, par absorption, dans l'eau
claire et dans les liquides moins concentrés que celui du sang ;
ils deviennent alors sphériques et finissent par éclater en laissant vide une enveloppe très-mince d'apparence membraneuse.
Ils se contractent dans les solutions saturées de sel ou de sucre,
parce que ces liquides leur soutirent l'eau qu'ils contiennent.
D'autres substances ont sur eux diverses influences chimiques.
Les globules absorbent les gaz avec avidité, et ces gaz peuvent
même influer sur leur forme, comme il ressort des observations
mentionnées plus haut à propos de l'existence d'un nucléus.

Mélangés aux globules rouges se trouvent, en plus ou moins

grande proportion, des corpuscules sphériques, incolores, de grandeur double, formés évidemment d'une enveloppe mince et transparente et d'une substance intérieure granuleuse, tantôt massée en un noyau, tantôt éparse à l'intérieur de l'enveloppe. On peut voir nager ces corpuscules entre les globules rouges dans les capillaires de la palmure transparente d'une patte de grenouille. Leur apparence et leur manière d'être, sous diverses influences, les rend identiques aux corpuscules de la lymphe; il n'est en outre pas douteux que ce soient bien là des *globules de la lymphe* qui se déversent avec celle-ci dans le sang et s'y mélangent aux globules rouges.

Leurs changements de forme offrent un phénomène curieux. Ces changements sont très-lents. De temps en temps les corpuscules poussent de côté et d'autre des prolongements qui plus tard se retirent. Souvent ils prennent une forme irrégulière. Mis en contact avec des substances colorantes d'une grande divisibilité, comme le carmin ou l'indigo, ils les absorbent peu à peu. En outre, à l'aide de leurs prolongements, ils rampent lentement dans diverses directions. Ils sont donc capables de dé-

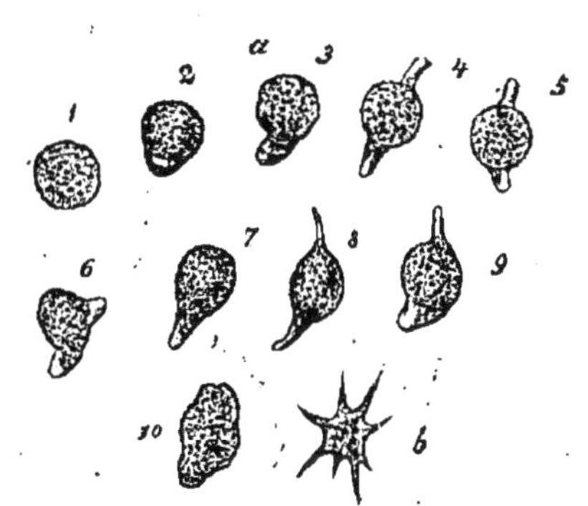

Fig. 12. — *a*, 1-10, changements de forme d'un globule lymphatique en 10 minutes; *b*, corpuscule de la lymphe étoilé.

placements qu'on dirait volontaires. Ils se comportent exactement comme les organismes les plus inférieurs, connus sous le nom d'amibes, et nous représentent, dans leur forme la plus élémentaire, ces êtres microscopiques formés de sarcode ou de protoplasma, dont on s'occupe si assidûment depuis quelque temps. Les corpuscules incolores du sang, sont dans le corps de l'homme et des animaux supérieurs, une manifestation de la première transformation en substance vivante et ayant forme des matières organiques absorbées dans la digestion.

Le *plasma* ou *liquide du sang* est clair, transparent, incolore et si gluant, qu'on peut l'allonger en filaments entre les doigts. Il renferme beaucoup de substances dissoutes et varie beaucoup de composition, cela se comprend, suivant les substances qu'il a absorbées. Sa nature gluante provient surtout de l'*albumine* qui y est dissoute en grande quantité et qui ne diffère en rien quant à sa composition chimique du blanc de l'œuf d'une poule. Un second élément du liquide, plus facile encore à distinguer que l'albumine à cause de ses propriétés particulières, c'est la *fibrine*. Elle paraît complétement dissoute dans le plasma vivant, mais se coagule et s'isole aussitôt que le sang est extrait du corps, ou même lorsque son cours est momentanément suspendu dans une veine. L'albumine, la fibrine, ainsi que la caséine qu'on n'a point encore trouvées dans le sang, mais que l'on trouve ailleurs, appartiennent à un groupe remarquable de substances composées qu'on peut appeler *protéiques* ou albuminoïdes et qui sont les *éléments* régénérateurs mêmes du sang ; ces corps se retrouvent aussi bien dans le règne végétal que dans le règne animal. Il faut ajouter à ces combinaisons albuminoïdes un quatrième élément essentiel, la *globuline* qui, toutefois, n'existe que dans les globules rouges, mais point dans le plasma. Toutes ces substances ont des propriétés presque concordantes, et chacune d'elles présente, sous différentes influences, une modification soluble et une autre insoluble. Leur composition chimique, sans être identique, offre de grandes analogies et leur décomposition engendre souvent des produits identiques.

On a abandonné depuis longtemps l'hypothèse qui faisait regarder ces corps comme des combinaisons d'une base organique formée de carbone, d'hydrogène, d'azote et d'oxygène, et qu'on nommait la protéine, avec diverses quantités de soufre et de phosphore ; il est cependant indubitable que ces corps albuminoïdes ont de grandes analogies entre eux, et surtout qu'ils peuvent se remplacer mutuellement et se transformer l'un dans l'autre avec une grande facilité. On peut donc les appeler *substances protéiques* pour les désigner par un nom collectif. Il est aisé de distinguer la fibrine de l'albumine et celle-ci de la caséine. En admettant que la fibrine préexiste dans le sang vivant, ce qu'on n'a point encore parfaitement prouvé, il faut admettre aussi que la fibrine non décomposée ne peut être dissoute que dans le sang circulant dans le corps vivant. Après la mort ou quand le sang s'est écoulé des vaisseaux, la coagulation sépare la fibrine. L'albumine, au contraire, se dissout facilement dans l'eau, mais se coagule dès qu'on chauffe au-dessus de 75 degrés centigrades. La globuline demande pour se cailler une température plus élevée encore ; elle est cristallisable et se précipite au moyen de l'acide carbonique. Enfin, la caséine reste dissoute dans l'eau à toutes les températures, mais elle se coagule sous l'influence d'acides ou en présence de la muqueuse d'un estomac de veau. Elle se dépose alors en flocons.

La *coagulation* du sang commence immédiatement avec son écoulement hors des veines. Elle est due à la fibrine seule, qui se dépose en général, en se séparant du plasma, sous forme de petites mottes et de feuillets microscopiques. Elle attire tout d'abord à elle tous les globules du sang et tout le liquide, d'où résulte cette apparence molle et gélatineuse du sang caillé. Peu après, la fibrine continuant à se contracter, le liquide exsude de tous les côtés de la masse ; cette action chimique ne cesse que lorsque le sang s'est définitivement séparé en deux parties ; un liquide jaunâtre, qui est le *liquide sanguin* ou *sérum*, et une masse rouge et à demi-solidifiée, le *cruor* ou *caillot*. Si l'on empêche, par une violente agitation, en frappant le sang avec des baguettes, l'emprisonnement des globules sanguins dans les caillots de la fibrine, il ne se forme pas de cruor ; la fibrine se dépose alors en filaments et en flocons irréguliers et blanchâtres sur les baguettes dont on se sert pour agiter la masse sanguine. On peut ainsi séparer assez complétement la fibrine du sang, tandis que tous les globules restent suspendus dans le sérum. Si on laisse reposer quelque temps ce liquide rouge privé de sa fibrine, les globules descendent et le sérum transparent et jaunâtre surnage ainsi. Par la coagulation dirigée de cette manière, la fibrine seule se sépare du plasma ; le sérum est un plasma sans fibrine, et le cruor résulte de l'union de la fibrine coagulée avec les globules sanguins.

La cause de la coagulation du sang est encore inconnue. Mais il paraît certain qu'elle est surtout provoquée par le contact avec l'oxygène de l'air et principalement avec cette modification de l'oxygène appelée ozone. Il semble, en outre, que ce contact ne soit point la seule cause de cette action chimique qui est encore une énigme pour les savants. Un grand nombre de substances, et et entre toutes les solutions concentrées de sels, empêchent la formation du caillot ; d'autres la retardent. Il se pourrait même que la fibrine n'existe pas préformée dans le sang qui circule dans les vaisseaux du corps vivant, mais qu'elle se forme au fur et à mesure par l'effet d'une action analogue à la fermentation, exercée par une substance contenue dans le sang et provoquant la formation de caillots aux dépens d'une autre substance susceptible de se coaguler.

Les globules rouges ont un poids spécifique plus considérable que le plasma ; ils finissent par former un dépôt dans le liquide. Mais la coagulation du sang est en général si rapide, qu'ils n'ont pas le temps de se déposer, ce qui fait du sang une masse d'un rouge uniforme. Si le sang contient beaucoup de fibrine, les globules ne tardent pas à se masser en colonnettes, et dans cet état s'affaissent bien plus rapidement à cause de la diminution de surface produite par leur réunion et qui donne moins de prise sur eux à la résistance du liquide. Alors la fibrine, qui se coagule à la surface du sang, ne renferme plus que les corpuscules de la lymphe qui sont blancs et de moindre densité. Dans ces circonstances, la fibrine perd sa couleur rouge, elle devient jaunâtre, presque incolore, et forme comme une membrane étendue sur le cruor qu'on appelle la *couenne*. On sait que cette couenne se trouve toujours sur le sang qui contient beaucoup de fibrine, dans les maladies inflammatoires, chez les femmes enceintes, etc. Son apparition ne dépend pas d'un ralentissement dans la formation du caillot, mais de la chute précipitée des globules qui, réunis en colonnettes, descendent plus rapidement.

Autant l'analyse microscopique du sang semble généralement facile, autant est difficultueuse son analyse chimique, encore imparfaite de nos jours. Aucun filtre ne peut séparer le plasma des globules du sang; on ne peut donc les obtenir isolés l'un de l'autre. Cependant, en laissant reposer le liquide sanguin, les globules forment un dépôt et il reste une couche supérieure de plasma parfaitement pure. En déterminant la quantité de fibrine contenue dans cette couche, on peut en déduire la quantité de plasma de l'ensemble du liquide, puisque le plasma seul contient de la fibrine. On obtient du même coup la quantité de globules humides qui nagent dans le sang. Cette méthode a donné les résultats suivants : pour le cheval, sur 1,000 parties, il y en a 673,8 de plasma et 326,2 de globules. Le plasma renferme principalement de l'eau : 1,000 parties de plasma contiennent 91,6 parties solides seulement, tandis que 1,000 parties de globules en contiennent, 435,0, c'est-à-dire presque la moitié. Une autre méthode fondée sur le poids a donné pour l'homme les résultats suivants : dans 1,000 parties de sang veineux, chez un homme de 25 ans bien portant, il y avait 513 de globules, c'est-à-dire plus de la moitié. Ces globules, à leur tour, contiennent une grande quantité d'eau : (681,6 parties pour 318,4 parties solides). Il n'y aurait ainsi qu'un tiers de parties solides pour les globules de l'homme et une moitié pour ceux du cheval : c'est là une différence considérable qui se confirme par le fait que les globules du cheval se déposent plus vite que ceux de l'homme.

En comparant ces chiffres à ceux que nous avons trouvés pour le poids total du sang qui est de 5000 grammes, on trouve que l'homme adulte possède dans son corps 2565 grammes de globules rouges et 2435 grammes de plasma. Les globules auraient 816,7 grammes de matières solides, le plasma en aurait 239,9 et la masse totale du sang 1056,6, ou, en chiffres ronds, 1 kilogramme, c'est-à-dire la soixante-cinquième partie du poids total du corps.

Les globules sont formés en majeure partie d'une substance

rouge et facilement cristallisable, l'*hémoglobine*; cette substance offre très peu de consistance et se décompose facilement en deux corps différents sous diverses influences physiques ou chimiques; l'une de ces combinaisons peut être aisément dissoute dans l'eau ; elle est albuminoïde ; c'est la *globuline*, substance qui a une parenté avec l'albumine du cristallin et du corps vitré de l'œil. Cette globuline contient 1,6 p. 100 de soufre, mais pas de phosphore.

Il y a environ 152 parties pour 1,000 de globuline dans le sang. La globuline est en connexion intime avec la substance colorante rouge, l'*hématine*, dont on peut évaluer la quantité à 7,7 parties pour 1,000 de sang. Cette hématine est surtout remarquable en ce qu'elle est la seule substance du corps qui contienne une assez grande quantité de fer ; ce fer est une partie indispensable des globules, et c'est la diminution de ce métal qui est la source essentielle de la chlorose. On guérit cette affection en introduisant du fer dans le sang. Les globules contiennent, outre le fer, d'autres substances inorganiques, surtout du chlorure de potassium et des phosphates, parmi ces derniers il y a surtout des phosphates de potasse et de soude, ainsi que du carbonate de soude : tous trois se retrouvent dans les cendres organiques.

Nous venons de voir que le sérum du sang fouetté ne se distingue du plasma que parce qu'il manque de fibrine ; mais la quantité absolue de fibrine ne dépasse 3,93 parties ou 4 en nombre rond pour 1,000 de sang, tandis que ce dernier contient en moyenne 40 parties d'albumine. Il y a en outre, dans le sérum, 4 parties p. 100 de divers sels, formés pour plus de la moitié de sel de cuisine, mais ensuite essentiellement de carbonate de soude, de phosphates et de chlorures.

Ces composants minéraux des globules et du plasma, quoique bien inférieurs en quantité aux autres composants du sang, paraissent du moins aussi nécessaires à la vie du corps que beaucoup d'autres substances organiques dont le poids est à peine appréciable. Un grand nombre de ces substances ne se trouvent en si faible quantité dans le sang que parce qu'elles en sont con-

tinuellement extraites par les glandes. D'autres disparaissent
dans le cours de la circulation et peuvent ainsi se trouver dans
le sang d'une veine et non dans celui d'une autre. Ainsi le sang
ne contient jamais beaucoup d'acide urique, de biliverdine (substance colorante de la bile), de sucre de raisin, d'acide butyrique, de cholestérine ni beaucoup d'autres graisses saponifiées
ou non. L'urée devient beaucoup plus abondante dans le sang
lorsqu'on extirpe les reins ; si on empêche la sécrétion de la
bile et les fonctions du foie, la biliverdine s'accumule en si
grande quantité dans le sang qu'elle finit par se déposer dans les
tissus du corps produisant ainsi la jaunisse. Ces substances, constamment élaborées dans le corps et versées dans le sang, en sont
continuellement extraites par les glandes ; les intestins reçoivent, au contraire, tout formés, la caséine et le sucre, et comme
ce dernier disparaît en grande partie dans les poumons, on ne
le trouve que dans le système sanguin du foie et pas dans le
sang rouge circulant dans les artères du corps.

Les substances inorganiques qu'on trouve sous forme de
cendres après la combustion, ont pour l'entretien du corps
une importance aussi grande que les substances organiques.
L'homme privé de sel de cuisine ou de phosphate ne peut pas
plus vivre que l'homme privé d'albumine ou de graisse. La
plupart des sels se trouvent dissous dans le sérum. Le sel de
cuisine y est le plus abondant ; après lui viennent les alcalis
carbonatés et phosphatés ; les substances inorganiques sont distribuées de telle sorte que l'acide phosphorique et la potasse se
trouvent surtout dans les globules ; les chlorures, la soude, la
chaux et la magnésie, l'acide sulfurique et l'acide carbonique,
au contraire, dans le liquide du sang. La quantité des matières
inorganiques, et leurs proportions varient beaucoup entre le
moment de leur absorption ou celui de leur expulsion correspondante. Le pain et les céréales augmentent dans le sang la
quantité des phosphates alcalins ; les légumes augmentent celle
des carbonates, car la plupart des acides organiques des plantes
se transforment en acide carbonique en entrant dans le sang.

Si l'on compare d'une manière générale la composition du sang et celle du corps, on est étonné de leur ressemblance. Les principaux organes du corps humain contiennent de l'albumine, de la fibrine et de la graisse, substances que l'on peut toutes trois retrouver dans le sang; et les modifications de ces substances que nous offre le corps vivant semblent toutes dérivées des matières que contient le sang. On y trouve aussi les matières excrémentitielles et les substances non volatiles de la cendre se retrouvent quant à leurs éléments dans le corps comme dans le sang. On peut donc dire avec raison, que *le sang est l'organisme dissous*. La suite nous montrera, en effet, que toutes les modifications de la matière du corps ont leur centre dans ce liquide qui est en continuelle circulation ; que toutes les substances qu'absorbe le corps sont transportées par le sang aux endroits où elles doivent être employées, et que tout ce que le corps élimine est de même charrié par lui en lieu convenable. Par ces moyens les métamorphoses les plus diverses s'effectuent soit dans la masse même du sang, soit dans les organes qu'elle traverse. L'étude de ces métamorphoses est encore et sera toujours la tâche de la science. Il ne faut donc point s'étonner des différences individuelles et temporaires si grandes que nous offre la composition du sang. On peut en effet les attribúer à trois causes différentes : les variations individuelles, l'absorption de substances étrangères, enfin l'expulsion de substances devenues inutiles. Il est évident que l'action de ces trois influences produit les plus grandes variations et oppose à l'observateur des difficultés considérables, surtout si l'on tient compte de la complication apportée par la longueur même de temps qu'exigent les opérations analytiques. En outre, la chimie n'a que des procédés très-insuffisants pour déterminer des substances dont la quantité est très-faible et qui n'ont pas de réaction caractéristique. Si l'on se souvient qu'une toute petite quantité de vaccin introduite dans le sang y produit une révolution si violente que les suites de cet acte insignifiant en apparence sont l'inflammation, la fièvre, un malaise général, des éruptions et des pustules, et qu'en outre la sensibilité du corps aux atteintes de la petite vérole est amoindrie pour plusieurs années ; si l'on pense en outre au peu de changement produit dans la composition du sang par l'introduction de cette quantité de poison si faible que l'on n'a pu jusqu'à présent la découvrir ni par le microscope ni par des réactifs chimiques, on doit s'avouer que les recherches si laborieuses entreprises jusqu'à présent, n'ont point encore rendu clairs les changements et les phénomènes produits à l'intérieur de la masse du sang.

Les différences spécifiques des deux sangs artériels et veineux, sont fondées surtout sur la *couleur* et sur la quantité des divers éléments qui entrent dans leur composition. Les observateurs les plus minutieux n'ont pu encore découvrir d'une manière certaine des différences dans la forme des globules des deux sangs. Le seul caractère positif et visible même à l'œil nu est la couleur. La différence des nuances apparaît encore très-visiblement dans des dissolutions même fort étendues d'eau. Le sang rouge se caille plus vite, et son cruor se solidifie plus complétement que celui du sang veineux ; il contient une plus grande quantité de fibrine, de sels, de matières extractives, de sucre et d'eau, mais il a moins de globules, d'albumine et de graisse. Il est étonnant de constater que la densité du sang artériel est moindre que celle du sang noir, ainsi que l'affirment les observations concordantes de la plupart des savants. On peut expliquer cela par une proportion d'eau plus forte dans le sang artériel. On a trouvé en effet dans une analyse comparative du sang d'un cheval pour mille parties de sang les proportions suivantes :

	SANG VEINEUX.	SANG ARTÉRIEL.
Albumine et sels.	81,23	78,03
Fibrine.	3,97	5,50
Globules.	98,67	96,87
Eau.	815,13	819,89

La comparaison de ces chiffres montre la proportion des globules et de l'albumine comme à peu près la même dans les deux sangs. On voit en outre que non-seulement la quantité relative, mais encore la quantité absolue de fibrine est beaucoup plus forte dans le sang artériel. Nous devons prendre ces chiffres tels que la chimie nous les donne, mais il faut cependant reconnaître qu'ils sont peu d'accord avec les résultats de la respiration. D'après ces résultats, le sang artériel devrait avoir moins d'eau et être plus concentré que le sang veineux, car la respiration extrait du sang une certaine quantité d'eau. Quelques chimistes soutiennent en effet que le sang artériel est plus concentré et moins aqueux, mais la plupart se rangent à l'opinion contraire. Peut-être cette plus grande quantité d'eau contenue dans le sang artériel dépend-elle de l'adjonction de la lymphe qui comme on sait est beaucoup plus aqueuse que le sang. Or les observations faites sur le sang des veines n'ont porté que sur le sang *non encore mêlé à la lymphe* et comme celle-ci ne se verse dans le courant veineux qu'au moment où il entre dans le cœur, l'adjonction de la lymphe peut balancer la perte d'eau occasionnée par la respiration. La quantité de gaz contenue dans le sang semble varier suivant les circonstances. Dans une lettre subséquente nous chercherons à établir d'une façon plus certaine à quelle partie du sang ces gaz peuvent se rattacher. Nous nous contenterons pour le moment de savoir, qu'au moyen de la pompe pneumatique ou du mélange du sang avec des gaz indifférents, on peut extraire du sang de l'acide carbonique, de l'oxygène et de l'azote, et cela dans les proportions suivantes : 100 centimètres cubes de sang de chien (de cinq individus différents) contiennent en moyenne :

	SANG ARTÉRIEL DU VENTRICULE GAUCHE DU CŒUR.	SANG VEINEUX DU VENTRICULE DROIT DU CŒUR.
Acide carbonique libre..	28,27 C. C.	31,59 C. C.
Acide carbonique non séparé . .	0,97	2,63
Oxygène..	15,41	10,28
Azote.	1,48	1,14
Gaz en général	46,13	45,64

On considère comme acide carbonique non séparé la quantité de ce gaz qui ne se sépare que par l'action d'acides, mais non par simple évacuation de l'air au-dessus du sang, et qu'on dégage par un échauffement peu considérable dans le vide.

Ce tableau montre que la quantité de gaz n'est pas beaucoup plus forte dans le sang artériel que dans le sang veineux, que la quantité d'azote est à peu près la même, mais que le sang veineux contient beaucoup plus d'acide carbonique libre ou non séparé, et le sang artériel beaucoup plus d'oxygène. Cette relation concorde exactement avec les résultats de la respiration. Cette fonction introduit en effet de l'oxygène dans le sang et chasse de l'acide carbonique.

La relation des gaz avec le sang est très-curieuse et très-importante pour l'intelligence de la respiration. Si l'on agite de l'oxygène avec du sang noir ce dernier devient rouge vif et dégage de l'acide carbonique ; si on agite au contraire de l'acide carbonique avec du sang artériel, ce sang devient noir et absorbe l'acide, mais sans dégagement d'oxygène ; enfin, si après avoir ainsi coloré en noir ce sang artériel on l'agite de nouveau avec de l'oxygène, le sang redevient rouge vif.

Après de grandes discussions sur la cause de ces changements dans la couleur, on a fini par s'assurer que la teinte foncée du sang veineux est la teinte naturelle de la substance colorante du sang, et qu'en outre l'absence ou la présence d'acide carbonique ne modifie en rien cette couleur foncée, tandis qu'au contraire l'oxygène fait passer instantanément au rouge vif cette teinte plus violette.

De même que le sang est en mouvement incessant, que sa circulation est continue et purement mécanique à travers le corps, de même le sang échange sans relâche des substances en se modifiant et se renouvelant sans cesse. On a même cru voir déjà dans les globules les manifestations les plus diverses d'un changement continu. Les uns sont immédiatement attaqués par les réactifs, tandis que d'autres placés tout à côté sont détruits beaucoup plus lentement. On voit aussi dans du sang à l'état normal quelques globules boursouflés et probablement en état de dissolution. D'autres offrent des granulations ou des noyaux qui semblent indiquer un moindre développement. D'autres enfin qui manquent de noyaux paraissent avoir atteint au même point culminant de formation. Dans plusieurs organes, et notamment dans la rate, se trouvent des globules enclavés dans des cellules et qui offrent divers degrés de dissolution ou de formation. Il est probable que beaucoup de globules rouges se forment et se détruisent aussi dans le foie.

Le renouvellement du sang est dû surtout à un système secondaire de vaisseaux, tenant de près au système vasculaire sanguin, le *système lymphatique*. Dans tout le corps, à l'exception du cerveau, de l'oreille et de l'œil interne, se trouvent des canaux très-fins, à parois minces, qui prennent naissance dans le tissu par des extrémités fermées ou par des réseaux entre-croisés, puis, se réunissant en troncs secondaires, suivent les vaisseaux sanguins pour former enfin un tronc principal, appelé canal thoracique. Ce canal longe la colonne vertébrale à l'intérieur de la cavité thoracique et débouche dans la veine sous-clavière gauche près de son entrée dans le cœur. Diverses particularités distinguent les vaisseaux lymphatiques des vaisseaux sanguins. Avant tout, ils contiennent une telle quantité de valvules internes, qu'une fois injectés ils semblent une enfilade de perles. En outre, leurs parois sont plus minces et leurs branches plus rarement réunies en troncs secondaires. Les troncs les plus gros laissent même entre eux des intervalles réticulés et ressemblent à un fleuve couvert de nombreux îlots. De plus les fibres annulaires contractiles et leurs parois sont très-developpées et sont en général beaucoup plus actives que celles des vaisseaux sanguins. Elles réagissent fortement par leurs contractions contre des irritations extérieures. Il n'est pas rare de voir se contracter, quand on opère sur des animaux vivants, le canal thoracique et les vaisseaux lymphatiques les plus grands. Ces fibres annulaires sont d'ailleurs le seul appareil mécanique qui donne une impulsion au liquide contenu dans les vaisseaux lymphatiques. Dans le système vasculaire sanguin, l'appareil mécanique se trouve concentré en un seul point, le cœur ; dans les vaisseaux lymphatiques, au contraire, il s'étend à toutes les portions de ces vaisseaux. Les fibres annulaires, disposées par intervalles de la périphérie vers le canal thoracique, se contractent et chassent le liquide des vaisseaux lymphatiques dans les deux directions opposées. Dans son cours vers la périphérie, le liquide rencontre une grande quantité de valvules qui le renvoient au canal thoracique. Dès que la contraction cesse, et que le vaisseau s'ouvre, il arrive naturellement à la périphérie une nouvelle quantité de lymphe qu'une contraction subséquente met bientôt en mouvement. Cette contraction indépendante des vaisseaux lymphatiques n'est certes pas le seul moteur de la lymphe : on a fait la remarque que dans les parties solides non douées de mouvements volontaires, les vaisseaux lymphatiques sont très-rares, tandis qu'ils abondent là où se produisent des contractions musculaires et des déplacements de toutes sortes. La pression variable des organes qui les entourent doit avoir une influence analogue à celle de la contraction spontanée des vaisseaux. Cette pression chasse le liquide en avant et lorsqu'elle cesse il arrive de la périphérie une nouvelle quantité de liquide, qu'une nouvelle pression met en mouvement suivant la direction déterminée par les valvules. La succion n'a pas moins d'influence ; elle a lieu dans les extrémités très-ténues des vaisseaux lymphatiques et donne lieu à un courant, qui se dirige vers l'intérieur et pousse avec une certaine force le liquide vers les troncs plus importants.

La connaissance de l'origine des vaisseaux lymphatiques dans les tissus laisse encore à désirer. Toute injection est rendue très-difficile parce que les valvules se continuent jusque dans les plus petites branches des vaisseaux et qu'il est difficile de découvrir au microscope ces petits vaisseaux ainsi que de les suivre à cause de la transparence du liquide qu'ils contiennent. Ils commencent dans les villosités de l'intestin, évidemment par un tronc bifurqué ou unique, qui se termine ordinairement par un renflement. Dans d'autres organes, à la surface du foie par exemple, il y a des réseaux à larges mailles composés de vaisseaux de plus grand diamètre que ceux des capillaires sanguins. On a trouvé en beaucoup d'endroits une corrélation entre ces commencements de vaisseaux lymphatiques et les réseaux que forment les particules du tissu conjonctif. On a vu dans le diaphragme des ouvertures par lesquelles des cellules déjà plus considérables, des globules sanguins par exemple, sont précipités dans les vaisseaux lymphatiques comme saisis par un tourbillon. Il résulte de là que les liquides contenus dans la cavité abdominale, en dedans du péritoine et qui donnent aux parois de l'intestin leur apparence lubrifiée, sont continuellement aspirés par ces ouvertures et pénétrent dans le sang à travers les vaisseaux lymphatiques.

Une autre particularité des vaisseaux lymphatiques, c'est le grand nombre des glandes à travers lesquelles ils passent. Ces formations situées particulièrement au cou, aux aisselles et au pli de l'aine, ainsi que dans le mésentère de l'intestin, et cela en grande abondance, constituent des corps mous de la grosseur d'une petite noisette, dans lesquels viennent déboucher les vaisseaux lymphatiques par un système de cavités munies de culs-de-sac latéraux ressemblant aux culs-de-sac d'une glande. De ces diverticules sortent ensuite les canaux lymphatiques efférents. On n'a point encore pu découvrir l'utilité de ces sortes de glandes dans lesquelles se distribuent une grande quantité de vaisseaux sanguins. Il semble pourtant qu'il s'y forme surtout des cellules un peu lâches entraînées ensuite par la lymphe sous forme de corpuscules lymphatiques. Il est évident que le mouvement de la lymphe subit un arrêt dans ces glandes, et c'est là la cause qui rend ces glandes particulièrement attaquables par des matières putrides qui y sont introduites, comme cela a lieu dans quelques maladies, les scrofules par exemple. Maint anatomiste a expié par de violentes inflammations, par la suppuration des glandes de l'aisselle et même par la mort, une légère blessure qu'il s'était faite en disséquant un corps en putréfaction.

En examinant le liquide amené dans le système veineux par les vaisseaux lymphatiques, on distingue deux espèces de vaisseaux : les vaisseaux lymphatiques proprement dits dont le contenu est clair et transparent, qui viennent de toutes les parties du corps, et les vaisseaux chylifères ou lactifères, partant de l'intestin et se distinguant par la couleur trouble et laiteuse du liquide qu'ils contiennent.

La *lymphe* elle-même qu'on a déjà pu recueillir dans quelques cas exceptionnels, dans des blessures sur le cou-de-pied, a avec le sang de grandes ressemblances morphologiques et chimiques. Elle est comme lui susceptible de se coaguler, et forme un caillot comme lui, car la fibrine qu'elle contient entoure les corpuscules. La seule différence est que ce caillot est incolore. Il y a dans ce liquide des corpuscules identiques aux corpuscules blancs que l'on trouve en petite quantité dans le sang. On peut y distinguer plus ou moins nettement un noyau et une enveloppe ; ils sont beaucoup plus gros que les globules sanguins.

Le chyle ou *suc laiteux* ne se distingue de la lymphe que par la quantité de graisse qu'il contient. Cette graisse y est déposée en gouttelettes ou en sphérules qui font ressembler le chyle au lait. La quantité de cette graisse dépend principalement de la nourriture. Chez les animaux affamés le chyle est pâle et souvent transparent. Si l'on mange des substances amidonnées, le chyle se trouble un peu, et davantage encore si l'on se nourrit de viande ou de lait. Il devient enfin tout à fait blanc et opaque si l'on mange du beurre.

Plus le chyle et la lymphe se rapprochent du système vasculaire sanguin, plus ils ressemblent au sang lui-même, sans cependant atteindre complétement à la même composition. Les corpuscules eux-mêmes, comme aussi le liquide, deviennent peu à peu rougeâtres. Cette coloration paraît cependant moins dépendre d'une métamorphose du liquide même que du mélange de la lymphe avec un peu de sang, mélange qu'on ne peut guère éviter dans les opérations nécessaires pour arriver jusqu'au canal thoracique.

La composition chimique de la lymphe semble être moins variable que celle du chyle dont la composition dépend d'une source éminemment variable, la nourriture. La lymphe de l'homme qu'on a pu extraire des vaisseaux lymphatiques dans des blessures non fermées et superficielles, a une composition qui varie d'après diverses analyses entre 955 et 985 parties d'eau pour mille. Les sels y sont contenus dans une proportion assez constante de 7,5 ; la fibrine y entre pour 0,5 ; ce qui reste est composé d'albumine et de matières extractives. Les sels sont surtout composés de sel de cuisine, de sulfates et de phosphates dans une proportion de 5,67. Dans les matières extractives, il y a surtout du sucre et de l'urée.

La quantité de graisse contenue dans le chyle est très-variable suivant la nourriture, dont dépend aussi la quantité de sels et de sucre : ce dernier peut quelquefois même manquer complétement. La présence de l'urée y semble constante, ce qui prouve qu'elle provient en partie et sans transition de la nourriture elle-même, et non pas, comme on l'a cru quelquefois, de la métamorphose des tissus seuls.

En comparant la composition du chyle à celle du sang, les différences sautent aux yeux. Tout en contenant plus d'eau que le sang, le chyle renferme une quantité de fibrine et d'albumine à peu près égale. Les globules du sang sont remplacés dans le chyle par l'abondance de la graisse ; les matières extractives et surtout le sucre y dominent, et les sels y sont relativement beaucoup plus abondants que dans le sang. Le chyle contient ainsi une source continuelle de remplacement pour la fibrine et l'albumine du sang ; il amène du même coup au sang une surabondance de graisse, de sucre, de sels, d'eau et de matières extractives. La lymphe est une composition plus voisine encore du sang, car la graisse y est en beaucoup moindre quantité. La lymphe est un liquide sanguin éclairci, où la proportion de sels et de matières extractives est plus forte que dans le sang par rapport à l'albumine et à la graisse. L'échange de matières produit par les vaisseaux lymphatiques est, d'après les recherches de différents observateurs, assez considérable. La quantité de liquide que le canal thoracique amène en vingt-quatre heures dans le courant sanguin varie entre un sixième et les 2/5 du poids du corps, par conséquent entre 10,5 et 26 kilogrammes chez un homme qui en pèse 65. Comme un adulte est suffisamment nourri avec 3 kilogrammes de nourriture contenant 2,600 grammes d'eau, la plus grande quantité du liquide déversé dans le sang doit être livrée par la lymphe qui revient des tissus, et une très-faible fraction seulement doit provenir de la nourriture ; ce fait peut guider dans l'étude de la nutrition des tissus en général.

Si l'on se souvient que la lymphe et le chyle se déversent tout près du cœur dans la veine sous-clavière gauche, et n'ont à traverser que le cœur droit et les poumons pour arriver au sang artériel, on peut prévoir le rôle probable de certaines parties du chyle et de la lymphe. L'eau superflue s'évapore en partie dans les poumons et est, d'autre part, extraite par les reins. Les corpuscules de la lymphe ne se changent en globules sanguins dans le sang même qu'en très-faible proportion ; la plus grande partie d'entre eux est immédiatement employée à la reconstitution des tissus du corps. Les reins, organes sécréteurs des substances salines, éloignent les sels superflus ; la fibrine et l'albumine demeurent dans le plasma où elles réparent les pertes subies par la nutrition des diverses parties du corps. La graisse est en majeure partie dissoute dans le plasma, qui la dépose en des endroits déterminés.

La formation du chyle dépend tellement du genre de nourriture, qu'on peut dire, avec certitude, que le chyle de deux animaux d'espèces différentes, nourris de la même manière, offre de plus grandes analogies que le chyle d'êtres de même espèce, nourris différemment. Cela prouve d'une manière certaine que les vaisseaux chylifères de l'intestin n'opèrent pas de triage dans les substances qui leur sont présentées, mais qu'ils absorbent tout ce qu'ils peuvent absorber. Si ces vaisseaux pouvaient faire un choix, la qualité du chyle serait indépendante de celle de la nourriture ; elle dépendrait plutôt des espèces, ce qui est contraire aux données de l'expérience. De cette étroite connexion du chyle avec le sang et son mode de préparation, il résulte pour le sang une dépendance complète du genre de nourriture. La santé du corps entier exige donc d'une manière pressante que l'absorption de la nourriture satisfasse aux besoins de la masse sanguine. Nous nous efforcerons de prouver dans une lettre subséquente que ce sont, en première ligne, les vaisseaux chylifères qui renouvellent constamment et pour la plus grande partie le plasma du sang, et que, par conséquent, c'est d'eux que dépend en grande partie la nutrition. L'absorption si forte qui se fait dans les vaisseaux sanguins de l'intestin, ne livre néanmoins à la circulation que les parties accidentelles du plasma, bien plus que les parties essentielles.

LETTRE III

LA DIGESTION

La machine organique a besoin d'un entretien continuel,
d'une addition incessante de substances nécessaires pour la reconstruction des parties et des tissus décomposés par l'échange
de matériaux.

En vue de cette absorption de substances, la nature a créé
dans le corps animal un tube construit d'une façon particulière.
Ce tube a deux orifices dans les animaux supérieurs. L'un de ces
orifices est destiné à recevoir la substance nécessaire à la nutrition; le second, au contraire, situé à l'autre extrémité, donne issue au superflu qui n'a pas été absorbé. Ce tube se nomme le
canal intestinal. Sa forme tant extérieure qu'intérieure varie
presque à l'infini ; elle dépend du genre de la nourriture et aussi
de la nature particulière de l'espèce. En général, les carnassiers
possèdent un tube intestinal plus court, offrant moins de circonvolutions. Il n'y a chez eux qu'un seul réceptacle plus grand,
l'*estomac*. Les animaux qui se nourrissent de plantes ont un
canal intestinal très-long et offrant un grand nombre de circonvolutions, et non-seulement l'estomac y est souvent multiple,
mais encore y trouve-t-on quelquefois, sur d'autres points, des
culs-de-sac, des cæcums, dans lesquels les substances soumises

à la digestion séjournent quelque temps. Quant à la conformation intérieure du tube intestinal, elle appartient à un type uniforme, surtout dans les animaux supérieurs.

On peut y distinguer trois couches : la couche séreuse ou péritonéale, la couche musculaire moyenne, et enfin la muqueuse interne qui est en contact immédiat avec le contenu du canal. La couche extérieure est formée d'une peau très-lisse, onctueuse et tendineuse, dont la surface brillante et toujours humide facilite le glissement des différentes parties du tube intestinal dans les divers mouvements qu'il exécute. Cette couche est une continuation du péritoine. Elle entoure toute la cavité abdominale, s'attache à la partie interne des parois de cette cavité, au diaphragme et à la colonne vertébrale, et forme en recouvrant l'intestin, des duplica-

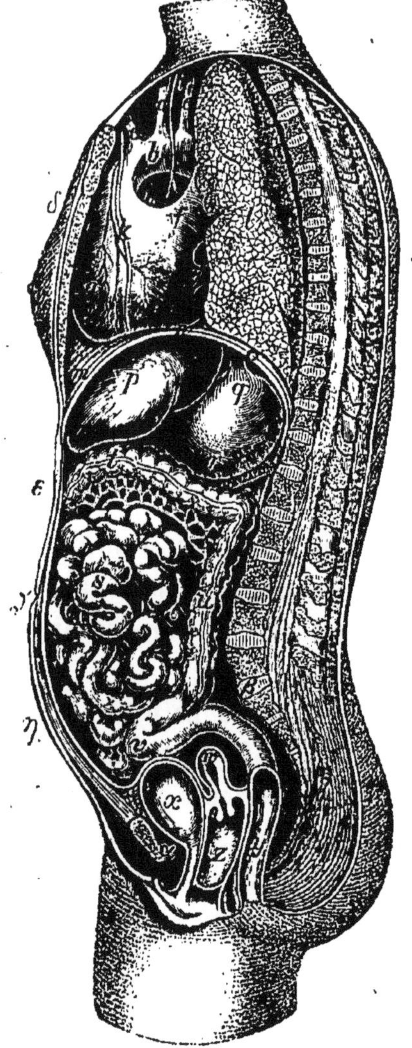

Fig. 13. — Coupe verticale du corps d'une femme pour montrer la position des viscères pectoraux et abdominaux. — *a*, le cœur; *b*, crosse de l'aorte; *c*, tronc commun de la carotide droite et de la sous-clavière; *d*, carotide gauche; *e*, sous-clavière gauche; *f*, artère pulmonaire; *g*, veine pulmonaire; *h*, plèvre; *i*, nerf vague; *k*, nerf du diaphragme; *l*, poumon gauche; *m, n, o*, diaphragme; *p*, lobe gauche du foie; *q*, orifice de l'œsophage dans l'estomac (cardia); *r*, estomac; *s*, anses de l'intestin grêle; *t*, iléum; *u*, partie descendante du gros intestin; *v*, anse de cet intestin; *w*, utérus; *x*, vessie urinaire; *y*, rectum; *z*, vagin; α, l'os pubis scié transversalement; β, vertèbres lombaires; γ, vertèbres dorsales; à droite, la moelle épinière dans le canal vertébral et là-dessus les apophyses épineuses des vertèbres avec les masses musculaires du dos; δ, paroi pectorale antérieure; ε, θ, η, paroi musculaire de l'abdomen.

tures qui entourent ce dernier comme le rideau entoure la tringle qui le supporte ; on l'appelle le mésentère.

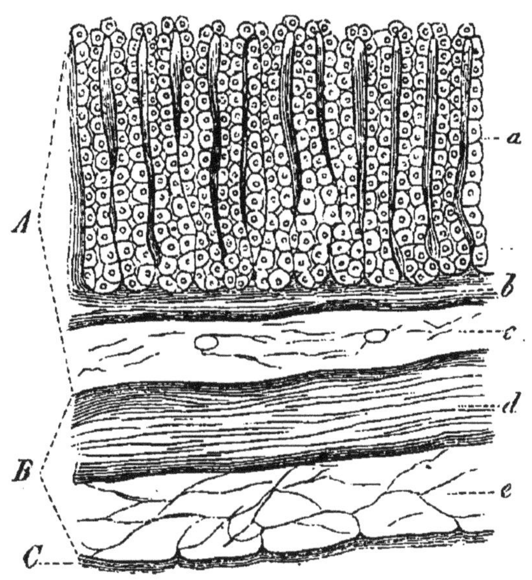

Fig. 14. — Coupe verticale à travers les membranes de l'estomac. — A, couche muqueuse avec les glandes gastriques a, une couche musculaire lisse b et le tissu conjonctif c; B, la couche musculaire avec les fibres longitudinales d et les fibres transversales sectionnées e; C, la couche péritonéale.

Quoique maintenu ainsi dans toute sa longueur, l'intestin conserve une grande liberté dans ses mouvements, parce que le mésentère formé des plis du péritoine mentionnés plus haut, se replie beaucoup sur lui-même. Les mouvements de l'intestin sont dus à la couche musculaire moyenne des parois mêmes du tube. Cette couche composée de fibres musculaires simples et entièrement indépendantes de la volonté, part de l'œsophage et de l'estomac pour se continuer jusqu'à la fin du canal intestinal; les fibres y sont disposées circulairement de manière à entourer complétement le tube intestinal. Leurs mouvements ondulatoires dirigés de haut en bas et non soumis à la volonté, constituent ce que les physiologistes ont coutume d'appeler les mouvements péristaltiques. On rencontre cependant dans quelques parties de l'intestin, l'estomac, par exemple, des fibres qui se croisent dans

plusieurs directions; ce qui donne aux mouvements de ces parties une plus grande diversité.

Si le sang contient un peu plus d'acide carbonique qu'à l'ordinaire, les mouvements des intestins deviennent plus rapides;
la nicotine du tabac et les huiles empyreumatiques du café ont
aussi l'effet d'activer leurs contractions. Une grande quantité
d'acide carbonique empêche, au contraire, ces mouvements. De
là l'influence des eaux gazeuses prises en quantité convenable ;
c'est· encore la présence de ce même acide carbonique qui permet de digérer plus facilement certaines eaux minérales qui contiennent en outre d'autres substances, comme, par exemple, du
fer.

Nous avons vu que les fonctions mécaniques de l'intestin, c'est-
à-dire, l'ingestion, la marche et l'expulsion des matières nutritives constituent la fonction exclusive de la paroi musculaire de
l'intestin. Quant à la fonction chimique, elle est essentiellement
concentrée dans la muqueuse intérieure, qui sécrète certains
sucs indispensables à la digestion. Elle absorbe en même temps
tous les sucs qui doivent être extraits de la nourriture pour servir
à la formation du sang et à celle du corps en général. La constitution intime de cette muqueuse varie beaucoup dans les diverses parties de l'intestin. Dans l'estomac on ne rencontre, pour
ainsi dire, que des tubes glandulaires cylindriques juxtaposés ;
ce sont les *glandes gastriques*, qui sécrètent essentiellement le suc
gastrique. Du côté de la couche musculaire, ces glandes se terminent en cul-de-sac. Outre la sécrétion de liquide, on observe
encore dans ces glandes une élimination des cellules cylindriques
qui en tapissent les parois. Ces produits forment par leur mélange un suc tenace et visqueux qui se combine peu à peu
intimement avec les aliments. Déjà au pylore de l'estomac, à l'endroit où finit ce dernier et où commence le duodénum, la muqueuse prend un autre caractère ; dans l'estomac elle est veloutée, au pylore on commence à rencontrer de petits plis munis
d'encoches. Ces plis s'élèvent de plus en plus, et atteignent enfin
une forme cylindrique ; on les appellé alors les *villosités* de

l'intestin. La matière fondamentale de ces villosités est gélatineuse et blanchâtre ; elle est recouverte de cellules régulières et cylindriques qui sont pour elle ce que le gant est à la main ; on

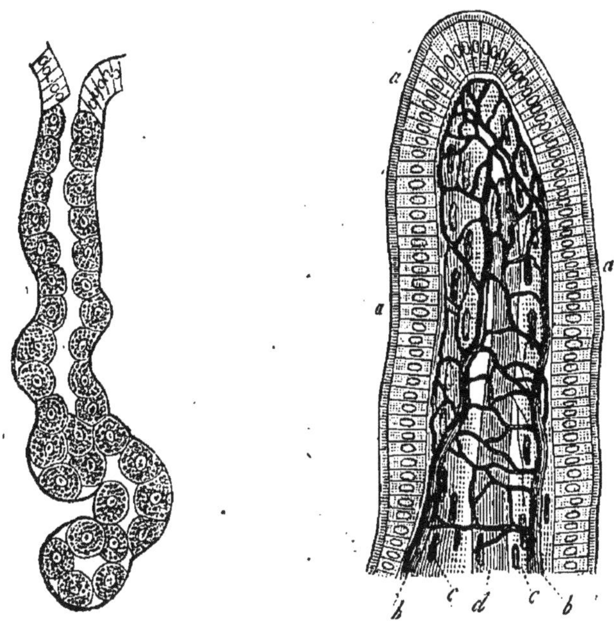

Fig. 15. — Glande gastrique simple remplie de cellules ; en haut se montrent les cellules cylindriques qui recouvrent la surface de l'estomac.

Fig. 16. — Une villosité intestinale schématiquement représentée. *a*, revêtement de cellules cylindriques avec un bord plus clair ; *b*, réseau capillaire ; *c*, fibres musculaires pâles dans la masse fondamentale ; *d*, commencement du vaisseau lymphatique.

peut facilement les enlever. Dans l'axe même de la villosité se trouve toujours le commencement d'un vaisseau lymphatique, en général terminé en cul-de-sac. Des fibres musculaires très-fines et peu colorées l'entourent. On trouve dans la masse fondamentale, qui est claire et parsemée de noyaux, un système capillaire naissant d'une petite artère et se rassemblant à son tour en une seule veine. Les vaisseaux capillaires entourent le vaisseau lymphatique comme un réseau à mailles assez larges. La villosité dans son ensemble est donc comparable à un doigt recouvert d'un gant tricoté ; l'os du doigt serait dans cette comparaison représenté par le vaisseau lymphatique axile, la chair et la peau par la matière fondamentale de la villosité, et le doigt tricoté par le réseau capillaire. Les villosités n'ont aucune ouverture ; les cellules cylindriques qui les entourent à l'extérieur sont en effet étroitement serrées et collées les unes aux autres. Des corpuscules infiniment petits et des gouttelettes peuvent cependant traverser les cellules elles-mêmes. Outre les villosités qui disparaissent dans le gros intestin, on trouve encore dans l'intestin grêle une grande quantité de glandes diverses. Les unes sont munies d'un canal excrétoire dont les autres sont dépourvues ; quant à leur importance physiologique on n'a pu encore la déterminer complétement. Il y a des tubes simples assez semblables aux glandes gastriques de l'estomac, qu'on a nommées les glandes de *Lieberkühn*. On y trouve aussi des glandes en grappe, munies d'un canal excrétoire ; ce sont les glandes de *Brunner*. Une dernière sorte de glandes ressemble à des capsules sans ouverture ; on les appelle les glandes ou plaques de *Peyer*.

De l'activité combinée de ces glandes résulte ce qu'on est convenu d'appeler le *suc intestinal*, liquide à réaction alcaline, dont la composition chimique n'est pas exactement connue.

La digestion en elle-même, c'est-à-dire le changement que subit la nourriture dans le tube intestinal depuis la bouche jusqu'à la sortie du corps, est purement chimique. Cette transformation exécutée dans les mêmes circonstances, mais en dehors du corps vivant, donnerait exactement les mêmes résultats. Ils ne sont pas dus, ainsi qu'on l'a cru si longtemps, à des forces vitales particulières, dont l'analyse nous serait impossible. Le seul rôle de la vie de l'organisme en cette circonstance consiste à maintenir les matières digestibles à la température nécessaire, à fournir les sucs et les réactifs indispensables à la décomposition, à filtrer les matières dissoutes et enfin à fournir les forces nécessaires à l'expulsion des substances non absorbées. L'action digestive elle-même n'est pas moins indépendante de l'influence immédiate de l'organisme que toute autre action chimique dans le corps. On a déjà souvent remarqué que les procédés employés

par le corps pour la digestion ressemblent à beaucoup d'égards
à ceux auxquels ont recours les chimistes, lorsqu'ils veulent
épuiser une substance contenànt des matières solubles. D'abord,
la substance que les dents divisent, qu'elles broient et qu'elles
râpent se mêle à un suc très-aqueux et presque indifférent, la
salive. Ainsi préparée à l'action que doivent exercer sur elle les
divers liquides dissolvants, la substance entre dans un réceptacle plus vaste, l'estomac, puis dans un tube plus long, comprenant l'intestin grêle et le gros intestin. C'est là qu'elle se mêle à
divers sucs. Les différentes solutions obtenues par l'action de ces
sucs sont extraites par la muqueuse qui remplit l'office de filtre,
et reçues par les vaisseaux sanguins et lymphatiques ; ce qui reste
enfin, étant inutile, est rejeté après l'opération.

La mastication et l'imbibition de la nourriture par le liquide
de la bouche, lequel est composé du mucus buccal et du produit
des diverses glandes salivaires, n'a tout d'abord que l'influence
mécanique mentionnée plus haut, qui est de diviser les aliments
et de les humecter. La salive ne contient de substances solides que
dans une proportion excessivement minime ; parmi elles pourtant, il y a un ferment très-actif qui change presque immédiatement l'amidon et le gluten en dextrine et en sucre. La force fer-
mentatrice de la salive sur l'amidon ne cesse même pas de s'exercer quand ce dernier vient à être mêlé au suc gastrique acide, et
la décomposition elle-même est activée par l'oxygène de l'air
qui se trouve jusqu'à une certaine quantité combiné avec la salive dans la mastication, et entraîné ainsi dans l'estomac. Si donc
la salive facilite d'un côté la déglutition de matières sèches, et
permet par la liquéfaction des matières contenues dans la bouche la sensation du goût, elle commence d'un autre côté la digestion et le travail chimique à l'égard des substances amidonnées. La digestion de ces dernières est d'ailleurs beaucoup plus
difficile que celle de la viande et des autres substances qui servent à la composition du sang, comme, par exemple, la fibrine
et l'albumine. La dextrine, qui est le produit de l'action de la
salive sur l'amidon, a de son côté une influence particulière sur

la digestion : elle l'active. La présence de la dextrine dans l'estomac ou dans le sang, semble faire naître en très-grande quantité le suc gastrique, et surtout la partie acide de ce suc. On voit par là l'importance de la mastication complète et de l'imbibition des aliments par la salive pour la digestion en général, mais surtout pour celle des substances amylacées. C'est pourquoi nous voyons chez les carnassiers une mastication et une imbibition de salive moins parfaite. Leur salive même est aqueuse et beaucoup moins écumeuse. Les herbivores, au contraire, ont des molaires à couronne large, émoussées et capables de broyer entièrement. En effet, la mastication chez eux est complète ; déjà dans la bouche ils transforment leur nourriture en une sorte de pâte ; cette action est rendue possible par une salive écumeuse et contenant beaucoup d'air. Chez les ruminants cette pâte est même ramenée pour la seconde fois dans la bouche par des mouvements rétrogrades de l'estomac ; ils réduisent ainsi leur nourriture en plus petits morceaux encore, tout en la mêlant de nouveau à une quantité encore plus grande de salive et d'oxygène.

La construction des parties postérieures de la bouche, du palais et du pharynx est éminemment calculée en vue d'une bonne direction à donner à la nourriture, qui, par la disposition de ces parties, ne peut se diriger ni vers le haut, où se trouvent les ouvertures nasales postérieures, ni en avant dans le larynx et la trachée. Le voile du palais qui est suspendu au fond de la bouche, forme, pour ainsi dire, un rideau que le bol alimentaire doit soulever pour arriver dans l'œsophage. La voûte palatine, qu'on peut voir en ouvrant la bouche, se resserre à l'entrée en rapprochant ses deux portions. Ainsi pressé de toute part, le bol alimentaire passe sous le voile du palais, qui l'empêche de remonter en haut dans les ouvertures nasales postérieures, glisse par-dessus l'épiglotte qui protége l'entrée de la trachée-artère, et arrive à l'entrée du pharynx, d'où les fibres musculaires par leurs contractions le poussent jusqu'à l'estomac. Dans ce trajet l'ouverture de la glotte dans le larynx offre les plus grandes difficultés. C'est dans le pharynx, situé derrière le voile du palais,

que s'ouvrent les voies respiratoires et le canal alimentaire. C'est
par le nez et avec la bouche fermée, que se fait une respiration

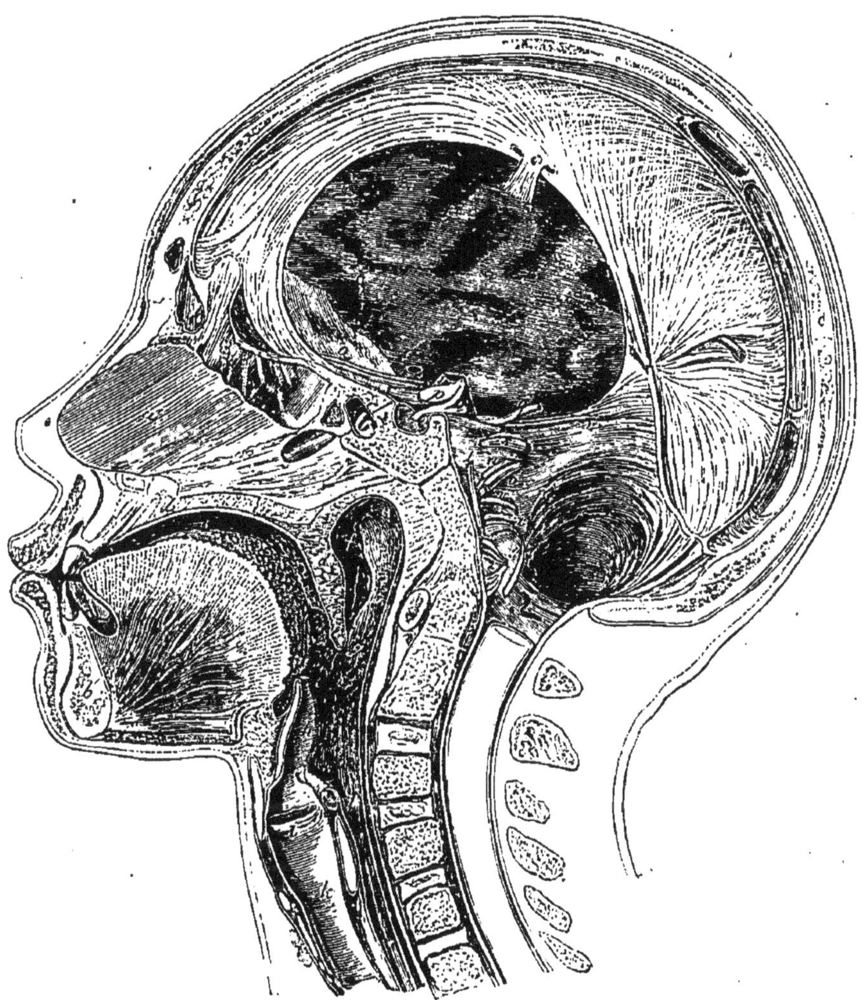

Fig. 17. — Coupe longitudinale de la tête et de la partie supérieure du cou dans la
la ligne médiane. — *a*, lèvres supérieures; *a'*, cloison du nez ; *b*, le palais osseux
séparant la cavité nasale de la cavité buccale ; *c*, la langue; *d*, le palais mou qui
pend comme un voile et sépare la cavité nasale de la cavité buccale postérieure
derrière la langue ; *e*, la luette ; *f*, ouverture postérieure de la cavité nasale dans
le pharynx ; *g*, pharynx ; *h*, épiglotte ; *i*, glotte ; *k*, larynx ; *l*, œsophage. Les
autres lettres de la figure seront expliquées plus tard.

régulière, normale et tranquille. L'air traverse les fosses nasales,
les ouvertures nasales postérieures, pénètre de là dans le pharynx,

et, à travers la glotte, dans le larynx, dont la saillie est vulgaire-
ment appelé pomme d'Adam. Pour arriver aux poumons, il descend par la trachée-artère, que l'on rencontre immédiatement
sous la peau. Quant à l'œsophage, il s'appuie à la colonne vertébrale ; il s'ensuit que chaque bol alimentaire doit glisser par-
dessus la glotte pour arriver à l'œsophage et que chaque aspiration doit traverser en biais la voie respiratoire. Pendant la déglutition, l'épiglotte ferme la glotte en se rabattant sur elle ; si
cette occlusion était incomplète, le bol entrerait facilement dans
la glotte qui est très-impressionnable, ou même encore dans le
larynx. Cet accident peut amener une toux violente et quelquefois même la suffocation.

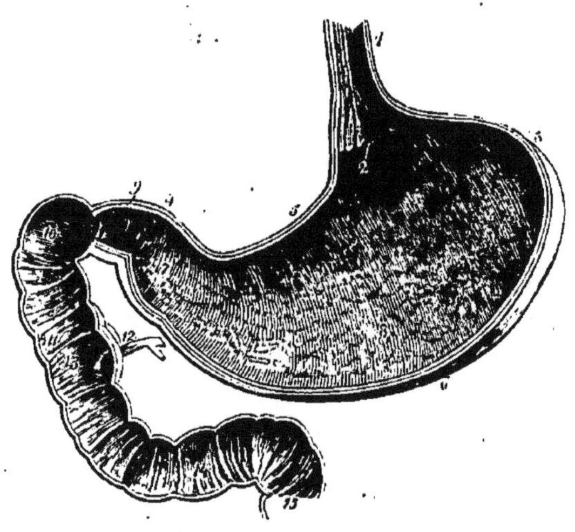

Fig. 18. — L'estomac en relation avec le duodénum et l'extrémité inférieure de
l'œsophage, ouvert de telle sorte qu'on puisse voir la surface interne. — 1, extrémité inférieure de l'œsophage présentant des plis longitudinaux ; 2, ouverture de
l'œsophage dans l'estomac (cardia) ; 3, fond de l'estomac ; 4, partie pylorique ;
5, petite courbure supérieure ; 6, grande courbure de l'estomac ; 7, entrée du pylore ; 8, cavité de l'estomac ; 9, pylore ; 10, partie transversale ; 11, partie descendante du duodénum ; 12, conduit biliaire et pancréatique ; 13, orifice de ces
canaux excréteurs dans l'intestin ; 14, extrémité inférieure du duodénum ; 15, intestin grêle.

Chaque bouchée arrive ainsi séparément dans l'estomac, qui
est une poche simple munie de minces parois musculeuses. Une
opinion accréditée presque partout, non-seulement dans le peuple, mais encore dans les classes instruites, veut que l'estomac

opère une nouvelle mastication et triture à son tour les aliments. Cette opinion complétement erronée nous vient de l'examen de l'estomac des volailles, poulets et canards, que nous mangeons ; ces oiseaux ont, en effet, un estomac à parois musculaires épaisses qui est capable de triturer les graines. Chez l'homme cette activité musculaire est réduite à des dilatations et à des contractions sans importance, qui dirigent seulement les matières contenues dans l'estomac de haut en bas vers le pylore. Si ces matières n'entrent pas dans l'intestin par cet orifice, elles suivent le bord supérieur de l'estomac et s'avancent jusque vers l'orifice d'entrée ; ce qui fait que ces matières qu'on nomme « le chyme » décrivent un cercle le long des parois de l'estomac.

Les mouvements de l'estomac sont ordinairement si insensibles, que l'individu en bonne santé ne les perçoit même pas. Ils deviennent très-sensibles, au contraire, quand ils provoquent le vomissement. Cet acte est généralement précédé d'une grande dépression de toutes les forces vitales, de frissons, de pâleur et de tremblements convulsifs ; la respiration devient lente, le pouls faible, on arrive même souvent à un état voisin de la syncope. En même temps on sent distinctement les mouvements vermiculaires de l'estomac, surtout ceux de la région du pylore. Au moment même du vomissement, le pylore se contracte violemment et produit ainsi une pression assez forte contre le contenu de l'estomac. A ces symptômes viennent s'ajouter la contraction croissante des muscles abdominaux et celle du diaphragme, puis enfin la dilatation par l'air, introduit dans l'estomac par chaque inspiration. L'effet des muscles abdominaux est si important, que leur seule contraction peut produire le vomissement chez des animaux auxquels on a enlevé l'estomac pour y substituer une vessie de porc pleine. Mais c'est aller trop loin que de prétendre que l'estomac reste complétement inactif pendant le vomissement ; car on peut prouver par des expériences en sens inverse que les contractions de l'estomac, et surtout celles du pylore, ont aussi une importance capitale. Chaque moteur, à lui seul, soit l'estomac, soit l'action réunie de tous les muscles abdominaux, peut provoquer le vomissement ; mais ordinairement ils agissent ensemble.

Après le vomissement les symptômes deviennent tout à fait analogues à ceux qu'on observe dans une attaque de fièvre ; la chaleur revient aux extrémités, la peau rougit, devient moite et humide ; et les divers phénomènes ayant rapport au système nerveux disparaissent. Quelquefois il succède au vomissement une période très-désagréable et même douloureuse dans laquelle l'estomac, violemment contracté se dilate par lui-même et aspire de l'air au moyen de l'œsophage. Peu à peu tout rentre dans l'état normal, à moins que la cause du vomissement ne se prolonge, comme dans le mal de mer.

Les mêmes causes se peuvent rencontrer aussi bien dans l'estomac lui-même que dans d'autres parties du corps. Il y a des maladies de l'estomac dans lesquelles on observe de constants vomissements ; des irritations mécaniques comme, par exemple, des chocs dans le creux de l'estomac, des maladies ayant leur siége dans la partie de l'intestin qui avoisine cet organe, provoquent souvent ces contractions anormales. Une autre cause de vomissements est la contraction des muscles abdominaux qui a lieu souvent pendant une toux violente ou par suite d'une immersion subite dans l'eau froide. Les irritations à la base de la langue, au palais et à l'épiglotte sont aussi inévitablement suivies de vomissements, ainsi que l'absorption de certains médicaments parmi lesquels nous mentionnerons en premier lieu l'émétique (le tartre stibié) et l'ipécacuanha. L'union intime qui existe entre l'estomac et le cerveau mérite aussi d'être examinée. Souvent les seuls symptômes du commencement de l'encéphalite chez un enfant sont de fréquents vomissements. De même les hémicéphalalgies, les migraines ne sont souvent que des résultats de l'état maladif de l'estomac. Un vomissement les fait ordinairement cesser. Des ébranlements dans le cerveau produits par un choc ou une chute font presque toujours vomir. Les vomitifs mentionnés plus haut n'ont pas une influence directe sur l'estomac, ils agissent plutôt par le système nerveux. On peut, en injectant de l'émétique dans le sang, obtenir le même résultat qu'en l'introduisant dans l'estomac. C'est aussi à l'influence du système nerveux que sont dus les nausées et les vomissements que provoquent, suivant la plus ou moins grande sensibilité des personnes qui y sont sujettes, les impressions violentes et certaines images nauséabondes.

Le *suc gastrique* est le seul élément qui, par son action, transforme les aliments en une pâte uniforme ; c'est une liqueur légèrement acidulée et que les nombreuses glandes gastriques de la muqueuse de l'estomac produisent en si grande quantité, qu'un homme de trente ans, à ce qu'on assure, peut en sécréter jusqu'à quinze litres en vingt-quatre heures. Des expériences, déjà anciennes, ont clairement démontré cette influence du suc gastrique. On fit avaler à des poules, à des canards et à des chiens des petits tubes creux de fer-blanc ou de bois, à parois perforées, ce qui permettait au suc gastrique d'imbiber les matières contenues dans ces petits tubes, sans que ces aliments fussent en contact avec les parois de l'estomac. Quelque temps après, on retirait ces appareils au moyen de fils qu'on y avait attachés ; grâce à cet artifice, on pouvait étudier l'influence de la digestion. On a trouvé que les tubes étaient vides ; le suc gastrique, par sa seule influence, avait donc fait digérer et dissoudre les aliments.

Le suc gastrique est ordinairement acide. Chez l'individu à jeun, cette sécrétion est peu abondante, et les mucosités que l'on trouve alors dans l'estomac présentent une réaction très-peu acide, neutre, et même faiblement alcaline. Cette mucosité se compose surtout de débris d'anciennes cellules qui se détachent de la muqueuse interne de l'estomac. Dès que les nerfs gastriques sont irrités, que cette irritation provienne du système nerveux central ou qu'elle soit seulement mécanique, comme par exemple l'attouchement de la muqueuse de l'estomac, on voit aussitôt les glandes gastriques sécréter le suc gastrique acide qu'elles contiennent. Ce suc apparaît d'abord en petites gouttelettes, puis en un filet continu qui s'échappe des ouvertures des glandes. L'acide libre, dont la sécrétion dans les glandes gastriques est démontrée, est l'acide chlorhydrique. Pour que le suc gastrique ait une influence dissolvante sur des matières albuminoïdes, la production d'une certaine quantité d'acide chlorhydrique est nécessaire. L'absence de cet acide fait naître une fermentation putride. S'il y a trop d'acide, la digestion est retardée ; la pyrosis qui se produit par suite de cette sécrétion trop abondante nous en fournit la preuve. Si l'on mêle à des aliments, et cela en dehors du corps, du suc gastrique, ils sont digérés de même, tandis que l'acide chlorhydrique étendu d'eau n'a à lui seul qu'une influence nulle ou très-faible qui n'est pas comparable à celle du suc gastrique.

Il est facile de se procurer un liquide qui ait, même en dehors du corps et à une température convenable, exactement la même action digestive que le suc gastrique dans l'estomac. Il suffit pour cela de rincer l'estomac d'un animal et de mêler au liquide glaireux ainsi obtenu une quantité convenable d'acide. Ce liquide digérera, dans le même temps et de la même manière que l'estomac, de la viande, ainsi que des lambeaux d'albumine et de fibrine, mais cette action n'aura lieu que si on maintient le liquide à une température correspondante à celle du corps. Les substances se dilatent, se divisent, deviennent transparentes et se dissolvent enfin en formant un liquide trouble et un peu pâteux. Ce dernier est tout à fait semblable au chyme. On a prouvé par de nombreuses expériences chimiques que le principe digestif de ce liquide, tout comme celui du suc gastrique, se trouve dans une substance organique particulière dont la composition offre beaucoup d'analogie avec celle de l'albumine ; c'est un ferment d'une espèce particulière. En présence d'un acide libre quelconque, mais surtout de l'acide chlorhydrique, il décompose immédiatement les principes élémentaires du sang. Cette substance digestive, appelée *pepsine*, se rencontre dans la caillette du veau et a la propriété de coaguler immédiatement la caséine du lait. Chacun sait que le fait le plus remarquable dans cette coagulation est la petite quantité de présure nécéssaire pour cailler une grande quantité de lait. La pepsine agit toujours en très-petite proportion, mais comme on n'a pu encore l'obtenir chimiquement pure, il est difficile de dire quelle est la quantité de cette substance qui produit le maximum de force digestive dans un liquide donné. Il semble que la pepsine soit une sorte de ferment dont la présence seule, lorsqu'elle est combinée avec un acide, suffit pour déterminer la dissolution des corps albuminoïdes auxquels elle se trouve mêlée. C'est la même action que celle de la levûre à l'égard du sucre et celle de la diastase à l'égard des substances amylacées. Quoiqu'on puisse déjà se procurer dans le commerce la pepsine nécessaire dans les cas de digestion incomplète, on n'a pu encore déterminer exactement sa composition chimique. Il faut donc se borner, dans les essais que l'on fait au moyen de cette pepsine, placée dans de petites fioles, à déterminer sa quantité par l'action plus ou moins grande qu'elle a sur les substances à digérer. On a trouvé par l'expérience, cette règle générale, que la moindre quantité en plus ou en moins d'acide ou de pepsine retarde la digestion ou l'arrête même complétement : au contraire, une proportion exacte des deux facteurs développe le maximum d'énergie digestive. Une certaine quantité d'eau est tout aussi nécessaire dans cette action ; le suc digestif artificiel perd complétement sa force dès qu'il est trop concentré et recommence à digérer aussitôt qu'il est étendu d'eau. C'est une preuve que la pepsine n'a d'influence que comme ferment et qu'elle ne se combine pas avec les corps albuminoïdes.

La transformation qui s'opère dans ces corps albuminoïdes n'a pas de rapport avec leur composition chimique, elle est au contraire d'une nature toute physique. Ces corps, une fois digérés, ont été appelés *peptones*. La cuisson ou l'influence d'acides peu énergiques ne peut plus les ramener à la coagulation. Au moyen de l'alcool absolu, ainsi que de certains sels métalliques, de l'acide tannique et des éléments de la bile, on peut même les précipiter dans une solution acide. Le suc gastrique n'agit pas seulement sur les corps albuminoïdes, mais

encore sur les substances collagènes, ou productrices de colle,
c'est-à-dire les tendons, les os, les cartilages, etc. Ces substances
se transforment alors en une colle, qui conserve à l'origine sa
faculté de se transformer en gélatine, mais la perd dans la
suite. Cette action de l'acide est maintenant utilisée dans la fabrication de la colle liquide.

On a pu voir ainsi que déjà, dans l'estomac, les aliments sont
mêlés à deux ferments qui, tout en ayant des effets différents,
ne se nuisent pourtant pas dans leur influence particulière. Ces
substances sont : d'abord la salive, dont l'action se porte sur
l'amidon réchauffé et cuit ; en second lieu, le suc gastrique aci-
dulé, qui transforme les corps albuminoïdes en peptones dissous
et les substances collagènes en colle dissoute. Nous verrons que
cette double influence, soit sur les corps albuminoïdes, soit sur
les substances amylacées, se répète encore sur le chemin que les
aliments parcourent dans l'intestin ; elle se fait d'après le procédé qu'emploie le chimiste qui veut extraire d'une substance les
parties solubles ; pour cela, en effet, il prendra tantôt les acides,
tantôt les alcalis.

Le résultat de la digestion est un liquide blanchâtre et homogène, le *chyme*, dont la réaction est acide, grâce à la présence du
suc gastrique. Il est clair que ce liquide ne représente pas la nourriture entièrement dissoute ; c'est un mélange de substances dont
les unes sont dissoutes, d'autres chimiquement transformées,
d'autres enfin seulement ramollies. On y rencontre en dissolution
les sels inorganiques, et aussi les substances organiques qui,
comme le sucre, par exemple, se dissolvent facilement en présence de l'eau ou d'un acide peu énergique. Les carbonates sont
décomposés, les corps organiques ramenés à leurs éléments, qui
sont des cellules, des fibres et des petits disques, à l'exception
pourtant des fibres ligneuses et des parties cornées. Les plumes,
les ongles, les cheveux, les glumes des graminées et les coques des
fruits restent tels quels dans l'estomac. La graisse, sous l'influence
de la haute température de l'estomac, qui est de trente-sept degrés et demi centigrades, se liquéfie en général ; on la retrouve en

gouttes au milieu du chyme. La caséine du lait se caille d'abord dans l'estomac, mais se change bientôt en une gélatine sans structure définie. Le même effet s'observe sur les fibres musculaires, le cartilage, la fibrine coagulée, et même les os, en un mot, sur la plupart des substances animales. Quant aux substances amylacées, elles semblent éprouver des modifications chimiques. Leur propriété de se changer en dextrine et en sucre de raisin est d'autant plus grande qu'elles sont mêlées à plus de salive. La plupart des espèces de sucre entrent dans une fermentation acide; la fibrine et l'albumine, une fois dissoutes dans l'estomac, perdent en grande partie leur faculté de se coaguler, elles ont donc éprouvé aussi des modifications importantes.

Aussitôt que le chyme a dépassé le pylore et qu'il est entré dans l'intestin grêle, il rencontre sur sa route les sécrétions de deux glandes importantes : le pancréas et le foie. Le foie surtout a joué de tous temps un grand rôle dans les doctrines médicales, dans les idées physiologiques des médecins et même dans les préjugés populaires. Dans beaucoup des pays d'Europe, on considère la bile comme cause de la moitié des maladies au moins. Beaucoup de ces préjugés sont immédiatement réfutables, d'autres ne le sont que sous certaines conditions; malheureusement on ne peut formuler aucune affirmation sur la plupart d'entre eux. Nous sommes forcé d'avouer que de toutes les influences diverses qui entrent en jeu dans l'acte de la digestion, celle de la bile est la moins connue. Ce n'est que dans ces derniers temps qu'on a expliqué d'une manière satisfaisante la structure du foie. Déjà, par la disposition de ses vaisseaux sanguins, le foie se distingue de toutes les autres glandes. L'artère qui le nourrit est sans proportion avec la grandeur de la glande, et ses grands réseaux à larges mailles nous montrent qu'évidemment le rôle de cette artère n'est pas considérable dans la sécrétion de la bile. Il semble qu'elle sert plutôt à nourrir le tissu même de la glande. Pour compenser ce développement si faible des artères hépatiques, tout le sang veineux qui revient de l'intestin se dirige en un seul tronc vers le foie; les parties supérieure et inférieure de l'intestin

n'ayant pas de rapport avec la digestion et l'absorption, ne déversent pas leur sang dans ce tronc, appelé la *veine porte*. Ce
tronc veineux se ramifie de nouveau dans le foie, et joue, à l'é-
gard de cette glande, le même rôle que les artères dans les
autres glandes sécrétantes.

Fig. 19. — Réseau capillaire du foie injecté depuis les veines sus-hépatiques.

La veine porte forme donc dans le foie des réseaux capillaires
très-caractéristiques, d'où naissent peu à peu des veines hépatiques qui portent le sang dans la grande veine cave et de là dans
l'oreillette droite du cœur. Les substances qui, après leur extraction par l'intestin, ont été reçues dans le sang, n'entrent donc
pas immédiatement dans la circulation générale, elles traversent auparavant les capillaires de la veine porte.

Cette disposition singulière des vaisseaux sanguins n'est cependant pas la seule exception aux conditions ordinaires de la
structure des glandes que l'on rencontre dans le foie. Toutes les
autres glandes du corps ont au moins ceci de commun entre
elles, qu'elles sont formées de canaux commençant en forme de
cul-de-sac et dont la réunion finit par former le canal excré-
teur commun par lequel sont expulsés les produits de la sécrétion. Les canaux excréteurs des glandes ont un diamètre
beaucoup plus grand que celui des capillaires et sont entourés

par les mailles de ces derniers. On peut se représenter les canaux
excréteurs des glandes avec les vaisseaux qui les enveloppent
comme une main dans un gant de soie. Les doigts représenteraient les canaux glandulaires ; le tissu de la soie, les réseaux
sanguins. La conformation des canaux biliaires du foie est toute
différente. Ils finissent par une sorte de réseau dont les canaux
sont tout aussi fins que ceux des capillaires, mais qui ont aussi
des mailles beaucoup plus lâches, ce qui permet de les distinguer facilement des capillaires sanguins.
Tous les observateurs s'accordent sur ce
point ; les divergences portent sur d'autres
points. En effet, la substance du foie est formée surtout de cellules plates, assez irrégu-
lières, qui s'appliquent les unes contre les
autres, en rangées ou en réseaux, et forment
ainsi de petits amas séparés les uns des autres par une faible quantité de tissu conjonctif. Les cellules du foie présentent quelquefois jusqu'à deux noyaux, une masse intérieure terne et un peu jaunâtre dans laquelle il y a encore de petites gouttelettes

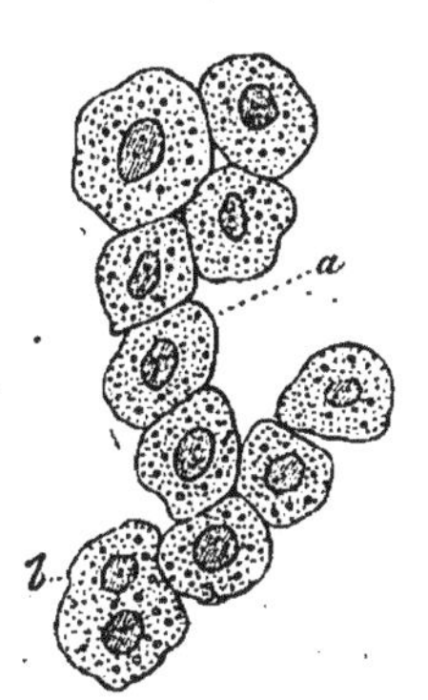

Fig. 20 — Cellules du
foie isolées ; *a*, à nu-
cléus simple ; *b*, à nu-
cléus double.

de graisse et de tous petits grains de biliverdine et d'amidon.

Ces petits lobules, formés par une certaine disposition des
cellules, montrent au centre une veine d'où rayonne, en s'amin-
cissant toujours vers la périphérie du lobule, un réseau conjonctif composé de petits trabécules.

Les conduits de la bile forment, en outre, un réseau très-fin
autour de ces lobules ; de ce réseau partent de tout petits
tubes aboutissant au lobule même.

Les canalicules entourent-ils les cellules hépatiques comme
le ferait un tissu capillaire? Leurs membranes passeraient elles
dans le tissu conjonctif ; les cellules seraient-elles, pour ainsi
dire, placées au milieu même de renflements formés par les capillaires de la bile? Les cellules hépatiques remplissent-elles
complétement cet espace, ce qui ferait qu'il n'y aurait échange

de matière que de cellule à cellule, ou bien y a-t-il assez d'espace pour permettre à la bile de circuler entre ces cellules?

Toutes ces questions ne sont pas encore définitivement résolues. La seule chose qui soit certaine, c'est que ce sont les cellules hépatiques qui forment la bile, et que la bile est enfin
déversée par les canaux biliaires dans sa vésicule et de là par le
canal dit cholédoque dans l'intestin.

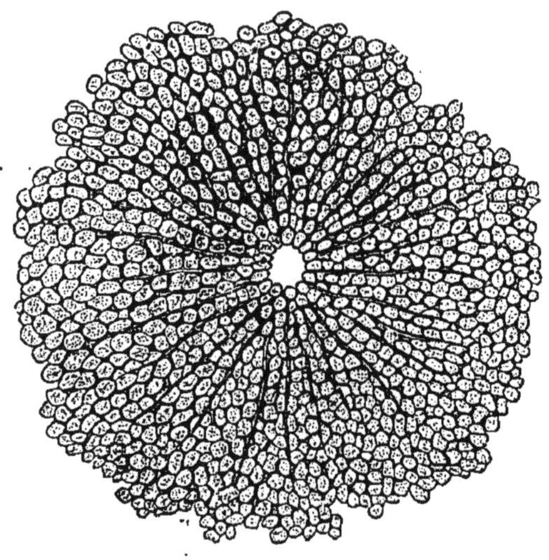

Fig. 21. — Arrangement des cellules du foie dans un lobule coupé transversalement, avec la coupe de la veine hépatique au milieu.

La *bile* elle-même est un liquide clair, amer, d'un jaune verdâtre, qui déjà, dans la vésicule biliaire, possède une réaction
alcaline par suite d'un commencement de décomposition qui
s'opère très-facilement et a suscité de grandes discussions entre
les chimistes. On en est enfin arrivé à s'assurer que la bile est
une dissolution de sels de soude alcalins, qui sont produits par
deux acides particuliers ayant dans leur composition cette analogie avec les acides gras, qu'ils sont très-riches en carbone. Ces
deux acides contiennent, en outre, une petite quantité d'azote.
L'un, l'acide taurocholique, contient un peu de soufre, et l'autre,
l'acide glycocholique, n'en contient pas. Leur analogie avec les
acides gras est d'autant plus manifeste encore qu'ils sont tous
deux des combinaisons doubles d'un acide non azoté, l'acide

cholique, avec la taurine d'un côté et avec la glycine de l'autre.
Ils apparaissent dans la bile combinés avec la soude pour former
des savons. En outre, il y a encore dans la bile deux graisses
neutres, l'élaïne et la margarine, une substance particulière
semblable à la cire appelée la cholestérine, et enfin une substance colorante, très-facilement décomposable, qui passe par
l'oxydation en deux autres substances colorantes, une verte et
une brune. Ces deux dernières sont peu à peu transformées en
résine dans l'intestin, et donnent aux excréments leur couleur
plus ou moins foncée. Il résulte de cette composition que la bile
est, dans son ensemble, une sécrétion très-carbonée ; elle est
donc l'opposé de l'urine dans les substances organiques de laquelle l'azote joue le plus grand rôle. La bile d'un décapité de
quarante-neuf ans contenait sur mille parties 827,7 d'eau,
177,5 de parties solides, parmi lesquelles 107,9 d'alcalis biliaires (savons), 47,5 de graisses non saponifiées et de cholestérine ; 22,1 de substances colorantes et de mucosités, et 10,8
de sels inorganiques.

Des expériences faites sur des chiens ont prouvé qu'un homme
adulte, pesant 150 livres, prépare dans son foie et fait passer
dans le duodénum un litre et demi de bile environ en vingt-
quatre heures. Ce calcul cependant paraît fort sujet à caution,
car la quantité de bile sécrétée dépend de la nourriture ainsi
que de la digestion des corps albuminoïdes. Le liquide même de
la bile varie beaucoup. Des expériences comparatives sur l'alimentation et les excréments nous ont en outre prouvé qu'un
huitième au plus des parties solubles de la bile est expulsé avec
les excréments, et que les sept huitièmes restants sont absorbés
de nouveau par l'intestin. Il ne faut donc pas regarder la bile
comme une simple excrétion de l'économie ; il est même préférable de la ranger dans les liquides servant aux transformations
intérieures et à la métamorphose des substances du corps. Ces
substances rentrent dans le sang après avoir terminé leur œuvre
dans l'intestin.

Quels services la bile nous rend-elle ? C'est là une question difficile à résoudre; malgré toutes les recherches qu'on a pu faire, on n'a obtenu que petit à petit des données positives à cet égard. L'importance des fonctions du foie nous est déjà démontrée par son apparence extérieure et par les maladies qui l'affectent. En outre, la présence de cet organe a été constatée chez presque tous les animaux, elle atteint parfois chez eux un volume assez considérable. Une destruction maladive du foie amène presque inévitablement la mort, et des essais faits sur des animaux nous prouvent que la déviation de la bile hors du corps peut porter atteinte à la vie. On a tenté à ce sujet de nombreuses expériences. On a fermé et même tranché le canal biliaire d'un chien, de sorte que la bile n'entrait plus dans l'intestin. Pour ne pas empêcher la sécrétion même de la bile, on a ouvert la vésicule biliaire en faisant correspondre cette ouverture avec la paroi du ventre. De cette manière la fonction du foie lui-même n'était nullement entravée. La bile se sécrétait après comme avant, mais elle était conduite au dehors par une fistule artificielle au lieu d'être versée directement dans l'intestin. Tous les animaux opérés ainsi, s'ils ne succombaient pas à l'opération, montraient une grande voracité; s'ils vivaient encore quelque temps, ils devenaient excessivement maigres; la graisse surtout disparaissait chez eux. Chez quelques rares individus dont la faculté digestive de l'estomac était assez puissante pour résister à la grande quantité de nourriture avalée, l'équilibre se rétablissait malgré la perte de la bile; mais la plupart des animaux périssaient d'inanition. Chez tous les individus opérés, on a remarqué une odeur très-forte des excréments, même de l'air qu'ils expiraient, preuve suffisante de l'influence antiseptique de la bile sur le contenu de l'intestin. Quand même la digestion stomacale n'avait pas été troublée, il est évident que l'absence de la bile avait pour effet d'amener la putréfaction des substances azotées qui se trouvaient dans l'intestin et de provoquer, en outre, une fermentation trop acide des substances végétales. C'était là une grande source de maladies.

Une seconde action importante de la bile est de permettre

l'absorption de la graisse et son passage dans les vaisseaux lymphatiques.

Une loi constante dans la théorie de la pénétrabilité des membranes animales par des liquides, affirme qu'il n'y a que des liquides capables de se mélanger entre eux et avec le liquide humectant la membrane, qui puissent traverser celle-ci. L'huile et la graisse, par exemple, ne traversent pas une membrane humectée d'eau, et *vice versa*. Or, les membranes et les villosités de l'intestin, les parois des vaisseaux absorbants, le chyme, enfin toutes les substances animales qui entrent en jeu dans la digestion et l'absorption, sont humectées de liquides aqueux. Il serait donc physiquement impossible que ces membranes puissent permettre à la graisse de les traverser et d'entrer dans le chyle. Cette absorption est rendue possible par l'action chimique suivante : Les savons sont des combinaisons graisseuses solubles dans l'eau; ce sont des sels d'acides gras combinés avec des bases alcalines. Il est vrai que la bile possède la faculté de produire des savons solubles en se combinant avec des acides gras. Mais comme en général on ne mange que des graisses neutres, cette propriété de la bile ne peut se mettre en jeu que lorsqu'il se forme des acides gras dans l'intestin même. Or, cette formation n'est possible qu'à la condition d'être très-lente. Comme il faut pour cela l'action des alcalis contenus dans la bile, il n'y aura qu'une petite partie de la graisse ingérée qui se changera en acide gras. La bile, le suc pancréatique et le suc intestinal servent alors à faire passer dans le sang la graisse restée neutre, leur action n'est que mécanique. Tous ceux qui peignent à l'encre de Chine ou à l'aquarelle savent qu'il suffit d'un peu de bile (les peintres se servent ordinairement de bile de brochet) pour donner à la couleur la faculté de s'étendre d'une façon uniforme sur du papier gras. La graisse, à l'état liquide, s'élève dans des tubes capillaires imprégnés de bile, et non dans des tubes humectés d'eau. La bile est par conséquent l'intermédiaire permettant le mélange des liquides gras avec les liquides aqueux. Elle rend possible aussi le contact des villosités de l'intestin avec les graisses que renferme ce dernier, et enfin le passage de cette graisse à travers la substance de ces villosités, qui est pourtant imbibée d'eau. Par ce moyen, la graisse arrive jusqu'aux canaux chylifères. Les savants ne sont pas complétement d'accord au sujet de quelques faits que l'on observe dans ce passage de la graisse à travers les villosités. Les uns ont pensé que les cellules des villosités ne sont fermées que par un tampon glaireux, d'autres ont admis la présence d'une cuticule poreuse, servant à fermer la villosité. On est cependant d'accord sur ce point que des particules infiniment petites de graisse neutre peuvent pénétrer à travers les cellules des villosités jusqu'au canal axile. Non-seulement la bile, qui joue évidemment le rôle principal dans cet acte, mais encore le suc pancréatique, le suc intestinal et la mucosité de l'intestin tendent à diviser en particules la graisse introduite dans l'intestin. Ces globules ou gouttelettes graisseuses, infiniment petites, entrent alors dans les cellules des villosités, les remplissent, les traversent ainsi que la masse spongieuse de la villosité, pour arriver enfin dans le canal axile qui les dirige dans les vaisseaux chylifères. On peut examiner cette action dans son entier sur des animaux tués quelques heures après qu'ils ont absorbé de la graisse. On a pu aussi l'étudier chez des hommes morts de mort violente et qui avaient mangé, peu de temps auparavant, des aliments contenant de la graisse. Comme le suc pancréatique et le suc intestinal ont aussi leur rôle dans cet acte de sélection, il ne faut pas s'étonner que même après la cessation de l'influence du foie et l'éloignement complet de la bile hors de l'intestin, une quantité très-minime de graisse puisse pénétrer dans les villosités et de là dans les vaisseaux chylifères. Il ne faut point oublier non plus un autre agent qui joue son rôle dans l'absorption en général et dans celle de la graisse en particulier. L'irritation produite par la bile fait contracter violemment toutes les fibres musculaires non soumises à la volonté. Au contact de la bile, les villosités se contractent énergiquement, grâce à la présence de ces fibres musculaires. De cette façon la graisse qu'elles contiennent arrive dans les vaisseaux chylifères et peut continuer sa route. En même temps, la villosité peut absorber de nouvelles gouttelettes de graisse.

Rappelons encore ici quelques faits sur lesquels nous reviendrons peut-être plus tard. La structure même du foie, comme nous l'avons expliqué plus haut, prouve qu'il y a un échange considérable entre le sang et la bile une fois sécrétée. La disposition de la circulation qui fait filtrer tout le sang venant de l'intestin à travers le foie, avant de lui permettre de circuler dans le corps, prouve que la bile est chargée d'une fonction particulière par rapport au sang.

Toutes ces opinions se confirment complétement par un examen approfondi. Dans le foie, il se passe des transformations chimiques très-importantes et que nous ne connaissons qu'en partie.

Il est hors de doute que la plupart des substances qui forment la bile prennent naissance dans le foie même ; elles ne seraient donc pas simplement extraites du sang, comme cela a lieu dans d'autres glandes. Des grenouilles auxquelles on a ôté le foie peuvent vivre des semaines entières. Si les substances qui composent la bile se trouvaient formées dans le sang, on devrait les retrouver dans le corps, après cette opération. Mais il n'en est pas ainsi. Cela nous prouve que les éléments de la bile sont formés dans le foie même au moyen du sang. Les grains d'amidon qui se trouvent dans les cellules du foie, combinés à un ferment appelé *glycogène*, donnent aussi naissance, même dans un foie sain, à une certaine quantité de sucre de raisin. Le glycogène manque tout à fait dans le foie, si le sucre y fait aussi défaut. Il est hors de doute, et l'expérience l'a prouvé, que ce sucre du foie n'est pas amené par la veine porte, ou par un autre organe, mais qu'il se forme d'une façon indépendante dans le foie lui-même. Du foie il passe dans les veines hépatiques et arrive aux poumons à travers le cœur. Il disparaît en grande partie dans l'acte de la respiration. Il est intéressant de savoir que ce même sucre qui ordinairement ne se trouve que dans le foie, se rencontre dans le sang et dans l'urine dans certaines maladies. On connaît depuis longtemps chez l'homme une maladie particulière appelée le diabète sucré (*diabetes mellitus*), dans laquelle l'urine, dont la production est alors abondante, contient une quantité appréciable de sucre. On peut produire la même maladie chez les animaux en blessant la moelle épinière dans sa partie supérieure, ou la moelle allongée au sinus rhomboïdal. Trois ou quatre heures après cette opération, le sucre se montre dans l'urine et disparaît aussitôt qu'on empêche l'arrivée de la bile dans le sang ou dans l'intestin au moyen d'une ligature des vaisseaux et du canal biliaire. Ces divers changements ont probablement pour cause une dilatation passagère ou durable des vaisseaux du foie. Cette dilatation, conséquence de la blessure faite aux nerfs, amène le passage rapide du sucre dans le sang. On ne s'expliquait pas autrefois l'origine de cette maladie ; la rapidité de tous ces actes nous est démontrée aussi par beaucoup d'autres maladies ; la jaunisse, par exemple, se présente souvent après une colère violente ; elle provient du passage de la biliverdine dans le sang. La colère semble en effet avoir, sur le système nerveux central, une influence analogue à celle d'une blessure pratiquée au sinus rhomboïdal.

Les échanges de substance sont très-actifs dans le foie, nous en avons encore d'autres preuves. Nous connaissons toute une série de poisons végétaux ou animaux dont l'influence mortelle ne peut avoir lieu que par leur entrée dans le sang. Le curare, ce célèbre poison dont les Indiens enduisent leurs flèches, et le venin des serpents[1], sont les plus connus sous ce rapport. On savait depuis longtemps que le poison de la vipère par exemple, même introduit en grande quantité dans l'estomac, n'exerce par là aucune influence sur l'organisme. La morsure du serpent, au

---

[1] On croit encore dans bien des pays que le serpent *pique*, car il est écrit : « Il écrasera la tête du serpent, mais le serpent le piquera au talon. » Nous avons, en Europe, quelques espèces de serpents venimeux, des vipères, qui, comme tous leurs congénères, possèdent une glande à venin de chaque côté du crâne et des crocs canaliculés dans la mâchoire. Au moment où le serpent mord, le suc de ces glandes s'écoule dans la blessure en passant par les deux dents crochues et creuses, qui se dressent lorsque l'animal ouvre la bouche. Le serpent ne pique donc pas, il mord.

contraire, par laquelle il arrive une bien moins grande quantité de venin dans le sang, peut amener la mort. Cette propriété du venin nous donne en même temps le meilleur moyen pour guérir un individu mordu par un reptile venimeux, d'une façon peu dangereuse pour celui qui opère cette guérison. C'est la succion immédiate du venin qui se trouve dans la blessure, avant que ce venin ait pénétré dans le sang. Il me souvient d'avoir lu, dans les ouvrages à l'usage de la jeunesse et dans certains journaux, le récit de plusieurs accidents analogues. On y qualifiait l'opération que nous venons de mentionner d'acte d'héroïsme surhumain et de dévouement extraordinaire. C'est pourtant l'acte de dévouement le moins dangereux que l'on puisse accomplir. Un homme blessé dans une partie de son corps qui lui permette d'opérer lui-même la succion de la plaie, comme par exemple à la main ou à l'avantbras, peut se donner à lui-même le secours le plus efficace, il peut même, et cela sans danger, avaler ce qu'il a sucé, pourvu qu'il n'ait aucune plaie ou gerçure aux lèvres ou à la langue. Les venins que nous venons d'énumérer, sont quant à leur quantité, dans le même rapport avec la masse du sang que la pepsine au lait ou la levûre au sucre. Ce sont des ferments dont l'introduction dans le sang, même en très-petite quantité, provoque une décomposition mortelle de la masse sanguine tout entière. S'ils passent au contraire par l'estomac, ils arrivent dans le sang de la veine porte, de là dans le foie et dans les capillaires de cet organe. Là ils seront décomposés complétement, ce qui leur ôte toute influence sur les centres vitaux et en particulier sur le système nerveux. On peut facilement prouver que c'est justement grâce à leur passage dans le foie que ces venins sont détruits. Le foie est donc pour ainsi dire un gardien placé entre l'intestin et le système circulatoire. Une solution de curare injectée dans les poumons produit le même effet que l'introduction immédiate de ce poison dans la masse sanguine. Cette dissolution est absorbée par les capillaires des poumons, et pénètre ainsi dans la grande circulation et jusqu'au centre nerveux, sans avoir préalablement traversé le foie.

Des essais faits sur des grenouilles ont prouvé qu'après l'enlèvement du foie, les poumons séparent beaucoup moins d'acide carbonique de la masse sanguine, que la quantité des globules blancs devient beaucoup plus grande par rapport aux globules rouges, ce qui prouve qu'il se passe de grands changements chimiques dans le foie. Ces transformations favorisent la combustion et la régénération des éléments du sang.

Cessons cette digression pour examiner plus particulièrement les modifications des aliments que contient l'intestin. Nous avons dit plus haut qu'outre la bile, il y avait un second liquide arrivant dans le duodénum situé immédiatement au-dessous de l'estomac. Ce suc est le *suc pancréatique*, produit par la glande du pancréas ; c'est un liquide clair, gluant et transparent comme de l'eau. Il se coagule par la coction et sa fonction principale est de transformer l'amidon en dextrine ou en sucre, et les graisses neutres en acides gras. Il change en même temps les corps albuminoïdes en peptones, comme le ferait le suc gastrique. Il est certain que déjà dans le duodénum le sucre se change en acide lactique par l'influence combinée de la bile et du suc pancréatique. De cet acide lactique naît l'acide butyrique ; ainsi s'achève la transformation des substances amylacées en matières grasses. Le suc pancréatique a sur les graisses le même effet que la bile, il produit avec elles une sorte d'émulsion, et permet leur passage mécanique à travers les villosités de l'intestin dans la masse sanguine.

Après le parcours des substances nutritives à travers le duodénum, partie de l'intestin dans laquelle toutes les influences de la salive, du suc gastrique, de la bile et du suc pancréatique se trouvent concentrées, et où l'activité digestive est la plus grande, vient s'ajouter l'influence du *suc intestinal*. Ce dernier est très-alcalin, mais il n'est sécrété qu'en faible quantité. Comme il contient un ferment, son action principale est de dissoudre la fibrine, les réactions des autres sucs continuent. Comme le suc intestinal contient beaucoup de carbonate de soude, il détruit la réaction acide du chyme, qui était devenu peu à peu jaune verdàtre sous l'influence de la bile. De là vient que dans la partie inférieure de l'intestin on voit dominer la réaction basique. Les éléments du sang dissous par le suc gastrique, comme l'albumine, la fibrine et la caséine, ont disparu presque entièrement dans la partie inférieure de l'intestin et ont été absorbés. Les substances amylacées, transformées en grande partie en sucre, en acide lactique et en acide butyrique, ont été extraites sous forme de graisse. La graisse libre, à son tour, est entrée peu à peu dans la masse du chyle et du sang. Plus le chyme se rapproche du gros intestin, plus sa couleur devient brunâtre, grâce à la transformation de la biliverdine ; il prend alors cette odeur particulière aux excréments que l'on distingue facilement de l'odeur des matières putrides.

L'analyse des excréments prouve que leur masse principale est formée des parties non digérées des aliments, comme la corne, le bois, les parois cellulaires des plantes ; on y trouve encore des restes de bile et de mucosités intestinales. Il y a donc très-peu de matières solubles ; mais en revanche, dans les excréments desséchés, une assez forte proportion de sels. Si l'on abuse de nourriture animale, on y trouve toujours des fibres musculaires non complétement dissoutes, des morceaux de tendons et des tissus cellulaires graisseux. Dans une alimentation végétale, on retrouve telles quelles les formations cellulosiques et ligneuses ; elles sont cependant privées de leur contenu soluble. Si la nourriture est trop végétale, ce sont les granulations d'amidon qui se conservent le plus longtemps ; ce qui fait que par exemple, si l'on mange des pommes de terre, on retrouve presque toujours de l'amidon dans les excréments.

Avant de quitter ce sujet nous devons encore dire quelques mots sur le rôle des gaz dans l'intestin. Avec la salive qui est écumeuse, on avale de l'air, et l'oxygène joue un certain rôle dans les diverses transformations chimiques qui ont pour théâtre l'estomac et l'intestin. Il y a en même temps un échange probable entre les gaz de l'intestin et ceux du sang. On pense qu'il y a imbibition d'oxygène et expulsion d'acide carbonique. Dans

l'intestin grêle et dans le gros intestin, viennent s'ajouter encore
des gaz de fermentation qui diffèrent suivant le genre de nourriture. Si l'alimentation est surtout végétale, on trouvera de
l'hydrogène, de l'hydrogène carboné, ainsi que de petites quantités d'acide sulfhydrique et phosphydrique. A cela vient s'ajouter
l'odeur d'acides gras volatils.

Si nous considérons la digestion dans son ensemble et d'après
ses résultats, nous trouverons que c'est une action chimique,
qui se passe dans l'organisme et a pour but de lui assimiler,
en les séparant des aliments, les substances nécessaires au
corps. Cette assimilation se fait, soit par une simple absorption,
soit par des transformations chimiques plus profondes. Quant à
l'examen des matières nutritives, de leurs aptitudes physiologiques et de leurs rapports avec le corps humain, c'est là un
sujet trop important pour que nous ne le traitions pas dans une
lettre à part.

LETTRE IV

LES ALIMENTS

Jusqu'au jour où, partout enfin,
Régnera la philosophie,
C'est par l'amour et par la faim
Que doit se maintenir la vie,

disait le poëte, il y a plus d'un demi-siècle, en parlant de la nature ; et jusqu'ici ces deux seuls agents ont été, en effet, les sou-
tiens de l'activité et de la vie dans le règne animal tout entier.
L'instinct de conservation règne sans partage et surpasse encore
en intensité celui de la reproduction, dont l'influence se restreint
plutôt à des limites individuelles. Cet instinct pousse chaque
animal à lutter pour son existence et à rechercher les moyens de
la sustenter. Nous verrons plus tard que le corps animal éprouve
sans cesse des pertes notables de matière par la respiration et
par les sécrétions. Sans un renouvellement continuel et complet le corps périt tout entier. Des sensations particulières révèlent les défaillances de l'organisme, et le besoin qu'il éprouve,
d'un renouvellement de substance nutritive. La faim et la soif ne
se font sentir à l'état normal que lorsque l'estomac réclame une
nourriture solide ou liquide. Quelque fréquentes que soient ces
impressions, leur origine est difficile à expliquer. On se demande

en effet si ces sensations proviennent de certains organes en particulier, ou si elles sont du domaine incertain de la sensibilité générale?

Il est patent que l'appétit est immédiatement calmé lorsque l'estomac a reçu une certaine quantité de nourriture solide, et que cet organe, lorsqu'il est à jeun, réclame impérieusement un renouvellement de substances. On ne peut nier que la faim ne soit le résultat d'un état particulier de l'estomac, dont les nerfs traduisent directement l'état à notre conscience. Nous verrons dans une autre lettre quels sont les nerfs qui ont pour fonction plus spéciale de révéler au cerveau les besoins et les sensations de l'estomac. Bornons-nous à mentionner ici que la faim, comme sensation, ne provient pas uniquement de l'estomac, mais que la sensibilité générale joue aussi à cet égard un rôle essentiel. Les substances indigestes et sans utilité pour l'organisme peuvent momentanément apaiser la faim en encombrant l'estomac, mais leur action n'est jamais de longue durée. Des animaux nourris de substances remplissant l'estomac, mais impropres à soutenir l'organisme, présentent tous les symptômes de la faim. Des hommes chez lesquels une blessure de la partie supérieure de l'intestin livrait passage au chyme non encore digéré, étaient insatiables malgré la réplétion de leur estomac. Mais, d'autre part, la faim se fait sentir pour d'autres causes encore que le vide de l'estomac. Au premier réveil, l'appétit est en général très-faible, bien que l'estomac ne renferme aucune espèce de nourriture. Deux ou trois heures après les repas, la digestion stomacale est achevée chez un homme sain et vigoureux; mais malgré le vide complet de l'estomac, la faim ne se fait sentir que quelques heures plus tard. De ces faits il faut conclure tout naturellement que la sensation ne dépend pas uniquement de l'état de l'estomac, mais encore des relations de la nourriture absorbée avec l'ensemble de l'organisme. L'état particulier de l'estomac et la nutrition de la machine organique tout entière par des substances qui doivent en combler les déficits, tels sont donc les deux agents qui concourent à faire naître en nous cette sensation. Suivant les circonstances, l'une de ces deux causes peut l'emporter sur l'autre en influence. Il nous est facile d'étudier dans ses phases diverses l'un de ces agents, nous voulons parler de l'état particulier de l'estomac. Mais la sensibilité générale de l'organisme repose sur des bases trop multiples (par exemple, le mélange de l'ensemble du liquide sanguin, du sang de la veine porte, du chyle et de la lymphe, et de leur influence réciproque sur les nerfs), pour qu'une analyse plus minutieuse nous soit actuellement possible. Un troisième agent, l'habitude, est encore plus difficile à expliquer. L'appétit se fait sentir à l'heure accoutumée des repas ; cette sensation cesse après un certain temps, pour renaître plus impérieuse encore un peu plus tard. Il en est de même pour le sommeil. Le sommeil nous prend à nos heures, mais passé ces moments, nous ne sentons plus pendant plusieurs heures le besoin de repos. De même nous nous éveillons à la même heure chaque jour, quoique parfois nous n'ayons pas complétement satisfait à notre besoin de repos. La périodicité de ces phénomènes nous frappe sans que nous ayons pu en donner encore une explication satisfaisante. Nous ne pouvons que constater ce fait : l'homme est un animal à habitudes régulières.

Comme la faim, la soif est un phénomène résultant de causes multiples. Ce sont la bouche et le pharynx qui jouent ici le rôle de l'estomac ; le dessèchement de ces parties provoque toujours la soif. Dans les fièvres chaudes, ou lorsqu'on a une respiration forte et fréquente, ou bien encore lorsqu'on excite la sensibilité des nerfs de la muqueuse par des aliments fortement épicés, on éprouve la soif aussi longtemps que la bouche et le pharynx n'ont point repris leur état normal de moiteur. Personne n'ignore que les organes où siége la sensation de la soif sont moins bien désaltérés par l'eau que par les liquides de nature mucilagineuse, dans le moment des grandes chaleurs ; la cause en est que l'eau subit une prompte évaporation, tandis que les liquides en question produisent une humectation plus durable. Dans le cas de soif ardente, au contraire, nous savons parfaitement distinguer le simple desséchement de la bouche d'un besoin général d'absorption de liquide. Nous pouvons de même éprouver la soif tout en ayant la bouche humectée et l'estomac plein de liquide. Qu'on se souvienne des sensations qu'on éprouve en arrivant à une source fraîche après une marche forcée en plein soleil, pendant laquelle on a beaucoup transpiré et perdu, par conséquent, une quantité considérable de liquide. On boit jusqu'à n'en plus pouvoir; on est complétement rassasié, et cependant on ressent encore de la soif, qui ne se perd qu'au bout de quelque temps, lorsque l'eau introduite dans l'estomac est complétement absorbée, et que la perte de liquide, éprouvée par le sang est entièrement réparée. Une soif semblable, résultant d'une sensation générale, pourra aussi bien être étanchée par l'injection dans le sang d'une certaine quantité d'eau. La faim et la soif sont donc des sensations complexes, par lesquelles l'organisme exprime le besoin de recevoir de la nourriture. Les sensations immédiates de faim et de soif se rattachent à des organes déterminés, qui sont l'estomac et la cavité buccale, tandis que le besoin général d'aliments ou de liquides dépend très-probablement de l'influence réciproque qui s'exerce entre le contenu des vaisseaux sanguins et les nerfs gastro-intestinaux. Un appauvrissement du flux sanguin qui va nourrir l'estomac, semble en tous cas produire la sensation de la faim. Si les vaisseaux sanguins sont convenablement remplis, on éprouve alors un sentiment de satiété; mais s'ils sont remplis outre mesure, ils produisent l'indigestion, les nausées et le vomissement.

Le genre de nourriture varie avec les divers animaux; les uns sont herbivores, d'autres sont carnivores; d'autres enfin sont omnivores et se nourrissent à la fois de matières végétales et de substances animales. L'organisation de chaque animal correspond à son genre de vie et à son genre de nourriture. Quoique les lois de formation chez les divers animaux soient renfermées dans des limites moins étroites qu'on ne pourrait le croire; quoiqu'il y ait aussi, à côté de certains caractères acquis, avantageux pour l'organisme, d'autres caractères transmis par hérédité, qui peuvent même être nuisibles ou au moins désavantageux, il faut cependant une certaine harmonie dans l'ensemble de l'organisme pour que les diverses parties puissent agir de concert ; et cette harmonie peut être assez grande pour qu'une seule partie d'un animal éteint permette de reconstruire plus ou moins l'animal entier. Pour saisir cette harmonie, jetons un coup d'œil sur les animaux les plus voisins de l'homme, les mammifères ; ce sont les organes de locomotion surtout qui y sont en connexion presque intime avec le système dentaire, lequel indique avec sûreté le genre de nourriture d'un animal. Les carnassiers ont des dents plus ou moins acérées, en forme de pointe ou de lame, avec des couronnes tranchantes dont les saillies sont emboîtées verticalement dans les excavations de la dent correspondante. Ces dents ont pour usage de retenir la proie et de la déchirer. Les herbivores offrent des dents à couronnes plates, à sillons profonds, qui servent à râper et à broyer la nourriture. Les dents de l'homme sont évidemment appropriées à un genre de nourriture mixte ; sa dentition ressemble sous certains rapports à celle des singes frugivores, sous d'autres à celle des porcs qui sont omnivores. L'expérience a dès longtemps prouvé qu'un mélange bien combiné de nourriture végétale et animale soutient et développe essentiellement la santé et que toute nutrition rationnelle repose sur cette combinaison bien comprise. La suite nous montrera que dans les pays froids c'est la nourriture animale qui domine, et dans les climats plus chauds la nourriture végétale ; mais qu'avec une nourriture exclusivement végétale, l'estomac a un travail de digestion beaucoup plus considérable à accomplir pour un moindre profit.

La différence entre un mode de nutrition végétale et animale est moins tranchée que ne l'admettaient les anciennes théories, et que l'opinion populaire ne se le représente. Il est vrai que sous le rapport chimique, les différences sont importantes entre ces modes de nourriture ; mais elles deviennent purement quantitatives dans le cours de la digestion. Aussi longtemps que l'on considérait l'azote comme presque entièrement étranger au règne végétal, et comme étant, au contraire, la caractéristique de toute substance animale, on pouvait admettre une différence fondamentale entre les nourritures animale et végétale : appelant la première nourriture azotée, et la seconde non azotée ; mais aujourd'hui qu'il est patent que *toutes* les plantes contiennent de l'azote, et surtout de ces corps azotés particuliers auxquels nous donnons le nom de substances protéiques, il nous reste seulement ce fait positif : que la nourriture animale contient plus d'azote que la nourriture végétale. Toutes les viandes que nous mangeons contiennent de la graisse ; or la graisse est une substance non azotée. Nous ne mangeons en revanche aucune substance végétale sans absorber du même coup, en faible quantité il est vrai, de la fibrine végétale et de l'albumine, lesquelles sont des substances azotées. La différence principale entre la nourriture végétale et la nourriture animale consiste donc en ce que la seconde contient davantage de ces substances azotées qui forment les éléments du sang, et la première une plus grande quantité de substances non azotées, renfermant des hydrocarbures, lesquels peuvent régénérer les substances graisseuses du corps.

On peut distinguer les substances dont se composent les aliments en différents groupes, d'après leur composition chimique ; ces groupes ont des rapports très-différents avec les organes. Comme l'organisme n'élabore aucun élément chimique, et que d'une manière générale toute création de matière dans l'organisme même est impossible, il en résulte que tout ce qui sert à l'entretien du corps doit provenir du dehors, et que toute dépense doit être compensée par une recette provenant de l'extérieur. L'activité de l'organisme vivant doit donc nécessairement se limiter à un travail de transformation des substances introduites, à des transpositions et des substitutions de molécules, par lesquelles des combinaisons nouvelles se produisent.

Le corps, pas plus que tout le reste de l'univers, ne peut créer un seul atome de matière. Bien des gens s'imaginent encore que de rien l'organisme peut faire naître du fer, de la potasse, de la chaux ou un élément chimique quelconque. Mais on peut aujourd'hui hautement déclarer que ces idées sont le fait de l'ignorance qui ferme les yeux et se bouche les oreilles ; ces préjugés proviennent de ce que ces éléments, introduits sous une certaine forme dans l'organisme, passent inaperçus et s'y modifient complétement. Il nous faut donc remplacer toutes les substances qui concourent à former l'organisme, et qui, une fois employées et usées, en sont expulsées. Nous pouvons appeler substances nutritives ou nourriture, en prenant ce mot dans sa plus large acception, les substances qui viennent remédier à la dépense de matière faite par l'organisme ; l'eau et les corps inorganiques doivent être considérés comme substances nutritives aussi nécessaires que les corps albuminoïdes et les corps non azotés ; sans elles l'organisme se détruit. Il résulte de la nature de l'organisme vivant que ces substances nutritives, dans le sens le plus large du mot, sont absolument nécessaires. Rien dans l'organisme n'est stable ; on ne saurait imaginer une nutrition sans destruction d'un côté et renouvellement de l'autre. Ni les muscles ni les autres éléments du corps ne sont destinés à demeurer tels quels d'une manière permanente ; leurs molécules se détruisent et se reforment continuellement. La connaissance de ces transformations continuelles de la matière est, pour ainsi dire, intuitive chez le peuple, qui se représente le corps humain comme subissant dans l'espace de sept ans un renouvellement complet. Sans avoir encore pu déterminer d'une manière parfaitement exacte la période nécessaire à cette régénération, les physiologistes ont cru pouvoir fixer néanmoins un laps de temps bien plus court que ne le voudrait l'opinion populaire.

Les corps azotés, que nous avons appelés corps albuminoïdes ou *protéiques*, et pour lesquels nous avons reconnu dans le sang trois types : la fibrine, la globuline et l'albumine, abondent surtout dans les matières animales. Les organes du corps sont sans exception saturés d'eau albuminée, provenant directement du liquide sanguin. La plupart des organes renferment, en outre, plus ou moins d'albumine coagulée, surtout le cerveau et les nerfs. La plus grande partie de la masse musculaire des ani-

maux se compose de fibrine différant un peu par ses propriétés
de celle du sang. Les matières cornées ainsi que les substances
dites collagènes ont une certaine analogie avec les substances albuminoïdes, et n'en sont, sans aucun doute, qu'une transformation. On voit par là que la majeure partie de la masse du corps
et ses organes essentiels sont composés de ces substances, et que
leur arrivée dans l'organisme est la première condition d'une
bonne nutrition. Nous pouvons déterminer la régénération immédiate de ces substances au moyen de la chair et du sang des
animaux. Il y a, en outre, une foule de substances nutritives,
qui renferment en abondance ces substances protéiques. Le blanc
d'œuf, la caséine du lait sont des substances protéiques par excel-
lence. Dans la plupart des plantes, on peut même dire dans chacune des parties vivantes d'une plante, on trouve de ces composants en plus ou moins grande quantité. L'albumine végétale se
trouve à l'état soluble, mais en faible quantité dans tous les sucs
de plantes. Dans les graines des herbes et dans les céréales, il y a
une substance proche parente de l'albumine, le gluten. On peut
obtenir cette substance au moyen de la farine de froment, où
elle est le plus abondante, en pétrissant tout simplement la farine humectée d'eau, dans un sac de grosse toile, jusqu'à ce que
l'eau qui s'en écoule ne renferme plus d'amidon. Dans les graines des légumineuses, des haricots, des pois et des lentilles, une
substance protéique particulière, la légumine, est très-abondante.
On a découvert dans le jaune des œufs de poule la vitelline, substance renfermant du soufre et du phosphore, et également
proche parente de l'albumine par sa composition chimique. Il
est hors de doute que tous ces corps peuvent être transformés les
uns dans les autres par l'activité chimique des divers organismes.
Ainsi les enfants à la mamelle auxquels le sein maternel ne
donne que de la caséine, élaborent au moyen de cette caséine la
fibrine de leur sang et de leurs muscles, l'albumine de leurs organes, la globuline de leurs globules sanguins. Une femme qui
allaite, et qui ne se nourrit que de pain et d'autres substances
végétales, prépare au moyen de cette nourriture non-seulement

le sang et la chair de son propre corps, mais encore la caséine de son lait, et par là toutes les substances protéiques nécessaires à son nourrisson.

Une seconde classe de matières nutritives comprend des substances non azotées, les *graisses* et les *générateurs de la graisse*. Les diverses graisses sont les seuls représentants des matières non azotées dans le corps animal. On a coutume de regarder la graisse comme quelque chose de variable, et d'après la masse plus ou moins grande de graisse accumulée suivant les individus dans le tissu cellulaire, entre les muscles et les intestins, on a voulu assimiler la graisse à une accumulation inutile de matière, ou tout au plus à un dépôt d'abondance pour les jours maigres. Il y a sans doute quelque chose de vrai dans cette opinion ; mais le fait, pour le reste, est erroné, car la graisse est aussi nécessaire pour former les divers éléments du corps que la fibrine et l'albumine. Tous les tissus, sauf quelques exceptions, le cerveau et la substance nerveuse, le tissu des glandes, même la chair et la peau, renferment de la graisse comme composant nécessaire en plus ou moins grande quantité. Cette graisse ne disparaît pas même lorsqu'on meurt de faim, et est indispensable pour l'accomplissement des diverses fonctions du corps. On ne peut mettre en doute que cette quantité nécessaire de graisse n'obéisse aux mêmes lois de nutrition que les parties azotées ; l'organisme réclame donc impérieusement une nourriture contenant de la graisse ou des substances susceptibles de se transformer en graisse. Mais en même temps l'organisme en absorbe plus que la quantité nécessaire ; il s'en sature et les dépose sous forme de graisse dans les cellules particulières pour les avoir à sa disposition en cas de besoin.

Une grande partie de la graisse déposée dans l'organisme se trouve déjà à l'état de graisse dans la nourriture même. Les carnassiers absorbent la graisse immédiatement dans leur nourriture, et même en plus grande quantité que cela ne leur serait nécessaire ; car, en général, les herbivores dont ils font leur proie se distinguent par une plus grande abondance de graisse.

Dans le règne végétal, les graines surtout contiennent beaucoup de graisse, et bien des plantes, telles que le pavot, le lin, l'olivier, le sésame, ainsi que le colza, sont cultivées à cause du contenu oléagineux de leurs graines et de leurs fruits. Les herbes ordinaires et les parties vertes des plantes renferment un peu de graisse, mais en quantité insuffisante au développement du tissu graisseux de certains herbivores. On s'est demandé d'où cette graisse, qui se développe surtout en abondance chez les animaux engraissés artificiellement, pouvait provenir?

J'en arrive à une discussion violente survenue, - il y a déjà assez longtemps, entre les adeptes de la chimie française et ceux de la chimie allemande, discussion qui se termina enfin par la victoire des chimistes de la rive droite du Rhin. Les uns s'appuyant sur ce fait que les substances azotées absorbées avec les aliments, ne sont vraiment nutritives et profitables que lorsque leur composition est analogue à celle des combinaisons azotées qui se trouvent dans le corps (les deux camps s'accordaient sur ce point), voulaient en faire une loi générale, et soutenaient que l'organisme animal est incapable d'opérer des transformations chimiques dans les substances en général. L'animal ne pourrait, suivant eux, former aucun composé, mais se bornait à extraire de la nourriture les sucs nécessaires, et à leur donner la forme voulue. Le règne végétal était pour eux le grand laboratoire des combinaisons organiques en général : c'étaient les cellules des plantes qui élaboraient selon eux la fibrine, l'albumine, les graisses, enfin toutes les substances entrant dans la composition du corps animal. Ces substances étaient alors digérées par les herbivores ; le rôle de la digestion se bornait à les extraire et à les employer au profit de l'organisme. La graisse, même d'animaux engraissés, n'était pas préparée par eux au moyen d'autres substances, mais se trouvait déjà rassemblée dans la nourriture, sous forme de substances analogues à la graisse, le plus souvent de la cire végétale. On fit, à l'appui de cette thèse, de nouvelles analyses sur la nourriture végétale, sur le maïs, sur le foin, etc. ; on démontra que ces corps contenaient de la graisse en plus grande abondance qu'on ne le supposait communément. Quant au chimiste allemand, qui le premier affirma que l'organisme animal pouvait préparer de la graisse au moyen de sucre, d'amidon et d'autres substance non azotées, en s'appuyant principalement des expériences bien connues sur la formation de la cire chez les abeilles et sur l'engraissement des animaux en général, il se borna à prouver que les excréments d'une vache laitière contenaient une quantité de cire végétale équivalente à celle qu'elle avait absorbée avec la nourriture ; son hypothèse fut ainsi confirmée. Maintenant que diverses expériences faites par les chimistes français les ont convaincus que les abeilles pouvaient effectivement changer le sucre en cire dans l'intérieur de leur corps, et qu'un observateur impartial qui réside en Alsace a prouvé que les oies peuvent réellement préparer de la graisse au moyen de la fécule et du sucre de maïs, de même que les porcs élaborent de la graisse au moyen de la fécule des pommes de terre, il est devenu évident que l'organisme peut élaborer partiellement les substances qui lui sont nécessaires et la graisse en particulier au moyen des composés chimiques qu'on lui présente. Ces substances ont pour cette cause reçu le nom de *générateurs de la graisse*. On y remarque surtout l'amidon, la dextrine, le sucre et ses diverses modifications.

La transformation de ces substances en graisse n'est pas immédiate, et ne paraît possible que par la présence d'autre graisse. Des porcs nourris de substances amylacées et non graisseuses, restent maigres ; il en est de même pour les canards nourris de riz, substance non graisseuse. Mais si on ajoute à la nourriture une faible quantité de graisse, elle sera non-seulement absorbée, mais la fécule elle-même se transforme en graisse qui se déposera en abondance dans le corps de l'animal. Des abeilles nourries de sucre seul, n'élaborent pas de cire ; mais si on leur donne du miel, qui contient très-peu de cire, elles en produisent en grande quantité. Il semble ressortir de là que la petite quantité de graisse qu'on mêle aux substances amylacées, agit comme un ferment et permet la transformation des générateurs de la graisse. Aussi la cuisine qui mélange de la graisse avec des substances amylacées telles que le pain et les pommes de terre, est-elle basée sur un principe parfaitement rationnel.

Une preuve de ce que les végétaux peuvent changer par action chimique la fécule en graisse, c'est le développement des graines oléagineuses. Ces graines contiennent en effet, au commencement de leur développement, une quantité considérable de fécule qui disparaît peu à peu pour faire place à de l'huile. On ne peut expliquer cette transformation que par une perte d'oxygène plus ou moins grande ; la graisse renferme en effet bien moins d'oxygène que la fécule. Il est donc facile de comprendre pourquoi chez les plantes, les substances qui contiennent de la graisse ou de la cire se développent de préférence dans les couches extérieures et dans les organes situés à la surface. On sait que cette surface, sous l'influence des rayons solaires, dégage de l'oxygène.

Les substances génératrices de la graisse qui deviennent de la graisse, comme nous l'avons vu plus haut, dans l'organisme animal, sont très-répandues dans les plantes. On y trouve l'amidon, qui se forme dans les jeunes cellules végétales ; il se rencontre surtout en grande quantité dans les parties de la plante qui ne sont pas exposées à la lumière ; il présente en outre plusieurs variétés. La dextrine, qui résulte de la combinaison de la cellulose et de l'amidon sous l'influence de la diastase qui est un ferment particulier, y compte aussi. Ces substances, dans leur ensemble, forment une série particulière de corps qui ne contiennent pas d'azote, et que l'action continue des ferments transforme en sucre. Les différentes espèces de sucre dont la plus commune est le sucre de raisin sont le résultat de l'action combinée des ferments et des acides végétaux sur la fécule. Le sucre, lui-même, est un corps très-variable qui se change dans l'intestin, comme nous l'avons vu plus haut, en acide lactique, puis en acide butyrique. Espérons que la science future nous apprendra comment cet acide butyrique peut devenir de la graisse neutre.

On a fait à l'égard des matières protéiques ou albuminoïdes

de la graisse et des générateurs de la graisse, des tableaux comparatifs. On peut y étudier la quantité de chacune de ces substances contenue dans un aliment quelconque. Nous donnons ci-après l'un de ces tableaux, dans lequel nous avons ajouté à la quantité en 1,000 parties de chacune de ces substances, la quantité relative d'eau. Il est clair que l'eau est d'une grande importance, soit pour l'utilité d'un aliment, soit pour son transport. C'est là une question devenue capitale grâce au développement des rapports internationaux, elle est aussi très-importante par rapport à la nourriture des troupes en campagne. C'est leur contenu d'eau qui rend certains aliments difficiles à transporter, et facilite le transport de certains autres. A cela vient s'ajouter leur plus ou moins grande propension à se décomposer. Celui qui transporte 1,000 quintaux de riz ne paye le transport que pour 92 quintaux d'eau, mais si ces 1,000 quintaux sont des pommes de terre, l'eau atteindra le poids de 727 quintaux. Un homme qui travaille aux champs peut tromper sa faim avec des raves, mais cette nourriture ne saurait lui profiter, à cause de la quantité considérable d'eau que celles-ci contiennent.

Le tissu cellulaire et conjonctif qui entoure en grande quantité les muscles, et en général tout aliment de source animale, comme aussi les os et le cartilage contiennent une assez grande quantité de substance qu'une cuisson prolongée peut changer en colle. Beaucoup d'aliments assez estimés, comme les pieds de porcs, les oreilles de veau et les diverses gelées sont même, pour la plus grande partie, composés de ces substances collagènes, qui résultent évidemment de la transformation des éléments protéiques. Il est même probable qu'elles peuvent, dans le corps, redevenir de l'albumine ou de la fibrine. Des chiens, nourris avec de la gélatine, cet aliment préconisé autrefois par une philanthropie incomprise et économe, n'ont point tardé à périr. Cette même substance, introduite sous forme d'os frais, dont la base est formée de gélatine, les nourrissait parfaitement. Les os ne peuvent jamais être complétement débarrassés des muscles, du sang et de la moelle qui y adhèrent ; on peut donc bien en tirer

APERÇU DES COMPOSANTS DES ALIMENTS CALCULÉS SUR 1,000 PARTIES.

ALIMENTS	EAU	CORPS ALBUMINOÏDES	GRAISSE	GÉNÉRATEURS DE LA GRAISSE
NOURRITURE ANIMALE.				
1. Fromage	568,59	534,65	242,65	—
2. Jaune d'œuf	525,85	165,62	291,58	—
3. Lard frais	659,50	127,50	117,70	—
4. Foie de bœuf	702,80	136,40	35,85	—
5. Chair de porc	706,65	171,27	57,51	—
6. Chair de canard	716,89	203,59	25,27	—
7. Chair de mouton	727,00	220,00	27,49	—
8. Foie de veau	728,00	129,40	23,90	—
9. Chair de bœuf	733,95	174,63	28,69	—
10. Chair de veau	737,54	166,33	25,56	—
11. Chair de pigeon	745,35	209,55	10,00	—
12. Chair de vache	751,75	187,83	19,00	—
13. Cervelle de bœuf	754,50	80,59	165,00	—
14. Chair de poulet	762,19	196,29	14,25	—
15. Saumon	768,69	153,02	47,88	—
16. Sole	770,87	139,95	11,15	—
17. Brochet	775 30	indéterminé.	6,00	—
18. Carpe	785,41	156,60	28,37	—
19. Aigrefin	805,54	129,18	5,77	—
20. Blanc d'œuf	841,04	117,60	—	—
21. Lait de vache	857,05	54,04	45,05	40,37
22. Lait de chèvre	863,58	46,59	45,57	40,04
23. Lait de femme	885,66	28 11	55,64	48,17
24. Moelle des os	50,00	10,00	960,00	—
NOURRITURE VÉGÉTALE.				
1. Riz	92,04	50,69	7,55	854,55
2. Avoine	108,81	90,43	39,90	618,45
3. Lentilles	113,18	264,94	24,01	559,05
4. Maïs	120,14	79,14	48,57	679,45
5. Farine de froment	124,81	127,07	12,24	723,93
6. Froment	129,94	135,57	18,54	665,80
7. Seigle	138,75	107,49	21,09	668,45
8. Orge	144,82	122,65	26,51	582,19
9. Pois	145,04	223,52	19,66	526,63
10. Blé noir	146,31	70,70	1,02	507,28
11. Pruneaux secs	292,66	indéterminé.	indéterminé.	indéterminé.
12. Pain de froment	431,91	89,88	18,54	470,05
13. Pain de seigle	447,67	indéterminé.	indéterminé.	599,42
14. Châtaignes	537,14	44,61	8,75	556,51
15. Pommes de terre	727,46	13,23	1 56	173,50
16. Pruneaux	801,10	8,75		
17. Raisins	802,15	7,40		
18. Abricots	816,92	6,32	. . . indéterminés.	
19. Pommes	821,35	3,91		
20. Poires	852,58	2,55		
21. Carottes	853,09	15,48	2,47	85,79
22. Navets	922,85	14,20	—	—
23. Concombres	971,40	1,30	—	20,00

la conséquence que les substances collagènes ne peuvent à elles seules servir de nourriture, mais que leurs rapports avec l'organisme sont les mêmes que ceux des générateurs de la graisse. Les substances collagènes ne pourraient par conséquent se transformer en corps albuminoïdes qu'en présence d'une certaine quantité de ces corps qui servent de ferment dans la transformation de ces substances.

Nous avons déjà fait remarquer plus haut que les *substances inorganiques* contenues dans notre corps doivent y être introduites avec les aliments. Elles sont en effet aussi essentielles pour la vie et l'organisme que les matières organiques elles-mêmes. Nos os contiennent une grande quantité de matières terreuses, du phosphate de chaux surtout, notre sang, du fer et une grande quantité de sels alcalins ; l'urine, la bile, toutes les sécrétions du corps en un mot, contiennent une certaine quantité de sels fixes qu'on détermine par la calcination. Comme l'organisme ne peut donner naissance à ces sels, c'est l'aliment qui doit les procurer. En buvant de l'eau, nous absorbons une certaine quantité de sels, le phosphate et le sulfate de chaux par exemple. L'emploi du sel de cuisine n'a rien de fortuit, il découle directement des lois de la nutrition ; le sang et le cartilage, en effet, contiennent une grande quantité de sel de cuisine (*chlorure de sodium*). Le sel de cuisine active les transformations chimiques qui s'opèrent dans les tissus. Il donne naissance à l'acide chlorhydrique libre, qui est indispensable à la digestion. Chacun sait que les poules ne donnent que fort peu d'œufs, quand on les empêche de picoter les murs enduits de chaux. Cette chaux leur est nécessaire pour former les coquilles de leurs œufs. Un enfant dont le squelette se forme, a besoin de beaucoup plus de phosphate de chaux qu'un adulte. Le fait que des enfants scrofuleux et rachitiques aiment à manger de la terre et de la chaux trouve son explication en ce que les sels de chaux ne sont pas fixés dans les os, mais expulsés chez ces enfants ; ils éprouvent, par conséquent, le besoin d'obvier aux inconvénients qui découlent de cette expulsion anormale.

Si donc les aliments doivent être utiles à l'organisme, il leur faut trois conditions chimiques. Ces substances doivent contenir d'abord pour la nutrition : des matières azotées, une certaine quantité de principes protéiques ; de la graisse ou des substances pouvant devenir de la graisse, pour obvier à la disparition des parties du corps non azotées ; et enfin une quantité convenable des combinaisons inorganiques contenues dans le corps, telles que l'eau et des sels. Une privation trop continue de l'une quelconque de ces catégories de substance, amène immanquablement la destruction de l'organisme, qui se détruit lui-même pour subvenir à ses propres dépenses. Suivant la substance qu'on emploie exclusivement pour la nourriture, la mort arrive en des temps différents. Une nourriture à laquelle manquent les éléments protéiques, est presque comparable à l'inanition complète. Des chiens nourris de sucre pur, de fécule, d'huile, de beurre ou de gomme, meurent à peu près aussi vite que lorsqu'on ne leur donne que de l'eau pure ; ils meurent donc, pour ainsi dire, de faim. *Clouet* essaya de ne manger que des pommes de terre, qui contiennent très-peu d'albumine, et de ne boire que de l'eau. Au bout d'un mois, il était devenu si maigre, que la continuation de ce régime malsain aurait pu amener la mort. Si l'on ne se nourrit que de substances protéiques, c'est-à-dire de fibrine et d'albumine, la vie dure plus longtemps il est vrai, mais on meurt aussi à la longue. Cette existence un peu plus prolongée dépend seulement du fait que chaque organisme animal conserve une certaine quantité de graisse superflue qui sert de réserve pour certains cas spéciaux. On a fait, jusqu'à présent, sur les oiseaux seuls des essais de nourriture sans sels inorganiques. Ces animaux ne sont morts qu'après un temps comparativement long, et on trouva, en les disséquant, que leurs os étaient ramollis, amincis et percés de trous. Une partie des matières terreuses de ces mêmes os avait disparu. Le manque d'eau amène une mort rapide accompagnée de phénomènes maladifs intenses.

La composition chimique des aliments, leur contenu en

éléments protéiques, en graisse, en eau et en sels inorganiques ne suffit pas encore pour les rendre digestibles. Une condition essentielle est que la forme qu'ils affectent ne nuise pas à l'activité digestive. Pour arriver à cette plus grande solubilité des aliments, on a inventé les opérations chimiques que nous réunissons sous le nom de science culinaire. Pour rendre nos aliments le plus digestifs qu'il est possible, nous les réduisons en petits morceaux, nous les mêlons entre eux, nous les soumettons à une chaleur convenable pour opérer en eux des transformations. On distingue les aliments faciles et difficiles à digérer, suivant le plus ou moins d'action que peuvent avoir sur eux les sucs qui entrent en jeu dans la digestion. Il est indubitable que l'on peut éclaircir par une analyse exacte les rapports entre les aliments et les sécrétions intestinales. Cette étude est cependant rendue plus difficile par le peu de connaissance que nous avons jusqu'à présent de la composition des aliments; en outre, le liquide qui les fait digérer peut présenter, et présente en effet, des différences individuelles, dont nous ne pouvons encore déterminer complétement l'importance. Deux substances complétement semblables peuvent même affecter des formes dont la diversité n'a pas encore été expliquée par la chimie moderne. La viande de bœuf et la viande de veau sont très-peu différentes quant à leur nature chimique, et cependant l'une est bien plus facile à digérer que l'autre. Toutes les matières albuminoïdes, en effet, se présentent sous deux formes, l'une soluble, et l'autre insoluble. De plus, tous les corps organiques servant de nourriture se transforment très-facilement. De là cette diversité dans la solubilité de substances d'ailleurs semblables.

L'examen des aliments à ce point de vue pratique est de la plus haute importance, et depuis longtemps déjà on a cherché à les étudier par différents moyens. La purée de pois et la viande salée dont les matelots se nourrissent tueraient un homme relevant d'une fièvre typhoïde ou souffrant d'une faiblesse d'estomac. L'expérience a appris plus ou moins à chacun de nous ce qu'il peut ou ce qu'il ne peut pas manger. En comparant ces diverses données empiriques, on est arrivé à des règles générales pour la diète qui sont à peu près les mêmes partout. Des essais vraiment scientifiques n'ont été faits à cet égard que tout dernièrement. Il est probable qu'on arrivera encore à les perfectionner d'une façon ou d'une autre.

Un médecin canadien avait à sa disposition un chasseur, qui par suite d'une blessure faite par une balle, avait une ouverture dans l'estomac. Cette ouverture permettait d'étudier tous les phénomènes qui se passaient dans cet organe. Aussitôt que cet homme venait de prendre de la nourriture, on observait les progrès de la digestion, et on déterminait le moment où la chymification était complète. D'autres observateurs doués de la faculté de ramener de temps en temps à la bouche les aliments qu'ils avaient absorbés, s'en sont servis pour étudier les progrès de la chymification. Ces essais n'ont cependant qu'une importance scientifique assez faible, et cela pour diverses raisons. On a toujours oublié de déterminer la quantité de nourriture qui avait été prise, on a aussi confondu la dissolution toute mécanique de la graisse, par exemple avec une action dissolvante de nature chimique. On a enfin considéré comme identique à la chymification complète, le passage des aliments de l'estomac dans l'intestin. Nous savons pourtant déjà que ce n'est pas là le cas. On a pu observer plus tard, à Dorpat, une blessure de l'estomac, semblable à celle du chasseur canadien. On n'avait pu obtenir, après la guérison, l'occlusion d'une ouverture qui allait à l'extérieur. La femme qui servit à ces observations se portait très-bien, nourrissait son enfant au sein ; mais elle mangeait et buvait beaucoup, parce qu'elle perdait continuellement par cette ouverture une quantité de suc gastrique et de restes d'aliments. Les expériences ont démontré que le suc gastrique de l'homme met beaucoup plus de temps que celui du chien pour digérer l'albumine et la viande ; que la formation de sucre, commencée par la salive, se continue dans l'estomac et même jusque dans l'intestin. On a vu aussi que l'albumine, la viande et d'autres substances analogues, sortent de l'estomac longtemps avant leur complète décomposition, et qu'on rencontre enfin, pendant toute la digestion des gouttelettes de graisse disséminées au milieu du chyme. Ces essais ont donc confirmé les résultats obtenus par la digestion artificielle ; ils prouvent en même temps que la digestion continue nécessairement dans l'intestin, puisque l'estomac dissout à peine un quart de la matière albuminoïde soluble.

On a pu contrôler les expériences faites sur des animaux au sujet de l'influence de la bile et du suc pancréatique, par des observations faites sur une femme à laquelle un taureau furieux avait ouvert le ventre. Une partie de l'intestin sorti de la blessure s'était gangrenée ; il se forma une ouverture extérieure par laquelle on pouvait arriver dans la partie haute ou basse de l'intestin grêle. De l'ouverture supérieure s'échappaient des restes d'aliments mêlés à de la bile, à du suc pancréatique ou à du suc intestinal. La femme avait continuellement faim, même quand son estomac était rempli ; ce qui prouvait que l'ouverture se trouvait à la partie tout à fait supérieure de l'intestin grêle, et que les aliments ne profitaient que fort peu au corps. Les premières parcelles de la nourriture s'échappaient par la fistule déjà au bout d'une demi-heure ; ce phénomène ne cessait que quatre heures plus tard si l'alimentation avait été abondante. On fut obligé de suppléer à la nutrition en introduisant dans l'ouverture qui communiquait avec la partie inférieure de l'intestin, du bouillon, des œufs, et même de la viande. Cette ouverture n'avait aucune communication avec celle qui se trouvait à la partie supérieure de l'intestin. Les excréments avaient alors une odeur excessivement putride, comme ceux des chiens chez lesquels on avait établi une fistule biliaire. On a trouvé alors que les corps albuminoïdes introduits dans la partie inférieure de l'intestin étaient dissous aux trois quarts, et que la fécule s'était transformée en grande partie en sucre ; quant à la graisse, elle n'avait été absorbée qu'en très-petite quantité.

On voit qu'il faudrait un grand nombre d'essais comparatifs

pratiqués sur divers individus, pour déterminer les principes
qui forment la base de la nutrition. Le régime à suivre est
encore soumis à l'empirisme, et le médecin conseillera toujours
au convalescent de prendre les aliments qu'il digère le mieux
lui-même. Le choix des aliments en soi-même n'a pas seulement
une importance individuelle ; c'est encore une question capitale
au point de vue économique. La production des aliments est en
rapport intime avec le degré de culture et de civilisation que
l'humanité a atteint jusqu'ici. Le but de l'agriculture, qui sera
toujours la base de la civilisation, puisqu'elle suppose un domicile fixe, consiste à produire le plus d'aliments possible sur un
terrain donné. Comme tous les produits ne sont pas également
nourrissants, et ont des propriétés diverses, nous nous permet-
trons d'ajouter ici quelques mots sur la valeur des aliments au
point de vue physiologique.

Nous avons vu plus haut quelle est l'influence des diverses
matières introduites dans l'estomac par la nourriture, nous les
avons séparées en diverses classes, en matières inorganiques, en
éléments protéiques et en générateurs de la graisse. Chacune de
ces classes nous est nécessaire pour compléter la nutrition dans
ses diverses directions. Si un aliment est composé de substances
hétérogènes et si sa composition, au moyen de diverses classes
de matières nutritives, se rapproche le plus possible de celles du
corps, c'est alors qu'il remplit le mieux son but. Si ce mélange
des matières nutritives n'a pas lieu, l'une d'elles, prise séparément, ne peut suffire longtemps à la nutrition ; comme la plupart de nos aliments n'offrent pas ce mélange, nous y suppléons
en absorbant à la fois des substances assez diverses. L'ensemble
de cette nutrition suffira alors à la nourriture du corps et sup-
pléera à ce qu'il y a d'imparfait dans la composition d'une substance nutritive à elle seule. Le mélange des diverses matières
nutritives est donc une loi très-importante pour tous. Il n'est
pas moins important de combiner ces matières d'une façon convenable. Le dégoût que provoquerait un aliment toujours le
même que l'on mangerait chaque jour, ne provient pas d'un ca-

price de notre palais; c'est bien plutôt une résistance opposée par l'organisme à une nutrition qui lui devient nuisible en ne satisfaisant pas complétement à ses besoins.

Nous possédons quelques aliments naturels dont la composition est suffisante pour nous nourrir; un des plus substantiels d'entre eux est certainement l'œuf de l'oiseau, bien plus que l'œuf d'un reptile ou d'un poisson. L'œuf, en effet, doit servir, par sa seule composition et sans autre aide extérieure que celle de l'air, à la formation d'un jeune animal tout entier, avec ses muscles, son sang, ses os et ses intestins. Il en résulte que le jaune et le blanc de l'œuf doivent contenir toutes les substances nécessaires à la nutrition d'un animal. L'œuf du poulet pèse en moyenne 60 grammes, dont 6 grammes pour la coquille, 18 pour le jaune et 36 pour le blanc. Le blanc et le jaune contiennent en tout un peu plus des 7/10 d'eau, 1/100 de sels, 1/10 de graisses et un peu plus de 1/10 d'albumine et de vitelline. On trouve aussi dans l'œuf du poulet de l'acide phosphorique, de l'acide sulfurique, de l'acide chlorhydrique, de la potasse, de la soude, de la chaux et du fer. Ce sont là des matières inorganiques indispensables à l'organisme. La graisse et les éléments du sang s'y trouvent aussi à leur plus grand degré de solubilité. Il est donc indubitable que l'œuf répond à tout ce que l'on peut exiger d'un aliment mélangé. Mais il est faux de croire qu'un œuf suffise pour nourrir un homme pendant vingt-quatre heures; en effet, l'étude des substances qui composent le sang nous apprend qu'il faudrait dix-sept à dix-huit œufs de poule pour nourrir un travailleur pendant vingt-quatre heures.

La nature nous présente encore un aliment qui, à lui seul, peut suffire à un organisme encore jeune, c'est le *lait*, qui nourrit pendant un certain temps les jeunes mammifères. Le lait contient une grande quantité d'eau, dans laquelle on trouve à l'état de dissolution une assez forte proportion de sucre de lait qui sert à former de la graisse et à peu près autant de caséine, qui est un élément protéique. Le lait contient aussi certains sels, surtout des phosphates, du chlorate de potasse et du sel de cuisine. On y trouve aussi un peu de soude libre qui permet la dissolution de la caséine dans l'eau. On y rencontre, enfin, réduite en gouttelettes, une graisse neutre et très-fusible, qui est le beurre. On a calculé que le lait d'une femme en bonne santé contient en millièmes 886 parties d'eau, 28 de caséine, 36 de beurre, 48 de sucre de lait et 2 de sels. Le lait de vache contient à peu près le double de caséine, moins de sucre et plus de beurre. Quant au lait d'ânesse, il se rapproche beaucoup pour sa composition de celui de la femme. La composition du lait, d'ailleurs, dépend beaucoup d'une nourriture convenable et surtout abondante. Le principal est l'abondance de nourriture; il est aussi important, pour la femme qui veut allaiter un enfant, de boire davantage et de manger plus de viande. L'enfant à la mamelle absorbe donc avec le lait la substance protéique la plus soluble, la caséine, un générateur de la graisse sous forme de sucre de lait, et une graisse très-soluble, le beurre; ce qui, certainement, contribue à la transformation du sucre en graisse, d'après ce que nous avons vu plus haut. Le phosphate de chaux contenu dans le lait est le sel le plus important pour la formation du squelette de l'enfant. Toutes ces substances sont dissoutes dans une si grande quantité d'eau qu'elle suffit à la transformation de toutes ces matières dans l'organisme. L'analyse a prouvé qu'il faut ajouter au lait de vache qui doit nourrir un enfant une certaine quantité d'eau et de sucre de lait.

Il est curieux de constater que les graines des *céréales* et des légumineuses et, en général, les produits les plus essentiels à l'économie agricole se rapprochent le plus du lait; quant à leurs facultés nutritives, on pourrait presque les appeler : du lait végétal à l'état solide. On y trouve les mêmes sels que dans le lait, la même abondance de phosphate de chaux. On y constate encore la présence d'une assez grande quantité de substance protéique, que l'on appelle du gluten, quand elle est à l'état impur. Enfin, 60/100 à 70/100 d'un générateur de la graisse qui est la fécule. Cette fécule peut se transformer facilement en sucre et en d'autres substances. Une seule substance manque dans les différentes espèces de céréales ; c'est la graisse libre qui se trouve en très-petite quantité dans le froment et le seigle ; il y en a davantage dans le maïs, aussi préfère-t-on généralement ce dernier pour l'engrais des bestiaux. Il est tout aussi curieux de constater comment on a découvert, instinctivement, le manque de graisse dans le pain que nous faisons avec les céréales et comment on est arrivé aussi à enduire de beurre le pain que nous mangeons. Cette nourriture, qui joue un si grand rôle chez les peuples de race germanique, est donc scientifiquement bonne et peut être regardée comme remplaçant presque complétement le lait.

Si les céréales et les légumes nous présentent une nourriture bien conditionnée, les *pommes de terre*, au contraire, ne contiennent presque pas de matières azotées et renferment principalement de la fécule. On y rencontre en même temps une grande quantité d'eau, entre 70/100 et 80/100 et très-peu de sels ; les phosphates, par exemple, manquent complétement. Il serait difficile de trouver un aliment qui présente d'aussi mauvaises conditions physiologiques que la pomme de terre. Si elle a acquis une si grande importance dans l'économie agricole actuelle, cela vient de circonstances indépendantes de sa valeur nutritive. Les principales raisons de ce développement de la pomme de terre sont sa grande facilité d'acclimatation : elle s'étend de la Laponie jusqu'auprès des tropiques. Elle ne fatigue pas non plus autant la terre que les céréales, qui lui enlèvent différentes substances. La raison principale, cependant, se trouve dans le fait qu'avec les pommes de terre on peut faire des récoltes beaucoup plus grandes qu'avec aucune autre espèce de fruits. Si donc la nourriture solide que l'on tire ainsi du sol se présente sous des conditions très-défavorables, surtout à cause de la quantité d'eau que contiennent les pommes de terre, la quantité absolue est, malgré cela, si considérable, que les pommes de terre acquièrent ainsi la préférence. Nous allons le démontrer par un exemple frappant : on a tiré d'un hectare de terrain dans les mêmes conditions 5,400 livres de froment, 2,800 de seigle, 2,200 de pois et 58,000 de pommes de terre.

Mais ces substances contiennent :

	FROMENT.	SEIGLE.	POIS.	POMMES DE TERRE.
Éléments protéiques.....	459	300	493	494
Générateurs de la graisse.	2,319	1,932	1.311	8,726
Sels.	68	42	53	380
Eau.	442	389	519	27,626

L'avantage de planter des pommes de terre n'existe donc que pour le cultivateur, le désavantage se trouve du côté du consommateur qui, pour digérer un aliment aussi mal conditionné et aussi mal combiné, doit employer le maximum de facultés digestives pour arriver à un très petit résultat. Elle est donc parfaitement vraie cette parole d'un grand économiste qui a dit que la classe ouvrière, réduite à cette extrémité de se nourrir de pommes de terre, se trouve sur le bord de l'abîme, et que soit l'ouvrier, soit le paysan pauvre, devait accomplir l'épouvantable tâche de produire le maximum de travail avec un minimum de nourriture par elle-même insuffisante.

A l'opposé des pommes de terre se trouve *la viande* qui, tout en renfermant presque autant d'eau, n'est formée pour ainsi dire que de matières azotées. Les substances non azotées n'y sont représentées que par la graisse qui y adhère. Cette graisse est un complément nécessaire de la viande, et les peuples civilisés cherchent à en obtenir le rapport exact en engraissant les animaux. Cette opération, sans augmenter la quantité de viande, développe une grande quantité de graisse dans l'organisme. Outre la fibrine, l'albumine et la substance collagène qui sont contenues dans la viande, on y trouve encore une quantité de produits qui semblent être le résultat de la décomposition de la fibre musculaire elle-même. Ce sont ces substances qui donnent aux différentes espèces de viandes leur goût particulier. Si l'on coupe de la viande en tout petits morceaux et qu'on l'épuise complétement avec de l'eau, il reste une matière blanche et sans goût qui a les mêmes propriétés dans toutes sortes de viandes. Ce résidu se compose principalement de fibrine, qui est aussi dissoute dans la digestion. Dans de l'eau froide mêlée à un millième d'acide chlorhydrique (liqueur inventée par Liebig), la viande de bœuf coupée en tout petits morceaux perd 66 p. 1000. Ces 66 parties en contiennent presque 50 de corps albuminoïdes, le reste est composé de matières extractives et de sels. Le bouillon froid qu'on obtient ainsi contient toutes les matières solubles de la viande déjà à moitié digérées, il peut donc remplacer complétement la viande chez les personnes trop faibles pour bien digérer.

Le bouillon, s'il est préparé en versant de l'eau froide sur la viande et en la chauffant seulement peu à peu, ce qui est la meilleure méthode de cuisson pour cet aliment, contient les mêmes substances extractives et les mêmes sels, mais pas de corps albuminoïdes ; ceux-ci se coagulent par la chaleur et sont enlevés sous forme d'écume. La manière la plus simple de préparer la viande est donc de la rôtir. Il faut procéder de façon à former rapidement une croûte de matières rôties autour du morceau de viande. Cette croûte empêche la volatilisation du liquide contenu dans la viande et la maintient à une température qui doit être de 70 degrés au maximum. Au contraire, en cuisant la viande, on sépare la substance nutritive en deux parts, le bouillon, qui contient les matières solubles dans l'eau, et la viande elle-même, qui contient surtout les substances insolubles. La viande est d'autant plus fade et sans goût que le bouillon est meilleur, et réciproquement. Les petits morceaux sont complétement privés de leurs sucs par cette cuisson ; il n'en est pas ainsi pour les grands, où l'albumine de la fibre musculaire forme en se coagulant une sorte d'enveloppe autour du morceau de viande et empêche l'entrée de l'eau à l'intérieur. De là vient aussi que, dans les grandes maisons où l'on cuit en entier d'énormes morceaux de viande, on a à la fois de bons bouillons et de bonne viande cuite. Les petits ménages, au contraire, ont toujours soit de la viande fade et du bon bouillon, soit de la bonne viande et du mauvais bouillon, mais jamais les deux choses réunies. Dans le pot-au-feu si renommé des ménages bourgeois, la viande est réduite, par la cuisson prolongée, à une filasse insoluble.

L'influence fortifiante du bouillon ne dépend pas seulement de son contenu en substances azotées, qui est proportionnellement faible, mais encore de la nature même de ces substances. L'extrait de viande contient, en effet, une substance cristallisable neutre et azotée, la créatine, que l'on trouve en plus grande quantité dans les animaux maigres qui se donnent beaucoup de mouvement. La viande d'oiseau, de poulet, par exemple, en renferme plus que celle des mammifères. Par une décomposition particulière qui se fait déjà dans le muscle à l'état vivant, la créatine se change en une autre matière azotée appelée la créatinine. Cette créatinine forme avec les acides des sels, c'est donc une base organique, un alcaloïde, tout aussi bien que la quinine qui est l'un des principes efficaces de l'écorce de quinquina, ou que la morphine qui est l'un des principes de l'opium. Tous ces alcaloïdes ont une influence singulière et énergique sur l'organisme, qui n'est pas en rapport avec leur contenu en azote. Ils ont probablement la même action que les ferments qui engendrent les décompositions sans se transformer eux-mêmes. Ils traversent donc, sans se décomposer le corps tout entier, tout en y laissant des traces profondes de leur passage ; on peut s'en assurer en étudiant l'influence des alcaloïdes qui, comme par exemple la quinine, sont souvent employés comme remèdes.

Dans l'extrait de viande de Liebig, que l'Amérique du Sud et l'Australie envoient maintenant en si grande quantité dans le monde entier, et qui n'est autre chose que du bouillon privé complétement de sa graisse et rendu plus épais, on trouve encore des substances très-importantes : ce sont les sels et, parmi eux, en première ligne, l'hyperphosphate de potasse. Dans 100 parties de cendres de viande, on trouve 55 à 48 parties d'acide phosphorique et 54 à 59 parties de potasse. Ces parties se dissolvent pour la plupart dans le bouillon. Il y a, en outre, dans le bouillon, de l'acide lactique et des lactates. Toutes ces substances ont une influence stimulante et fortifiante sur les nerfs. C'est pourquoi le bouillon et l'extrait de viande de Liebig ont une valeur capitale ; tout en ne pouvant servir à eux seuls à soutenir l'existence, ils activent non-seulement la digestion, mais encore le jeu de l'organisme tout entier.

La civilisation a fait ranger, au nombre des aliments de première nécessité, deux substances que l'on regardait autrefois comme des objets de luxe et dont la composition se rapproche de celle du bouillon ; je veux parler du *café* et du *thé*, dont le premier a acquis une grande importance, surtout sur le continent européen, et l'autre plutôt en Angleterre et en Amérique. On évalue la quantité de café employée annuellement sur la terre à cinq millions de quintaux, et la quantité de thé à sept millions et demi environ. Ce sont là des chiffres presque fabuleux. Leur consommation devient de jour en jour plus grande, et plus on mange de pommes de terre à cause du développement du paupérisme, plus aussi le peuple a besoin du café qui lui devient alors indispensable. Le café et le thé contiennent tous deux la même substance chimique fondamentale ; la caféine ou théine, qui rentre aussi dans la classe des alcaloïdes mentionnés plus haut. L'influence de la caféine sur le corps est très-vivifiante. Nous y reviendrons d'ailleurs à propos de l'analyse des fonctions du système nerveux. Cette influence n'est pas en rapport avec la quantité de substances absorbées. Il ne faut pas pour cela, comme on l'a fait après avoir reconnu l'identité de composition du thé et du café et la grande quantité d'azote que contient la caféine, prétendre que le café ou le thé peuvent remplacer la viande. En effet, leur contenu en substance solide est beaucoup trop faible pour remédier à la destruction des substances azotées du corps. Le café et le thé sont pour ainsi dire du bouillon végétal, ils ne peuvent à eux seuls soutenir l'organisme. L'influence si puissamment stimulante de l'alcaloïde contenu en eux les fait rechercher parce qu'ils permettent la digestion d'une nourriture qui serait sans eux assez difficile à digérer. . .

Le *chocolat* contient aussi, mais en moins grande quantité, un alcaloïde, la théobromine, dont l'influence physiologique est comparable à celle de la caféine, mais il contient en outre beau-

coup de graisse appelée le beurre de cacao, de la fécule, de l'albumine et de la légumine. Le chocolat est donc bien plus que
toute autre boisson un aliment véritable, puisqu'il renferme en
lui des substances rentrant dans les deux classes principales des
matières nutritives.

Le chocolat a donc acquis une importance générale à cause de
son action nutritive, tandis que le café et le thé se sont répandus
plutôt à cause de leur influence sur le système nerveux dans
lequel ils provoquent une excitation agréable. Ils ralentissent en
même temps l'échange des substances dans l'organisme. Cette
dernière influence les rapproche des *liquides alcooliques fer-
mentés* qui renferment de l'alcool à un degré plus ou moins
élevé de concentration, ce sont l'eau-de-vie, le vin et la bière.
Comme le chocolat, la *bière* engraisse, et cela à cause de ce
qu'elle contient des matières extractives, du sucre, de la fécule
et de la dextrine. L'embonpoint général des Bavarois nous en
fournit une preuve suffisante. Le *vin* contient si peu de sucre
que cette influence nourrissante n'a aucune importance, et les
diverses sortes d'eau-de-vie ne contiennent que de l'alcool et de
l'eau, mélangés avec une très-petite quantité d'essences volatiles. On ne recherche pas dans ces liquides leur influence directe sur la vie végétative, sur la digestion et la nutrition, mais
plutôt leur influence sur le système nerveux, qui est la même
que celle des substances purement narcotiques comme le tabac,
l'opium, le haschisch, etc. Il n'existe pas dans le monde entier
un seul peuple, comme l'a remarqué un écrivain, qui ne consomme pas un ou plusieurs narcotiques; leur emploi a donc une
cause intime. Les aliments par eux-mêmes nous sont nécessaires,
mais les narcotiques et les spiritueux rendent la vie plus agréable et procurent quelques moments joyeux, même aux plus
tristes. « Le furieux qui a pris trop de haschisch, dit M. de Bibra,
et qui parcourt les rues en attaquant aveuglément tous ceux
qu'il rencontre, n'est qu'une exception vis-à-vis des milliers
d'individus, qui, en prenant, après leur repas, une petite quantité de ce narcotique, passent quelques heures agréables. La

quantité d'individus auxquels le coca permet de surmonter les
plus grandes difficultés et qu'il préserve même de la famine,
dépasse de beaucoup le nombre des *coqueros*, dont la santé est
minée par une trop grande absorption de cette substance. Ce ne
sont donc que des hypocrites qui ont pu condamner la coupe du
vieux père Noé, parce que quelques ivrognes ne savent pas se
contenir. »

LETTRE V

LA RESPIRATION

La cage thoracique vue sur un squelette (*fig.* 22 et 23) a
la forme d'un cône aplati, d'avant en l'arrière ; le sommet du
cône est tourné vers le cou, la base vers le ventre. Les parois
sont composées de douze paires de bâtonnets osseux plats et recourbés : les côtes. Deux axes fixes forment les points d'appui de
ces os mobiles. On trouve sur le dos l'épine dorsale, sur les vertèbres de laquelle sont articulées les côtes. Devant, c'est le sternum, os long et plat auquel s'articulent immédiatement les sept
vraies côtes, c'est-à-dire les sept côtes supérieures, par des cartilages élastiques. Quant aux cinq côtes inférieures que l'on appelle les fausses-côtes, les deux plus basses n'atteignent pas
même le sternum, tandis que les trois autres sont réunies par un
cartilage à celui de la septième côte. Une légère pression sur le
sternum le fait reculer vers l'épine dorsale ; on peut de même facilement soulever et abaisser les côtes elles-mêmes. Cette disposition de la charpente osseuse de la poitrine permet un
élargissement et un resserrement de la cavité thoracique. La
surface large est tournée vers l'estomac, et elle en est séparée
par une paroi musculeuse, le diaphragme. Cette paroi est légèrement bombée, sa convexité tournée vers la poitrine, sa concavité

vers l'abdomen. La contraction du diaphragme, lequel est d'ailleurs attaché par de fortes fibres musculaires aux côtes et à la colonne vertébrale, détermine un aplatissement dans sa courbure, et par conséquent un agrandissement de la cavité thoracique et un rétrécissement de la cavité abdominale.

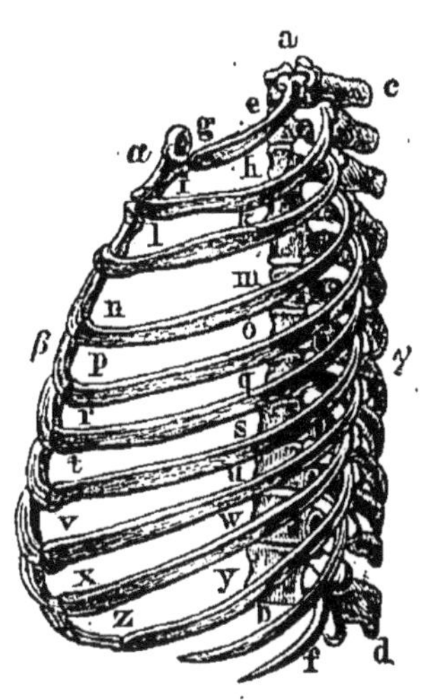

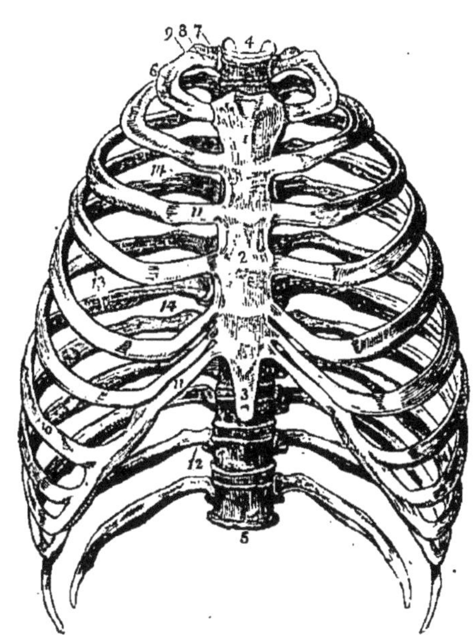

Fig. 22. — La cage thoracique du squelette, vue de côté. — *a, b,* les corps de vertèbres; *c, d,* les apophyses épineuses des vertèbres dorsales; β, le sternum; *e, h, k, m, o, q, s,* les vraies côtes; *u, w, y, f,* les fausses côtes.

Fig. 23. — La cage thoracique vue de devant. — 1-3, le sternum; 4, 5, les corps de vertèbres; celles qui portent les numéros 6 à 10 sont les sept vraies côtes; celles qui portent le numéro 12, les deux dernières fausses côtes.

Entre les côtes, de même que sur leur paroi externe, s'attachent beaucoup de muscles qui peuvent tirer plus ou moins les côtes en haut et en dehors, et peuvent par conséquent agrandir la cavité thoracique. Les dimensions horizontales de cette cavité augmentent alors. Quant au raccourcissement dans la longueur qui est provoqué par le soulèvement des côtes, il est amplement compensé par l'affaissement du diaphragme.

C'est dans cette cage thoracique que sont suspendus les poumons qui sont le principal organe de la respiration; on y trouve

aussi le cœur. Les poumons communiquent avec l'air extérieur
au moyen d'un tube formé d'anneaux cartilagineux, la trachée-
artère, qui est le prolongement des cavités nasales et buccale.
L'intérieur de la cage thoracique est tapissé d'une membrane
ferme et imperméable, la plèvre, ce qui fait que cette cage est

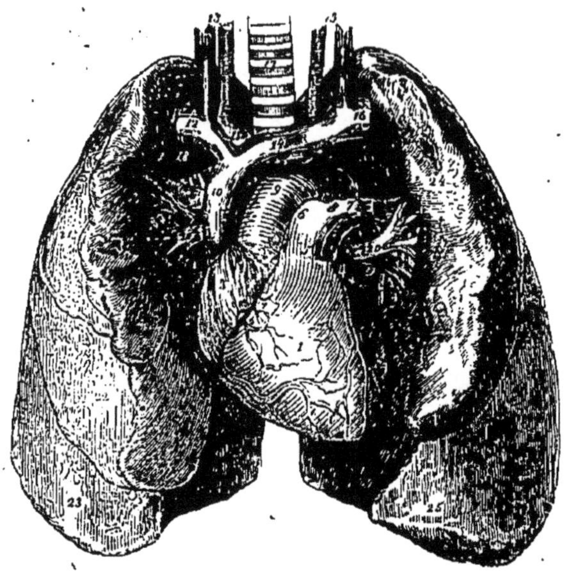

Fig. 24. — Les viscères thoraciques vus de face; les poumons ont été un peu écartés
pour montrer le cœur et les gros vaisseaux. — 1, ventricule droit; 2, ventricule
gauche; 3, oreillette droite; 4, oreillette gauche; 5, artère pulmonaire; 6, rameau de cette artère allant au poumon droit; 7, ancien canal réunissant ce rameau à l'aorte, qui n'est ouvert que dans le fœtus et se ferme à la naissance (conduit de Botal); 9, crosse de l'aorte; 10, veine cave supérieure; 11, tronc commun
de l'artère carotide et de l'artère sous-clavière droites; 12, veine sous-clavière
droite; 13, artère carotide droite; 14, veines jugulaire et sous-clavière gau-
ches réunies; 15, veine jugulaire gauche; 16, veine sous-clavière gauche; 17,
trachée-artère; 18, bronche du poumon droit; 19, bronche du poumon gauche;
20, veines pulmonaires; 21, lobe supérieur; 22, moyen; 23, inférieur du poumon
droit; 24, lobe supérieur; 25, lobe inférieur du poumon gauche.

hermétiquement close. Les poumons peuvent être considérés dans
leur ensemble comme deux sacs élastiques qui communiquent avec
l'air extérieur par un tube rigide et toujours ouvert, la trachée-
artère. Ils ne peuvent se dilater et se contracter par eux-mêmes,
mais comme ils sont élastiques et remplis d'air, ils occupent
toujours complétement la cage thoracique. Si cette dernière

se dilate, les poumons suivent son exemple ; l'air extérieur entre alors par la trachée-artère et leurs rameaux, les bronches, dans les deux poumons ; c'est ainsi que nous *inspirons ;* si la cage thoracique se contracte, les poumons se compriment, et une partie de l'air est chassée à travers la trachée-artère ; dans ce cas nous *expirons.*

Les mouvements respiratoires ne sont donc pas le produit d'une contraction indépendante des poumons, mais plutôt celui d'un jeu alternant des muscles attachés à la cage thoracique. La condition de leur action pendant toute la vie se trouve dans la fermeture complète et hermétique de la cage thoracique. Elle dépend aussi de l'application étroite de la surface extérieure des poumons à la surface intérieure du thorax. Cette application des poumons au thorax résulte de la pression de l'air contenu en eux. La cavité de la plèvre constitue, en effet, un vide absolu. Le vide dépend de la plèvre qui forme de chaque côté un sac complétement fermé, dans lequel s'engage chaque poumon, comme la tête dans un bonnet de coton, pour me servir d'une comparaison triviale, mais très-exacte. Le sac recouvre en entier le poumon, dont il constitue la surface lisse. Le sac se réfléchit sur lui-même à l'entrée des bronches et va s'attacher à la paroi thoracique. Aussitôt que cette paroi se dilate et cherche à s'éloigner des poumons et avant qu'il ne se forme dans le sac de la plèvre un espace vide d'air, l'air extérieur se précipite dans le poumon et le dilate tellement que ce dernier finit par s'appuyer aux parois du thorax et par en suivre tous les mouvements. Si la fermeture, constituée par la plèvre, est incomplète, par exemple s'il y a une large blessure pénétrante à la poitrine, qui permet à l'air extérieur d'entrer dans le thorax, le poumon du côté blessé ne pourra plus se dilater dans l'aspiration, et s'affaissera même complétement.

Quand la respiration est tranquille et qu'on est debout ou assis, ce sont surtout les contractions alternatives du diaphragme, qui provoquent l'entrée et la sortie de l'air dans les poumons. La cage thoracique ne se dilate que fort peu dans ses diamètres transversaux. Dans la position horizontale, ainsi que dans une respiration plus active, les côtes et les parois du ventre jouent aussi un grand rôle, ce qui permet de faire varier la capacité du thorax dans d'assez grandes limites. Examinons ces limites d'après les diverses circonstances qui concourent à la respiration ; nous trouverons quatre cas. Les poumons sont contractés au maximum dans le cas de l'expiration profonde ; ils sont alors toujours encore remplis d'une certaine quantité d'air qu'on ne peut jamais complétement expulser ; c'est l'*air de résidu* qui a un volume de 1,200 à 1,600 centimètres cubes. La différence entre l'expiration la plus forte et l'inspiration la plus forte donne la *capacité des poumons*, qui est en moyenne de 5,772 centimètres cubes chez l'homme adulte. Dans l'expiration ordinaire, les poumons restent modérément dilatés, et ils contiennent alors en tout à peu près 5,000 centimètres cubes. L'aspiration ordinaire y fait entrer en général 500 centimètres cubes, cette quantité forme l'*air courant*.

C'est dans l'aspiration soutenue et forte que la poitrine semble le plus bombée ; chez les hommes ce sont les côtes inférieures, avec le diaphragme et les parois du ventre qui jouent le rôle important dans la respiration, tandis que les côtes supérieures restent plutôt immobiles, c'est ce qui constitue la respiration abdominale. Chez les femmes, au contraire, ce sont les côtes supérieures qui entrent surtout en activité, tandis que les côtes inférieures ne jouent un rôle que dans les cas exceptionnels. C'est la respiration costale. Cette circonstance expliquerait peut-être la prédilection que le sexe féminin montre pour les corsets ; ceux-ci, en effet, ne compriment pas seulement les côtes inférieures au point de les rendre immobiles, mais encore les déforment complétement. Nous pouvons à volonté mettre en jeu tel ou tel groupe d'appareils respiratoires, quand l'activité des autres appareils nous incommode. Ainsi, les malades qui souffrent d'une pleurésie, maladie qui rend la plèvre très-sensible aux mouvements de la cage thoracique, tâchent de rendre leurs côtes aussi immobiles que possible, et de ne respirer qu'avec le diaphragme et la paroi abdominale. Les femmes enceintes, au contraire, ne respirent qu'avec les côtes, parce que le volume de l'abdomen ne peut être alors facilement modifié. Si nous voulions analyser l'influence de tous les muscles particuliers qui entrent en jeu dans l'acte de la respiration, nous nous écarterions trop de notre sujet. Constatons seulement que leur activité à tous dépend jusqu'à un certain degré de la volonté ; nous pouvons, en effet, accélérer leurs mouvements, ou les ralentir, mais nous ne pouvons arrêter leur jeu complétement, qu'en employant des moyens spéciaux. Les mouvements respiratoires appartiennent comme beaucoup d'autres mouvements, à la classe de ceux qui obéissent à une loi plus profonde que celle de notre propre volonté, et dont nous étudierons les raisons et les causes dans une autre lettre.

Dans l'état normal, nous respirons sans en avoir conscience ; soit que nous dormions, soit que nous soyons éveillés, les muscles respiratoires continuent leur œuvre, et on constate une certaine quantité normale d'inspirations qui reste toujours à peu près la même. La plus ou moins grande fréquence de ces mouvements respiratoires dépend de l'âge et de la masse du corps de l'individu. Cette fréquence est en relation avec le pouls qui dépend à son tour de la masse du corps. Un enfant nouveau-né respire en moyenne 45 à 50 fois par minute, un enfant de 5 ans 26 fois, cette fréquence diminue jusqu'à l'âge de 30 ou 40 ans, où elle varie entre 16 et 18. Elle augmente enfin un peu dans un âge plus avancé. Dans l'enfance il y a de 3 à 3 1/2 pulsations dans l'état normal ; dans l'âge adulte, 4 à 4 1/2 pulsations par mouvement respiratoire.

Depuis longtemps on savait par expérience que la respiration de l'homme et des animaux transformait l'air ambiant et finissait par le rendre irrespirable. Mais avant que la chimie en fût arrivée à analyser les différentes espèces de gaz avec autant de certitude que s'il s'était agi de corps liquides ou solides, on ne pouvait s'attendre à trouver une explication de ce fait, dont découle nécessairement la théorie chimique que l'on peut établir sur l'acte de la respiration. On savait que l'homme ou les animaux éprouvent bientôt de la difficulté à respirer dans un espace hermétiquement fermé, que la peau devient violette, et que même les plus fortes aspirations restent insuffisantes. On savait en outre que les aspirations deviennent à la longue convulsives, que le sujet s'évanouit et meurt à la fin dans de violentes convulsions se manifestant dans le corps entier. Les mêmes phénomènes se présentent, comme on l'a su de tout temps, dans la strangulation et chez les noyés, mais on ne pouvait en pénétrer la cause secrète puisque l'on ne connaissait pas la composition de l'air soit inspiré, soit expiré, et par là les changements opérés par la respiration. Ce ne fut que Lavoisier, le fondateur de la chimie moderne, qui jeta de la lumière sur la respiration, et son travail sur ce sujet sera toujours regardé comme un des plus beaux que possède la chimie.

Chacun sait qu'à une basse température, notre haleine forme un brouillard qui se dépose en gouttelettes contre les corps froids. Dans les maisons inhabitées, les vitres ne se couvrent pas de givre en hiver, mais sitôt que la chambre est habitée, l'humidité intérieure se dépose sur les vitres en contact avec le froid extérieur. L'air expiré contient donc une grande quantité de vapeur d'eau que le froid liquéfie et transforme en gouttes d'eau. Cet air expiré est même saturé d'eau dans la respiration lente. La quantité absolue de vapeur d'eau que peut contenir un gaz, dépend à pression égale de sa température; plus celle-ci est élevée, plus il faut de vapeur d'eau pour amener la saturation. La température ordinaire de l'air expiré est à peu près celle du sang, mais elle peut descendre à moins de 35 degrés dans les grands froids. Le refroidissement intérieur serait encore plus fort, si les poumons ne contenaient pas toujours cet air de résidu que nous avons mentionné plus haut. Ce dernier, grâce à son contact habituel avec les cellules aériennes et le sang, finit par atteindre leur température, et ne se refroidit que lentement dans toute sa masse. La quantité de vapeur d'eau expirée dépend donc surtout de la température de l'air contenue dans les poumons ; plus l'air aspiré est sec et froid, plus le corps doit fournir d'eau aux poumons, afin de porter l'air expiré et réchauffé à son degré de saturation. Nous n'éprouverions aucune perte d'eau dans l'acte de la respiration, dans le cas où l'air aspiré serait de 36 à 38 degrés de chaleur et complétement saturé de vapeur d'eau. Dans les circonstances ordinaires, il faut qu'une certaine quantité de vapeur d'eau soit extraite du sang ; et cette perte de vapeur d'eau sera d'autant plus grande que la respiration sera plus active et plus profonde. Cela explique la soif que nous éprouvons après des exercices musculaires fatigants, après une marche par une forte chaleur. Nous respirons alors plus souvent, les poumons dégagent beaucoup plus de vapeur d'eau, et la soif est pour ainsi dire une manifestation du corps destinée à nous rappeler ce manque d'eau.

La structure interne des poumons se prête admirablement à la réalisation des phénomènes physiques que nous venons de décrire. La trachée-artère se divise en deux bronches, une pour chaque poumon. Chacune de ces bronches se divise à son tour en une quantité de ramifications, qui se terminent enfin dans des vésicules ou culs-de-sac innombrables. Ces culs-de-sac ont une cuticule excessivement mince.

Toutes ces vésicules et toutes ces petites cellules sont continuellement remplies d'air, ce qui fait que les poumons à l'état sain surnagent, tandis que ceux d'un nouveau-né qui n'a pas encore respiré enfoncent dans l'eau. C'est dans les minces parois des cellules pulmonaires que se distribuent les capillaires sanguins des poumons. Ces vaisseaux forment des réseaux si serrés et les inter-

Fig. 25. — Deux petits lobules du poumon. — *a*, bouffis ; *b*, les cellules aériennes latérales ; *c*, les derniers ramuscules des bronches qui y aboutissent.

valles qui les séparent sont si minimes que la substance même
des poumons ne constitue pour ainsi dire que des îlots excessivement petits au milieu des capillaires.

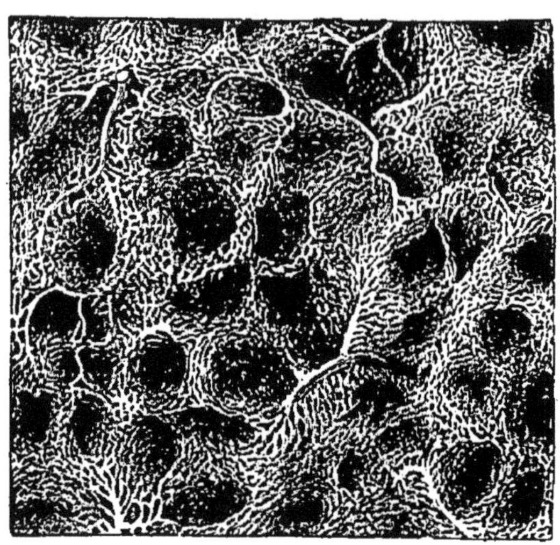

Fig. 26. — Réseau capillaire des vésicules pulmonaires.

La minceur extrême des parois des capillaires pulmonaires,
ainsi que celle des vésicules favorise au plus haut degré l'échange
de substances liquides ou gazeuses. Le sang qui circule dans les
poumons est entouré d'air de toutes parts, et l'air des vésicules
pulmonaires est à son tour entouré de sang en circulation. Cela
explique comment il se fait que l'air aspiré, quelque froid qu'il
soit, se réchauffe à l'instant ou il entre dans le poumon, au
point d'atteindre la température même du sang qui l'entoure ;
cet air se sature de vapeur d'eau aussitôt qu'il entre en contact
avec le liquide sanguin.

Il est prouvé par des expériences que la quantité d'air expirée
est rigoureusement égale à la quantité inspirée ; le volume de
l'air ne changerait donc pas dans l'acte de la respiration. Les
changements éprouvés par l'air inspiré ne peuvent donc être que
d'une nature chimique ; il est facile de s'assurer qu'il en est
vraiment ainsi. En effet, une portion de l'oxygène contenu dans
l'air atmosphérique est remplacée dans l'air expiré par une quantité correspondante d'acide carbonique.

L'air atmosphérique est essentiellement un mélange constant de deux sortes de gaz, l'oxygène et l'azote, auxquels viennent s'ajouter de l'acide carbonique et de la vapeur d'eau en quantités variables. L'acide carbonique ne s'y trouve en général que dans la quantité de 0,04 p. 100, si l'on calcule en volume. On peut donc ordinairement négliger cette quantité. Quant à la proportion d'oxygène et d'azote, elle est partout la même, sur les hauteurs comme dans les profondeurs, dans un espace fermé comme à l'air libre ; et ce n'est qu'après des pluies prolongées et aussi en pleine mer qu'il y en a une proportion un peu plus faible dans l'air, l'eau absorbant l'oxygène en plus forte proportion que l'azote. D'après les dernières recherches, l'air aurait en volume 20,95 p. 100 d'oxygène et 79,05 d'azote, mais comme l'oxygène est plus pesant que l'azote, l'air contient en poids 23,19 p. 100 d'oxygène et 76,81 d'azote. L'air expiré est différent quant à sa composition. On peut sans commettre de graves erreurs, laisser de côté les changements qu'éprouve l'azote quant à sa quantité, il n'entre en effet dans le sang que très-peu d'azote : cette quantité varie suivant la pression et ne se sépare pas du sang lui-même. Il n'en est pas de même de l'oxygène : une partie de ce gaz disparaît, et est remplacé dans l'air expiré par un volume égal d'acide carbonique. L'air expiré contient en moyenne chez l'adulte 4,380 p. 100 d'acide carbonique d'après le volume, ou encore comme l'acide carbonique est de beaucoup plus pesant que l'oxygène, 6,546 p. 100 en poids. Cependant il y a des variations considérables même dans la respiration normale, qui peuvent aller de 3 p. 100 à 6 p. 100 et au delà. Rien n'est plus facile que de se convaincre de la quantité d'acide carbonique contenue dans l'air expiré ; il suffit de souffler à travers un tube dans de l'eau de chaux pour la voir aussitôt se troubler plus ou moins. On trouve à la fin un dépôt de carbonate de chaux qui au contact d'un acide se dissout en bouillonnant violemment. Il est d'une importance capitale pour toute la physiologie, et surtout pour la nutrition de pouvoir déterminer la quantité d'acide carbonique expirée par l'homme en un temps donné. Comme on connait la composition de ce gaz, il est facile de calculer la quantité de carbone que perd le corps dans l'acte de la respiration. Cette question offre cependant certaines difficultés, aucune fonction du corps n'étant plus variable que la respiration ; le plus petit effort, le plus petit empêchement, chaque émotion agit sur elle en la ralentissant ou en l'accélérant. C'est justement quand nous voulons nous efforcer de respirer avec régularité que nous rendons l'acte de la respiration plus irrégulier encore, à cause de la tension de notre esprit. Déjà la longueur et la force de l'aspiration augmentent la quantité d'acide carbonique contenue dans l'air expiré ; l'air de résidu contient en effet de l'acide carbonique en plus grande quantité que l'air expiré, ce qui fait qu'une expiration profonde et lente dégage une quantité de gaz carbonique relativement considérable, tandis qu'une respiration rapide et superficielle opère assez mal la ventilation des poumons et sépare moins d'acide carbonique dans un temps donné. Le froid a aussi son influence, il active la production d'acide carbonique, tandis que la chaleur la ralentit. Un effort mental, même à l'état de repos, augmente de beaucoup la production d'acide carbonique, mais ce sont surtout les mouvements musculaires qui ont une influence énergique. Si on prend pour unité, la composition de l'air respiré quand on est couché, le seul transport dans un wagon de deuxième classe augmente de moitié la quantité d'air respiré et par conséquent celle de l'acide carbonique expulsé. Dans une promenade très-lente, où l'on ferait un kilomètre à l'heure, ou en chevauchant au pas, la quantité d'acide carbonique est doublée. Elle est triplée dans les courses à pied où l'on fait trois kilomètres à l'heure, quadruplée dans une course au trot et dans un voyage à pied où l'on fait une lieue par heure ; elle devient enfin plus grande encore si l'on se met à courir. Les aliments n'ont pas moins d'importance, la plupart accélèrent la respiration, tandis que d'autres, comme la fécule, la graisse et quelques liqueurs alcooliques l'affaiblissent.

Il est facile de comprendre que ce ne sont que des méthodes très-exactes, des expériences répétées qui peuvent donner un résultat à peu près juste. Les essais que l'on a fait s'appuient sur divers principes. D'après une certaine méthode, on fait expirer plusieurs fois un individu dans un appareil hermétiquement clos, et au moyen de cet appareil on rassemble l'eau et l'acide carbonique. Cette méthode donne bien le produit de la respiration à elle seule, mais le résultat se trouve souvent faussé par les influences mentionnées plus haut. On obtient en général trop d'acide carbonique. D'après une autre méthode, on fait respirer l'individu dans un espace clos, par lequel on peut faire passer un courant d'air d'une certaine lenteur. On en règle la vitesse et la quantité suivant les besoins. On fait passer au moyen de ce courant les produits respiratoires, l'eau et l'acide carbonique dans des appareils spécialement construits dans le but de les absorber; on peut ainsi en déterminer la quantité, soit en poids, soit en volume. Cette méthode ne donne pas seulement le produit de la respiration, mais encore celui de la transpiration cutanée; enfin d'autres expériences où l'on fait expirer le sujet depuis l'appareil à travers un tube ouvert à l'air, nous donnent le résultat de la transpiration à elle seule; de là on déduira la quantité d'air respiré. Le tableau suivant donne les moyennes d'acide carbonique expiré en une heure, et le carbone que cet acide contient en grammes (500 grammes font une livre) :

AGE DES SUJETS	MOYENNE D'ACIDE CARBONIQUE	MOYENNE DE CARBONE BRULÉ	QUANTITÉ DE CARBONE BRULÉ EN 24 HEURES
8 ans	18,533	5,000	120,000
10	24,934	6,800	163,200
11 à 15	29,480	8.040	192,960
16 1/2 à 20	39,527	10,780	258,720
24 à 28	44,550	12,150	291,600
31 à 40	40,533	11,000	264,000
41 à 50	34,676	9,457	226,968
51 à 60	31,442	8,575	205,800
63 à 68	37,521	10,233	245,592
76	22,000	6,000	144,000
92	32,267	8,800	211,200
102	21,634	5,900	141,600

On peut aussitôt qu'on connaît le poids du corps déduire de ces chiffres une moyenne appliquée à 1 kilogramme de poids du corps. Cette moyenne peut servir de comparaison avec celles qu'on obtient avec d'autres animaux. Ainsi, un homme de trente-trois ans, pesant 54 kilogr., a livré en moyenne 59,146 grammes d'acide carbonique par heure. Cela ferait donc par heure, et pour 1 kilogr. de poids du corps, 0,725 grammes d'acide carbonique. Donc, 17,400 grammes par kilogramme en 24 heures, chiffre évidemment trop élevé. Ces résultats ont été acquis, en effet, en faisant respirer le sujet dans un masque et à travers un appareil tubuleux, ce qui détermine par l'empêchement des mouvements respiratoires qui en résulte une respiration pénible, et par là une augmentation d'acide carbonique dans l'expiration. On augmente trop aussi cette quantité en la multipliant par 24 heures; on respire en effet moins souvent dans le sommeil, et le dégagement de l'acide carbonique devient par conséquent moins grand la nuit que le jour. Ce tableau permet malgré cela une comparaison, puisque l'erreur est la même pour les trois colonnes. On trouve donc que la quantité absolue d'acide carbonique augmente dans la jeunesse, jusqu'à l'âge mûr, pour diminuer dès cet instant jusqu'à la vieillesse; que des mouvements musculaires et une bonne digestion augmentent sensiblement la proportion d'acide carbonique; que la femme, enfin, expire en général moins d'acide carbonique que l'homme. Mais si l'on calcule la quantité d'acide carbonique expirée par rapport à un kilogramme de poids du corps, on trouve que cette quantité est au maximum chez l'enfant pour s'en aller ensuite en décroissant.

On a fait d'autres essais avec un appareil compliqué, dans lequel on ne pouvait mettre à la vérité que de petits chiens et d'autres animaux de ce genre, mais qui pourtant était arrangé de telle sorte, que les animaux pouvaient y séjourner des jours entiers, ce qui permettait de calculer exactement tous les produits. On a pu déterminer ainsi avec la plus grande exactitude les quantités d'oxygène et d'azote enlevées à l'air, ainsi que la quantité d'eau, d'acide carbonique et d'azote expirés. On pouvait souvent laisser les animaux trois ou quatre jours dans l'appareil, ce qui produisait une grande quantité de substance sécrétée dans l'acte de la respiration et par conséquent un minimum d'erreur. On a trouvé par là que plus un mammifère ou un oiseau est petit, plus il expire d'acide carbonique, et que la proportion d'acide carbonique dépend surtout de la nourriture. Des essais faits sur l'homme avec un appareil analogue ont donné pour un kilogramme de poids du corps 0,447 à 0,592 grammes d'acide carbonique, chiffre bien inférieur à celui qu'on a obtenu par la respiration isolée. On voit que les expériences sont encore assez peu exactes. Cependant, on peut admettre d'après ces résultats qui sont probablement un peu trop forts, qu'un adulte expire en moyenne, en 24 heures, un kilogramme d'acide carbonique, ce qui ferait une quantité de 273 grammes ou 1/2 livre de carbone par jour.

Pettenkofer a enfin construit, ces dernières années, un grand appareil plusieurs fois reconstruit depuis, qui permet d'employer pour ces essais des hommes et de grands animaux. Il consiste en une chambre de grandeur moyenne, hermétiquement fermée, en tôle, et ventilée par une machine à vapeur, de telle sorte que l'air y circule continuellement grâce à certaines ouvertures pratiquées dans l'appareil. L'air qui entre est débarrassé de son acide carbonique et son volume déterminé par un gazomètre exact. Quant à l'air qui est aspiré par la machine à vapeur, il peut être analysé continuellement soit en général, soit par des expériences particulières. Les hommes et les animaux peuvent rester nuit et jour dans cette chambre, y dormir, y travailler, y manger, etc. Cet appareil est très-compliqué et coûte fort cher, mais il fonctionne avec une grande précision et donne comme l'appareil mentionné plus haut, les produits de la respiration en même temps que ceux de la transpiration.

On a trouvé chez un adulte de vingt-quatre ans, pesant 72 kilogrammes, les variations suivantes d'après la nourriture qu'il avait prise :

NOURRITURE	GRAMMES SÉCRÉTÉS EN 24 HEURES	
	ACIDE CARBONIQUE	CARBONE
Faim.	662,9 à 663,5	180,5 à 180,9
Nourriture non azotée..	755,2	200,5°
Nourriture mélangée..	759,5 à 791,1	207,0 à 215,7
Deux kilogrammes de viande. .	847,5	231,1
Maximum de viande.	925,6	252,4

Comme on le voit, ces chiffres sont de beaucoup inférieurs
aux précédents. Car si l'on admet comme nutrition normale la
nourriture mélangée, un homme n'expirerait par jour que tout
au plus 800 grammes d'acide carbonique.

Il y a en outre des variations périodiques entre les proportions
d'oxygène inspiré et d'acide carbonique expiré. Ces variations ne
sont pas moins importantes; on avait observé chez un homme
sain et vigoureux de 28 ans, qu'il avait expiré de 6 heures du
matin à 6 heures du soir beaucoup plus d'acide carbonique que
dans les heures correspondantes de la nuit. Cette proportion
s'accroissait encore quand l'individu faisait mouvoir une grande
roue pesante. On a trouvé que 69/100 de l'acide carbonique
expiré tombait sur le jour et les heures de travail, et 31/100
seulement sur les heures de la nuit. On en avait tiré la conclusion un peu prématurée, que l'homme emmagasinait de
l'oxygène dans le sommeil, et qu'il l'employait pendant le jour.
De là aussi une quantité de conséquences sur la cause et l'utilité
du sommeil, etc. Mais d'autres essais faits tantôt sur le même
individu, tantôt sur d'autres ont bien confirmé les premières
expériences, mais sur un seul point seulement. On a pu reconnaître comme certain qu'il y a des périodes variables dans lesquelles l'acide carbonique expiré ne correspond pas exactement
à l'oxygène inspiré, mais que tantôt l'un, tantôt l'autre domine.
Ces expériences ont prouvé en même temps qu'il n'existe pas
d'antagonisme régulier, entre le jour et la nuit, le sommeil et la
veille ; il faut donc abandonner toutes les déductions qu'on avait

tirées, au sujet de l'emmagasinage d'oxygène, et de son utilité pour un travail à faire.

Lavoisier avait déjà prouvé l'existence et déterminé du moins approximativement la quantité d'acide carbonique dans l'air expiré ; on devait alors se demander d'où provient cet acide carbonique ? Se forme-t-il dans les poumons pendant l'acte de la respiration ? Ou bien se trouve-t-il dans le sang veineux et serait-il seulement dégagé dans les poumons, et remplacé par l'oxygène ? On s'est décidé d'abord sans longs débats pour la première hypothèse, d'autant plus facilement que le volume d'oxygène disparu correspond au volume d'acide carbonique expiré. On savait, qu'en brûlant, le carbone ne transforme pas le volume de l'oxygène. Un volume d'oxygène pur, peut être transformé en acide carbonique par la combustion du carbone, et cela sans changer de volume. Le gaz qui a pris naissance est seulement devenu plus pesant par l'adjonction du carbone. Comme cette proportion se retrouve exactement dans l'acte de la respiration, on n'a pas tardé à assimiler cet acte à une combustion. La conséquence logique de cette théorie, est que l'oxygène arrive dans les poumons jusqu'au sang, y met en combustion une certaine quantité de carbone que le sang contient ; le carbone se change alors en acide carbonique qui est expiré à son tour dans l'acte de la respiration. On trouvait là en même temps une explication toute naturelle de la chaleur animale. Le carbone développe de la chaleur en brûlant ; la combustion de ce carbone dans les poumons doit donc développer de la chaleur, et comme la respiration est une fonction durable, cette chaleur doit être durable et constante. A l'époque où cette théorie avait cours, on n'avait pas encore découvert le moyen d'extraire des gaz du sang artériel ou du sang veineux ; aussi trouva-t-on que cette relation entre la respiration et le développement de chaleur animale expliquait si complétement la théorie adoptée qu'une autre manière d'envisager les choses semblait impossible.

Mais on a pu prouver plus tard par un essai très-simple, que cet acte de combustion, si peu compliqué qu'il soit, ne pouvait avoir lieu dans les poumons seuls. Car si l'on met un animal, grenouille, oiseau, ou lapin, sous une cloche à gaz hermétiquement fermée, et que cette cloche contienne un gaz qui tout en n'étant pas un poison pour l'organisme ne puisse entretenir la respiration, comme l'hydrogène ou l'azote, l'animal respire encore quelque temps, mais il meurt bientôt. Si l'on examine alors l'air contenu sous la cloche, on voit qu'il contient une certaine quantité d'acide carbonique; l'animal a donc expiré de l'acide carbonique quand même les gaz contenus dans la cloche ne pouvaient en produire; par conséquent, l'acide carbonique ne peut résulter d'une combustion immédiate du carbone dans les poumons, mais cet acide doit préexister dans le sang à l'état gazeux. On a prouvé aussi par d'autres expériences que le sang des poumons n'est pas beaucoup plus chaud que celui des autres parties du corps. Or, si vraiment les poumons étaient des sortes de fourneaux, si l'on peut s'exprimer ainsi, la chaleur devrait y être plus grande que dans les tubes de conduite qui s'y rendent.

On a trouvé par des expériences directes que l'on pouvait en effet extraire des gaz du sang, et cela, soit par la pompe pneumatique, soit en l'agitant avec des gaz indifférents, par exemple, l'hydrogène. On a vu plus haut que la quantité de gaz contenue dans le sang est assez grande et qu'il y a beaucoup plus d'oxygène dans le sang rouge ou artériel que dans le sang noir ou veineux, qui contient de l'acide carbonique, lequel en partie est libre ou faiblement lié à des sels, tandis qu'une autre partie ne se laisse pas facilement dégager. Si l'on examine ce fait à lui seul, on ne peut plus douter du rôle que jouent les poumons dans l'acte de la respiration ; ils remplissent évidemment le rôle d'un filtre par lequel s'échange l'oxygène de l'air contre l'acide carbonique du sang veineux. La combustion du carbone ne se ferait donc pas dans les poumons, mais plutôt dans toutes les parties du corps où il y a échange de matière au moyen de la circulation sanguine. Dans la nutrition des diverses parties du corps, il se passe évidemment des transformations chimiques, qui produisent de l'acide carbonique. L'oxygène arrivant continuellement avec le sang artériel, rend possible ces changements, et il en est l'agent principal.

De cette manière d'expliquer l'acte de la respiration, découlent logiquement beaucoup de phénomènes secondaires dans la production de la chaleur. Il est avéré que tout mouvement musculaire provoque une respiration plus rapide et plus forte, et produit en même temps une plus grande chaleur corporelle. Mais si l'on observe bien, on voit que cette chaleur ne se produit que quelque temps après l'accélération de la respiration, et qu'elle se développe plus particulièrement à l'endroit du corps mis en mouvement. L'accélération de la respiration a naturellement pour effet un pouls plus rapide, une circulation plus rapide et, par conséquent, un plus grand arrivage d'oxygène, et un échange de matières beaucoup plus vif dans les tissus. Le développement de la chaleur vient aussi de ce que le mouvement favorise toujours les transformations chimiques, les accélère, et que, par exemple, en remuant les jambes, on active le renouvellement dans les tissus, la ·nutrition de cette partie, et par conséquent le développement de la chaleur.

Mais il est aussi prouvé que cette filtration des gaz contenus dans le sang n'est pas la seule activité des poumons et qu'il s'y passe en effet aussi, un échange de matières. Immédiatement après le repas, la quantité d'acide carbonique expirée est augmentée de beaucoup. Nous savons que le sang qui vient des veines hépapatiques du foie contient beaucoup de sucre qui disparaît complétement dans les poumons. Ce sucre y est par conséquent oxydé, c'est-à-dire brûlé. En outre, des expériences très-exactes ont permis de découvrir une température sensiblement plus élevée dans le sang, allant des poumons au cœur par les veines pulmonaires, que dans le sang des artères pulmonaires. Comme l'évaporation de l'eau dans les poumons abaisse nécessairement la température, et que malgré cela le sang des veines pulmonaires est plus chaud, on peut en tirer cette conséquence assez juste, qu'il y a combustion, et par là, développement de chaleur dans les poumons. Nous voyons donc par là que l'acte de la respiration n'est pas un acte aussi simple qu'on pourrait le croire, qu'il y .a divers agents qui entrent en jeu, dans lesquels pourtant celui que nous avons examiné le dernier, la combustion, est de beaucoup le plus faible. On peut affirmer que l'acide carbonique expiré est en raison directe de la quantité d'acide carbonique contenue dans le sang. Mais cette quantité varie beaucoup suivant la nutrition des différentes parties, et le renouvellement des divers organes; on peut donc admettre *a priori* et même prouver que dans des circonstances tout à fait semblables d'ailleurs, il peut y avoir des variations souvent très-grandes dans la composition de l'air expiré. Ce fait se fonde certainement sur les variations qu'éprouvent les gaz du sang dans leur quantité.

Revenons cependant de cette digression qui nous occupe à propos de la nutrition et de la naissance de la chaleur animale, et examinons encore l'acte de la respiration en lui-même, ainsi que le rôle des organes particuliers qui y entrent en jeu. Il est reconnu, comme un fait certain, que dans l'acte de la respiration, le sang noir perd de l'acide carbonique, qui est remplacé par l'oxygène de l'air. Mais le sang n'étant pas un simple liquide, comme l'eau par exemple, il faut déterminer quelle est l'influence, dans cet acte, des diverses parties qui composent le sang, si en général les gaz expulsés ou absorbés sont en relation avec l'une ou l'autre des substances morphologiques ou chimiques contenues dans le sang, et comment enfin s'explique cet échange continuel d'acide carbonique et d'oxygène qui a lieu dans les poumons et les capillaires.

Nous connaissons par une lettre précédente la composition morphologique du sang, et nous avons vu que, dans le corps vivant, on peut reconnaître deux éléments principaux : de petits disques solides et semblables à des pièces de monnaies : les globules du sang, et un liquide gluant dans lequel ils nagent, le plasma. Les globules renferment la substance colorante ; le plasma seul, séparé des globules, est incolore. Il n'arrive à avoir une couleur jaunâtre que par la dissolution de la couleur rouge des globules. Cette dissolution ne se produit que dans quelques cas maladifs. La substance colorante rouge du sang frais a une couleur violette foncée, ce sang devient rouge cerise par l'absorption de l'oxygène; il est facile de prouver par des expériences que les globules attirent à eux avec avidité l'oxygène de l'air et transforment ainsi leur propre couleur. Il n'y a dans le plasma aucune substance qui puisse rivaliser avec la substance rouge des globules, l'hémoglobine, quant à son affinité pour l'oxygène. On peut donc tirer cette conséquence logique que les globules sont les parties du sang qui attirent l'oxygène de l'air et le portent dans les organes du corps. Une preuve à l'appui de cette opinion se trouve dans la façon dont se comportent les globules vis-à-vis de certains gaz, comme l'hydrogène sulfuré, le gaz oléagine, l'hydrogène carboné, mais surtout vis-à-vis du protoxyde de carbone qui se développe comme on sait, par la combustion incomplète du charbon dans un espace fermé. C'est ce gaz qui a le plus d'influence dans l'asphyxie par la vapeur de charbon, genre de mort si souvent employé dans les suicides. Ce gaz est vraiment un poison, car il enlève aux globules la faculté d'absorber l'oxygène. Des individus asphyxiés par l'acide carbonique peuvent être rappelés à la vie par la respiration artificielle et par l'introduction d'oxygène ou d'air dans le sang. L'oxygène, en effet, expulse alors l'acide carbonique du sang. Quant aux personnes asphyxiées par le protoxyde de carbone, elles sont inévitablement vouées à la mort, l'oxygène insufflé n'est plus absorbé par les globules. C'est seulement dans les cas d'asphyxie incomplète, où la plus grande partie des globules a échappé à l'influence du protoxyde de carbone, que la respiration peut être rétablie.

On a cru que l'acide carbonique qui se trouve dans le sang noir y était en dissolution libre. C'est bien là le cas, en partie, mais le plasma contient, en outre, un sel qui absorbe facilement l'acide carbonique et se combine avec lui. Le plasma contient en effet du carbonate de soude qui en.rencontrant l'acide carbonique se change en bicarbonate de soude. Mais si une dissolution de carbonate de soude est mise en contact avec un espace aérien qui ne contienne pas d'acide carbonique, ce carbonate de soude rendra à cet air une partie de son acide carbonique. Le phosphate de soude, lui aussi, absorbe de l'acide carbonique, il le perd facilement aussi. L'acide carbonique qui se dégage dans les poumons se forme par la nutrition dans l'intérieur des tissus, il est absorbé par imbibition dans les capillaires du corps et s'y combine en partie avec les sels du plasma mentionnés plus haut. Mais ces sels ne sont pas en assez forte proportion pour absorber entièrement l'acide carbonique, le superflu d'acide carbonique demeure ainsi en dissolution dans le sang.

L'oxygène et l'acide carbonique, les deux gaz qui entrent en jeu dans la respiration sont donc liés à des parties différentes du sang ; l'oxygène est lié au pigment rouge des globules, l'acide carbonique à la soude et au liquide du plasma. Ces deux gaz sont absorbés et sécrétés dans des endroits divers. L'oxygène absorbé dans les poumons est déposé par le courant des capillaires dans les tissus organiques, l'acide carbonique qui se développe en ces endroits est expulsé par les poumons.

La sécrétion d'acide carbonique et l'absorption d'oxygène dans les poumons sont dans un certain rapport. Ce rapport est surtout déterminé par la nature des aliments absorbés, quand les autres conditions resteraient les mêmes. Les animaux nourris de pain et de graines dégagent par l'acide carbonique qu'ils expulsent, beaucoup plus d'oxygène qu'ils n'en ont extrait de l'air entré par aspiration. Ce genre de nourriture fournit donc une certaine quantité d'oxygène qui devient libre par la décomposition de la substance même. Il faut attribuer ce phénomène, comme nous l'avons vu auparavant, à la transformation en graisse des matières amylacées, opération dans laquelle ces matières perdent une partie de leur oxygène. L'inverse a lieu quand on mange de la viande. L'oxygène entrant dans la composition de l'acide carbonique expiré surpasse alors la quantité aspirée, et le rapport reste le même, quand même l'animal jeûne complétement.

Mais avant que l'échange des gaz puisse avoir lieu dans le sang qui traverse les poumons, l'air aspiré doit y parvenir et arriver jusqu'au fond des cellules pulmonaires. Là se passe déjà un échange, en ce sens que l'air aspiré rencontre l'air de résidu des poumons ; or cet air contient toujours plus d'acide carbonique que l'air lui-même. On a prouvé par des expériences que la proportion d'acide carbonique n'est pas toujours la même à toutes les époques de l'expiration, mais que vers la fin de cette expiration l'air est plus riche en acide carbonique qu'au commencement. Si après avoir aspiré on expire l'air ainsi absorbé et que sans aspirer de nouveau, on chasse encore une partie de l'air resté dans les poumons, cette dernière expiration contiendra une plus grande quantité d'acide carbonique que la première. L'air de résidu contient d'ailleurs toujours, par l'évaporation de l'acide carbonique hors du plasma, une plus grande quantité de ce gaz que l'air ambiant. Ce résidu se mêle avant tout à l'air atmosphérique entrant avec l'aspiration. Un mélange entre ces deux gaz aurait déjà lieu sans l'intervention de la respiration. Les mouvements respiratoires, cependant, font entrer violemment dans ce résidu stagnant et riche en acide carbonique, un courant d'air qui se sature d'acide carbonique et est expulsé de nouveau. Ce mélange appauvrit l'air de résidu, quant à son contenu en acide carbonique ; mais cette perte est réparée de suite par le sang qui y introduit une certaine quantité de ce gaz. Le mécanisme respiratoire est donc comparable à celui d'une pompe qui lancerait à chaque abaissement du piston de l'eau pure dans un réservoir contenant de l'eau salée, et soulèverait ensuite de cette même eau salée. Si le réservoir n'était pas continuellement alimenté de sel, il n'en contiendrait bientôt plus, mais s'il y a un constant arrivage de sel, le réservoir contiendra toujours proportionnellement plus de sel que le liquide que doit soulever la pompe.

Non-seulement dans les poumons, mais encore dans les capillaires périphériques du corps, il y a un continuel échange de gaz ; mais cet échange a lieu dans l'ordre inverse. L'acide carbonique formé par la nutrition des diverses parties du corps entre dans le sang qui expulse, pour lui faire place, l'oxygène qu'il contient. L'oxygène absorbé par l'aspiration quitte alors de nouveau le sang rouge, et la couleur des globules devient plus bleuâtre.

La séparation de l'oxygène se fonde donc uniquement sur le fait que les globules le déposent dans les tissus du corps. Cet oxygène ne peut rester en dissolution dans le plasma, car des expériences directes nous prouvent que le plasma lui-même n'en absorbe que très-peu ; mais nous savons, par des expériences, que la fibrine coagulée absorbe une très-grande quantité d'oxygène qu'elle transforme en acide carbonique. Il est donc probable que l'oxygène sortant du sang par la décomposition des globules influe sur les pertes solides des substances du corps qui contiennent de la fibrine et que ce gaz se combine avec elles. Peut-être est-il aussi retenu par l'action de l'acide tartrique contenu dans les tissus. En effet, l'adjonction de cet acide dans le sang empêche que l'oxygène en soit chassé.

Nous ne connaissons aucun tissu du corps qui attire aussi avidement l'oxygène et en change avec autant d'activité une partie en ozone, que les globules du sang. C'est la matière colorante qui influe ainsi sur l'oxygène et non la globuline ; elle ne se dissout pas dans cette absorption, elle a plutôt l'influence que la mousse de platine ou d'autres corps finement divisés ont sur les gaz. Elle attire l'oxygène, le retient avec une certaine force, mais le laisse s'échapper en présence d'une influence un peu plus énergique, ce qui fait qu'on peut chasser l'oxygène du sang, soit par la cuisson, soit par l'introduction de gaz indifférents, soit enfin en faisant le vide.

La grande importance des globules comme véhicules de l'oxygène qu'ils transportent dans le corps entier, se montre surtout dans le caractère vénéneux des gaz qui expulsent l'oxygène des globules comme nous l'avons vu plus haut, et qui en même temps ôtent aux globules la faculté d'absorber de nouveau de l'oxygène. Les autres gaz nous étouffent par le seul fait que l'oxygène n'arrive plus dans le sang. Le danger de copieuses et surtout de subites hémorrhagies nous montre aussi combien grande est l'importance des globules. Le plasma qui s'échappe alors peut être rapidement remplacé par les tissus, il n'en est pas de même de la masse des globules pour le remplacement desquels il faut un certain temps. L'individu qui perd son sang meurt donc asphyxié par manque d'oxygène. Ce gaz aurait dû arriver dans le corps entier au moyen des globules ; comme ces véhicules font défaut, l'individu étouffe et les convulsions qu'on observe toujours dans ce cas sont les mêmes que celles de l'asphyxie.

Les accidents qui arrivent par anémie ou perte du sang, peuvent être prévenus, comme on sait, si on injecte du sang dans les veines. Il faut prendre du sang privé de sa fibrine ; dans ce cas, il ne se coagule pas et n'obstrue pas les capillaires. En même temps, il faut éviter soigneusement l'entrée de l'air, car une très-faible quantité de bulles d'air dans le sang amène déjà la mort. De même l'injection de sang d'un animal appartenant à une autre classe, tue presque immédiatement. Du sang d'oiseau injecté à un mammifère et réciproquement, amène inévitablement la mort. Ce sang injecté peut être en aussi petite quantité qu'on voudra. Dans le second cas, la mort ne peut être attribuée à la différence de grandeur de globules et à un arrêt de circulation dans les capillaires, car les globules des mammifères sont plus petits que ceux des oiseaux. Il me semble que cette influence vénéneuse observé dans la transfusion du sang d'une autre espèce doit être recherchée dans les rapports des globules avec l'acte de la respiration, surtout si l'on se rappelle que le sérum débarrassé des globules n'a pas cet effet désastreux.

D'un autre côté, comme nous l'avons dit plus haut, une partie du phosphate de soude que contient le sang veineux est privé de son acide carbonique par l'entrée de l'oxygène dans le sang, et le bicarbonate de soude se change en carbonate neutre de soude.

Ces sels ainsi transformés sont emmenés par le courant artériel jusqu'aux capillaires du corps, où ils rencontrent l'acide carbonique qui s'est formée dans les tissus. Les sels l'attirent alors à eux et le retiennent, mais faiblement.

Si nous voulons déterminer maintenant avec plus de certitude le rôle que jouent les gaz contenus dans le sang et dans les éléments mêmes du sang, nous pouvons l'exprimer en ces termes : les gaz du sang ne sont pas contenus dans le sang par diffusion, mais combinés avec des éléments déterminés de celui-ci. Les globules sont en quelque sorte des éponges absorbant et charriant l'oxygène. Les carbonate et phosphate de soude du plasma retiennent en partie l'acide carbonique. On absorbe de l'oxygène dans l'acte de la respiration et on expulse une quantité correspondante d'acide carbonique. L'oxygène arrive dans les tissus par le moyen des globules qui le transportent jusque dans les capillaires. L'acide carbonique arrive dans le sang des capillaires, par l'attraction des sels de soude contenus dans le plasma.

On voit par là que depuis l'entrée de l'oxygène, jusqu'à l'expulsion finale de l'acide carbonique, il y a un continuel enchaînement de causes et d'effets. Cet enchaînement s'établit par l'échange entre deux courants gazeux qui parcourent le corps en sens inverse et influent continuellement l'un sur l'autre. L'oxygène entré depuis l'extérieur dans les cellules pulmonaires, arrive à travers le plasma jusqu'aux globules et se dissout mécaniquement dans le sang, ou bien encore se combine chimiquement avec les globules sanguins, et parcourt alors avec le sang artériel tous les organes du corps. Il traverse ces organes et amène la décomposition de la substance organique. Pendant ce temps, l'acide carbonique est créé aux mêmes extrémités par la combinaison de l'oxygène avec la substance organique ; il est entraîné par le courant veineux, tantôt à l'état libre, tantôt uni à des sels, et est ainsi transporté dans les poumons où il passe des capillaires dans les cellules pulmonaires et est ainsi emmené par l'air expiré. Partout où il y a échange de gaz, dans les tissus des organes, dans le sang, dans les capillaires du corps ou des poumons, comme dans les bronches et dans la trachée-artère, partout cet échange se base sur la différence des contenus gazeux des substances arrivant en contact et sur l'équilibration entre les différents gaz. Ce sont donc des lois physiques très-simples qui semblent être les régulatrices supérieures de tous les phénomènes vitaux par l'intime liaison qui existe entre l'acte de la respiration et toutes les fonctions de l'organisme.

LETTRE VI

LA SÉCRÉTION

Sur toute surface libre du corps, quelle qu'en soit la forme, sur la peau extérieure, comme sur la surface intérieure des muqueuses et sur les enveloppes séreuses, telles que la plèvre et le péritoine, s'opère incessamment à l'état normal une sécrétion de matières gazeuses ou liquides; cette sécrétion est continue. Les produits des membranes superficielles internes appelées muqueuses qui se trouvent dans la bouche, sur la langue, dans les tubes intestinal ou trachéal, etc., sont évacués au dehors, tandis que dans les sacs fermés des enveloppes séreuses, ils paraissent être pompées par des orifices ouverts des vaisseaux lymphatiques. Quelquefois, dans certaines maladies, comme, par exemple l'hydropisie, ces liquides se rassemblent en si grande quantité qu'il devient nécessaire de les évacuer.

Outre ces organes excrétoires en forme de membranes, il y a encore dans le corps une quantité d'organes spéciaux destinés exclusivement à la sécrétion; leur structure est plus compliquée, nous les appelons des *glandes*. Le principe de construction de ces glandes est très-simple; il se base sur ce fait qu'une membrane recourbée ou enroulée présente dans le même espace une bien plus grande surface qu'une membrane étendue à plat.

Une surface libre est toujours essentielle pour la sécrétion ; mais si cette surface libre est formée de tubes enroulés, elle peut acquérir un immense développement tout en n'occupant qu'un espace très-restreint. La forme fondamentale des glandes est en

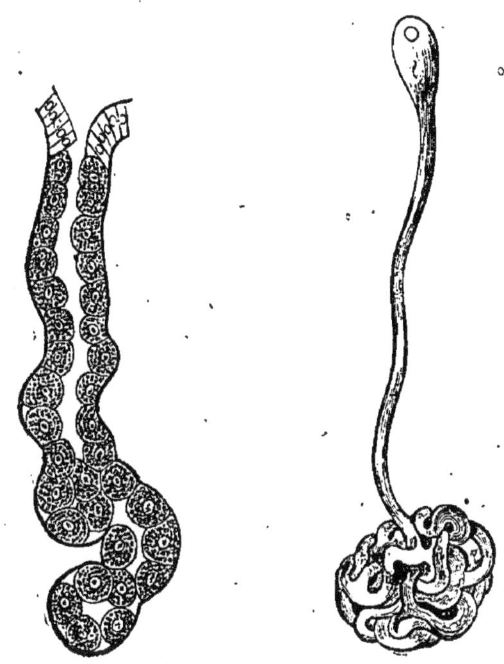

Fig. 27. — Une glande gastrique de l'homme, comme exemple de glande simple.

Fig. 28. — Un glomérule de la conjonctive de l'œil d'un veau.

raison de ce théorème un cul-de-sac allongé. L'ouverture de ce tube se trouve à la surface qui reçoit les produits excrétoires. Le sac, primitivement simple, donne naissance à des poches latérales, des ramifications qui deviennent à leur tour des petits tubes qui s'enroulent (*fig.* 28), s'entortillent, s'anastomosent entre eux et se terminent enfin en petites ampoules ou vésicules en forme de cellule (*fig.* 29, p. 140). Chaque glande composée forme donc pour ainsi dire un arbre avec plus ou moins de rameaux dont le tronc est représenté par le canal excrétoire. Les tubes excrétoires sont recouverts à l'intérieur de cuticules particulières qui deviennent souvent excessivement fines. C'est sur ces cuticules que se distribuent les capillaires sanguins qui fournissent le suc excrétoire. Les canaux glandulaires les plus fins, à l'exception des canaux biliaires sont toujours beaucoup plus larges que les capillaires sanguins. La meilleure manière de représenter la relation qui existe entre le canal glandulaire et les capillaires, est de considérer l'extrémité en cul-de-sac du canal comme un doigt de la main qui serait entouré d'un gant de soie figurant les capillaires.

Fig. 29. — Une glande en grappe de Brunner de l'intestin grêle de l'homme.

L'exemple suivant nous montrera combien s'augmente la surface sécrétante, par les ramifications des canaux glandulaires et des vésicules. Les canaux des testicules arrangés en un seul tube, donneraient une longueur de 1,015 à 1,250 pieds de Paris et une surface sécrétante de 17,7 à 20 pieds carrés. L'un des reins à lui seul donne une surface sécrétante de 43,55 pieds carrés. On a fait un tableau des différentes glandes du corps humain, tableau qui donne en pieds carrés la surface sécrétante d'un pouce cube de glandes. On a trouvé les chiffres suivants qui sont très-approximatifs :

	PIEDS CARRÉS DE SURFACE EXCRÉTOIRE.
1 pouce cube de testicules présente.	2,58
— de reins.	6,43
— de muqueuse de l'oreille.	8,71
— de parotide	.9,05
— de glande sublinguale.	9,34
— de glande sous-maxillaire.	10,52
— de pancréas.	12,63

La structure intime de la surface interne des glandes ainsi que l'arrangement du courant sanguin qui les alimente, ont certainement une influence particulière sur la sécrétion. Un courant sanguin rapide et considérable amené par des vaisseaux larges fera passer par la glande une grande quantité de matières soumises à la sécrétion et produira ainsi un maximum d'activité dans l'organe.

Le revêtement de la surface interne a encore bien plus d'influence que le courant sanguin. Le revêtement est formé dans toutes les glandes d'une couche de cellules, tantôt rondes ou pavimenteuses, tantôt plus ou moins cylindriques. Dans ce dernier cas, les cellules ressemblent à des palissades juxtaposées. On nomme en général cette couche de cellules un épithélium, et on distingue d'après la forme, des épithéliums pavimenteux, cylindriques et vibratiles. Ce sont des cellules détachées de ces épithéliums mêmes qui rendent glaireux les différents liquides de la surface interne. Les glandes contiennent toujours de ces cellules épithéliales, détachées pendant la sécrétion même, dans lesquelles sont contenus très-souvent les éléments carastéristiques de la sécrétion glandulaire. On a cité souvent sous ce rapport les cellules dites hépatiques, par exemple, dans lesquelles on trouve assez communément de petits globules jaunes ou des masses jaunâtres, indistinctement limitées. On retrouve ces matières dans la bile même ; c'est évidemment de la graisse saturée de biliverdine. On ne peut douter de la présence de l'acide urique dans les cellules qui tapissent les canaux des reins des animaux inférieurs, ainsi que de la formation de spermatozoïdes dans les cellules particulières qui remplissent les canaux des testicules. Il paraît donc indubitable que les substances excrétoires particulières de chaque glande sont sécrétées à l'intérieur des cellules glandulaires, même là où le microscope n'a pu encore nous le montrer, parce que ces substances sont dissoutes dans le liquide même. Nous reviendrons un peu plus loin sur cette question si importante pour le mécanisme de la sécrétion glandulaire en général, et pour une bonne compréhension de la nutrition elle-même.

Entre toutes les glandes et surfaces sécrétantes du corps, nous nous contenterons d'étudier les fonctions de trois d'entre elles seulement, qui offrent pour nous un intérêt tout particulier : celles de la peau qui sécrète la sueur et la transpiration, celles du foie qui fournit la bile, celle des reins enfin, qui éliminent un des liquides excrétoires les plus importants, l'urine. Nous nous sommes déjà occupé, dans une lettre précédente, de la structure du foie et de la composition graisseuse et alcaline de la bile, nous n'y reviendrons donc pas.

La structure de la *peau* a donné lieu à de nombreuses controverses. On a eu tort dans ces recherches de généraliser des résultats obtenus dans quelques cas particuliers. Chacun sait que la peau offre, même dans son aspect extérieur, les différences les plus étonnantes et des teintes très-variées. C'est aller à l'encontre de toute vraisemblance, que de vouloir prétendre que la peau d'une jeune fille blonde, dont le velouté nous laisse voir les veines, soit exactement semblable à la peau calleuse d'un forgeron. La langue exercée du gastronome saisit des nuances qui échappent aux réactifs du plus savant chimiste. Le microscope et le scalpel de l'anatomiste semblent aussi bien imparfaits quand on les compare à notre œil et à notre main.

La peau dans son ensemble est formée de deux couches ; l'une, extérieure, se compose de petites plaquettes ou paillettes rangées en couches qui tombent continuellement et sont continuellement remplacées de l'intérieur, c'est ce qu'on appelle l'*épiderme*. Il est diaphane, peu pénétrable par l'eau ; on peut même y distinguer deux couches dont l'une qui se trouve à l'extérieur est plus cornée, et se trouve ainsi méconnaissable quant à sa structure; l'autre qui est à l'intérieur, que l'on appelle le réseau de Malpighi, se compose d'une couche de cellules molles et glaireuses qui se reforment continuellement pendant que les cellules extérieures deviennent cornées et tombent. Les cellules raccor-

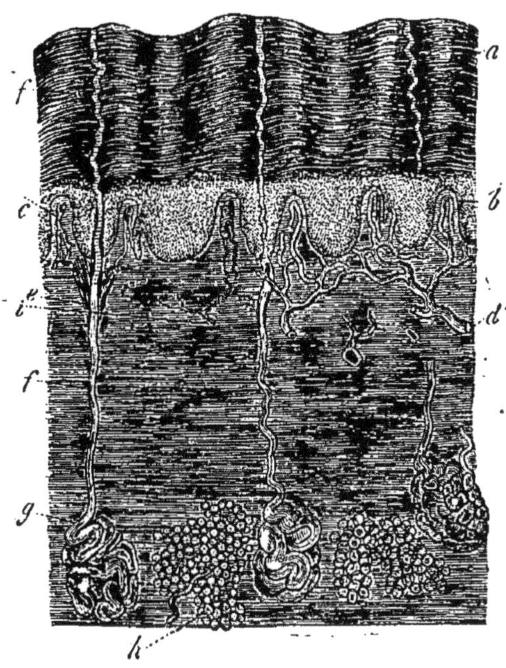

Fig. 50. — Coupe verticale de la peau de l'homme. — *a*, couche cornée extérieure de l'épiderme; *b*, couche profonde (réseau de Malpighi); *c*, papilles de la peau; *d*, vaisseaux du derme; *e*, *f*, canaux excréteurs des glandes sudoripares; *g*, glandes sudoripares; *h*, accumulations graisseuses; *i*, nerfs.

nies extérieures de l'épiderme sont si bien reliées entre elles sur leur pourtours, par des sortes de prolongements épineux d'une grande finesse, qu'on peut enlever l'épiderme sous forme d'une membrane continue, lorsqu'on fait agir sur lui des substances vésicantes, ou encore de l'eau bouillante. Dans les cellules fraîches et non encore raccornies du réseau de Malpighi, on trouve aux endroits qui montrent une couleur brunâtre des amas d'un pigment granuleux et de couleur brune qui disparaissent quand l'épithélium devient corné. La couleur de la peau d'un Européen

vient de ce que le rouge des vaisseaux sanguins du derme se
voit à travers l'épiderme qui est un peu jaunâtre. Quand l'épiderme est fin comme aux joues et aux lèvres, la couleur rouge
est plus accentuée ; quand l'épiderme est plus épais comme cela
se voit au talon, la peau paraît d'un blanc jaunâtre. La couleur
des différentes races humaines est produite par le mélange différent des trois éléments de coloration suivants : le rouge des
vaisseaux sanguins, le brun du pigment et le blanc-jaunâtre de
l'épiderme. La peau du nègre diffère de celle de l'Européen,

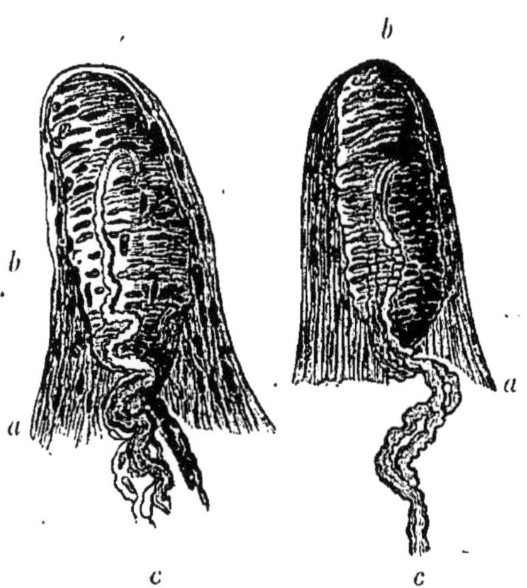

Fig. 31. — Papilles tactiles de la peau. — *a*, couche provenant du derme ; *b*, coussinet intérieur de tissu conjonctif ; *c*, nerfs entrant dans la papille.

en ce que le réseau de Malpighi est beaucoup plus développé
et les cellules remplies d'un pigment plutôt noirâtre. Sous l'épiderme se trouve le *derme* qui est une sorte de feutre formé de
fibres entre-lacées de tissu conjonctif, et de tissus élastiques.
Entre ces deux tissus, se trouvent des fibres musculaires lisses
dont l'activité particulière dans certaines circonstances, consiste
à produire ce qu'on appelle la chair de poule. La partie du derme
en contact avec l'épiderme n'est pas plane, mais munie d'une
quantité de petites éminences en forme de tampons ou de cônes,
qu'on a appelés les papilles de la peau.

A la face des doigts qui regarde l'intérieur de la main, ces papilles sont si serrées qu'elles forment des lignes courbes, offrant à chaque doigt un dessin particulier. Si l'on regarde cette surface avec une loupe un peu forte, on voit que dans les lignes plus profondes comme dans les papilles mêmes se trouvent de petites ouvertures sur lesquelles on aperçoit quelquefois une gouttelette limpide comme du cristal. Ce sont les ouvertures des glandes; il y en a de deux sortes dans le tissu de la peau; les unes s'ouvrent en général près d'un poil ou dans la gaîne même qui le contient; elles secrètent une masse graisseuse semblable à du suif; on les appelle *les glandes sébacées* (*fig.* 52); les autres, les *glandes sudoripares* prennent toutes naissance dans le tissu conjonctif qui se trouve sous la peau; leur canal excrétoire en forme de tire-bouchon traverse le derme et l'épiderme pour arriver jusqu'à la surface (les glandes sudoripares sont représentées dans la coupe de la peau, figure 50, page 145)..

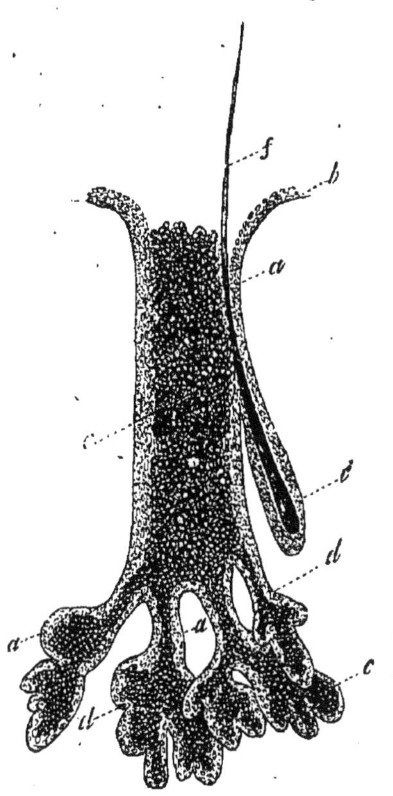

Fig. 52. — Glande sébacée du nez avec la racine d'un poil. — *a*, membrane interne de la glande, entrant en *b* dans le réseau de Malpighi de l'épiderme; *c*, canal excrétoire de la glande rempli de sébum; *d*, grappes glandulaires; *e*, poche du poil; *f*, le poil qui s'y trouve engagé.

La plupart des glandes sudoripares se trouvent au talon et à la paume de la main, qui ne sécrète pourtant presque jamais de sueur. Les plus grandes se voient à l'aisselle. On a calculé que sur la paume de la main où elles se trouvent en plus grande quantité il y en a 2,736, pour un pouce carré de surface, tandis qu'il n'y en a que 417 à peu près au cou et sur le dos, endroits du corps où elles sont le plus rares. Cette distribution des glandes nous montre déjà que leurs rapports avec la sueur ne sont pas exclusifs, mais que, comme le prouvent d'autres considérations, la sécrétion cutanée a aussi lieu immédiatement par le sang lui-même et sans l'influence des glandes.

Dans l'état normal, la sécrétion cutanée n'est qu'une évaporation, les matières s'en vont sous la forme d'un gaz invisible. Mais on peut se rendre compte d'une façon très-simple de ce que ce phénomène est continu. Il n'y a qu'à mettre le bras dans un cylindre de verre que l'on bouche autour du bras aussi solidement que possible. Quoiqu'on ne voie aucune trace de sueur, le cylindre se couvre bientôt d'humidité, comme d'une rosée et on peut, enfin, recueillir sur les parois du verre des gouttes d'un liquide clair et salé, qui contient beaucoup de matières organiques volatiles et entre pour cela facilement en putréfaction. La sueur qui se rassemble en gouttes sur la peau contient, outre ces matières volatiles, du sel de cuisine, et, en général, tous les sels du sang, en outre, une grande quantité d'urée; il y en a même tellement qu'on peut en recueillir quelquefois de 10 à 15 grammes en 24 heures, ce qui fait le tiers de la quantité d'urée qui s'échappe du corps avec l'urine. Dans certaines maladies, la sécrétion d'urée est si grande que, comme cela a lieu par exemple dans le choléra, la figure se couvre, après l'évaporation de la sueur, de petits cristaux d'urée. Plus la sueur est abondante, moins elle contient de matières solides. On comprend facilement que la sécrétion de la sueur peut remplacer, jusqu'au certain degré, la sécrétion de l'urine ou des reins, puisque l'élément fondamental de l'urine se trouve aussi dans la sueur. Quant au contenu en acide carbonique de la sécrétion cutanée, il est très-peu considérable et ne peut être comparé à celui de l'air respiré.

La quantité de sécrétion cutanée, et surtout celle de la sueur, dépend d'abord de l'individu. La moindre chose fait transpirer les uns, les autres, au contraire, ne transpirent que très-difficilement. Après l'individualité, se placent en première ligne la quantité de liquide absorbé et le degré plus ou moins élevé de la température dans l'atmosphère. Cette quantité est contre-balancée

par celle de l'urine. Plus la chaleur est grande et plus l'air est
humide, plus la sueur est forte, mais, en même temps, l'urine
gagne en couleur et perd de sa proportion. en eau, tandis qu'en
hiver l'urine devient plus aqueuse et la transpiration atteint son
minimum. Ces faits nous expliquent pourquoi, dans les pays
chauds, la proportion de sécrétion pondérable, c'est-à-dire les
excréments et l'urine par rapport aux sécrétions gazeuses, comme
la transpiration cutanée et pulmonaire ou la perspiration, est
différente de la proportion que l'on trouve dans les pays tempérés,
froids et humides. Dans ces derniers pays, où l'air est presque
continuellement saturé d'humidité et où la moyenne de la température est fraîche, les poumons et la peau sécrètent beaucoup
moins de vapeur d'eau que dans les pays chauds et humides.
La proportion est tantôt plus forte pour l'urine et les excréments, tantôt pour la transpiration, suivant que cette eau s'en va
sous forme de liquide ou sous forme de gaz. Dans certains cas,
la transpiration peut devenir très-forte. Dans un bain turc, où
la personne qui transpire est étendue toute nue sur une plaque
de métal, on a trouvé de trois à cinq livres de liquide transpiré
en une heure et demie ; un autre observateur a sécrété, dans
un bain turc, en dix-sept minutes, douze cent quatre-vingts
grammes de sueur, c'est-à-dire deux livres et demie en un quart
d'heure.

Les *reins* qui sécrètent l'urine sont, comme on sait, deux
glandes en forme de fèves, placées symétriquement dans la cavité ventrale des deux côtés de la région lombaire de la colonne
vertébrale ; ils atteignent, chez l'homme, à peu près la grosseur
d'un poing de petite dimension. Si l'on coupe longitudinalement
un rein, on trouve qu'il est formé de deux substances essentiellement différentes. On rencontre, à l'extérieur, une couche molle,
de couleur foncée, et dont l'apparence est indistinctement granuleuse ; c'est la substance corticale ; vers l'intérieur, cette
substance passe sans limite tranchée à une sorte de moelle rougeâtre et striée, la substance tubuleuse, qui est divisée en douze
ou quinze sections, en forme de cône, appelées les pyramides :

les sommets de ces cônes sont tous tournés à l'intérieur, vers le point central du rein, et se terminent dans un espace vide, appelé le hile ou bassinet ; le hile se continue immédiatement par un en-

tonnoir, le bassinet, dans le canal de l'uretère. Ce canal se dirige vers la vessie ; il est unique pour chaque rein. Si l'on examine plus particuliè-rement la structure du rein (*fig.* 54), on voit que la substance corticale se compose d'une infinité de canaux urinaires, offrant beaucoup de circonvolutions et entourés de toute part par les vaisseaux sanguins. Les canaux urinaires se rassemblent peu à peu, en allant vers l'intérieur, ils prennent alors une direction paral-lèle et font paraître les pyramides comme striées. Tous ces petits canaux finissent par se réunir à l'extrémité de la pyramide et laissent écouler par là l'urine qui s'en va par le bassinet et par les uretères jus-qu'à la vessie. Les uretères sont en-tourés de fibres musculaires circu-laires, et leurs mouvements vermi-culaires de haut en bas poussent l'u-

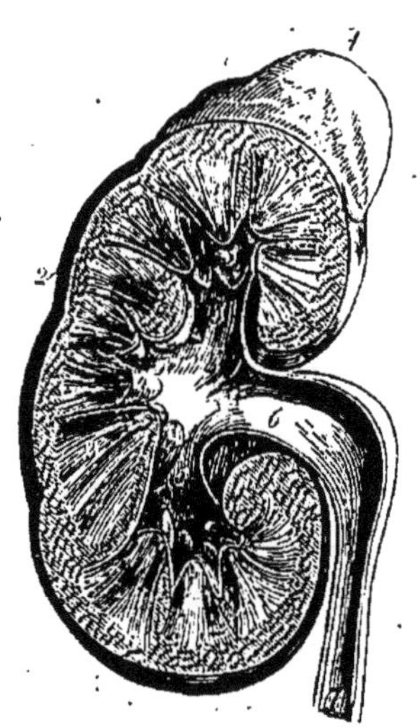

Fig. 53. — Un des reins avec son uretère, coupé transversalement pour qu'on puisse voir la struc-ture interne. — 1, glande sur-rénale entourée par de la graisse ; 2, substance corticale avec les canaux urinaires enroulés ; 3, les pyramides de substance médul-laire avec des canaux urinaires droits ; 4, papilles des reins en-trant dans le bassinet ; 5, bas-sinet ; 6, commencement ; 7, con-tinuation de l'uretère.

rine dans la vessie. Il arrive quelquefois que des individus ont, par suite d'un défaut de naissance, des parois abdominales in-complètes ; il leur manque alors aussi la paroi antérieure de la vessie, ce qui permet d'en voir l'intérieur, ainsi que l'entrée des uretères ; on voit alors que le liquide s'écoule goutte à goutte, ou même aussi en minces filets, quand la contraction des uretères est un peu forte. L'urine se rassemble dans la vessie dont elle n'est expulsée que de temps en temps, dans les cas normaux. La distribution des vaisseaux sanguins semble

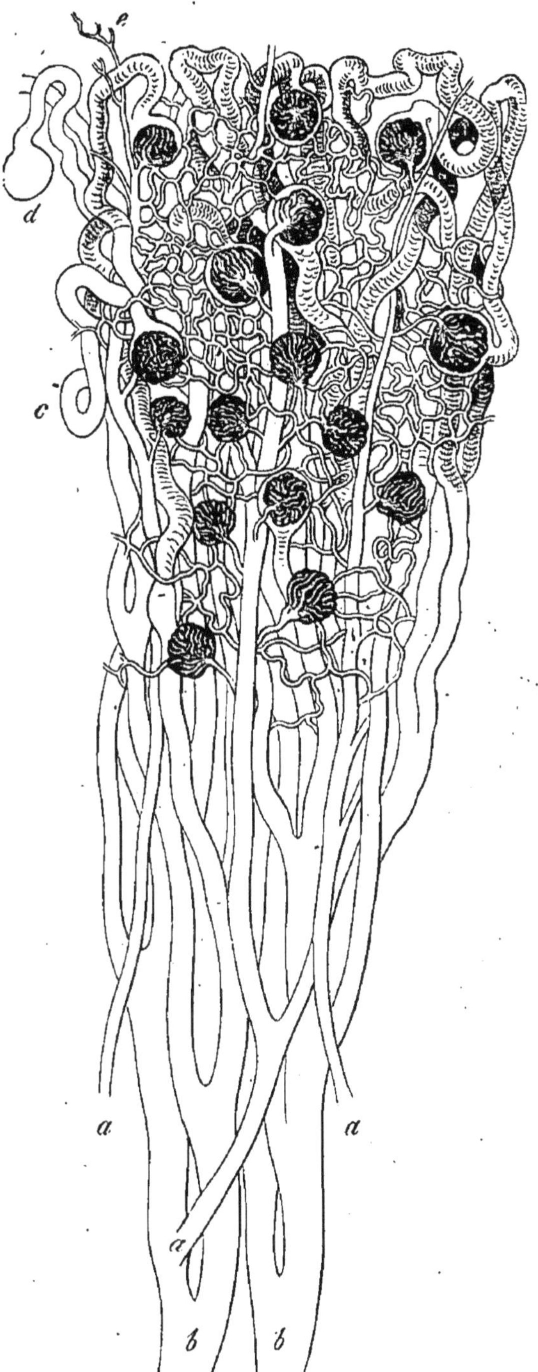

Fig. 34. — Schéma de la structure du rein. — *a*, ramuscules artériels; *b*, canaux urinaires aboutissant presque en droite ligne dans la substance médullaire; *c*, canaux enroulés de la substance corticale; *d*, vaisseaux enroulés de ces canaux (glomérules de Malpighi) ; *e*, capillaires de la substance corticale.

particulièrement importante, dans les reins. Les deux artères
rénales, qui prennent naissance de chaque côté de l'aorte abdominale, sont proportionnellement très-grandes et se divisent
bientôt en une quantité de petits canaux auxquels sont attachés des plexus particuliers en forme de pelotes. Chacune de
ces pelotes, nommées aussi dans le langage anatomique les
glomérules de Malpighi (*fig.* 35), et que l'on peut voir à l'œil
nu comme des petits points rouges, est formée d'un seul vaisseau
artériel, divisé en plusieurs rameaux, qui sont entortillés et se
rassemblent enfin pour former de nouveau un vaisseau unique.
Ce tronc artériel, qui sort du plexus, ne forme des capillaires
qu'un peu après sa sortie du plexus. Ces capillaires entourent
les canalicules urinaires. On nomme, dans la langue anatomique,
cette division d'un canal plus grand en canaux plus petits qui
se rassemblent de nouveau en un seul canal de même nature,

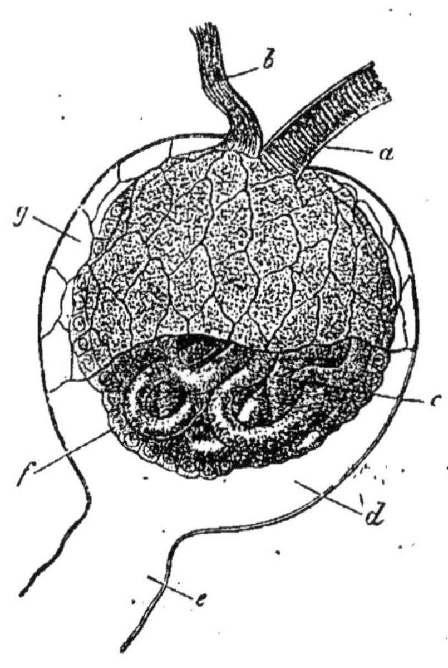

Fig. 35. — Représentation schématique
d'un glomérule de Malpighi du rein.
— *a,* vaisseau sanguin entrant ; *b,*
sortant ; *c,* boucles des vaisseaux capillaires à l'intérieur du glomérule ; *d,*
partie inférieure de la capsule dessinée
sans son épithélium ; *e,* commencement
du canal urinaire ; *f,* épithélium interne
de l'amas de capillaires ; *g,* épithélium
interne de la capsule.

des réseaux admirables. Les pelotes du rein appartiennent donc
à cette catégorie de réseaux ; ce qui les distingue des autres réseaux de même nature, c'est leur disposition en forme de pelote. Leur influence mécanique sur la sécrétion urinaire est
assez curieuse. Chaque pelote est entourée d'une capsule cutanée très-fine, qui n'est autre que l'extrémité vésiculaire d'un
canalicule urinaire. Chaque canalicule prend donc naissance dans
une vésicule creuse, qui est remplie par une pelote de canaux

sanguins. C'est là une disposition que l'on ne retrouve dans aucune autre glande.

La sécrétion urinaire est une des fonctions les plus importantes du corps, car c'est elle qui entraine hors du corps les produits de la décomposition des matières azotées. Si on laisse de côté la quantité, assez variable d'ailleurs, d'azote, qui s'en va avec les excréments et la transpiration cutanée, l'urine est la seule sécrétion qui contienne de l'azote sous forme de combinaisons chimiques particulières. Quant à la transpiration cutanée et à la transpiration pulmonaire, elles emmènent les produits de la combustion du carbone et de l'hydrogène. Il ne faut pourtant pas oublier que la sécrétion azotée, par ces voies, qu'elle se fasse sous forme de gaz ou sous forme d'ammoniaque, est encore assez considérable. — La densité de l'urine varie, à l'état normal, entre 1,010 et 1,030. Dans certains cas de maladie, ces limites peuvent s'étendre beaucoup de part et d'autre. L'urine fraiche d'un homme en bonne santé ou d'un carnassier est toujours acide, et cette réaction acide ne provient pas d'un acide libre, mais de la présence de phosphate de soude. La décomposition de l'urine développe assez vite des acides organiques libres, puis, au moment où commence la putréfaction, l'urine dégage de l'ammoniaque, ce qui change sa réaction acide en réaction basique. La quantité d'urine sécrétée chaque jour est sujette à des variations très-grandes. Elle dépend de la quantité de liquides absorbés, de la nourriture et de la perspiration, dont la quantité de vapeur d'eau est en liaison intime avec la quantité d'urine. Des observations exactes, faites sur des individus en bonne santé et ayant une vie régulière, ont donné, comme moyenne d'urine sécrétée en 24 heures : 56 onces, en novembre ; 57 1/2, en décembre ; 57, en janvier ; 54 1/5, en février ; 46 1/2, en mars ; 40 2/3, en avril, et 40 1/5, en mai. Il est regrettable que ces observations n'aient pas été continuées pendant une année entière, ce qui eût permis de déterminer exactement les quantités relatives d'urine sécrétée suivant les saisons.

La quantité des matières solides, sécrétées par l'urine, varie autant que la quantité même d'urine. Une absorption abondante d'eau et des liquides qui en contiennent augmente la quantité des substances solides ; les tissus sont plus ou moins lavés. La quantité d'eau sécrétée est plus grande que la quantité d'eau absorbée, quand on a mangé trop de sel ou de viande. Les tissus du corps perdent, dans ce cas, une partie de l'eau qu'ils contiennent, et la soif en est la conséquence nécessaire. On a même vu que des blessures pratiquées au système nerveux central dans la région de la moelle allongée peuvent augmenter énormément la quantité d'urine.

Les deux éléments essentiels de l'urine, que l'on retrouve toujours à l'état normal, sont deux substances organiques très-azotées, *l'urine* et *l'acide urique*. La quantité réciproque de ces deux substances garde presque toujours la même proportion. Pour 45 parties d'urée il y en a une d'acide urique. 100 parties d'acide urique contiennent en poids 1/3 d'azote, et 100 parties d'urée contiennent presque la moitié d'azote, soit 46,67 et 20 parties de carbone. Il est déjà intéressant de constater qu'aucune autre sécrétion du corps ne contient de l'azote en aussi grande quantité que l'urine ; mais, ce qui est encore plus curieux, c'est le fait qu'aucune autre substance organique ne contient l'azote dans de si fortes proportions que les deux éléments caractéristiques de l'urine. Les corps albuminoïdes ou protéiques, les alcaloïdes contiennent beaucoup moins d'azote. On peut donc soutenir, au moins théoriquement, que les substances organiques azotées doivent se changer en urée et en acide urique, par l'enlèvement d'une partie de leur carbone et de leur hydrogène. Cette partie serait brûlée, pendant que l'azote se combinerait avec le carbone et l'hydrogène restants, qui n'auraient pas subi de combustion. La vie opère évidemment dans le corps ces différents changements, car l'urine évacue l'azote, tandis que la respiration dégage l'acide carbonique et l'eau. Outre l'urée et l'acide urique, l'urine contient encore, chez les peuples du continent européen (mais très-peu chez les Anglais, grands mangeurs de viande), une petite quantité constante d'acide hippurique, qui augmente quand on mange des végétaux, et remplace, chez les herbivores, l'acide urique. On trouve encore, dans l'urine, un peu de créatine et de créatinine, que nous avons indiqués plus haut comme les produits de la décomposition de la substance musculaire ; il y a enfin une substance animale particulière, brunâtre et résineuse, qui embarrasse partout le chimiste dans ses opérations et semble contenir plusieurs substances colorantes et une substance particulière. Les sels dissous dans l'urine sont surtout des phosphates de soude, de chaux et de magnésie, du sel de cuisine et du sulfate de soude. Ces sels varient d'ailleurs beaucoup, suivant la composition des aliments, car presque tous les sels solubles arrivent très-facilement dans l'urine. Cette quantité de sel dépend aussi de la transpiration, qui contient surtout du sel de cuisine.

Il n'y a pas à douter que ce soit l'urée qui joue le rôle principal dans l'urine ; on peut en déterminer la quantité relative dans l'urine par les poids spécifiques de celle-ci. L'urine d'un homme en bonne santé contient en moyenne entre 15 et 37,5 parties d'urée pour 1000 ; la moyenne est probablement de 25 à 30 parties. Un jeune homme, âgé de 24 ans, à jeun ou ayant mangé des substances non azotées, sécréta, en 24 heures, 17 grammes d'urée ; le même, ayant mangé, dans une autre expérience, une grande quantité de viande, produisit 86,5 grammes d'urée, soit cinq fois plus que dans la première expérience. La quantité d'urée qu'un homme de 45 ans, véritable colosse de 108 kilogr., sécréta en 24 heures, était, en moyenne, de 35 à 38 grammes. Le même observateur trouva, pour une femme de 43 ans, pesant 90 kilogr., 25,32 d'urée ; pour une jeune fille, âgée de 18 ans et pesant 66 kilogr., 20,19 grammes d'urée, et pour un jeune homme de 16 ans, pesant 48 1/2 kilogr., 19,86 grammes en 24 heures. On voit, d'après le poids très-considérable des différents membres de cette famille, que ces résultats doivent être assez élevés ; on ne pourrait donc appliquer ces chiffres sur des hommes de poids moyen qu'en faisant un certain calcul de réduction. Cela est d'autant plus nécessaire que les masses de graisse et d'os, qui enveloppent et soutiennent des corps d'un aussi grand poids, sont très-considérables, et que ces substances non azotées n'entrent pas en jeu dans la préparation de l'urine. Si l'on emploie ces chiffres de façon à calculer, pour un kilogr. de poids du corps, la quantité d'urée sécrétée, on trouve que la plus grande quantité est produite par le jeune garçon, puis par l'adulte, puis par la femme, et enfin par la jeune fille, qui est celle qui en sécrète le moins. Ces résultats dépendent probablement du fait que le mari, quoique mangeant avec sa famille, avait absorbé plus de viande et de matières azotées que la partie féminine de la famille, et que le jeune garçon, qui n'avait pas encore atteint toute sa croissance, avait mangé relativement plus de substances azotées que les membres de la famille arrivés à l'âge adulte.

La simple expérience nous montre déjà que la sécrétion urinaire varie en raison des plus petites différences apportées dans le régime, autant pour la nourriture que pour la boisson, ainsi que de l'activité et du repos du corps; elle nous montre aussi que le plus ou moins de saturation de l'urine dépend non-seulement de l'absorption de liquide, mais aussi de l'activité correspondante des poumons et de la sécrétion cutanée, et que la composition même de l'urine doit changer suivant la nature des aliments et l'état du corps. On peut dire que l'urine, par sa composition et sa plus ou moins grande concentration, constitue le baromètre le plus sensible pour les différents états de l'organisme. Les nombreuses expériences que l'on a faites jusqu'à présent sur la composition de l'urine, à l'état sain et à l'état malade, n'ont pas encore épuisé le sujet et laissent le champ libre aux investigations.

L'influence des aliments est toute particulière; l'urine des herbivores n'est pas acide, mais alcaline; elle contient moins d'urée que l'urine des carnivores. L'acide urique, substance essentiellement azotée est remplacée par l'acide hippurique qui est riche en carbone et pauvre en azote. L'urine des herbivores, au lieu de contenir des phosphates, renferme plutôt des carbonates et la potasse y est remplacée par la soude. Un changement de nourriture doit donc aussi produire son effet sur la composition de l'urine. Quelques observateurs ont fait des expériences de ce genre sur eux-mêmes ; d'autres ont choisi des chiens qu'ils ont nourris tour à tour avec des substances différentes pour en étudier les effets. Ces expériences devaient en même temps nous dire si l'urée, expulsée par les urines, provenait toujours des tissus métamorphosés ou bien aussi directement de la nourriture? On a publié des expériences en nombre faites sur des chiens, mais ces expériences paraissaient être en contradiction directe avec les résultats obtenus par d'autres observateurs, uniquement parce que ces observateurs tiraient des conclusions non justifiées de leurs travaux. Les faits recueillis par eux nous montrent en effet clairement qu'une partie de l'urée sécrétée vient de la métamorphose des tissus, mais que pour la plus grande partie, elle provient des transformations directes subies dans le sang par les aliments azotés ; voici les faits. Les animaux sécrétent à jeun une certaine petite quantité d'urée qui dérive sans doute pour la plus grande partie des transformations que subissent les tissus et surtout les muscles. Cette quantité d'urée est à peu près égale à celle qui est sécrétée quand les aliments absorbés ne contiennent, comme la graisse, aucune trace d'azote. Mais la quantité d'urée augmente sensiblement, aussitôt que les aliments contiennent de l'azote, et cette quantité devient même énorme quand les substances prises comme aliments ne peuvent profiter au corps pour sa nutrition. La colle, par exemple, qui ne peut servir d'aliment, a exactement la même influence que la viande qui nourrit très-bien ; ces deux substances augmentent la sécrétion de l'urée. Si la nourriture est par trop azotée, l'urine ne peut plus sécréter assez d'azote ; les chiens nourris ainsi répandent alors une odeur pestilentielle, ce qui paraît prouver que les matières azotées sont sécrétées alors en partie par la peau et les poumons.

D'autres expériences ont prouvé que le travail, l'activité musculaire, celle par exemple qui consiste à marcher dans une roue pour la faire tourner, n'augmentent que fort peu la quantité d'urée. Il faut que la nourriture entre en jeu dans cette sécrétion.

Il semble même que l'augmentation qu'on a cru observer dans la sécrétion de l'urée pendant l'activité musculaire tombe dans les limites des fautes d'observation. Les transformations qui se produisent dans les tissus musculaires n'entrent donc que pour une très-faible partie dans la production de l'urée du corps entier. Si l'on a voulu faire entrer en jeu pour cacher ce résultat l'influence de l'électricité, on n'a fait que remplacer par une inconnue un résultat facile à constater.

On a fait maintes expériences sur l'arrivée dans l'urine de matières étrangères introduites du dehors. Des métaux qui forment avec les tissus organisés des composés insolubles comme le mercure, le plomb et le fer, des substances volatiles, comme les essences, l'alcool, etc., ne se retrouvent jamais dans l'urine ; ces dernières, en effet, sont éliminées par les organes destinés à la sécrétion gazeuse, les poumons et la peau. Des sels contenant des acides inorganiques et des bases, des substances colorantes solubles, beaucoup de substances odorantes solides qui n'acquièrent de l'odeur que par leur propre décomposition, comme le musc, le castoreum, etc. et enfin les bases organiques, comme la quinine et la quinchonine, etc., sont éloignées avec l'urine sans être décomposées. D'autres substances au contraire ne sont expulsées du corps qu'essentiellement transformées. Le soufre et le phosphore contenus dans les aliments s'oxydent et ne sont sécrétés que sous la forme de sulfates et de phosphates. La plupart des sels, provenant d'un acide organique, comme les acétates et les citrates, se retrouvent dans l'urine sous forme de carbonates. Ces transformations sont sous beaucoup d'égards très-curieuses, elles nous prouvent que même pendant la circulation du sang, il se forme en lui de nouvelles combinaisons chimiques. Il semblerait donc probable que beaucoup d'actions chimiques observées dans le corps humain ont lieu non-seulement dans le parenchyme des organes pendant la nutrition des tissus, mais encore dans le sang en circulation. On a prouvé, en effet, que des lactates injectés dans les veines d'un chien rendent en peu de temps l'urine alcaline ; on peut les y retrouver sous forme de carbonates. On a

observé aussi que l'injection de sucre de raisin et de celle d'amidon dans les veines rend l'urine en peu de temps basique. L'o-
deur de violettes qui se dégage de l'urine après l'absorption de-
térébenthine et la mauvaise odeur qui s'en dégage quand on a
mangé des asperges, sont la preuve évidente de transformations
chimiques opérées dans ces substances organiques pendant la
circulation sanguine. L'examen plus approfondi de toutes ces transformations nous montre que plusieurs substances arrivent sans
être transformées dans l'urine, quoique quelques-unes d'entre
elles aient une influence capitale sur l'organisme, mais on peut
s'assurer aussi que les substances qui réapparaissent transformées
sont toutes fortement oxydées et plus ou moins brûlées. Elles seraient donc probablement transformées dans la circulation sanguine même par l'oxygène du sang artériel.

Il est maintenant suffisamment prouvé que les voies urinaires
secrètes, rêvées par les anciens physiologistes pour expliquer le
passage des liquides de l'estomac dans les reins n'existent pas.
Un examen approfondi de la circulation, de l'absorption et de la
sécrétion ont montré, de concert avec l'observation anatomique,
que ces voies urinaires ne se trouvent nulle part et que toutes
les substances absorbées par l'estomac ou l'intestin arrivent dans
la veine porte et le foie, dans le cœur droit, les poumons, le
cœur gauche et les artères et enfin dans les reins, par les artères
rénales détachées de l'aorte; ce n'est qu'après avoir accompli ce
tour qu'elles peuvent réapparaître dans la sécrétion urinaire.

Si long à parcourir que paraisse ce chemin, il ne l'est réellement pas, quand on se souvient que la circulation sanguine dans
le corps entier se fait en un temps très-court. Il ne faut donc pas
s'étonner du phénomène observé chez des individus dont la vessie
était ouverte par suite de la difformité que nous avons mentionnée plus haut, qui permet de voir les ouvertures des uretères.
On a pu constater chez eux la présence dans l'urine de substances solubles avalées quelques minutes auparavant, lorsque ces
substances, comme par exemple le ferrocyanure de potassium,
ont une réaction apparente. D'autres subtances fortement colo-

rantes n'apparaissent ordinairement que dix à vingt minutes après leur absorption. Le sang parcourt au moins cinq fois le corps pendant ce court espace de temps, cette rapidité permet donc de constater dans la sécrétion urinaire les substances introduites dans le corps un instant auparavant.

Le mécanisme des sécrétions en général, n'est pourtant pas aussi clair pour nous que l'on pourrait le désirer. Il semblerait au premier abord assez simple d'admettre que les liquides contenus dans les glandes traversent simplement les parois des capillaires qui les entourent. Cette explication cependant ne suffit pas pour tous les cas.

On a pu constater, dans les derniers temps seulement, que la sécrétion a sur le sang une influence directement opposée à celle qu'on lui attribuait anciennement. Quand une glande n'est pas en activité, le sang qui en revient est du sang noir ou veineux, mais, sitôt que la sécrétion commence, et que le liquide de la glande commence à couler, le sang de la veine glandulaire rougit sensiblement pour arriver enfin à la couleur rouge-cerise du sang artériel. On a trouvé dans les glandes salivaires que ce phénomène curieux dépend de l'influence de différents nerfs ; les uns activant la circulation dans les capillaires, les autres au contraire l'arrêtant ou la ralentissant. Chacun sait que la sécrétion de la plupart des glandes dépend jusqu'à une certaine limite du système nerveux et peut résulter souvent d'une irritation pure et simple du système nerveux central, qui l'active ou la ralentit. Le proverbe qui dit, que l'aspect d'un mets friand fait venir l'eau à la bouche exprime ce fait : l'irritation nerveuse qui prend naissance dans l'appétit augmente la sécrétion salivaire. Ces influences des nerfs sur les glandes deviendraient tout à fait claires si l'on pouvait appliquer avec certitude aux autres glandes ce qu'on a observé dans les glandes salivaires. On a trouvé, en effet, dans ces dernières que les extrémités les plus fines du système nerveux entrent dans les cellules mêmes de la glande et que les noyaux de ces cellules constituent l'extrémité même de la fibre nerveuse. Cette liaison des nerfs avec les glandes, ainsi que celle des nerfs avec les vaisseaux sanguins dont nous avons parlé plus haut, nous permet de résoudre bien des questions qui ont rapport à l'activité excrétoire en général.

On peut se demander si les glandes sont de simples filtres qui ne sont là que pour séparer une substance contenue dans le sang et résultant de la nutrition. On peut se demander encore si au contraire les cellules qui tapissent les tubes glandulaires produisent à elles seules le liquide excrétoire. On pourrait encore admettre que ces deux actions ont lieu en même temps ; les parois des canalicules glandulaires sécrétant certaines substances, qui se trouvent déjà dans le sang, pendant que les cellules de la glande forment d'autres matières qui ne se trouvent pas préformées dans le sang.

On peut donner des preuves plus ou moins péremptoires à l'appui de chacune de ces opinions.

On peut soutenir d'abord que les filtres organiques que l'on rencontre dans les cuticules du mésentère, de l'intestin et des glandes sont les plus fins que l'on puisse trouver. Ils allient au plus haut degré la porosité à l'égard des liquides avec la résistance à l'égard des matières solides, si finement divisées qu'elles soient. Il faut admettre que dans tous les filtres existe une certaine force d'attraction qui fait passer le liquide par les pores. On peut donc admettre que cette force a aussi son importance dans les cuticules animales, qui forment les canaux des glandes. Nous allons d'ailleurs revenir sur ce sujet.

Il est indubitable aussi que chaque glande doit posséder une force d'attraction spéciale à l'égard de certaines substances contenues dans le sang ; s'il n'en était pas ainsi, chaque liquide glandulaire devrait contenir toutes les substances dissoutes dans le sang, et nous savons qu'il n'en est rien. L'urine ne contient pas d'albumine à l'état normal, mais dans les cas de maladie cette dernière peut y entrer aussi bien que le sucre, et la proportion des différents sels qui est pourtant toujours la même dans le sang, varie suivant la glande que l'on observe. Il y a donc dans les glandes une certaine impénétrabilité à l'égard de certains sucs, et une force d'attraction spéciale à l'égard d'autres substances. Ces deux propriétés dépendent probablement de la composition mécanique et chimique du tissu glandulaire. Un tissu saturé d'eau ne laisse pas passer la graisse, et un tissu à réaction acide ne permet pas le passage de l'albumine. Cette force d'attraction dès qu'elle augmente est capable de produire des transformations chimiques. Nous connaissons dans la chimie inorganique beaucoup d'exemples de rapports de certaines combinaisons avec d'autres qui existent bien en principe mais n'apparaissent qu'après certaines transformations. Ces parentés entre diverses substances sont tout aussi nombreuses dans la chimie organique. Le bois, par exemple, est composé de carbone, d'hydrogène et d'oxygène, et ces deux derniers éléments s'y trouvent dans la proportion nécessaire pour former de l'eau. L'acide sulfurique concentré a une affinité très-grande pour l'eau. Aussitôt que le bois est mis en contact avec l'acide sulfurique, il est décomposé, son hydrogène et son oxygène se combinent pour former de l'eau et le carbone reste seul ; le bois s'est carbonisé, comme on dit, au contact de l'acide sulfurique. Le chlorure de calcium a aussi une très-grande affinité pour l'eau, mais si on le met en contact avec le bois il n'en produit pas la décomposition. Son affinité pour l'eau n'est pas assez grande pour en provoquer la combinaison aux dépens du bois, mais il l'absorbe avec avidité quand elle est déjà toute formée. On voit donc que la force d'attraction développée à un haut degré devient force décomposante qui agit ici d'une façon décisive, et qu'il n'y a qu'une différence de degré entre ces deux forces. Tous les faits, nous prouvent que d'un côté il y a filtration de substances déjà formées dans le sang, et de l'autre formation nouvelle d'autres substances dans le tissu glandulaire. Nous avons vu que le sucre prend naissance dans le foie même, et qu'il n'est pas amené dans cet organe par la veine porte, comme l'a cru plus d'un observateur. Nous avons même appris à retrouver dans l'organe du foie les deux substances qui servent à former le sucre. Nous savons aussi que le sang ne contient plus d'éléments biliaires quand on a enlevé le foie, et par conséquent ces éléments sont exclusivement le produit de l'activité du foie. Si nous examinons d'autres glandes, ou d'autres formations glanduleuses, nous voyons que le sucre sécrété par le foie disparaît dans les poumons et qu'on n'a pas pu en constater la présence dans le sang qui revient des poumons ; — preuve évidente d'une combustion, d'une transformation et d'une formation d'acide carbonique dans ces organes. Nous rencontrons dans toutes les autres glandes des substances qui leur sont particulières, là pepsine dans les glandes gastriques, la salivine dans la salive, une sorte de levûre dans le suc pancréatique ; on n'a pu encore retrouver ces substances dans le sang et l'on doit donc admettre qu'elles prennent naissance dans les glandes elles-mêmes. Ces derniers exemples ne sont pourtant pas entièrement concluants, car toutes ces substances n'ont pas de réactions très-caractéristiques, et peuvent ainsi facilement échapper à l'analyse ; il n'en faudrait qu'une toute petite quantité dans le sang pour alimenter la sécrétion des glandes dont nous venons de parler.

Nous avons d'un autre côté la preuve que certaines substances sécrétées se trouvent en effet déjà toute formées dans le sang, et sont simplement filtrées par les glandes. Il est indubitable que la plus grande partie de l'acide carbonique séparée par les poumons, se trouve déjà dans le sang veineux ; il en est de même pour l'urée. Des expériences récentes nous ont appris que le sang des animaux (taureaux, chevaux et chiens), contient en moyenne deux dix-millièmes d'urée. Comme la masse sanguine qui traverse dans un temps donné les veines, est en raison directe du poids même de ces deux glandes, il est facile de calculer au moyen du poids des reins et du contenu du sang en urée, combien d'urée arrive dans un temps donné par le sang dans les reins. On a trouvé alors le résultat étonnant que tout au plus 1/10 de l'urée qui traverse les reins est sécrétée par eux, tandis que les 9/10 de cette quantité d'urée sont ramenés par la veine rénale dans le courant sanguin. On ne peut donc mettre en doute d'après ces observations que l'urée ne se trouve déjà toute formée dans le sang et qu'elle n'arrive dans les reins et la peau par.

11

un simple procédé de filtration. Une autre preuve de ce fait est qu'après l'enlèvement des reins, opération qui amène toujours la mort chez les animaux, la quantité d'urée contenue dans le sang se trouve augmentée. On peut pourtant objecter à cette dernière opération qu'elle a une influence assez grande pour changer complétement tous les rapports de nutrition du corps.

Si nous examinons particulièrement les transformations réciproques qui ont lieu dans la nutrition, nous trouvons que la formation d'acide carbonique enlevé aux tissus du corps et qui arrive dans le sang, doit avoir pour corrélatif nécessaire la formation de l'urée ou d'un autre corps très-azoté. La plupart des tissus du corps, comme les muscles, la substance des tendons, etc., contiennent une assez grande quantité d'azote ; il n'y a que les substances graisseuses dont la quantité accumulée dans le corps est du reste sujette à de grandes variations, qui ne contiennent pas cet élément. Si donc la décomposition des substances azotées change une partie du carbone de ces substances en acide carbonique, il restera nécessairement un corps beaucoup plus azoté que les muscles décomposés et ce corps, nous le trouvons sous forme d'urée. Cent parties en poids de muscles ne contiennent que 15,72 parties d'azote, tandis que 100 parties d'urée en contiennent 46,48. Si donc la formation de l'acide carbonique par la décomposition des muscles nécessite la formation correspondante d'un corps riche en azote, et que ce corps se rencontre sous forme d'urée dans le sang et dans l'urine, on ne peut plus émettre de doute sur l'origine de cette urée.

On possède d'ailleurs quelques expériences directes, qui parlent en faveur de cette opinion, que les glandes sont des espèces de filtres. On sait que l'estomac sécrète un suc tout particulier, le suc gastrique qui est formé par une grande quantité de glandes gastriques renfermées dans sa muqueuse. Sitôt que des aliments arrivent dans l'estomac, sa muqueuse rougit sensiblement à cause de l'arrivée du sang. Auparavant pâle et flasque, la muqueuse se bouffit alors et le suc gastrique s'échappe de tous côtés en petites gouttes par les ouvertures des glandes, pour former comme une rosée sur la paroi interne de la muqueuse. On peut observer les mêmes faits quand on injecte immédiatement après la mort d'un animal du sang chaud dans les vaisseaux de l'estomac. La sécrétion continue alors comme si l'animal était encore vivant, et il devient facile de prouver que ce suc gastrique provient du sang injecté et non pas des glandes, car si on mêle au sang injecté dans les vaisseaux un sel facile à retrouver, on le rencontre immédiatement dans le suc gastrique sécrété ; le sel arrive par conséquent dans les glandes par simple transsudation. On peut pourtant objecter à ces expériences qu'elles ne sont pas concluantes, et que l'injection de sang n'agit que comme un irritant qui activerait la formation du suc gastrique dans les glandes même après la mort. Ces observations, cependant, si elles ne sont pas concluantes à elles seules, peuvent servir d'appoint pour une preuve plus complète.

Nous arrivons donc à la conclusion que la sécrétion glanduleuse n'est pas du tout aussi simple qu'on pourrait se le figurer ; car, d'un côté, les glandes extraient des substances spécifiques contenues dans le sang, et de l'autre, elles en forment de nouvelles. On peut se demander si ces deux activités qui sont, comme nous l'avons prouvé plus haut, identiques au fond, sont liées à des éléments différents par leur forme même ; si les cuticules des canaux glanduleux ne servent qu'à filtrer, et si la formation de substances nouvelles ne se fait que par les cellules qui tapissent les canaux. Cette question est trop difficile à résoudre avec le peu d'expériences que l'on a faites jusqu'à présent. Le microscope ne nous sert pas à grand chose dans ces observations, puisque la plupart des substances spécifiques des glandes sont dissoutes dans le liquide, et échappent ainsi à l'œil. La chimie ne peut pas non plus nous satisfaire complétement, car il faudrait pouvoir séparer entièrement les cellules des glandes du liquide glanduleux qui les entoure, et examiner chacun de ces éléments à part, ce qui est impossible.

Si l'on cherche à déterminer les quantités de liquide sécrétées par chaque glande, on trouve que ces quantités sont très-grandes, comme nous l'avons vu par des exemples particuliers. Il est indubitable pour certaines glandes, comme par exemple pour le foie, qu'une grande partie de la sécrétion rentre dans le courant sanguin. Il se produit donc à l'intérieur des glandes, un mouvement très-considérable des liquides vers l'extérieur, et l'on peut se demander quelle est la force motrice qui peut produire cet effet. On peut apercevoir dans les canaux excrétoires des glandes les plus grosses, des couches annulaires de fibres musculaires lisses. Les contractions de ces fibres qui se propagent de l'intérieur à l'extérieur, de la même manière que les mouvements péristaltiques de l'intestin, font avancer le liquide sécrété et dégorgent ainsi l'intérieur de la glande ; mais cette force ne peut suffire à expliquer la marche des liquides dans les canaux glandaires qui sont souvent très-emmêlés et entortillés. Ces canaux se remplissent dans certains cas, comme, par exemple quand on ferme le canal excrétoire, jusqu'à crever. Il est probable qu'il y a là deux forces motrices différentes, qui entrent en jeu : d'abord l'attraction exercée par les parois des canaux glanduleux, qu'on peut assimiler à une pression qui pousserait continuellement les liquides dans les canaux ; et de l'autre côté la capillarité des canaux glandulaires qui sont si étroits que leur effet est identique à celui des tubes capillaires. On sait que ces tubes poussent en avant avec une certaine force les liquides qu'ils contiennent. Quant à la pression latérale qu'exercerait le sang sur les tubes glandaires, que l'on croyait anciennement capable de faire avancer les substances sécrétées, des expériences exactes nous ont montré qu'elle ne peut avoir aucune influence.

LETTRE VII

L'ABSORPTION

Tous les tissus du corps, si secs et si solides qu'ils puissent paraître, sont pourtant continuellement imbibés de liquide. Les parois des vaisseaux sanguins et lymphatiques laissent traverser des liquides, et l'expérience journalière nous montre que ce suintement s'effectue en réalité pendant toute la vie. C'est sur cet acte si simple que sont basées la nutrition, la sécrétion et l'absorption, car tous les échanges entre les diverses substances et les divers tissus du corps ne se font qu'à travers de membranes humides. Le courant sanguin est complétement fermé, il n'y a nulle part d'ouverture appréciable ; les canaux lymphatiques et chylifères sont fermés de même, au moins d'après l'opinion de la plupart des savants, et ce n'est que sur quelques points que l'on a constaté des orifices béants. Le tube digestif n'est ouvert que vers le dehors, et nulle part du côté des tissus du corps ; les canaux sécrétants sont dans le même cas ; ils ne sont ouverts que vers l'extérieur et non du côté des vaisseaux sanguins dont ils extraient certains sucs. Le passage des aliments de l'intestin dans le sang ou dans la lymphe et du sang dans les organes de sécrétion, toute la vie végétative en un mot, serait donc une impossibilité si, pour faire naître l'échange des substances, tous ces tubes, tous ces canaux et toutes ces surfaces ne permettaient, par leur structure, aux liquides de les traverser.

Chacun sait par expérience, que des substances organiques sèches, plongées dans un liquide, en absorbent une certaine quantité, augmentent de volume, s'imbibent et *se gonflent*, en un mot. Ce gonflement change complétement les propriétés physiques des organes, leur élasticité et leur extensibilité, et l'on peut prétendre avec raison, que la vie végétative et le mouvement de l'organisme seraient impossibles si tous nos tissus organiques n'étaient pas continuellement imprégnés de liquides exsudés par le sang. La quantité de liquide que peuvent absorber les tissus dans le gonflement, est très-variable ; elle dépend de la composition du liquide lui-même et de l'état dans lequel se trouvent les tissus ; on a reconnu par exemple que 100 parties de vessie de bœuf séchée, absorbent en 24 heures plus du double de leur poids, c'est-à-dire 268 parties d'eau, mais seulement 133 parties d'eau salée, 38 d'alcool et 17 parties d'huile d'os. La chair absorbe d'autant moins d'eau salée que cette eau contient davantage de sel ; c'est là l'explication d'un phénomène observé dans les ménages. Quand on met saler de la viande fraîche, on obtient de la saumure en empilant la viande avec des couches de sel sans y ajouter de l'eau. Après quelque temps, la viande est submergée dans une eau saturée de sel. La viande fraîche qui est complétement imbibée de l'eau peu albuminoïde du sang ne peut absorber la même quantité d'eau saturée de sel ; le sel attire à lui l'eau de la viande pour former une solution saturée et le superflu de cette solution que la viande ne peut absorber reste comme saumure.

L'imbibition et la pénétration complète du liquide dans les tissus organiques, sont une condition nécessaire aux transformations qui s'opèrent dans les tissus de l'organisme. Les membranes des animaux sont à peu d'exceptions près, formées de fibres qui contiennent un réseau de vaisseaux sanguins, de nerfs et de vaisseaux lymphatiques. Les interstices qui forment les tissus sont

la condition la plus essentielle des échanges de matières qui se
passent dans l'intérieur du parenchyme. Sitôt qu'une membrane animale se trouve des deux côtés en contact avec deux
liquides différents, que cette différence soit qualitative ou
quantitative seulement, les deux liquides entrent en échange;
cet échange se fait à travers le tissu de la membrane, et continue jusqu'à ce que l'équilibre soit rétabli de chaque côté;
on a appelé ce phénomène l'*osmose*. Des expériences nombreuses nous ont permis de l'étudier sous tous ses aspects.
L'osmose est d'ailleurs très-facile à observer. Il suffit de mettre
dans une section d'intestin d'un animal, lié aux deux extrémités, une certaine quantité d'alcool, et à la placer dans un vase
rempli d'eau ; le fragment d'intestin se gonfle aussitôt, il se
remplit-complétement, et si on le retire avant qu'il ne crève,
pour examiner le liquide qu'il contient, on voit que c'est de
l'alcool étendu d'eau. L'eau a donc traversé depuis l'extérieur la
membrane de l'intestin, et s'est mêlée avec l'alcool que ce dernier contenait. Quant à l'eau du vase qui a servi pour cette
expérience, on lui trouve un goût légèrement alcoolique, ce qui
prouve qu'il est sorti de l'intestin un peu d'alcool qui s'est mêlé
à l'eau. Il y a donc eu à travers la membrane un véritable
échange entre les deux liquides ; chacun d'eux a absorbé une
certaine quantité de l'autre ; la seule différence est que l'un a
absorbé un peu plus et l'autre un peu moins. On a donc appelé
avec raison l'osmose une absorption à double courant dans laquelle l'un des courants est plus fort que l'autre.

Si l'on ferme avec une vessie un long tube en verre, dans
lequel on a mis un peu d'esprit-de-vin, et qu'on le plonge dans
un vase contenant de l'eau, on remarque que le liquide du tube
monte et s'élève même à une grande hauteur au-dessus du niveau de l'eau du vase ; la force d'attraction exercée à travers la
membrane de la vessie est donc très-considérable, et peut continuer presque indéfiniment, parce que les pores de la vessie sont
trop fins pour laisser passer une pression hydrostatique quelconque. Le liquide du tube se comporte donc à l'égard du

liquide qui entoure son extrémité plongeante, si on considère son niveau, comme si le tube était fermé complétement à son extrémité. Ce phénomène explique la force de translation qu'on remarque dans les canaux des glandes ; il y a en effet nécessairement une osmose continuelle entre le suc de la glande et le sang ; le courant le plus fort est dirigé du côté de la glande.

Les conditions essentielles à la production de l'osmose sont les propriétés chimiques des liquides mis en contact avec la membrane animale ; il est facile de comprendre que des substances qui détruisent le tissu de la membrane ou sa porosité, en se combinant avec les éléments de cette membrane, ne peuvent donner naissance à des phénomènes d'osmose. Un acide minéral dilué, comme par exemple l'acide sulfurique, peut traverser une membrane par osmose ; si l'acide est concentré, il détruit la membrane, et l'osmose n'a pas lieu. Un empoisonnement avec de l'acide sulfurique concentré qu'on emploie dans la composition de différentes substances appartenant à l'économie domestique, est presque toujours mortel, mais la mort ne vient pas parce que cet acide agit sur le sang qui l'a absorbé comme il absorberait l'opium et d'autres poisons ; son influence mortelle résulte plutôt de ce que cet acide détruit les muqueuses de la bouche et de l'estomac, et amène une inflammation comme conséquence nécessaire de la destruction des muqueuses.

Un second principe important consiste en ce que les liquides qui doivent traverser une membrane par osmose, doivent pouvoir se mêler aux liquides qui mouillent la membrane même. Une membrane animale trempée d'eau peut rester éternellement en contact avec de l'huile, sans qu'une seule goutte d'huile la traverse, et réciproquement des membranes saturées d'huile et de graisse ne laissent pas traverser les liquides aqueux. La raison en est que l'huile et l'eau ne peuvent se mélanger entre elles. Cette loi souffre cependant une exception ; c'est lorsque la graisse est si finement divisée qu'elle peut traverser les pores. Ce passage est surtout rendu facile quand la graisse finement divisée,

comme dans le lait, se trouve dans des liquides qui contiennent
en dissolution de la graisse saponifiée. Nous avons vu, en parlant
de la digestion, que la graisse absorbée par le tube intestinal est
loin d'être complétement saponifiée ; au contraire, cette graisse
passe en grande partie dans le sang et la lymphe, dans un état
de division mécanique très-fin. S'il n'en était pas ainsi, l'absorption de graisse non saponifiée serait une impossibilité, tous
les tissus animaux en effet étant saturés d'un liquide aqueux et
albuminoïde. Mais quand même le passage de la graisse en
gouttes un peu plus grandes ne peut avoir lieu, il n'est pas dit
pour cela, que des liquides graisseux et aqueux ne puissent
exercer une influence réciproque les uns sur les autres. On a
trouvé, au contraire, que ces deux sortes de liquides peuvent
sans se mêler entre eux échanger les substances qui sont solubles dans la graisse et dans l'eau à la fois.

La plus légère différence entre deux liquides suffit pour donner lieu à un courant d'osmose, aussitôt que les deux conditions mentionnées plus haut sont remplies. Cette différence
peut provenir, soit de leur composition chimique, soit encore de
leur plus ou moins grande densité. Des dissolutions de substances chimiquement différentes peuvent s'échanger entre elles
tout aussi bien que des dissolutions d'une même substance à un
degré de concentration différent. Une faible dissolution d'albumine d'un côté, et une dissolution plus forte de l'autre, formera
un courant d'osmose, qui ne s'arrêtera que lorsque les deux
dissolutions seront parfaitement égales, quant à leur concentration. Le courant le plus fort ira toujours du liquide aqueux vers
le liquide concentré. Ce phénomène nous donne la clef de l'absorption si rapide des liquides aqueux dans l'intestin ; les boissons disparaissent presque aussitôt pour réapparaître quelques
instants après dans l'urine, lorsque les reins les ont extraites du
sang. On peut considérer le sang comme une dissolution d'albumine et de fibrine, dont le degré de concentration dépasse de
beaucoup celui de la plupart de nos boissons. Aussitôt que ces
boissons sont arrivées dans l'estomac, il se forme un courant

d'exdosmose très-puissant qui les amène dans le liquide sanguin. Ce courant s'arrêtera seulement lorsque les boissons seront au même degré de concentration que le sang lui-même. La grande rapidité qu'on observe dans ce phénomène, s'explique par la grande finesse des membranes qui servent à cet échange. Les capillaires et les vaisseaux lymphatiques, qui forment des réseaux dans les replis de la muqueuse de l'estomac et dans les villosités intestinales sont entourées de membranes très-fines. La couche de cellules qui les couvre dans les villosités, est aussi très-fine et très-poreuse. Or l'osmose est d'autant plus rapide que la membrane qui se trouve entre les deux liquides environnants est plus fine et plus poreuse.

Des expériences faites plus récemment ont prouvé que la structure même de la membrane a une influence essentielle sur la rapidité de l'osmose dans une direction donnée. Le courant principal se dirige, comme nous l'avons vu plus haut, de la dissolution plus faible vers la dissolution concentrée quand les deux substances sont les mêmes et ne diffèrent que par leur degré de concentration. On a constaté que dans chaque membrane, il y a une certaine direction dans laquelle l'osmose se fait plus rapide et plus facile ; on a remarqué que si on emploie une membrane extérieure, l'exdosmose se fait plus rapidement et avec plus d'intensité, quand la dissolution concentrée se trouve du côté extérieur et la dissolution diluée du côté intérieur. Le courant va donc de l'intérieur à l'extérieur, et il est beaucoup plus rapide que dans le cas contraire. On a remarqué aussi que pour certaines muqueuses, le courant va de l'intérieur à l'extérieur. La vie elle-même a aussi son influence sur la direction des courants et sur les autres circonstances remarquées dans la diffusion. Des membranes vivantes donnent d'autres résultats que des membranes mortes et séparées du corps. Le muscle bien reposé n'absorbe que fort peu d'eau, mais s'il est fatigué par un long travail, il en absorbera beaucoup plus, ce qui doit être la cause de la différence qu'on observe entre la chair d'un animal mort dans une chasse à courre, ou

d'un autre auquel on aurait épargné la fatigue en le trans-
portant.

La circulation et le mouvement du liquide ont aussi une grande
importance, cela va sans dire ; ces deux causes modifient en effet
plus ou moins profondément la direction du courant de l'osmose ; si un liquide reste à l'état d'immobilité, pendant qu'un
autre circule le long de la paroi qui les sépare, le courant endosmotique se dirigera aussitôt vers le liquide qui circule. En effet,
des molécules toujours nouvelles se trouvent en contact avec la
membrane ; si la rapidité est assez grande pour empêcher la
saturation de la membrane, le liquide stagnant sera attiré beaucoup plus vite. C'est dans l'intestin et dans le poumon que ces
dispositions peuvent être le mieux étudiées. En effet, le sang y
est en circulation continuelle, traverse des milliers de petits canaux, et avance assez rapidement, pour que les substances gazeuses ou liquides contenues dans les organes que nous venons
de mentionner, puissent être considérées comme complétement
immobiles. L'absorption est donc essentiellement facilitée dans
ces deux organes par la disposition des vaisseaux sanguins.
Elle est encore plus facilitée dans les poumons que dans l'intestin, parce que les réseaux sanguins y sont très-serrés, les capillaires proportionnellement assez larges et leurs parois très-minces.
Il revient donc au même d'injecter une substance, un poison,
par exemple, dans le courant sanguin ou dans les poumons, car
l'absorption se fait dans les poumons dans un temps très-restreint ; cela explique aussi pourquoi des vapeurs et des gaz vénéneux sont si dangereux et peuvent même, aspirés en petites
quantités, agir avec tant de force sur l'organisme. La disposition
des vaisseaux dans l'intestin explique aussi pourquoi certains
observateurs n'ont pu découvrir des phénomènes d'endosmose,
chez des animaux vivants. Voici comment se faisaient ces expériences : on ouvrait le bas-ventre d'un animal vivant, on isolait
une partie de l'intestin dans laquelle on injectait une dissolution
aqueuse d'un sel facile à reconnaître ; on faisait ensuite une ligature aux deux extrémités de la portion injectée pour empêcher

le liquide de passer dans le reste du tube intestinal, puis on replaçait le tout dans l'abdomen ; au bout d'une demi-heure environ, on tirait de nouveau de l'abdomen, la partie de l'intestin soumise à l'expérience dans le but de voir si le liquide injecté avait traversé, pour paraître sur la surface externe du tube intestinal ; cette méthode donne, cela va sans dire, des résultats négatifs. Les vaisseaux sanguins et lymphatiques avaient emmené tout ce qui était entré dans la membrane de l'intestin, car on n'avait pas arrêté le mouvement des liquides que ces vaisseaux contenaient.

Si nous examinons l'intestin dans son ensemble, il nous apparaît comme un tube étroit et étiré dont la surface interne est couverte d'une grande quantité de capillaires et de vaisseaux lymphatiques. Le sang qui arrive à l'intestin provient de plusieurs branches issues de l'aorte qui est la plus grande artère du corps. Le sang qui revient de l'intestin se rassemble en un seul tronc : la veine porte ; celle-ci se divise à son tour en capillaires dans le foie. Les vaisseaux lymphatiques dont nous avons étudié les terminaisons dans les villosités de l'intestin, se rassemblent en quelques troncs qui s'enchevêtrent dans les glandes lymphatiques du mésentère ; ces canaux lymphatiques continuent ensuite leur chemin vers le canal thoracique qui débouche dans la veine sous-clavière gauche. Tous ces vaisseaux sont constamment gorgés de liquide, les uns de sang, les autres de lymphe ; leurs parois sont formées de membranes très-fines continuellement saturées de liquide ; il y a donc endosmose continue entre les vaisseaux sanguins et lymphatiques d'un côté, et le tube intestinal de l'autre. Dès l'abord, on peut donc conclure de cette disposition anatomique que les substances introduites depuis l'intérieur dans l'intestin, peuvent suivre deux routes dans l'absorption pour arriver à se mêler au sang veineux. Le chemin le plus direct passe par les vaisseaux lymphatiques ; les substances n'ont alors plus d'organes excrétoires à traverser, et arrivent immédiatement dans les veines. La route la plus longue passe par les capillaires sanguins, la veine porte et les capillaires du foie ; ce n'est qu'après avoir passé dans

le foie qu'elles arrivent dans la veine cave. On a cru longtemps que les capillaires ne possédaient aucun pouvoir absorbant,
et que les vaisseaux lymphatiques pouvaient seuls absorber les
substances ; d'autres observateurs, étonnés de la rapidité avec
laquelle les substances arrivent dans le sang, ont cru que les capillaires et les veines possédaient à eux seuls le pouvoir absorbant ; ils considéraient ainsi les vaisseaux lymphatiques comme
un article de luxe dans l'économie animale ; la vérité se trouve
ici, comme il arrive si souvent, dans le juste milieu, et le devoir
de l'observateur est de déterminer pour chacune de ces deux espèces de vaisseaux, le rôle qui lui appartient dans la fonction
de l'absorption, fonction indispensable à la vie de l'organisme.

Les vaisseaux lymphatiques des animaux supérieurs n'ont pas
de mécanisme semblable à celui des vaisseaux sanguins ; il n'y
a pas dans toute l'étendue des vaisseaux lymphatiques, de cœur
ou d'autre organe qui puisse le remplacer, et diriger de la même
façon dans un certain sens le contenu des vaisseaux. Chez les
animaux inférieurs il n'en est pas de même ; les poissons, les amphibies, les reptiles et les oiseaux possèdent des cœurs lymphatiques contractiles, qui chassent la lymphe dans les veines. Cet
appareil manque tout à fait chez les mammifères et l'homme ; les
causes du mouvement de la lymphe doivent donc être recherchées
ailleurs. On ne peut douter de la marche du liquide dans les
vaisseaux lymphatiques ; elle va vers le canal thoracique et la veine
sous-clavière gauche ; on peut d'ailleurs s'en assurer facilement.
Déjà la direction des valvules à l'intérieur des vaisseaux lymphatiques nous en donne la preuve ; on ne peut injecter les vaisseaux lymphatiques depuis le tronc vers les rameaux, comme on
le ferait avec les artères ; les valvules qui sont à l'intérieur de ces
vaisseaux se dressent aussitôt et empêchent le liquide d'avancer.
Si on ouvre le bas-ventre d'un jeune animal à la mamelle, et si on
étend le mésentère pour voir dans toute leur extension les vaisseaux chylifères qui viennent de l'intestin, on trouve qu'ils sont
remplis d'un chyle de la couleur du lait. Si l'on fait une ligature
à l'un de ces vaisseaux au moyen d'un fil, la partie du vaisseau

située entre le fil et l'intestin se remplit jusqu'à crever. Si l'on pique le vaisseau en cet endroit, le contenu s'élance en jet ; quant à la partie du vaisseau qui va du fil au canal thoracique, elle s'est vidée peu après l'opération de la ligature. La même expérience nous apprend aussi à reconnaître une autre particularité des vaisseaux lymphatiques, et nous aide à comprendre le mouvement qui règne dans ces vaisseaux. Les vaisseaux lymphatiques se remplissent et se vident tour à tour, si on les examine dans le mésentère d'un animal vivant, et le liquide qu'ils contiennent s'éloigne ainsi de plus en plus de l'intestin. Si l'on observe de plus près le rhythme de ce mouvement alternatif, on voit bientôt qu'il est en une certaine corrélation avec les mouvements peristaltiques et vermiculaires de l'intestin. Chaque contraction d'une partie de l'intestin remplit de liquide le vaisseau lymphatique et accélère le mouvement de la lymphe qu'il contient. Si l'intestin n'est plus en activité, les vaisseaux lymphatiques n'ont plus d'action non plus ; ils se vident, retombent et s'aplatissent, et leur diamètre devient plus petit que lorsqu'ils sont remplis de liquide.

Quoique les mouvements musculaires et la pression alternative soient d'une grande importance dans le mouvement de la lymphe, ils n'en sont pas les seuls facteurs. Entre le contenu des vaisseaux lymphatiques et les parties du corps qui les entourent, il y a un continuel courant d'endosmose ; ce courant, comme nous l'avons vu plus haut, a une grande force et continue toujours dans la même mesure. C'est par cette « vis a tergo » que se remplissent les dernières extrémités des vaisseaux lymphatiques ; cette force agit aussi dans les organes, dans lesquels les parties environnantes ne peuvent opérer de pression sur les vaisseaux lymphatiques, tandis que là où des pressions alternatives sont exercées, comme dans les parties musculeuses du corps, ces pressions sont d'un grand secours pour le transport du liquide.

Les vaisseaux lymphatiques de ces parties se comportent à peu près comme les capillaires d'une éponge que l'on trempe dans l'eau par l'une de ses extrémités. Les tubes se remplissent d'eau, qui ressort quand on presse l'éponge. Si on arrête la pression, l'eau est aussitôt absorbée de nouveau. La seule différence qui se trouve entre les capillaires de l'éponge et les vaisseaux lymphatiques, est que ces derniers impriment, grâce à leur construction et à la réunion de leurs canaux, une certaine direction au liquide qui s'écoule. Supposons qu'un vaisseau lymphatique, rempli de liquide à son extrémité périphérique par le courant d'endosmose, soit comprimé sur un point quelconque de sa longueur. Le liquide qu'il contient sera poussé vers le tronc principal par la disposition des valvules qui sont tournées du côté de ce tronc. Si la pression cesse, le liquide ne peut revenir à cause des valvules, qu'il refoule et ferme en s'arrêtant derrière. Pendant ce temps, la partie vidée du vaisseau lymphatique se remplit de nouveau, et une nouvelle pression pousse en avant le liquide fraîchement absorbé. Les vaisseaux lymphatiques sont donc comparables, quant à leur mécanisme, à une pompe aspirante, à tuyaux élastiques, dans laquelle l'aspiration du vide, au-dessous du piston, est remplacée par une pression active et s'exerçant sur les tubes élastiques mêmes. Comme nous l'avons vu dans une lettre précédente, l'influence de la bile sur les villosités de l'intestin et la contraction de ces dernières est d'une grande importance pour remplir et vider les vaisseaux lymphatiques.

Une quantité de phénomènes que chacun peut observer montre l'influence des contractions musculaires sur les mouvements de la lymphe : si l'on reste trop longtemps assis, à cheval ou en voiture, les jambes grossissent, comme si elles étaient le siége d'hydropisie ; la sérosité, n'étant pas résorbée, s'arrête dans le tissu cellulaire ; un mouvement actif des membres, la marche à pied, par exemple, est le meilleur moyen de faire disparaître ce phénomène, qui n'est autre chose que la conséquence de l'état d'immobilité où se trouvent les jambes pendant un certain temps. L'eau du sang entrée par transsudation dans les tissus, et qui est ordinairement absorbée et emmenée par les vaisseaux lymphatiques, s'accumule dans les tissus sous l'influence d'un trop long repos. Le mouvement des vaisseaux lymphatiques s'arrête, en effet, par l'inaction des muscles ; de là cette espèce d'hydropisie que l'on peut facilement guérir en donnant de l'impulsion à la circulation de la lymphe. Il est probable que les mêmes circonstances se présentent dans certaines maladies, où une paralysie du système nerveux affaiblit et ralentit les mouvements péristaltiques de l'intestin. La conséquence de l'affaiblissement de ces mouvements, qui sont le moteur principal de l'activité de la lymphe, est un ralentissement dans la nutrition et l'absorption générales.

Ce n'est que dans les plus grands vaisseaux lymphatiques, et surtout dans le canal thoracique, que l'on aperçoit des contractions qui leur soient propres ; ces contractions, quoique très-lentes, ont pu être étudiées sur des animaux vivants ; leur présence s'explique d'ailleurs par celle de fibres musculaires circulaires, et non soumises à la volonté, que l'on a pu retrouver le long du canal thoracique, et qui sont semblables aux fibres que l'on remarque sur d'autres tubes contractiles. Le mouvement de la lymphe est donc le résultat de divers facteurs, savoir : la force d'impulsion du courant de l'endosmose, la pression opérée par les parties du corps qui se contractent autour des vaisseaux lymphatiques, et enfin la contraction propre des vaisseaux plus grands qui se dirigent des rameaux vers le tronc principal. Il n'est donc pas étonnant que la lymphe subisse toujours une certaine pression hydrostatique et qu'elle s'échappe en un jet, du vaisseau auquel on a fait une piqûre comme le ferait le sang d'une veine.

L'absorption par les capillaires sanguins obéit à des lois toujours les mêmes en principe, mais dont l'effet est très-modifié par la disposition spéciale des capillaires. Le cœur chasse énergiquement le sang à travers les capillaires, les ondes sanguines se suivent sans interruption, et entrent en rapport intime avec les substances qui peuvent être résorbées ; le sang traverse le foie, les poumons, et d'autres organes de sécrétion avant de pouvoir revenir à l'endroit où l'absorption se fait, c'est-à-dire à l'intestin. Le courant sanguin qui a déjà absorbé une fois, se débarrasse ainsi sur sa route de toutes les substances qu'il a absorbées, et l'échange endosmotique recommence dans l'intestin. Les substances entrent aussi rapidement dans les capillaires que dans les vaisseaux lymphatiques, car les membranes de ces deux sortes de vaisseaux sont également fines. C'est là un point commun aux deux espèces de vaisseaux, mais la rapidité avec laquelle les substances absorbées sont distribuées dans le corps est très-différente. Dans les vaisseaux lymphatiques, le contenu n'avance que lentement vers les grands troncs et· le canal thoracique, tandis que les substances absorbées par les vaisseaux sanguins traversent en peu d'instants le corps entier. Ces substances sont alors employée à la nutrition des tissus, ou bien expulsées par les organes excrétoires.

Les expériences d'après lesquelles on avait conclu que les vaisseaux lymphatiques n'ont pas de pouvoir absorbant, se sont trouvées fausses en ce point que, les observateurs n'ont pas eu la patience d'attendre le résultat qui n'arrive qu'assez tard, à cause de la lenteur du mouvement de la lymphe. On n'avait pas non plus prêté une assez grande attention aux contractions des parois des vaisseaux lymphatiques, et l'on avait choisi pour ces expériences des substances qui paralysaient ces contractions. Le principe même d'après lequel ces expériences avaient été faites, était juste quant au résultat, mais s'était trouvé faussé parce qu'on avait négligé les circonstances accessoires. Les essais avaient été faits de la manière suivante : on faisait une ligature au vaisseau sanguin allant à un membre, ou à une certaine partie de l'intestin qu'on avait isolée ; puis on introduisait par une blessure ou dans l'intestin lui-même, un puissant narcotique, comme la strychnine. Aussi longtemps que la circulation sanguine était arrêtée dans la partie du corps qu'on avait isolée, on ne voyait aucune trace d'empoisonnement, même après plusieurs heures d'attente, mais aussitôt qu'on enlevait la ligature, et qu'on rétablissait ainsi la circulation du sang, on retrouvait les symptômes d'empoisonnement particuliers au poison qu'on avait employé. Ce dernier arrivait alors dans le courant sanguin, et de là dans le système nerveux central. Les substances non vénéneuses, mais facilement reconnaissables à leur couleur ou à leurs réactions, se retrouvaient peu après dans les vaisseaux sanguins et seulement quelques heures après dans la lymphe du canal thoracique. Ces expériences sont tout à fait justes, mais on eut le tort d'en conclure à l'absence complète de pouvoir absorbant dans les vaisseaux lymphatiques. On refusa à ces vaisseaux la fonction qu'on leur avait supposée jusqu'alors d'absorber les substances sans pouvoir leur en assigner une autre ; c'était aller un peu loin, car on sait qu'en nourrissant des animaux avec certaines substances, on peut retrouver celles-ci pendant la digestion dans les vaisseaux lymphatiques. On oubliait aussi que beaucoup de poisons et surtout de poisons animaux sont évidemment absorbés par les vaisseaux lymphatiques, comme le prouvent des phénomènes maladifs dont nous parlerons bientôt. Il arrive souvent qu'on se blesse en disséquant des cadavres en putréfaction d'individus morts de maladies putrides ; alors les vaisseaux lymphatiques de la partie blessée se gonflent et deviennent plus ou moins durs, l'inflammation se transporte quelquefois dans les glandes lymphatiques avoisinantes, et provoque des infections purulentes dangereuses, qui amènent souvent la perte du membre blessé ou même un empoisonnement général. On connaît, hélas, trop bien ces cas, dont les anatomistes et les physiologistes n'ont fait que trop souvent sur eux-mêmes la douloureuse expérience ; aussi, pour prévenir des accidents de ce genre est-il besoin de précautions spéciales. La théorie du défaut complet d'activité des vaisseaux lymphatiques ne fut par conséquent jamais admise en son entier. On sut bientôt que les conséquences tirées des expériences elles-mêmes devaient éprouver des modifications importantes. On avait, en effet, toujours retrouvé quelques heures après leur entrée dans le corps les réactifs et les substances colorantes ou nutritives dans le courant des vaisseaux lymphatiques. Comme on peut prouver anatomiquement qu'il n'y a pas d'union entre les vaisseaux lymphatiques et les vaisseaux sanguins, il fallait bien admettre que les vaisseaux lymphatiques absorbent des substances, mais avec une bien plus grande lenteur que les vaisseaux sanguins. Les vaisseaux lymphatiques n'absorbent aucun narcotique; cela s'explique par le fait que ces poisons empêchent immédiatement les contractions musculaires des vaisseaux lymphatiques comme on peut s'en assurer directement. L'arrivée de ces poisons dans les vaisseaux où ils entrent en contact avec les membranes de ces derniers, arrête donc nécessairement toute contraction des fibres musculaires des vaisseaux. Mais ce qui complique encore le résultat, si l'on opère par exemple sur une jambe, c'est la paralysie des muscles volontaires du membre, causée par la ligature de l'aorte abdominale. Quelques minutes après cette ligature, qui arrête la circulation dans la jambe, le membre est complétement paralysé et devient même froid; il est donc impossible que la lymphe puisse circuler dans cette partie.

La différence principale entre les vaisseaux sanguins et les vaisseaux lymphatiques réside donc dans la plus ou moins grande rapidité avec laquelle ces deux sortes de vaisseaux absorbent et charrient les matières. Mais cette différence dans la rapidité de l'action, entraîne nécessairement une différence fondamentale quant à la nature des substances absorbées. Chacune de ces deux sortes de vaisseaux charrie des substances particulières. Les vaisseaux sanguins absorbent surtout les substances dont la composition diffère de celles qui forment le corps; ces substances hétérogènes sont du reste en grande partie expulsées. Les vaisseaux lymphatiques, au contraire, ne transportent que des substances nutritives, qu'elles viennent du dehors comme cela arrive dans l'intestin, ou qu'elles soient extraites des tissus du corps même.

Les substances reçues dans l'intestin y forment une bouillie qui contient en dissolution surtout de la fibrine, de l'albumine, de la graisse, du sucre et des substances amylacées. Toutes ces matières se trouvent mêlées à des éléments étrangers et à des sels minéraux nombreux. Cette pâte se trouve en contact continuel et cela de tous côtés, avec la muqueuse de l'intestin, elle entre en échange continuel avec le contenu des vaisseaux lymphatiques et des réseaux capillaires de cette muqueuse. La première conséquence de ce contact sera que les deux liquides acquerront une concentration égale. Le sang absorbe l'eau du chyme, quand ce dernier est moins concentré, et lui fournit à son tour de l'eau dans le cas contraire ; comme nous avalons ordinairement des substances plus ou moins solides, nous sommes obligés de manger de la soupe et d'autres aliments liquides comme aussi de boire pendant le repas et pendant la digestion. Or, le sang étant une dissolution de fibrine et d'albumine combinée à plusieurs sels, aussitôt que le chyme atteint le même degré de concentration que le sang, ce dernier n'absorbera plus ni fibrine, ni albumine, substances dont l'influence nutritive est directe. Quant aux substances plus ou moins étrangères à la composition du sang, comme le sucre, les substances amylacées et les sels, elles sont rapidement absorbées et emmenées par le sang ; aussi le sang peut-il en absorber de grandes quantités. Cette absorption ne cesse que quand le sang est tout aussi saturé de ces matières que le chyme lui-même. Ce cas se présente d'autant plus rarement que le sang dépose continuellement dans les organes de sécrétion les matières étrangères. Le sang ne peut donc absorber les substances directement nutritives, les éléments du sang, que lorsque son dégré de concentration n'est pas égal à celui du chyme. Cette différence disparaît bientôt grâce à la rapidité de la circulation.

L'absorption a lieu tout différemment dans les vaisseaux lymphatiques ; le liquide qui sature la muqueuse de l'intestin et les tissus de cette muqueuse finit par les remplir. Ce liquide peut provenir du sang ou des aliments absorbés, sa provenance est d'ailleurs indifférente. Les lymphatiques se remplissent de ce liquide et l'amènent lentement et sans interruption dans la circulation sanguine. On peut regarder en effet la formation de la lymphe aussi bien comme un acte d'absorption que comme un acte de sécrétion. Nous avons vu plus haut que chaque villosité intestinale contient dans son milieu un canal qui est la terminaison en cul-de-sac d'un vaisseau lymphatique. Ce canal est entouré de toute part par les réseaux capillaires du sang qui sont recouverts à leur tour de cellules épithéliales. Si l'on compare cette disposition avec celle des canaux des glandes, on voit que le commencement d'un vaisseau chylifère ressemble tout à fait au commencement d'un canal glandulaire, tous deux étant entourés de capillaires sanguins. A cela on peut ajouter que la lymphe a comme toutes les sécrétions des glandes, une composition constante qui ne varie que dans des limites fort restreintes, la seule différence qu'on puisse observer dans ce liquide étant la plus ou moins grande quantité de graisse introduite par une action toute mécanique. L'urine, par exemple, présente comme la lymphe une composition constante qui ne varie que par la quantité de sels qui lui sont mêlés. Ces sels arrivent de l'intérieur. Voici quel est le rôle des canaux lymphatiques. Si l'homme n'absorbe aucun aliment ou seulement des aliments sans albumine et sans fibrine, ces substances sortiront des vaisseaux sanguins avec l'eau du sang, mouilleront le tissu de la muqueuse et seront absorbés par la lymphe. Si, au contraire l'organisme a reçu des aliments riches en substances protéiques, ils seront dissous dans l'intestin et amenés dans les vaisseaux lymphatiques à travers la muqueuse qu'ils saturent. Chez des animaux à jeun, comme chez des animaux bien nourris, le chyle et la lymphe contiendront une quantité à peu près toujours égale de substances protéiques, car le liquide nutritif qui mouille la muqueuse reste dans les deux cas à peu près le même quant à sa composition. La rapidité avec laquelle le sang emmène les autres substances étrangères, nous explique pourquoi la lymphe et le chyle n'en absorbent que fort peu. Pendant qu'une toute petite quantité de ces substances avance lentement dans les vaisseaux lymphatiques en se dirigeant vers les troncs principaux, les vaisseaux sanguins ont déjà eu le temps d'entraîner entièrement les matières étrangères.

Voici donc le résultat de nos recherches sur l'absorption : les vaisseaux lymphatiques sont une source continuelle de graisse et de substances protéiques et les vaisseaux sanguins représentent l'appareil destiné à absorber les substances encore étrangères à la formation du sang. Ce résultat concorde parfaitement avec les dispositions anatomiques de ces deux sortes de vaisseaux ; le sang venant de l'intestin doit passer en effet préalablement à travers une sorte de filtre, le foie, tandis que les substances amenées par les vaisseaux lymphatiques entrent immédiatement dans le courant circulatoire.

LETTRE VIII

LA NUTRITION

Il parut à Venise, il y a plus de deux cents ans, un livre intitulé *de Medicina statica aphorismi*. En face du titre on voit gravé sur bois le portrait de l'auteur, du vénérable *Sanctorius*, assis sur une balance qui lui servait à la fois de chambre d'étude, de chambre à coucher et de cabinet. L'estimable docteur resta assis des mois et des années entières sur sa balance et communiqua ensuite au monde savant le résultat de ses observations. Il avait pesé et noté la quantité de nourriture qu'il avait prise, la quantité d'excréments et d'urine qu'il avait rendue et avait déduit de là, combien de sécrétions gazeuses s'étaient échappées par la respiration et la transpiration. C'étaient le premier essai de comptabilité en partie double appliquée au corps. Il est vrai que ces expériences ne donnaient que l'état des recettes et des dépenses, le mouvement de la caisse, — quant aux phénomènes si compliqués qui se passent à l'intérieur du corps, ils étaient complétement négligés. Mais il est curieux de constater que déjà dans ces temps reculés, à la renaissance des sciences en Italie, on fit des expériences basées sur l'indestructibilité de la matière. On avait donc admis le principe qu'il ne se passe pas dans le corps de phénomènes de création ou de destruction, mais seulement de transformation de substances.

De temps en temps on a répété des expériences du même genre, suivant que le besoin scientifique s'en faisait sentir. On tâcha de détruire autant que possible les sources d'erreur et de bàser les expériences sur des faits certains. Des essais comparatifs faits sur des-animaux chez lesquels on peut beaucoup mieux déterminer les circonstances extérieures, ont servi à contrôler les expériences faites sur les hommes. Toutes ces expériences n'ont pu mettre au jour les transformations des substances mêmes, mais elles ont fourni en revanche un aperçu général sur la nutrition, qui peut servir pour d'autres connaissances.

Examinons d'abord les conditions générales qui doivent servir de base à tous ces essais ; l'homme absorbe de l'oxygène par la respiration, l'estomac exige la nourriture et la boisson. Ces trois classes de substances suffisent donc pour l'alimentation et constituent seules les recettes. Mais on peut laisser de côté l'oxygène absorbé, car il remplace, comme nous l'avons vu plus haut, à propos de la respiration, un volume égal d'acide carbonique expulsé. La nourriture se compose donc de substances palpables et pondérables, des aliments et des boissons. Quant aux excrétions, on peut les ranger en deux catégories ; les excrétions visibles qui sont l'urine et les excréments, et les excrétions invisibles formées surtout d'acide carbonique et de vapeur d'eau qui s'échappent par la respiration et la transpiration. Comme l'organe excrétoire est indifférent dans ces calculs, et que nous avons vu qu'il y a une certaine corrélation dans l'action des poumons et de la peau, on a rassemblé sous un seul nom les excrétions invisibles ; on les appelle la *perspiration*. La plupart des anciennes expériences ont été faites il y a 30 ans environ, sur un homme petit et maigre qui ne pesait que 56 kilogrammes ; la quantité totale d'excrétion journalière était de 2 kil. 375 gr., ou environ 1/20 du poids du corps, dont 3/5 (57 à 61 p. 100) reviennent à l'urine ; 1/3 (c'est-à-dire 33 à 38 p. 100) à la perspiration et 1/20 (4 à 6 p. 100) aux excréments. Au premier coup d'œil ces rapports ne semblent pas concorder avec l'expérience de chacun ; nous regardons en effet ordinairement les excréments dont l'expulsion nous est moins facile que celle de l'urine, comme la substance qui se trouve rejetée en plus grande quantité. La quantité d'excréments augmente en effet un peu avec une nourriture plus abondante, mais cette augmentation n'est pas très-importante. La quantité absolue d'urine s'augmentant aussi dans ce cas, les rapports entre ces deux excrétions restent à peu près les mêmes. Ces faits nous prouvent combien un observateur a eu raison de dire que la quantité d'excréments fournie par une compagnie de soldats hessois, pouvait se balancer par la quantité de nourriture absorbée en dehors de l'ordinaire dans les cabarets ou auprès de leurs amies, les cuisinières, dans les maisons particulières. Les gouvernements qui ont pour leurs armées une si grande sollicitude ont su d'ailleurs tellement limiter la paye du soldat, que la quantité de saucisses, de bière et d'eau-de-vie absorbée de cette manière ne puisse guère être bien considérable.

Les relations des excrétions sont à peu près les mêmes chez les animaux que chez l'homme ; partout les excréments solides ne forment qu'une faible proportion des dépenses totales. Ceci nous prouve déjà que nous avons tort de ne pas recueillir les urines animales pour l'engrais ; il est facile de prouver que l'écoulement dans les eaux courantes des cloaques fait plus de tort à l'économie humaine et à la circulation de la matière nutritive créée par l'agriculture, qu'une récolte manquée.

Les rapports réciproques entre les excrétions varient cependant beaucoup suivant les circonstances. Toute cause qui accélère ou arrête la respiration, augmente ou diminue la sécrétion de l'acide carbonique. Cette dernière sécrétion est donc proportionnellement la plus faible pendant le sommeil, et la plus forte après le repas ou après un exercice du corps. Les parties aqueuses de la sueur et de l'urine sont dans un rapport continuel entre elles ; la perspiration est par conséquent le facteur le plus inconstant et les pertes occasionnées par elle peuvent quintupler suivant les circonstances. Un observateur à jeun et qui attendait tranquillement assis l'heure de son dîner, perdit pendant cette heure trente grammes de substance par la respiration et la transpiration, tandis qu'il perdit 133 grammes dans une ascension pendant laquelle il transpira beaucoup. La température a aussi une influence importante, les excrétions visibles sont proportionnellement bien plus fortes en hiver qu'en été. Des pesées comparatives nous ont prouvé aussi que la sensation de faim et de fatigue correspond avec le maximun de déperdition dans le corps, et que la sensation de satiété et le sentiment de bien-être correspondent avec le rétablissement de l'équilibre du corps après le repas ; ce qui confirme le proverbe qu'aimait à citer mon aïeul : Homme rassasié, bel homme. On a reconnu aussi que la perspiration est bien plus considérable de jour que de nuit, qu'un travail mécanique ou un travail de tête l'augmente beaucoup et que la quantité d'urine dépasse presque toujours celle des liquides absorbés ; ce qui prouve que l'eau introduite avec les autres aliments sert aussi à former de l'urine.

Pendant la plus grande partie de son existence, l'homme conserve le même poids moyen, si on laisse de côté les variations peu importantes qui se contre-balancent d'ailleurs ordinairement dans le courant de la journée. Dans le jeune âge, au contraire le corps augmente chaque jour, et cela jusqu'à complète croissance. La proportion de l'absorption doit donc être plus grande par rapport à l'excrétion. Le contraire a lieu dans la vieillesse où les excrétions sont plus fortes que l'absorption ; le corps perd peu à peu de son poids et ces conditions défavorables amènent la mort.

Cette trop grande déperdition par rapport à l'absorption amène la mort par la faim et par suite d'une alimentation peu convenable. On a eu l'occasion d'étudier dans divers accidents, comme sur des vaisseaux, ou dans des éboulements, pendant lesquels la respiration était encore possible, des phénomènes qui se présentent chez l'homme, lorsqu'il meurt de faim. On a observé un amaigrissement complet, c'est-à-dire la destruction entière de la graisse, puis l'affaiblissement graduel des organes, enfin, certains phénomènes de maladie se traduisant d'abord par une surexcitation fébrile et puis par une complète apathie. Si l'homme manque complétement de nourriture liquide ou solide, on voit se produire d'abord une inflammation de la bouche et du palais, venant de la dessiccation de ces parties par la transpiration. L'inflammation se communique bientôt à l'estomac et à l'intestin ; elle est accompagnée d'une grande irritation du système nerveux ; c'est alors que les excrétions sont proportionnellement les plus faibles, car l'organisme tout entier cherche à se nourrir par lui-même ; puis arrive la période d'abattement. L'irritation nerveuse, ayant atteint son paroxysme, se change en apathie et en somnolence ; le pouls, d'abord dur, sec et rapide, devient lent et peu sensible ; la chaleur diminue, et la mort arrive par un affaissement lent et graduel de toutes les fonctions du corps. On peut se convaincre facilement du fait, que les excrétions diminuent pendant la faim. . A l'état normal, elles sont assez considérables, pour égaler en vingt jours le poids total du corps ; tandis qu'on a vu des individus supporter un manque absolu de nourriture pendant plus de trois semaines. Si les dépenses avaient continué pendant la faim, comme à l'état normal, le corps eût été, pendant ce temps, employé dans son entier. On a trouvé qu'un mammifère meurt de faim, quand il a perdu deux cinquièmes environ du poids de son corps, et que les jeunes animaux meurent bien plus vite que les vieux. Des chiens, âgés de quatre jours, moururent de faim au bout de deux jours, tandis que d'autres, âgés de six ans, vivaient encore le trentième jour. En comparant les pertes subies par les divers organes chez les animaux morts d'inanition, on a trouvé un résultat curieux : c'est que la graisse disparaît complétement, à part quelques petites parcelles, mais que le système nerveux central, qui pourtant est formé essentiellement de substances graisseuses, subit la perte la moins considérable. Il en éprouve même moins que les os et les cartilages, qui sembleraient pourtant devoir résister le plus longtemps. On comprend facilement que les organes qui contiennent le plus de sang, comme le foie et la rate, subissent des pertes presque aussi grandes que le sang lui-même, qui s'affaiblit par la transpiration et la disparition des substances qu'il contient. Quant aux reins et aux poumons, qui sont continuellement saturés de liquide, à cause des fonctions qui leur incombent, ils subissent des pertes bien moins considérables. Les muscles forment à peu près la moyenne; ils perdent un peu moins que la moitié de leur poids chez un animal qui meurt de faim.

Toutes ces expériences établissent clairement que la vie de l'organisme est accompagnée d'une continuelle destruction et que la vie animale n'est possible que par une alimentation venant de l'extérieur. La vie organique ne peut produire ni sur le domaine matériel, ni sur le domaine spirituel (que l'on sépare mal à propos), rien de nouveau; elle ne fait que donner une nouvelle forme à ce qu'elle a reçu et absorbé. La machine de tout organisme animal est disposée de telle sorte qu'elle se détruit elle-même continuellement; sa destruction devient inévitable, quand les produits décomposés, résultant de l'échange des substances, ne sont pas expulsés du corps, comme aussi quand les substances nouvelles, qui doivent réparer ces pertes, n'arrivent pas dans l'organisme. Il n'est donc pas étonnant qu'une nourriture qui ne possède pas tous les principes nutritifs, et qui ne peut, par conséquent, suffire à toutes les dépenses du corps, amène aussi inévitablement la mort que le manque de nourriture lui-même. On a fait des essais sur des pigeons qu'on a nourris de telle sorte que toutes les substances nécessaires aux parties organiques de leur corps ne leur manquaient pas, mais on leur avait enlevé en revanche toutes les substances inorganiques, comme les sels, la chaux, etc. Les pigeons moururent dans un espace de temps relativement long, en présentant tous les symptômes de l'inanition; et l'on trouva, après la mort, que leur squelette était réduit à du cartilage, percé de trous et privé en partie des substances solides qu'il contenait. Des chiens, nourris avec de la fibrine pure et de l'albumine pure, moururent de faim. Cette mort fut retardée par le fait que la graisse accumulée dans l'organisme et employée peu à peu peut remplacer, pour un certain temps, le manque des substances destinées à la produire. Des chiens nourris avec de la graisse pure, de la fécule, du sucre ou de la gomme, moururent aussi rapidement que si on ne leur avait donné aucune nourriture. On a pu observer, chez l'homme, un phénomène de ce genre ; le médecin anglais Stark expérimenta sur lui-même la qualité nutritive du sucre ; il ne mangea plus que de cette substance, ce qui le réduisit à un tel état de faiblesse qu'il fut trop tard pour le sauver.

Ces expériences prouvent que le corps doit recevoir des substances très-diverses, qui, dans leur ensemble, doivent répondre à la composition du corps en entier ; de manière que, le poids du corps restant le même, les dépenses soient couvertes par la quantité de substances nutritives absorbées. Si nous pouvions nous nourrir de telle façon que les substances qui forment nos tissus pussent être remplacées par une quantité de substances ayant absolument la même composition, et que ces substances fussent préparées de telle sorte que le corps pût les absorber dans leur entier, nul doute que la vie de l'individu ne pût se prolonger indéfiniment. Mais la cause de la mort inévitable qui frappe à la fin tout organisme, résulte de la destruction continuelle de l'organisme, contre laquelle nous ne pouvons lutter que d'une manière imparfaite, parce que nous ne pouvons remplacer intégralement et sans usure de force les pertes éprouvées. La mort ne repose donc pas sur une cause mystérieuse intérieure ; elle n'a pu être infligée comme une peine afflictive au genre humain ; elle a existé dès que le premier organisme a fait son apparition. Mais, par toutes ces raisons, il est indubitable aussi qu'en fournissant en quantités convenables les substances qui remplacent ou diminuent les pertes de l'organisme, on peut prolonger la vie de l'individu et élever la durée moyenne de la vie dans la société humaine tout entière. Une amélioration de la position matérielle des classes populaires peut donc prolonger la durée moyenne de la vie et rendre la race humaine plus robuste. Là est peut-être la solution, en grande partie au moins, des formidables problèmes qui agitent aujour-d'hui la société. Mais, pour approcher de cette solution, qui touche de si près le bien-être du genre humain entier, il fallait commencer par poser les différents points qu'on doit avoir en vue. Il fallait d'abord savoir quelles sont les substances que l'é-change des matières expulse du corps, puis en quelle quan-tité ces substances échappent du corps, et combien il en faut pour remplacer cette déperdition. On doit se rappeler, pour cette étude, que le résultat final de toute action chimique dans le corps est un dégagement d'une certaine quantité d'acide car-bonique et d'eau, ainsi que d'une substance très-azotée : l'urée. Les phénomènes nutritifs, dans leur ensemble, ont donc pour résultat final, qu'une certaine quantité de carbone et d'hydro-gène introduite dans le corps disparaît par combustion, et qu'une quantité plus faible de ces deux substances s'en va avec toute la quantité d'azote introduite sous forme d'urée. Cette urée ren-ferme donc la quantité d'azote absorbée dans son entier. La me-sure de l'échange des substances est donc fournie en dernière instance par la quantité d'acide carbonique, d'eau et d'urée ex-pulsée par le corps. Cette quantité doit être remplacée par une quantité correspondante de carbone, d'hydrogène, d'azote et d'oxygène. Comme l'urée présente toujours la même composition chimique et est évidemment un résultat de la transformation des éléments protéiques du sang, on a cru pouvoir en tirer la conclusion que la quantité d'azote des excrétions donne la mesure de l'échange total des substances protéiques, qui forment les principaux éléments du sang. On a donc pensé que la valeur nutritive des aliments pour la nutrition du corps, qui est pres-que en entier formé de corps albuminoïdes, était déterminée par la quantité d'azote que les aliments contiennent.

On a dit, pour s'opposer à cette manière de voir, qu'elle est établie sur des bases fausses, et surtout, qu'on ne peut par elle étudier les transformations qui s'opèrent dans le corps. On a dit qu'on ne pouvait déterminer les travaux faits dans un labora-toire de chimie, si l'on se borne à examiner combien d'eau, d'acide sulfurique, de charbon, de potasse et de chaux y ont été introduits, et combien d'acide carbonique et d'eau s'en vont par la cheminée ou sont emmenés par les canaux ; cela est parfaitement vrai, mais les observations dont nous avons parlé plus haut ont cependant une certaine valeur, quand elles se rapportent à un laboratoire qui, comme le corps animal, ne produit et n'absorbe que certaines substances. Un chimiste qui serait préposé à une fabrique d'acide sulfurique peut parfaitement se rendre compte de sa fabrication quand il sait combien on a employé de soufre, de salpêtre et de combustible, et combien on a produit d'acide sulfurique. Or nous avons vu, en parlant des éléments, que le corps n'absorbe en définitive que fort peu de substances différentes, et qu'il ne sécrète que peu de substances d'ailleurs toujours les mêmes, quant à leur composition. Si deux compositions alimentaires contiennent la même substance protéique, leur contenu en azote sera proportionnel à la quantité de cette substance, et c'est de cet azote que dépendra leur valeur pour la nutrition des substances protéiques ou albuminoïdes du corps.

Il est intéressant de savoir quelle est la quantité absolument indispensable de différentes substances, qui doivent être absorbées par le corps pour qu'elles puissent entretenir la vie. Comme le sort de l'homme, à peu d'exceptions près, est de travailler et que le travail soit de l'esprit, soit du corps augmente énormément les dépenses des tissus ; qu'en outre la position de l'individu fait varier beaucoup cette dépense, on a choisi pour ces expériences des individus qui, comme les soldats, les forçats ou les terrassiers de chemins de fer, ont une occupation régulière et une nourriture peu variée. Ces circonstances permettent de faire les expériences les moins compliquées possibles. On peut expérimenter de deux manières : on peut calculer la quantité de nourriture qui doit être absorbée d'après la quantité des sécrétions, ou encore employer une méthode plus facile et bien plus exacte, qui est de calculer la quantité de nourriture absorbée dans un temps donné par un nombre considérable d'individus soumis au même régime de nutrition et de travail.

Sans doute les résultats obtenus chez des peuples différents et dans des conditions différentes varient énormément; on peut cependant en tirer une moyenne, dont les différents chiffres varient dans certaines limites. *Moleschott* a calculé que la nourriture que doit absorber pendant vingt-quatre heures un ouvrier robuste, de taille et de poids moyens, doit contenir en moyenne les quantités suivantes de substances :

Corps albuminoïdes.	130 grammes.
Graisse.	84 —
Générateurs de la graisse.	404 —
Sels.	30 —
Eau.	2,800 —
Total.	3,448 grammes.

Ces substances contiennent dans leur ensemble 20,2 grammes d'azote et 320 grammes de carbone. La proportion entre ces deux éléments est donc de 1 à 15,5.

Un autre observateur pesant 74 kilogrammes, a pu se nourrir à moins; il mangea pendant une semaine, durant laquelle le poids de son corps resta toujours le même, ce qui prouve que les dépenses ne dépassaient pas les recettes, de la viande complétement débarrassée de sa graisse et rôtie avec du saindoux. Il mangeait en outre un mets fort usité en Bavière, appelé *Schmarren*, et qu'il pesait soigneusement. Ce mets contient de la graisse, de la fécule, de l'albumine et du sel; il mangeait en outre du pain beurré et ne buvait que de l'eau. Voici le résultat de ses observations :

NOURRITURE ABSORBÉE.	AZOTE.	CARBONE.
250 grammes de viande.	8,5	31,80
400 — de pain.	5,1	97,44
70 — de fécule.	0,0	26,05
70 — d'albumine.	1,52	5,99
70 — de saindoux.	0,1	67,94
50 — de beurre.		
10 — de sel.	0,0	0,0
2,100 centimètres cubes d'eau.	0,0	0,0
900 grammes (substances solides).	15,22	229,22

Le rapport entre l'azote et le carbone est ici exactement de
1 à 15.

Voici le chiffre des excrétions journalières :

	AZOTE.	CARBONE.
Urine.	14,84	6,52
Excréments..	1,12	10,6
Perspiration..	0,0	207,0
	15,96	224,12

Il faut faire dans tous ces essais une grande part aux fautes
d'observation, car les analyses des substances organiques absorbées et sécrétées, ne peuvent être faites que sur de petites quantités, et les fautes que l'on peut faire deviennent considérables par
la multiplication. Ces expériences nous montrent pourtant que
l'absorption et l'excrétion se balancent assez exactement. D'après
ces essais, l'observateur dont nous venons de parler, évalue aux
quantités suivantes la masse d'aliments nécessaires par jour à
un adulte ; les résultats diffèrent un peu de ceux que nous
a donnés Moleschott :

Corps albuminoïdes..	100 grammes.
Graisse.	100 —
Générateurs de la graisse.	240 —
Sel..	25 —
Eau.	2,600 —
TOTAL.	3,065 grammes.

D'après les proportions que nous venons de donner, il est clair
que les rapports entre la graisse et les générateurs de la graisse,
par exemple, peuvent varier beaucoup, sans que le résultat de
de la nutrition soit par là compromis. Si nous voulons déterminer la valeur nutritive des aliments pour l'alimentation d'un
peuple par exemple, nous ne pouvons nous en tenir aux moyennes
que nous venons de donner ; il faut se rappeler, que tous les
aliments sont des substances non-seulement très-diversement
composées, mais qu'aussi leur solubilité leur assigne des valeurs éminemment différentes. Ce dernier point est surtout im-

13

portant pour la valeur d'un aliment. Le bois de hêtre frais contient à peu près autant de corps albuminoïdes et protéiques que le riz, et pourtant aucun homme intelligent ne s'avisera de vouloir remplacer dans ses aliments le riz par de la sciure de bois de hêtre. Les substances nutritives du riz sont facilement solubles dans l'estomac, tandis que celles du bois de hêtre ne le sont pas du tout, parce qu'elles sont entourées de fibres ligneuses. C'est pourquoi nous avons posé plus haut le principe que les aliments devaient être de composition très-mélangée, d'une forme déterminée et le plus solubles possible. Ce n'est qu'alors qu'ils peuvent participer aux métamorphoses que leur fait subir l'organisme, pour les assimiler d'abord et expulser à la fin. La nutrition dans son ensemble renferme toutes ces transformations diverses, elle résume pour ainsi dire tout le côté végétatif de la vie du corps, et si nous voulons nous expliquer cette vie, nous le faisons par l'examen des faits mentionnés plus haut.

La première question qui se présente à nous est celle-ci : Y a-t-il des substances admises dans la circulation qui ne soient pas employées à la nutrition du corps et qui par une combustion immédiate soient expulsées avec les excrétions? On peut se représenter le corps d'un adulte comme une masse d'une composition et d'un poids constants qui doit pouvoir résister aux influences délétères de l'extérieur et surtout à l'oxydation que produit l'oxygène de l'air respiré. Si la substance du corps était fixe et immuable, ce but serait atteint si les tissus étaient protégés contre l'influence de l'oxygène. Cette protection serait rendue possible par une arrivée de substances étrangères, qui fixeraient l'oxygène en se combinant avec lui, et empêcheraient ainsi l'oxydation des tissus. Les aliments absorbés seraient donc d'après cette théorie des substances respiratoires, c'est-à-dire des substances destinées à être consumées par l'oxygène de l'air respiré. Elles serviraient ainsi à couvrir les dépenses du corps, sans rien changer à la matière fondamentale qui forme la substance de l'organisme.

On voit au premier coup d'œil que cette opinion ne concorde

pas avec les lois de la nature ; certes, il avait raison ce physiologiste qui, en examinant un travail chimique sur la nutrition des serpents fondé sur cette théorie, s'écria : « Si cela était vrai, la nature n'aurait donné aux serpents un anus que pour leur servir d'ornement ! » Il est évident, en effet, que les substances absorbées servent, au moins pour la plus grande partie, à la reconstruction de la substance du corps. La nourriture absorbée chaque jour ne concorde pas exactement avec les excrétions journalières ; elle reste en quelque sorte un certain temps englobée jusqu'à ce qu'elle contribue à former des excrétions nouvelles. Cependant il est probable qu'une fraction considérable des substances absorbées s'en va par oxydation immédiate, et sans avoir servi à la reconstruction des tissus. Nous avons parlé plus haut des particularités exceptionnelles que nous montre le foie, et qui nous prouvent qu'une partie de la bile prend naissance dans le foie lui-même. Nous avons vu aussi qu'une grande partie de la bile arrivant dans l'intestin, ne s'en va pas avec les excréments, mais rentre dans le courant sanguin. Nous avons parlé enfin de la formation de sucre qui a lieu dans le foie, et nous avons montré que ce sucre qui est emmené par les veines hépatiques dans le courant général disparaît de nouveau dans les poumons. Ces faits nous prouvent de la façon la plus péremptoire que certaines fractions des substances absorbées, subissent sans passer par une forme intermédiaire dans les tissus, une métamorphose purement chimique dans le courant sanguin, et qu'elles sont expulsées après cette métamorphose. Il est probable que dans une nourriture végétale ou mélangée ces transformations chimiques ne sont subies que par le sucre, et par les substances qui lui ressemblent, les substances grasses et amylacées. La possibilité que les corps albuminoïdes puissent aussi servir de protection contre les attaques de l'oxygène, ne peut cependant pas être repoussée à priori.

Mais nous ne pouvons calculer la quantité de sucre employée immédiatement comme combustible. Cette quantité est une fraction de la quantité totale des substances qui protégent les tissus contre l'oxydation. On peut bien soutenir que la quantité de bile sécrétée peut en donner la mesure, mais nous n'en avons pas des preuves assez suffisantes ; il est probable qu'à l'état de santé, cette mesure doit rester fixe, qu'elle est en rapport avec la masse même du corps et qu'elle ne subit que des variations fort peu importantes. Mais, ce qui est certain, c'est que ces substances directement oxydées forment une proportion notable dans les aliments absorbés ; une petite quantité seulement des aliments sert à la reconstruction des parties du corps mises hors d'usage. S'il y a un excédant de substances, il devient un fonds de réserve sous forme de graisse.

Nous avons déjà fait remarquer plus haut que dans les parties liquides et dans les parties solides du corps, il y a toujours de la graisse, quoique l'on ne puisse lui assigner une forme particulière. Cette graisse chimiquement fixée qui forme une partie intégrante des tissus différenciés morphologiquement, est une quantité constante, en rapport avec la masse des tissus. Elle résiste comme nous l'avons vu plus haut par les expériences sur la mort causée par l'inanition, avec une grande ténacité à la destruction. La graisse qui existe dans le corps avec des formes définies, vésiculaires, qui est entourée d'enveloppes cellulaires et se trouve surtout sous la peau, dans le mésentère et dans l'épiploon se comporte tout différemment. Sa quantité est sujette à de grandes variations ; elle augmente si l'on absorbe trop d'aliments servant à former de la graisse et diminue sensiblement si l'on ne prend pas assez de ces aliments. L'amaigrissement, qu'il provienne de la faim ou de toute autre cause, commence toujours par s'attaquer à ce fonds de réserve qui peut être complétement employé pendant que les autres tissus ne sont attaqués que faiblement. Malgré cela, il en reste toujours une certaine quantité, et cela aux endroits où elle est une condition nécessaire pour la fonction de l'organe comme par exemple dans l'orbite de l'œil. Cette graisse, en effet, permet les mouvements de l'œil qui ne peuvent s'exécuter sans elle. Mais la plus grande partie de cette graisse est immédiatement oxy-

déc dans la faim, et expulsée sous forme d'acide carbonique et
d'eau.

Si l'on examine les dépenses d'un animal à jeun, on peut facilement se convaincre que le fond de réserve graisseux ne suffit
pas pour les couvrir. Une sécrétion continuelle d'une certaine
quantité d'urée, résultat nécessaire de la décomposition des matières azotées continue pendant la faim. Il y a donc continuellement dans le corps décomposition d'une certaine quantité de
substances azotées. Dans les premiers jours de la privation de
nourriture, cette décomposition reste sensiblement la même ;
aussi a-t-on essayé en se fondant sur cette observation de distinguer entre la quantité d'aliments servant à couvrir les dépenses
pendant la faim et la quantité de ceux qui forment le surplus. Ce
surplus, dont nous venons de parler, a été appelé consommation
de luxe ; il dépasse la quantité nécessaire pour couvrir les dépenses effectuées pendant la faim. Mais il n'y a pas d'animal qui
ne se permette continuellement cette consommation de luxe et
ce serait vraiment définir d'une manière singulière le mot « luxe »
que de prétendre que le prolétaire qui se procure avec tant de
labeur une nourriture insuffisante et mal composée, se vouât
par cela encore à une consommation de luxe. Il serait plus simple
d'admettre comme consommation de luxe celle qui sert à former
le fond de réserve graisseux et à augmenter ainsi le poids du
corps de l'homme adulte, de même que celle qui n'a pas été di-
gérée et est expulsée sans avoir subi de transformation. Il n'y a
pas à douter que les classes riches de la société ne consomment
plus de nourriture qu'il ne leur est nécessaire pour remédier à la
déperdition de substance et même plus qu'il n'en faudrait pour
former une réserve de graisse. Ceux qui appartiennent à cette
classe absorbent en général plus qu'ils ne peuvent digérer ; ce
surplus renferme aussi des substances azotées ; il résulte de ce
fait que les excréments des gens riches contiennent plus d'azote
que ceux des classes pauvres dont la force digestive s'emploie
tout entière à extraire de pommes de terre, de carottes et d'autres
matières peu nutritives le peu d'éléments protéiques qu'elles

renferment. Il est vrai que les expériences chimiques comparatives manquent encore de ce côté, mais la pratique a découvert dans les pays où les excréments de l'homme sont presque le seul engrais, les faits dont nous venons de parler. Les laboureurs des environs de Nice achètent le contenu des fosses d'aisance et on en calcule la valeur d'après le nombre des habitants de la maison. Le contenu des fosses d'aisance des casernes s'achète en général à moitié meilleur marché que les excréments provenant de maisons habitées par de riches étrangers. Le paysan paye une rente annuelle de quatre à cinq francs par tête pour les fosses d'aisance des soldats, dont les excréments ne contiennent presque rien autre que des matières non azotées, mais il payera huit à dix francs s'il s'agit d'un riche étranger qui fait passer par son corps sans l'employer une grande quantité d'azote.

Si l'on veut suivre les métamorphoses qui ont lieu dans le corps, il faut employer deux méthodes et les combiner pour arriver à un bon résultat. C'est d'abord la méthode chimique qui étudie la transformation des tissus en elle-même, et cherche à découvrir les différents états par lesquels l'albumine par exemple doit passer. L'albumine commence probablement par se diviser en urée et en principes biliaires, et livre son contingent pour l'acte de la respiration par l'oxydation de ces derniers. En calculant la quantité de bile fournie en vingt-quatre heures, on a trouvé que le 5 pour 100 de cette excrétion venait de substances qui avaient subi dans le foie une métamorphose préliminaire. La circulation dans l'intérieur du foie fait subir des transformations surtout aux substances carbonées et au soufre que contiennent les corps albuminoïdes ; quant aux 95 pour 100 qui restent, ils sont directement échangés dans la grande circulation et atteignent directement leur but. La détermination des différentes transformations subies par les diverses substances qui servent à la nutrition est essentiellement la tâche de la chimie physiologique actuelle. Cette tâche est rendue difficile par le fait que les transformations diverses se passent dans des éléments microscopiques et qu'elles produisent des substances dont les réactions sont si incertaines qu'on ne peut les reconnaître exactement à cause des petites quantités sur lesquelles il faut agir. Ce serait aller trop loin, que de vouloir s'appesantir sur les métamorphoses chimiques connues jusqu'à ce jour. D'ailleurs, ces connaissances sont trop peu certaines sur beaucoup de points par les raisons mentionnées plus haut.

L'étude physique et mécanique des transformations dans les éléments constituants du corps offre beaucoup de difficultés. Les changements d'aspect observés dans ces éléments, qui constituent les tissus, tels que cellules, fibres, etc., sont très-difficiles à déterminer, car on ne sait ordinairement si ces aspects différents représentent une substance en voie de formation ou en voie de destruction. Les changements qui se passent dans les tissus sont souvent si faibles qu'on ne sait s'ils sont produits par l'activité vitale elle-même ou par la manière dont on a traité ces substances.

On a cru autrefois avoir trouvé dans les organes solides du corps, les os et les dents, un moyen pour suivre la nutrition et les métamorphoses des tissus pas à pas. On avait remarqué qu'en nourrissant les animaux, surtout des animaux encore jeunes avec de la garance, les os se coloraient d'une manière plus ou moins intense en rouge. Si l'on nourrissait tour à tour l'animal avec de la garance et avec d'autres substances privées de cet agent de coloration, on trouvait en sectionnant les os des couches alternativement blanches et rouges et indiquant les différentes périodes de nutrition. On avait pensé que ces couches se dirigeaient insensiblement de l'extérieur vers l'intérieur où se trouve la moelle des os. Cette marche supposée des couches était, suivant quelques observateurs, la meilleure preuve des transformations continuelles opérées dans les tissus. On pensait que le périoste déposait toujours de nouvelles couches tandis qu'à partir du canal médullaire se faisait une résorption constante. Si on plaçait entre le périoste et l'os lui-même des fils de platine ou de petites plaques, le résultat était analogue. Ces corps avancèrent peu à peu de l'extérieur de l'os vers l'intérieur et arrivèrent enfin dans le canal médullaire, sans que l'os ait subi la moindre variation dans sa grosseur. Si les rapports étaient aussi simples que les premières expériences semblaient le montrer, on aurait pu, en effet, déterminer par leur moyen le temps nécessaire pour l'échange des tissus dans les parties solides du corps. Mais on a pu se convaincre bientôt que la couleur rouge des os provenait de ce que la matière colorante, circulant avec le sang, produisait avec le phosphate de chaux des os un précipité très-peu soluble. Ce précipité est peu à peu enlevé par le sang quand on ne nourrit plus l'animal avec la garance et le tissu même des os ne subit pas de transformation visible, pendant que tous ces phénomènes s'accomplissent. L'action du sang qui enlève cette couleur atteint naturellement son maximum là où il y a le plus de sang en circulation, et de même c'est aussi dans les parties des os qui recoivent le plus de sang que le dépôt de matière colorante est le plus considérable. La masse sanguine est grande surtout autour du périoste, les couches blanches et rouges viennent donc tout simplement de ce que la matière colorante est alternativement déposée et emmenée. Les tissus osseux sont très-peu variables quant à leurs éléments, et on a pu voir par les essais de nutrition mentionnés plus haut où l'on a employé des substances qui ne contiennent pas de cendres que l'échange des tissus n'est que très-faible dans les os et nécessite un temps assez long.

Ces essais ont donc montré qu'il fallait s'adresser surtout aux parties molles du corps; mais il n'est pas facile de déterminer pour elles une mesure certaine. Il faut bien se dire que le sang qui est la condition indispensable de tout échange transforme aussi dans sa propre masse la plus grande quantité de substances; il est donc probable que les globules du sang ne sont pas des corps invariables et sont soumis à des transformations continuelles. On a vu les globules de la lymphe rougir de plus en plus en s'avançant dans le canal thoracique et en arrivant près du courant sanguin. Ils finissent par ressembler aux globules du sang. On a aperçu en outre dans les globules sanguins des transformations, qui semblent en amener la destruction. On a cru avoir aussi trouvé dans la moelle des os, le foie et la rate, des organes dans lesquels périssaient au dire des uns, et selon l'expression employée, les corpuscules sanguins en masse ; tandis que d'autres expliquaient ces mêmes phénomènes par les différents états des globules en voie de formation. Grâce à la petite dimension des globules du sang de l'homme et à leur grande sensibilité vis à vis des réactifs, on a pu engager sur cette question de longues discussions qui pourtant n'ont abouti à rien de précis. Mais il fallait arriver à un résultat, car on s'était persuadé en comptant les globules à diverses reprises, que leur régénération est en raison directe de la quantité de nourriture absorbée. Trois à quatre heures après le repas, on a trouvé sept à huit globules blancs pour deux mille globules rouges. Cette quantité de globules blancs devient toujours plus petite après que la digestion est accomplie, et douze heures après le repas, on n'a trouvé que cinq globules blancs pour la même quantité de globules rouges. Il y a donc une certaine quantité de globules lymphatiques changés en globules sanguins et à ces régénérations doit correspondre une destruction équivalente.

Des expériences faites sur des grenouilles dont les éléments sanguins sont beaucoup plus visibles, grâce à leur grande dimension, ont servi à trouver une espèce de solution à la question de la régénération des globules. Nous avons déjà dit plus haut que des grenouilles auxquelles on a enlevé le foie et la rate peuvent vivre des semaines entières. Après cette opération, le contenu d'acide carbonique de l'air expiré s'affaiblit beaucoup ; la formation et l'oxydation des tissus sont donc favorisées par la présence du foie et de la rate. On a trouvé que l'enlèvement du foie chez ces animaux, amenait une augmentation considérable des globules blancs et une diminution non moins grande des globules sanguins. Des grenouilles privées en même temps de la rate et du foie présentent une bien plus grande quantité de globules blancs par rapport aux globules rouges que les grenouilles laissées intactes; les rapports sont comme 1 : 4 dans les grenouilles sans foie ni rate, comme 1 : 8 chez les grenouilles intactes et comme 2 : 5 chez les grenouilles privées de leur foie seulement. Ces expériences nous prouvent donc d'une façon péremptoire qu'il y a une formation considérable de globules sanguins dans le foie et dans la rate. Les globules blancs se changent dans ces organes en globules rouges. Le même observateur qui a découvert ce fait a suivi dans toutes ses phases la formation des globules rouges. Les globules blancs de la grenouille sont ronds, faiblement granuleux, et contiennent un noyau à granulations plus accentuées. Ce globule passe successivement par des formes diverses et souvent bizarres ; il devient à la fois allongé, le noyau se décompose en quelques granulations ressemblant à des gouttes ; ces granulations disparaissent peu à peu pendant que la cellule même du globule blanc rougit insensiblement. Il est important de remarquer que cette formation de globules rouges peut être constatée aussi dans le têtard, et que la formation de globules rouges au moyen des cellules primitives de l'embryon parcourt exactement les mêmes phases.

Il serait trop long de relater ici les phénomènes qui se passent dans les éléments mêmes du corps et qui nous prouvent un échange continuel de substances dans ces éléments. Nous sommes forcé d'avouer que l'observation de ces phénomènes n'a donné jusqu'ici que fort peu de résultats. Malgré l'emploi du microscope, nous sommes encore en face de tout un cycle de métamorphoses dont nous ne connaissons que le résultat final. Un chimiste a dit qu'on pouvait poursuivre avec plus de facilité les phénomènes de destruction de la vie organique que les phénomènes de formation. Nous devons avouer que les moyens anatomiques qui sont à notre disposition, tout en permettant de reconnaître les différentes formes des tissus, ne peuvent nous en montrer la formation qu'au prix de grandes difficultés. L'étude de la destruction des principes fondamentaux de l'organisme est encore bien plus difficile.

LETTRE IX

LA CHALEUR ANIMALE

Linné en établissant sa classification des animaux vertébrés, s'est fondé sur un caractère connu de tous, et les a divisés en animaux à sang chaud et à sang froid. L'impression désagréable que nous éprouvons en touchant une grenouille ou un poisson, la répugnance que montrent certaines personnes à l'approche de l'un de ces animaux, viennent de ce que la température de leur corps a quelque chose de celle d'un cadavre. Dans les cadavres d'hommes, de mammifères et d'oiseaux, la chaleur qui était le résultat de la vie a disparu. Il y a bien chez les reptiles, les amphibies et les poissons vivants un certain développement de chaleur animale, mais cette chaleur est trop faible pour que notre main puisse la sentir ; il n'y a que le thermomètre qui puisse la mettre en évidence. La chaleur des animaux à sang chaud est à peu près toujours la même, que ces animaux se trouvent exposés au froid ou à la chaleur ; on les a donc nommés aussi, les animaux à chaleur constante. Chez les animaux à sang froid, appelés aussi animaux à chaleur variable, la température dépend du milieu dans lequel ils se trouvent. Leur chaleur est pourtant un peu plus élevée que ce milieu, si la température de ce dernier est basse, et elle reste toujours au-dessous de la température environnante, quand celle-ci est plus ou moins élevée. L'activité vitale est donc très-différente chez les deux sous-classes de vertébrés. La production de la chaleur, en effet, ne dépend pas du hasard, elle est liée intimement à la vie et résulte directement chez les animaux supérieurs de la nutrition. Mais comme cette chaleur n'est qu'un des derniers résultats de l'activité du corps, et qu'elle est en relation avec tous les phénomènes de l'échange des tissus, la production de la chaleur est restée un des points les plus obscurs de la physiologie. On ne peut influencer une fonction quelconque du corps, ou observer un changement dans un phénomène qui semble isolé sans qu'aussitôt le degré de chaleur de la partie du corps sur laquelle on opère, ou la chaleur totale du corps en entier ne change ; on a, semble-t-il, commis trop souvent la faute, après avoir découvert une des nombreuses sources de chaleur, de lui attribuer toute la production de la calorification. On ne s'est pas assez souvenu du principe qui dit, que les mêmes causes ont les mêmes effets, mais que les mêmes effets n'ont pas toujours les mêmes causes. Le bois brûle également quand on l'enflamme avec une allumette enduite de soufre, comme le font les nations civilisées, ou quand on lui fait subir comme le font les sauvages, un frottement violent. L'action chimique, quoique différente de l'action mécanique, produit exactement le même effet ; ne serait-ce pas une folie que de prétendre qu'on ne peut faire brûler du bois qu'au moyen d'allumettes ? On ne peut nier que les physiologistes n'aient souvent commis cette faute. L'un voyant que l'activité musculaire développe de la chaleur n'admettait pas l'opinion d'un autre, qui attribuait aux transformations chimiques exclusivement, cette même chaleur. Quelques concessions mutuelles basées sur l'intelligence des faits, auraient pu mener à bien toute la discussion.

On mesure la température du corps de l'animal en plaçant la boule du thermomètre dans certaines ouvertures, où il est possible de l'introduire. On choisit pour cela ordinairement le dessous de la langue, l'anus, ou aussi l'aisselle, le pli de l'aine, etc. La température moyenne d'un adulte déterminée dans ces endroits-là, est de 37°,8 degrés centigrades ou 29°,8 degrés Réaumur. Dans les parties du corps exposées à l'air, cette température tombe de quelques degrés et n'est en moyenne que de 34°,1 degrés centigrades ou 27°,3 Réaumur.

Des mesures prises sur différentes parties du corps donnent des résultats qui satisfont complétement les théories qu'on peut faire à *priori*. Il est facile de comprendre, que le sang offre le maximum de chaleur, 38 ou 39 degrés dans l'intérieur du corps. Les parties du corps qui offrent une grande surface par rapport à leur volume, et où par conséquent le rayonnement est plus considérable, se refroidissent plus rapidement que celles qui n'offrent qu'une petite surface. Les différents organes du corps, considérés dans leur ensemble, ont une forme favorable à la conservation de la chaleur ; ce sont, en général, des cylindres plus ou moins réguliers comme le tronc du corps, les bras et les jambes. On y trouve encore des formes se rapprochant de celle de la sphère, et qui présentent par conséquent le minimum de surface pour le maximum de volume. Malgré cela, la déperdition de chaleur est si considérable aux extrémités, les doigts des mains et des pieds, les mains et les pieds mêmes, qu'au talon, par exemple, elle n'est que de 32°,5 degrés centigrades. On se prémunit contre cette déperdition en couvrant le corps de tissus qui sont mauvais conducteurs, comme la laine, les plumes, les poils, etc. Toutes ces substances se distinguent par la propriété qu'elles ont de ne laisser passer la chaleur que très-difficilement ; elles ne la communiquent d'ailleurs qu'à grand'peine. On ne peut garder sans danger à la main un morceau de métal chauffé au rouge à l'une de ses extrémités. Un morceau de bois qui brûle par l'une de ses extrémités, n'offre qu'un accroissement de chaleur à peine sensible à quelques pouces de la flamme.

Le métal se refroidit en revanche assez rapidement, il perd la chaleur qu'il a reçue en la transmettant rapidement aux alentours. Un corps mauvais conducteur la conserve d'autant plus longtemps qu'il l'a absorbée plus lentement. Dans nos climats, où la température moyenne de l'année est de 20 degrés environ plus basse que celle du corps, il devient nécessaire de se prémunir contre ce froid : nous y parvenons par les vêtements, les fourrures et les édredons. La nature a pris soin d'une façon analogue des animaux qui habitent les climats du nord ou les climats tempérés. A l'exception des mammifères aquatiques dont nous ne connaissons que fort imparfaitement l'organisation et le genre de vie, et qui sont complétement entourés d'une épaisse couche de graisse, tous les animaux des pays froids sont couverts de fourrures ou de plumes dont l'épaisseur augmente considérablement en hiver. Il serait inutile de chercher en dehors des pays chauds des animaux ayant la peau nue ; ces animaux sont pourtant communs dans les environs de l'équateur. Je ne voudrais pas prétendre pour cela que la nature ait donné aux animaux des plumes et des poils dans le seul but de les protéger contre le froid. On rencontre sous l'équateur des animaux ayant une toute aussi belle fourrure que ceux qui habitent les régions polaires, et l'on peut trouver dans la même forêt vierge de l'Amérique des singes couverts d'une laine épaisse, gambadant à côté d'autres singes presque complétement nus.

On a beaucoup parlé du sang plus froid des habitants du Nord et du sang plus chaud des méridionaux, et c'est là un des thèmes favoris des poëtes. La jalousie, l'esprit de vengeance, toutes les passions qui sont plus ou moins développées chez certains peuples sont attribuées à la chaleur du sang. Non content de ces découvertes physiologiques, un poëte d'une époque, dont survivent aujourd'hui seulement quelques rares représentants, a trouvé que la couleur même du sang était différente suivant les races ; que les Germains avaient le sang bleu et les Francs le sang rouge. Je ne sais si cette affirmation repose sur des expériences exactes ; ce qui est certain, c'est que la température du sang de l'homme est partout la même, et que les petites différences qu'on peut trouver entre les peuples habitant les climats les plus inégaux ne dépassent pas en importance les différences individuelles. Le Malais qui est connu pour la violence de ses passions, n'a pas le sang plus chaud que le flegmatique Hottentot. Bien que les observations des naturalistes n'aient pu encore être bien généralisées, on peut cependant donner aux poëtes et aux hommes politiques le conseil de chercher ailleurs que dans la chaleur du sang les distinctions parmi les races et les peuples.

Des recherches comparatives nombreuses ont donné ce résultat que les hommes et les femmes offrent à peu près la même température ; l'échange de tissus moins grand chez la femme se complète par le rayonnement de chaleur moins considérable qu'on observe chez elle. L'âge a une influence importante sur la chaleur du corps ; elle est à son maximum au moment de la naissance, descend sensiblement déjà dans la première heure à cause de l'insuffisance de la respiration, mais se relève ensuite, dès que la respiration et la circulation du nouveau-né ont atteint la régularité normale et finit par rester à peu près stationnaire jusqu'à l'âge de la puberté. Depuis l'âge de vingt ans, la température s'abaisse, mais très-lentement, jusqu'à la soixantième année où elle atteint le minimum. Elle augmente de nouveau chez les vieillards et atteint la température du corps d'un enfant. Ceci semble être en contradiction avec l'affaiblissement des fonctions vitales, observé chez les vieillards, mais il ne faut pas oublier que la chaleur intérieure perd de son intensité sous l'influence des facteurs extérieurs, le rayonnement et la transpiration. Chez les vieillards, la peau est toujours ridée et fanée, et la formation de la sueur et de la transpiration gazeuse qui refroidit le corps, atteint d'ordinaire son minimum. On remarque généralement aussi des variations périodiques pendant le jour. Ces variations semblent être jusqu'à un certain point indépendantes du genre de vie que l'on mène.

Il est intéressant de remarquer qu'elles sont plus grandes que les différences entre les moyennes de température des diverses époques de la vie. Elles atteignent presque un degré Réaumur, tandis que la différence entre le maximum de température, atteint à quatorze ans, âge de la puberté, et la température à soixante ans, n'est pas tout à fait d'un demi-degré. La température s'élève assez rapidement le matin après le réveil, et atteint son maximum à onze heures du matin ; elle redescend dans les heures suivantes et recommence à monter après le repas, pour arriver à son maximum à six ou sept heures du soir. Depuis ce moment qui est en même temps celui du maximum pour la journée entière, elle redescend presque graduellement dans la soirée et pendant la nuit, et atteint son minimum dans le sommeil, à quatre heures du matin. On peut dire, pour se servir d'une image plus commune, que la température forme comme deux marées dans le courant de la journée ; le flux de la plus petite marée atteint son maximum à onze heures, et le reflux son minimum à deux heures de l'après-midi. La seconde marée atteint sa hauteur à six heures du soir, et elle est basse à quatre heures du matin. Ces variations sont en liaison intime avec celles du pouls, qui suit exactement les mêmes lois, aux mêmes heures du jour. Elles sont donc aussi en rapport avec le nombre des mouvements respiratoires qui correspond au nombre de pulsations du cœur.

Les différences de température entre les organes internes du corps ne peuvent naturellement être étudiées que d'une manière incomplète chez l'homme vivant, et on n'a pu faire jusqu'ici que fort peu d'expériences exactes chez les animaux. L'opération nécessaire pour ces expériences, détermine immédiatement une perturbation dans la production de la chaleur. On a lieu de regretter de ne pas pouvoir s'appuyer sur des expériences nombreuses ; il est vrai que ces expériences devaient avoir une exactitude telle que l'on puisse apprécier des différences d'un dixième, ou d'un vingtième de degré. Elles seraient plus concluantes que de longues pages de théories pour la détermination du siége exact de la production de la chaleur. Les expériences faites jusqu'à présent n'ont donné que fort peu de résultats ; le sang des carotides paraît être d'un degré plus chaud que celui des veines jugulaires, et les artères profondes et protégées par les tissus,

qui alimentent les extrémités semblent contenir un sang plus
chaud que les veines de la surface ; les poumons et le foie ont une
température supérieure d'un degré à celle du cerveau et de l'estomac. Le sang qui revient de ces organes est plus chaud que celui qui y entre, ce qui prouve qu'il se passe dans leur sein des
transformations chimiques très-actives. Il paraîtrait aussi que le
sang des veines hépatiques est plus chaud que celui des autres
parties du corps ; et que le sang du cœur droit est plus chaud de
deux dixièmes de degré que celui du cœur gauche, ce dernier
ayant subi un abaissement de température par le dégagement de
vapeur d'eau qui se produit pendant la respiration.

On a fait des expériences intéressantes sur le degré de chaleur ou de froid que peuvent supporter les organismes des animaux à sang chaud et de l'homme en particulier. On a remarqué, dans toutes les expéditions au pôle nord, que malgré le secours d'épaisses fourrures, le froid continuel des mois d'hiver pa-
ralysait de plus en plus les mouvements. L'homme est alors réduit à l'état de masse automatique ; les esprits s'assombrissent,
les sens s'émoussent, les mouvements deviennent douloureux
pour les membres, on n'a plus conscience de leur existence, on
éprouve un irrésistible besoin de sommeil, pendant lequel la
vie lutte difficilement contre la perte graduelle de la sensation
qui s'éteint peu à peu, jusqu'à ce que la mort succède enfin à cet
état de somnolence. Des mammifères que l'on laisse geler,
offrent un ralentissement graduel dans la pulsation du cœur ; la
sensibilité des nerfs s'émousse ; ils ne réagissent plus contre les
irritations et ne commandent plus aux mouvements ; le corps
se refroidit de plus en plus, et quand la température du corps
s'est abaissée à + 15° centigrades, la mort met définitivement
fin à l'existence. On peut, par une respiration et un réchauffement artificiels, faire renaître la vie dans un corps, dont la température est déjà descendue entre 15 et 20 degrés, quand même
les battements du cœur et la respiration se sont déjà arrêtés depuis un certain temps. — Sous l'influence de températures am-
biantes sensiblement plus élevées que celles du corps, les diffé-

rentes fonctions s'activent, pendant un certain temps, mais cet effet n'est pas de longue durée. Les tissus meurent et deviennent rigides par la coagulation des corps albuminoïdes, et l'effet ressemble à peu près à celui du refroidissement ; on voit arriver l'affaiblissement, le sommeil, les convulsions, l'apathie et la mort. Les animaux exposés à l'air humide et chaud de 40 degrés centigrades, auxquels on ne donne ni aliment, ni boisson, meurent en quelques heures. L'animal supporte beaucoup mieux cette même chaleur lorsque l'air ambiant est sec, parce que le corps se refroidit par la transpiration. Si on réchauffe jusqu'à 45 degrés centigrades les organes intérieurs, la mort arrive presque inévitablement. Des fièvres dans lesquelles la température monte jusqu'à 45 degrés, et des maladies dans lesquelles, comme dans le choléra, elle descend jusqu'à 27 degrés, amènent inévitablement la mort chez l'homme.

La respiration est certainement une des causes les plus importantes de la production de la chaleur. Toutes les fois que la respiration s'affaiblit, que les intervalles entre chaque mouvement respiratoire deviennent plus grands, les inspirations moins profondes, qu'en un mot, la respiration entière perd de son intensité, de sa profondeur et de sa vitesse, la température du corps s'abaisse rapidement et d'une façon très-sensible. Chacun a pu observer cela sur des individus évanouis ; pendant l'évanouissement, la respiration disparaît presque complétement, le pouls s'amoindrit et un froid glacial s'empare du corps. Ceci donne aussi le moyen de distinguer un évanouissement véritable d'un évanouissement simulé. Nous pouvons bien retenir notre souffle et rendre presque insensible ou au moins très-lente la respiration par la force de notre volonté, mais nous sommes incapables, par cette seule volonté, d'abaisser la température du corps ; les femmes elles-mêmes, malgré leur talent souvent incontestable à simuler un évanouissement, n'ont pu encore arriver à refroidir leur corps volontairement.

On peut étudier ces phénomènes sur une échelle beaucoup plus grande chez les animaux qui hivernent. J'ai eu l'occasion d'étu-

dier par moi-même l'hibernation du muscardin, et un de mes
amis a publié des observations très-précises qu'il a faites sur le
sommeil des marmottes. Sitôt que l'animal est endormi, sa respiration devient si lente et si douce, qu'il est presque impossible
de la percevoir ; le cœur ne bat que faiblement et d'une manière
presque insensible ; immédiatement après le commencement du
sommeil, la chaleur propre de l'animal baisse et finit par dépasser à peine la température de l'air ambiant. L'animal continue
son sommeil dans cet état semblable, sous certains rapports, à
celui d'un animal à sang froid ; on peut même le refroidir jusqu'à quelques degrés au-dessus de zéro, sans qu'il perde pour
cela la faculté de se réveiller plus tard. Aussitôt qu'il se réveille,
la respiration s'active, le pouls devient plus rapide, la chaleur
augmente de plus en plus, et finit par atteindre le degré normal
de chaleur de l'animal éveillé. Que l'animal ait mangé immédiatement avant de s'endormir, ou qu'il soit à jeun, tout cela n'a
aucune influence sur les phénomènes subséquents. La température s'abaisse toujours de la même manière dans le sommeil.

L'influence de la respiration sur le développement de la chaleur ne peut donc être mise en doute, mais on peut se demander
si cette influence est immédiate, si l'action chimique de la respiration produit cette chaleur, ou si cette fonction n'a d'influence
que lorsqu'elle entre en liaison intime avec les autres fonctions
du corps.

Il est certain que les substances introduites avec les aliments
subissent une oxydation dans le corps. Si nous examinons dans
son ensemble la composition chimique des substances introduites dans l'intestin, nous trouvons qu'elles contiennent toutes
une certaine quantité d'oxygène. Cette quantité n'est pourtant
jamais assez considérable pour qu'elle puisse transformer en
acide carbonique et en eau le carbone et l'hydrogène, qui se
trouvent dans les aliments ; mais nous retrouvons d'un autre
côté dans les excrétions du corps et surtout dans les productions
gazeuses de la respiration ces deux dernières substances complétement oxydées ; la respiration produit de l'acide carbonique

et de l'eau ; il y a donc évidemment dans le corps, grâce à l'oxygène de l'air amené par la respiration, une combustion du carbone et de l'hydrogène, et il n'est pas besoin de démontrer que cette combustion doit développer de la chaleur. La première question qui se présente est évidemment celle-ci : Est-ce que le développement de chaleur engendré par ces oxydations suffit pour compenser les pertes que subit continuellement le corps par le rayonnement? Ces oxydations suffisent-elles à expliquer pourquoi nous conservons toujours à peu près la même chaleur propre, malgré les différences considérables de température de l'air ambiant; ou, si elles sont insuffisantes, peut-on indiquer d'autres sources de chaleur?

On a cherché à calculer approximativement et avec le plus de précision possible, la quantité de carbone introduite dans le corps au moyen des aliments. Ces déterminations ne peuvent avoir un grand degré de fixité, car il est difficile de trouver des individus qui veuillent se soumettre à un régime uniforme, en prenant chaque jour exactement la même quantité de nourriture et qui veuillent continuer ce genre de vie pendant des mois entiers. Beaumarchais nous dit en effet que l'homme se distingue surtout des animaux en ce qu'il boit et mange plus que ses besoins ne l'exigent. On a calculé d'après la quantité de nourriture fournie aux marins danois, que ceux-ci consomment à peu près 11 onces 1/2 de carbone en vingt-quatre heures, et on est arrivé à peu près au même résultat pour les marins anglais. On a trouvé chez des forçats qui travaillaient ensemble aux champs, autant que possible, qu'ils consommaient la quantité un peu moindre de 10 onces 1/2, et pour des détenus en cellules, la quantité bien moins considérable encore de 8 onces 1/2, ce qui prouve que leur activité vitale était en souffrance et affaiblie. Ces rapports nous montrent déjà à quel raffinement de cruauté est arrivée la civilisation moderne qui a admis le principe des longues détentions cellulaires. Le même observateur qui a découvert une si petite quantité de carbone chez les détenus soumis au système cellulaire, a trouvé par la même méthode, qu'un soldat, dont le genre de vie n'est pas à envier, a besoin d'environ 14 onces de carbone, c'est-à-dire un quart de plus que le prisonnier détenu dans une cellule. L'éloquence de ces chiffres n'empêche cependant pas certaines personnes de soutenir que les hommes deviennent meilleurs par le système cellulaire, et que cette manière d'emprisonner les coupables exerce sur leur moral une excellente influence.

Mais revenons à notre sujet. On a cherché souvent à prouver que l'oxydation du carbone introduit dans le corps, suffisait pour produire la chaleur constante, en balançant les pertes éprouvées par le rayonnement et la transpiration.

Pour prouver cette assertion, on s'appuyait sur le fait qu'une certaine quantité de carbone ou d'hydrogène développe toujours la même quantité de chaleur, qu'elle soit brûlée directement, ou seulement après avoir traversé divers états intermédiaires et formé diverses combinaisons ; mais ce théorème fondamental a été reconnu faux par les observateurs récents. D'un autre côté, les sources de la chaleur ont été considérablement augmentées ; on a reconnu en effet qu'il n'y a pas d'échange de matière, de décomposition chimique, de mouvement moléculaire sans qu'il se développe en même temps de la chaleur. Ceci une fois admis, il fallait bien reconnaître aussi, qu'il est impossible de déterminer, au moyen d'expériences directes, la quantité de chaleur développée à l'intérieur du corps. Les résultats de la nutrition, que nous ne pouvons examiner que dans leur ensemble, sont composés d'une quantité très-considérable de facteurs minimes qui échappent à l'observation à cause de leur petitesse. Chaque globule du sang, chaque fibrille, chaque cellule, chaque gouttelette de liquide est soumis à un mouvement incessant, à un échange permanent, à une formation et à une destruction continuelle dans le corps ; chacune de ces actions chimiques qui se produit dans de toutes petites molécules développe une quantité de chaleur si faible qu'on ne saurait la déterminer ; nos instruments ne peuvent nous faire connaître que la somme de ces petites quantités incommensurables de chaleur. Les pertes subies par le corps dans la transpiration de liquide, la liquéfaction de parties solides, le rayonnement et d'autres actions analogues se composent aussi d'une multitude de quantités très-minimes de chaleur, et la somme est seule appréciable au moyen de nos instruments.

Nous avons vu que différentes raisons empêchent de calculer la quantité absolue de chaleur que le corps doit produire au moyen des aliments, mais on peut en revanche déterminer la quantité de chaleur produite et la comparer à la quantité de nourriture absorbée. Des expériences faites à ce point de vue ont démontré qu'une nourriture excessive de viande est celle qui produit le plus de chaleur et qu'une nourriture non azotée est celle qui en produit le moins. Une nourriture mélangée donne une quantité de chaleur moyenne ; on a trouvé aussi qu'un homme bien nourri produit aux dépens des tissus de son corps, dans un jour où il ne mange rien, autant de chaleur que quand il absorbe une nourriture mélangée : si l'on veut appliquer ces expériences à la vie pratique, elles nous montrent que l'homme doit manger une plus grande quantité de viande dans les climats froids pour produire une plus grande quantité de chaleur, afin que celle-ci soit capable de lutter contre la température de l'air. Le végétarien est obligé de s'habiller plus chaudement que celui qui mange de la viande et l'homme bien nourri peut se trouver encore parfaitement à son aise, quand le mangeur de pommes de terre frissonne déjà.

Quand on connaît les faits dont nous venons de parler, on peut déjà plus ou moins déterminer dans quelle partie du corps doit se produire la chaleur ; l'opinion de Lavoisier, maintenant vieillie, mais qui fut longtemps adoptée par les physiologistes, semblait la plus simple de toutes. Lavoisier pensait que la combustion se faisait dans les poumons : le sang veineux rempli de matières combustibles arrivait, suivant lui, dans les poumons et y entrait en combinaison avec l'oxygène de l'atmosphère ; toutes les matières combustibles s'oxydaient et le sang artériel échauffé par cette action chimique distribuait dans le corps entier la chaleur qu'il avait absorbée. Les poumons étaient donc pour ainsi dire des fourneaux organiques ; ils étaient en quelque sorte un calorifère, d'où partaient comme dans une maison des tubes qui se distribuaient dans le corps entier pour le réchauffer, après s'être préalablement rassemblés dans le cœur gauche.

De nombreux phénomènes cependant étaient inexplicables avec cette théorie. Parmi ceux-ci la température des poumons eux-mêmes était la chose qui offrait le plus d'importance. Il fallait nécessairement que les poumons eussent une température très-élevée, supérieure au moins de quelques degrés à la température des autres parties du corps. L'expérience nous prouve le contraire ; les poumons ne sont pas plus chauds que le foie et les autres viscères qui se trouvent dans des espaces fermés et protégés contre les influences extérieures. On aurait pu encore tourner la difficulté, mais depuis le jour où des expériences avaient prouvé que des animaux qui respirent dans une atmosphère composée d'autres gaz que l'oxygène sécrètent néanmoins de l'acide carbonique, que l'acide carbonique existe dans le sang veineux avant que celui-ci arrive dans les poumons et que la présence de ce gaz peut y être constatée ; depuis ce jour, dis-je, la théorie devait tomber devant les faits. Les poumons ne pouvaient plus être le seul organe qui produise l'acide carbonique, et comme d'après l'ancienne théorie, la production de cet oxyde est la cause du réchauffement du corps, on devait nécessairement transporter ailleurs le lieu où se fait cette oxydation et la placer dans d'autres organes.

Si les poumons ne sont pas le seul foyer de chaleur, il faut cependant admettre qu'ils en dégagent au moins une petite quantité. Voici les phénomènes qui nous permettent de l'affirmer.

Dans nos pays, l'air que nous respirons a en moyenne une température de 10 à 12 degrés. Cette température est plus élevée en été et plus basse en hiver. La température de l'air n'atteint que fort rarement la température du corps. L'air expiré au contraire, a presque la température du corps ; il s'est donc réchauffé dans les poumons, et ceux-ci ont nécessairement perdu une certaine quantité de chaleur en la communiquant à l'air expiré. Cette dernière quantité est d'autant plus considérable que la température extérieure est plus basse. La déperdition de chaleur est par conséquent plus grande en hiver qu'en été ; plus le pays qu'on habite est près du pôle, plus la perte de chaleur est grande. Cette perte diminue à mesure qu'on se rapproche de l'équateur. -

L'air que nous respirons n'est que très-rarement saturé de vapeur d'eau ; il n'est presque jamais non plus complétement sec ; ce cas peut pourtant se présenter quelquefois, mais le cas opposé n'est pas moins rare. Quant à l'air expiré il est au contraire presque toujours saturé de vapeur d'eau, sauf dans quelques cas exceptionnels. Cette vapeur ne peut provenir que de l'évaporation des liquides contenus dans les poumons, c'est-à-dire du sang. Si nous supposons qu'un adulte ne produit dans ses poumons qu'une demi-livre de vapeur d'eau par jour (quantité qui d'après les dernières expériences est plutôt trop faible que trop forte), nous trouvons dans ce fait une cause de refroidissement qui doit être plus forte que l'augmentation de chaleur communiquée à l'air aspiré. Il est avéré qu'un corps solide qui devient liquide, ou qu'un corps liquide qui se change en vapeur, a besoin d'une grande quantité de chaleur pour changer de forme. Cette chaleur appelée la chaleur latente n'est pas appréciable au thermomètre. L'évaporation d'une certaine quantité d'eau dans les poumons provoque donc nécessairement un refroidissement considérable dans cet organe. Ce refroidissement peut être cependant directement apprécié ; les poumons, en effet, ont la même température que tous les organes internes du corps, qui n'offrent pas cette cause importante de refroidissement. On peut avec raison, tirer de ce fait, la conséquence que les poumons doivent contenir une source de chaleur particulière qui les maintient à une température constante, malgré la grande déperdition de chaleur qu'ils subissent constamment.

Comme nous l'avons vu plus haut, une partie de cette source

de chaleur provient peut-être du travail chimique qui s'exécute dans les poumons sur le sucre du foie. Quant à savoir si la combustion de ce sucre suffit à couvrir la perte de chaleur que subissent les poumons; c'est une question qui n'est pas encore résolue. D'autres phénomènes semblent prouver encore qu'il se passe dans les poumons une combustion qui développe de la chaleur; ce n'est pas sans intérêt que l'on constate que chez les vieillards dont la respiration est beaucoup plus faible, que celle des enfants et des adultes, il se dépose presque toujours dans les poumons des masses noires composées presque exclusivement de carbone pur. Ces dépôts de carbone, connus sous le nom de mélanosé, ne sont pas seulement des tumeurs maladives; ils apparaissent plutôt sous forme d'une poudre fine qui se rassemble dans le tissu pulmonaire lui-même, et l'obstrue de telle sorte qu'elle rend le fonctionnement de cet organe très-pénible. Il y a même des médecins qui soutiennent que la mort arrive chez les vieillards en grande partie à cause de ces amas de carbone. Il semble donc, que le carbone qui ne peut s'oxyder dans les poumons, parce que la respiration y est trop lente et trop incomplète, est déposé dans sa forme primitive dans les tissus.

Une cause évidente du développement de chaleur chez l'homme et les animaux réside encore dans le mouvement. Malheureusement, on ne peut encore ici déterminer exactement l'importance de ce facteur, qui varie d'ailleurs dans de grandes limites ; le fait en lui-même ne peut être révoqué en doute. Nous savons que la chaleur et le mouvement peuvent se transformer l'un dans l'autre et qu'une certaine quantité de mouvement ou de travail mécanique correspond à une certaine quantité de chaleur. Chaque unité de chaleur correspond à une certaine quantité de travail, c'est-à-dire de mouvement et *vice versâ*. La chaleur est mouvement, le mouvement est chaleur ; le mouvement doit donc nécessairement développer du calorique. Nous réchauffons plus facilement et d'une manière plus durable nos pieds en faisant une forte marche que lorsque nous les rapprochons du feu, et l'on peut travailler pendant l'hiver dans les champs, vêtu d'habillements qui, à peine, pourraient nous empêcher d'être gelés si nous restions à l'état de repos. L'influence du mouvement sur le développement de la chaleur est donc immédiat. Le muscle du bras d'un scieur de bois se réchauffe par les contractions continuelles qu'il subit ; sa température dépasse alors de plus d'un degré la température moyenne de son corps, ce qui prouve d'une manière évidente que tout mouvement musculaire en lui-même développe de la chaleur. On a montré par des expériences exactes faites sur des cuisses de grenouilles séparées du tronc, dans lesquelles le sang ne circulait plus et qu'on a fait contracter en irritant les nerfs, que ces contractions développent une quantité très-petite de chaleur encore appréciable au thermomètre.

Le mouvement ne développe pas seulement immédiatement de la chaleur, il active encore indirectement toutes les fonctions du corps ; si l'on court ou si l'on saute, en un mot si l'on fatigue les muscles, la respiration s'active, le cœur bat plus vite et provoque au moyen de la circulation un échange plus actif dans les tissus. Le sang circule alors plus rapidement à travers les organes ; la métamorphose est plus vive parce que les excrétions formées dans la nutrition sont emmenées avec plus de célérité par le courant sanguin. Nous savons déjà que les systèmes capillaires des organes sont le siége d'actions chimiques ; c'est dans les tissus mêmes des organes qui sont traversés par de nombreux vaisseaux capillaires, que se produit l'échange de matières entre les tissus auquel nous donnons le nom de nutrition. La tâche principale de la nutrition est de former des éléments organiques nouveaux et d'expulser les substances déjà employées. Le siége des diverses transformations chimiques dans le corps, est donc en même temps le foyer de la chaleur animale, car ce sont surtout les combinaisons chimiques qui développent de la chaleur. Nous pouvons donc affirmer avec raison, que c'est la nutrition qui est la source de la chaleur animale ; et des faits nombreux nous prouvent qu'il ne faut pas envisager la chaleur du corps humain, comme provenant d'un seul point du corps. La température du corps est bien plutôt le résultat du rassem-

blement de toutes les petites quantités de chaleur qui sont
produites dans toutes les parties du corps. On peut démontrer, thermomètre en main, que les parties du corps, où s'est
formée une inflammation possèdent une température plus élevée; la sensation de chaleur que nous éprouvons quand nous
souffrons d'une inflammation quelconque, n'est pas seulement provoquée par une sensation subjective des nerfs, mais se
base sur un fait tout objectif. L'échange des tissus est très-actif
au siége même de l'inflammation; le sang circule plus rapide--
ment en cet endroit, surtout lorsque l'inflammation est encore à
l'état de simple congestion. Le sang cesse plus tard de circuler à
travers les capillaires paralysés, son plasma exsude dans les parties environnantes, et l'on voit se produire des formations nouvelles suivant l'issue à laquelle doit aboutir l'inflammation. La
température de l'endroit où se trouve le siége de l'inflammation
est beaucoup plus élevée tant que cette inflammation dure; il
est donc certain que les métamorphoses chimiques qui ont lieu à
l'intérieur de la partie malade, ont produit à elles seules une
certaine quantité de chaleur appréciable.

Il ne faut pas confondre cet accroissement de chaleur auquel
non-seulement les malades, mais encore les thermomètres sont
sensibles, avec les sensations subjectives de chaud et de froid
qui peuvent très-facilement nous tromper. Les sensations de ce
genre qu'éprouve un individu dépendent beaucoup plus de l'état
de son système nerveux que des véritables différences de température. Nous verrons dans une lettre subséquente que les nerfs
de la peau ont surtout pour fonction de nous transmettre la sensation de la chaleur. Si ces nerfs sont attaqués par la maladie,
l'individu est sujet à des erreurs subjectives grossières, comme
le savent tous les médecins : on sait que dans la fièvre intermittente on peut remarquer trois états très-distincts les uns des
autres ; le malade éprouve un frisson, contre lequel ne peuvent
lutter ni couvertures ni cruches d'eau chaude, puis vient une
chaleur sèche et la crise se termine par une abondante transpiration. Si l'on introduit un thermomètre sous l'aisselle (c'est

l'endroit du corps le plus favorable chez les adultes pour ces observations), on remarque que contrairement aux sensations qu'éprouve le malade, le mercure monte avant que le frisson commence et continue à monter pendant toute sa durée. C'est vers la fin du frisson, au moment où le malade tremble de froid et claque des dents, que le thermomètre atteint son maximum de hauteur, il y a donc, au lieu d'un abaissement de température, une augmentation de chaleur intérieure pendant cette période froide de l'accès intermittent. Pendant que le malade éprouve une grande chaleur sèche, le thermomètre commence à baisser; il baisse encore pendant que le malade transpire et il arrive à la hauteur normale à la fin de la crise. On voit donc qu'il faut distinguer entre la sensation de chaleur subjective qui peut se développer chez l'individu indépendamment des influences extérieures, et le degré de chaleur objective indiqué par les instruments. Il faut aussi distinguer entre les sensations que nous communique la main qui sert à l'attouchement. Les médecins distinguent avec raison plusieurs sortes de chaleurs au moyen desquelles on peut reconnaître souvent diverses maladies. La main du médecin imposée sur certains malades éprouve une chaleur piquante et désagréable; d'autres malades font ressentir une augmentation de température qui n'a rien de désagréable et d'autres enfin ne font ressentir aucune augmentation de température appréciable. Le thermomètre donne souvent, pour ces trois sortes d'impressions que font naître les malades, le même degré de température. La peau, dans ses différents états de tension et d'affaissement, quand ses vaisseaux sont vides ou remplis de sang, offre sans doute une conductibilité très-différente; c'est là ce qui détermine la sensation de chaleur dans la main, beaucoup plus que la chaleur réelle. Placez un morceau de fer et un morceau de bois sur un fourneau chauffé, jusqu'à ce que tous deux aient acquis la température du fourneau; on pourra saisir et enlever le morceau de bois, tandis qu'on se brûlera en touchant le fer et pourtant le thermomètre indiquera exactement le même degré de chaleur pour tous les deux.

Nous ressentons avec la main non-seulement la différence de température mais encore la quantité absolue de chaleur qui émane en un temps donné d'un corps quelconque. Le fer qui est bon conducteur donne au moment où on le touche une grande quantité de chaleur, tandis que le bois ne la communique qu'après un certain temps. Les différentes sensations de chaleur que nous éprouvons en touchant des malades qui tous présentent la même chaleur thermométrique, ont certainement la même cause.

Si nous rassemblons nos recherches sur la naissance de la chaleur dans le corps animal, nous voyons que cette chaleur est pour ainsi dire le résultat de toute l'activité vitale. Cette chaleur est une quantité très-variable, composée d'une grande quantité de facteurs variables aussi ; quelques-uns de ces facteurs ne peuvent être isolés et échappent ainsi à l'observation immédiate. Ce n'est pas seulement l'échange des tissus qui se trouve exprimé par la production de chaleur, tous les phénomènes se rapportant au système nerveux ont une influence indirecte sous ce rapport, en arrêtant ou en activant la transformation des tissus. On a raison de dire qu'un discours éloquent nous enflamme, et qu'une conversation ennuyeuse nous refroidit. L'activité plus grande du cerveau amène un échange de matières plus rapide dans cet organe, partant une circulation plus rapide et une activité plus grande dans tous les organes du corps, et finalement, comme conséquence, une augmentation de chaleur. L'irritation, l'affaissement des nerfs vasculaires, provoquent un afflux sanguin plus ou moins grand dans certains organes ; ils diminuent ou augmentent la chaleur de ces organes. Le sang lui-même, dans sa circulation non interrompue, est le courant régulateur qui partout permet et égalise l'échange des matières dans les tissus ; il enlève la chaleur aux organes réchauffés et en donne aux organes trop froids ; plus sa course est rapide, plus cette égalisation devient complète, c'est pourquoi, la vitesse avec laquelle un corps se refroidit est en raison directe du nombre des battements du cœur.

Pour terminer cette lettre, je mentionnerai une hypothèse qui est encore enracinée dans plus d'un cerveau, et qui ne disparaîtra du monde que lorque les opinions que nous avons développées ici seront confirmées par des expériences exactes. Cette hypothèse consiste à attribuer aux nerfs ou à la cause inconnue de la force vitale la production de la chaleur animale. Je ne puis comprendre comment on peut attribuer aux nerfs moteurs et aux nerfs sensibles ordinaires qui sont si différents des nerfs vasculaires une fonction de ce genre. Un membre dont on a sectionné les nerfs conserve malgré cela sa température normale, aussi longtemps que la nutrition ne souffre pas par la paralysie des nerfs ; on ne peut dans ce cas attribuer aux nerfs la cause de l'abaissement de la température ; chacun sait que des membres qui sont restés longtemps inactifs pour une cause quelconque offrent une nutrition plus lente et maigrissent. On a constaté que lorsqu'une jambe est cassée, l'autre jambe qui est en bonne santé maigrit considérablement durant le repos forcé imposé au malade par la fracture. La difformité des pieds bots qui laissent complétement inactifs les muscles du mollet détermine un amaigrissement de ces derniers, sans que pour cela les nerfs soient attaqués. La nutrition diminue à un tel point que les malades sentent continuellement le froid au pied qui n'a pas sa forme normale. Le même cas se présente dans la paralysie ou après le sectionnement des nerfs. L'abaissement peu considérable de la température dans les parties où le nerf est coupé, ne peut venir que de l'affaiblissement de la nutrition dans son ensemble. Cet abaissement de température ne se montre quelquefois que plusieurs mois après la disparition de l'action des nerfs. Pour s'en convaincre, il n'y a qu'à faire des essais comparatifs sur des animaux, en faisant une ligature des vaisseaux sanguins chez les uns, et en sectionnant les nerfs chez les autres.. Dans le pied où la circulation du sang est arrêtée, on peut constater d'heure en heure, et le thermomètre en main, le décroissement de la température. Là où l'influence des nerfs a cessé, on ne peut constater aucun refroidissement.

La force vitale est un de ces arcanes, comme il y en a tant dans la science, et qui serviront toujours de refuge aux esprits paresseux qui ne veulent pas se donner la peine d'examiner de plus près ce qu'ils ne comprennent pas, et se contentent d'en faire un miracle. La médecine surtout sait tirer parti de cette manière d'envisager les choses. Que deviendrait la science médicale sans rhumatismes, hypochondrie et hystérie? Ce sont là des sortes de greniers où l'on place tout ce que l'on ne connaît pas exactement. Aussi longtemps qu'on n'a pas connu l'électricité, on a cru que le tonnerre était un phénomène surnaturel, mais à mesure que l'on a avancé dans l'étude des lois de la nature, les mystères ont de plus en plus disparu. Il en est de même pour la physiologie; la force vitale est une inconnue que l'on rencontre partout à l'arrière-plan, qui échappe à l'esprit qui veut la saisir, mais dont la puissance s'affaiblit de plus en plus, à mesure que la science fait des progrès. Au commencement de notre siècle, il n'y avait pas de fonction du corps pour l'explication de laquelle on n'eût mis en avant ce facteur inconnu de la force vitale. Il n'est plus du rôle de la science de se servir de cette force vitale pour expliquer un phénomène, son invocation ne sert plus qu'à cacher l'ignorance.

DEUXIÈME PARTIE

LA VIE ANIMALE

LETTRE X

LE SYSTÈME NERVEUX

Le *crâne* de l'homme et des vertébrés supérieurs forme une
capsule creuse composée de plusieurs os qui sont reliés de telle
façon qu'à part quelques rares ouvertures pour la moelle épinière, les nerfs et les vaisseaux sanguins, la capsule est complètement fermée. Le crâne est soutenu chez l'homme par la colonne
vertébrale, cylindre creux formé d'une suite d'anneaux placés les
uns sur les autres ; ce sont les vertèbres. Ces pièces osseuses
d'une structure assez compliquée sont reliées à la fois au crâne
et entre elles par des articulations et des disques élastiques. La
partie antérieure des vertèbres qui est tournée du côté ventral est
plus épaisse. On peut donc distinguer dans chacun de ces anneaux le corps même de la vertèbre qui ressemble à un disque
épais et arrondi, de la partie annulaire qui entoure le canal intérieur du côté du dos. Le canal formé ainsi par le crâne et la
colonne vertébrale est tapissé à l'intérieur d'une membrane brillante, épaisse et tendineuse, que les anatomistes ont appelée la
dure-mère ; elle enveloppe complétement le cerveau et la moelle.
C'est dans ce canal qu'est renfermé le *système nerveux central*
formé par le *cerveau* et la *moelle épinière*. Dans la station droite, .
le cerveau repose sur la base du crâne dont la partie antérieure

correspond au plafond de l'orbite de l'œil. Quant à la moelle épinière, elle est librement suspendue dans le canal dorsal, et n'est retenue en place que par les enveloppes membraneuses, les vaisseaux sanguins et par les nerfs qui prennent naissance sur la moelle même.

Chacun connaît l'aspect pâteux et mou particulier à la substance du cerveau et de la moelle épinière. On sait aussi que cette substance est tantôt blanche, tantôt grise ou grise rougeâtre, et que l'on voit sur un cerveau frais une grande quantité de vaisseaux sanguins et sur la coupe des petites taches rouges qui résultent des vaisseaux sanguins coupés. La *moelle épinière* a une forme allongée et se termine en pointe vers la partie inférieure. Elle descend chez l'homme, jusque vers la région de la seconde vertèbre lombaire. Elle présente deux renflements peu accusés, l'un dans la partie qui traverse le cou et l'autre dans la région lombaire; ils correspondent à la sortie des grands

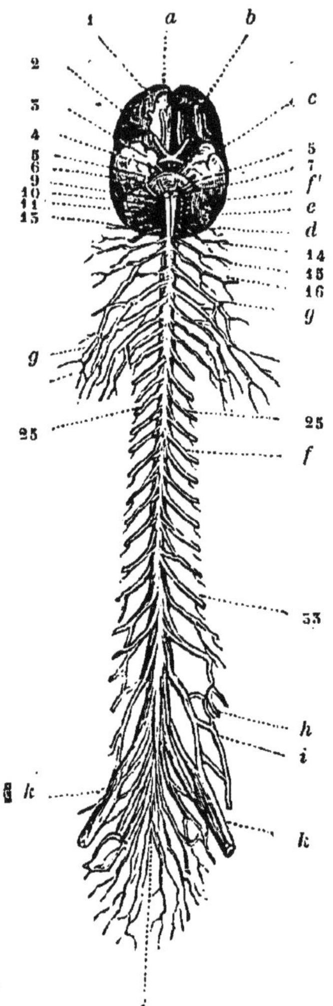

Fig. 36. — Le système nerveux central de l'homme dans son ensemble vu de la face ventrale. — *a*, cerveau; *b*, lobe antérieur de l'hémisphère cérébral; *c*, lobe moyen; *d*, lobe postérieur recouvert à peu près par le cervelet; *e*, cervelet; *f'*, moelle allongée; *f*, moelle épinière; 1, nerf olfactif; 2, nerf optique; 3, nerf oculo-moteur; 4, nerf pathétique; 5, nerf trijumeau; 6, nerf abducteur de l'œil passant par-dessus le pont de varole; 7, nerf facial et nerf auditif; 9, nerf glosso-pharyngien; 10, nerf vague; 11, nerf accessoire et nerf hypoglosse; 13 à 16, les quatre premiers nerfs cervicaux; *g*, nerfs du cou formant le plexus brachial; 25, nerfs dorsaux; 33, nerfs lombaires; *h*, nerfs lombaires et sciatiques se réunissant pour former le plexus lombaire; *i*, les derniers nerfs qui continuent à suivre pendant un certain temps la direction du canal de la moelle et forment ce qu'on appelle la queue de cheval (*cauda equina*); *j*, nerf terminal impair de la moelle épinière; *k*, nerf sciatique.

nerfs qui vont dans les bras et dans les jambes. Dans tout le reste de sa longueur, la moelle a le même aspect. On peut distinguer sur la moelle les surfaces dorsale et ventrale, qu'on appelle ordinairement, vu la station normale de l'homme de-

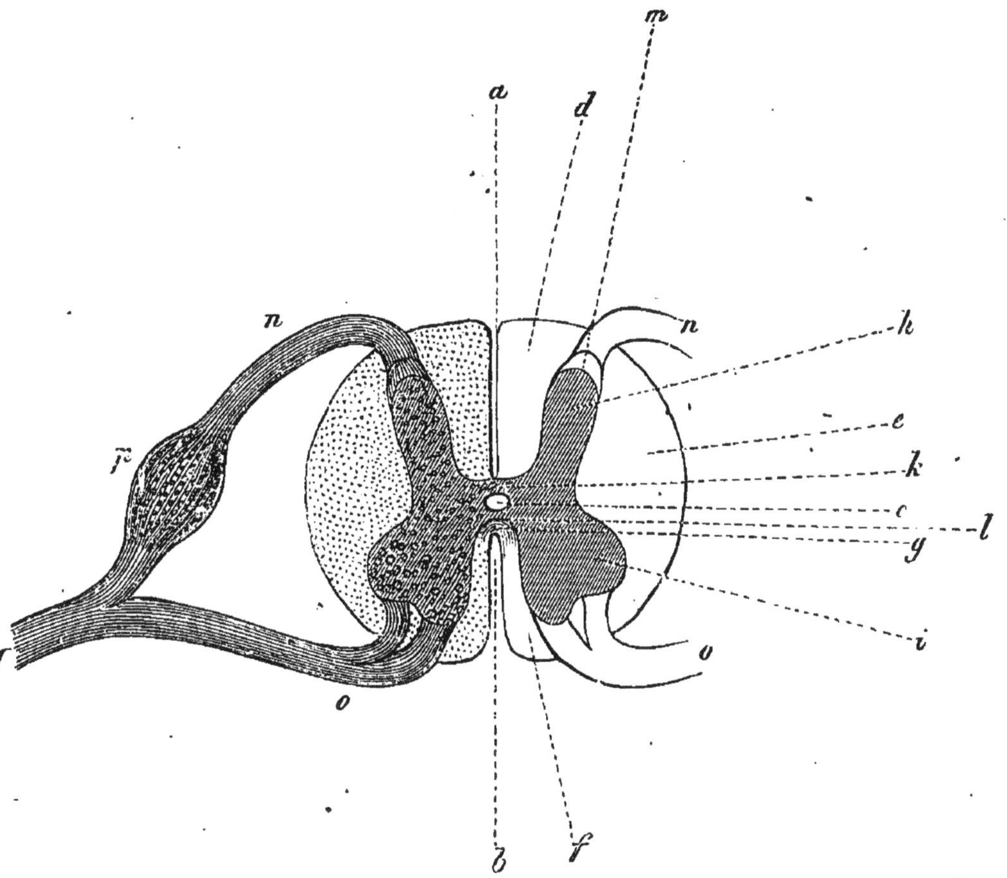

Fig. 57. — Coupe agrandie et schématique de la moelle épinière de l'homme au commencement de la région lombaire. — *a*, sillon postérieur, *b*, antérieur; *c*, canal central; *d*, cordons postérieurs; *e*, cordons latéraux; *f*, cordons antérieurs; *g*, commissure antérieure de la substance blanche; *h*, cornes postérieures; *i*, cornes antérieures; *k*, commissure postérieure; *l*, commissure antérieure de la substance grise; *m*, substance gélatineuse; *n*, racines postérieures, et *o*, racines antérieures des nerfs; *p*, ganglion de la racine postérieure; *q*, nerf mixte provenant de la réunion des deux racines.

bout, les faces antérieure et postérieure. Toutes deux sont un peu aplaties et offrent dans la ligne médiane, un sillon ou une fente très-fine ; ce qui divise la moelle en deux portions symétriques longitudinales. Ces deux moitiés ne sont reliées au milieu que par un pont très-mince. Dans le centre de la moelle, on trouve un canal longitudinal très-étroit; ce canal qui est d'autant moins étroit que l'individu est plus jeune est appelé le canal central. On peut ainsi distinguer, mais avec moins de facilité deux sillons latéraux et de peu de profondeur. La substance intérieure de la moelle épinière semble entièrement blanche; mais si on sectionne la moelle, on voit que la matière blanche n'est disposée que sur le pourtour, et que dans le centre se trouve une substance grise qui a à peu près la forme d'un X. Si l'on s'imagine cette coupe continuée en longueur, on voit que la substance grise forme une sorte de cy-. lindre central cannelé par quatre sillons qui sont remplis de substance blanche. Les parties proéminentes de la substance grise qu'on a appelées les cornes, divisent donc la substance blanche en quatre cordons. On a divisé en effet la substance blanche en *cordons postérieurs* qui sont entourés par les cornes postérieures et divisés par la fente postérieure, en *cordons latéraux* placés entre les cornes et en *cordons antérieurs* à la surface opposée aux cordons postérieurs. Cette distinction a une grande importance, car, comme nous le verrons, les fonctions physiologiques des cordons antérieurs et postérieurs sont complétement différentes. Les nerfs partent à des intervalles égaux qui correspondent aux vertèbres, des deux côtés de la moelle épinière. Il y en a trente et une paires qui sortent toujours entre deux vertèbres par un orifice particulier et se distribuent de là dans le corps.

Chacun de ces nerfs a deux racines, l'une antérieure, provenant des cornes antérieures et l'autre postérieure, provenant des cornes postérieures. Cette dernière racine présente, avant sa réunion avec la racine antérieure, un renflement appelé ganglion.

La structure anatomique du *cerveau* est loin d'être aussi simple. Nous y trouvons en effet aussi bien à l'extérieur qu'à l'intérieur une quantité de parties diverses dont nous devons dire au moins quelques mots, puisqu'on a cherché à leur assigner des fonctions spéciales. Nous sommes loin de nier ces fonctions, mais nous devons avouer aussi, que souvent on a été, dans leur désignation, au delà des résultats de l'observation pure et qu'on a prêté le flanc à la critique. Nous ne pouvons entrer dans des détails, et cela d'autant moins que la structure anatomique du cerveau n'a souvent aucun rapport avec l'analyse des fonctions de cet organe et avec les faits déjà connus sur ce sujet.

Si l'on observe le développement du cerveau et de la moelle épinière chez l'embryon et si l'on s'aide de l'anatomie comparée, on trouve que le système nerveux central est formé au commencement, d'une série non interrompue d'espaces plus ou moins fermés. On constate le long de la colonne vertébrale de l'embryon les premières traces de la moelle épinière sous forme d'un tube cylindrique, à l'extrémité antérieure duquel on trouve trois renflements creux et placés les uns derrière les autres, qui occupent la tête et représentent les différentes parties du cerveau. En les considérant d'avant en arrière, on leur a donné les noms de cerveau antérieur (prosencéphale), cerveau médian (mésencéphale) et cerveau postérieur (épencéphale). Le tube de la moelle épinière forme la continuation directe de cette dernière partie. Les espaces dont nous venons de parler sont remplis d'un liquide plus ou moins gélatineux. Il se dépose peu à peu dans ces espaces des amas d'une substance plus ferme qui montent successivement le long des parois des vésicules cérébrales et s'avancent en formant une voûte vers le haut de la vésicule ; c'est là que ces dépôts finissent par se rencontrer sur la ligne médiane. Ce n'est que lorsque cette substance a terminé son travail et a formé une voûte (cette voûte n'est pas fermée partout) que commence le rassemblement de la substance solide vers l'intérieur du canal. La partie du tube remplie de liquide diminue de plus en plus, et quand l'homme a atteint toute sa croissance, on ne trouve plus que quelques espaces vides très-restreints entre les diverses parties du cerveau, le reste des cavités crâniennes et vertébrales étant rempli de la substance nerveuse plus solide.

Il ressort déjà de cette esquisse rapide du développement embryogénique du système nerveux central que l'on peut y distinguer deux formations : le *tronc cérébral* formé de la substance primitive qui s'est déposée au fond des vésicules cérébrales et du tube vertébral, et les *parties voûtées*. Ces dernières qui s'appuient sur le tronc cérébral forment la clôture des parties solides vers le haut et remplissent depuis le haut et les côtés, les parties creuses. Chacune des trois masses cérébrales primitives contient donc vers le bas le tronc cérébral qui la traverse et par-dessus une sorte de voûte qui se développe d'une manière différente chez les diverses espèces d'animaux. Les différences essentielles qu'on peut voir dans la formation du cerveau des vertébrés, dépendent pour la plupart de la façon inégale avec laquelle se développent les voûtes des trois masses cérébrales. Chez tel animal, c'est le cerveau antérieur, chez tel autre, c'est le cerveau médian ou le cerveau postérieur qui se développera, tandis que les autres parties seront arrêtées dans leur développement, recouvertes et poussées en arrière par la partie qui s'agrandit le plus. Les parties ainsi envahies finissent souvent par n'avoir plus que des proportions rudimentaires. Chez l'homme, par exemple, le mésencéphale surtout n'est pas en proportion avec le prosencéphale qui se développe d'une manière considérable, en formant les grands hémisphères du cerveau, et recouvre en arrière le mésencéphale ainsi que l'épencéphale. Ces deux parties sont complétement cachées, et ne se voient que lorsqu'on enlève, ou qu'on pousse de côté le prosencéphale.

On peut étudier très-bien la formation en voûte sur le prosencéphale de l'homme. Si l'on enlève la calotte du crâne par un trait de scie horizontal et circulaire, on voit deux grandes masses ovales et séparées longitudinalement par une fente profonde, dont la surface présente des circonvolutions nombreuses et repliées les unes sur les autres ; ces deux masses remplissent tout l'intérieur du crâne, elles recouvrent en avant le plafond osseux des orbites et sont soutenues en arrière par un prolongement membraneux particulier, qui s'attache à la face interne de la partie postérieure du crâne et que l'on appelle la tente du cervelet. Cette membrane est placée à peu près sur le même plan horizontal que le plafond des orbites. On appelle ces masses dans le langage anatomique, les *hémisphères du cerveau* proprement dit.

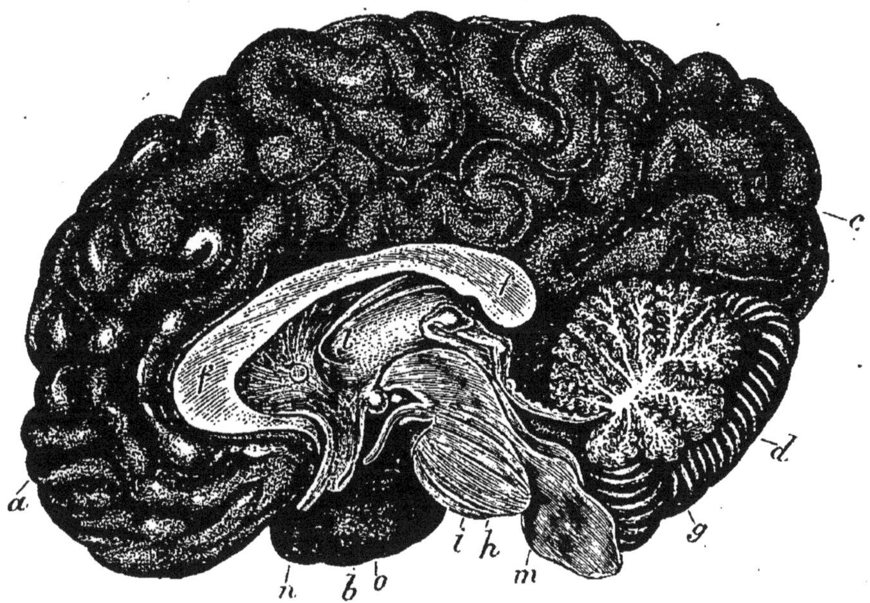

Fig. 58. — Coupe longitudinale du cerveau continuant dans le plan de la grande scissure médiane. — *a*, lobe antérieur; *b*, lobe moyen; *c*, lobe postérieur de l'hémisphère; *d*, cervelet. Sa partie médiane, appelée le ver, montre sur la coupe la figure que les anciens anatomistes désignaient sous le nom de « l'arbre de vie » (*arbor vitæ*). La substance blanche formant le noyau des nombreux plis qui sillonnent la surface du cervelet est entourée partout de la substance grise constituant la couche extérieure. *f*, le corps calleux, coupé; *g*, hémisphère latéral du cervelet; *h*, *i*, le pont de Varole, coupé; *l*, la cloison pellucide; *n*, le nerf optique; *o*, l'entrée de l'entonnoir cérébral.

La fente qui sépare les deux hémisphères dans leur ligne médiane se continue en avant jusqu'à la partie supérieure des orbites, et en arrière jusqu'à la membrane qui tapisse l'occiput. La dure-mère qui est une membrane tendineuse, appliquée à la surface interne des os du crâne, forme un pli qui entre dans la séparation des deux hémisphères. Ce pli est appelé la grande faux cérébrale (voy. *fig.* 17, page 61, où on a conservé cette partie). La tente du cervelet sur laquelle repose la partie postérieure des hémisphères n'est aussi qu'un pli semblable de la dure-mère mais placé horizontalement : elle sépare le cerveau du cervelet. Dans l'espace laissé libre par la faux cérébrale, on voit que les deux hémisphères sont reliés par une masse assez large dont on peut facilement examiner la surface supérieure, quand on écarte légèrement les deux moitiés du cerveau.

Cette masse blanche et formée de fibres transversales s'appelle la grande commissure ou le *corps calleux*. Si on coupe ce corps calleux perpendiculairement et un peu sur le côté, on trouve au milieu une excavation intérieure qui est recouverte et fermée en arrière par un autre élargissement de substance blanche appelé la *voûte à quatre piliers*. Les deux excavations latérales qu'on trouve dans chaque hémisphère et qu'on appelle aussi les *ventricules* où les sinus cérébraux ont une forme très-irrégulière ; elles se terminent par plusieurs prolongements qu'on appelle des cornes et dont nous ne pouvons décrire tout au long la forme. La masse cérébrale en entier, qui est placée au-dessus et à côté des sinus cérébraux forme plus des deux tiers du cerveau pris dans son ensemble. Elle appartient à la masse voûtée du cerveau antérieur. Il n'y a que la partie du cerveau qui forme le plancher des ventricules latéraux qui appartienne au tronc même du cerveau antérieur (voy. *fig.* 39, p. 235). On distingue deux paires de renflements dans le tronc cérébral antérieur. La paire antérieure s'appelle *les corps striés*, elle semble être surtout en relation avec les nerfs olfactifs ; quant à la paire postérieure appelée *les couches optiques*, elle paraît être en relation avec les nerfs optiques.

On trouve cachée sous les lobes postérieurs des deux grands hémisphères une sorte d'éminence placée sur la ligne médiane, et qui est de la grandeur d'une noisette ; cette éminence est partagée en outre en deux paires de collines inégales par deux sillons qui se croisent, on appelle cette éminence les *corps quadrijumeaux*. Elle est traversée dans son intérieur et le long de la ligne médiane par un canal, l'*aqueduc de Sylvius* qui est en liaison directe avec les autres cavités cérébrales. Les *corps quadrijumeaux* qui représentent le mésencéphale fort amoindri chez l'homme, sont donc aussi partagés en une portion supérieure formant une voûte et une portion inférieure appartenant au tronc cérébral.

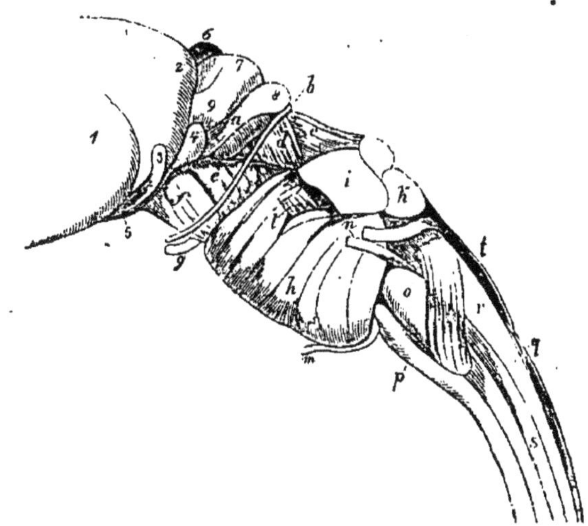

Fig. 39. — Le tronc cérébral séparé des autres parties et isolé, vu de profil. — 1, couche optique; 2, sa partie postérieure; 3 et 4, les corps géniculés faisant encore partie des couches optiques; 5, racine du nerf optique; 6, glande pinéale; 7, colline antérieure, 8, colline postérieure des corps quadrijumeaux; 9 et *a*, base des corps quadrijumeaux sur le tronc cérébral; *b*, racine du nerf pathétique; *c*, pédoncules cérébelleux aux corps quadrijumeaux reliant ces corps au cervelet; *d*, partie détachée de ces pédoncules appelée le lacet; *e*, *f*, pédoncules des hémisphères; *g*, nerf oculo-moteur; *h*, pont de Varole; *i*, pédoncules cérébelleux au pont; *k*, pédoncules cérébelleux à la moelle allongée, coupés; *l*, nerf trijumeau; *m*, nerf abducteur de l'œil; *n*, nerfs facial et acoustique réunis; *o*, olives; *p*, pyramides; *q*, sillon dorsal de la moelle épinière; *r*, corps restiforme; *s*, moelle épinière; *t*, sinus rhomboïdal.

Dans le *cerveau postérieur*, le tronc et la voûte sont séparés d'une façon toute particulière; le tronc est formé par la *moelle allongée* qui se compose de plusieurs cordons, les olives, les pyramides et les corps restiformes (voy. la figure 39, ci-dessus). Cette moelle allongée forme en avant un renflement considérable dans lequel on remarque des fibres transverses; il s'appelle le *pont de Varole*; c'est de la moelle allongée et des environs du *pont de Varole* que s'échappe la plus grande quantité de nerfs cérébraux. C'est aussi de ce centre que rayonne la substance blanche de la moelle qui forme la matière fondamentale des voûtes et qu'on appelle les pédoncules. On distingue surtout les pédoncules cérébraux et les pédoncules cérébelleux, lesquels se rendent au cervelet. Ce dernier repose sur la moelle allongée et est séparé par le repli transversal de la dure-mère des hémisphères cérébraux. Des sillons profonds placés en travers et en

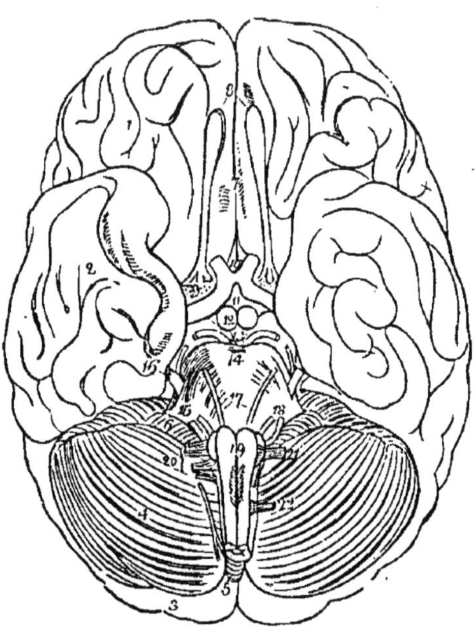

Fig. 40. — Aspect du cerveau de l'homme vu d'en bas (base du cerveau). — 1, lobe antérieur; 2, lobe moyen; 3, lobe postérieur d'un hémisphère du cerveau proprement dit; 4, hémisphères du cervelet; 5, partie moyenne du cervelet; 6, lobe antérieur distinct de l'hémisphère du cervelet; 7, sillon inférieur longitudinal du cerveau proprement dit; 8, nerf olfactif (1re paire); 9, naissance des nerfs olfactifs dans le tronc cérébral; 10, croisement des nerfs optiques, *chiasma nervorum opticorum* (2e paire); 11, protubérance grise; 12, corps mamillaires; ce sont deux protubérances à la partie inférieure du tronc cérébral, derrière le chiasma des nerfs optiques; 13, nerfs oculo-moteurs (3e paire); 14, pont de Varole; 15, pédoncules cérébelleux allant vers le pont; 16, nerfs trijumeaux (5e paire); immédiatement devant, la 4e paire beaucoup plus mince, *nervus patheticus s. trochlearis;* 17, nerf abducteur de l'œil (6e paire); 18, nerf facial et nerf acoustique (7e et 8e paire); 19, pyramide de la moelle allongée; à son côté, vers l'extérieur, l'olive; 20, nerf glosso-pharyngien, nerf vague et nerf accessoire de Willisius (9e, 10e et 11e paire); 21, nerf hypoglosse, *nervus hypoglossus* (12e paire); 22, premier nerf cervical.

arcs de cercles partagent le cervelet en une quantité de feuillets isolés. Quand on opère une section sur le cervelet, on trouve que la substance blanche s'y distribue en formant une sorte d'arbre qui a été appelé *arbre de vie* par les anciens anatomistes.

A la partie supérieure de la moelle allongée, là où le cervelet
repose sur elle, on trouve l'ouverture du canal de la moelle
épinière sous forme d'une dépression allongée appelée le sinus
rhomboïdal. Ce canal se continue sous le cervelet sur les pédoncules cérébraux et arrive aux couches optiques, où il se réunit
d'un côté aux ventricules cérébraux et de l'autre à un appendice
creux en forme d'entonnoir qui mène vers un appendice solide
appelé l'*hypophyse*. Toutes ces cavités qui sont reliées les unes
avec les autres représentent les derniers restes de ce grand espace
vide que l'on trouve dans l'embryon, et qui s'est peu à peu
rempli par le développement de la substance cérébrale. Ces
cavités sont pleines d'une eau albumineuse qui entoure aussi à
l'extérieur le système nerveux et que l'on appelle le liquide
cérébral. Dans l'hydrocéphale natif des enfants, ce liquide s'est
développé d'une manière extraordinaire, ce qui fait que souvent
la substance cérébrale même, et surtout les parties voûtées se
réduisent à une couche de peu d'importance.

La substance même du cerveau est molle et presque pâteuse.
Ce fait joint à la grande facilité d'altération des éléments qui la
composent, altération qui commence déjà immédiatement après
la mort, a été longtemps un obstacle considérable à l'étude de
la structure du cerveau. On sait déjà que vu extérieurement, le
cerveau présente d'abord une substance blanche dont la constitution fibreuse est facile à constater. On y trouve en outre, en
moins grande quantité une substance plus ou moins grise et
rougeâtre qui n'a pas cette structure fibreuse et dans laquelle
on a distingué encore, suivant la couleur et la texture, certaines
modifications sous le nom de substances jaunes, rougeâtres ou
noires. La substance grise se présente sous des rapports très-
divers ; on la trouve dans la moelle épinière placée circulairement autour du canal central, et entourée de la substance
blanche. Elle forme donc une sorte de cordon continu, qui présente quatre cannelures très-évasées. Vue en coupe elle ressemble
à une croix. La substance grise forme au contraire dans le cerveau des noyaux isolés et plus ou moins séparés les uns des

autres. Ces noyaux sont souvent entremêlés de substance blanche. La surface extérieure du cerveau est formée aussi de plusieurs minces couches de substance grise, entre lesquelles s'introduisent de petits feuillets de substance blanche. On n'est pas encore arrivé à déterminer complétement les rapports réciproques qui existent entre les éléments de ces substances diverses. Pour comprendre ces rapports, nous devons auparavant étudier la structure des nerfs eux-mêmes ; ils sont en effet intimément liés au système nerveux central et y prennent leur source pour se distribuer ensuite dans le corps entier.

Le système nerveux central nous apparaît comme un tout entouré de toute part de parois osseuses ; ce fait nous indique déjà que le système nerveux central doit servir à la concentration des fonctions des nerfs. Les *nerfs périphériques*, au contraire, se distribuent dans le corps entier, entourent et traversent tous les organes et les mettent ainsi en rapport direct avec le système nerveux central. On commet souvent, en dehors de la science, la faute de confondre les nerfs avec les muscles et surtout avec les tendons. Ces derniers, en particulier, offrent une légère ressemblance extérieure avec les nerfs. On entend dire très-souvent par des gens parlant d'une blessure qui a coupé les tendons ou les muscles d'un membre et qui par conséquent a amené une paralysie, que les nerfs ont été coupés ; on parle d'un bras nerveux, pour exprimer que ce bras présente des muscles puissants. Les troncs nerveux, même les plus gros, ne font aucune saillie sur la peau, ce sont des cordons minces, blancs et brillants, cachés dans la profondeur des tissus et qui dans leur ensemble ont leur point de départ dans le système nerveux central et se répandent dans le corps entier. Les nerfs se divisent en rameaux, deviennent de plus en plus minces et décroissent enfin jusqu'au point de devenir microscopiques.

On peut distinguer à première vue deux sortes de nerfs dans le corps humain. Les uns sont blancs et brillants, comme nous l'avons vu plus haut ; ils ont une certaine consistance, et vont plutôt en ligne droite. Si on les examine à une partie quelconque de leur tronc, on peut les suivre de là jusqu'au système nerveux central d'où ils sortent par des racines séparées ; si on poursuit leur marche dans l'autre direction, on voit qu'ils se distribuent dans les organes des sens, les muscles et la peau. On appelle ces nerfs, qui dépendent évidemment du cerveau et de la moelle épinière, les *nerfs cérébro-spinaux*. Mais on trouve aussi autour des intestins et des vaisseaux sanguins, des fibres molles d'un gris rougeâtre et enchevêtrées les unes dans les autres ; elles n'ont ni tronc ni rameaux bien appréciables, et dépendent de petits amas rougeâtres et mous, qu'on appelle des ganglions. Leur point de réunion est un cordon noueux qui se trouve à la surface antérieure de la colonne vertébrale et qui court de haut en bas. Des anastomoses mettent en rapport ce cordon grand-sympathique avec la plupart des nerfs cérébro-spinaux, mais il ne semble pas dépendre directement du système nerveux central. On appelle ces sortes de nerfs, les *nerfs sympathiques, organiques*, ou ganglionnaires.

Chaque tronc nerveux qu'on peut voir à l'œil nu ou à la loupe est composé d'un paquet de fibres fines et ce paquet est entouré dans les nerfs cérébro-spinaux d'une gaîne commune apparente et plus ou moins consistante. C'est dans cette gaîne que l'on trouve les tubes primitifs des nerfs qui, examinés sous le microscope lorsqu'ils sont encore frais, paraissent vitreux et transparents par la lumière transmise, tandis que, vus d'en haut, ils ont l'éclat de la graisse ou de la cire. Si les nerfs sont tout à fait frais et si on ne les a mis en contact avec aucune substance quelconque, ce qui aurait fait varier presque inévitablement l'aspect des tubes nerveux, on trouve qu'ils ont des contours simples et foncés qui renferment à leur intérieur une substance claire et homogène. Ce contenu d'ailleurs est très-variable et la coagulation surtout le transforme, au point de le rendre méconnaissable. Si on les traite convenablement, on voit que les tubes nerveux sont composés de trois éléments essentiels. Il y a d'abord une fibre centrale, molle et élastique, semblable à de l'albumine coagulée, qui paraît être complétement transparente et homogène. Ce *cylindre-axe* fait dévier la lumière, de la même manière que le second élément des tubes nerveux qui est la *moelle des nerfs* ou la *myéline*, substance filandreuse, brillante et huileuse. Cette moelle s'échappe du tube nerveux qu'on a sectionné si l'on comprime les tubes. Le dernier élément est une gaine

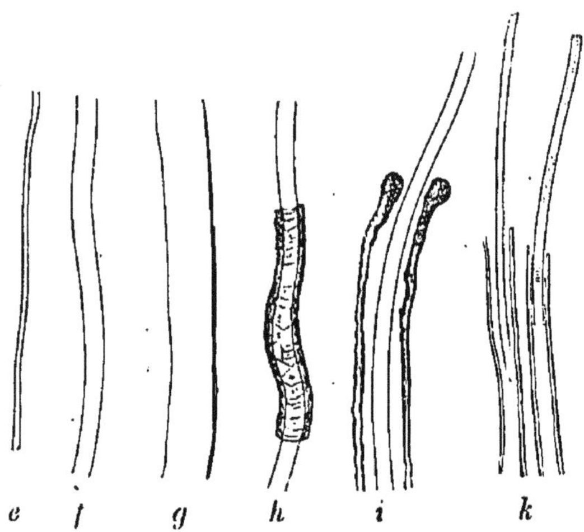

Fig. 41. — Fibres nerveuses grossies 350 fois. — *e*, fibre fine; *f*, de moyenne grandeur; *g*, large à bord foncé et à l'état frais, prise dans un nerf de lapin; *h*, fibre de la moelle épinière de l'homme; on voit le cylindre-axe (cylinder-axis) clair et la gaîne contractée; *i*, fibre analogue du cerveau de l'homme; *k*, passage des fibres cérébrales fines en fibres ayant des gaînes, prises dans le cerveau de la torpille.

élastique, transparente, sans structure, à contours très-accusés. Elle entoure la moelle et donne au tube nerveux sa forme. Le cylindre-axe que beaucoup d'anciens observateurs ne regardaient pas comme une formation à part, mais seulement comme une partie plus solide et interne de la myéline, se trouve dans toutes les fibres nerveuses sans exception. On peut très-facilement le séparer par des réactifs chimiques; il continue d'un côté jusque dans les extrémités des prolongements des cellules nerveuses, où il prend son origine, et de l'autre jusque dans les plus petits tubes nerveux périphériques. Ce cylindre est donc la partie essentielle et constante qui ne fait jamais défaut dans la fibre nerveuse. Les dernières observations ont prouvé qu'il était composé de fibrilles excessivement fines, les *fibrilles*

primitives. Cette conformation le fait paraître strié. La myéline
qui est plus liquide et qui entoure le cylindre-axe ne se
trouve que dans les tubes nerveux plus larges du système nerveux périphérique, dont les contours sont plus accusés. Les
tubes du cerveau et de la moelle épinière manquent presque
complétement de myéline; son absence détermine une moins
grande largeur de la fibre nerveuse, caractère qu'on regardait
autrefois comme très-important. Il en est de même de l'enveloppe du nerf qui disparaît aussi dans le système nerveux central
et aux dernières extrémités des nerfs, ou devient à la fin imper-
ceptible à cause de sa finesse. On faisait autrefois des distinctions entre les tubes nerveux à bords foncés ou clairs, à contours
doubles ou simples, on divisait aussi les fibres primitives en
larges et en minces. On faisait dépendre de ces diverses formes,
des différences dans la fonction elle-même. Les nouvelles expériences semblent avoir démon-
tré la fausseté de ces théories,
car la même fibre nerveuse
montre une épaisseur très-di-
verse, depuis le système nerveux central jusqu'à son extrémité périphérique; on y remarque aussi souvent une
grande variété dans les contours et dans les rapports entre
la moelle et l'enveloppe.

Nous avons parlé plus haut
des ganglions (*fig.* 42) qui
se trouvent dans le système
nerveux sympathique; on en
rencontre encore de tout semblables aux racines postérieures
de tous les nerfs spinaux. On

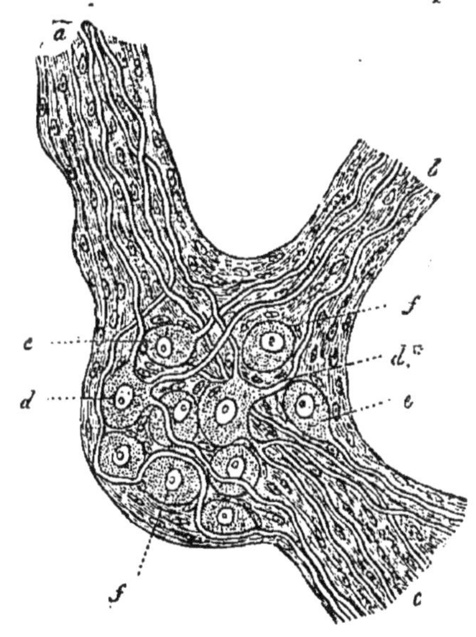

Fig. 42. — Ganglion périphérique d'un
mammifère; dessin schématique. —
a, b, c, trois nerfs sortant du ganglion;
d, cellules ganglionnaires multipolaires; *e*, unipolaires; *f*, apolaires.

en trouve aussi aux racines de quelques nerfs cérébraux, tels
que les nerfs trijumeau et vague. C'est pour cette raison qu'on

ne peut regarder le système nerveux sympathique comme un système particulier. On arrive au même résultat en examinant au microscope ces ganglions. Ce sont des petites masses grises composées de *cellules nerveuses* appelées aussi corpuscules ganglionnaires. Ces cellules contiennent une substance homogène tenace et pâteuse, parsemée de petits granules de graisse et d'un pigment jaunâtre, gris, ou même noir. Ces cellules ont une enveloppe fine et un noyau toujours très-visible, clair, vésiculaire et complétement rond. Au centre de ce noyau se rencontre en général un nucléole. Les cellules ganglionnaires se trouvent dans les ganglions enfouies dans un tissu conjonctif peu consistant, rempli de noyaux et souvent assez épais. Ce tissu conjonctif devient plus fibreux à quelques endroits; on l'appelle alors les fibres de Remak. Il se continue sous cette forme par-dessus les nerfs sympathiques et leur donne ainsi qu'aux ganglions une couleur gris rougeâtre. Il est intéressant d'examiner les rapports qui existent entre les cellules et les fibres nerveuses. Beaucoup de cellules ganglionnaires sont complétement sphériques et séparées des autres; on les appelle cellules *apolaires*. D'autres que l'on nomme *unipolaires* ont un seul prolongement et les cellules *bipolaires* enfin se continuent dans deux sens opposés sous forme de fibres nerveuses. Ces prolongements se dirigent ordinairement dans deux sens différents, de manière que la cellule paraît n'être qu'une interpolation dans le trajet de la fibre nerveuse, mais quelquefois les cellules nerveuses semblent accolées aux fibres; il y a même des fibres qui se relient à plusieurs cellules à la fois. On trouve aussi, dans le domaine du système sympathique, des cellules munies de pro-

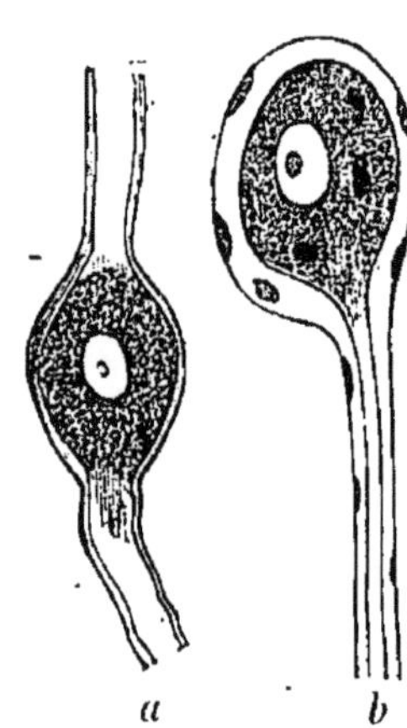

Fig. 43.— *a*, cellule nerveuse bipolaire du ganglion du nerf trijumeau de la truite, avec une gaîne épaisse, un contenu granuleux, un noyau vésiculaire et un nucléole; *b*, sphère ganglionnaire unipolaire de l'homme avec une gaîne épaisse, faite de tissu conjonctif et contenant des noyaux.

longements multiples, ce sont les cellules ganglionnaires *multi-polaires ;* ces prolongements deviennent évidemment dans leur continuation des fibres nerveuses. On croyait autrefois que les cellules multipolaires ne se trouvaient que dans la substance grise du cerveau et de la moelle épinière. C'était une erreur, car le système sympathique en possède aussi. On a même découvert dernièrement, surtout dans la tunique musculaire de l'intestin, des réseaux ganglionnaires très-fins, reliés entre eux par

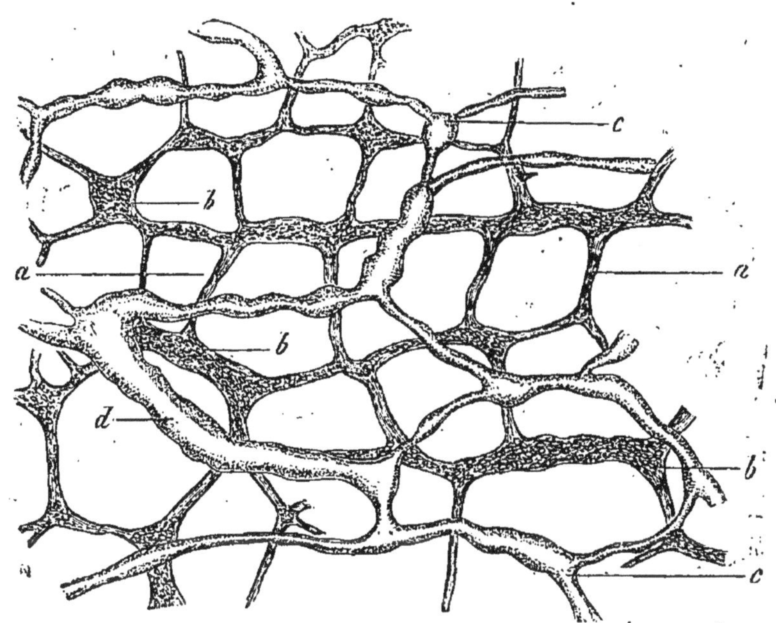

Fig. 44. — Réseau ganglionnaire de la membrane musculaire de l'intestin grêle du cochon d'Inde. — *a,* réseau nerveux ; *b,* ganglions ; *c* et *d,* vaisseaux lymphatiques.

des cylindres-axes. On ne peut, même en les examinant de très-près, dire exactement où finit la cellule ganglionnaire et où commence le nerf. Les ganglions sont par conséquent des organes centraux disséminés, dont naissent des fibres nerveuses. Ils s'accolent aux fibres provenant du système nerveux central et augmentent ainsi le volume de ces racines nerveuses.

Examinons, après avoir étudié le système nerveux périphérique, la structure du système nerveux central. La mollesse de la substance et la grande variabilité de forme, font naître de grandes difficultés pour l'examen du système central. La *substance blanche* du cerveau et de la moelle épinière est composée partout de fibres nerveuses. Ces fibres sont presque toujours très-minces et rarement très-larges; elles n'offrent pas de gaîne primitive, ni d'enveloppe de tissu conjonctif. Les contours de ces fibres sont simples et leurs bords quelquefois un peu plus foncés, ils subissent d'ailleurs facilement des altérations assez considérables. On remarque aussi que les fibres deviennent noueuses (variqueuses), on les trouve enfin quelquefois formées uniquement du cylindre-axe. Les fibres sont alors réduites à leurs éléments constituants les plus primitifs.

Une partie des extrémités des fibres entrent dans la substance grise pour s'unir aux cellules de cette substance, d'autres se partagent en de petits prolongements qui semblent être en rapport avec de petits granules particuliers disséminés dans la masse cérébrale.

La *substance grise* est formée de cellules multipolaires à noyaux, et le contenu en est très-délicat. Ces cellules se prolongent en une quantité de fibres qui se divisent à leur tour en fils excessivement fins et très-difficiles à poursuivre. Il est cependant avéré que quelques-uns de ces prolongements passent, après avoir formé des sinuosités nombreuses, dans les fibres nerveuses de la substance blanche, et de là dans les fibres nerveuses périphériques. D'autres de ces filaments fins semblent s'unir aux prolongements d'autres cellules; ce qui contribue à former un réseau plus ou moins enchevêtré. Certains observateurs n'admettent pas que les cellules soient reliées entre elles, comme nous venons de le dire. Ils ont cependant admis que les cellules multipolaires des organes centraux présentent deux sortes de prolongements. Il y a d'abord des prolongements gris et très-fins, qui se divisent en une quantité de rameaux, et finissent par former des fibrilles excessivement ténues, dont on ne peut plus suivre le cours, à cause de leur enchevêtrement. On y trouve, en outre, un prolongement formé d'une fibre plus forte,

c'est un cylindre-axe qui devient évidemment une fibre nerveuse.
Ces cylindres-axes semblent naître du noyau même de la cellule

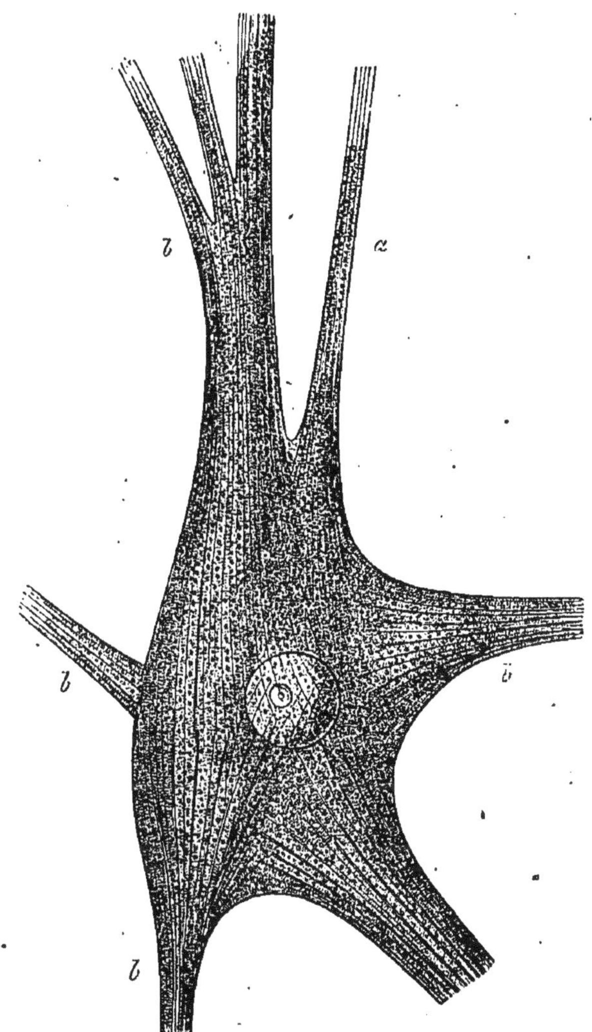

Fig. 45. — Cellule multipolaire ganglionnaire de la moelle épinière du bœuf avec un
noyau arrondi et un nucléole. — *a*, cylindre-axe; *b*, prolongements de la cellule
finement striés et fibrillaires.

nerveuse, tandis que les fibrilles que l'on trouve dans l'autre
espèce de prolongement forment un tissu enchevêtré dans l'intérieur de la cellule même.

On a fait dans ces derniers temps des découvertes importantes sur la structure des cellules du cervelet et des circonvolutions du cerveau. Quelques savants distingués n'admettent pas, il est vrai, ces découvertes, mais nous voulons cependant en parler ici, car les déductions qu'on peut en tirer sont d'un grand poids pour la physiologie en général.

La couche grise dont les circonvolutions entourent les différents rameaux de l'arbre de vie dans le cervelet est formée de deux couches différentes : l'une de couleur grise est externe, l'autre plus rougeâtre ou couleur de rouille est interne, et repose immédiatement sur la substance blanche. Les observations récentes semblent avoir défini de la manière suivante les rapports de ces diverses substances entre elles : les fibres de la substance blanche se ramifient à sa limite en une quantité de fibrilles extrêmement fines et disposées en pinceaux, qui présentent sur leur parcours de petits granules plus clairs, ce qui donne à ce tissu l'apparence d'une broderie à perles. Sur ce tissu qui représente la couche couleur de rouille, reposent des cellules multipolaires assez grandes et de couleur claire. Ces cellules sont munies de prolongements ténus, qui les relient aux fibrilles de la couche couleur de rouille. Ces cellules multipolaires, présentent en outre du côté supérieur des prolongements plus épais, qui ressemblent à ceux que l'on trouve ordinairement dans les cellules nerveuses, et qui servent probablement à relier les cellules entre elles.

Les cellules nerveuses qu'on trouve dans le cerveau et dans la moelle épinière, offrent différents degrés dans leur grandeur et leur proportion. On trouve des cellules très-grandes et munies de prolongements divers, en particulier dans les cornes antérieures de la substance grise de la moelle épinière. On en trouve encore au fond du sinus rhomboïdal près de la moelle allongée. On a voulu faire de ces cellules des cellules motrices, en opposition avec d'autres cellules plus petites qui se trouvent dans d'autres parties du cerveau, et qu'on a appelées les cellules sensitives. Il est probable en effet que de la structure particulière de chaque sorte de cellule nerveuse dérivent des fonctions différentes, et que, en fin de compte, chaque fonction de notre esprit a son siége

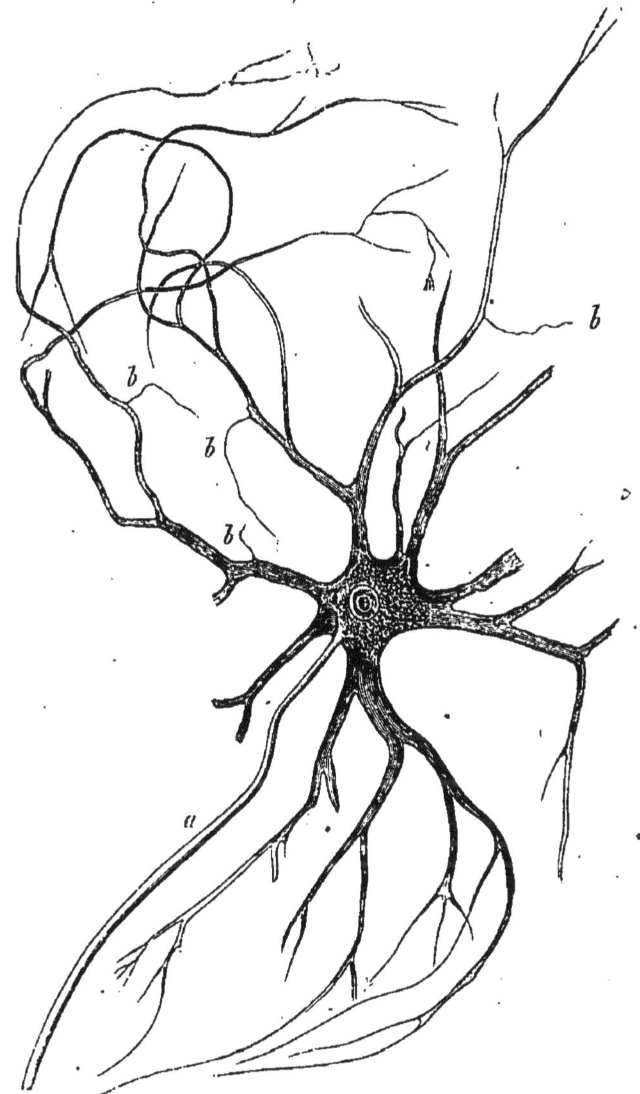

Fig. 46. — Cellule ganglionnaire multipolaire de la moelle épinière du bœuf. — *a*, cylindre-axe; *b*, prolongements de la substance se terminant dans des fibres excessivement fines.

dans des groupes déterminés de cellules de la substance grise. Mais on ne peut songer déjà à donner à chacune de ces sortes de cellules, des noms tirés des fonctions qu'on leur assigne, puisque l'expérience physiologique n'a encore sur ces cellules que des données très-imparfaites, qui ne sont pas entièrement en rapport avec les résultats de l'observation microscopique.

Il nous serait impossible d'entrer dans plus de détails sur la structure des différents éléments nerveux, et surtout sur les rapports que ces divers éléments ont entre eux. A ces éléments viennent encore s'ajouter d'autres formations que nous ne pouvons pas étudier ici plus particulièrement. On peut admettre cependant, que les fibres nerveuses des nerfs périphériques, sont reliées au moyen de la substance blanche du système nerveux central, avec les cellules nerveuses de la substance grise. Cette liaison est souvent appréciable, même sans le secours du microscope. On peut suivre par exemple, les racines antérieures et postérieures des nerfs spinaux jusqu'aux cornes correspondantes de la substance grise. On peut suivre aussi les racines de beaucoup de nerfs cérébraux, jusqu'à leur naissance dans les noyaux grisâtres qui se rencontrent dans le tronc cérébral. Il est évident que la substance blanche n'est pas seulement formée des fibres radiculaires des nerfs, mais qu'elle contient aussi des fibres indépendantes tout comme la substance grise, dans laquelle on constate la présence de cellules reliées entre elles par leurs prolongements. On y trouve, en outre, une quantité de fibres indépendantes.

Par leurs réunions les fibres forment des groupes, qu'on peut suivre à l'intérieur de la substance blanche de la moelle épinière et du cerveau. Elles semblent indiquer dans leur ensemble la route que parcourent les nerfs en se distribuant à travers les parties centrales. On a beaucoup étudié cette distribution des fibres du cerveau et de la moelle épinière, et on a trouvé qu'en général les cordons blancs de la moelle épinière suivent pour la plus grande partie la direction longitudinale ou axile de cette moelle. Ils se dirigent donc vers le cerveau, mais, arrivés dans la moelle allongée où la substance grise est autrement distribuée, ils forment de nouveaux cordons et de nouveaux noyaux reliés entre eux par des tractus de fibres transversales appelés des commissures. *Les faisceaux fibreux se croisent dans la moelle allongée en se portant dans le cerveau ;* — ceux de droite passent pour la plupart à gauche et ceux de gauche à droite. Le tronc cérébral est composé en grande partie de fibres dirigées suivant son axe qui remontent ensuite sous forme de tractus appelés les pédoncules, vers le cervelet, les tubercules quadrijumeaux et les hémisphères. Depuis ces pédoncules, les faisceaux de fibres rayonnent en s'étalant dans les parties voûtées que nous venons de nommer. Les deux moitiés latérales sont reliées par des commissures transversales importantes, comme par exemple, le pont de Varole, le corps calleux et la voûte à quatre piliers. Quant à l'importance physiologique des résultats obtenus par l'examen de la route suivie par ces fibres, nous sommes forcés d'avouer qu'elle n'est pas trop grande jusqu'à présent, sauf en ce qui concerne le croisement des faisceaux dans la moelle allongée.

Une question de haute importance en matière physiologique est celle de la *terminaison des nerfs dans les organes périphériques du corps.* Aussi longtemps que l'emploi du microscope n'a été que restreint, on n'a pu faire que des hypothèses sur la manière dont se comportent les terminaisons nerveuses périphériques. On a pu suivre autrefois les nerfs jusque dans leurs ramifications de plus en plus petites, on les a vu pénétrer dans le tissu des organes, mais on n'a pu suivre les tubes primitifs jusqu'à leur extrémité. On n'avait donc pas pu s'assurer si ces tubes primitifs restaient isolés du tissu qui les entoure ou s'ils finissaient par former avec lui un ensemble indivisible. Maintenant même, que des observateurs très-patients, aidés de tous les secours de la science, ont cherché à découvrir les extrémités des nerfs au moyen du microscope, et cela dans des tissus très-divers, cette question est restée sur bien des points très-obscure. On croyait anciennement que chaque tube primitif depuis sa naissance jusqu'à son extrémité périphérique était complétement isolé, qu'il ne se confondait avec aucun autre tissu, et enfin, qu'il n'avait aucune terminaison périphérique proprement dite. On pensait qu'il formait une sorte de boucle et revenait ainsi à l'organe central. On considérait donc chaque nerf comme un faisceau de tubes primitifs isolés, ne se divisant pas en rameaux, mais se séparant seulement les uns des autres. Les recherches modernes ont complétement détruit cette théorie. Les nerfs visibles à l'œil nu n'offrent, il est vrai, que fort peu de divisions, les tubes primitifs y sont complétement isolés les uns des autres, et vont tous dans la même direction, comme les fils conducteurs isolés d'un câble électrique, mais quand on arrive vers l'extrémité périphérique, on voit manifestement que chaque tube primitif se divise en rameaux de plus en plus fins. Ces extrémités n'ont en général ni moelle ni gaîne épaisse, les contours foncés disparaissent aussi et les dernières extrémités des rameaux des fibres nerveuses redeviennent complétement semblables aux fibres de l'organe central et aux cylindres-axes. Ces fibres sont reliées entre elles par des sortes de boucles et forment un réseau qui émet à son tour des rameaux encore plus fins. Ceux-ci se terminent dans le tissu et semblent se fondre avec lui. Ces réseaux de fibres nerveuses sans moelle et décolorées, entre lesquelles se trouvent souvent des masses munies de noyaux et semblables aux cellules ganglionnaires, sont-elles ainsi que les formations en boucles, véritablement les dernières extrémités des nerfs? Y a t-il encore des appareils particuliers que l'on n'a pu découvrir ? Ce sont là des questions très-douteuses, et qui le sont devenues bien davantage, depuis que l'on a trouvé dans les muscles soumis à la volonté et munis de stries transverses des appareils terminaux particuliers, dont nous allons parler.

Les dernières fibres nerveuses arrivent en effet jusqu'aux fibres musculaires, de façon que leur enveloppe se mêle avec celle de la fibre musculaire, appelée le sarcolemme. A l'endroit où a lieu cette réunion, on trouve un disque terminal en forme de bouclier. Ce disque a les mêmes granules fins que le cylindre-axe; il contient quelques noyaux, et se fond pour ainsi dire dans le contenu de la fibre musculaire. La moelle de la fibre nerveuse finit brusquement au point de réunion du nerf et du muscle ; quant au disque il ne semble être qu'un élargissement du cylindre-axe.

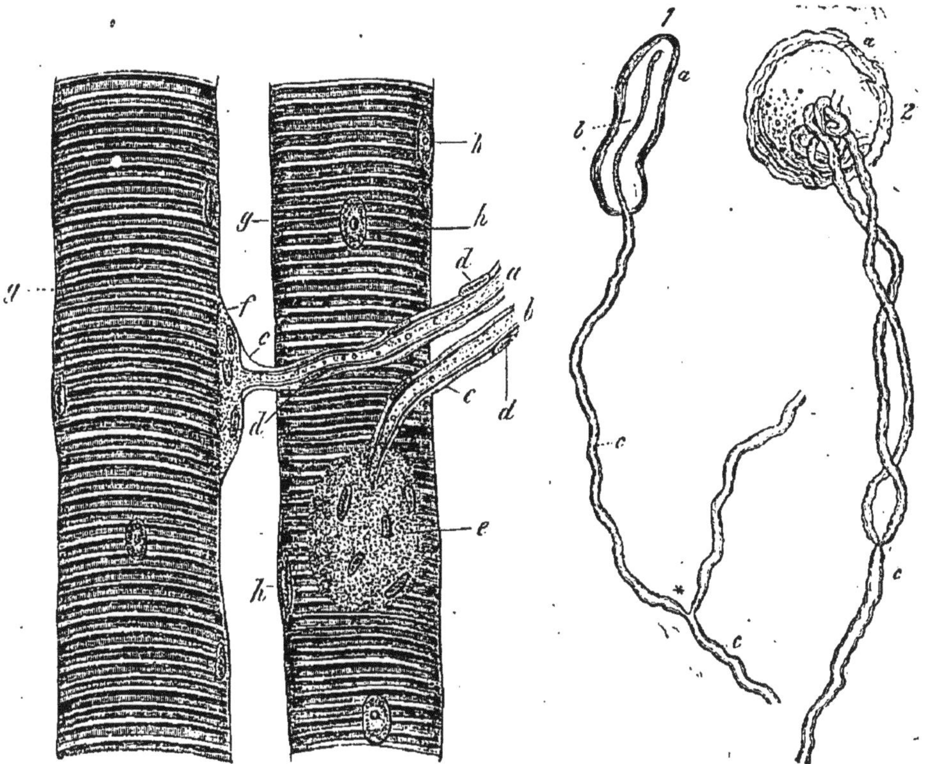

Fig. 47. — Deux fibres musculaires à stries transverses d'u cochon d'Inde avec les extrémités nerveuses. — *a* et *b*, deux fibres nerveuses arrivant dans les plaques terminales. *c, f; c*, gaîne du nerf ou névrilemme, passant directement dans la gaîne de la fibre musculaire, le sarcolemme *g; d*, noyaux de la gaîne du nerf; *h*, noyaux musculaires.

Fig. 48. — Corpuscules terminaux de Krause : 1° de la conjonctive de l'œil du veau ; 2° du même endroit chez l'homme. — *a*, sac terminal ; *b*, terminaison du cylindre-axe; *c*, fibre nerveuse entrante, souvent divisée en deux.

Les extrémités des nerfs des différents organes des sens présentent aussi des conformations terminales spéciales, que l'on distingue, suivant leur formes, sous les noms de corpuscules de Krause, de Pacini et corpuscules du tact. Les *corpuscules de Krause* (*fig.* 48), sont allongés et se trouvent principalement dans la conjonctive de l'œil. Ils sont formés de petits sacs de tissu conjonctif, remplis d'un contenu mou, transparent et

brillant comme de la gélatine. Les fibres primitives des nerfs se
divisent en prolongements, dont un seul, et quelquefois deux,
entrent dans le corpuscule. Ils y forment quelquefois une sorte
d'enchevêtrement. Les *corpuscules de Pacini* (*fig.* 49), que
l'on trouve surtout dans la paume de la main et à la plante
du pied de l'homme, ainsi que dans le mésentère du chat, sont
formés d'une capsule ovoïde, composée de tissu conjonctif en

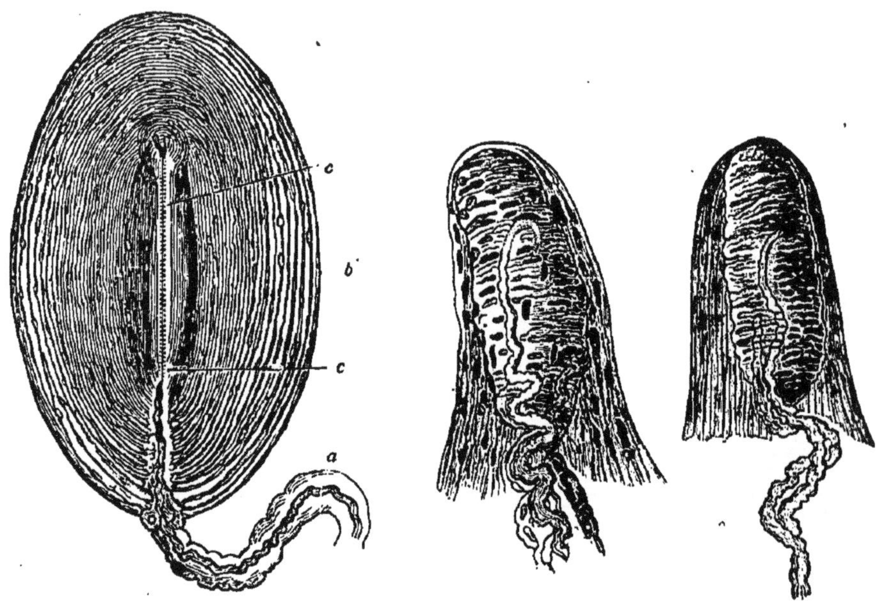

Fig. 49. — Corpuscule de Pacini, du mésentère du chat. — *a*, fibre nerveuse entrante; *b*, capsule à couches multiples membraneuses; *c*, cylindre-axe, se terminant par deux boutons.

Fig. 50. — Deux corpuscules du tact de l'index avec les nerfs qui y entrent.

couches concentriques, ce qui leur donne l'aspect d'un oignon
Ils présentent un canal axile dans lequel se termine la fibre primitive, qui est alors réduite au cylindre-axe. L'extrémité de la
fibre présente tantôt un, tantôt deux petits renflements. Les
corpuscules du tact (*fig.* 50) ne se trouvent que dans le
derme des mains et des pieds de l'homme et des singes. Ils
contiennent une capsule de tissu conjonctif tenace, rempli de
nombreux noyaux transversaux, dont la substance même est

molle. Les dernières extrémités des fibres primitives sont aussi, dans ces corpuscules, réduites au cylindre-axe : elles contournent souvent ces noyaux en décrivant une spirale, et finissent par entrer à l'intérieur pour s'y fondre avec la substance même.

Toutes ces formations ne servent évidemment qu'à la sensation pure et surtout au tact, et leur principe général de structure est de présenter un corpuscule sous forme de capsule, dans lequel vient se terminer la fibre primitive. Nous parlerons plus tard des terminaisons des nerfs dans les organes spécifiques des sens. Nous ferons cependant la remarque que l'on trouve là

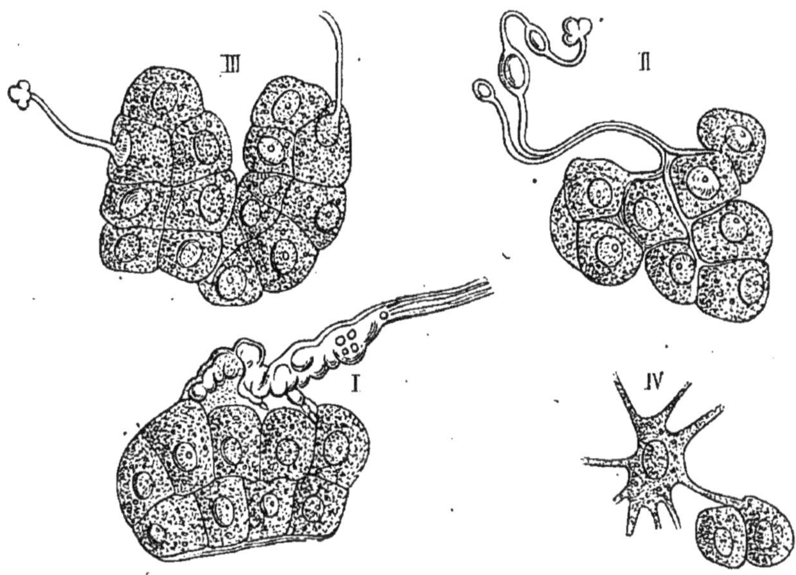

Fig. 51. — Terminaison des fibres nerveuses dans les glandes salivaires. — I et II. Ramification des fibres entre les cellules de la glande. — III. Terminaison directe de fibres dans les noyaux des cellules de la glande. — IV. Cellule ganglionnaire étoilée dont un des prolongements s'unit à une cellule de la glande.

aussi des organes terminaux particuliers. Il semble donc que le résultat final de toutes ces observations, d'ailleurs très-difficiles à faire, sera probablement que toutes les extrémités des fibres nerveuses se dissolvent dans des formations terminales particulières. Il paraît que dans beaucoup d'organes ces terminaisons soient les noyaux mêmes des cellules, dont les organes sont formés. Différents observateurs affirment déjà que chez l'embryon les cylindres-axes des premières fibres nerveuses naissent des noyaux des cellules, et on croit avoir trouvé dernièrement, dans les glandes salivaires (*fig.* 51, p. 253), des fibres nerveuses se terminant dans les noyaux des cellules de la glande, tandis que d'autres fibres se changent auparavant en cellules nerveuses étoilées, dont les prolongements se terminent à leur tour dans les noyaux des cellules des glandes.

Il n'y a dans le corps humain que très-peu de troncs nerveux qui soient complétement isolés depuis l'organe central jusqu'à leur terminaison périphérique. La plupart se relient entre eux par des *anastomoses*. D'autres se fondent les uns dans les autres en un tronc commun, que l'on ne peut diviser en ses parties constituantes sans le déchirer.

Ce serait une erreur de croire que ces liaisons et ces fusions des divers nerfs entre eux soient vraiment aussi intimes qu'elles le paraissent. Ces anastomoses ne sont au contraire que des ponts par lesquels des faisceaux de tubes primitifs passent d'un tronc nerveux à un autre pour continuer leur route avec ce dernier. Cet échange est souvent réciproque et les tubes primitifs se croisent dans le pont formé par l'anastomose. Quelquefois un faisceau de tubes primitifs quitte un nerf pour passer à un autre tronc nerveux sans qu'il y ait réciprocité. Il est facile de comprendre qu'un seul tube primitif puisse suivre le trajet de plusieurs troncs nerveux et présenter ainsi une route extrêmement compliquée. Malgré cela, le tube primitif reste isolé dans toute sa longueur ou au moins aussi longtemps qu'il se trouve réuni à un nerf visible à l'œil nu.

On appelle *racines nerveuses* les faisceaux nerveux qui sortent de chaque côté du cerveau et de la moelle épinière pour se réunir en un tronc et se rendre ensuite dans les différentes parties du corps. Les nerfs périphériques, comme le système nerveux central, montrent une disposition tout à fait symétrique. Tous les nerfs cérébro-spinaux sont disposés par paires, et se distribuent tout à fait symétriquement dans les deux moitiés latérales du corps.

On distingue sur le cerveau de l'homme et de la plupart des vertébrés douze paires de nerfs, tandis que la moelle épinière en a trente et un chez l'homme. Les premiers sortent du crâne osseux par des ouvertures qui se trouvent à la base du crâne, et les nerfs rachidiens sortent du canal des vertèbres par des ouvertures, qui se trouvent toujours entre deux vertèbres séparées. Chaque nerf rachidien a deux racines complétement distinctes; chacune d'elles s'échappe de la partie latérale de la moelle épinière : la racine antérieure plutôt du côté ventral, et la postérieure plutôt du côté dorsal. On peut, par des sections transversales, diviser la moelle épinière en autant de segments qu'il s'en échappe de paires nerveuses, car les deux racines de chaque nerf se trouvent sur le même plan horizontal si l'on examine la moelle épinière d'un homme debout ou sur le même plan vertical si on suppose la moelle épinière étendue horizontalement. Les deux racines convergent vers l'orifice de sortie. Immédiatement avant leur réunion, la racine postérieure présente un renflement gris, un vrai ganglion, qui contient en effet des cellules ganglionnaires. La différence entre ces deux racines, dont l'une postérieure a un ganglion et l'autre antérieure n'en a pas, est d'une grande importance physiologique, car, comme nous le verrons plus tard, ces deux racines distinctes ont aussi des fonctions tout à fait différentes.

Les nerfs qui naissent du cerveau proviennent tous sans exception du tronc cérébral, qui se trouve à la face inférieure du cerveau. Les parties voûtées n'ont aucun rapport direct avec les douze paires de nerfs qui appartiennent au système nerveux céphalique. Autant qu'on peut le voir par des expériences encore bien imparfaites, chaque paire nerveuse a un noyau particulier de substance grise, situé dans le tronc cérébral, d'où la paire prend naissance. Après avoir traversé la substance blanche qui forme l'enveloppe extérieure du tronc cérébral, la racine nerveuse arrive à la surface inférieure pour parvenir, après un court trajet et par une ou plusieurs ouvertures pratiquées dans le crâne, jusqu'aux organes périphériques (*fig.* 52, p. 257).

On a assigné aux différentes paires de nerfs du cerveau des numéros d'ordre (dans la *fig.* 52 de *o* à *z*). On leur a donné aussi des noms très-usités et que je cite ici :

1re paire........	nerf olfactif..........	*o*
2e —	— optique..........	*p*
3e —	— oculo-moteur.......	*q*
4e —	— pathétique.........	*r*
5e —	— trijumeau..........	*s*
6e —	— abducteur de l'œil......	*t*
7e —	— facial...........	*u*
8e —	— acoustique.........	*v*
9e —	— glosso-pharyngien......	*w*
10e —	— vague ou pneumogastrique	*x*
11e —	— accessoire de Willis....	*y*
12e —	— hypoglosse.........	*z*

Si l'on examine les nerfs quant à leur distribution et aux fonctions qui en découlent, on peut les distinguer en plusieurs classes déterminées.

L'homme possède un système tactile général, distribué sur toute la surface de la peau, qu'on ne peut considérer comme rattaché à un seul organe ; il a en outre quatre organes particuliers pour les différentes sensations ; le nez pour l'odorat, l'œil pour la vue, l'oreille pour l'audition, et la langue, ainsi que les parties postérieures de la bouche, pour le goût. Chacune des trois premières sensations possède son nerf particulier : nous avons un nerf olfactif, un nerf optique et un nerf acoustique ; quant aux nerfs du goût, ils proviennent non-seulement de la neuvième paire formant le nerf glosso-pharyngien, qui régit plus particulièrement cette sensation, mais encore de certaines parties de la cinquième paire qui se distribuent dans la langue et dans la cavité buccale et peuvent déterminer certaines sensations de goût.

Tous les nerfs spécifiques des quatre sens spéciaux appartiennent au cerveau.

Nous possédons en outre une seconde classe de nerfs qui se distribuent uniquement dans les muscles volontaires, ce sont les nerfs *purement musculaires*, dont les racines ne font pas éprouver de douleurs quand on les sectionne. Le seul résultat de cette blessure est la paralysie du muscle que le nerf mettait auparavant en jeu.

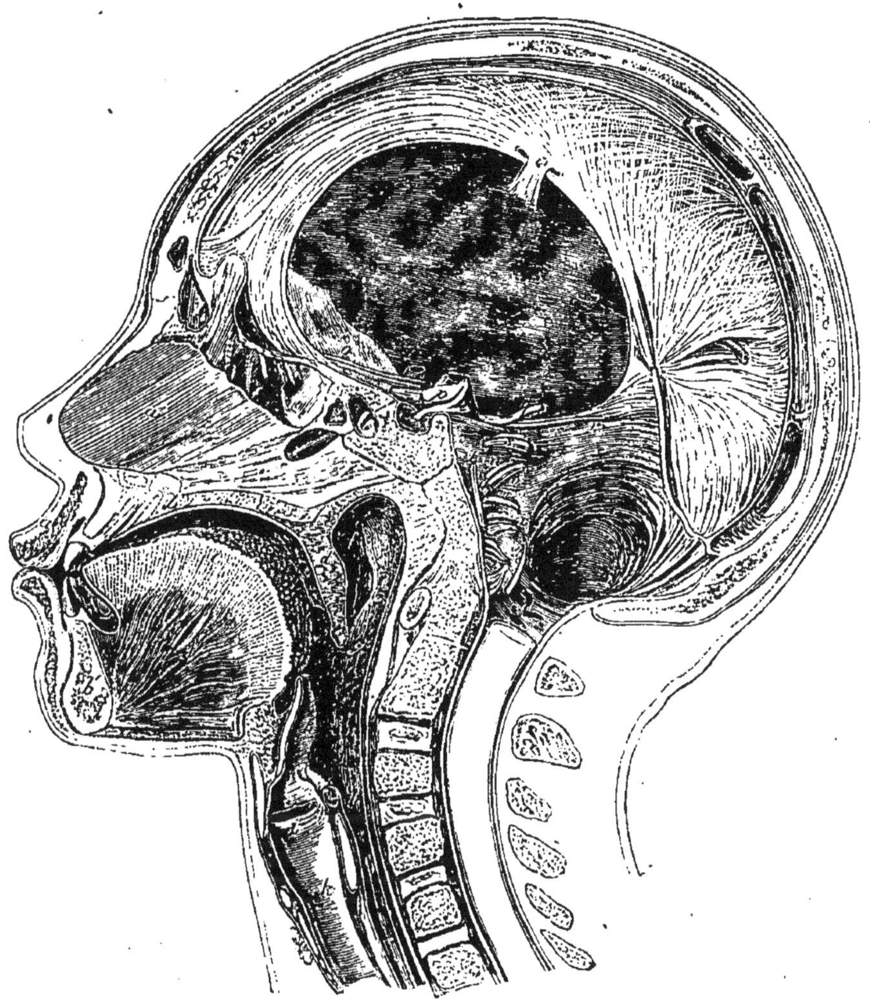

Fig. 52. — Coupe verticale de la tête. Le cerveau est enlevé, ce qui permet de voir les plis de la dure-mère, surtout la faux cérébrale et la tente cérébelleuse, ainsi que toutes les racines des nerfs.

Ici viennent se placer les trois paires de nerfs qui entrent dans les muscles de l'œil, ce sont la 3ᵉ, la 4ᵉ et la 6ᵉ paire de nerfs cérébraux, c'est-à-dire l'oculo-moteur, le pathétique et l'abducteur de l'œil, et dont le premier participe aussi aux mouvements involontaires de la pupille.

Parmi les nerfs musculaires se rangent encore la 7e paire, le nerf facial, qui règle les mouvements du visage, ainsi que la 11e et la 12e paire, le nerf accessoire de Willis ou spinal et l'hypoglosse, dont le premier détermine certains mouvements respiratoires, tandis que le second est le nerf moteur de la langue. On remarque cependant qu'à tous ces nerfs moteurs viennent s'ajouter, immédiatement après leur sortie du cerveau et souvent même déjà dans le crâne, des fibres sensitives peu nombreuses.

Les deux autres paires de nerfs cérébraux, savoir le trijumeau et le nerf vague ou pneumogastrique, ainsi que tous les nerfs de la moelle épinière, sans exception, sont des nerfs *mixtes* : ils provoquent aussi bien le mouvement que la sensation, se distribuent aussi bien dans les organes moteurs que dans les organes des sens, et leur lésion provoque des perturbations dans les deux sortes de fonctions qui incombent aux nerfs.

Nous avons déjà parlé de ce système nerveux particulier que l'on appelle *système nerveux organique, sympathique* ou *ganglionnaire*. Ce système manque complétement de centralisation ; des ganglions isolés ou des amas de ganglions se trouvent partout répandus en quantité parmi les grands groupes de viscères : ils sont rattachés les uns aux autres par des nombreux filaments qui se distribuent à leur tour sur tous les organes, en formant des quantités de réseaux qui entourent les grands et les petits vaisseaux sanguins. Le plus grand de ces réseaux, le *plexus solaire*, se trouve dans le voisinage du creux de l'estomac, où il repose sur l'aorte : il est donc à une assez grande profondeur.

Outre ces réseaux distribués partout, on rencontre encore une série de ganglions reliés entre eux par des cordons intermédiaires qui courent dans les cavités abdominale et thoracique le long des corps des vertèbres pour monter jusque vers la base du crâne.

La réunion de ces ganglions forme le tronc du grand sympathique ; tous les nerfs de la moelle épinière lui envoient de leurs rameaux. Les ganglions de ce tronc qui suit parallèlement la colonne vertébrale à gauche et à droite, sont placés vis-à-vis des ouvertures intervertébrales. On peut donc distinguer les ganglions du cou, de la poitrine et de l'abdomen. Le ganglion le plus élevé de ceux que l'on rencontre au cou, qui se trouve placé à peu près en face de la seconde vertèbre du cou, est un des plus grands de cette chaîne de ganglions : il est relié par des rameaux et des réseaux à la plupart de nerfs cérébraux, et surtout aux nerfs mixtes. On peut dire en général que le système nerveux sympathique ne se trouve que dans les parties du corps qui n'ont ni sensations bien distinctes, ni mouvements volontaires à l'état normal, et que ni les muscles soumis à la volonté ni les organes des sens ne se trouvent en relation avec lui. Le système nerveux sympathique contient surtout (et non pas exclusivement, comme nous le verrons plus tard), les fibres nerveuses qui commandent à l'élargissement et à la contraction des vaisseaux. On peut donc réunir sous le nom de *nerfs vasculaires* ces fibres nerveuses qui ont une influence capitale sur tous les phénomènes de la vie végétative.

Il ressort de ce résumé succinct des rapports anatomiques du système nerveux, que ce dernier forme un système tout ausssi répandu dans le corps que le système vasculaire sanguin. Toutes ses parties sont dans un certain rapport avec le système central qui donne l'impulsion pour les différentes fonctions. De même que les canaux sanguins ramifiés à l'infini partent tous du cœur pour y retourner tous, de même les réseaux si compliqués des nerfs dépendent tous de leurs organes centraux, le cerveau et la moelle épinière ; mais, tandis que le contenu des vaisseaux sanguins est en circulation continuelle et qu'on ne peut concevoir sa fonction que par cette révolution incessante, le système nerveux au contraire se distingue par sa complète immobilité. Ici il n'y a pas de pompe contractile qui maintienne continuellement en circulation le soi-disant fluide nerveux; il n'y a pas de courant visible dans les canaux qui soit capables de transporter la sensation et la volonté, et cependant il est indubitable que les communications sont bien plus rapides dans le système nerveux que dans le système sanguin.

On ne connaît les fonctions du système nerveux en général et les propriétés de chaque nerf en particulier, que par des expériences faites sur des animaux vivants et par les phénomènes observés sur l'homme dans les maladies, ou quand il y a lésion du nerf : c'est là la seule méthode possible pour l'étude des fonctions du système nerveux.

Les observations faites sur l'homme sont cependant rarement exemptes d'erreurs et souvent peu concluantes. Les médecins ayant la malheureuse habitude de présenter sans critique de nombreux cas compliqués dont on ne peut éliminer les sources d'erreurs résultant de la maladie même, ce qui rend impraticable toute conclusion définitive, nous serions encore dans l'ignorance la plus complète sur les phénomènes nerveux si les expériences sur les animaux vivants, les vivisections n'étaient pas venues à notre aide.

Le scalpel peut arriver jusqu'à la plupart des troncs nerveux et des racines nerveuses ; on peut irriter, sectionner, détruire les nerfs, on peut accélérer ou arrêter leur jeu, et les phénomènes qui apparaissent pendant ces opérations, nous donnent seuls des éclaircissements certains sur les fontions du nerf.

Quand on coupe certains troncs nerveux, on voit toujours et immédiatement certains muscles devenir inertes et refuser leur service ; on voit certaines parties de la peau devenir insensibles à tel point qu'on peut les déchirer, les brûler avec un fer rouge, sans que l'animal manifeste aucune sensation douloureuse ; il découle de ces phénomènes que la sensation et le mouvement ont disparu par suite de la section du nerf, et que le nerf par conséquent sert à produire la sensation et le mouvement. Si, après avoir isolé et mis à nu une branche nerveuse, un muscle donné se contracte quand on irrite le nerf isolé, au moyen de l'électricité, par une action mécanique ou des agents chimiques, et que l'animal donne des signes de souffrance, nous en tirons la conclusion que le nerf transmet pour ainsi dire aux muscles l'ordre de se mettre en mouvement, et d'autre part qu'il transporte au cerveau les impressions qu'il reçoit de l'extérieur. Nous pouvons affirmer que nous ne connaissons que les fonctions des nerfs où les moyens d'analyse que nous venons d'examiner soient applicables.

Les expériences sur les nerfs organiques n'ont pas complétement réussi jusqu'à présent, car la divisibilité infinie de leurs rameaux, et le manque de centralisation de leurs cordons et de leurs ganglions ont présenté des difficultés insurmontables pour l'expérimentation. Quant aux fonctions des organes centraux, on ne connaît bien que celles qui se rapportent aux mouvements et aux sensations et que l'on peut étudier sur les animaux en irritant, en blessant ou encore en enlevant certaines parties de ces organes. La plus grande partie des fonctions du cerveau qui se rapportent aux phénomènes de l'intelligence est encore entourée d'obscurité, par la simple raison qu'il est impossible de voir les pensées d'un animal et de se convaincre des différences qui se montrent dans l'activité mentale après la lésion de l'une quelconque des parties du cerveau. Nous pouvons évaluer le plus ou moins de douleurs que ressent un animal en observant les cris qu'il pousse et les mouvements défensifs qu'il fait ; nous pouvons même ainsi calculer approximativement et d'une manière générale, l'intensité des sensations qu'il éprouve ; nous pouvons constater la paralysie provoquée par la lésion de certaines parties du cerveau ; nous pouvons enfin constater aussi les contractions provenant de l'irritation de certaines parties ; mais nous ne pouvons aller beaucoup plus loin. Il n'est pas possible de se rendre autrement compte des rapports des diverses parties du cerveau avec les fonctions de l'intelligence, qu'en étudiant les états maladifs de l'homme et les lésions que peut présenter le cerveau d'un malheureux blessé ; dans ce champ, l'expérience sur les animaux nous fait encore plus défaut que dans les recherches sur le système ganglionnaire. Les seuls moyens d'élucidation nous sont donc offerts par la médecine et par la chirurgie. Nous ne pouvons donc pas nous étonner si nos connaissances relatives à ces sujets se réduisent à peu près à rien.

LETTRE XI

LES FONCTIONS DES NERFS

Si l'on ouvre le canal vertébral d'un animal vivant, de préférence celui d'une grenouille ou d'un jeune chien ayant les os
encore tendres, si cette brisure se fait dans les environs de la
région lombaire et que de cette façon la moelle épinière soit découverte dans sa partie inférieure, on peut voir les racines doubles des différents cordons nerveux prenant naissance dans la
moelle épinière, et allant aux extrémités postérieures. (Voy.
fig. 53.) Les racines postérieures qui sont munies d'un ganglion
sont libres et peuvent être vues immédiatement à l'œil nu. Si l'on
soulève ces racines pour regarder au-dessous, on voit sur la même
ligne et dans le même rang, les racines antérieures qui n'ont
pas de ganglions. Si on touche, pince ou pique les racines
postérieures, si on les irrite par le contact des deux fils d'une
pile galvanique, l'animal opéré ressent les plus vives douleurs ;
si l'on passe un très-fin scalpel sous les racines postérieures qui
sont munies d'un ganglion, et qu'on les sectionne, l'animal qui
subit l'opération pousse des cris lamentables au moment de la
section. Les extrémités coupées qui ne sont plus en relation avec
la moelle épinière peuvent alors être soumises à tous les traitements possibles sans que l'animal en souffre, tandis que le plus

petit attouchement du tronçon qui pend encore à la moelle épinière provoque des cris de douleur, semblables à ceux dont nous avons parlé plus haut. Si l'on a eu la précaution de couper les racines postérieures de tous les nerfs qui entrent dans la

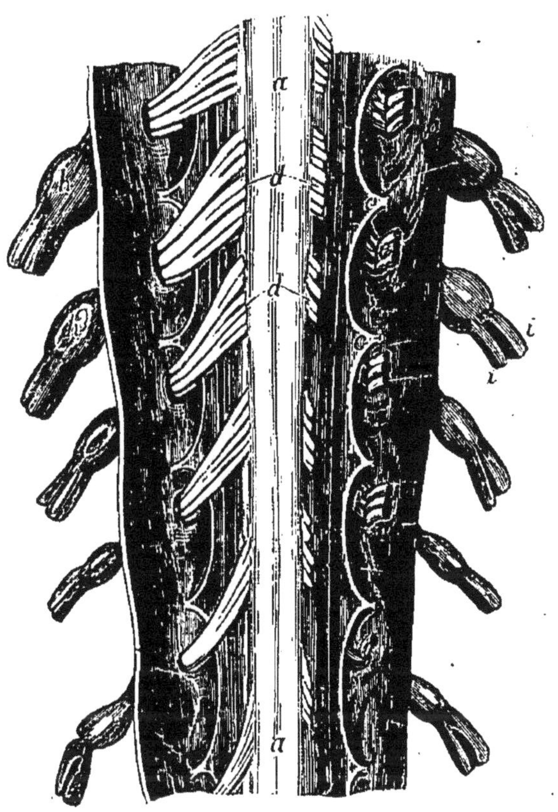

Fig. 55. — Une partie de la moelle épinière de l'homme, grandeur naturelle. Par une coupe longitudinale on a fendu toutes les enveloppes en les rejetant de côté pour mettre à nu la face dorsale de la moelle avec (*a*) son sillon médian; *b*, l'enveloppe externe (la dure-mère) rejetée à gauche, enlevée à droite; *c*, ligament dentelé couvert par l'arachnoïde; *d*, les racines postérieures des nerfs, coupées à droite; *e*, les parties coupées et rejetées de ces mêmes racines; *f*, racines antérieures, visibles seulement à droite; *h*, les ganglions formés par la racine postérieure; *i*, les nerfs sortant des ganglions, coupés.

patte sur un côté du corps, la sensibilité de la patte tout entière est complétement supprimée. On peut brûler la patte avec un fer rouge, quand les racines des nerfs postérieurs sont sectionnées, sans que l'animal manifeste aucune douleur, tandis qu'avant le sectionnement une piqûre d'épingle pouvait le faire crier.

L'insensibilité la plus complète des parties dans lesquelles se rend un nerf spinal dont on a sectionné la racine postérieure est donc un fait incontestable et facile à démontrer.

On trouve des résultats tout différents quand on irrite ou sectionne les racines antérieures qui n'ont pas de ganglions. L'irritation quelle qu'elle soit a pour résultat immédiat une contraction violente des muscles dans lesquels se distribue le nerf. Chaque fermeture et chaque interruption d'un courant galvanique qu'on met en rapport avec la racine antérieure provoque une contraction des muscles ; si l'on coupe les racines antérieures des nerfs qui vont à la patte, l'animal ne pourra plus la bouger. Si on pince le pied paralysé, l'animal hurle, cherche à s'enfuir et essaye de faire des mouvements pour éviter la douleur. Tous ses efforts restent sans résultat, les muscles ne fonctionnent plus et le pied est complétement paralysé. Si l'on pince les tronçons radicaux des racines antérieures qui sont encore rattachés à la moelle épinière, on ne remarque aucune douleur chez l'animal ni aucune réaction dans une autre partie du corps ; mais, si l'on irrite la partie des racines qui est encore en relation avec les nerfs tout en étant séparée de la moelle épinière, il y a des phénomènes de mouvement et des contractions musculaires identiques à ceux qu'on observe quand les nerfs sont encore en rapport avec la moelle épinière.

Le résultat de la section dans les nerfs spinaux des racines antérieures dépourvues de ganglions est donc la paralysie complète des muscles dans lesquels ces nerfs se distribuent.

Les expériences dont nous venons de parler étaient rangées parmi les plus cruelles qu'on pût faire subir aux mammifères avant qu'on connût l'usage du chloroforme. Les résultats sont d'ailleurs si concluants qu'ils ne peuvent être mis en doute. On peut facilement faire ces expériences sur des grenouilles ; et l'on sectionne souvent à la patte gauche par exemple toutes les racines postérieures, et à la patte droite toutes les racines antérieures ;

on peut ainsi étudier ces phénomènes si différents sur le même animal. La patte droite est alors paralysée ; la grenouille ne peut plus la remuer, elle est obligée de ramper et de traîner sa patte après elle, car elle est devenue incapable de sauter. Mais si l'on opère une piqûre à la patte paralysée, la grenouille cherche à s'enfuir et à écarter avec la patte gauche l'instrument, cause de sa douleur. La patte gauche conserve par conséquent tous ses mouvements et obéit à la volonté. Mais elle est devenue en revanche complétement insensible ; on peut mettre dessus un charbon brûlant sans que la grenouille fasse le moindre mouvement pour retirer sa patte.

Ces expériences prouvent manifestement que les deux racines d'un nerf spinal ont des fonctions toutes différentes. La racine postérieure qui est munie d'un ganglion transmet la sensation et la racine antérieure le mouvement. On voit aussi que ces racines ne sont susceptibles d'exercer leurs fonctions que lorsqu'elles sont en rapport avec la moelle épinière. Si cette continuité immédiate entre le nerf et la moelle est supprimée d'une façon quelconque, soit par une ligature, soit par le sectionnement ou par une forte pression, le nerf cesse de fonctionner, la sensation et le mouvement disparaissant tous deux.

Les expériences que l'on vient de décrire n'ont cependant pas des résultats aussi rigoureusement exacts qu'on pourrait le croire ; la racine antérieure servant au mouvement possède en effet une certaine sensibilité très-obtuse. Mais cette sensibilité est d'autant plus appréciable que la partie de la racine sur laquelle on opère est plus éloignée de la moelle épinière. Des expériences très-exactes ont prouvé que cette sensibilité de la racine antérieure provient de fibres nerveuses récurrentes qui passent de la racine postérieure à la racine antérieure. Les fibres sensitives mêlées à la racine antérieure viennent donc aussi dans ce cas de la racine postérieure, mais elles se séparent de cette dernière après la réunion des deux racines pour retourner par la racine antérieure à la moelle épinière.

Si les expériences fondamentales que nous venons de relater

nous prouvent qu'il y a une différence capitale entre les diverses fibres nerveuses qui partent de la moelle épinière, ces expériences nous expliquent encore bien d'autres principes nécessaires pour comprendre les fonctions des nerfs. Nous avons vu qu'une irritation des fibres nerveuses provoque chez elles le jeu de la fonction qu'elles remplissent dans la vie, et que cette fonction dépend des organes centraux. Aussi longtemps que la racine motrice est encore rattachée à la moelle épinière, l'animal peut, par sa seule volonté, contracter les muscles qui dépendent de cette racine. Mais du moment que la continuité n'existe plus, le jeu des muscles ne peut plus être déterminé que par d'autres irritations externes ou internes ne dépendant plus du système nerveux central. L'irritation a donc sur les fibres nerveuses la même influence que l'impulsion partie du système nerveux central. En irritant les nerfs séparés du système nerveux central, nous pouvons donc étudier leurs fonctions spéciales, et cela d'autant mieux que, séparés de l'organe central, ils ne dépendent plus des phénomènes complexes qu'on observe chez ce dernier et qui pourraient troubler l'expérience.

Ces irritations peuvent, comme on l'a maintes fois prouvé, être provoquées par les moyens les plus différents. Les irritations chimiques produites, par exemple, par des bases énergiques, des acides, des dissolutions de sels très-concentrées, etc., provoquant en général l'activité des nerfs pour la détruire plus tard complétement. L'eau elle-même peut agir sur les nerfs, elle en provoque le jeu, mais détruit bientôt leurs fonctions en déterminant des altérations de la substance nerveuse même. Les changements de température sont aussi des irritants, car l'animal sent la chaleur et le froid ; mais si cette chaleur et ce froid deviennent trop considérables et continuent trop longtemps leur action, la fonction du nerf est détruite de même. Les irritations mécaniques ont une influence bien plus considérable. Cette influence est d'autant plus énergique qu'elle est plus rapide et plus immédiate. Une pression puissante arrête la conductibilité du nerf, une secousse violente irrite l'organe jusqu'à provoquer le tétanos, mais la paralysie se présente ensuite. De toutes ces actions, celle de l'électricité, quelle qu'elle soit, est cependant la plus puissante. Elle agit même encore quand tous les autres irritants sont devenus impuissants. Nous ne pouvons entrer ici dans plus de détails sur les rapports réciproques de l'électricité et des nerfs ; nous nous contenterons donc de remarquer qu'un muscle qui contient un nerf intact se contracte aussitôt qu'on ferme le courant d'une pile faible ; ce courant peut être simple ou induit. Si le nerf est en train de s'épuiser, on peut, en fermant ou en interrompant le courant de la pile, provoquer des contractions, et quand le nerf a atteint le minimum d'irritabilité, on ne constate plus de contractions, si ce n'est au moment où le courant est interrompu ou rétabli et suivant la direction qu'il a par rapport à la conduite normale du nerf. Un affaiblissement ou une augmentation lente et graduelle du courant de la pile ne provoque pas de contraction. Il faut, pour que le muscle se contracte, que le courant soit plus ou moins brusquement interrompu ou changé. Si l'appareil électrique, dont on se sert pour ces expériences est par exemple une machine à rotation, qui, dans un temps excessivement court, donne une grande quantité de chocs par la fermeture ou l'interruption continuelle du courant, cette série de contractions provoquera dans les nerfs moteurs un véritable tétanos, et dans les nerfs sensitifs une douleur intolérable et prolongée indéfiniment. On se permet quelquefois, dans les cabinets de physique, une plaisanterie assez innocente du reste. On fait saisir par quelqu'un les pôles d'une machine de rotation et on se met à tourner la manivelle. Malgré la douleur qu'il ressent, le malheureux ne peut lâcher les manches qu'il a saisis, les secousses répétées lui faisant crisper les doigts. Cette forte action sur les nerfs est employée souvent en médecine pour le traitement de paralysies, de névralgies et autres maladies analogues.

Les expériences que nous venons de citer nous montrent du reste que la substance nerveuse s'altère assez vite et que les fonctions des nerfs peuvent être facilement paralysées par différentes influences. Tous les nerfs irrités se fatiguent lorsque cette irritation est prolongée, et ils s'épuisent à la fin à tel point qu'aucune réaction n'est capable de leur rendre à nouveau leur activité. Cet épuisement est de durée différente suivant le degré d'irritation et la nature du nerf. A la fin de la période d'épuisement, le nerf est ramené à l'état dans lequel il se trouvait auparavant, et l'irritation peut de nouveau agir sur lui. Les diverses espèces de nerfs offrent une résistance très-différente à l'épuisement, les uns se fatiguent très-lentement, les autres assez vite. On peut aussi se convaincre que des nerfs qu'un certain genre d'irritation ne peut plus mettre en jeu, peuvent être influencés par des irritations d'une autre espèce. La manière dont les nerfs nous communiquent l'irritation est aussi très-différente, on peut s'en rendre compte surtout dans les nerfs sensitifs dont les uns ne nous transmettent qu'une douleur faible et vague, les autres une douleur très-vive ; nous savons par notre propre expérience que chaque espèce de douleur a ses caractères particuliers, et ceux surtout qui ont le malheur de souffrir de névralgies saisissent très-bien ces différences.

Revenons cependant de cette digression pour nous occuper des particularités spécifiques des nerfs. Nous avons reconnu qu'il part de la moelle épinière deux sortes de fibres nerveuses : les fibres motrices et les fibres sensitives. On trouve le même résultat en examinant la plupart des nerfs cérébraux, qui, lorsqu'on les irrite, tantôt font éprouver de la douleur, tantôt font contracter certaines parties. L'irritation et la section des *nerfs des sens* provoquent au contraire des phénomènes tout différents. Si l'on coupe le nerf optique sain, ce que l'on fait quelquefois sur l'homme quand il s'agit d'enlever un œil attaqué d'un cancer, le patient n'éprouve aucune douleur et les muscles de l'œil ne sont pas paralysés. Au moment où le nerf est coupé, l'individu opéré a une sensation lumineuse ; il voit comme une mer de feu ; mais cette apparition ne dure qu'un moment : elle passe comme un éclair pour faire place à la nuit profonde. Les animaux dont on coupe séparément les deux nerfs optiques ne manifestent aucune douleur, les mouvements du globe de l'œil restent les mêmes, mais la vision cesse. L'œil dont le nerf optique est coupé ne perçoit plus la lumière. On peut lui présenter une bougie allumée, ou en approcher vivement le doigt, sans que les paupières se ferment, ce qui a lieu quand les yeux sont en bonne santé. On a souvent pu étudier des cas dans lesquels le nerf optique de l'homme avait été détruit par la maladie ou comprimé par des tumeurs. Une cécité incurable a toujours été le symptôme de ces maladies ; il en est de même pour les autres nerfs sensuels. Si le nerf olfactif est coupé, détruit par la maladie ou s'il fait défaut depuis la naissance, le nez ne perçoit plus aucune odeur. La surdité incurable de certains enfants sourds-muets provient souvent d'une dégénérescence ou d'un manque complet du nerf auditif. La sensation du tact et de la douleur dans les trois organes sensuels dépend, de même que le mouvement des muscles qui y sont attachés, d'autres nerfs séparés des nerfs sensuels.

Nous pouvons donc distinguer dans les fibres nerveuses périphériques partant du système nerveux central trois classes de fonctions essentiellement différentes : les unes transmettent la sensation, et leur irritation provoque toujours une certaine douleur dont l'intensité dépend du degré d'irritation ; ce sont les *fibres nerveuses sensibles.*

La seconde catégorie de fibres nerveuses provoque aussi des sensations. Leur activité se dirige aussi de la périphérie au centre, mais ce ne sont là que des sensations toutes spécifiques rendues possibles par des appareils particuliers ; on les appelle les *nerfs des sens* ou les *nerfs sensuels.*

La troisième classe de nerfs ne fait que communiquer les mouvements volontaires, elle provoque la contraction des muscles, la direction de son activité est centrifuge ; cette classe contient *les nerfs moteurs.*

Une quatrième espèce de fibres nerveuses sont les *nerfs vasculaires* qui n'ont nulle part de racines isolées, mais semblent se trouver mêlés en plus ou moins grande quantité à tous les troncs nerveux ; on ne les trouve pas cependant dans les nerfs sensuels;

nous en reparlerons du reste. Ces fibres nerveuses se rallient aux nerfs moteurs, soit par leur fonction qui est de contracter les parois des vaisseaux, soit aussi par le sens suivant lequel se dirige leur activité ; elles diffèrent cependant des nerfs moteurs en ce qu'elles sont complétement indépendantes de la volonté. Les nerfs sensibles et les nerfs sensuels se ressemblent en un point, qui est de transporter de l'extérieur au cerveau les sensations qu'ils éprouvent. Le tact, la lumière, le son, l'odeur et le goût sont perçus par une certaine partie du corps et conduits jusqu'à l'organe central ; la direction de l'activité de ces nerfs est donc de l'extérieur à l'intérieur, de la périphérie au centre. Il n'en n'est pas de même des fibres motrices : elles n'éprouvent aucune sensation, et servent à transmettre la volonté du cerveau aux muscles. Nous sommes ainsi, grâce à elles, maîtres de nos mouvements, et nous pouvons ordonner pour ainsi dire à telle ou telle fibre musculaire de se contracter et de produire le mouvement que nous voulons faire. La direction de l'activité de ces nerfs est donc de l'intérieur à l'extérieur ; elle est centrifuge dans les fibres motrices et centripète dans les deux autres sortes de nerfs.

Cette manière de voir découle directement et de la façon la plus naturelle et la plus simple des expériences et des observations. Mais il en est de nos conclusions directement appuyées sur l'observation comme de l'opinion que l'on peut avoir sur les rapports entre la terre et le soleil. L'observation immédiate nous montre que le soleil se lève et se couche, tandis que la terre reste stationnaire ; l'observation directe nous enseigne donc que le soleil tourne autour de la terre. Mais une observation plus consciencieuse, une critique détaillée de tous les faits nous démontre, au contraire, que la terre tourne autour du soleil.

Les recherches exactes sur les propriétés électriques des nerfs et les observations au microscope que l'on a faites dans les temps modernes ont en effet conduit la plupart des observateurs à croire que toutes les fibres nerveuses sont de même nature, que toutes communiquent l'irritation reçue dans les deux sens, et que leur activité différente et la direction en apparence opposée de leur action dépendent seulement des organes dans lesquelles elles se distribuent ainsi que de l'endroit où elles naissent dans l'organe central. Cette opinion a pour elle un nombre considérable de faits, dont nous mentionnons les suivants. Les racines motrices et sensitives dont la réunion forme les nerfs mixtes du corps se séparent à leur entrée dans l'organe central ou même avant ; ces racines naissent par conséquent dans des parties différentes de l'organe central. Un autre fait assez concluant, c'est qu'il existe à l'extrémité des nerfs des organes ayant des formes particulières et qui évidemment perçoivent des irritations spécifiques. Enfin, l'expérience a fini par donner des preuves directes. Expliquons ici plus particulièrement l'une de ces expériences les plus concluantes.

Si l'on sectionne un nerf et qu'on le sépare ainsi de l'organe central, les fibres nerveuses dégénèrent depuis l'endroit où elles ont été coupées jusqu'à leur extrémité périphérique. Elles perdent leur tranparence, se plissent et deviennent granuleuses et grises. Mais si la blessure se referme et que la continuité du nerf se rétablisse, les fibres reprennent leur aspect normal et leur conductibilité. Du reste, ce ne sont pas seulement les extrémités d'un nerf, mais encore des tronçons de nerfs différents que l'on peut réunir après les avoir sectionnés. C'est sur ce fait qu'on a basé l'expérience suivante :

La langue contient deux nerfs de fonctions toutes différentes ; l'un, l'hypoglosse, est un nerf purement moteur. Elle contient en outre une branche de la cinquième paire, du trijumeau ; ce rameau, qu'on appelle le nerf lingual, est purement sensitif. La direction de l'activité du premier est donc centrifuge, et celle de l'activité du second centripète. Dans le cou des chiens, ces deux nerfs marchent pendant un certain temps côte à côte. On les a mis à nu, on les a sectionnés, et on a enfin arraché, avec toutes ses racines, le tronçon de l'hypoglosse venant du cerveau. La moitié cérébrale de l'hypoglosse étant ainsi détruite, on a isolé une portion périphérique assez grande du nerf lingual sensitif, et on l'a complétement enlevée ; il ne restait donc, après l'opération, que le tronçon cérébral du lingual et la partie périphérique de l'hypoglosse. On a réuni ces deux tronçons, et l'on a enfin attendu avant de faire des expériences, que la guérison fût complète, ce qui pouvait se démontrer par le rétablissement des fibres nerveuses dégénérées après l'opération. On avait donc réuni à la racine venant du cerveau d'un nerf sensitif centripète l'extrémité périphérique d'un nerf moteur centrifuge. Si, au bout de quatre mois environ on examine l'animal opéré et guéri, on trouve qu'en pinçant le côté de la langue dans lequel se distribue le nerf moteur; l'animal manifeste de la douleur, et que la partie de la langue où se trouve le nerf sensitif se contracte quand on irrite ce nerf au-dessus du lieu où s'est faite la guérison. Si l'on coupe le nerf à ce dernier endroit, l'animal éprouve de la douleur, et sa langue se contracte en même temps avec violence ; le même phénomène se présente toutes les fois que l'on irrite le nerf sectionné au-dessus de l'endroit où la blessure s'est cicatrisée. Les fibres cicatrisées ont donc une activité qui se dirige dans les deux sens, et l'irritation peut se manifester aux deux bouts, parce que les deux extrémités du nerf réunies artificiellement sont en relation avec les organes terminaux correspondants.

Ces expériences, toutes concluantes qu'elles soient, ne peuvent cependant nous servir que pour la conception générale de la conductibilité nerveuse. En réalité et dans la pratique, qu'il s'agisse d'un corps malade ou d'un corps en bonne santé, nous n'avons affaire qu'à des nerfs dont l'action a une direction déterminée et qui relient deux points extrêmes connus, la périphérie et l'organe central. Les résultats que nous donnent les expériences faites sur les racines nerveuses sont les mêmes pour toute la longueur de chaque tube primitif particulier : la fonction de chaque tube est complétement isolée dans toute la longueur de ce tube, tout aussi bien que le tube lui-même est complétement isolé dans toute sa longueur. Si on irrite un tube primitif, il entrera seul en activité et gardera l'activité qui lui est propre. Les autres tubes qui se trouvent dans le même faisceau nerveux ne prennent aucune part à son activité. La réaction est toujours la même, que l'on opère sur le tube nerveux à sa sortie de la moelle, ou bien que l'on opère sur le tronc ou près de son extrémité périphérique. L'activité du nerf que l'on irrite est exprimée par la douleur, par des sensations ou des mouvements sur toute la longueur du tube, et cela de la même façon.

Chaque tube primitif d'un nerf périphérique est donc un tube conducteur isolé dans toute sa longueur, et dont la fonction ne varie pas depuis son extrémité périphérique jusqu'à l'organe central.

Grâce à l'isolement de chaque tube primitif dans toute sa longueur, on a pu installer des expériences dans le but de chercher quel était le champ de distribution de chaque groupe de tubes primitifs contenus dans un tronc nerveux commun. Les tubes primitifs ou les petits groupes formés par eux deviennent tellement déliés que l'on ne peut plus les suivre par la dissection anatomique ; mais, après les avoir coupés à leur racine chez un animal vivant, on peut rechercher le trajet des fibres dégénérées. Cette recherche n'est d'ailleurs pas toujours facile à faire, beaucoup de nerfs prenant naissance dans des *plexus* qui sont disposés de telle façon, que plusieurs faisceaux nerveux se réunissent en un seul pour se séparer de nouveau un peu plus loin. On peut suivre la route de chaque tube primitif à travers ces plexus jusque dans les rameaux en examinant sur différentes places l'effet de la dégénérescence, ce qui permet de constater la continuation des fibres dans l'espace intermédiaire. On a trouvé, de cette façon, que la route que suivent certaines fibres est très-compliquée, et que surtout à travers les plexus et les ganglions du système sympathique, certains tubes nerveux se rendent à un champ de distribution qu'on n'aurait pas soupçonné en les examinant à la racine. La détermination de ces trajets et des domaines de terminaison de chaque groupe de fibres est d'une importance capitale, non-seulement en physiologie, mais surtout en médecine et en chirurgie, où il est nécessaire de connaître exactement le champ de distribution d'un nerf ainsi que son influence propre. Sous le point de vue physiologique seul, il n'est peut-être pas très-important de savoir

si les fibres nerveuses qui mettent en mouvement quelques muscles ou donnent de la sensibilité à une portion déterminée de la
peau ou des viscères, appartiennent à tel ou tel tronc nerveux ;
mais cette connaissance est très-utile au médecin qui doit déduire
des changements maladifs observés, des souffrances du patient,
des mouvements extraordinaires qu'il fait ou des paralysies de
certaines parties du corps, des conséquences propres à le guider
dans l'emploi de ses remèdes. Le siége de ces phénomènes morbides peut se trouver dans une tout autre partie du corps. L'intérêt que le physiologiste porte aux fonctions de certains nerfs
grandit en revanche considérablement, si ces nerfs ont pour
but de diriger les fonctions capitales du corps, telles que la respiration, la circulation ou la digestion. Sous ce point de vue, il y
a quelques nerfs cérébraux qu'il est bon d'étudier, et nous donnons ici une courte esquisse de leurs fonctions.

La cinquième paire de nerfs cérébraux, qui forme le *nerf trijumeau*, a des racines des deux sortes ; de ces deux racines, l'une
est plus forte et sensitive, et l'autre plus petite et motrice ; c'est
cette dernière qui provoque les mouvements masticatoires. Un
grand ganglion, appelé le ganglion semilunaire ou de Gasser, se
trouve à la racine sensitive, ce qui fait que la structure de ce nerf
ressemble en somme à celle d'un nerf spinal. On peut, au moyen
d'un instrument particulier, couper chez les lapins ou chez les
jeunes chiens qui n'ont pas des parois crâniennes très-épaisses, le
nerf trijumeau en dedans de la cavité du crâne. On peut ainsi paralyser complétement les fonctions de ce nerf ; les phénomènes
observés, après cette opération, concordent en tous points avec les
symptômes observés chez les hommes dont le nerf trijumeau est
paralysé par une cause quelconque. Le trijumeau est le nerf sensitif principal du visage ; il est peut-être le plus sensible de tous
les nerfs du corps ; les animaux poussent des cris terribles quand
on le coupe, et l'on sait que les maux de dents et les névralgies
de la face peuvent être rangées parmi les plus atroces souffrances que puisse supporter l'homme. Quand on a coupé ce nerf
ou qu'il est paralysé par la maladie, toute la moitié du visage

dans laquelle il se distribue, devient insensible. La peau du front et des joues, la muqueuse interne du nez et celle de la bouche n'éprouvent plus aucune sensation. On peut alors piquer avec une épingle la joue, la langue ou le nez sans que le malade manifeste aucune douleur. On peut même, avec cette épingle ou avec un morceau de papier gratter l'œil ou l'intérieur des paupières du patient sans qu'il s'en ressente. Cette paralysie du nerf est suivie de maints phénomènes intéressants. Si le malade, dont le nerf est paralysé d'un côté, se met à boire, il lui semble que le verre dans lequel il boit est cassé du côté où le visage est insensible. S'il se met à manger, les aliments qui arrivent sur le côté insensible de la langue et des dents n'existent plus pour lui ; il croit les avoir laissés tomber. Il arrive souvent aussi que le malade se mord la langue sur le côté paralysé, car aucune sensation de douleur ne lui révèle la présence de la langue entre les dents. Comme les muscles masticateurs qui sont mis en mouvement par la petite racine du trijumeau sont paralysés de même, le malade s'habitue peu à peu à ne mâcher qu'avec le côté de la bouche qui est encore sensible : les dents s'usent alors plus rapidement de ce côté, et celles du côté opposé prennent souvent des formes étranges. Comme le trijumeau contient une quantité de fibres vasculaires, on observe aussi un grand nombre de phénomènes qui démontrent que ces dernières sont parlysées sur un côté de la tête. Les vaisseaux deviennent flasques, s'élargissent et se remplissent complétement de sang ; il y a alors ce qu'on appelle une injection passive dont le résultat est une sécrétion plus grande et une plus grande irritabilité dans les organes remplis de sang. C'est l'œil surtout qui souffre dans cette circonstance, et si l'on n'empêche pas avec soin toute irritation extérieure provenant de l'attouchement de grains de poussière, etc. (ce qui est surtout difficile chez les animaux, puisque la sensation, qui témoigne de la présence de ces petits corps étrangers, n'existe plus), l'œil devient malade et se détruit par la suppuration.

Le nerf trijumeau a une action tout opposée à celle du *nerf facial* de la septième paire ; ce dernier est, en effet, le nerf moteur du visage; il permet l'expression mimique et les jeux de physionomie qui accompagnent les sensations. La section de ce nerf, dont on peut étudier souvent les conséquences sur des étudiants allemands, frappés au visage dans un duel à la rapière, entraîne la paralysie de la moitié de la figure. Les muscles du côté blessé pendent inertes; on est obligé d'ouvrir les paupières avec les doigts, et, du côté paralysé de la bouche, s'échappent souvent les aliments et les boissons que le malade sent glisser, mais qu'il ne peut retenir par des mouvements appropriés. Si la paralysie continue, le visage se tire peu à peu vers le côté intact, car les muscles paralysés de la partie malade ne peuvent plus contre-balancer la contraction des muscles du côté sain. Le nerf facial contient en outre des nerfs vasculaires qui se distribuent dans les deux glandes salivaires principales, la parotide et la glande sous-maxillaire. Si on détruit ce nerf dans le crâne, la sécrétion de la salive est supprimée.

Une paire de nerfs des plus intéressantes par rapport à sa distribution dans le corps est la dixième, qui forme le *nerf vague* ou *pneumogastrique*. Ce nerf prend naissance à l'arrière de la tête dans la moelle allongée, et contient une quantité de fibres dont la plus grande partie est sensitive et la plus petite motrice. Très-près de son point d'origine, ce nerf reçoit la plus grande partie des fibres de la onzième paire, qui est motrice, et constitue le *nerf accessoire*; puis il continue sa route dans le cou, à côté de l'artère carotide. L'oreille externe, une partie du palais, le larynx, l'œsophage et l'estomac, la trachée-artère, les poumons et le cœur reçoivent des rameaux provenant de la réunion de ces deux nerfs, et les fonctions de nutrition, de digestion, de respiration et de circulation, qui ont lieu dans ces organes, sont en liaison intime avec le nerf vague; ce dernier devient, par sa réunion avec le nerf accessoire, un nerf mixte, et entre alors en rapport avec les mouvements, la nutrition et les sensations des organes mentionnés.

La section du nerf vague est très-douloureuse pour les chiens et les chats; ils poussent des cris lamentables au moment de l'opération, et les parties où se distribue le nerf deviennent insensibles. La sensibilité des lapins est bien moins grande. Si, après avoir sectionné le nerf, on chatouille le larynx, le gosier ou la muqueuse de la trachée-artère, cette opération, qui ordinairement provoque la toux, n'a plus aucune influence. La partie inférieure de l'œsophage est paralysée ; les animaux peuvent faire descendre alors les aliments et les liquides qu'ils avalent jusqu'au milieu de l'œsophage. Là, les aliments s'arrêtent, dilatent l'œsophage, qui est paralysé, et sont enfin rejetés par vomissement. On voit des chiens, ainsi opérés, avaler plusieurs fois de suite ce qu'ils ont vomi et le rejeter de nouveau. Si l'on a pratiqué une fistule dans l'estomac de manière à pouvoir examiner l'intérieur de cet organe, on trouve que ses mouvements continuent, mais que la sécrétion du suc gastrique devient moindre un certain temps après le sectionnement du nerf vague, parce qu'aucun liquide ne vient remplacer dans le sang ce que les glandes gastriques en ont extrait. De l'eau injectée dans l'estomac est complétement absorbée, et immédiatement après cette absorption, la sécrétion du suc gastrique et la digestion se rétablissent d'une façon normale. Les phénomènes que l'on observe dans l'estomac après la section du nerf vague, ne dépendent donc ni d'un arrêt dans les mouvements de l'estomac, ni de l'arrêt de la sécrétion gastrique, ni d'une perturbation dans la digestion. Ce ne sont là que les suites générales de l'opération, qui est difficile et fort dangereuse, combinées avec le manque de liquides dans la masse du sang, et par suite dans l'estomac. Les phénomènes que l'on observe sont donc à peu près identiques à ceux de la soif. Les battements du cœur deviennent tremblants, irréguliers, et beaucoup plus nombreux. Cependant, l'influence du sectionnement sur les mouvements du cœur n'est pas assez considérable pour être seule la cause de l'affaiblissement de la santé. Les troubles de la respiration contribuent pour une large part au malaise général ; l'animal ne tire l'haleine qu'avec difficulté, ce qui provoque la fièvre, l'abaissement de la température du corps, l'amaigrissement et enfin la mort.

La respiration se ralentit énormément ; elle devient de plus en plus pénible. L'inspiration est très-lente et profonde, et l'expiration rapide et saccadée. Ces phénomènes dépendent de diverses circonstances. La sensibilité du larynx est détruite par la section du nerf vague, et les mouvements de ce même larynx, qui sont si importants pour la respiration, s'arrêtent complétement. Les cordes vocales qui laissent entrer et sortir l'air s'affaissent, et la pression de l'air aspiré les referme comme des clapets ; l'animal n'a plus de voix et ne peut plus crier. Ce n'est qu'en aspirant plusieurs fois et fortement, qu'il peut presser un peu d'air à travers la glotte fermée et amener cet air dans ses poumons ; le besoin de respirer devient de plus en plus grand, et si l'on ne pratique pas une ouverture à la trachée-artère, au-dessous du larynx, l'animal étouffe d'autant plus vite qu'il est plus jeune. Dans le cas où l'on fait une ouverture artificielle au-dessous du larynx, l'animal vit plus longtemps ; mais, malgré cette opération, la respiration devient toujours plus lente et plus difficile, et l'on peut constater que les mouvements respiratoires, ainsi transformés, deviennent insuffisants pour les besoins de l'économie animale.

Les phénomènes qui se passent dans le larynx sont moins importants chez les animaux plus âgés : la partie postérieure des cordes vocales laisse toujours chez ceux-ci une certaine ouverture appelée la glotte respiratrice, ce qui fait que l'entrée de l'air est toujours possible quoiqu'elle devienne plus difficile ; chez les animaux plus jeunes, au contraire, cette glotte respiratrice n'existe pas encore ; les cordes vocales ne s'écartent point en arrière, leurs bords internes se touchent sur toute leur longueur en ne laissant dans l'état normal qu'une fente très-étroite entre eux. La glotte se fermant donc entièrement chez les jeunes animaux par suite du sectionnement du nerf vague, il faut se hâter d'installer la respiration artificielle, si l'on ne veut voir bientôt arriver la mort par étouffement. Si la vie des animaux dure quelque temps, on voit se produire une maladie pulmonaire particulière, provenant évidemment de ce que les nerfs vasculaires des poumons dépendent

en grande partie du nerf vague et sont, par conséquent, sectionnés avec lui. Les capillaires des poumons s'élargissent, se remplissent de sang, sécrètent une glaire aqueuse qui bouche les canaux
aériens et produit une hydropisie dans les tissus pulmonaires.
Les vésicules aériennes se gonflent énormément à certains endroits ; le sang s'arrête·dans les poumons et s'y coagule. Cette
dégénérescence, qui rend naturellement fort difficile la respiration, est accompagnée souvent d'inflammation partielle des poumons, et l'on peut prouver que cette inflammation vient de corps
étrangers introduits dans les poumons et qui amènent la mort.
Mais les animaux périssent aussi quand on ouvre la trachée-artère
et que l'on empêche l'entrée de corps étrangers au moyen d'un
tube sortant à l'air libre ; dans ce cas il n'y a pas d'inflammation
pulmonaire, et malgré cela les animaux meurent à cause de la dégénérescence des poumons qui sont gorgés de sang. On a voulu
tirer de ces phénomènes la conclusion suivante, à savoir : que
le nerf vague avait une influence directe sur les phénomènes chimiques de la respiration; mais l'arrêt du sang dans les vaisseaux
paralysés suffit complétement pour expliquer tous les phénomènes maladifs et la mort qui en est la conséquence.

On voit que le nerf vague réunit en un seul tronc les fonctions
les plus diverses, la sensibilité et le mouvement; l'appareil nerveux
de la langue, du palais et du pharynx présente au contraire une
grande division pour les différentes fonctions. Ces fonctions mêmes
sont développées à un très-haut degré, ce qui rend leur étude intéressante. La langue est un des organes les plus mobiles du corps ;
la sensibilité de son extrémité antérieure surtout est plus grande
que celle d'aucune autre partie du corps ; les parties antérieures
et postérieures de la langue sont enfin le siége d'une sensation
particulière : le goût, que l'on trouve aussi dans le gosier et au
commencement du pharynx. Chacune de ces fonctions dépend de
nerfs particuliers : le mouvement de l'hypoglosse, le dernier
des nerfs cérébraux ; la sensibilité d'un rameau particulier de la
cinquième paire qui forme le nerf trijumeau, et que l'on appelle le nerf lingual. La sensation du goût dépend du même

nerf lingual et de la 9ᵉ paire, du glossopharyngien, réunis. Si l'on sectionne les *nerfs hypoglosses*, tous les mouvements de la langue sont paralysés; elle pend alors hors de la bouche, les dents la mordent souvent, sans que l'animal puisse la retirer. Malgré cela les blessures faites à la langue sont encore douloureuses, chaque piqûre d'aiguille provoque de la douleur, et, pendant que l'animal mord sa propre langue paralysée, il pousse des cris de douleur. Si l'on sectionne les *branches linguales de la* 5ᵉ *paire*, on constate une insensibilité complète; on peut percer la langue, qui ordinairement est si sensible, avec une épingle rougie au feu sans qu'aucune douleur se fasse sentir. L'animal ne s'aperçoit pas même quand on lui met des aliments sur la langue; les mouvements de la langue restent cependant intacts; il en est de même pour les sensations du goût à la partie postérieure de la langue et au palais; si on touche ces parties avec des substances amères, l'animal manifeste un grand dégoût. Chose étonnante! le même animal auquel on peut déchirer la langue sans qu'il éprouve aucune douleur ne peut supporter l'attouchement d'un petit bâton enduit de coloquinte. Le goût y est donc conservé; mais il a complétement disparu dans le tiers antérieur de la langue; on peut toucher cette partie avec des substances désagréables au goût sans que l'animal s'en défende. Si enfin on sectionne le *glossopharyngien*, le goût disparaît dans les deux tiers postérieurs de la langue et dans le palais; l'animal remue la langue comme auparavant; il sent tous les attouchements mécaniques et toutes les irritations de nature chimique; mais en revanche il dévore de la viande trempée dans des substances amères; il boit de la teinture de coloquinte comme de l'eau pure, et cependant avant l'opération il montrait un grand dégoût pour ces substances.

Des expériences exactes semblent donc prouver que deux nerfs différents transmettent la sensation du goût, que le rameau lingual de la cinquième paire perçoit surtout les goûts doux et aigres, et le glossopharyngien le goût des substances amères.

Les observateurs ont expliqué différemment ces résultats, suivant qu'ils prenaient plus particulièrement en considération la sensibilité tactile si grande de l'extrémité de la langue ou la différence spécifique des sensations transmises. Les uns, comme nous le faisons ici, accordent au rameau lingual de la 5e paire la sensation du goût, d'autres soutiennent que les sensations de ce nerf dont le caractère ne peut d'ailleurs être mis en doute n'appartiennent qu'à une sensation de tact un peu plus délicate.

La solution de cette question dépend, en effet, beaucoup plus des points de vue théoriques auxquels on se place que de l'expérience : elle dépend surtout de la définition philosophique de la sensation. Nous avons distingué plus haut une classe de fibres nerveuses primitives sous le nom de fibres sensibles et nous avons vu que leur rôle était de répondre aux irritations qu'elles éprouvent par la douleur. Mais il serait absurde de croire que les fibres sensibles se ressemblent assez pour n'avoir entre elles d'autres différences que la partie du corps où elles entrent en jeu. Le sentiment de volupté n'est pas le même que le tact qu'on observe dans le doigt, et la sensation de douleur est même différente de la sensation du tact, car nous verrons plus tard que ces sensations paraissent être localisées dans des fibres spinales différentes. La souffrance sourde qu'amènent des blessures aux os diffère de l'affaiblissement que provoquent les blessures pratiquées aux nerfs des parties génitales, et cette douleur à son tour n'a pas de rapport avec la rage de dents. L'activité est donc particulière dans chaque fibre nerveuse, et les sensations que les fibres transmettent ne sont pas moins différenciées. Nous verrons, par l'examen plus approfondi du tact et des sens, que la réaction ainsi que la sensation diffèrent quant à leur quantité dans les diverses fibres primitives : par conséquent les modifications qu'éprouvent les phénomènes sensitifs sont très-grands.

Si nous admettons le principe de n'appeler nerfs sensuels que ceux qui ne répondent aux irritations par aucune douleur, mais par une réaction particulière et spécifique, nous ne pouvons ranger dans leur nombre le rameau lingual de la cinquième paire. Si l'on coupe ce nerf, l'animal ressent une douleur violente, et si le nerf est paralysé, ce qui arrive quelquefois chez l'homme, la sensibilité disparaît. Quant aux nerfs sensuels propres, ils ne présentent aucun phénomène de sensibilité. On a sectionné mainte et mainte fois le nerf olfactif, le nerf optique et le nerf auditif chez des animaux sans que ceux-ci éprouvassent la moindre douleur; on a souvent sectionné le nerf optique pour enlever le globe de l'œil, et l'on sait que le patient voit comme un océan de feu au moment de l'opération, mais ne ressent aucune douleur. Si on irrite le tronçon coupé du nerf optique qui se trouve encore dans la plaie, le malade aperçoit des phénomènes lumineux qui ne sont accompagnés d'aucune souffrance. Mais on n'a pas encore pu découvrir des sensations de goût quand on a irrité le rameau lingual de la cinquième paire.

On ne peut cependant mettre en doute que l'extrémité de la langue ne distingue les corps acides, salés et sucrés; mais on a attribué sans doute une trop grande exactitude à ces sensations.

Il est impossible de sentir, les yeux fermés, la différence qu'il y a entre une solution salée ou sucrée que l'on place sur l'extrémité de la langue. Toutes deux provoquent une sensation différente, il est vrai, mais que l'on ne saurait définir exactement de prime abord. Le véritable goût bien prononcé de ces substances différentes ne se perçoit clairement que lorsque leur solution dans la salive de la bouche s'est un peu répandue dans la cavité buccale. Il faut maintenant se rappeler que l'extrémité de la langue est la partie la plus sensible au tact du corps humain tout entier, et ce fait suffit pour nous expliquer peut-être les phénomènes qu'on observe. Notre doigt nous fait distinguer facilement l'attouchement de l'eau et de l'huile, tandis que le dos ne sent pas cette différence. Certaines sensations de tact qu'un homme inexpérimenté ne perçoit pas se retrouvent chez un autre qui est habitué à les percevoir. Un aveugle qui remplace en partie le sens de la vue qui lui manque par celui du tact, peut perfectionner ce dernier à un haut degré et percevoir par lui des différences dont nous nous rendons compte par l'emploi d'un autre sens.

L'extrémité de la langue est pour la finesse de la perception dans le même rapport avec le doigt que le doigt d'un aveugle exercé avec celui d'un homme qui possède encore l'organe de la vue. Nos doigts ont déjà cessé de percevoir la moindre différence quand l'extrémité de la langue la distingue encore et la sensibilité de l'extrémité de la langue que nous rapportons au goût n'est qu'une sensation de tact plus délicate. Mais cette dernière se confond avec la sensation même du goût, et donne ainsi à l'extrémité même de la langue l'apparence d'une sensibilité qu'en réalité elle ne possède point. On sait, depuis longtemps déjà, que les sens peuvent combiner les sensations qu'ils éprouvent pour n'en plus former qu'une seule, et que nous confondons de même les perceptions différentes transmises depuis le même organe des sens.

Chacun, par exemple, croit que l'ammoniaque a une odeur piquante. Or, l'analyse nous montre que cette odeur n'est qu'une sensation de tact qui provient de l'action de l'ammoniaque caustique sur la muqueuse des fosses nasales. Les substances salées, acides, les dissolutions plus ou moins concentrées produisent sur la langue un courant d'endosmose et des sensations de tact particulières. Ces sensations se confondent avec celles du goût qui ne se présentent que plus tard..

C'est là le raisonnement des savants qui soutiennent que la sensation de goût de la cinquième paire n'est qu'une sensation de tact plus délicate. Nous avons voulu le reproduire pour montrer, par un exemple, comment les mêmes faits constatés par l'observation peuvent conduire à des conclusions différentes lorsqu'on veut les rattacher à des considérations plus générales.

Nous venons d'examiner les influences directes des nerfs qui proviennent des organes centraux, du cerveau et de la moelle épinière. Il n'est pas moins important d'observer aussi les suites indirectes de la suppression de l'influence nerveuse, qui est en rapport avec d'autres fonctions. Quand on a coupé la cinquième paire nerveuse, ce qui se fait très bien chez le lapin dans l'intérieur même du crâne et au moyen d'un instrument particulier, on voit que la nutrition du visage et de l'œil présente des nombreuses altérations. Nous avons attribué ces altérations à la paralysie des nerfs vasculaires qui se trouvent sur la voie du nerf trijumeau. Nous avons vu que l'œil et les parties du visage dans lesquelles se distribue le nerf sectionné se remplissaient de sang, que la sécrétion y était plus abondante, que ces parties présentaient enfin souvent des inflammations amenant une suppuration de l'œil, des hémorrhagies et des abcès dans la bouche et sur la joue.

Les blessures pratiquées sur d'autres nerfs cérébraux donnent des résultats semblables et nous prouvent que là aussi se distribuent des nerfs vasculaires.

Les perturbations dans les phénomènes de nutrition que l'on voit se produire dans les parties où se distribuent des nerfs spinaux sectionnés, par exemple dans des membres paralysés, sont assez constantes il est vrai, mais on peut encore émettre quelque doute à leur égard. On observe souvent que chez des grenouilles auxquelles on a coupé le nerf sciatique, la cuisse paralysée maigrit. En outre l'épiderme s'en va, la moisissure se développe sur le membre, et il est même souvent détruit par la gangrène. Mais ces phénomènes manquent quelquefois complétement et se présentent même chez des grenouilles en bonne santé, suivant le traitement qu'on leur inflige et par suite d'influences encore peu connues. Les mammifères dont on a paralysé la jambe en coupant le nerf sciatique s'écorchent le membre opéré, ce qui provoque sur lui des abcès qui souvent s'attaquent à l'os. Les poils tombent, les ongles changent de forme, et le membre tout entier se flétrit et maigrit.

On a observé des phénomènes analogues sur des membres paralysés. Chez l'homme, on est quelquefois obligé, en extirpant des tumeurs, de sectionner des troncs nerveux tout entiers. On a vu, par exemple, des abcès se former sur le pied paralysé ; le pied même se courbe et devient pied bot. Il arrive aussi quelquefois que la colonne vertébrale a été fracturée par une chute, et que la moelle épinière a été écrasée à l'endroit fracturé. Les extrémités inférieures perdent alors la sensation et le mouvement. Si la fracture a eu lieu assez bas dans l'épine dorsale, de telle façon que les mouvements respiratoires n'en souffrent pas, elle peut être guérie, et le malade conserve la vie; mais il ne peut échapper aux suites de l'écrasement de la moelle épinière. Les malheureuses victimes de tels accidents éprouvent une sensation de froid aux extrémités privées de mouvements et de sensibilité. On est obligé d'envelopper ces extrémités avec soin et de les réchauffer artificiellement; la peau devient rugueuse et flasque. Si le malade se couche pendant un certain temps sur un côté, il se produit des ulcères rongeants que l'on observe aussi quand il se fait une petite blessure. Ces ulcères sont très-difficiles à guérir, et la constitution tout entière des membres paralysés ne résiste plus comme auparavant aux influences dangereuses. Si ces changements peuvent ne pas avoir lieu ou être très-faibles chez quelques individus, la cause en est probablement dans ce fait qu'il y a peu ou point de nerfs vasculaires dans le tractus des nerfs blessés.

On a de tout temps attribué au système nerveux sympathique une influence essentielle sur la vie végétative; mais ici les expériences sont beaucoup plus difficiles que celles qu'on peut faire sur les nerfs cérébro spinaux. La complication des réseaux nerveux, dont ce système est formé, l'intercalation de nombreux ganglions qui, souvent microscopiques, ne sont reliés que par des rameaux excessivement ténus; les racines nombreuses par lesquelles ces plexus sont en rapport avec les nerfs cérébro-spinaux; toutes ces dispositions ajoutent aux difficultés ordinaires qu'oppose le système nerveux à l'expérimentateur. Les ganglions sont en outre très-profondément situés au milieu des viscères et des vaisseaux sanguins, et l'on ne connaît pas exactement la marche de chaque fibre primitive. Toutes ces circonstances accumulées rendent si difficiles les expériences sur les animaux vivants qu'elles sont encore très-incomplètes.

Nous ne pouvons dire que peu de chose des fonctions échues aux *ganglions*. Nous savons qu'il en sort des fibres nouvelles et que d'autres fibres les traversent pour continuer leur route tortueuse. Nous savons aussi que les fibres qui entrent dans les ganglions ne restent plus du tout isolées, et nous pouvons admettre qu'il se passe dans leur substance des phénomènes réflexes semblables à ceux qu'on observe dans le cerveau et la moelle épinière, et que nous étudierons plus tard. On a pu observer des phénomènes réflexes, indépendants du système nerveux central, dans les ganglions de la glande salivaire. Nous savons aussi que les ganglions président aux mouvements involontaires et automatiques que l'on remarque chez l'homme dans le cœur et dans les organes munis de fibres musculaires lisses, comme l'intestin, les canaux sécréteurs des glandes, etc. Ces mouvements sont tout aussi coordonnés que les mouvements volontaires qui obéissent aux organes centraux. Nous pouvons donc considérer les ganglions comme des centres nerveux disséminés, qui ont des fonctions semblables à celles du cerveau et de la moelle épinière ; ces fonctions sont cependant très-modifiées.

La série d'expériences sur les *nerfs sympathiques* est loin d'être terminée ; on croyait anciennement que leurs fonctions différaient complétement de celles des nerfs cérébro-spinaux ; on s'imaginait que les organes dans lesquels se distribuent les fibres nerveuses sympathiques étaient complétement insensibles. On savait que leurs mouvements étaient involontaires, mais, en les taxant d'insensibles, on oubliait qu'un moindre degré de sensibilité peut-être confondu avec l'absence totale de la perception. Un grain de poussière introduit sous les paupières provoque de grandes douleurs et nous fait pleurer, et ce même grain ne provoque aucune sensation sur la peau. Si l'on touche légèrement le tube intestinal, la sensation est nulle : cela vient de ce que la sensibilité de l'intestin est aussi différente de celle de la peau que la sensibilité de la peau l'est de celle des paupières. Des influences plus énergiques et des excitations prolongées provoquent manifestement la souffrance dans les parties du corps où se distribue le système nerveux ganglionnaire seul, et si ces parties sont attaquées par la maladie, si elles sont atteintes d'une inflammation par exemple, les sensations de douleur peuvent atteindre un très-haut degré. Si donc il existe une différence entre les deux systèmes nerveux, elle provient d'abord de la nature même de l'organe dans lequel se ramifient les nerfs, et de la conductibilité des nerfs qui semble être plus faible dans le système sympathique. Cette différence réside enfin dans le peu d'irritabilité des ganglions à l'égard des influences ordinaires; il en est de même pour les mouvements des organes internes. Ces mouvements sont évidemment involontaires, et, quand on irrite les nerfs sympathiques qui se ramifient dans ces organes, ces derniers n'entrent pas aussi immédiatement en mouvement que s'ils contenaient des fibres volontaires. On peut cependant remarquer que des différences de conductibilité assez grandes existent aussi entre les muscles volontaires. Aussi ne peut-on distinguer exactement, sous ce point de vue, les deux sortes de fibres nerveuses.

Les vaisseaux sanguins sont entourés d'un réseau de nerfs appartenant au système sympathique, ce qui montre que ce genre de nerf est en rapport intime avec la circulation. Il est évident que le système sympathique contient beaucoup de nerfs vasculaires, mais cela ne peut nous donner un caractère distinctif pour ce système, car, comme nous l'avons vu plus haut, on trouve aussi des nerfs vasculaires dans le système cérébro-spinal. Les nerfs sympathiques entrent donc en rapport avec les vaisseaux et la circulation, en agissant sur la dilatation et la contraction des capillaires, ce qui modifie la circulation du sang, et, par suite aussi, les fonctions de la sécrétion et l'absorption. Mais ces rapports ne vont pas jusqu'à constituer une action réciproque et directe entre le sang et le contenu des nerfs, et les nerfs ganglionnaires n'ont évidemment aucune influence chimique immédiate sur la nutrition et la sécrétion. Les expériences qui devaient servir à prouver cette influence chimique ont été reconnues inexactes.

On ne peut nier cependant que le système nerveux sympathique n'exerce une influence indirecte sur les phénomènes de la nutrition. Des expériences dévenues célèbres ont constaté cette

influence d'une manière péremptoire. Si l'on coupe le grand
sympathique du cou d'un animal sur un côté, et que l'on empêche ainsi l'influence de ce cordon ganglionnaire sur les vaisseaux sanguins, la pupille de l'œil se contracte, le cœur bat
plus rapidement, et les artères de la moitié correspondante de la
tête présentent des pulsations plus fortes. L'œil devient brillant,
la peau de la joue offre une turgescence plus considérable, et les
parties transparentes rougissent et s'échauffent. Cet accroissement de chaleur, très-sensible déjà à la main, se marque aussi
au thermomètre, qui monte de 3 ou 4 degrés centigrades dans
le conduit auditif externe et dans la fosse nasale appartenant à la
partie de la tête où le nerf est coupé. Ces phénomènes circulatoires violents disparaissent quelque temps après l'opération,
mais la différence de température se maintient encore pendant des
mois entiers. C'est là la preuve d'une influence profonde du grand
sympathique sur la nutrition, puisque la paralysie de ce nerf fait
dilater les vaisseaux et les remplit de sang. Si l'on irrite au
contraire le grand sympathique du cou, la pupille se dilate, le
pouls se ralentit, la salive est plus abondamment sécrétée et devient tenace ; les artères se contractent, et la partie de la tête
correspondante pâlit comme si le sang n'y entrait plus. Un physiologiste moderne, très-consciencieux, dont je puis confirmer
moi-même par expérience les observations jusque dans leurs
plus petits détails, a trouvé dans ces résultats une explication
heureuse de l'hémicéphalalgie ou de la migraine. Pendant la
durée de la crise, la moitié souffrante de la tête est pâle et
comme décomposée. L'œil est petit, la pupille élargie, ce qui
prouve que la partie cervicale du nerf sympathique est irritée, et
que les vaisseaux sont contractés violemment. Après l'attaque,
la peau rougit, les yeux deviennent brûlants, le front et les
joues s'échauffent, l'irritation nerveuse a par conséquent cessé,
les vaisseaux se sont dilatés, et l'espèce de tétanos qu'ils présentaient pendant l'attaque a disparu.

Nous disposons de beaucoup d'observations précieuses quant
à l'influence des nerfs sympathiques sur les différents organes

qui sont mus par des muscles involontaires. Les ganglions et les
réseaux ganglionnaires que l'on trouve à la partie inférieure de
la colonne vertébrale, près des hanches et de l'os sacré, dirigent
les mouvements de la partie inférieure de l'intestin, de l'appareil
urinaire et des organes génitaux internes. Le plexus solaire situé dans la région épigastrique dirige les contructions de l'intestin grêle ; la partie thoracique du grand sympathique et ses
rameaux intestinaux mettent en jeu l'estomac et le duodénum ;
la partie du grand sympathique qui longe le cou, et dont nous
venons d'étudier les rapports avec les vaisseaux de la tête, a
aussi une influence considérable sur le cœur et la pupille de
l'œil. Mais les résultats de toutes les expériences relatives à ces
fonctions dépendent plus ou moins des circonstances accessoires
qui sont : l'enchaînement multiple des ganglions et des réseaux
ganglionnaires, et la singularité des mouvements des organes
où les nerfs se distribuent. Ces mouvements, en effet, ne se présentent pas immédiatement, mais seulement un certain temps
après l'irritation, et se transportent souvent d'un organe à un autre sans que l'on sache encore quelle est la raison de cette communication. Ce sont surtout les mouvements de la pupille et du
cœur qui ont soulevé le plus de difficultés, car ces deux organes
sont soumis à une combinaison de diverses influences nerveuses
provenant de nerfs différents.

On peut se convaincre par la simple observation que le point
noir central de l'œil, la *pupille*, varie de diamètre suivant la quantité de lumière qui arrive à l'œil. Ces variations dépendent de la
contraction de la membrane de l'iris. Cette membrane se contracte quand l'afflux de lumière est un peu grand, et se dilate
dans l'obscurité. Nous examinerons plus tard comment la lumière peut donner lieu à ces différents mouvements ; considérons
seulement ici quels sont les nerfs qui mettent en jeu la pupille.
On a trouvé qu'il en est pour la pupille comme pour la langue ;
c'est-à-dire que divers troncs nerveux y entrent en activité, et
que la dilation de la pupille n'est pas passive, ou seulement due
à l'affaissement de la contraction, mais qu'elle est active et di-

rigée par un autre tronc nerveux. La sensation de douleur éprouvée par l'iris quand on le touche dépend de l'activité de la cinquième paire, d'une branche du trijumeau ; la contraction de cette membrane dépend du nerf oculo-moteur ; sa dilatation, enfin, est provoquée par le nerf sympathique. Cette division du travail est d'autant plus curieuse que tous ces différents nerfs se rassemblent en un seul ganglion qui est le ganglion ciliaire. De là les rameaux nerveux entrent dans l'iris. Le ganglion ciliaire a toujours trois racines : une venant du trijumeau, une du nerf oculo-moteur et une du nerf sympathique et chacune de ces racines a des fonctions différentes. Si l'on irrite le rameau du trijumeau, on provoque de la douleur et peut-être aussi des mouvements réflexes. Si l'on irrite le nerf oculo-moteur, la pupille se contracte ; si on le coupe, la pupille se dilate à la lumière, mais pas à l'obscurité complète ; la dilatation, suite de l'aveuglement causé par la section du nerf optique, n'est pas augmentée non plus. On peut cependant augmenter encore cette dilatation de la pupille résultant de la section de l'oculo-moteur en versant entre les paupières quelques gouttes d'une solution d'atropine, qui forme le principe actif de la belladone. On sait que cette substance est employée souvent pour faciliter, par la dilatation de la pupille qu'elle provoque, l'examen de l'intérieur de l'œil ou les opérations de cataracte.

Le nerf sympathique est l'antagoniste prononcé du nerf oculo-moteur. Si l'on irrite le grand sympathique du cou, la pupille se dilate instantanément, tandis qu'elle reste continuellement contractée si l'on détruit le ganglion cervical supérieur. Il est curieux de constater que les deux nerfs moteurs antagonistes de la pupille naissent dans des endroits très-différents de l'organe central. L'oculo-moteur vient du cerveau moyen, c'est-à-dire de la partie postérieure des tubercules quadrijumeaux, tandis que les racines du grand sympathique agissant sur la pupille se trouvent à un endroit déterminé de la moelle épinière ; chez les lapins, par exemple, entre la septième vertèbre cervicale et la troisième vertèbre thoracique. Si l'on irrite ou que l'on sectionne les parties indiquées des organes centraux, on obtient le même résultat que si l'on irrite ou que l'on sectionne les nerfs qui y prennent naissance.

Il est encore plus difficile d'étudier le jeu des nerfs dans les *mouvements du cœur*. Nous avons vu dans la première lettre que les dilatations et les contractions du cœur étaient soumises à un rhythme continu et régulier. On peut se convaincre facilement en faisant des essais sur les animaux, que ces mouvements rhythmiques ne dépendent pas de la relation entre le cœur et les nerfs, car ils continuent quand même cette relation est complétement supprimée. Le cœur d'un animal continue à battre même quand on l'a arraché du corps. On peut observer dans les circonstances favorables les battements du cœur chez les animaux à sang chaud pendant plusieurs heures après son extraction. Chez des animaux à sang froid on peut constater pendant plusieurs jours ces mouvements qui vont toujours de l'oreillette au ventricule. Le jeu rhythmique de ces contractions a donc son origine dans le cœur lui-même ; il ne dépend pas des nerfs qui fournissent des branches au cœur, pas plus qu'il ne dépend du cerveau et de la moelle épinière où ces nerfs prennent naissance. Les sources des battements rhythmiques du cœur se trouvent en effet dans des ganglions microscopiques qui sont distribués dans différentes parties du cœur. Si l'on coupe ces parties ganglionnaires, ou si l'on paralyse leur action par une ligature dans le cœur d'une grenouille par exemple, les parties du cœur qui ne possèdent pas de ganglions restent immobiles à l'état de diastole. Ce sont donc des ganglions indépendants de la volonté qui dirigent le rhythme des battements du cœur. Mais nous savons aussi par expérience que les battements du cœur dépendent, quant à leur nombre et leur force, d'influences très-diverses qui ont été ressenties par le système nerveux central. Le cœur bat plus ou moins vite selon l'état de notre esprit et la plus ou moins grande irritation de notre cerveau. Ces sont des nerfs qui transportent au cœur ces sensations. L'anatomie nous apprend que deux troncs nerveux différents envoient des rameaux au cœur, savoir le nerf vague ou pneumogastrique et le grand sympathique. Le pneumogastrique contient en outre des fibres fournies par les racines du nerf accessoire. Ces fibres vont évidemment jusqu'au cœur, et paraissent avoir de préférence sur lui une influence ralentissante d'une espèce particulière dont nous allons parler bientôt. Mais ces fibres se mélangent à un tel point avec les fibres nerveuses du pneumogastrique que l'on ne peut pas les en séparer. Le pneumogastrique forme avec le nerf sympathique des plexus d'où naissent les nerfs du cœur. Ceux-ci forment à leur tour une quantité de plexus et de ganglions situés dans la substance même du cœur. C'est surtout dans la cloison médiane du cœur que l'on remarque une grande accumulation de ganglions.

La structure anatomique étant ainsi, la première question qui se présente est celle des influences diverses que les deux sortes de nerfs doivent avoir sur le cœur? L'expérience a donné une réponse qui n'est pas encore complétement élucidée. Si l'on approche des troncs du nerf vague les fils d'un électro-moteur magnétique qui donne une série non interrompue de secousses, les battements du cœur s'arrêtent presque instantanément. Le cœur lui-même reste immobile et en diastole. Si l'on interrompt l'expérience, le cœur recommence immédiatement à battre. Mais si l'influence de l'électricité continue au delà d'un certain temps, les battements du cœur recommencent tout de même. On avait observé sur d'autres organes, par exemple sur l'intestin, des phénomènes semblables sous l'influence d'un fort courant électrique. Aussi avait-on admis qu'il existait dans le corps une classe de nerfs particuliers, 'qu'on appelait les nerfs modérateurs. On attribuait à ces nerfs la fonction d'arrêter la contraction de certaines fibres musculaires involontaires. On n'a pu appliquer cette théorie à la pupille, parce que l'iris contient deux sortes des fibres musculaires : des fibres concentriques dont la contraction resserre la pupille, et les fibres rayonnantes dont les contractions la dilatent. Mais, dans le cœur, la théorie semblait complétement applicable, car une irritation du tronc cervical du grand sympathique augmente le nombre des battements du cœur et le fait battre de nouveau s'il s'est déjà arrêté. On s'expliquait et l'on s'explique encore quelquefois l'activité du cœur de la manière suivante. Le cœur, sous l'influence de ses propres ganglions, bat continuellement et d'une manière rhythmique, semblable à une pompe foulante nécessaire à la conservation de la vie, car il distribue dans le corps entier le suc nutritif, et sa paralysie est par conséquent l'équivalent de la mort. Mais le jeu de cette pompe est encore réglé par différents nerfs qui prennent naissance des parties différentes du système nerveux central. Le pneumogastrique qui prend naissance dans la moelle allongée arrête les mouvement du cœur et le nerf sympathique qui vient de la moelle épinière du cou les active. Les irritations dans les parties centrales correspondantes ont la même influence ; il y a dans la moelle allongée deux centres d'activité par rapport aux battements du cœur : l'un de ces centres les excite, et l'autre les arrête.

Des observateurs récents se sont élevés contre cette théorie, tandis que d'autres ont continué de la défendre. Voici les arguments des adversaires de cette théorie. Des expériences exactes, disent-ils, ont prouvé que ce sont les fibres provenant du nerf accessoire et mêlées au nerf vague qui ont de l'influence sur le cœur. Le nerf accessoire serait donc le véritable nerf modérateur ou d'arrêt du cœur, et sa destruction devrait par conséquent accélérer ses battements. Mais si l'on extirpe chez des mammifères le nerf accessoire, ce qui est facile, les battements du cœur ne sont pas accélérés. Il y a cependant des observateurs qui soutiennent que le cœur bat plus vite quand on a arraché le nerf accessoire. Les battements du cœur sont d'un autre côté accélérés par des courants électriques excessivement faibles, appliqués sur le nerf vague ; des courants plus forts qui ordinairement ne font qu'irriter le système nerveux arrêtent, au contraire, immédiatement l'activité du cœur. L'accélération primitive des mouvements du cœur, quand on irrite très-faiblement le nerf vague, est démentie par les défenseurs de la théorie des nerfs modérateurs. Les adversaires de cette théorie soutiennent qu'il en est de même dans l'organe central. Si l'on fait agir un électro-aimant sur la moelle allongée, le cœur cesse instantanément de battre ; si l'on irrite au contraire mécaniquement la moelle allongée (les irritations mécaniques ont toujours une influence plus faible que les irritations électriques), le cœur bat plus rapidement. Si l'on a arrêté le mouvement du cœur par l'électricité et que l'on supprime ensuite cette irritation électrique, le pouls ne revient pas peu à peu, mais tout à coup avec des pulsations énergiques.

On ne peut encore savoir exactement de quel côté est la vérité. La balance penche cependant beaucoup du côté de ceux qui admettent les nerfs modérateurs. L'antagonisme actif des deux nerfs vague et sympathique trouve son analogie dans les rapports des nerfs de la pupille. Les uns admettent un épuisement des nerfs du cœur par suite d'irritations excessivement faibles ; mais cette idée semble encore bien plus étonnante que la fonction d'arrêt que d'autres attribuent à certains nerfs. Il est cependant évident que les mouvements du cœur n'ont aucun rapport avec ceux des autres muscles, que ces muscles soient volontaires ou involontaires. On peut produire le tétanos dans les muscles en les soumettant à une série de chocs électriques rapides, mais on ne peut produire le tétanos dans le cœur par le même moyen. Les poisons dits musculaires, comme le curare, paralysent tous les autres muscles sauf le cœur, qui continue à battre dans l'animal incapable de faire le moindre mouvement ; la digitaline au contraire, injectée dans le sang, paralyse déjà le cœur quand les autres muscles sont encore irritables et capables de fonctionner. On voit même se produire, par les poisons du cœur, des effets différents quant aux parties de cet organe. C'est ainsi que la digitaline, l'antiarine (tirée de l'*Upas Antiar*, arbre des îles de la Sonde), et le poison distillé par les glandes cutanées des crapauds, paralysent le cœur de manière à arrêter les ventricules dans la systole, les oreillettes dans la diastole ; les poisons des champignons (la muscarine) et de la fève de Calabar (la calabarine) au contraire paralysent le cœur entier dans la diastôle, les ventricules et les orcillettes restant dilatés; l'atropine enfin paralyse seulement le nerf vague et non pas les mouvements du cœur. L'atropine est même l'antagoniste de la muscarine, en ce sens que le cœur d'une grenouille paralysé par ce dernier poison recommence à battre dès qu'une petite dose d'atropine, injectée sous la peau, est absorbée et introduite dans la circulation. Tous ces faits prouvent qu'un vaste champ reste encore à explorer, et qu'en tout cas l'influence des différents nerfs sur le cœur ne s'explique pas d'une manière aussi simple que l'on croyait autrefois.

LETTRE XII

LES PARTIES CENTRALES DU SYSTÈME NERVEUX

On peut diviser en deux catégories les fonctions du cerveau et de la moelle épinière : ces organes constituent d'abord le lieu de rassemblement de tous les tubes nerveux primitifs qui se distribuent dans le corps. Mais les considérations anatomiques nous montrent, en outre, qu'il y a encore d'autres éléments qui viennent s'ajouter à ces tubes primitifs des nerfs et que ces éléments doivent avoir d'autres fonctions. Il y a donc des fonctions du système nerveux central qui se rapportent à sa qualité de lieu de rassemblement des nerfs vasculaires et des nerfs sensitifs, ainsi que des fibres nerveuses motrices et sensuelles. Le système nerveux central possède, en outre, d'autres propriétés qui ne sont pas en rapport aussi direct avec les nerfs.

Toute blessure pratiquée à la moelle épinière et qui en supprime la continuité a pour conséquence la disparition complète des mouvements volontaires et des sensations dans les parties du corps où se distribuent les nerfs qui naissent au-dessous de la blessure. Une fracture de la colonne vertébrale au milieu du dos par exemple qui écrase complétement la moelle épinière est reconnaissable au manque total de sensibilité et de motilité dans les jambes. Le blessé ne semble plus s'apercevoir de l'existence

de ses deux jambes, tandis que les bras, et la partie supérieure
de la poitrine dont les nerfs naissent au-dessus de la fracture ont
conservé toute leur sensibilité et toute leur motilité. La moelle
épinière n'est donc à ce point de vue qu'un grand tronc nerveux
qui résout en lui seul tous les tubes primitifs sensibles et moteurs, et l'expérience nous prouve que dans l'intérieur de la
moelle les fonctions soit motrices, soit sensitives de chaque tube
sont aussi isolées que dans les nerfs eux-mêmes. Si l'on sectionne
la moelle épinière, on peut en étudier la structure anatomique
particulière (voy. *fig.* 37, p. 229). La substance blanche forme
les couches corticales extérieures, tandis que la substance grise
est accumulée au centre, et présente deux prolongements supérieurs, et deux inférieurs. Une coupe de la substance grise ressemble donc à une croix couchée. Une fissure perpendiculaire va
du dos à la ligne médiane entre les deux branches supérieures
de la croix ; cette fissure partage donc la substance blanche dorsale en deux moitiés. On remarque une fissure analogue sur la
partie ventrale de la moelle épinière ; on la trouve entre les deux
prolongements inférieurs de la substance grise. La substance
blanche est donc presque complétement partagée en deux parties,
une à gauche, une à droite ; il ne reste qu'un petit pont au fond
de la fissure antérieure. Il n'y a donc pour ainsi dire que la substance grise que l'on trouve au centre, qui relie entre elles les
deux moitiés de la moelle épinière.

Nous avons déjà remarqué plus haut que par suite de cette disposition on peut remarquer trois sortes de cordons blancs différents à la moelle épinière : les cordons antérieurs, les cordons
latéraux, et les cordons postérieurs. On remarque aussi dans la
la substance grise les cornes antérieures et postérieures. Nous
appellerons toujours dans la suite la partie ventrale de la moelle
épinière : partie antérieure, et la partie dorsale : partie postérieure. Nous appellerons, en outre, les parties dirigées vers la
tête : parties supérieures, et toutes les autres, parties inférieures. Nous considérerons donc l'homme dans la position verticale.

Les racines nerveuses sortent presque à angle droit de la

moelle épinière du cou ; mais plus on descend, plus leur direction devient oblique, et les derniers nerfs que l'on appelle la
queue de cheval forment avec l'axe de la moelle épinière un angle très-aigu. Les fibres radicales des nerfs traversent donc obliquement la substance de la moelle épinière sur une longueur
plus ou moins grande, afin d'arriver à leur point de départ
dans la corne de substance grise correspondante. On peut admettre avec une certitude presque complète qu'il n'y a qu'une
partie des fibres qui arrivent jusqu'aux cellules de la substance
grise ; l'autre partie remonte vers le cerveau au milieu des cordons blancs correspondants et avec les fibres longitudinales particulières de la substance blanche. Mais ces fibres n'arrivent pas
jusqu'au cerveau lui-même. Cette disposition particulière nous
explique pourquoi une blessure ou une irritation de la moelle
épinière réagit nécessairement sur une certaine quantité de racines nerveuses qui vont directement de l'endroit blessé aux nerfs
voisins. Il faudra donc distinguer en étudiant les fonctions physiologiques de la moelle épinière, les phénomènes qui se passent
dans les racines nerveuses de ceux qu'on observe dans la moelle
épinière, dans son ensemble, considérée comme organe à part.

La méthode qui, jusqu'à présent a donné les meilleurs résultats consiste à ouvrir, avec un instrument particulier, le canal
de la colonne vertébrale d'un animal chloroformé, puis à dégager
la moelle épinière. On en sectionne ensuite certaines parties
avec des scalpels très-bien aiguisés ou de petites aiguilles, et
l'on étudie les dérangements du système nerveux que présente
l'animal aussitôt que son état général de santé s'est amélioré.
On peut dire que l'opérateur doit être doué d'un talent tout
particulier pour faire ces expériences avec l'exactitude voulue,
et pour distinguer plus tard les suites de l'opération des phénomènes accidentels. Nous ne craignons pas d'affirmer qu'il faudrait presque connaître la personne de l'observateur et avoir
assisté à ses expériences pour apprécier le degré de confiance que
l'on peut avoir en lui. Nous donnerons ici les résultats des expériences qui semblent exactes en laissant de côté les difficultés

de l'opération. Nous parlerons d'abord des propriétés de la substance blanche, puis de celles de la substance grise, et enfin des fonctions qui semblent appartenir à la moelle épinière dans son ensemble.

On peut distinguer dans la substance blanche les fonctions des cordons antérieurs de celles des *cordons postérieurs* ; ces derniers sont seuls sensibles ; si on les irrite ou si on les coupe, l'animal éprouve de grandes souffrances et cette sensibilité s'observe dans toute l'épaisseur du cordon postérieur et dans toutes ses parties. Il semble néanmoins que cette sensibilité des cordons blancs postérieurs ne dépende que des fibres radicales des nerfs, qui traversent obliquement la substance blanche et qui entrent en activité par l'irritation. Cette idée paraît justifiée par l'expérience qu'il est quelquefois possible de couper les cordons postérieurs dans la moelle cervicale, où les racines nerveuses sortent à angle droit, sans que l'animal opéré en souffre. Les racines nerveuses traversent obliquement les cordons postérieurs dans les parties dorsales et lombaires de la moelle ; il est impossible de couper les cordons dans ces régions, sans sectionner en même temps quelques fibres radicales sensibles. Mais comme l'insensibilité se produit quelquefois sur la partie cervicale dans les conditions mentionnées, on peut en conclure que les fibres particulières de la substance blanche des cordons postérieurs ne sont pas sensibles par elles-mêmes, mais qu'elles *transmettent* seulement très-facilement la *sensation*. Si l'on sectionne d'avant en arrière toutes les parties de la moelle épinière à l'exception des cordons postérieurs, les parties du corps situées au-dessous de l'endroit opéré conservent une sensibilité toute aussi grande qu'avant l'opération. Mais ce ne sont pas seulement les cordons postérieurs qui transmettent la sensation, cette propriété se trouve aussi dans la substance grise ; si l'on coupe les cordons postérieurs, on ne supprime donc pas la conductibilité de la moelle pour la sensation. Au contraire, les parties situées au-dessous des cordons postérieurs coupés deviennent plus facilement irritables à cause de l'inflammation qui se produit dans ces parties, elles deviennent hyperesthétiques, comme l'on dit dans le langage physiologique. L'animal manifeste alors de la douleur en présence d'irritations qui n'en provoquaient pas auparavant. Si les cordons postérieurs ne sont pas seulement sectionnés, mais même détruits dans toute leur longueur, toutes les parties du corps où se distribuent les fibres sensibles détruites n'éprouvent plus aucune sensation. Si l'on ne coupe qu'une partie des cordons postérieurs, l'insensibilité ne se produira que dans les parties du corps, souvent peu considérables, dans lesquelles se distribuent les fibres nerveuses blessées.

Nous voyons donc qu'au point de vue physiologique les cordons postérieurs se composent de deux groupes de fibres : il y a les fibres radicales qui ont toutes les propriétés des nerfs périphériques, et il y a en outre des fibres particulières qui transportent la sensation sans l'éprouver elles-mêmes.

L'expérimentation a donné des faits très-importants sur la nature des fibres particulières dont nous venons de parler.

Dans certaines maladies de l'homme, le patient s'aperçoit des moindres attouchements faits à un membre sans éprouver de douleur. Le tact subsiste, mais la sensation de la douleur a disparu. Il en est de même dans les animaux chez lesquels on a détruit, d'avant en arrière, la moelle épinière, de façon à ce que les cordons postérieurs seuls établissent la communication. Si on souffle sur ces animaux ou qu'on les touche, ils témoignent de l'effroi et de la sensibilité ; mais si on les blesse plus profondément tous les phénomènes sensitifs disparaissent. Un observateur rasa la cuisse d'un lapin auquel on avait fait une opération semblable dans la région dorsale de la moelle épinière. L'animal donnait évidemment des signes de perception lorsqu'on soufflait légèrement sur la place rasée. On le mit au soleil et on dirigea, sur l'endroit rasé, les rayons solaires concentrés, au moyen d'une lentille. L'animal témoigna de l'effroi quand les rayons commencèrent à exercer sur la peau leur influence, et montra une certaine sensibilité. On fit durer l'action de la lentille, la peau se carbonisa, la chair se rôtit et brûla ; la blessure arriva même jusqu'à l'os sans que l'animal témoignât la moindre souffrance: Si l'on dirigeait la lentille sur une partie du corps voisine, de façon à ce que les rayons atteignissent une nouvelle partie de la peau, l'animal manifestait de la douleur. Cela prouve que la sensation du tact, qui est la sensibilité localisée de la peau, subsistait seule au moyen des cordons postérieurs blancs conservés, mais que la sensibilité générale était supprimée par le sectionnement du reste de la moelle épinière. On a donné le nom d'*analgésie* à cet état caractéristique dans lequel le tact subsiste et où le sentiment de la douleur a disparu. D'autres observateurs n'admettent pas ces résultats; ils ne croient pas qu'il y ait des fibres particulières pour le tact ou pour le transport de la sensibilité ordinaire. Mais tous les savants admettent que la coordination des mouvements faits dans un certain but est affaiblie au plus haut degré par la destruction des cordons postérieurs. Les animaux peuvent remuer les pattes, mais ne peuvent plus ni marcher ni se tenir debout. Cette influence dépend peut-être de l'état de souffrance dans lequel se trouve la sensibilité générale. Nous marchons avec peu de sûreté quand, par exemple, nos pieds sont devenus insensibles par l'action du froid.

Les *cordons antérieurs* sont, avec le mouvement, dans le même rapport que les cordons postérieurs avec la sensation. Si on les coupe, les fibres radicales coupées et les parties du corps qu'elles alimentent sont paralysées, mais il est probable qu'on n'obtient du mouvement, en les irritant, que lorsque les fibres radicales mêmes sont atteintes. Les fibres particulières des cordons antérieurs transmettent le mouvement sans le produire par elles-mêmes. Si l'on détruit les cordons postérieurs et la substance grise en ne laissant subsister que les cordons antérieurs, l'animal peut encore mouvoir volontairement les parties correspondantes. Il est probable qu'il y a ici encore la même division de travail et de fonction que dans les cordons postérieurs ; mais on n'est pas encore arrivé à élucider complétement cette question ; il est d'ailleurs bien plus difficile d'analyser les perturbations produites dans les fonctions motrices que celles que l'on peut produire dans les fonctions sensitives. Si l'on coupe transversalement les cordons antérieurs, l'irritation inflammatoire, qui est le résultat de cette opération, produit des mouvements maladifs dans les parties du corps situées au-dessous de l'endroit blessé : on y observe alors des crampes et des convulsions qui correspondent à la souffrance que l'on observe sur l'animal dont on a coupé les cordons postérieurs. Si l'on sectionne transversalement un seul cordon antérieur, on affaiblit le mouvement des parties du corps du même côté, situées au-dessus de l'endroit opéré ; si l'on fait l'opération au cou, tous les mouvements, du côté opéré, sont paralysés.

Si l'on résume les résultats donnés par la physiologie expérimentale, on trouve que la substance blanche de la moelle épinière contient deux sortes de fibres : les fibres radicales qui présentent la même fonction et le même isolement dans leur conductibilité que les racines des nerfs, et les fibres particulières qui transportent les fonctions correspondantes sans les recevoir ou les produire par elles-mêmes.

Tandis que dans les cordons blancs les fonctions de la sensation et du mouvement sont aussi distinctes qu'elles le sont dans les racines qui en sortent, on ne peut en dire autant de la *substance grise ;* c'est un ensemble dont les parties présentent toutes les mêmes propriétés. Il est vrai que les racines antérieures sortent des grandes cellules des cornes antérieures, et les racines postérieures des cellules plus petites des cornes postérieures ; cependant les cornes antérieures n'ont pas de rapport exclusif avec le mouvement, pas plus que les cornes postérieures avec la sensation. Nous sommes donc obligés d'admettre que les fibres primitives, tout en conservant leur caractère d'isolement et de conductibilité dans la substance blanche, le perdent en entrant dans la substance grise pour y subir des modifications. Nous savons par la structure anatomique des cellules ganglionnaires de la substance grise que ces cellules envoient de tous côtés des prolongements qui forment entre eux un réseau. Ces données anatomiques concordent exactement avec les expériences physio-

logiques qui nous prouvent que la conductibilité ne reste plus isolée dans la substance grise, qu'il y a communication et dispersion de l'irritation dans tous les sens, vers le haut et le bas,
l'avant et l'arrière, à gauche et à droite, et toujours avec la
même facilité. Il en résulte que la conductibilité est encore possible, quoiqu'elle soit devenue plus faible, quand il ne reste plus
que peu de substance grise pour permettre la communication.
Elle continue même encore quand on fait sur la moelle épinière
une série de sections, les unes derrière les autres, de telle
manière que, faites toutes au même endroit, elles sectionne-
raient complétement la'moelle épinière. Admettons, par exemple, que nous ayons coupé la moelle épinière de la région cervicale, d'arrière en avant, et cela de telle façon que la section
dépasse le canal central pour ne laisser intactes que les cornes
antérieures de la substance grise, ainsi que les cordons antérieurs; supposons ensuite que, dans la région dorsale, on ait
coupé chez le même animal la moelle épinière, d'avant en arrière, et de telle manière qu'il ne reste plus qu'une partie des
cornes et des cordons postérieurs, nous verrons alors par l'expérience que la sensibilité et le mouvement continuent à être transmis par-dessus les deux endroits sectionnés. Il suffit donc d'une
toute petite parcelle de substance grise, à quel endroit du corps
et à quel niveau qu'elle se trouve, pour transmettre dans tous
les sens le mouvement et la sensation ; mais la conductibilité
sera d'autant plus faible que la partie restante de substance grise
sera moins considérable. Ici encore, nous voyons une différence
fondamentale entre la substance grise et la substance blanche.
Des blessures pratiquées à cette dernière paralysent la sensation et le mouvement dans des parties du corps exactement
délimitées où se rendent les fibres nerveuses qui ont été blessées. Des blessures pratiquées à la substance grise, au contraire,
affaiblissent et ralentissent la conductibilité dans toutes les parties du corps qui sont situées au-dessous de l'endroit blessé, et
cela d'une manière tout à fait uniforme. Il n'y a donc pas de rapport particulier entre une portion déterminée de substance grise

et un groupe déterminé de fibres nerveuses. Il semble qu'il y ait une exception qui, cependant, n'est pas encore exactement connue ; il paraîtrait, en effet, que la couche de substance grise qui se trouve dans les cornes immédiatement en contact avec la substance blanche pourrait transmettre des sensations provenant de la partie du corps située de l'autre côté.

Cette conductibilité dans tous les sens des sensations et du mouvement dans la substance grise n'implique pas qu'elle soit directement motrice ou sensible. On peut blesser cette substance, l'irriter par le courant de la pile, sans que les animaux donnent le moindre signe de douleur, ni ne fassent le moindre mouvement. La substance grise, par conséquent, transmet dans toutes les directions la sensation et le mouvement, sans que pour cela une irritation directe quelconque puisse provoquer en elle la moindre activité.

Il est facile de comprendre que toutes les fonctions qui naissent dans les différentes substances, comme nous l'avons vu plus haut, s'ajoutent les unes aux autres quand la moelle épinière entre tout entière en activité. Par conséquent, les blessures pratiquées à la moelle épinière dans son ensemble détruisent complétement toutes ses fonctions.

Plus la blessure faite à la moelle épinière est près du cerveau et plus elle détruit ses communications avec ce dernier organe, plus il y a de parties du corps paralysées. Ces blessures deviennent d'autant plus redoutables pour les fonctions nécessaires du corps que les muscles du tronc, de l'abdomen et surtout de la poitrine ont une part active à l'acte de la respiration. Si on sectionne la moelle épinière dans les environs de la moelle allongée, à la limite supérieure des nerfs cervicaux, tous les muscles pectoraux et la plus grande partie des muscles du cou seront paralysés. Malgré cette paralysie, le jeu de la respiration continue dans les parties supérieures du cou et dans le visage ; les narines se dilatent et se referment tour à tour. Les mâchoires s'ouvrent et se ferment à des intervalles réguliers, l'animal cherche à avaler de l'air, comme si la portion inférieure de la trachée-artère était fermée par une ligature. On a divers exemples de ces faits observés sur des pendus, et j'ai vu moi-même un individu qui, voulant se suicider, avait passé la corde autour du menton, au lieu de la mettre autour du cou. La corde, quand il sauta de la chaise, sur laquelle il était placé, souleva violemment le menton et lui cassa la nuque. La colonne vertébrale était donc luxée ainsi entre la première et la seconde vertèbre, et la moelle épinière écrasée en cet endroit. La tête du malheureux continua à vivre et à respirer pendant plusieurs heures, et les efforts qu'il faisait montraient qu'il avait encore besoin de respirer, mais qu'un obstacle insurmontable s'opposait à ce qu'il satisfît complétement à ce besoin.

Nous avons jusqu'ici appris à connaître les fonctions de la moelle épinière au moyen de l'expérience, et nous avons étudié séparément la moelle dans ses rapports avec le mouvement et dans ses rapports avec la sensibilité. Nous avons pu le faire d'autant mieux que cette division du travail existe en effet dans les cordons blancs de la moelle épinière, et qu'il n'y a pas dans la substance blanche de rapport entre les fibres motrices et les fibres sensibles. L'isolement des fibres se continue, à ce qu'il paraît, dans la substance blanche tout entière, non-seulement dans la moelle épinière, mais encore dans le cerveau. Cet isolement est au contraire supprimé complétement dans la substance grise; on voit dans cette substance l'irritation passer de la sensibilité au mouvement aussi longtemps qu'un pont de substance grise permet la communication entre les fibres primitives motrices et les fibres primitives sensitives. L'irritation se communiquera d'une sorte de fibre à l'autre, et, sans l'intervention directe de la volonté, on voit se produire des mouvements, provoqués par des sensations. On a appelé ces mouvements involontaires qui prennent immédiatement naissance de certaines sensations et sont produits par la substance grise des parties centrales, des *mouvements réflexes*. Examinons d'abord les faits acquis par l'expérience.

Au moment où l'on décapite un animal, tous les muscles du

torse et des extrémités se contractent violemment. L'irritabilité disparaît alors en général pour quelques instants, mais quelques temps après la décapitation, le torse présente des mouvements réflexes. Si l'on touche le pied avec une épingle, il est attiré vers le corps ; si on le pique fortement, il fait quelques mouvements défensifs. Si l'irritation est encore plus forte, les deux pattes postérieures et même les pattes antérieures entrent en mouvement. Chaque irritation provoque donc un mouvement correspondant dont la violence est ordinairement en rapport direct avec l'intensité de l'irritation. Mais il est nécessaire de tenir compte de la nature même de l'animal. On trouve, en effet, que les mouvements réflexes de la grenouille sont bien plus faibles en été qu'en hiver ; l'irritabilité disparaît peu à peu, les groupes de muscles qui sont mis en jeu par une même irritation deviennent de moins en moins nombreux, et les contractions s'affaiblissent. Les points irritables périphériques n'ont pas moins d'influence ; les irritations de la peau ont toujours un effet plus puissant que celles que l'on produit dans les troncs nerveux se distribuant dans la peau, et certaines parties de la peau sont plus sensibles que d'autres. C'est chez les oiseaux que les mouvements réflexes sont les plus violents ; chez les amphibies et les poissons, ils atteignent la plus longue durée ; ils disparaissent assez rapidement chez les mammifères, où ils sont d'ailleurs très-faibles. Toutes les cuisinières savent que les oiseaux de basse-cour, les pigeons et les poulets par exemple, font des mouvements quand ils sont déjà tués ; ils battent des ailes et se roulent sur le sol. On sait de même que le corps d'une anguille décapitée et coupée en morceaux présente des mouvements très-violents, qui ont même fait croire que les morceaux d'anguilles fraîchement tuées, cherchaient à s'élancer hors de la poêle où ils rôtissaient. Tous ces mouvements sont d'ordre réflexe ; ils sont provoqués par l'irritation de la peau quand on arrache les plumes des oiseaux et chez l'anguille par la cuisson dans la poêle, qui met en jeu l'irritabilité de la peau de ce poisson. Toutes ces influences produisent des mouvements musculaires qui correspondent à l'irritation à laquelle le corps de l'animal est soumis ; ils sont plus ou moins violents selon le degré d'excitabilité de l'animal.

Si l'on cherche à déterminer par la voie expérimentale de quelle manière sont produits ces mouvements complétement inconscients et involontaires, on voit en premier lieu qu'ils dépendent de l'existence de la moelle épinière. Si l'on introduit dans le canal vertébral d'un animal décapité un fil de fer, et si l'on détruit ainsi la moelle épinière, on n'observe plus, après cette destruction, aucun mouvement réflexe, même lorsqu'on avait constaté, avant l'opération, des mouvements très-énergiques. Il suffit de pousser dans le canal rachidien d'une anguille une aiguille à tricoter et de l'y frotter un peu rudement, pour arriver à rendre les morceaux immobiles et faire cesser ces mouvements désordonnés qui effrayent bien des personnes. Ce fait si simple prouve que la transmission de l'irritation des nerfs sensibles aux nerfs moteurs ne peut exister que par la présence du système nerveux central. Cette propriété est même essentiellement dépendante de la substance grise prise dans toute son étendue, et il semble que la substance blanche de la moelle épinière n'entre point du tout en jeu dans les mouvements réflexes. On peut sectionner en grande partie, ou même complétement, la substance blanche, et ne laisser au milieu qu'un très-petit pont de substance grise qui permette la communication entre les deux moitiés de la moelle épinière. On reconnaîtra alors que les mouvements réflexes continuent tout en devenant d'autant plus faibles que la substance grise restante est moins considérable. D'autres expériences nous prouvent aussi que les mouvements réflexes ne dépendent pas de certaines portions de la moelle épinière, mais bien de la substance grise dans son entier. Si l'on coupe la moelle épinière de la région du dos de façon à la partager en deux moitiés, les irritations provoquées aux extrémités postérieures mettront en mouvement les pattes postérieures, et les irritations des extrémités antérieures produiront des mouvements réflexes dans les pattes de devant seules, car les communications entre la moitié antérieure et la moitié postérieure sont interrompues ; si l'on partage la moelle épinière dans le sens de la longueur en deux moitiés latérales, et qu'on ne laisse un pont qu'à l'extrémité antérieure de ces deux moitiés, on pourra observer des mouvements réflexes dans toutes les extrémités antérieures et postérieures. Si l'on partage la moelle en segments par des sections transversales entre lesquelles naissent des racines nerveuses, on voit naître des mouvements réflexes dans les parties, qui sont en relation par leurs tubes moteurs primitifs, avec les segments dont on a irrité le nerf sensible.

Les mouvements réflexes se montrent aussi dans la tête, même quand on enlève les parties voûtées du cerveau pour ne laisser que le tronc même du cerveau. Les irritations de chaque partie sont alors suivies de mouvements correspondants, et cette faculté de produire des mouvements réflexes ne s'étend pas seulement aux nerfs sensitifs, mais encore aux nerfs des sens. En irritant l'œil par la lumière, la pupille se contracte, l'œil se ferme même sans que la volonté exerce dans la plupart des cas aucune influence sur ces phénomènes.

Une quantité de ces cas qui se présentent à l'état vivant dépendent uniquement de ces mouvements réflexes. Le clignotement involontaire des paupières quand l'œil est ouvert est un mouvement réflexe produit par la dessication de la conjonctive de l'œil. Quand on ferme subitement l'œil devant la main qui s'en approche, et qu'on ne peut s'empêcher de le faire, quelques efforts que l'on fasse pour y parvenir, on cède à un mouvement réflexe qui vient de l'impression subite que le rapprochement du doigt a produite sur le nerf optique. Si l'on chatouille la muqueuse nasale, on est forcé d'éternuer ; on est aussi forcé de faire des mouvements de déglutition et même de vomir si l'on irrite le fond du palais. La moindre piqûre d'épingle faite inopinément sur une partie de la peau est suivie immédiatement d'un tressaillement qui ne peut être évité que lorsqu'on s'est prémuni d'avance en mettant en jeu la volonté ; celle-ci réussit à empêcher la réaction. Les expériences qu'on a faites sur des animaux décapités se trouvent malheureusement quelquefois confirmées sur l'homme lui-même. Dans des fractures de la colonne vertébrale, quand la moelle épinière est écrasée, les extrémités postérieures sont paralysées et soustraites à la volonté, et l'on aperçoit alors souvent des mouvements réflexes dans ces extrémités. Il suffit pour les obtenir de piquer ces dernières ou de les pincer ; le malade dans ce cas n'éprouvera aucune douleur, il ne peut pas non plus faire mouvoir ses jambes par sa volonté, et malgré cela on observe des mouvements provoqués par l'irritation.

Il découle des phénomènes décrits que les mouvements réflexes ne sont possibles que lorsque les fibres sensitives et les fibres motrices communiquent entre elles par une portion de moelle épinière ou de tronc cérébral qui contienne de la substance grise. L'utilité des mouvements que fait l'animal montre que les parties de l'organe central qui permettent les mouvements réflexes se rendent compte aussi de l'endroit du corps que l'on irrite. Ces mouvements réflexes sont en outre souvent combinés, par suite de ce sentiment de la localité, dans un but particulier. La grenouille décapitée, sur la patte antérieure de laquelle on a mis un charbon brûlant, cherche à l'écarter avec la patte postérieure. La queue d'une anguille coupée en morceaux cherche à s'éloigner de la flamme qui la brûle d'un côté.

Cette combinaison, en vue d'un but utile, est même si accentuée que l'on ne peut souvent la distinguer des mouvements volontaires produits à la suite d'une série de raisonnements. C'est pourquoi quelques observateurs, dont nous partageons complétement l'avis, pensent que la moelle épinière est susceptible de raisonnements intelligents, et qu'elle peut ainsi combiner des mouvements qui sont cependant inconscients pour nous. Voici l'expérience fondamentale qu'on a faite à ce sujet : nous la décrirons en citant en partie les paroles mêmes de l'observateur. Si l'on met sur une partie de la cuisse d'une grenouille décapitée quelques gouttes d'acide azotique, ce qui produit une sensation douloureuse chez l'animal, on le voit remonter le pied et enlever l'acide azotique avec la surface supérieure des doigts de sa patte. C'est là un mouvement réflexe très-simple et qui se produit tou-

jours dans le cas que nous venons de citer. Mais si l'on coupe la
patte à son articulation, entre la jambe et la patte même, pour
empêcher ainsi la grenouille de toucher avec les doigts de sa
patte la partie où l'on a mis l'acide, « les mouvements de la
grenouille deviennent inquiets et il semble que l'animal cherche un nouvel expédient pour enlever l'acide qui le blesse.
Après avoir exécuté divers mouvements et cela sans résultat, il
finit souvent par trouver le vrai moyen d'enlever l'acide. L'animal étend, pour y arriver, la cuisse blessée, et courbe légèrement
l'autre jambe qui n'est pas soumise à l'expérience ; puis, atti-
rant alors à lui la partie inférieure de cette dernière, il enlève à
l'aide du talon l'acide placé sur le membre souffrant. » Si l'a-
nimal ne découvre pas cet expédient par lui-même, l'observateur
se contente d'appliquer la patte intacte contre la cuisse malade
sans toucher la partie où l'on a mis l'acide, puis, lorsqu'il lâche
la grenouille, il la voit enlever aussitôt l'acide de la manière que
nous venons de décrire. Bref, l'animal enlève l'acide avec les
doigts de la patte blessée ; si on désarticule cette patte, il se sert
de l'autre dont il n'avait pas fait usage auparavant.

Examinons, avant de continuer cette étude, l'influence des parties voûtées du cerveau sur les mouvements réflexes. La conscience
et la volonté qui naissent évidemment dans le cerveau s'opposent
souvent aux mouvements réflexes et peuvent même les supprimer
complétement, à l'exception de ceux qui sont tout à fait nécessaires à la vie. Dans ce dernier groupe se rangent les mouvements
respiratoires et ceux du cœur, dont nous ne sommes pas maîtres
dans les circonstances ordinaires, mais que nous pouvons cependant, comme le prouvent des expériences récentes, complétement
paralyser au moyen de la volonté, en produisant ainsi l'évanouissement et même la mort. On a cru jusqu'à présent que les récits
des anciens sur des suicides venant de la suppression volontaire
de la respiration, ce qui arrête les mouvements du cœur, étaient
des fables inventées au point de vue physiologique. Voici ce que
raconte *Valère-Maxime* : « Il y a des cas de suicide curieux qui
se sont présentés dans les pays étrangers ; on cite en particulier

l'histoire de *Coma*, qui, à ce qu'on dit, fut le frère du chef de brigands *Cléon*. Quand on le transporta à *Enna*, ville que les brigands avaient occupée et qui avait été prise par les nôtres, et qu'on le mit en présence du consul *Rupilius*, il fut interrogé par ce dernier sur le nombre et les desseins des fuyards. *Coma* prit du temps pour recueillir ses idées, enveloppa sa tête de son manteau, s'appuya sur ses genoux et arrêta sa respiration. Il mourut ainsi libre de tout souci entre les mains des gardiens et sous les yeux du consul. C'est aux misérables pour lesquels la mort est un bien de chercher les moyens de se suicider : Qu'ils aiguisent leur épée, qu'il préparent des poisons, qu'ils cherchent à se pendre ou a se précipiter du haut d'une falaise, il n'est pas besoin de tant de préparatifs et de tant de réflexion pour briser le faible lien qui nous enchaîne à l'existence. *Coma* n'eut pas besoin de tous ces moyens : il trouva la mort en renfermant sa respiration dans sa poitrine. »

Si l'on veut faire cette expérience, il n'y a qu'à retenir sa respiration et à comprimer sa poitrine ; ce que l'on peut faire soit avec les mains, soit avec les muscles respiratoires. Le pouls s'arrête presque immédiatement ; on n'entend plus les bruits du cœur ; on distingue encore quelques faibles pulsations qui disparaissent ensuite complétement. Si on prolonge cette expérience pendant une minute entière, il se produit un évanouissement et une perte de connaissance qui peut facilement produire la mort. Nous voyons donc par ce fait que les fibres volontaires du système nerveux central peuvent exercer un empire absolu sur certains mouvements réflexes, et la conséquence naturelle en est que les mouvements réflexes se développent d'autant plus facilement que l'activité des parties voûtées est moindre. On peut, par conséquent, les observer avec plus de facilité sur le corps d'un décapité, et surtout chez les nouveaux-nés dont les facultés cérébrales ne sont pas encore développées et qui ne vivent, pour ainsi dire, que par les seuls mouvements réflexes ; aussi a-t-on dit, et avec raison, que les nouveaux-nés n'existaient que par leur moelle épinière. On peut aussi observer les mouvements réflexes dans le sommeil, surtout s'il est profond. On les constate en outre dans les moments où les parties voûtées du cerveau sont livrées à d'autres occupations. Un homme, plongé dans de profondes réflexions, fera beaucoup plus facilement un mouvement automatique, pour chasser une mouche par exemple, et résistera bien moins à l'influence du chatouillement que l'individu qui se met en garde contre ces influences et combat ses mouvements réflexes par la volonté. Nous verrons plus tard que les mouvements réflexes peuvent grandir considérablement en importance en présence d'actions qui, comme celles des narcotiques, attaquent directement les parties centrales du système nerveux.

On a voulu démontrer l'existence de sensations réflexes, produites par des mouvements ainsi que l'existence de mouvements et de sensations concomitants nécessairement combinés. Dans les mouvements réflexes, il y a évidemment transmission de l'irritation, par le moyen de la substance grise, d'une fibre sensitive à une fibre motrice. On a cru pouvoir démontrer que l'irritation pourrait aussi se transmettre d'une fibre motrice à une fibre sensitive, qu'on pouvait sentir de la douleur dans une partie du corps par suite de mouvements faits dans un autre. On a cru enfin à la transmission de l'irritabilité entre deux fibres nerveuses de même nom. Il y aurait donc production de mouvements dans d'autres parties du corps, quand certaines parties entrent en mouvement, et il en serait de même pour la sensation. Tous les phénomènes au moyen desquels on a voulu prouver les sensations réflexes et les sensations concomitantes peuvent s'expliquer facilement d'une autre manière. Il y a cependant certains mouvements concomitants qui semblent provenir de ce que l'irritation transmise par la volonté ne se localise pas exactement dans le cerveau, mais est transmise à un groupe entier de fibres périphériques. Ces mouvements concomitants peuvent être facilement supprimés ou acquis par l'habitude ; la volonté semble donc exercer sur eux le même pouvoir que sur les mouvements réflexes. Il y a beaucoup de gens qui ne peuvent fléchir séparément le doigt annulaire et le petit doigt.

Ces personnes peuvent acquérir cette faculté en s'exerçant sur le piano. D'autres personnes ferment toujours les deux yeux à la fois, mais s'ils s'adonnent à la chasse, ils apprennent bientôt à ne se servir que d'un œil pour viser. Ce sont encore les mouvements concomitants développés par l'habitude qui ont une influence capitale dans la société humaine en général. L'ouvrier exercé, qui fait dans le même temps le double et le triple de l'ouvrage de l'ouvrier inexpérimenté, doit sa supériorité au fait qu'il s'est habitué à faire une série de mouvements concomitants pour l'exécution desquels il n'a pas besoin d'une opération particulière du cerveau. Il ne met en jeu ni son intelligence, ni sa volonté, et épargne ainsi du temps et de la peine. Tous ces phénomènes nous prouvent que l'homme peut acquérir pour lui-même des voies nouvelles pour la transmission des mouvements et des sensations dans les organes centraux. Un exercice constant peut remplacer ainsi une voie de transmission par une autre, et la conséquence en est que les conquêtes faites par l'individu peuvent se transmettre à ses descendants.

On constate dans la moelle allongée les mêmes phénomènes par rapport au mouvement et à la sensation que dans la moelle épinière ; mais on y trouve en outre, à gauche et à droite, et tout près de la racine du nerf vague, un endroit peu étendu dont dépend la conservation de la fonction respiratoire, et par conséquent la vie de l'animal. Nous avons vu plus haut que la respiration continue, mais plus faible, quand même la moelle épinière a été blessée au cou, et cela aussi haut que l'on voudra. Il n'est pas moins facile de prouver qu'en enlevant toutes les parties du cerveau en avant de l'endroit que nous avons mentionné plus haut, on ne paralyse que certaines parties de la tête, pendant que les mouvements respiratoires du cou et du thorax continuent sans dérangement. On pourrait ainsi, en enlevant successivement les organes centraux d'avant en arrière, ou d'arrière en avant, arriver à une place dont l'existence est nécessaire pour l'acte de la respiration. Si l'on coupe la substance nerveuse transversalement en avant de la moelle allongée, de façon que la place

dont nous venons de parler reste en rapport avec la moelle épinière, les muscles respiratoires du tronc continueront à se mouvoir; dans le cas contraire, ce sont ceux de la tête qui garderont
leurs mouvements. La destruction de cette place qui a une longueur de trois millimètres chez le lapin par exemple, à gauche
et à droite a, pour conséquence immédiate, la mort, ce qui n'arrive pas pour les autres parties du système nerveux central. L'a-
nimal tombe comme frappé par la foudre, et l'on n'aperçoit
plus aucune trace de mouvement respiratoire. C'est cet en-
endroit, appelé par quelques physiologistes le nœud vital, que
l'on cherche à atteindre quand on donne le coup de grâce à un
animal. Cette partie du corps si importante pour la vie et dont
la destruction amène aussi inévitablement la mort, conserve le
plus longtemps son irritabilité, et l'on peut souvent, en l'irritant,
provoquer les mouvements respiratoires quand les autres organes
centraux sont déjà, depuis longtemps, incapables de produire
aucun mouvement.

Là où se trouve le nœud central de la respiration, on trouve
encore dans la moelle allongée le point d'origine du nerf vague
qui préside au mouvement du cœur; ces deux endroits sont si
rapprochés et si bien reliés ensemble qu'on n'a pu encore les séparer dans les expériences faites sur les animaux vivants. D'autres expériences cependant ont démontré que ces deux places sont,
jusqu'à un certain point, indépendantes l'une de l'autre. Si on
place sur la moelle allongée les fils d'un électro-aimant, le pouls
s'arrête aussitôt, c'est là le même phénomène que celui qu'on
observe quand on a irrité par l'électricité le nerf vague; il est
facile de comprendre que, quand on donne un coup de couteau
dans la moelle allongée, on provoque la mort immédiate de l'a-
nimal, car on supprime à la fois la respiration et le pouls.

Le nœud vital commande aussi à l'activité combinée des muscles respiratoires et du diaphragme. Les mouvements de ce dernier sont nécessaires à la respiration, aux vomissements et à la
défécation. Tous les mouvements provoqués par les nerfs qui
naissent de la moelle allongée dépendent de même du nœud vital.

Il est difficile d'étudier les rapports de la moelle allongée avec les fibres sensitives et motrices à cause de l'effet mortel d'une blessure pratiquée sur elle, mais il semble que les pyramides soient la continuation des cordons antérieurs de la moelle épinière. Les cordons latéraux de la moelle allongée semblent être dans un rapport particulier avec les mouvements respiratoires; les pyramides ne paraissent avoir ni sensibilité, ni motilité, et la surface de la moelle allongée est complétement insensible. Il y a encore un détail de structure anatomique dans la partie antérieure de la moelle allongée sur lequel nous devons nous arrêter. Les fibres de la substance blanche se croisent en cet endroit, les tubes primitifs qui, dans la moelle épinière et la moelle allongée, se trouvaient à gauche, passent en partie à droite, et celles de droite à gauche. Ce croisement n'existe cependant pas, d'après les nouvelles expériences, dans la moelle allongée seulement, mais encore plus en avant dans le tronc cérébral, les pédoncules du cerveau et le pont de Varole. Ce croisement ne se remarque que dans les fibres motrices et pas dans les fibres sensitives. Il nous explique les phénomènes singuliers que l'on remarque dans les lésions du cerveau qui ont paralysé des fibres motrices. La paralysie provoquée par des lésions du cerveau se montre du côté opposé dans le corps, tandis que sur la tête, et si l'on blesse les parties pourvues de nerfs cérébraux, elle se manifeste du même côté. Il n'est pas rare de voir des individus qui, par suite d'un épanchement de sang dans le cerveau (apoplexie), ont la partie gauche du visage paralysée; ces malheureux ne peuvent soulever leur paupière gauche, leur bouche se tire vers la droite par l'inaction des muscles de la joue gauche et tandis que ces phénomènes se montrent du côté gauche de la tête, le bras droit et le pied droit sont devenus immobiles et n'obéissent plus à la volonté. Ces phénomènes prouvent que l'activité des nerfs faciaux du côté gauche et celle des nerfs du côté droit du corps sont complétement supprimées. On peut donc en tirer la conséquence que la lésion du cerveau se trouve du côté gauche, ce qui entraîne la paralysie du côté droit du corps à cause du croisement des fibres dans la moelle allongée. Cette disposition est, on le comprendra facilement, d'une haute importance pour le médecin. Si elle ne lui était pas connue, il se tromperait continuellement sur le siége des maladies cérébrales. Les accumulations de sang par suite d'apoplexie, les suppurations et les tumeurs du cerveau ne révèlent souvent leur présence que par ces paralysies croisées. Il est vrai que, dans la plupart des cas, on ne peut combattre la maladie dans l'endroit même où elle se développe ; mais il y a cependant certains cas dans lesquels il est de haute importance, pour la vie du malade, de connaître exactement le siége de la maladie. On peut souvent, en trépanant le malade, le guérir de suppurations et d'accumulations sanguines superficielles qui compriment son cerveau. Mais il y a plus : bien des affections nerveuses dans le corps dépendent d'influences morbides agissant sur le côté opposé du cerveau, et les malades, ainsi que leur entourage, dans leur ignorance des lois physiologiques, trouvent le médecin, sinon stupide, au moins singulier, lorsqu'il cherche à combattre la maladie en appliquant ses remèdes sur le côté de la tête opposé au mal.

Les différentes parties du *cerveau* ont des rapports très-divers avec la sensation. Avant que l'expérience nous eût expliqué ces rapports, les anciens chirurgiens s'étaient déjà aperçu que dans les blessures profondes à la tête qui mettent à nu les hémisphères du cerveau, on peut toucher ces derniers et même en enlever des morceaux sans que le blessé ressente aucune douleur. On ne pouvait expliquer ces phénomènes par l'évanouissement qui se présente souvent. Beaucoup de blessés, en effet, avaient conservé leur intelligence pleine et entière et accusaient des sensations très-précises, lorsqu'on leur touchait la peau du crâne, tout en ne s'apercevant pas du tout de l'irritation ou de la blessure faite à leur cerveau. La physiologie expérimentale a expliqué jusqu'à un certain point tous ces rapports. Nous savons aujourd'hui, au moins quant aux parties cérébrales principales, lesquelles sont sensibles et lesquelles sont insensibles. Voici la loi générale de ces rapports : *Le tronc cérébral est sensible dans*

*une grande partie de sa longueur, et toutes les parties voûtées
sont insensibles.* Les hémisphères du cerveau, toutes les parties
situés au-dessus des grandes cavités cérébrales, les parties
voûtées des tubercules quadrijumeaux situées au-dessus de leur
canal et les parties voûtées du cervelet sont toutes complétement
insensibles. On peut les déchirer sur des animaux vivants auxquels
on a ouvert le crâne sans que les animaux éprouvent la moindre
souffrance. Mais les prolongements appartenant au tronc cérébral
lui-même et qui se dirigent vers le cervelet, les tubercules quadrijumeaux et le cerveau, toutes ces parties auxquelles on a donné
le nom général des pédoncules cérébraux, sont plus ou moins
sensibles. Il en est de même des couches optiques et du pont de
Varole. Quand on touche ces parties sur un animal vivant, il
pousse des cris déchirants.

Ces résultats sur lesquels s'accordent tous les observateurs
confirment un fait anatomique que nous pouvons formuler de la
manière suivante. Les tubes primitifs des nerfs periphériques
naissent des nœuds de substance grise situés dans le tronc cérébral, et les libres de la substanche blanche qui forme les voûtes
ne sont pas en relation directe avec les nerfs périphériques. Il
semble qu'en effet la sensibilité des différentes parties ne dépende uniquement, aussi bien dans le tronc cérébral que dans la
moelle épinière, que des racines nerveuses qui en sortent. Nous
avons vu dans la lettre précédente que le caractère général de
tous les tubes primitifs nerveux, est qu'ils conservent dans toute
leur longueur leurs fonctions propres. Si l'on admet que les
libres sensitives arrivent jusque dans les parties voûtées du cerveau, il faut admettre aussi qu'elles changent alors de fonction
et prennent un autre caractère. Or on ne pourrait guère soutenir l'opinion que la fonction des tubes primitifs se transforme au
moment de leur entrée dans le système nerveux central, car l'expérience nous prouve que dans toute la moelle épinière et dans
tout le tronc cérébral leur fonction reste la même pendant qu'ils
traversent la substance blanche ; ils conservent en effet leur sensibilité intacte. Ils perdraient cette sensibité et leur fonction se-

rait transformée par conséquent seulement à l'entrée dans les parties voûtées. Cette opinion n'a aucun fondement sérieux, elle est même en contradiction avec les données anatomiques. L'anatomie en effet nous apprend que les fibres radicales des nerfs périphériques ne dépassent pas les noyaux de substance grise que l'on trouve dans le tronc cérébral.

Ces rapports particuliers entre les tubes nerveux conducteurs et l'organe central nous expliquent une erreur assez curieuse que nous commettons surtout dans la perception de la douleur et du tact. L'irritation transmise par l'extrémité périphérique d'une fibre nerveuse allant à l'organe central, arrive jusque dans le cerveau qui la perçoit comme une sensation toute locale. Certains éléments du cerveau correspondent donc à certaines parties de la périphérie, et l'irritation de ces éléments, qu'elle vienne de l'extérieur ou de l'intérieur, est perçue par nous comme une sensation périphérique locale. C'est pourquoi les influences subies par une fibre nerveuse centripète, en un endroit quelconque de son parcours, sont perçues par la partie du cerveau irritée comme une sensation venant de la périphérie, ce qui donne lieu à de curieuses erreurs. Faisons ici une comparaison pour faire comprendre la chose.

Supposons deux bureaux télégraphiques, dont l'un, que nous désignerons par A, représente l'extrémité périphérique, et dont l'autre, que nous désignerons par B, représente l'organe central.

Le fil télégraphique qui relie les deux bureaux représenterait le nerf conducteur. Chaque courant électrique qui va dans la direction de A à B nous sera transcrit par le télégraphiste comme venant de A, et si, sans que le bureau B le sache, on construit sur le parcours du fil un nouveau bureau intermédiaire, les dépêches, transmises par ce dernier bureau, seront perçues par B, comme venant de A. Il en est de même pour le cerveau. Les irritations, appliquées sur un point quelconque du trajet d'une fibre nerveuse, seront perçues par notre cerveau, comme venant de la terminaison périphérique. Cette perception, fondée sur l'organisation même du système nerveux et confir-

mée par l'expérience journalière, est tellement forte qu'elle per-
siste même dans les cas où son erreur nous est démontrée par
les sensations transmises par d'autres organes et par des sens
différents. On croyait autrefois que ce phénomène provenait
d'une structure particulière des tubes nerveux primitifs, qu'on
croyait pouvoir expliquer par ce qu'on appelait la *loi de la réaction périphérique*. Mais maintenant, par suite d'expériences
exactes, on rapporte à l'organe central cette transposition à son
extrémité périphérique de l'irritation subie sur le parcours d'un
tube primitif.

Cette loi est très-importante, lorsqu'il s'agit de déterminer
le siége de certaines douleurs que l'on ressent dans les organes
périphériques. Chacun sait déjà par sa propre expérience, qu'un
coup sur le coude, à l'endroit où le tronc nerveux de cette partie
du corps passe sur l'os, produit une sensation très-douloureuse à
l'extrémité de la main, surtout dans le doigt annulaire et le petit
doigt. On perçoit dans la main et dans l'avant-bras un picote-
ment insupportable, des fourmillements et autres phénomènes
analogues.

Chacun peut donc expérimenter sur lui-même et sans danger ce fait de la réaction périphérique des nerfs. On se heurte
au coude et l'on ressent des douleurs assez vives dans l'extrémité
des doigts. Dans beaucoup de cas analogues, on peut voir que
cette loi est générale. Un individu auquel on ampute la cuisse
ressent de la douleur, pendant qu'on coupe la peau, à l'endroit
même où se fait l'opération ; le couteau n'a attaqué dans ce moment que l'extrémité périphérique des nerfs cutanés ; mais à
l'instant où le scalpel coupe le grand tronc nerveux, le nerf sciatique, dont les branches se distribuent dans le pied, le malade
ressent une violente douleur dans les doigts des pieds, le pied
et le mollet, et cette impression est si forte et sa localisation si
exactement délimitée, qu'elle réussit à vaincre la conscience
même du malade.

Le médecin doit agir avec une grande prudence, quand il veut
déterminer exactement où se trouve la cause d'une irritation per-

que par les nerfs phériphériques. Les malades s'étonnent souvent
de voir le médecin laisser complétement de côté l'organe qui les
fait souffrir, et appliquer ses remèdes à un autre endroit du
corps, qui, pourtant ne fait éprouver au patient aucune douleur.
Les annales de la médecine sont remplies d'erreurs de ce genre,
qui viennent de ce que le médecin a négligé cette loi si simple.
Pour montrer combien on peut facilement se tromper et combien sont inutiles les traitements qui ne prennent pas cette loi
en considération, nous nous bornerons à relater ici un cas qui a
été conservé dans les annales de la chirurgie anglaise. Une jeune
fille éprouvait des douleurs violentes dans un des genoux. Aucun
remède, quel qu'il fût, appliqué à la partie malade, ne pouvait
soulager la malade. Le genou lui-même semblait en bonne santé,
et la douleur nerveuse était si violente que la malade, à bout de
patience, après quelques années passées dans la souffrance,
demanda à ce qu'on lui fît l'amputation. Elle fut faite au-dessus
du genou, mais sans succès. Les douleurs paraissaient avoir toujours leur siége dans le genou, bien que ce dernier eût été enlevé.
On fit une seconde amputation plus haut, à la cuisse ; les douleurs continuèrent ; on fit enfin une troisième opération dans
laquelle on désarticula la cuisse. La malade ressentait toujours
les mêmes douleurs. Elle mourut enfin, et l'on vit, en la disséquant, qu'il s'était formé une petite excroissance osseuse, dans
le canal de sortie de la racine postérieure d'un nerf faisant partie du plexus crural. La racine postérieure de ce nerf se trouvait
ainsi dans un état continuel d'irritation. Le siége de la maladie
était donc à la naissance même du nerf. La douleur qui en était
la suite était ressentie dans le genou ; c'était là l'extrémité périphérique où se distribuaient les fibres nerveuses irritées. Tous
les traitements locaux, l'amputation même, ne pouvaient par
conséquent avoir aucun effet salutaire. On a déjà observé souvent
des douleurs périphériques analogues provenant d'un état maladif de l'organe central.

Les faits dont nous venons de parler prouvent que l'on peut
ressentir de la douleur, même dans les membres que l'on ne

possède plus, parce que les nerfs coupés transposent toujours à leurs anciennes terminaisons périphériques les irritations auxquelles ils sont soumis. Les amputés peuvent en effet sentir pendant toute leur vie des douleurs dans l'extrémité qui leur manque, fût-ce vingt ou trente ans après l'opération. Même lorsqu'ils sont déjà habitués à la perte de leur membre, ils transportent à l'extrémité qui a disparu les sensations perçues par le moignon qui leur reste. Le pied ou la main qui manque leur fait mal, lorsque la cicatrice du moignon est affectée ; les individus atteints de rhumatismes ressentent les changements de temps dans les mêmes parties, et les invalides en bonne santé, tout en ayant la certitude de la perte de leur membre, le rétablissent cependant d'une manière inconsciente dans des moments d'inadvertance.

Ils font, quand ils n'y prennent pas garde, des mouvements commandés évidemment par la possession de l'extrémité amputée. Ils recouvrent soigneusement en se couchant l'endroit où viendrait se placer le pied manquant. Sous l'influence d'une frayeur subite, ils se lèvent en sursaut comme s'ils pouvaient s'appuyer sur leurs deux jambes et tombent à terre. Ils cherchent à saisir des objets avec un moignon de bras, comme s'ils avaient encore la main à l'extrémité de ce bras. On pourrait citer des centaines d'observations analogues. Une autre preuve du fait que ces sensations des amputés dépendent tout à fait de l'organisation des nerfs se trouve dans les rêves qu'ils font. Dans les premières années après l'opération, ils se voient sans mutilation dans leurs rêves, et agissent comme s'ils possédaient encore leurs membres intacts. Les individus qui ont perdu une jambe rêvent qu'ils se promènent, courent et sautent avec leurs deux jambes parfaitement solides. Peu à peu, cependant, le sentiment de l'amputation se mêle à leurs songes. Il leur semble qu'ils possèdent encore leurs bras ou leurs jambes, mais ils ne peuvent s'en servir et les traînent après eux comme un fardeau inutile. Il y a bien peu d'invalides qui deviennent assez âgés pour se voir, dans leur sommeil, tels qu'ils sont en réalité. Même dans ces cas, où le sentiment du membre perdu n'existe plus, des blessures objectives du moignon

ramènent le sentiment dans la partie du corps qui fait défaut.
L'invalide qui rêve qu'il se promène avec des béquilles ressent
des douleurs dans l'extrémité périphérique du membre qu'il a
perdu quand le moignon qui lui reste est atteint d'inflammation.

La chirurgie moderne qui s'est donnée à tâche de remplacer, autant que possible, les parties perdues, a fourni
bien des faits pour l'étude de la localisation des sensations. On
remplace le nez perdu, d'après les dernières méthodes, en découpant sur le front un morceau de peau triangulaire qui n'est rattaché à la peau de la figure que par un pont qu'on laisse subsister à la racine du nez ; le lambeau de peau, ainsi formé, est re-
tourné et cousu avec ses bords sur le moignon du nez détruit.

Le nez est ainsi formé de la peau du front, et il accuse des sensations sur le front aussi longtemps qu'on a conservé l'attache
cutanée qui permet la nutrition du morceau rapporté. On coupe
cette attache aussitôt que le morceau rapporté s'est fixé des deux
côtés à la peau environnante, et peut ainsi être nourri par les
joues. Immédiatement après cette dernière opération, le morceau
de peau devient insensible ; toutefois sa sensibilité revient peu
à peu, et le morceau accuse, dans la plupart des cas, des sensations à la peau du nez et non pas à la peau du front. Mais il y a
des cas dont on a méconnu l'importance et dans lesquels le nez
nouveau conserve un sentiment frontal plus ou moins prononcé ;
le patient croit que cette peau fait encore partie du front. Un
opéré, dont on avait sectionné depuis neuf semaines la partie de
la peau du nez, encore attachée au front, conserva ce sentiment
sur un côté du nez nouvellement formé ; quelques verrues qui se
trouvaient sur ce côté du nez furent traitées avec l'onguent de
cantharides, et le malade se plaignit plusieurs fois de douleurs très-fortes à l'endroit du front où se trouvait autrefois le
morceau de peau enduit d'onguent.

Dans ce dernier cas, la localisation de la sensation sur le front
ou le nez dépend du point central atteint par les fibres nerveuses nouvellement formées. Le morceau de peau du front, trans-

porté sur le nez, ne perd aucune de ses propriétés nerveuses, aussi longtemps qu'il est relié au front au moyen de la racine du nez. Il perd toute sensibilité après sa séparation du front, parce que tous ses nerfs ont été coupés. S'il se forme de nouvelles fibres nerveuses qui entrent en relation avec les troncs nerveux de la joue, et par là avec les parties du cerveau où les nerfs de cette même joue prennent racine, l'individu accusera des sensations sur le nez et non sur le front; mais si la réunion des tubes nerveux nouvellement formés se fait avec les nerfs du front, le morceau de peau rapporté conservera toujours son genre de sensibilité primitive.

Toutes ces expériences nous conduisent nécessairement à ce résultat : qu'il y a trois groupes de formations qui composent l'appareil nerveux sensitif. Le premier groupe transmet, à travers l'organe central, les sensations de la périphérie ; l'autre provoque, dans l'organe central, la sensation locale, et le troisième communique à la conscience générale la sensation locale. Chacun de ces groupes de nerfs, irrité seul, peut produire la sensation qui lui est propre, et beaucoup de maladies s'expliquent ainsi. Les douleurs des hystériques et des hypocondriaques, dont la place varie continuellement sans qu'il y ait de changement local périphérique, dépendent évidemment d'irritations maladives des groupes nerveux sensitifs qui se produisent dans une partie quelconque du système central.

Les expériences sur le *mouvement* ne sont pas aussi exactes et aussi concluantes que celles qui se rapportent à la sensation. Il faut distinguer ici deux sortes de faits que l'on peut spécifier par les noms de paralysie directe ou paralysie indirecte. Les observateurs ne s'occupent en général que de la première espèce et négligent les phénomènes de la paralysie indirecte. Parlons plus clairement : si l'on excite un tube primitif moteur, les muscles dans lesquels ce tube se distribue se contractent : si on irrite une partie de la moelle épinière qu'on a isolée pour échapper à l'influence des mouvements concomitants, les muscles dans lesquels se distribuent les fibres naissant de ce morceau, se contractent à l'irritation. Si l'on détruit les fibres nerveuses, le mouvement est supprimé ; si l'on détruit les éléments conducteurs du mouvement (c'est-à-dire les cordons antérieurs et la substance grise de la moelle), il se produit une paralysie. C'est là une irritation directe et une paralysie directe produites par la destruction de la partie nerveuse, qui fait communiquer l'irritation du centre vers la volonté, et *vice versa*.

Le système nerveux central a, comme nous le verrons plus loin, des propriétés particulières. Ces propriétés servent à soutenir la force nerveuse, à faire percevoir les sensations par notre conscience, à soumettre les mouvements à la volonté et à les grouper pour faire un tout harmonieux ; si les parties des organes centraux, qui possèdent ces propriétés, ne fonctionnent plus, les mouvements disparaissent. Si les parties qui élaborent la volonté motrice (si l'on peut s'exprimer ainsi) ont subi une lésion, ou bien encore si les parties qui transmettaient au tube primitif moteur la volonté élaborée ont été lésées, les mouvements pourront encore être produits par des irritations directes, mais non pas par la volonté de l'individu ou par une impulsion partie de l'organe central. La paralysie indirecte sera aussi importante et aussi complète pour l'individu qu'elle atteint que celle qui a été provoquée par la destruction directe des tubes primitifs moteurs ; mais pour le physiologiste et pour le médecin elle sera entièrement différente dans son essence. Il faut évidemment distinguer dans l'organe central certains éléments qui produisent la volonté, d'autres qui la transmettent, et d'autres enfin qui la font passer d'un organe dans un autre. J'ai observé, pendant longtemps, une femme dont la langue était presque paralysée par suite d'un épanchement de sang dans le cerveau. Elle prononçait quelquefois les mots allemands les plus difficiles par leurs consonnes gutturales et qu'un Français n'aurait jamais pu articuler ; les fibres motrices de l'appareil du langage n'étaient donc pas paralysées. Elle s'efforçait en outre de répéter le mot qu'elle avait prononcé ; la volonté était donc restée intacte ; mais elle ne pouvait jamais parvenir à répéter le mot qu'elle avait parfaitement prononcé un instant auparavant. Faut-il admettre que dans des moments de frayeur, où elle poussait une exclamation toujours adaptée à la situation (car ce n'est que dans ces moments-là que le phénomène se produisait), faut-il admettre que la malade subissait alors l'influence d'un mouvement réflexe provenant d'une idée surgissant subitement, mais que la transmission de la volonté avait été supprimée chez elle ? Il n'y a qu'à réfléchir sur les mouvements involontaires qui se présentent quelquefois, lorsque l'on coupe certaines parties du cerveau, et dont nous parlerons plus tard, pour nous mettre sur la trace d'une explication. Il paraît donc que dans le cas que nous venons de citer la volonté existait encore, mais que sa transmission, depuis le siége de son élaboration aux fibres périphériques, était dérangée ou faussée.

On peut admettre, comme résultat général, qu'aucun tube primitif d'un nerf périphérique ne va plus loin que la moelle épinière ou le tronc cérébral. Les fonctions des nerfs périphériques ne sont donc concentrées que dans la moelle épinière et le tronc cérébral. Malgré cela, nous voyons chaque jour se présenter des cas de paralysie de membres, provoqués par des maladies qui ont leur siége dans des parties du cerveau dont l'irritation ne provoque ni mouvement ni douleur. Les observateurs, au lieu d'expliquer ces phénomènes par une paralysie indirecte, venant de la destruction des parties qui ordonnent aux fibres primitives d'entrer en fonction, avaient cherché à se tirer d'affaire par toutes sortes d'expédients curieux. On a dit qu'il y avait pression sur le tronc cérébral ; on affirmait que les tubes primitifs arrivaient jusque dans les parties insensibles ; on s'appuyait dans cette hypothèse sur le caractère fibreux de la substance blanche. Les tubes nerveux changeaient alors de caractère ; on donnait, en un mot, une quantité d'explications différentes. L'expérience et l'observation, si incomplètes qu'elles soient, nous ont cependant fourni des faits qui peuvent servir à un examen conséquent des phénomènes. Donnons-nous donc la peine d'être conséquents, et rassemblons les faits sur lesquels se baseront nos conclusions. Les fibres primitives motrices se terminent dans le tronc cérébral. Des mammifères, des oiseaux, auxquels manque le cerveau proprement dit, peuvent encore exécuter des mouvements ayant un but déterminé. Les personnes chez lesquelles les parties voûtées seules sont malades sont, au contraire, souvent paralysées ; elles cherchent à mouvoir les membres paralysés, mais elles n'y réussissent pas. On ne peut admettre, dans la plupart de ces cas, une pression sur le tronc cérébral, car une partie ramollie dans l'hémisphère ne peut comprimer le tronc cérébral lui-même. Revenons à nos prémisses : Pourquoi l'oiseau, auquel on a enlevé les hémisphères du cerveau proprement dit, ne bouge-t-il plus ? Il n'éprouve pas le besoin de faire un mouvement. Si on le pousse à se mouvoir, il le fera aussitôt ; jeté en l'air, il vole. Les mouvements réflexes sont restés les mêmes, en tant qu'ils dépendent des parties du cerveau encore existantes. Pourquoi le malade ne se meut-il pas ? Les tubes moteurs primitifs sont intacts, car une irritation galvanique les fait entrer en activité. Il possède encore toute sa volonté, et peut faire naître en lui-même le besoin de mouvement, ce que l'oiseau privé de son cerveau ne saurait faire. Il s'efforce de transmettre aux membres paralysés l'ordre de se mouvoir ; mais le mouvement ne se fait pas. Évidemment, le pont de communication n'existe plus, la volonté n'arrive pas jusqu'aux fibres nerveuses de l'organe qui doit être mis en mouvement ; c'est là la cause de la paralysie. Nous avons donc, en faisant abstraction des mouvements réflexes, trois facteurs nécessaires pour la naissance d'un mouvement volontaire : il faut des tubes primitifs, directement moteurs, qui subissent l'influence de la volonté ou d'une irritation, mais ne peuvent entrer par eux-mêmes en activité. Il faut encore des parties qui transmettent la volonté, et enfin d'autres qui pour ainsi dire élaborent cette volonté. La destruction de chacune de ces parties peut provoquer la paralysie ; il faut donc étudier, dans chaque cas, de quel genre est cette paralysie. Nous voyons donc que ces résultats concordent exactement avec ceux que nous avons obtenus en analysant les sensations, dans lesquelles aussi les parties élémentaires sont divisées en trois groupes.

Cherchons maintenant à expliquer les résultats auxquels on est arrivé en faisant des expériences sur les rapports des différentes parties du cerveau avec les fonctions des nerfs. Nous reconnaîtrons qu'en allant de bas en haut dans le tronc cérébral, à partir de la moelle allongée, on trouve dans les pédoncules cérébelleux une relation évidente avec les muscles de la colonne vertébrale. Si l'on coupe une de ces parties, près du pont de Varole, l'animal tournera sur lui-même dans le sens de la partie blessée, chaque fois qu'il voudra faire un mouvement. Si on fait la section un peu plus haut, l'animal tournera du côté de la partie en bonne santé. Dans les premiers cas, les muscles torseurs de l'épine dorsale sont paralysés du côté opposé, et, dans le second cas, du côté de la blessure. Ces mouvements sont si irrésistibles, chez les animaux opérés, qu'un savant affirme avoir vu un lapin opéré, mis dans du foin après l'opération, et qui pendant la nuit avait formé autour de son corps, par ses rotations continuelles, une enveloppe dans le genre de celles qui entourent les bouteilles. L'on connaît aussi des cas analogues chez l'homme, où une maladie affectant les pédoncules cérébelleux provoque chez le patient des mouvements de rotation autour de son axe, surtout pendant le sommeil. Si les deux pédoncules sont sectionnés, les mouvements du corps sont affaiblis dans leur ensemble ; la marche de l'animal devient chancelante et peu sûre à cause du manque de fixation de la colonne vertébrale. L'on n'observe pas d'autre symptôme sur le corps lui-même. Mais, en revanche, chaque blessure provoquée aux pédoncules produit un dérangement dans la position des yeux. L'œil placé du côté blessé, est tiré en avant vers le bas, et l'œil en bonne santé en arrière et vers le haut.

Le *pont* de Varole et les pédoncules cérébraux correspondent, sous beaucoup de rapports, aux cordons de la moelle épinière, ils sont sensibles ; le pont, dans sa surface antérieure surtout, accuse une grande sensibilité. Si l'on sectionne ces parties, on provoque, comme dans la moelle épinière, une sensibilité plus forte dans la partie de la tête et du corps qui est du côté de l'endroit blessé. On a pu s'en assurer aussi dans les maladies. On a, en effet, souvent observé dans diverses parties du corps des douleurs qui étaient en rapport avec la dégénérescence de ces parties. On reconnaît aussi que ces parties ont des rapports évidents avec les mouvements. Si l'on sectionne un pédoncule ou le pont sur un côté, les mouvements se dirigent latéralement : l'animal ne peut s'en rendre maître par la volonté, et décrit des cercles au lieu d'aller en ligne droite. Cette courbe aura sa concavité tournée du côté de la partie blessée, et l'animal fera les mêmes mouvements qu'une cheval bien dressé dans un manége. C'est pourquoi l'observateur français, qui le premier a découvert ces mouvements, les a appelés fort justement les mouvements de manége. Voici ce que raconte un observateur pour prouver que les animaux marchent *involontairement* en ligne courbe, quand même ils voudraient marcher en ligne droite : « Si l'on a placé un certain nombre de ces animaux opérés dans un local un peu vaste, ils se meuvent les premiers jours continuellement en cercle ; si on les a apprivoisés avant l'expérience, et si on leur a appris à venir chercher leur nourriture à l'appel, ils tâcheront de le faire aussi une fois qu'ils seront opérés ; ils tendront par conséquent leurs jambes de derrière avec plus de force, mais cela ne fait que donner un plus grand diamètre au cercle qu'ils décrivent, et ils sont obligés de décrire des spirales pour venir manger (on peut leur faire dessiner la forme de ces spirales sur le plancher en trempant leurs pattes dans l'huile). Au bout de quelques jours, l'expérience leur donne un moyen d'échapper à ces mouvements circulaires, *qui sont évidemment fort gênants pour eux.* On les voit alors, quand ils veulent traverser le local entier, s'appuyer contre le mur qui correspond au côté vers lequel ils tournent ; puis ils se mettent à marcher. Le cou et la tête rencontrent alors dans la paroi une résistance contre le mouvement circulaire, et les pattes de derrière peuvent diriger l'animal en *ligne droite.* »

Les blessures des *couches optiques* ont à peu près le même résultat. Les animaux, quand on a blessé le tiers postérieur des couches optiques, tournent bien, comme quand on blesse les pédoncules, du côté qui n'est pas blessé ; mais, lorsque la blessure est pratiquée aux deux tiers antérieurs de la couche, ils se meuvent en cercle du côté de l'endroit opéré. Il y a donc un croisement dans les couches optiques mêmes. Ces organes n'ont d'ailleurs aucun rapport avec les yeux, comme pourrait le faire croire le nom qu'on leur a donné.

Il faut soigneusement distinguer de ces mouvements circulaires mécaniques, provenant de la lésion de certaines parties du tronc cérébral, des mouvements provoqués par les lésions du *cerveau moyen*. Cette partie du cerveau est en rapport intime avec la vision. Des blessures, pratiquées à la partie antérieure des *tubercules quadrijumeaux*, provoquent aussi bien la cécité que le ferait la destruction du nerf optique lui-même, avec cette différence toutefois que la cécité se présente dans l'œil placé du côté opposé à celui où se fait l'opération. Ce phénomène s'explique par cette circonstance que les nerfs optiques se croisent immédiatement à leur sortie du cerveau dans la partie appelée le chiasma. Une cécité immédiate provoquée dans un œil ou dans tous les deux donne lieu, chez les animaux, à des phénomènes très-curieux. Un pigeon auquel on ferme l'œil avec un morceau de taffetas noir tourne en cercle dans le sens de l'œil laissé à découvert ; un animal, dont on coupe tout à coup les deux nerfs optiques, tourne de la même façon. Les lapins, dont on détruit tout à coup les deux nerfs optiques, sautent à bas de la table où on a fait l'opération, et courent en ligne droite jusqu'à ce qu'ils rencontrent la muraille. On a fait les mêmes observations après le sectionnement des tubercules quadrijumeaux, à gauche et à droite. La terreur que provoque, chez les lapins, la nuit subite dans laquelle ils sont plongés, explique la fuite de ces animaux, déjà si craintifs de leur nature. Des blessures pratiquées à la partie postérieure des tubercules quadrijumeaux paralysent, au contraire, les mouvements de l'œil et de la pupille, sans qu'il semble que pour cela la vision soit affaiblie.

Nous avons encore bien moins de connaissances sur les parties voûtées du cerveau et du cervelet que sur le tronc cérébral et les parties qui l'avoisinent. *Les parties latérales du cervelet* présentent, à l'égard des pédoncules cérébelleux, les mêmes fonctions opposées que la couche optique à l'égard des pédoncules cérébraux. Lorsqu'on les coupe, le corps tourne du côté qui n'a pas été opéré, et les yeux prennent la position suivante : celui qui se trouve du côté qui est en bonne santé se dirige en avant et vers le bas, et l'œil du côté malade en arrière et vers le haut. Si l'on enlève *le cervelet* lui-même, la moelle épinière perd complétement sa fixité, l'animal chancelle, même quand il ne marche pas. S'il marche, il paraît ivre, ses mouvements deviennent rapides et irréguliers, et n'ont pas la coordination nécessaire. On a prouvé depuis longtemps que l'opinion qui faisait du cervelet une espèce de sabot d'enrayure, retenant et tempérant les mouvements violents, provenait de ce qu'on avait mal compris les phénomènes.

Les *corps striés*, qui semblent appartenir, au point de vue anatomique, au tronc cérébral, mais qui, par leurs fonctions, forment évidemment des parties du cerveau proprement dit, sont complétement insensibles par eux-mêmes, et ne donnent lieu à aucun mouvement sous l'influence de l'irritation. Si on les blesse ou qu'on les sectionne, on voit apparaître des phénomènes fort curieux : le tact disparaît dans le corps tout entier; il ne reste plus que la sensation de la douleur. Les mouvements coordonnés et la motilité restent complétemment intacts, mais l'initiative a disparu tout à fait. Si l'on saisit les membres avec précaution et qu'on les déplace lentement, on peut faire prendre à l'animal les positions les plus étranges, sans qu'il cherche à bouger le moins du monde, tandis que l'animal en bonne santé change aussitôt de position. La pathologie a donné le nom de catalepsie à certains états particuliers, dans lesquels les membres prennent des positions qui ne sont pas naturelles, et les gardent, sans que le malade cherche à les changer. Un homme en bonne santé ne pourrait conserver que quelques instants les positions souvent bizarres qu'affecte un cataleptique. L'animal opéré se conduit de même à l'état de repos, mais, si on le presse ou qu'on le pince, il se lève et s'enfuit. Il court d'abord lentement, puis de plus en plus vite, et, enfin avec une vitesse vertigineuse, jusqu'à ce qu'il arrive contre un obstacle qui l'arrête. Il reste alors dans la position qu'il avait au moment où il a rencontré l'obstacle. Rien ne l'excite à changer de position, aussi bien dans le repos que dans le mouvement, et si l'animal ne rencontre pas d'obstacles, il court jusqu'à ce qu'il tombe épuisé de fatigue. Comme l'on voit, la même activité passive l'agite ici dans le repos et dans le mouvement. L'état où se trouve l'animal ne change pas, car l'animal ne peut en aucune façon l'influencer.

Beaucoup de physiologistes ont réussi à faire vivre pendant des mois et des années des oiseaux auxquels ils avaient enlevé le *cerveau proprement dit*. Ils ont pu ainsi étudier les phénomènes qui se passent chez les animaux privés de cet organe. Les mammifères ne survivent ordinairement que quelques heures à l'opération, car il se rassemble chez eux du sang épanché autour de la moelle allongée ; ce sang comprime peu à peu les parties centrales qui président à la respiration, et détermine ainsi la mort. Les mammifères ne peuvent donc servir pour cette sorte d'expériences. Celles qu'on a faites sur eux confirment du reste en tous points celles qu'on a faites sur les oiseaux. Des pigeons, opérés de cette manière, restent dans un état de somnolence continuel. Ils rentrent le cou, laissent pendre les ailes et reposent au commencement sur leurs deux pattes. Si on les pousse ou qu'on les pince aux pattes, ils se réveillent, secouent le corps et les plumes, ouvrent les yeux et font quelques pas en chancelant, pour retomber, plus tard, dans leur état habituel de somnolence. Si on les laisse tomber d'une certaine hauteur, ils ouvrent les ailes, volent très-bien et dans une certaine direction, mais tombent bientôt à terre et ne cherchent pas à s'envoler. Quelquefois ils se réveillent d'eux-mêmes, mais leur unique occupation est alors de lisser et d'arranger leurs plumes. Les yeux sont sensibles à la lumière ; le pigeon ne les ferme pas si on en approche une bougie allumée, mais il montre une certaine inquiétude et suit tous les mouvements que l'on imprime à la bougie dans l'obscurité. Tous les autres sens semblent conservés, mais à un moindre degré; on le voit surtout par rapport au goût. Si on touche la patte du pigeon, il la lève, si l'on continue plusieurs fois à toucher cette patte, il finit par la cacher sous son aile, et reste alors en équilibre sur une patte. Si, dans ce cas, on pince l'autre patte, il change de position, et cache sous son aile celle qu'on a irritée en dernier lieu, en s'appuyant sur l'autre, qu'il a sortie de dessous son aile. Si on place dans les environs des fosses nasales des substances à odeur piquante, comme par exemple de l'ammoniaque, l'oiseau secoue violemment la tête et se gratte le bec avec la patte, pour enlever le corps irritant. Il est incapable de becqueter des grains, on est obligé de lui ouvrir le bec et d'introduire la nourriture jusqu'à la racine de la langue, pour lui permettre de l'avaler. On a pu observer, chez quelques pigeons qui ont vécu longtemps après l'opération, des accès de colère et une certaine sûreté dans les mouvements. On les a vus becqueter divers objets et montrer même une certaine animation. Aussi n'était-ce qu'après une observation attentive qu'on pouvait les distinguer des pigeons à l'état normal. Mais on ne les a jamais vus prendre d'eux-mêmes des aliments liquides et solides.

Ces phénomènes nous montrent que les sens, aussi bien que les mouvements, se conservent dans toute leur intégrité après l'enlèvement du cerveau proprement dit. Ils présentent la même combinaison qu'ils possédaient dans l'animal non opéré. Mais tous les mouvements semblent montrer que l'animal se trouve dans un état de somnolence particulier. Il ne se rend réellement compte ni de ses sensations, ni de ses mouvements.

On voit par là que ces mouvements sont, jusqu'à un certain point, différents des mouvements réflexes; cependant ils ne s'en distinguent que par le degré de complication. Le sentiment de l'existence a disparu dans l'animal auquel manque le cerveau proprement dit, aussi bien que dans l'animal décapité. Les sensations ne sont pas perçues comme telles, et ne donnent naissance à aucune activité. L'animal qui n'a plus de cerveau peut périr de faim devant une auge pleine de nourriture, comme le dit un observateur récent, parce que l'image de la nourriture et le besoin de l'absorber ne peuvent plus produire, par leur combinaison, les mouvements nécessaires pour la déglutition. Les animaux décapités, comme ceux qui n'ont plus de cerveau, perdent le sentiment de l'existence et la pensée. Ils conservent cependant une coordination inconsciente dans leurs mouvements, par suite d'excitations extérieures. Leurs mouvements ont même un certain but inconscient, et la différence entre les animaux décapités et ceux qui sont privés de leur cerveau réside dans le degré de perfection et l'importance des actions, qui dépendent du nombre de sensations, plus grand chez l'animal privé seulement de son cerveau. L'animal décapité ne conserve plus que le tact et la sensibilité en général ; l'animal sans cerveau, au contraire, conserve tous les organes des sens, ainsi que leurs fonctions. Si l'on enlève peu à peu les hémisphères cérébraux, ces phénomènes deviennent de plus en plus distincts, sans qu'il y ait de changement plus grand dans une direction déterminée plutôt que dans une autre.

L'enlèvement d'une moitié de cerveau proprement dit n'a pas d'influence appréciable, l'autre moitié entre en fonction à sa place et l'activité normale du cerveau se conserve, mais cette activité s'affaiblit beaucoup plus rapidement que dans le cas où le cerveau est intact. C'est là un phénomène que l'on a pu déjà étudier chez des hommes, qui, par suite de blessures profondes au cerveau, avaient perdu une certaine quantité de substance cérébrale.

Si nous nous demandons, maintenant que nous connaissons parfaitement les faits qui peuvent nous éclairer par rapport aux fonctions spéciales des voûtes du cerveau humain, quel est le résultat de nos recherches, nous trouvons que, chez l'*homme*, on n'a pas encore réuni assez de faits suffisamment connus. L'expérience elle-même manque presque totalement, et l'on est obligé d'étudier les cas qui se présentent dans les accidents ou les maladies. On connaît une foule de maladies qui, dans l'examen du cadavre, se sont expliquées par les dégénérescences du cerveau et sa destruction partielle. Cependant tous ces cas n'ont pu encore conduire à une solution exacte. Nous ne connaissons pas même exactement les phénomènes qui ont lieu dans l'apoplexie, car c'est ainsi que l'on appelle les congestions sanguines du cerveau. L'apoplexie détermine, en effet, différentes espèces de paralysies, que nous n'avons pu encore ·étudier suffisamment. Nous savons seulement que ces paralysies se présentent toujours dans la partie du corps·située du côté opposé à l'endroit où s'est produite·la congestion. Nous savons aussi qu'elles se présentent chaque fois que le tronc cérébral a subi une dégénérescence ou une pression quelconque, et qu'enfin la paralysie, qui attaque toute une moitié du corps, et dont la cause se trouve dans des blessures ou des maladies du cerveau, peut devenir durable et complète ; chez l'animal, au contraire, les blessures pratiquées au cerveau ne produisent jamais de paralysie durable pour toute une moitié du corps. Nous ne savons point encore s'il y a dans le cerveau, par rapport à la sensibilité, le même croisement que celui qu'on observe par rapport au mouvement, car elle ne subit pas aussi fortement l'influence des dégénérescences que le mouvement. Il semble pourtant que ce croisement existe, car la compression d'une artère carotide produit des sensations de tact anormales dans la moitié opposée du corps. Par rapport aux fonctions de l'intelligence, nous savons que, comme chez les animaux, elles s'affaiblissent d'autant plus que la destruction du cerveau est plus complète. Il est encore un autre fait certain, c'est que la ligature ou la destruction de certaines parties cérébrales provoque l'affaiblissement de certaines fonctions de l'intelligence. L'anéantissement de certaines facultés intellectuelles particulières par suite de la destruction de certaines parties distinctes du cerveau, donc la localisation des fonctions intellectuelles, n'a encore été démontrée que pour une seule fonction, savoir : le langage articulé. Mais ici encore les preuves laissent beaucoup à désirer. Ceci du reste n'étonnera personne, car on sait que les deux hémisphères du cerveau sont symétriques ; et, comme les lésions ne s'attaquent ordinairement qu'à un seul hémisphère, la fonction parallèle de l'autre hémisphère affaiblit considérablement par sa suppléance les conséquences de la lésion.

Une série de phénomènes maladifs et des expériences nombreuses nous montrent que le système nerveux central, et surtout le cerveau, ont une influence importante sur les mouvements et la sensibilité des intestins, qui ne dépendent cependant pas de notre volonté. Les contractions de l'estomac, des intestins, des canaux excréteurs des glandes, des uretères et du canal biliaire, ainsi que les mouvements vermiculaires des parties génitales internes, peuvent être excitées par l'irritation provoquée dans certaines parties du cerveau. Les sécrétions dépendent même, jusqu'à un certain point, de l'organe central, parce que les nerfs vasculaires sont en rapport avec certaines parties de cet organe. Il est donc vrai de dire que le lait des nourrices devient nuisible pour l'enfant, si les nourrices ne sont pas dans une bonne disposition d'esprit. Il est vrai aussi que la sécrétion biliaire, la diarrhée, une abondante transpiration et une sécrétion abondante d'urine, dépendent très-souvent de l'état particulier du cerveau. Ces changements dans la vie végétative sont quelquefois très-importants. En effet, le diabète, dont nous avons parlé plus haut, qui se manifeste par l'existence de sucre dans l'urine par suite d'une lésion dans la moelle allongée, nous en fournit la preuve. On remarque aussi des changements considérables dans la nutrition de la tête, quand le pont de Varole a subi une lésion. Mais nous ne pouvons entrer, sur ce sujet, dans de plus longs détails.

Les rapports de sensibilité entre les intestins et le système nerveux central sont souvent aussi très-faciles à constater. Les migraines violentes observées dans les maladies du foie, les hallucinations, qui se présentent souvent par suite de maladies intestinales chroniques et cachent souvent au médecin la vraie cause de la maladie, sont des phénomènes qu'on peut ranger dans ce groupe. Ils ne sont malheureusement encore que fort peu connus.

LETTRE XIII

FORCE NERVEUSE ET ACTIVITÉ DE L'AME

Les propriétés particulières du système nerveux, qu'on n'a comprises dans leur ensemble qu'après de longs tâtonnements, ont été de tout temps le domaine favori des physiologistes et des médecins adonnés aux spéculations métaphysiques. Chaque école médicale avait des théories particulières sur les nerfs, leur force vitale propre et le fluide nerveux ; et ces théories dominaient plus ou moins la science dans son ensemble, suivant qu'on leur attribuait des influences morbides plus ou moins considérables. Lorsqu'on découvrit la structure microscopique des tubes nerveux, la rapidité de transmission qu'on observait dans ces canaux remplis de substances demi-solides, sembla aux observateurs en opposition directe avec l'immobilité complète du contenu des nerfs. Beaucoup de savants se sont inutilement donné la peine de rechercher des mouvements dans les nerfs irrités au moment où ils entraient en activité pour transmettre une sensation ou un mouvement. Peine tout aussi inutile que celle que l'on se donnerait en cherchant à voir directement les mouvements moléculaires dans un fil de cuivre au moment où le traverse une dépêche télégraphique. Au moment même où des secousses électriques rapides et variables provoquent le tétanos dans la cuisse d'une grenouille,

on ne peut apercevoir le moindre changement dans les tubes
nerveux mêmes. Il parut donc évident que la transmission à travers les tubes nerveux, la propagation de l'irritabilité dans une
certaine direction, toute l'activité des nerfs, en un mot, dépen-
dait de changements moléculaires absolument inappréciables au
microscope, mais rendus manifestes seulement par les résultats
obtenus dans les organes mêmes.

Les recherches modernes, en suivant une autre voie d'expérimentation, ont donné de meilleurs résultats. Nous savons, par les
lettres précédentes, qu'il y a diverses méthodes pour irriter un
nerf. Il y a le moyen mécanique qui consiste à le piquer ou à le
pincer, le moyen chimique par lequel on le place sous l'influence
d'acides ou d'alcalis plus ou moins corrosifs, et enfin la méthode
électrique qui est toujours la plus puissante dans son activité,
et qui produit encore de l'effet quand tous les autres moyens
n'en ont plus depuis longtemps. Depuis qu'on a découvert les
contractions de la cuisse d'une grenouille, dont le nerf avait été
mis par hasard en relation avec une cuiller d'argent et une lame
de couteau en acier qui se touchaient, ce qui produisit un courant électrique comme on en obtient par une faible pile, on
s'est toujours servi de la cuisse d'une grenouille privée de sa
peau comme d'un instrument de haute importance pour l'étude
des nerfs. Sans elle, la physique des nerfs, et l'étude de l'électricité elle-même, ne seraient jamais arrivées à la perfection
qu'elles ont atteinte de nos jours. Le galvanomètre nous indique
des courants électriques excessivement faibles, nous donne aussi
la direction de ces courants, et nous montre les changements
qui se produisent en eux quand ils sont de longue durée, mais
la cuisse de grenouille le remplace dans le cas où la lenteur
même du galvanomètre en rend l'usage impraticable. Le moindre changement dans le courant, si court et si rapide qu'il soit,
se traduit dans la cuisse de la grenouille par une contraction.
Aussi a-t-on employé dans ces diverses circonstances tantôt l'instrument artificiel, tantôt l'appareil donné par la nature, et l'on
a pu ainsi étudier les propriétés électriques des nerfs et en tirer

des déductions importantes sur les changements moléculaires qui se font dans le nerf lui-même, ainsi que sur la force qui les met en jeu. Il serait trop long de relater ici ces expériences, car on ne les comprendrait pas sans faire une étude approfondie des propriétés physiques de l'électricité. Voici les résultats que nous ont donnés une série d'expériences très-délicates. Chaque nerf vivant du corps est, pour ainsi dire, un circuit électrique fermé dont le pôle positif se trouve dans l'axe longitudinal et le pôle négatif dans l'axe transversal. La substance conductrice interne est entourée par un corps isolant humide qui est la gaîne du nerf. La moelle du nerf et surtout le cylindre-axe forment donc la substance nerveuse proprement dite ; les parties qui constituent la gaîne ne servent qu'à isoler le contenu des nerfs. Chaque nerf entretient à l'état de repos un courant électrique, dit le courant du repos, qui éprouve des changements importants quand on irrite la substance nerveuse. Si l'on ferme le circuit électrique d'une pile au moyen d'un morceau de nerf, et que l'on place ce morceau de telle façon que le courant traverse le nerf dans la même direction que le courant nerveux primitif qui se continue dans toute la longueur du nerf, le courant de repos deviendra plus fort, et sera affaibli dans le cas contraire. Il faut, pour que ces expériences réussissent et que l'irritation se transmette dans le nerf, en déterminant ainsi en lui un état électrique, que la substance qui se trouve dans l'intérieur des nerfs n'ait éprouvé aucune solution de continuité. Dans ce dernier cas, et même lorsque l'électricité se propage par la surface extérieure, la propagation à l'intérieur des tubes nerveux disparaît complétement. Si l'on serre, par exemple, le tronc nerveux avec un fil mouillé, toute conductibilité sera supprimée dans les nerfs ; si c'est un nerf moteur, on pourra l'irriter au-dessus de la ligature de toutes les façons possibles, sans que les muscles périphériques se contractent. Si l'on a affaire à un nerf sensible, la sensation venant des parties périphériques ne dépassera pas l'endroit où l'on a fait la ligature. Le renforcement ou l'affaiblissement du courant nerveux primitif ne se fera pas sentir dans la partie du nerf placée en dehors de l'endroit où se trouve la ligature. On peut étudier sur le corps vivant l'influence de la solution de continuité dans la substance nerveuse. Chacun connaît le phénomène de l'engourdissement des muscles qui provient toujours d'une pression pratiquée sur les troncs nerveux. Si cette pression est assez con·sidérable pour provoquer pendant un certain temps une solution de continuité dans les tubes nerveux, les nerfs refuseront tout service. Le membre devient complétement insensible et atteint souvent un tel degré d'immobilité que l'individu dont la jambe est engourdie peut faire une chute s'il se lève subitement. La conductibilité ne revient que quelque temps après :.elle est alors accompagnée de phénomènes particuliers tels que les fourmis, des picotements et des contractions involontaires.

Les expériences faites jusqu'à ce jour nous conduisent presque nécessairement à la conclusion suivante. Le nerf développe pendant toute la vie une certaine force résidant probablement dans des transformations chimiques qui ont leur siége dans le contenu nerveux ; ces forces produites par la nutrition des nerfs sont voisines des forces électriques. Tous les phénomènes semblent nous prouver qu'une influence quelconque qui peut faire varier la composition des nerfs, en affaiblit l'irritabilité; les effets des forces nerveuses paraissent en outre être à peu près les mê=mes que les effets électriques. La meilleure objection que l'on puisse faire contre cette opinion se base sur la vitesse de transmission de ces deux forces qui est de 422 millions de mètres par seconde pour l'électricité, et qui par conséquent, trans⁴portée aux nerfs, serait complétement incommensurable. On ne pourrait donc calculer la vitesse de la transmission dans les nerfs si elle était due simplement à l'électricité. Il·est vrai que nous pouvons, dans le langage ordinaire, dire que la vitesse de transmission dans les nerfs est instantanée. Des expériences exactes nous prouvent cependant que le temps qu'il faut aux nerfs pour transmettre une impression, tout en étant excessivement court, peut pourtant être mesuré avec précision. On a mesuré cette vitesse au moyen d'un appareil particulier qui permet de calculer avec certitude de très-petites fractions de secondes, et l'on a trouvé ainsi que la vitesse moyenne de transmission dans les nerfs est de 26 à 30 mètres par seconde. Cette vitesse est donc, comme on le voit, infiniment moins considérable que celle de l'électricité. Ce fait serait donc très-concluant pour ceux qui n'admettent pas que la force nerveuse soit électrique. D'autres expériences ont démontré cependant que le nerf ne peut être regardé comme un corps simplement conducteur, mais qu'il est composé d'une quantité innombrable de molécules dont chacune est entourée d'un courant électrique, ce qui fait que la conductibilité de la masse nerveuse n'est pas directe, mais bien indirecte, et par conséquent nullement comparable à celle que présente un autre corps, un fil métallique par exemple.

On a mesuré de la même façon la vitesse des sensations et de la pensée, et l'on a trouvé que les différences individuelles sont dans ce cas assez grandes. On a même reconnu que l'on peut raccourcir par l'exercice le temps qu'il faut pour manifester par un mouvement une impression des sens. Donnons un exemple de la manière dont ces expériences et ces mensurations délicates sont faites. Un observateur doit indiquer par un mouvement fait avec son doigt, en appuyant sur un bouton par exemple, le moment où il entend un bruit, où il voit une étincelle. Des appareils électriques servent alors à mesurer le petit intervalle existant entre la production du phénomène qui doit frapper les sens et le mouvement qui indique que ce phénomène a été perçu. Il nous faut en chiffres ronds, soit pour éprouver la sensation soit pour la manifester par un mouvement, 1/20 de seconde, ce qui fait 1/10 de seconde pour l'acte tout entier. Mais, si l'individu doit ajouter la réflexion pour manifester la sensation qu'il a éprouvée, s'il doit par exemple indiquer par un mouvement différent que l'attouchement qu'il ressent a eu lieu à sa gauche, ou à sa droite, si la lumière qu'il a vue était verte ou rouge, il lui faudra un temps plus long pour donner un signal, jusqu'à 1/4 de seconde. Chaque réaction nerveuse a donc besoin d'un certain temps pour se manifester, mais cette vitesse est si faible qu'un

cheval de course ou une locomotive font en une seconde plus de
chemin que la pensée n'en fait en traversant les nerfs. La rapidité de transmission dépasse celle du vent, mais elle n'atteint
pas celle du son et bien moins encore celle de la lumière.

Si l'on examine les fonctions des nerfs dans leur ensemble, on
voit déjà par l'anatomie que les fibres nerveuses périphériques
ne présentent aucune différence qui corresponde aux diverses
fonctions, et que la distinction entre les fonctions dépend uniquement des deux extrémités du nerf, c'est-à-dire les organes
périphériques d'un côté et l'extrémité centrale de l'autre. Les
moyens qui font naître une irritation des nerfs peuvent être,
nous l'avons dit, très-différents. Mais, si l'on emploie pour plusieurs nerfs le même mode d'irritation, l'influence différera déjà
par le fait que l'organe qui contient le nerf et l'endroit où ce
nerf sort du système central ne sont pas les mêmes. On peut
donc soutenir l'opinion que toutes les fibres nerveuses sont les
mêmes et ont la même conductibilité. Si l'on parle de fibres
motrices sensitives et des sens, il faut se rappeler que ces expressions ne s'appliquent pas aux tubes nerveux, mais seulement
aux extrémités entre lesquelles ces tubes se distribuent.

La différence d'organisation que présentent les organes périphériques engendre probablement en grande partie le fait
que les nerfs transmettent à l'organe central des sensations
très-diverses. Les sensations transmises par les nerfs de la
peau ne sont pas toujours les mêmes et ne varient pas seulement par leur plus ou moins d'intensité. Il y a des différences qualitatives, souvent très-grandes. Nous ne sentons pas
seulement la douleur, nous pouvons par le tact apprécier la
dureté ou la forme de la surface d'un corps ; nous pouvons
reconnaître sa température et même jusqu'à un certain point
son poids. On ne se rend pas seulement compte de la lumière
et de l'obscurité, mais encore des couleurs et de leurs nuances. On n'entend pas seulement un son musical, dont les vibrations sont perçues par l'oreille, mais on reconnaît aussi
par le timbre particulier l'instrument qui l'a produit. Mais si

l'on dégage dans son parcours un nerf cutané, ou qu'on le sectionne, et que l'on irrite ensuite l'extrémité coupée, l'individu ne sentira que de la douleur, même si l'on irrite le tronçon avec un morceau de glace ; il en est de même pour le nerf optique qui, lorsqu'il est sectionné ou qu'il est soumis à d'autres conditions d'irritation, ne perçoit plus que de la lumière en général, mais non pas des couleurs définies.

L'irritabilité de la masse nerveuse peut varier beaucoup par moment, et c'est de là que dépendent en grande partie les différences que l'on observe entre les sensations, surtout au point de vue subjectif. On peut montrer par différentes expériences, et cela facilement, que l'irritabilité des nerfs s'affaiblit et s'épuise à la fin pour renaître de nouveau après quelque temps si on laisse reposer les nerfs. Si l'on fait agir, par exemple, pendant un certain temps, des secousses électriques sur le tronc nerveux d'une cuisse de grenouille, il n'y aura à la fin plus de contractions. Si on laisse alors reposer la cuisse de grenouille un certain temps, elle recommencera à se contracter sous l'influence de chocs répétés. Toutes les irritations que l'on produit sur les nerfs finissent par les affaiblir, mais d'un autre côté, le repos absolu et le manque d'exercice peuvent avoir sur eux exactement la même influence. Chaque médecin sait par expérience qu'un malade qui a une jambe cassée et qui est resté un ou deux mois au lit, ne sait plus se servir de la jambe restée intacte après la guérison ; il est vite fatigué, et doit apprendre de nouveau à marcher avec cette jambe. La variabilité de l'état de l'organisme a une influence considérable sur l'irritabilité et sur la résistance du nerf contre l'épuisement ; il n'est pas toujours dit qu'une irritabilité plus grande soit suivie d'un épuisement plus ou moins rapide. Ces deux états semblent, au contraire, complétement indépendants l'un de l'autre et paraissent avoir, suivant les circonstances, des rapports de causalité très-différents. La conservation de l'irritabilité dans les nerfs dépend de la conservation du même degré de température auquel ce nerf était porté dans l'animal, mais elle dépend aussi essentiellement de l'arrivée du sang artériel, qui semble rétablir instantanément la composition première de la substance nerveuse modifiée un instant par l'entrée en fonction du nerf. L'arrivée du sang artériel dans le cerveau est la condition nécessaire et indispensable de l'activité de cet organe. Une quantité de phénomènes maladifs qui se produisent dans le cerveau, dépendent uniquement d'irrégularités dans le charriage du sang artériel. De grandes et subites hémorrhagies, un arrêt subit dans l'arrivée du sang rouge dans le cerveau, arrêt provoqué par une occlusion interne ou une ligature des grandes artères céphaliques, une contraction des muscles vasculaires qui peut provenir de l'influence de l'organe central par suite de la peur ou d'une autre influence psychique, enfin le manque de sang artériel dans l'organe central provoqué par l'arrêt de la respiration, sous l'action d'un phénomène mécanique ou chimique; toutes ces causes énumérées et une foule d'autres encore peuvent amener des évanouissements, des attaques épileptiques avec des crampes formidables dans les muscles, et finalement la mort, si la cause malfaisante n'est pas écartée au plus vite. C'est une règle confirmée mainte et mainte fois par l'expérience qu'il ne faut opérer les saignées qui peuvent faire craindre des évanouissements qu'en plaçant le corps de l'individu debout. Si l'évanouissement commence, il faut étendre rapidement le corps dans une position horizontale, ce qui active la circulation du sang dans le cerveau, et empêche la mort. Des expériences classiques sur l'épilepsie ont démontré qu'un arrêt subit dans la nutrition du tronc cérébral, provenant soit d'une perte de sang, soit d'un empêchement quelconque dans l'arrivée du sang artériel, provoque toujours des convulsions épileptiques. La même cause agissant sur le cerveau proprement dit provoque, au contraire, l'insensibilité, la syncope et la paralysie. Il suffit de quelques secondes pour déterminer ces phénomènes effrayants qui, à la longue, amènent inévitablement la mort. On peut démontrer facilement sur des animaux, dont on comprime et relâche alternativement les artères céphaliques, que chaque arrêt dans la circulation produit immédiatement un effet désastreux qui disparaît avec rapidité aussitôt que la circulation est rétablie. Nous pouvons provoquer sur nous-mêmes des phénomènes analogues, en comprimant pendant un certain temps les artères du cou.

Les nerfs périphériques n'ont pas moins besoin d'une circulation continuelle, mais les effets ne se produisent pas avec la même rapidité que dans le cerveau qui est très-facilement irritable sous ce rapport. Si l'on fait une ligature à l'aorte abdominale d'un animal, ce qui empêche l'arrivée du sang artériel dans les extrémités postérieures, la sensibilité et la motilité disparaîtront au bout de quelques minutes dans ces extrémités..

L'influence de l'éther, du chloroforme et du chloral dépend en partie de ce que ces substances affaiblissent l'arrivée du sang artériel, mais ce n'est pas là leur seul mode d'action. On a beaucoup employé, dans les derniers temps, deux des substances que nous venons de nommer en dernier lieu, pour faire disparaître complétement la souffrance dans les opérations très-douloureuses. On a trop oublié, dans tous ces cas, que pour faire perdre à l'individu le sentiment de la douleur, on est obligé de l'exposer à un grand danger. Anciennement on employait de préférence l'éther, dont la vapeur respirée agit beaucoup moins efficacement que la vapeur de chloroforme. C'est cette seconde substance qu'on a préférée dans les dernières années, parce que l'emploi en est excessivement facile. Tandis que l'emploi de l'éther nécessite des appareils compliqués et une aspiration longtemps soutenue, et que, nonobstant, il n'a souvent qu'une influence fort incomplète, le chloroforme agit presque avec sûreté. Quelques grammes de ce liquide, versés sur un mouchoir, sont complétement suffisants pour produire l'anesthésie, mais il est aussi plus difficile de calculer avec le chloroforme l'intensité des conséquences qu'il doit produire. Malgré toutes les précautions que l'on peut prendre, les cas de mort sont encore assez nombreux, et c'est exposer sa vie fort inutilement que d'employer le chloroforme pour combattre une douleur passagère, comme par exemple celle que provoque l'extraction d'une dent. Les phénomènes sont à peu près les mêmes dans l'emploi des deux substances. Il y a quelquefois une courte période d'agitation au commencement, pendant laquelle les mouvements respiratoires sont plus violents et exercent une influence importante sur la rapidité et sur la force des pulsations. Puis il y a une période plus longue, pendant laquelle l'individu ne perçoit plus les impressions des sens et ne sent plus la douleur. Son cerveau se trouve alors dans un état de légère ivresse qui passe bientôt à un état de rêverie profonde ; dans cette période, la moyenne de la pression sanguine n'atteint plus que moitié de sa force normale. La respiration devient plus lente, et son influence sur les pulsations de moins en moins appréciable. Au lieu de sensations douloureuses, le malade éprouve souvent des hallucinations agréables ; les impressions causées par le tact se manifestent plus longtemps, mais elles sont transformées et émoussées ; si l'inflence de la substance continue, on voit arriver l'insensibilité complète, le malade râle, sa respiration s'arrête tout à fait, son cœur cesse de battre, et la mort le saisit, enfin, quelques instants après. La paralysie va du cerveau à la moelle épinière ; on peut prouver que les mouvements réflexes disparaissent peu à peu et que les nerfs cessent de percevoir les sensations. Dans l'application locale, et sans qu'ils arrivent jusqu'au système nerveux central, l'éther et le chloroforme ont la même influence destructive sur l'irritabilité nerveuse. On a toujours remarqué, dans tous ces phénomènes, et surtout dans celui de l'influence de la respiration sur la circulation, que le chloroforme a une influence bien plus énergique, bien plus rapide et bien plus dangereuse. Il est sans danger d'employer du chloral, avec lequel on n'obtient de résultats que par la décomposition lente de cette substance à l'intérieur de la masse sanguine ; en revanche, l'anesthésie n'est jamais complète.

Il y a d'autres remèdes qui ont une influence essentielle sur le système nerveux en général, sur son fonctionnement et son irritabilité. Parmi eux, la noix vomique, qui occupe le premier rang, contient un principe efficient, la strychnine. Si l'on empoisonne une grenouille avec une dissolution de strychnine, les muscles de l'animal sont bientôt soumis à des crampes épouvantables ;

au moindre attouchement, à la moindre irritation, ils éprouvent des contractions violentes, qui bientôt se transforment
en un tétanos général. La dissolution de strychnine agit aussi
bien mêlée au sang lui-même, et par son introduction directe ou
indirecte dans la circulation, que si on l'applique sur les organes
nerveux centraux. La quantité de strychnine qui suffit pour faire
naître cet état d'irritation générale et de contraction musculaire
violente, est presque infiniment petite. Si la dose du poison a
été très-faible, l'animal peut se rétablir, mais il conserve, pendant longtemps, une sensibilité très-grande. Des influences toutes
semblables à celles dont nous venons de parler peuvent naître
d'ailleurs de certains états de l'organisme lui-même. L'insensibilité
à l'égard de la douleur ou anesthésie semble pouvoir naître, chez
la plupart des individus, d'un croisement durable et assez considérable des axes optiques. On n'a qu'à faire regarder fixement au
sujet un objet brillant, par exemple un diamant, qu'on lui aura
placé sur la racine du nez, pour produire une insensibilité presque
complète. L'irritabilité des nerfs peut, d'un autre côté, être tellement augmentée que la plus petite irritation provoque une réaction des plus violentes sur tout le système musculaire, ainsi que des
douleurs très-fortes et des crampes très-puissantes. Une grande
partie des phénomènes connus sous le nom de magnétisme animal,
ainsi que toutes les absurdités que l'on a accréditées dans le
monde sous le nom de phénomènes odiques, proviennent uniquement d'une irritabilité nerveuse plus prononcée, par l'intermédiaire de laquelle des sensations et des attouchements, dont
l'importance est nulle dans la vie ordinaire, sont perçus par l'individu. J'ai longtemps observé une femme que des vomissements
journaliers et violents avaient conduite aux portes du tombeau ; la
cause de cette excitabilité étonnante de l'estomac, loin d'être une
maladie de cet organe, comme on l'avait d'abord supposé, était
uniquement un commencement de grossesse. Malgré un état de
prostration et de faiblesse considérables, ou peut-être même à cause
de cet état, le système nerveux avait atteint un très-grand degré
d'irritabilité. La malade entendait les pas des habitants du village,

quand je pouvais à peine les voir dans le lointain ; et elle reconnaissait à leur pas, sans les voir, les personnes qui passaient dans la rue. Comme on le voit, cette irritabilité n'aurait eu qu'à s'augmenter un peu pour provoquer des phénomènes que des imposteurs auraient parfaitement pu faire passer pour des visions magnétiques.

Nous approchons maintenant du sujet qui doit nous découvrir le grand secret de l'activité nerveuse, et nous pouvons nous demander dans quelle relation les fonctions des nerfs périphériques sont avec les fonctions des parties centrales, qui constituent ce qu'on désigne par le nom d'activité de l'âme.

Il est indubitable que le siége du sentiment du *moi*, de la volonté et de la pensée, se trouve uniquement dans le cerveau, mais il nous est encore impossible de déterminer comment la machine fonctionne dans cet organe. Comment se fait-il que je puisse appliquer ma volonté à l'accomplissement de tel ou tel mouvement? Est-ce là suite d'une localisation particulière de la volonté, ou le résultat d'une direction particulière qui doit être imprimée à l'activité motrice? Nos connaissances actuelles ne nous permettent pas de répondre à ces questions. Contentons-nous de parler des rapports des substances cérébrales avec l'organisation des nerfs, et avouons ici notre ignorance, sans vouloir aller plus loin que le point où nous ont mené l'expérience et la pratique.

Nous pouvons encore bien moins parler des rapports de l'activité de l'âme avec les fonctions du cerveau, quand même la phrénologie de *Gall* et la cranioscopie de *Carus* prétendent avoir trouvé la solution du problème. *Chaque observateur arrivera bien, je pense, par une suite de raisonnements logiques, à l'opinion que voici : que toutes les propriétés que nous désignons sous le nom d'activité de l'âme ne sont que des fonctions de la substance cérébrale, et, pour nous exprimer d'une façon plus grossière : la pensée est à peu près au cerveau, ce que la bile est au foie et l'urine aux reins. Il est absurde d'admettre une âme indépendante, qui se serve du cerveau comme d'un instrument avec lequel elle travaille comme il lui plaît*[1]. En appliquant aux autres organes

[1] J'ai laissé à dessein ce passage dans sa forme primitive, tel que je l'avais formulé dans la première édition allemande de cet ouvrage, parue en 1847, car il n'a pas soulevé dès l'origine et dans les premières années qui suivirent la publication de ce livre de violentes contestations. Ce n'est que beaucoup plus tard, lorsque l'on eut besoin d'une arme d'attaque, que ce passage se trouva en butte aux controverses. Il est vrai, que la preuve de cette opinion, sur laquelle est basé tout le progrès moderne, se trouve en cette opinion même, mais comme on a prétendu qu'elle était détestée et abandonnée de tous, et répudiée par tout naturaliste sérieux, je me permettrai de citer ici quelques passages qui suffiront à prouver le contraire.

Moleschott, après avoir cité le passage ci-dessus, ajoute : « La comparaison est inattaquable si l'on a bien compris où Vogt a placé le point de comparaison. Le cerveau est aussi nécessaire à la production de la pensée que le foie à la préparation de la bile, et les reins à la sécrétion de l'urine. Mais la pensée n'est pas plus un liquide que la chaleur ou le son. La pensée est un mouvement, une transformation de la substance cérébrale, et l'activité est aussi nécessaire au cerveau et en est aussi inséparable que la force est nécessaire à la matière et inséparable d'elle. Il est aussi impossible qu'un cerveau en bonne santé ne pense pas, qu'il est impossible que la pensée soit inhérente à une autre matière qu'à la matière cérébrale. » (Moleschott, *La circulation de la vie*, Mayence, 1842, p. 402). Un autre physiologiste s'exprime en ces termes : « Siége de l'âme. Les opinions sur la situation des appareils qui servent à la production de l'activité de l'âme varient. Nous sommes en présence d'un premier groupe d'hypothèses qui attribuent les fonctions de l'âme à une substance particulière, l'âme, qui semblable à l'éther, se trouve entre les masses pondérables de la substance cérébrale, et est en rapport si intime avec cette substance, que ses propres transformations sont en rapport intime avec celles de la masse cérébrale. C'est la même hypothèse que celle qu'admet le physicien à propos de l'éther et des substances qui l'entourent. Pour que cette hypothèse explique tous les phénomènes, elle nécessite l'adoption d'une opinion qu'il est impossible de soutenir scientifiquement, c'est que l'éther de l'âme puisse varier par le moyen d'influences qui lui soient innées, c'est-à-dire que l'éther ait une volonté propre. Les partisans des opinions réalistes, d'ailleurs si nombreuses et si variées, *s'ils se décident à se faire une idée à ce sujet*, sont tombés d'accord sur ce point, que les phénomènes spirituels résultent d'une certaine somme de conditions inhérentes au cerveau et au sang, puisque des changements qui ont lieu dans la composition du sang, peuvent faire naître, faire varier, ou faire disparaître, soit l'intelligence, soit la sensibilité, soit la volonté. Celui qui accepte cette conclusion par analyse et qui *par ses connaissances est devenu capable de faire une comparaison approfondie entre les phénomènes spirituels et les phénomènes de la nature*, n'hésitera pas un seul instant dans le choix de l'opinion qui lui semblera la meilleure, mais s'il veut avoir une preuve irrécusable pour l'une des deux théories, il reconnaîtra qu'elle n'est pas encore donnée. » (Ludwig, professeur à Leipsik, *Physiologie de l'homme*, p. 452, Heidelberg, 1853). Un troisième savant s'exprime en ces termes : « L'existence du courant nerveux ne se constate dans la nature que sous deux formes différentes ; le courant nerveux peut d'abord entrer dans des combinaisons élémentaires, qui ne sont pas capables de le propager ; il y développe alors des forces mécaniques et des effets palpables ; il peut encore *ne pas sortir de la substance conductrice, la neurine, et se rassembler dans certains appareils nerveux que nous appelons le cerveau, cette action détermine ce que nous appelons le sentiment du moi*. Le principal obstacle qui s'oppose à une explication simple et naturelle des phénomènes d'innervation réside dans du corps le même raisonnement, par lequel on institue une âme indépendante pour le cerveau, on serait forcé d'admettre une âme particulière pour chaque fonction du corps, et cette accumulation d'âmes incorporelles dirigeant les différentes parties du corps empêcherait complétement de comprendre les fonctions vitales. Ce sont la forme et la matière qui président à la fonction dans le corps entier, et toute partie de l'organisme qui jouit d'une composition particulière doit aussi avoir nécessairement une fonction particulière.

La loi physiologique, qui affirme que l'activité de l'âme n'est qu'un ensemble de fonctions de la substance cérébrale, forme la base naturelle de la phrénologie. Cette prétendue science cherche, en outre, à localiser les différentes activités de l'âme dans certaines parties du cerveau, et fait dépendre du développement de ces parties le développement des diverses activités de l'âme. Il n'est pas sans intérêt de savoir que justement les peuples qui montrent le plus grand attachement pour le dogme, conçu de manière différente selon les individus, se sont ralliés à cette base toute matérialiste de la psychologie, ce sont les Anglais et les Améri-

ce que nous avons adopté dès notre enfance des préjugés touchant la *soi-disant activité de l'âme*. Ces préjugés nous ont appris à regarder les phénomènes spirituels comme quelque chose qui n'a aucun rapport avec le monde et la nature en général. Nous croyons que c'est une activité *sui generis*, spécifiquement différente des phénomènes de la soi-disant nature matérielle. Il en résulte que des physiologistes même très-distingués, dès que la science leur a appris que le cerveau est l'organe de l'âme, comme le foie est l'organe qui produit la bile, ne continuent plus leurs recherches en présence de la contradiction qui se présente alors pour eux entre la science et les idées dogmatiques qu'on leur a inculquées. Ils se contentent alors d'appeler cette contradiction un problème insoluble à cause de l'insuffisance des données scientifiques actuelles. » On peut lire ce passage dans un mémoire ayant le titre suivant : *De la fonction cérébrale*, par le docteur L. Fick. P. P. O. à Marbourg, le mémoire a été imprimé dans les *Archives d'anatomie, de physiologie, et de sciences médicales*, 1851, p. 414. Ces archives ont été éditées par Jean Muller, conseiller intime de Prusse et professeur à Berlin. Pour ce qui me concerne, je n'ajouterai que quelques mots. J'ai dit que chaque savant arrivait aux déductions dont j'ai parlé par la suite du raisonnement logique, mais je n'ai jamais voulu soutenir qu'il n'y avait pas de savants incapables de raisonnements logiques et suivis, et je n'ai jamais prétendu qu'il n'y avait pas parmi les savants, d'hommes dépourvus de bon sens et d'intelligence. Les discussions animées qui ont eu lieu, en Allemagne surtout, au sujet de ces questions si difficiles à résoudre, n'ont fait que me confirmer dans mes opinions autant sur les fonctions cérébrales que sur l'incapacité logique de beaucoup de savants.

cains. En Allemagne, au contraire, où la phrénologie a pris naissance, et en France, où ses inventeurs l'avaient mise en vogue, elle
a perdu peu à peu son rang de science sérieuse. Il est vrai qu'il
faut rejeter, comme complétement faux, les résultats que la
phrénologie prétend avoir atteints jusqu'à nos jours, car ils ne se
fondent sur aucune preuve certaine ; mais l'on ne peut nier que la
phrénologie ne s'appuie sur un principe vrai, qui est de croire
que la qualité et la quantité des diverses parties du cerveau produisent, chez nous, la pensée dans toutes ses diverses formes et
dans toutes ses différences individuelles. De telle ou telle formation cérébrale dépend aussi telle ou telle fonction psychologique,
et telle ou telle passion ou appétit. Les actions des hommes ne
sont donc que des résultantes toutes physiologiques de la nutrition
et des transformations de la substance cérébrale. C'est là le seul
point qui soit exact dans toute la science phrénologique ; ce qu'elle
contient de faux, de non prouvé et de non scientifique, est l'application pratique de ces principes.

La phrénologie de *Gall*, modifiée plus tard de maintes façons,
a distingué sur le crâne différentes régions qui devaient représenter la localisation de chaque faculté dans le cerveau. Un crâne
arrangé ainsi, et sur lequel on voit écrits les mots de courage,
de sentiment, de vol, etc., ainsi qu'une cinquantaine d'autres
propriétés, a fort belle apparence ; si une certaine région du
crâne ressortait en bosse chez un individu, on disait que la faculté qui devait se trouver sous la bosse devait être développée à
un haut degré. Si la région crânienne était aplatie ou en creux,
la faculté correspondante n'existait pas ou n'était que fort peu
développée. Cette opinion déjà, d'après laquelle les contours du
crâne imitent exactement les contours du cerveau, situé à l'intérieur, et donnent, par conséquent, la conformation du cerveau
par celle du crâne, est inadmissible. Le crâne n'est pas une boîte
ayant la même épaisseur dans toutes ses parties ; il offre certaines
parties déterminées où il est plus mince, d'autres où il est plus
épais, et ces variations dans l'épaisseur des différentes parties
sont assez considérables. Les uns ont l'os frontal plus épais que

l'occipital ; chez d'autres, c'est le contraire, et il suffit de scier dans différentes directions le premier crâne venu pour se convaincre que les contours extérieurs ne rappellent en rien la forme intérieure, et qu'il n'y a qu'une ressemblance toute générale.

Si la localisation des différentes facultés dans les diverses parties du cerveau était vraiment telle que l'enseigne la phrénologie, il serait, malgré cela, impossible d'étudier les diverses facultés sur le crâne extérieur, puisque, comme nous venons de le voir, ce n'est pas un moule représentant la surface du cerveau. Cette localisation s'appuie sur une suite d'articles de foi qui, comme toute croyance, ne reposent sur aucune preuve certaine. On a placé le sens musical à telle ou telle région, parce que, du temps de *Gall*, un ami de ce médecin, musicien de mérite, avait une bosse à cet endroit même du crâne. On a pris l'instinct de la destruction sur le crâne d'un assassin célèbre, et ainsi de suite. Des blessures faites à la surface du cerveau, et qui occasionnent souvent de grandes pertes de substance cérébrale, n'ont pas d'influence certaine sur les facultés mentales, et les expériences mentionnées plus haut nous montrent que des blessures importantes au cerveau ne font que provoquer un affaiblissement général de toutes les fonctions et non pas la destruction spéciale d'une fonction particulière. Tout cela nous prouve suffisamment qu'il n'y a pas de localisation exacte des facultés de l'âme dans les parties voûtées du cerveau, mais qu'il y a là des conditions plus générales, dont nous n'avons pu encore étudier tous les rapports.

Les fonctions des parties centrales du système nerveux ont dans le règne animal tout entier une certaine périodicité que l'on désigne sous les noms de sommeil et de veille. Je n'ai jamais pu comprendre pourquoi l'on n'attribue le sommeil qu'aux hommes, aux mammifères et aux oiseaux, et pourquoi on s'évertue à croire que les autres animaux ne dorment pas. La plupart des reptiles se reposent pendant la plus grande partie du jour. Il suffit d'observer les lézards et les crocodiles pour voir qu'ils dorment au soleil ; on peut prendre avec la main des poissons endormis. Les mollusques, les écrevisses et d'autres articulés ne cherchent ordinairement leur nourriture que pendant la nuit et dorment pendant le jour. L'heure de la journée ne fait rien à l'affaire, la chouette ne dormirait-elle pas parce qu'elle vole la nuit? On sait que les animaux qui habitent le bord de la mer se retirent dans leurs coquilles pendant la marée descendante, qu'ils s'enroulent sur eux-mêmes et ne reparaissent plus; ils attendent ainsi sans bouger la marée montante. Ne serait-il pas absurde de croire qu'ils restent alors éveillés et s'occupent à construire des théories philosophiques au sujet de l'influence de la lune sur le mouvement de l'eau? Je ne sais comment on a expliqué jusqu'à présent ces phénomènes et beaucoup d'autres semblables; tout ce que je puis dire, c'est que je n'ai pas encore trouvé d'animal chez lequel on n'observe des états périodiques correspondants au sommeil et à la veille.

Les phénomènes du sommeil sont connus de tous. Les paupières s'alourdissent, on bâille, on cherche le repos et une position commode, et l'on devient bientôt insensible aux impressions extérieures. Chacun peut en faire lui-même l'expérience; il est donc inutile de s'appesantir sur ce sujet. Chacun sait aussi que des irritations sensitives vous tiennent plus longtemps éveillé, que des aspersions d'eau froide, une lumière vive et une musique bruyante retardent le sommeil, tandis qu'une musique douce, le bruit monotone d'une cascade, le clapotement d'un ruisseau, et surtout les conversations ennuyeuses ou les livres de philosophie spéculative amènent inévitablement le sommeil. Mais il y a aussi des phénomènes qui précèdent habituellement le sommeil et dont la plupart des hommes ne s'aperçoivent ordinairement pas, car ils sont difficilement appréciables pour l'individu chez lequel ils se produisent; il n'y applique pas en général son attention. Si l'on ferme les yeux, on voit des points sans contours déterminés, un brouillard, des taches lumineuses et des masses plus claires qui dansent dans le champ visuel, et dont le jeu amène de plus en plus le sommeil. Il faut pour les observer beaucoup d'empire sur sa propre volonté et une réflexion soutenue dont l'exercice fatigue énormément.

Les fonctions de la vie végétative continuent toutes pendant le sommeil, mais il y a évidemment un certain relâchement et un certain ralentissement dans tous les mouvements. Le cœur bat plus lentement, la respiration devient plus tranquille et plus profonde, les mouvements péristaltiques de l'intestin et la digestion se ralentissent. « Qui dort dîne. » C'est là un vieil adage. Les phénomènes de la vie animale sont bien plus intéressants. Le sentiment du moi devient plus faible sans pour cela disparaître complétement, et cet émoussement du sentiment du moi, ainsi que son manque de concordance avec les autres facultés, détermine le sommeil. Le dormeur entend, sent et voit, au point de vue matériel, tout aussi bien que l'homme éveillé. Son nerf auditif reçoit les vibrations sonores et ses nerfs sensitifs perçoivent la douleur aussi bien que dans l'état de veille. Mais les sensations ne sont point transmises à notre conscience, et si cette transmission se fait, les sensations arrivent à notre esprit faussées, embrouillées et obscures. Il en est de même des mouvements. Nous abandonnons très-facilement dans le sommeil une position incommode, nous frappons autour de nous en rêvant, et le chien de chasse qui rêve remue les pattes comme s'il voulait courir. Mais les mouvements n'ont aucune force, ils sont indéterminés et n'ont ni règle ni concision.

Des phénomènes nombreux nous prouvent que les sensations sont transmises dans toute leur intensité pendant le sommeil, mais ne sont pas perçues par la conscience comme dans l'état de veille. Le plus petit bruit insolite peut réveiller, tandis que des sons très-forts auxquels on s'est habitué n'empêchent nullement le sommeil. Un bruit qui dans le commencement dérangeait notre sommeil ne nous incommode plus une fois que nous en avons l'habitude. Mais les sensations ne sont pas perçues dans leur réalité par ce jeu fantastique de l'esprit que nous appelons le rêve. Notre cerveau y rattache différentes illusions fantastiques. De cette façon, les sensations tant externes qu'internes s'enchevêtrent, se mêlent à des histoires et à des romans extraordinaires, ayant ordinairement rapport à certains

23

faits exacts qui ont eu lieu ; elles se rattachent aussi souvent à des idées qui nous ont occupé quelque temps auparavant. Chacun sait par sa propre expérience que les rêves peuvent avoir souvent une suite coordonnée pour arriver enfin à concevoir la sensation même. Ils la préparent et l'expliquent, pour ainsi dire, en y rattachant souvent un épilogue tiré de circonstances étranges. Je sais par ma propre expérience que je rêvais beaucoup quand j'étais encore gamin, et que je lisais, en buvant de la bière, beaucoup plus de romans de chevalerie qu'il ne le fallait dans l'intérêt de mon instruction scolaire et de ma santé. Je rêvais beaucoup de batailles et de combats, d'attaques courageuses et de retraites savamment combinées ; et à la fin du rêve je restais ordinairement seul en vie ; puis je me retirais dans une maison isolée et j'allais me cacher au fond d'un lit d'où je ne sortais plus. J'échappais souvent de cette manière, mais quelquefois l'ennemi me découvrait et me massacrait. Je sentais le poignard dans la blessure, je sentais le sang couler sur mon corps, et quand je me réveillais, mon lit était mouillé... Il est indubitable que l'excès de boisson avait irrité le col de la vessie, et que le cerveau rêvant avait fait de ce besoin d'uriner un roman qui se terminait ordinairement par une correction.

Si la plupart des rêves se relient ainsi à des sensations internes ou externes, on ne peut nier d'un autre côté qu'il y a des rêves qui en sont complétement indépendants, et qui résultent peut-être de certains rapports particuliers dans la structure ou de la nutrition du cerveau. Ces rêves reviennent toujours quel que soit le sujet d'ordre spirituel ou matériel qui lesait fait naître : ils se présentent toujours les mêmes à intervalles irréguliers, sont souvent fort désagréables à cause de leur uniformité. Ils ont ceci de particulier qu'ils restent dans notre souvenir quand même on oublie tous les autres rêves. J'ai pu par moi-même étudier ces phénomènes, et je n'ai que fort peu d'amis qui ne soient affligés d'hallucinations semblables et pour ainsi dire fixes ; elles se reproduisent de temps en temps. Elles sont différentes pour chaque personne, et chez moi, elles se réduisent à deux sortes d'hallucinations. J'ai pu trouver la cause de l'une d'elles : elle réside dans des congestions vers la tête. Quand j'ai une violente attaque de migraine, et que le sang afflue à mon cerveau, cette hallucination se présente même quand je suis complétement éveillé. Ma tête me semble alors trop petite. Elle s'ouvre par le haut comme le calice d'une fleur, ce qu'elle contient s'échappe de tous côtés, se bouffit, et disparaît dans le lointain en grossissant toujours sous forme d'une vapeur grisàtre. Je n'ai encore pu expliquer au moyen de l'état du corps une autre hallucination qui m'obsède quelquefois. Elle consiste, si je puis m'exprimer ainsi, en une représentation de l'infini. Une surface plane comme celle d'un jeu de boules s'étend à perte de vue depuis mon œil, et des personnages que je ne puis distinguer, même avec les plus grands efforts, sont occupées à lancer une boule sur cette surface. La boule grossit en roulant, devient enfin infiniment grande ; alors même que je ne la vois plus depuis longtemps, j'entends toujours son roulement, et j'ai encore le sentiment de son accroissement.

L'analyse de ces hallucinations qui ne nous saisissent que pendant le rêve lorsque nous sommes en bonne santé, explique comment certains défauts d'organisation qui donnent naissance à des hallucinations semblables peuvent produire la folie chez l'individu malade. Ces exemples nous montrent aussi combien il est facile aux états maladifs et matériels de notre corps d'influer sur notre état mental. On voit aussi par là que l'état de l'esprit n'est alors que la résultante de ces transformations d'ordre matériel. Les hallucinations que provoque le rêve se montrent alors dans la veille aussi, dès que l'activité anormale du cerveau commence à diminuer. On sait que les amputés qui savent parfaitement que leur pied n'existe plus, conservent cependant le sentiment de son existence, et cela peu de temps après l'opération. Il en est de même du fou qui a souvent la conviction intime de la fausseté de ses idées, et ne peut pourtant les laisser de côté, jusqu'à ce que ces idées finissent par le maîtriser. Nous avons vu déjà que l'on ne peut faire de distinction tranchée entre les phénomènes réflexes et inconscients qui ont un certain but, et les actions volontaires et conscientes. Le sentiment du moi et la volonté peuvent entrer dans certains domaines d'activité et les abandonner ensuite, et cela sollicités par des causes définies qui nous sont encore inconnues. Je peux me gratter sans en avoir conscience à un endroit qui me démange, mais je peux aussi me gratter à des endroits qui ne me démangent pas, et cela par ma volonté; en concentrant enfin cette même volonté, je peux ne pas me gratter, malgré de violentes démangeaisons. Il en est de même quand je veux m'expliquer les hallucinations de mon cerveau, et les sensations qu'il éprouve. La limite jusqu'à laquelle peut s'étendre ma critique des idées et des images produites par mon cerveau est susceptible de nombreuses variations quand je suis en bonne santé, mais elle peut être entièrement dérangée dans l'état de maladie. La représentation d'une impression des sens peut remplacer complétement pour mon for intérieur cette impression même, elle peut devenir une réalité subjective : « nous frissonnons et nos cheveux se hérissent » à l'ouïe d'une histoire qui nous représente quelque acte épouvantable. Cette histoire produit donc sur notre corps les mêmes phénomènes réflexes que si elle avait réellement lieu devant nos yeux. Là où ma critique individuelle ne peut plus se rendre compte si les images produites sont des phénomènes subjectifs, c'est-à-dire engendrés seulement par l'activité normale ou anormale de mon cerveau, ou si elles sont réellement la perception d'une sensasation venant du dehors ; là aussi commence l'*hallucination*, qui nous fait prendre des illusions intérieures pour des réalités extérieures; les faits nous expliquent aussi que la cause matérielle de la folie peut résider dans les autres parties du corps tout aussi bien que dans le cerveau. Une sensation qui, comme toutes celles qui proviennent des viscères, n'est comprise que fort imparfaitement par la conscience, peut, et cela insensiblement, dominer la conscience elle-même et produire ainsi des illusions qui n'ont rien à faire avec le cours régulier de la pensée. Rappelons seulement ici un phénomène, le cauchemar, qui peut presque complétement arrêter la respiration. C'est une oppression semblable à une crampe qui souvent tient à l'indigestion, se termine par un cri et attaque ordinairement les gens endormis. Les uns croient avoir sur la poitrine un poids qui les accable, d'autres croient voir un horrible petit nain, et plus d'un est près d'affirmer par serment qu'il a vu tout éveillé un fantôme qui ne l'a quitté et ne s'est évanoui en fumée qu'au moment où il se levait. Des illusions de cette nature peuvent facilement devenir dominantes. Mon ami *Gressly*, géologue connu et qui est mort dans une maison de santé, m'a expliqué lui-même la suite de ses *hallucinations*. Les monstres pétrifiés qu'il étudia si longtemps, l'attaquaient sous forme de diables monstrueux; « il me semble, me disait-il dans son langage expressif, que je suis comme *saint Antoine* avec son cochon ; je sais fort bien pendant un certain temps que tous ces sauriens, qui viennent m'assaillir et me tourmenter, n'existent qu'à l'état fossile, et je peux quelquefois par cette idée étouffer l'hallucination. Mais il arrive souvent que cela ne m'est pas possible, et alors tous ces animaux m'attaquent et deviennent réellement vivants pour moi. »

Il ne faut jamais oublier, dans l'étude de ces phénomènes, que, tout en reconnaissant la base matérielle des fonctions cérébrales, nous arrivons cependant à l'inconnu, quand nous voulons analyser de plus près chaque phénomène particulier, pour lui assigner son siége parmi les parties si multiples de l'organe central. Comme je l'ai fait remarquer plus haut, le défaut de notre analyse réside dans une connaissance incomplète de la structure anatomique intime des organes centraux. Le sommeil nous montre que les différents ponts qui relient les nerfs périphériques au siége de la conscience peuvent refuser leur activité pendant un temps plus ou moins long, même pendant que la vie végétative continue, et que la santé est parfaite. Les états anormaux d'irritabilité nous mènent à d'autres conclusions, d'après lesquelles les différents appareils peuvent entrer en fonction soit isolés, soit combinés d'une façon anormale. L'empirisme précède, en général, dans ces circonstances, la science elle-même, car il nous fournit des faits dont les causes ne peuvent encore être indiquées, vu l'insuffisance de nos connaissances. L'explication de ces phénomènes se présente ordinairement toute seule aussitôt que les bases de ces phénomènes sont connues.

Disons ici quelques mots encore sur ce que l'on appelle le magnétisme animal. Les théories que l'on a répandues sur ce « côté sombre de la nature, » et les rapports qu'on a voulu trouver entre les phénomènes observés et l'électricité ou le magnétisme, ne résistent pas à la moindre critique basée sur les observations scientifiques. Les mensonges et les absurdités dont on a émaillé cette prétendue science, expliquent suffisamment pourquoi des observateurs qui se fondent, avant de faire une recherche quelconque, sur des principes fixes, pour en déduire ensuite des résultats, n'ont jamais voulu s'occuper sérieusement du magnétisme animal. L'observateur sérieux n'aime pas du reste à entrer en rapport avec des imposteurs des deux sexes, arrivés à un grand degré de virtuosité. Mais tout cela n'empêche pas d'admettre certains faits indubitables, c'est qu'il se produit soit par la propre volonté, soit par l'influence d'un tiers, soit enfin par la maladie, certains états particuliers dans le système nerveux central. Ces états déterminent soit dans certaines sphères de l'activité nerveuse, soit dans les nerfs pris dans leur ensemble, des effets semblables à ceux du sommeil et à ceux que produisent le chloroforme, le curare et la strychnine. Nous avons déjà dit plus haut qu'une irritabilité nerveuse un peu forte nous permet de percevoir des sensations que nous n'aurions pas accusées à l'état normal. Une grande partie des soi-disant phénomènes magnétiques se fonde sur cette plus grande irritabilité. On peut, en outre, produire des phénomènes, comme la catalepsie, la paralysie de certaines parties du corps, l'insensibilité, qui nous prouvent que certaines parties du cerveau sont alors incapables d'entrer normalement en fonction. Le stoïcisme d'une jeune fille qui veut faire parler d'elle, peut, il est vrai, dépasser toutes les bornes. Les annales de la médecine nous donnent plus d'un exemple de traitements atroces que des jeunes filles se sont infligées à elles-mêmes pour faire des dupes, surtout parmi des médecins en renom. Cette domination de la volonté sur la douleur ne peut cependant aller jusqu'à arrêter des mouvements réflexes et involontaires. Malgré cela, on peut observer, chez des personnes magnétisées, que l'œil, quelque ouvert qu'il soit, peut rester insensible à la lumière, et que la pupille même conserve sa forme, quand on en approche vivement une bougie allumée. Dans ce cas, les parties du cerveau, qui transmettent la sensation de la lumière aux fibres motrices de l'iris, sont sans doute paralysées temporairement, et ne peuvent plus entrer en fonction ; mais c'est encore une énigme pour nous que de savoir comment peuvent se produire des effets de ce genre.

LETTRE XIV

L'ŒIL

L'instrument le plus compliqué du corps est indubitablement l'œil, dont la fonction est la perception des rayons lumineux. Avant de parler des lois qui sont appliquées dans ce curieux appareil, il sera nécessaire d'en étudier la structure anatomique dans son ensemble.

Le globe de l'œil lui-même est une sphère creuse, composée de plusieurs couches de membranes, placées les unes sur les autres, comme les couches d'un oignon, et dans l'intérieur de laquelle sont déposées des matières plus ou moins liquides et transparentes. Voici, si on laisse de côté les appareils protecteurs et moteurs qui s'attachent à la sphère, quelles sont les parties essentielles de l'œil : Il y a d'abord une enveloppe externe et semblable à une coque, dont la partie postérieure est blanche, solide et non transparente. Elle a un segment antérieur plus petit, formé d'une membrane ferme, mais transparente comme de l'eau et saillante, qu'on a appelée *cornée*. La surface intérieure de ce segment est tapissée d'une peau fine et sans structure, la cuticule de Wrisberg, de Descemet ou de Demours. La surface antérieure de la cornée, au contraire, est couverte par la continuation transparente de la *conjonctive* de l'œil, qui s'étend encore sur la moitié à peu près de la membrane blanche, et s'infléchit ensuite pour passer sur la surface interne des paupières. Cette

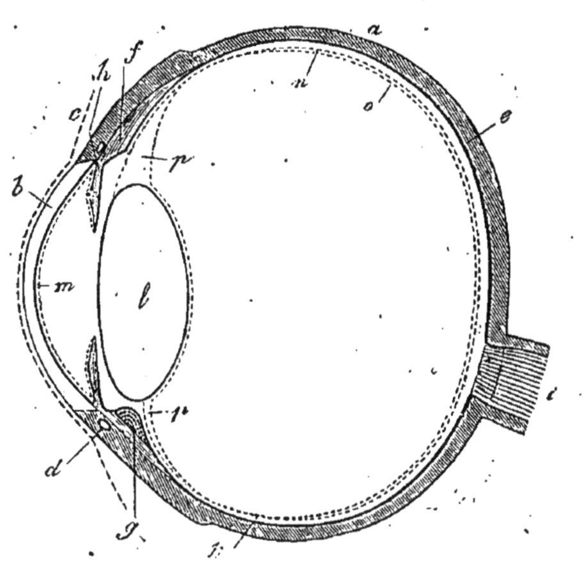

Fig. 54.—Coupe transversale et horizontale du globe de l'œil, grossie.— *a*, sclérotique ; *b*, cornée ; *c*, lamelle de la conjonctive, passant sur la cornée ; *d*, veine circulaire de l'iris ; *e*, choroïde, avec sa couche pigmentaire ; *f*, muscle ciliaire ; *g*, processus ciliaires ; *h*, iris, au milieu la pupille ; *i*, nerf optique ; *k*, bord antérieur de la rétine (*ora serrata retinæ*) ; *l*, cristallin, entouré de sa capsule ; *m*, membrane de Descemet tapissant la chambre antérieure de l'œil ; *n*, couche interne de la rétine ; *o*, membrane du corps vitré ; *p*. canal de Petit.

membrane blanche ou *sclérotique*, dont la partie antérieure constitue le blanc de l'œil, a la forme d'une coupe à fortes courbures et à petite ouverture, comme un verre à vin du Rhin ; sur elle s'attache la cornée transparente, dont la courbure est plus forte et dont le rayon de courbure est, par conséquent, plus court que celui de la sclérotique. Toute la surface interne de la sclérotique est couverte d'une membrane veloutée et noir foncé, la *choroïde*, qui contient une grande quantité de vaisseaux sanguins et doit sa couleur noire à un pigment carboné particulier, qui est déposé dans des cellules spéciales. Chez beaucoup d'hommes qu'on appelle albinos, chez les souris blanches et chez les lapins blancs, ce pigment n'existe pas. On voit, chez eux, au lieu d'une pupille noire, comme dans les yeux normaux, une teinte rougeâtre, qui vient du fond de l'œil et qui est due au rouge du sang, qui circule dans les vaisseaux de la choroïde. Celle-ci est attachée au bord antérieur de la sclérotique, et cela par sa surface externe, par le *muscle ciliaire*. Elle se continue à l'intérieur en une membrane large et plissée, le *corps ciliaire*, qui repose solidement sur les bords du cristallin et du corps vitré. La surface interne de ce corps ciliaire arrive dans la chambre postérieure de l'œil, et forme les *processus ciliaires*, qui s'introduisent entre la surface postérieure de l'iris et la surface antérieure du cristallin. L'*iris* est aussi une continuation de la choroïde vers l'intérieur, et forme dans l'œil un rideau perpendiculaire, qui est placé derrière la cornée, comme le cadran d'une montre derrière son verre. Ce rideau mobile est percé au milieu par une ouverture circulaire, d'apparence noirâtre, la *pupille*, qui se contracte sous l'influence d'une vive lumière et se dilate dans l'obscurité. La couleur des yeux dépend du pigment qui est déposé à la surface antérieure de l'iris, et est tantôt gris, bleu ou brun. La surface postérieure est couverte d'un épais pigment noir. La choroïde, l'iris et les processus ciliaires, qui sont derrière lui, forment donc la seconde couche de cette sorte d'oignon qui constitue l'œil. Dans la partie postérieure de l'œil, elle adhère fortement à la sclérotique ; en avant, on trouve entre la cornée, qui est courbée en cercle, et le rideau perpendiculaire de l'iris, un espace semi-lenticulaire, rempli d'un liquide acqueux, et qui forme la *chambre antérieure de l'œil*.

La choroïde et la sclérotique sont percées en arrière par le nerf optique, qui se dilate, dans l'intérieur de l'œil, sous forme d'une cuticule semi-transparente, grisâtre et très-fine, qu'on appelle la *rétine*. La place d'entrée du nerf optique n'est pas exactement vis-à-vis de la pupille, mais un peu vers l'intérieur. Dans l'axe optique même, que l'on fait passer horizontalement par le centre de la pupille, se trouve sur la rétine une tache jaune particulière, qui ne se rencontre que chez l'homme et chez quelques singes. La rétine tapisse toute la surface interne de la choroïde, elle va en avant jusqu'auprès du bord antérieur de cette dernière.

et se termine sur la limite postérieure des plis ciliaires en formant
un rebord ondulé. Les trois membranes qui forment l'œil sont donc
d'autant plus courtes et d'autant plus ouvertes en avant qu'elles
sont plus internes. La sclérotique et la cornée forment une sphère
fermée de tous côtés, la choroïde et l'iris présentent une petite
ouverture centrale, la pupille ; et la rétine, enfin, forme une
sorte de coupe largement ouverte en avant.

L'intérieur de l'œil est rempli, comme nous l'avons dit, de
plusieurs substances liquides, qui déterminent la densité particulière de cet organe ; dans les chambres antérieure et postérieure
de l'œil, entre l'iris et la cornée, d'un côté, et le cristallin, de
l'autre, se trouve un liquide clair, qui est presque de l'eau pure
et ne contient que fort peu d'éléments en dissolution. Quand on
pique la cornée, ce qui arrive souvent dans des opérations de l'œil,
le liquide forme un jet, mais il est bientôt remplacé, et sa perte n'a
aucune importance, justement à cause de ce renouvellement facile.
Derrière la pupille, et rattaché presque immédiatement à la partie
postérieure de l'iris, est le *cristallin*, qui n'est séparé de l'iris que
par le petit espace de la chambre oculaire postérieure. Ce cristallin
est un corps formé de couches foliacées, dont la surface antérieure
est un peu aplatie, mais la surface postérieure très-bombée. Les
couches extérieures du cristallin ont une consistance pâteuse,
tandis que le noyau intérieur est assez dur. Le cristallin, à l'état
normal, est très-clair et très-transparent, et les couches foliacées
qu'il forme se composent, à leur tour, de longs tubes, fins, plats
et fibreux, les fibres du cristallin. Ces fibres contiennent une substance épaisse et albuminoïde. Le cristallin, dans son entier, est
entouré d'une capsule fine, vitreuse et sans structure, qui est la
capsule du cristallin. Le cristallin repose, avec toute sa surface
postérieure, dans un renfoncement en forme d'assiette du
corps vitré, corps albuminoïde et gélatineux, qui remplit toute
la chambre postérieure de l'œil. Ce corps vitré est partout
immédiatement entouré par la rétine ; il possède une enveloppe particulière, la cuticule vitrée, qui forme probablement
des espaces cellulaires, dans lesquels est rassemblé le liquide.

Les parties essentielles de l'œil se partagent donc en deux classes principales, d'un côté : de sortes de médiums transparents et plus ou moins liquides, à travers lesquels les rayons lumineux peuvent arriver jusqu'au fond de l'œil; et, de l'autre côté, des expansions membraneuses, ayant des propriétés diverses, que nous analyserons plus particulièrement.

Les différents appareils qui entourent l'œil sont très-importants pour la fonction de la vision : ils servent soit à protéger, soit à mouvoir l'œil. Six muscles donnent naissance, par leurs contractions, aux mouvements de haut en bas et de droite à gauche. Ils produisent, en outre, la rotation de l'œil autour de son axe, et peuvent le faire rouler à l'intérieur et à l'extérieur. Une glande assez importante est placée assez profondément dans l'orbite, au-dessus du globe de l'œil; la *glande lacrymale* maintient continuellement humide la surface extérieure de l'œil au moyen d'une sécrétion que nous connaissons tous. Deux rideaux mobiles et opaques, les *paupières*, s'ouvrent et se ferment au devant de l'œil, pour permettre, selon la volonté ou les besoins de l'individu, l'entrée de la lumière ou bien pour l'empêcher. Une muqueuse excessivement fine, appelée la *conjonctive*, tapisse l'intérieur des paupières, et se continue sur la surface antérieure de l'œil qu'elle couvre complétement. Cette muqueuse devient transparente sur la cornée ; c'est dans la conjonctive que se distribuent les petits vaisseaux que l'on voit sur la surface de l'œil humain. Cette surface, toujours lisse et glissante, permet le jeu des paupières sur le globe de l'œil et les mouvements que l'œil peut faire dans toutes les directions. La conjonctive est excessivement sensible; nous avons vu plus haut qu'elle contient les extrémités si curieuses des nerfs du tact, qu'on appelle les massues de Krause. Des corps étrangers, qui arrivent entre les paupières, provoquent des violentes douleurs, surtout s'ils sont anguleux. Dans le coin intérieur de l'œil, là où la conjonctive passe à la peau des paupières et du nez, se trouvent les *deux orifices lacrymaux*, par lesquels les larmes arrivent continuellement dans le sac et le tube lacrymaux. Le tube lacrymal passe à travers l'os nasal et s'ouvre dans la cavité nasale. A l'extrémité inférieure de ce canal se trouve une soupape, qui est placée de telle façon que les larmes peuvent arriver continuellement dans le nez, mais que des liquides ne peuvent arriver en sens inverse jusque dans l'œil. Il y a des hommes chez lesquels cette soupape ne ferme pas complétement, et qui peuvent faire passer de l'air ou de la fumée de tabac, en se bouchant le nez, à travers le tube lacrymal jus-qu'au coin de l'œil. Les fermetures maladives des tubes lacrymaux, et qu'on appelle des fistules lacryma-les, sont encore plus communes. Il en résulte que les larmes s'écoulent continuellement sur la joue, comme lorsque l'on pleure. Le plus souvent cet état provoque une irritation de la peau des joues et une suppuration.

La partie essentiellement sensi-tive de l'œil est la *rétine*, dont la structure est très-compliquée, mal-gré son peu d'épaisseur et sa trans-parence. Le nerf optique, qui tra-verse les deux membranes exté-rieures de l'œil à une certaine dis-tance de l'axe optique et s'épanouit ensuite à l'intérieur pour constituer la rétine, forme, au moyen de ses fibres, une seule des couches de la rétine, celle qui se trouve la plus à l'intérieur et qui est immédiatement appliquée à la couche qui limite la rétine vers le corps vitré. Le tissu

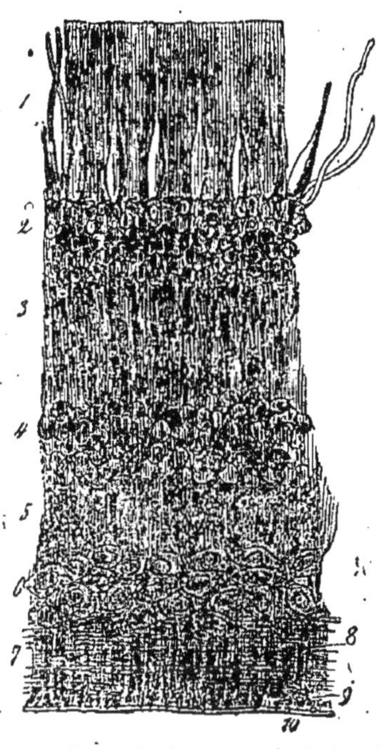

Fig. 55. — Coupe verticale de la ré-tine, à quelque distance de l'entrée du nerf optique. — 1, couche ex-terne à bâtonnets et à cônes; 2, cou-che granuleuse externe; 3, couche intermédiaire; 4, couche granu-leuse interne; 5, couche molécu-laire; 6, couche ganglionnaire; 7, couche fibreuse; 8, fibres d'appui dans cette couche; 9, attaches de ces fibres à la membrane limitante interne 10.

tout entier de la rétine est formé d'une quantité de fibres verticales et dentelées latéralement, composées de tissu conjonctif, et que nous appelons les fibres d'appui. On n'avait trouvé anciennement ce tissu conjonctif que dans les couches intérieures; il est très-difficile de l'examiner. Dans la figure *A*, il est lavé et isolé; dans la figure *B*, on voit un schema des éléments nerveux qui se trouvent intercalés dans ces masses de tissu conjonctif.

On distingue, dans la rétine, des couches diverses, qui se succèdent dans l'ordre suivant, en allant de l'extérieur à l'intérieur. A la partie la plus extérieure, et immédiatement appliqués sur la choroïde, dans laquelle ils s'enfoncent même un peu, on voit des petits cylindres, transparents et alignés comme des palissades, ce sont les *bâtonnets*. L'extrémité arrondie de ces bâtonnets est tournée vers la choroïde, tandis que, du côté de la rétine, ils se changent en un long filament très-cassant. Ces filaments, aussi bien que les bâtonnets, sont très-sensibles aux influences mécaniques ou chimiques. On rencontre souvent, à l'extrémité intérieure du bâtonnet, un petit granule, mais ce granule ne se trouve ordinairement que sur le parcours du filament. Entre les bâtonnets se trouvent les *cônes*, qui sont beaucoup plus épais et présentent à leur extrémité intérieure renflée une petite cellule, qui, comme les bâtonnets, se termine en un filament très-fin. Comme la rétine est cupuliforme et creuse, et que toutes les fibres qui partent des bâtonnets et des cônes traversent, dans l'origine, la rétine perpendiculairement, il en résulte que toutes ces fibres forment des diamètres par rapport à la rétine. On a reconnu encore d'autres particularités de structure dans les bâtonnets et les cônes. Leur partie externe semble composée de fibrilles excessivement fines, et l'on reconnaît, à la partie extérieure des cônes, une portion terminale, formée de petites plaques transverses et placées les unes sur les autres. Les bâtonnets et les cônes, si on les prépare comme il faut, se divisent en une série de plaques semblables. On peut poursuivre les fibres des bâtonnets jusque dans la couche moyenne (n° 5, *fig.* 55 et *fig.* 56, *B*). Là ces fibres semblent former un enchevêtrement. Les fibres des cônes se changent évidemment, en cet endroit, en un système de fibrilles très-fines et perpendiculaires. Les rapports entre les bâtonnets et les cônes sont assez curieux à étudier. On ne trouve que des cônes dans la tache jaune mentionnée plus haut. Autour de cette tache, les cônes sont sim-

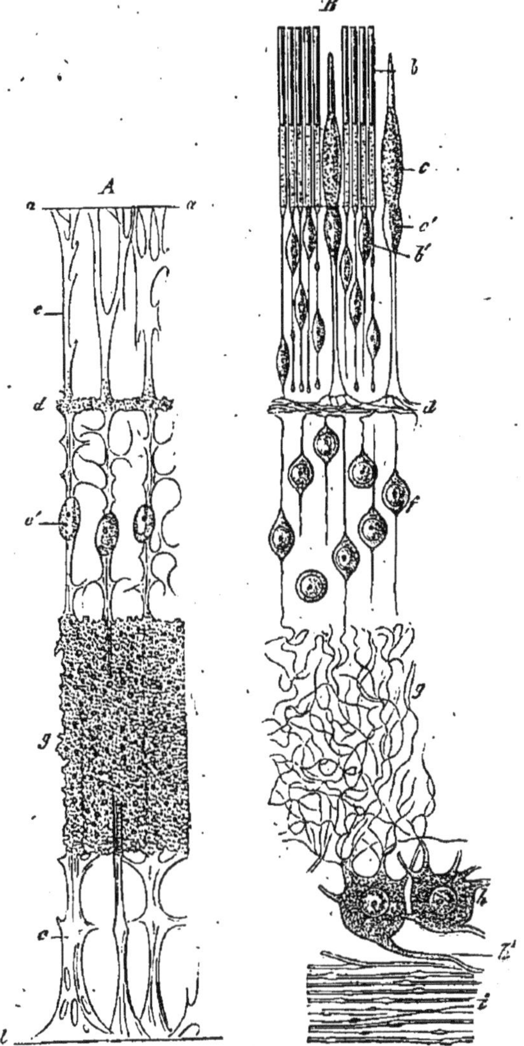

Fig. 56. — *A*. Le treillis des fibres d'appui isolé. — *a*, membrane extrêmement fine
qui sépare la couche à bâtonnets des autres couches; *e*, fibres verticales d'appui
à prolongements latéraux et noyaux intercalés (*c'*) visibles surtout dans les couches moyennes (6 et 7, *fig.* 55); *d*, couche intermédiaire (5, *fig.* 55); *g*, couche
moléculaire (5, *fig.* 55); *t*, membrane limitante interne, où les fibres d'appui
prennent racine.

B. Les éléments nerveux de la rétine, isolés. — *b*, bâtonnets à granules externes (*b'*); *c*, cônes avec leurs granules (*c'*); *d*, couche intermédiaire à fibrilles
extrêmement fines; *f*, couche à granules internes; *g*, treillis de fibres nerveuses
surfines dans la couche moléculaire; *h*, cellules ganglionnaires; *h'*, fibres nerveuses qui s'y rendent; *i*, fibres du nerf optique.

plement entourés d'un cercle de bâtonnets; si l'on se dirige vers la partie antérieure de la rétine, les bâtonnets deviennent de plus en plus nombreux, et les cônes de plus en plus rares.

A l'intérieur de la couche de cônes et de bâtonnets, qu'on a appelée aussi la couche ou membrane de Jacobs, se trouve la *couche granuleuse* externe, formée de tout petits granules, qui sont en relation avec les bâtonnets et les cônes par le moyen des fibres verticales. La couche intermédiaire (*d, fig.* 56, *B*), dans laquelle se terminent les fibres, recouvre la couche granuleuse interne (*fig.* 56, *B*), qui a des granules plus gros, semblables à des cellules; ces granules sont aussi manifestement placés au milieu de fibres radiaires. La couche de granules internes offre la plus grande épaisseur dans la tache jaune. A l'intérieur de la couche granuleuse, se trouve un enchevêtrement de fibres excessivement fines, (*g, fig.* 56, *B*) qui sont en relation soit avec les fibres perpendiculaires de la couche qui les recouvre, soit avec les prolongements des cellules ganglionnaires. Puis il y a une couche de *cellules nerveuses* multipolaires (*h, fig:* 56, *B*) et offrant des prolongements. Ces cellules sont tout à fait semblables à celles de la substance cérébrale grise, et se prolongent de tous les côtés en fibres nerveuses très-fines. Les fibres nerveuses forment une sorte de réseau, et leurs extrémités entrent évidemment en rapport, comme on a pu le constater chez l'éléphant, soit avec les dernières fibres du nerf optique, soit avec les fibres radiaires.

Les fibres du nerf optique forment la couche la plus intérieure (*i, fig.* 56, *B*) et s'épanouissent à la surface interne de la couche de cellules nerveuses. Ces fibres rayonnent dans tous les sens depuis l'endroit où entre le nerf optique. Elles suivent la courbure de la rétine, et les fibres radiaires leur sont perpendiculaires.

La dernière couche qui se trouve immédiatement près du corps vitré, est une *membrane limitante* fine et transparente qui est pavée vers l'intérieur d'une couche de cellules arrondies.

Dans la tache jaune qui se trouve dans l'axe optique, on ne rencontre que des cônes et point de bâtonnets. La couleur de cette tache ne semble pas produite par un élément microscopique particulier, mais bien plutôt par un liquide qui sature tous les éléments constitutifs de la tache. Cette dernière ne contient pas non plus de fibres du nerf optique, tandis que les granules médians et les granules internes, ainsi que la couche de cellules ganglionnaires y sont développés au plus haut degré. On peut voir facilement comment les fibres du nerf optique se fondent avec les prolongements des cellules ganglionnaires en arrivant près de la tache. C'est à cet endroit qui forme une sorte de renfoncement par suite d'un amincissement de la rétine que la vision est le plus développée et que les images ont le plus de netteté. Cette structure anatomique nous prouve donc nécessairement que les cellules nerveuses et les cônes sont les conditions essentielles de la vision, et que les fibres du nerf optique ne sont que des appareils conducteurs qui transmettent au cerveau les perceptions acquises surtout dans la tache jaune. Ces fibres ne sont donc pas capables de transmettre au cerveau une autre sensation que la sensation de lumière. Toutes les propriétés qui font de l'œil un organe particulier, comme la perception d'images et de couleurs, appartiennent donc aux bâtonnets, aux cônes, aux fibres radiaires et aux cellules nerveuses. Le nerf optique en l'absence de ces organes analyseurs ne nous transmettrait qu'une sensation de lumière ou d'obscurité.

Il est facile de prouver que la rétine est l'organe sensitif de l'œil, et le nerf optique l'organe conducteur des impressions reçues. Une maladie ou une destruction de ces deux organes produit nécessairement la cécité. Ces deux états sont nommés *l'amaurose*. Les parties extérieures de l'œil sont ordinairement intactes dans les états maladifs de ce genre; l'intérieur de la pupille est clair et noir comme dans un œil en bonne santé, et il ne faudrait pas pratiquer une opération qui attaquât les autres parties de l'œil. Il est aussi très-facile de prouver que le nerf optique par lui-même ne peut transmettre que la sensation de lumière. La partie de l'œil dans laquelle la rétine n'est formée que des fibres du nerf optique, c'est-à-dire là où le nerf optique entre dans l'œil, est, comme nous le prouverons plus tard, complétement insensible à la lumière ; nous avons donc toujours une tache obscure dans le champ de notre vision.

Les diverses parties de l'œil ne sont pas toutes sensibles ou conductrices ; nous avons vu plus haut que beaucoup d'organes comme les paupières, la conjonctive et même la sclérotique, ne sont que des organes protecteurs. D'autres parties de l'œil, comme la cornée, le cristallin, le corps vitré et l'humeur aqueuse, ne sont que des mediums transparents destinés à laisser passer les rayons lumineux depuis l'extérieur jusqu'à la rétine. La courbure de leurs surfaces ainsi que les propriétés physiques de leur substance servent à dévier les rayons lumineux pour permettre à ceux-ci de former au fond de l'œil des images qui puissent être perçues comme telles. L'examen des rapports de réfraction dans l'œil est par conséquent un sujet important de la physiologie optique et de l'optique dans son ensemble.

Si l'on enlève l'œil d'un lapin blanc immédiatement après sa mort et qu'après l'avoir soigneusement lavé on le place devant l'œil en se tournant contre une fenêtre, on voit sur la paroi postérieure de l'œil du lapin dont la choroïde est transparente et manque de pigment, une très-jolie image de la fenêtre et des objets qui se trouvent à l'extérieur ; mais cette image est beaucoup plus petite et renversée. L'expérience réussit encore mieux quand on place l'œil du lapin dans un rouleau de papier, de telle façon que la pupille est dirigée vers l'extérieur, et que l'on regarde dans le tube qui empêche l'arrivée de toute lumière venant de côté. Les objets placés devant cet œil s'y voient sous forme d'images parfaitement distinctes ; ils ont leur couleur naturelle, mais sont rapetissés dans une certaine proportion et renversés. Les arbres, par exemple, semblent avoir les racines en l'air et les couronnes en bas. L'œil d'un lapin blanc se prête très-bien à cette expérience, parce que la choroïde, comme celle de tous les albinos, est complétement transparente ; tandis qu'elle paraît noire et opaque dans l'œil ordinaire. Pour faire une pareille expérience sur un œil normal il faut placer un œil de bœuf, par exemple, dans un tube, et diriger la cornée du côté de l'objet que l'œil doit représenter, puis il faut enlever un petit morceau de la sclérotique et de la choroïde à la surface externe de l'œil. Il faut enlever aussi à cet endroit la rétine, ce qui permet de voir par cette petite fenêtre le fond de l'œil. Le corps vitré sort ordinairement à travers cette ouverture ; aussi faut-il la couvrir d'un petit morceau de verre qui empêche par sa pression la sortie du corps vitré. Mais dans cette expérience, les images visibles ne sont jamais aussi distinctes et aussi jolies que lorsqu'on examine l'œil d'un lapin blanc.

Cette expérience très-simple et facile à faire, prouve que l'œil renferme un appareil optique au moyen duquel les objets environnants sont réduits à une image renversée, petite et d'une grande netteté. Les différentes parties de l'œil sont construites de telle façon que cette image se forme sur la rétine. Nous avons des appareils optiques construits dans le même but et que nous appelons des *chambres noires*. Ces appareils consistent en une boîte très-simple et enduite de couleur noire à l'intérieur. Sur l'une des parois on a placé une lentille de verre ; vis-à-vis de cette lentille se trouve au lieu d'une paroi noire une plaque de verre mat. Si l'on regarde cette plaque de verre, on voit que les objets qui se trouvent en avant de la lentille s'y peignent plus petits et renversés. L'image se produirait déjà si l'on plaçait simplement à une distance convenable en arrière de la lentille, dont le nom scientifique est celui de *lentille collective*, une plaque de verre dépoli sans l'enfermer dans une boîte noircie intérieurement. Mais l'image est alors moins nette et pure, parce que la lumière arrivant de tous côtés la trouble et l'efface. La boîte noircie intérieurement à laquelle sont attachées la lentille collective et la plaque de verre, ne sert qu'à arrêter cette fausse lumière et à absorber tous les rayons latéraux qui pourraient influer sur la pureté de l'image.

Si l'on compare la construction de l'œil à celle d'une chambre noire, on trouve les points de ressemblance suivants : toutes les parties transparentes de l'œil, la cornée, le cristallin et le corps vitré, ont des surfaces courbes, et forment dans leur ensemble une lentille collective. Cette sorte de lentille se trouve réalisée par des surfaces à rayons de courbure différents et des substances à angles de réfraction divers. La rétine qui forme la partie sensitive correspond par sa transparence et sa couleur mate en tous points à la plaque de verre faiblement dépolie de la chambre noire, et la sclérotique avec la choroïde qui la tapisse à l'intérieur représentent la surface noircie intérieurement de la caisse même de la chambre noire.

Les rayons lumineux qui traversent une lentille collective à rayons de courbure réguliers sont réfractés de telle façon qu'ils forment derrière la lentille un point de réunion déterminé qu'on appelle le foyer ; il n'y a que le rayon axile passant par le centre de la lentille qui continue sa route en ligne droite. Les autres rayons sont réfractés par la lentille du côté du rayon axile et se réunissent à lui au foyer, au moins pour leur plus grande partie. Si l'on rassemble au moyen d'une lentille les rayons du soleil pour en former une image, les rayons qui traversent la lentille forment un cône au sommet duquel ils se réunissent tous et produisent ainsi un accroissement de chaleur. Chacun s'est déjà servi d'une lentille pour allumer de l'amadou ; rappelons seulement les diverses manipulations que cette opération rend nécessaires. D'abord on rapproche trop la lentille, et l'on aperçoit une surface circulaire lumineuse sur l'amadou ; si on éloigne la lentille, le cercle devient de plus en plus petit, et quand on arrive à ne plus avoir qu'un seul point extrêmement lumineux, l'amadou s'enflamme. Si l'on éloigne encore la lentille, il se forme de nouveau un cercle qui grandit d'autant plus que l'on s'éloigne davantage de l'amadou. Les rayons lumineux se croisent donc au foyer et forment à partir de là un second cône dont le sommet se trouve dans ce même foyer. En mettant la lentille près de l'œil pour examiner un objet rapproché, par exemple des lettres imprimées, on voit ces objets grossis ; si on éloigne davantage la lentille en regardant un objet encore plus éloigné, par exemple une affiche, on pourra trouver un point où l'on voit les lettres très-distinctement et très-nettement, mais renversées ; les lettres ont la tête en bas et l'écriture semble aller de droite à gauche. Cette expérience si simple suffit pour démontrer que les rayons absorbés par une lentille collective se croisent en effet au foyer, et donnent par conséquent, en arrière de ce foyer, une image renversée de l'objet. La gauche et la droite, le haut et le bas sont alors échangés, les proportions de l'image restent les mêmes, mais sa position devient différente.

Pour apprendre à connaître plus exactement les phénomènes qui se passent dans l'œil, il est bon de rappeler encore quelques circonstances ayant rapport à cet organe. Chaque lentille collective a un foyer principal dans lequel se réunissent les rayons qui sont le plus rapprochés de l'axe. Quant aux rayons qui arrivent sur le bord de la lentille, ils se croisent en des points qui sont plus rapprochés de cette lentille même. Ces rayons sont par conséquent rejetés en dehors après le point de croisement. Ils donnent naissance dans l'image qui se forme en arrière du foyer à un contour plus ou moins indistinct. Plus la lentille sera protégée sur les bords contre ces rayons gênants, plus aussi l'image sera nette ; on appelle ce phénomène l'*aberration de sphéricité*.

Si les surfaces courbes d'une lentille ne correspondent pas exactement à une courbe régulière comme le cercle ou l'ellipse, le foyer sera dévié hors de l'axe de la lentille, et se décomposera même en une quantité de petits points isolés ; on dit alors que l'instrument n'est pas bien centré.

Comme les rayons qui sont rassemblés au foyer par une lentille s'y croisent, il en résulte qu'il se forme en arrière du foyer une image renversée de l'objet ; si l'objet est à une distance de la lentille qui soit double de la distance focale principale, il se peindra à la même distance de l'autre côté et aura la même grandeur. Si l'objet est plus rapproché, l'image sera plus éloignée et plus grande, et si l'objet se trouve à une distance moindre que la distance focale principale, il n'y aura pas d'image exacte. Si l'objet est placé plus loin que le double de la distance focale principale, l'image sera renversée, mais d'autant plus petite que l'objet sera plus éloigné.

Examinons maintenant ce que nous avons observé dans l'œil d'un lapin blanc, et nous verrons qu'en effet les substances réfringentes de l'œil produisent une image plus petite et renversée sur la rétine. Voici ce que l'on observe.

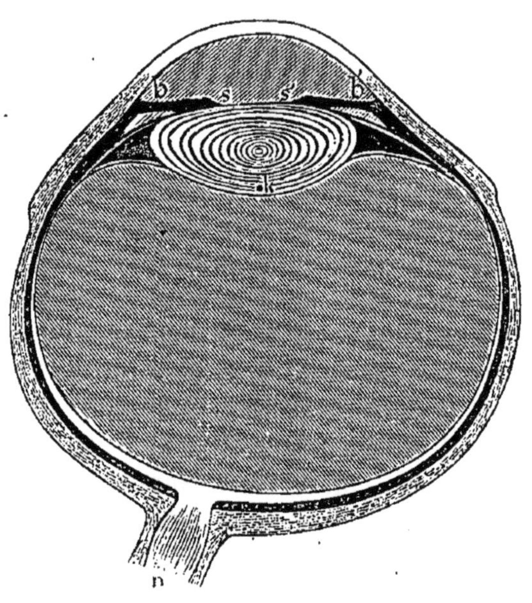

Fig. 57. — Coupe horizontale de l'œil droit, grossi deux fois. — *b*, *s*, moitié gauche interne de l'iris; *s*, *s'*, pupille; *s'*, *b'*, moitié externe droite de l'iris; *k*, foyer optique où les rayons lumineux se croisent.

Le foyer principal des rayons qui traversent la cornée et l'humeur aqueuse pour être ensuite réfractés par le cristallin, se trouve dans le cristallin même, à l'endroit désigné par *k* dans la figure. Ce point est placé presque exactement à un demi-millimètre du bord postérieur du cristallin. La rétine, sur laquelle se peint l'image, est à quinze millimètres à peu près du bord postérieur du cristallin. La figure suivante nous expliquera la marche des rayons lumineux qui partent d'un objet. La flèche A B représente l'objet que l'œil doit voir. Tous les rayons qui traversent la pupille sont réfractés soit au foyer, soit en arrière

de celui-ci, de telle façon qu'ils forment sur la rétine l'image
plus petite et renversée *b a*.

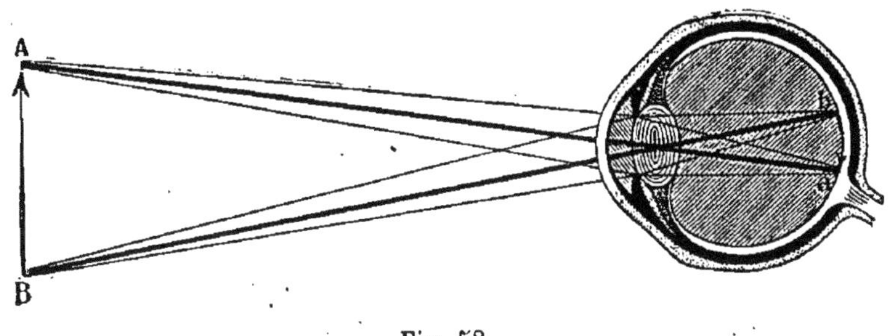

Fig. 58.

Si l'on compare l'œil humain à un instrument d'optique, nous
voyons qu'il a certains avantages, mais aussi certains défauts que l'on
peut, avec Helmholtz, résumer en disant, que cet instrument n'est
pas du tout exempt de défauts, mais qu'il fonctionne cependant
d'une manière parfaite, parce que par l'habitude et par l'exercice nous savons nous en servir d'une manière particulière. La
perfection de l'œil est purement pratique et nullement absolue;
l'œil a tous les défauts que l'on trouve dans un instrument d'optique, il en a même qui rendraient impossible l'emploi d'un
instrument artificiel qui présenterait des défauts analogues; mais
il est très-bien adapté à son but, et le travail d'une longue série
de générations successives, accumulé par l'influence de la transmission héréditaire, en a fait un instrument précieux et tel que
la sagesse la plus accomplie aurait pu le construire par une intelligence providentielle.

Les avantages de l'œil sont fondés uniquement sur sa motilité
en général et sur celle de certaines de ses parties ; son champ de
vision générale est excessivement grand, mais le champ de vision
pour la vue distincte et nette est, comme nous le verrons, fort
peu étendu. Comme nous pouvons transporter facilement et en
un instant de tous côtés ce champ borné de la vision distincte,
le désavantage d'une image peu nette du reste des alentours se
fait bien moins sentir : le mouvement de l'œil remédie de même
à la plupart des défauts physiques de celui-ci, et, pour certains

défauts, l'accommodation rapide de l'œil à des distances variées et le changement de l'écran de l'iris par les variations du diamètre de la pupille, peuvent être d'un grand secours. La nature a placé, en effet, par le moyen de l'iris qui est contractile, une sorte de rideau au devant du cristallin ; ce rideau peut faire varier l'intensité de la lumière, peut s'accommoder à toutes les exigences, et donne toujours à la pupille le diamètre qui lui est nécessaire pour produire une image suffisamment nette. Les mouvements de l'iris sont involontaires et réflexes, et sont en relation avec la sensation de lumière qui se produit sur la rétine. Plus l'irritation sur la rétine est forte, plus l'iris se contracte et plus le diamètre de la pupille devient petit. Plus nous fatiguons la rétine en regardant un objet, plus la pupille se contracte et plus l'image qui se forme sur la rétine devient nette. La destruction du nerf optique, la paralysie de la rétine, produisent l'immobilité de l'iris et la fixité de la pupille. Quand l'œil est en bonne santé, cette contractilité si remarquable est continuellement en jeu ; elle agrandit ou diminue l'ouverture nécessaire au passage des rayons lumineux suivant les besoins de la vision.

La rapidité des mouvements de l'iris dépasse celle de tous les mécanismes que nous pouvons employer pour obtenir le même effet dans les instruments d'optique. Quant à l'appareil optique de l'œil en lui-même, il est, sous beaucoup de rapports, fort défectueux ; les déviations que produisent les formes sphériques des surfaces réfringentes sont considérables ; la cornée n'a pas une courbure uniforme ; elle n'est pas exactement sur le même axe que le cristallin, et ces deux organes ne sont pas exactement centrés. Les fibres du cristallin causent des déformations considérables dans les images. Tous ces défauts provoquent cet état souvent très-développé et très-incommode de l'œil qu'on appelle l'*astigmatisme*. Ce défaut nous empêche de voir en même temps des lignes verticales et horizontales situées à la même distance. On voit doubles les corps un peu minces, on les voit même triples, et il nous semble que les étoiles qui sont rondes et qui forment des points sont rayonnantes. « Les rayons, dit Helm-

holtz, que nous voyons autour des étoiles et des flammes lumineuses situées à une certaine distance, sont des représentations de la structure rayonnante du cristallin de l'homme. Ce
qui nous prouve que cette aberration est commune à toute la
race humaine, c'est que nous désignons sous le nom d'étoilée
une figure rayonnante. . . » Helmholtz continue en ces termes : « Il
me serait parfaitement permis de faire des reproches violents à
un opticien qui voudrait me vendre un instrument ayant tous
les défauts que je viens de signaler dans l'œil. Je serais en droit
de le lui rendre immédiatement en protestant contre sa mauvaise
construction. Il est vrai, que par rapport à mes yeux, je n'agirai
pas de même et que je serais fort content de les conserver aussi
longtemps que possible malgré tous leurs défauts. Mais la circonstance que ces organes me sont indispensables malgré leurs
imperfections, ne diminue pas l'importance même de leurs défauts, si je me place au point de vue un peu spécial, mais parfaitement justifié de l'opticien. »

Ce qui rend les mouvements de l'œil si rapides dans leur ensemble, c'est que la forme de la partie de l'œil cachée dans les
orbites est presque exactement sphérique. Cette sphère peut tourner autour d'un centre qui est placé dans son axe. Ce centre de
rotation se trouve à 1 millim. 75 à peu près en arrière du milieu de l'axe optique ; il se trouve donc dans le corps vitré et
bien en arrière du foyer de l'appareil optique. De quelque façon
que nous placions notre œil, vers le haut, le bas, l'extérieur
ou l'intérieur, le centre de rotation restera toujours à la même
place, car l'œil tourne dans l'orbite comme la tête articulaire
d'un os, du fémur par exemple, dans sa cavité glénoïdale creuse
et sphérique. On appelle en anatomie ce genre d'articulation :
une diarthrose orbiculaire.

La sphère qui tourne dans une articulation pareille ne peut
pas dévier : elle est partout fixée dans sa périphérie, mais grâce
à sa forme sphérique elle peut tourner et diriger son axe dans
tous les sens sans que son centre bouge. Un instrument combiné de cette façon donne le maximum de motilité et de précision

dans le mouvement, car les points de la surface sphérique qui tournent autour d'un point central situé en dedans de cette surface ont fort peu à se déplacer pour produire dans la direction de l'axe un changement considérable.

La boîte de l'orbite, dans laquelle se meut la sphère de l'œil, est remplie de masses graisseuses qui cèdent jusqu'à un certain point à la pression. On pourrait, par conséquent, regarder tout l'arrangement comme une sphère tournante placée sur un coussinet mobile par lui-même jusqu'à un certain point, mais il semble que l'influence des muscles ne va jamais jusqu'à déplacer le globe oculaire lui-même. Il paraît que cette action se borne parfois à faire rentrer l'œil dans l'orbite et dans la direction de l'axe optique et à le laisser ressortir de nouveau par le relâchement. Beaucoup de mammifères ont un muscle particulier pour ce mouvement qui est probablement produit chez l'homme par l'action combinée des quatre muscles oculaires droits.

L'expérience fondamentale sur l'œil d'un lapin blanc, dont nous avons déjà parlé plusieurs fois, laisse voir encore une foule de phénomènes fondés sur la structure de l'œil comme instrument purement optique et dont l'exposition est nécessaire pour rendre compréhensible la vision. Si l'on place l'œil préparé du lapin contre une fenêtre à travers laquelle on voit dans le lointain des maisons, des arbres, des montagnes, bref, tout un paysage, on verra au fond de l'œil une image proportionnellement plus petite, encadrée par la fenêtre. Plus les objets sont éloignés, plus aussi ils semblent petits, les montagnes situées à l'horizon semblent à peine aussi grandes que la cheminée de la maison voisine. Ce rapetissement des objets éloignés, sur lequel se fondent toute la peinture et toute la perspective, dépend de l'agrandissement ou du rapetissement de l'*angle optique* sous lequel les objets nous apparaissent. Prenez un crayon d'une certaine longueur, placez-le à cinq ou six pouces de l'œil, et supposez alors que de tous les points du crayon il parte des lignes qui se croisent dans le foyer de l'œil, le crayon sera ainsi la base d'un triangle dont le sommet sera au foyer, et si, en continuant la construction géométrique, je poursuis ces lignes qui se croisent dans le foyer jusqu'à la rétine, j'aurai sur cette dernière une image renversée qui peut être aussi regardée comme la base d'un triangle, dont le sommet se trouve au point d'entre-croisement des rayons et dont les côtés sont formés par les deux rayons extrêmes qui partent des deux bouts du crayon. Chaque triangle a trois angles, et l'on appelle *angle optique* celui qui est formé au point d'entre-croisement par les deux rayons extrêmes ; c'est sous cet angle optique qu'on aperçoit les objets.

Plus on éloigne la base d'un triangle de l'angle qui lui est opposé, plus aussi l'angle formé par les deux côtés partant des extrémités de la base du triangle devient petit. Plus donc un objet est éloigné de l'œil, plus l'angle optique sous lequel ses deux rayons extrêmes se croisent au foyer sera petit, et plus aussi l'image que l'objet produit sur la rétine sera petite. Un objet qui, s'il est rapproché de l'œil, occupe un certain espace, comme par exemple un disque, n'a bientôt plus que la grandeur d'une tête d'épingle dans l'éloignement ; il devient ensuite un point presque inappréciable et disparaît enfin complétement. Cela s'explique par le fait que l'angle optique est réduit à son minimum à une grande distance et ne peut plus former d'image sur la rétine.

Il n'est pas facile de déterminer l'angle optique minimum sous lequel on peut encore apercevoir un objet. On a essayé, en expérimentant sur les yeux d'hommes vivants, de déterminer la grandeur qu'un objet doit avoir pour être appréciable à l'œil, et l'on a calculé ensuite, au moyen des résultats obtenus et en connaissant les dimensions de l'œil, la grandeur de l'angle optique et celle de l'image qui se fait sur la rétine. Ces résultats ne peuvent être bien exacts ; les yeux, outre les défauts optiques dont nous avons parlé plus haut, présentent des différences individuelles très-considérables, et le même observateur, quand il est bien disposé, voit beaucoup plus distinctement et clairement qu'à un autre moment. Les couleurs, la lumière et la délimitation des corps que l'on examine, peuvent donner lieu à des différences souvent très-grandes. Un point blanc fortement éclairé sur un fond noir peut être beaucoup plus petit qu'un autre point grisâtre sur un fond un peu plus foncé, et à la distance où on voit le premier avec toute la netteté désirable, on n'aperçoit déjà plus le second. Ces mensurations nous prouvent cependant qu'il existe toujours certaines limites déterminées dans lesquelles on peut voir, avec une lumière suffisante, les corps quels qu'ils soient. On a trouvé que des traits creusés profondément sur du verre et séparés par une distance de 0,007 millimètres, peuvent être parfaitement visibles à l'œil si la lumière et la distance sont bien ménagées. Si la distance de l'œil est de 248 lignes, il se formera sur la rétine une image ayant 200/1000 de pouce de Paris, ce qui donne un angle optique de deux ou trois secondes. Les objets qui produiraient sur la rétine des images encore plus petites et formeraient un angle optique encore plus petit, ne peuvent en aucun cas être visibles et sont inappréciables à l'œil.

La détermination des distances auxquelles semblent pour nous se trouver les objets est souvent une abstraction involontaire des objets connus qui frappent ordinairement notre vue. Les personnes pour lesquelles cette détermination a une certaine importance ont souvent des règles d'après lesquelles elles calculent très-exactement les distances. Le chasseur de chamois sait qu'un chamois ne se trouve à portée de carabine que quand on peut voir distinctement ses deux cornes. Le tireur et le soldat ont appris, par expérience, qu'ils ne peuvent plus voir à une certaine distance les boutons de l'uniforme de leurs ennemis. Ils voient à une plus grande distance les pompons et, à une distance encore plus grande, les épaulettes ; il y a des instruments qui servent au soldat pour calculer, au moyen de la grandeur apparente d'un fantassin ou d'un cavalier, la distance à laquelle il se trouve, et cela assez exactement. Nous pouvons déterminer aussi, par une sorte d'expérience, la grandeur d'une maison ou d'un arbre, et nous en déduisons la distance à laquelle se trouve un paysage que nous regardons. Il est très-facile de se tromper dans les localités où les points de comparaison accoutumés manquent à notre œil. Dans les hautes montagnes, où les sapins, au lieu d'avoir soixante pieds de haut, n'en ont que vingt, où les lignes et les couleurs des plus gros rochers et des plus grands glaciers ne diffèrent en rien de celles des cailloux et des morceaux de glace, il est excessivement facile de se tromper dans l'évaluation de la distance. On croit apercevoir les plus petites fissures et les plus petits cailloux, quand on ne voit en réalité que d'immenses abîmes et d'énormes rochers. On oublie la petitesse des arbres et on voit ainsi tous les objets beaucoup plus rapprochés qu'ils ne le sont en effet. On peut voir comme quoi ces évaluations ne sont que le produit de l'habitude et de l'expérience en observant les enfants ainsi que les aveugles de naissance auxquels une opération a rendu la vue. Ils cherchent à saisir la lune comme si elle était à portée de leur main, et ce n'est que lentement et par le contrôle de leur tact qu'ils arrivent à comprendre les objets qu'ils voient et à en déterminer la distance.

L'image qui se forme sur la rétine n'est donc pas corporelle, elle est plane et sa compréhension dépend toujours du contrôle de nos autres sens, ainsi que de l'expérience et de la mémoire. Nous apprenons à examiner une image au moyen de notre esprit, de la même façon que nous examinons le tableau d'un peintre. La distance et le relief des objets ne nous sont pas immédiatement donnés par notre œil, ils ne sont que le résultat de la routine que nous acquérons par l'emploi des yeux. La détermination du relief, par exemple, n'est en partie possible que par l'action des ombres. Les lettres gravées en creux sur une bague nous semblent en relief aussitôt que nous les regardons avec une loupe qui renverse l'image, car nous renversons de cette façon les ombres aussi bien que l'image elle-même. Chaque œil possède un certain point auquel il voit les objets dans leur maximum de netteté. Dans les yeux ordinaires, cette distance est d'à peu près huit pouces ; on l'appelle la distance de vision normale. Quand nous examinons des objets que nous voulons étudier dans leurs moindres détails, quand nous lisons, que nous travaillons et que nous écrivons, nous plaçons spontanément les objets à la distance visuelle normale de notre œil. Cette distance varie cependant énormément suivant les individus; si elle est plus courte que huit pouces, l'individu est myope, et si elle est plus grande, l'individu est presbyte; souvent même les deux yeux offrent des différences dans leur distance de vision moyenne. La cause de ces variations se trouve dans la plus ou moins grande courbure des parties réfringentes de l'œil. Les myopes ont, en général, une cornée fortement bombée et les presbytes une cornée plus aplatie. Les jeunes gens dont les yeux sont saillants sont souvent myopes, parce que la cornée est très-bombée; lorsqu'ils avancent en âge cette proéminence de la cornée disparaît, la courbure s'aplanit et la myopie disparaît peu à peu. Il arrive souvent que ces personnes sont obligées d'employer, dans leur vieillesse, des lunettes à verres convexes, tandis que dans leur jeunesse ils étaient forcés de porter des lunettes à verres concaves. Le myope voit de petits objets mieux que le presbyte quand il peut suffisamment s'en rapprocher, parce qu'il produit, en les plaçant près de son œil, un plus grand angle optique; il a pour cette même raison besoin de moins de lumière que le presbyte : il a aussi évidemment l'avantage quand il s'agit de voir de très-près et distinctement, tandis qu'il ne peut jouir des paysages que peut admirer le presbyte.

Le genre d'occupation d'un individu, sa position et sa manière de voir, abstraction faite de l'âge, exercent une grande influence sur la distance de vision de son œil. Ces différentes causes produisent souvent, par le manque d'exercice dans l'appareil d'accommodation, l'insuffisance complète de cet appareil, de manière que l'individu devient enfin incapable d'accommoder son œil aux distances en dehors de certaines limites. Cette incapacité se transmet aux enfants et finit par devenir congénitale. Il en est de cette incapacité comme de l'incapacité de remuer les oreilles malgré l'existence des muscles qui devraient servir à cet acte. Cette transmission par hérédité d'un défaut

acquis et le genre de vie sédentaire de notre jeune génération,
qui ne s'occupe qu'à lire et à écrire, a rendu générale la myopie,
et l'infirmité du corps menace de se transporter aussi à l'esprit.
L'emploi de tableaux, de cartes murales et d'autres objets de ce
genre qui forcent l'élève à diriger quelquefois son regard sur des
objets plus éloignés que leurs livres ou leurs cahiers, ne suffit
pas, quoique même ces procédés ne soient pas à dédaigner. Le
vrai moyen pour empêcher la myopie serait d'occuper la jeunesse au grand air, de la faire étudier les sciences naturelles,
non pas dans une salle d'école et avec des livres pédants, avec
des plantes desséchées comme du foin et des animaux empaillés et
à demi moisis, mais au grand air, dans les champs et les forêts.
Au lieu de cela, on invente des appareils qu'on affuble d'un nom
d'origine grecque, contenant sept ou huit *o* et quelques *y* qui
semblent prendre à tâche de vous désarticuler la mâchoire.
Quoi qu'il en soit, des recherches statistiques ont prouvé qu'il
y a en moyenne sur 100 élèves ou étudiants allemands de 16
à 25 ans, 94 myopes. Chez les savants, cette proportion change
suivant l'âge et le genre d'occupation, ce qui fait qu'il y a
84 p. 100 de myopes chez les savants théoriciens, tandis qu'il
n'y en a que 63 p. 100 parmi les savants qui s'occupent de
travaux plus pratiques. Les hommes des classes élevées de la
société donnent une proportion plus forte, 67 p. 100. Les négo-
ciants, qui passent la plus grande partie de leur vie à leur bureau, offrent une moyenne de 63 p. 100 de myopes, tandis que
les commis et les employés, dont la vie est moins sédentaire,
donnent une moyenne de 48 p. 100 de presbytes. Les soldats,
les artistes, les cordonniers et les tailleurs offrent plus de la
moitié de presbytes. Les chasseurs et les agriculteurs enfin
donnent la moyenne la plus favorable, car on trouve chez eux
74 p. 100 de presbytes.

L'influence si manifeste des occupations sur la distance de
vision normale de l'œil nous prouve que les yeux peuvent s'accommoder jusqu'à un certain point aux distances qu'ils sont ordinairement appelés à apprécier. Chaque œil a une certaine dis-

tance où il voit le plus distinctement possible ; à partir de cet endroit, les images plus rapprochées ou plus éloignées perdent leur clarté ; mais notre œil peut s'accommoder aux différentes distances ; il possède une certaine *faculté d'accommodation* qui lui permet de s'adapter aux diverses distances et cela dans la limite de la vision distincte. Un individu qui a lu ou écrit long-temps avec attention et qui jette ensuite subitement un coup d'œil à travers la fenêtre sur un objet éloigné, par exemple sur un clocher à l'horloge duquel il est habitué à voir l'heure, ne distinguera au premier instant que fort difficilement le cadran de l'horloge ; les chiffres et les aiguilles ne lui paraîtront pas nets, et ce n'est qu'après quelques secondes que l'image s'accentuera peu à peu jusqu'à ce qu'enfin se voient nettement les chiffres et les aiguilles ; — l'œil s'est accommodé aux différentes dis-tances, il s'est passé évidemment une transformation intérieure dans l'œil, ce qui a provoqué des changements dans les rapports des médiums réfringents avec la rétine. Ces transformations permettent ainsi la représentation distincte sur la rétine des objets un peu plus éloignés. Au moyen du miroir oculaire de Helmholtz, appareil modifié et amélioré maintes fois, et qui per-met de voir les images qui se peignent sur la rétine de l'œil hu-main, on peut se persuader que l'œil n'est jamais disposé qu'en vue d'une seule distance parfaitement limitée. Seules les images des corps qui se trouvent à cette distance sont nettes, les autres ne le sont pas. Si un individu regarde un objet placé en avant ou en arrière du corps qu'il examinait d'abord, l'image de l'ob-jet qu'il examine en dernier lieu devient distincte et l'image du premier objet perd sa netteté ; ce qui prouve qu'il n'est pas be-soin de changements dans l'axe optique ni de mouvements de l'œil pour produire l'accommodation. Celle-ci se fait donc à l'in-térieur de l'œil.

On a cherché à déterminer souvent sur quelles transforma-tions internes se fonde cette faculté d'adaptation. On n'était jamais arrivé autrefois à un résultat satisfaisant. Les rapports qu'on observe entre les yeux myopes et les yeux presbytes ont

donné lieu d'abord à cette hypothèse que la cornée s'aplatit
en s'adaptant aux objets éloignés, et s'incurve quand l'œil doit
voir des objets plus rapprochés ; mais l'observation immédiate
n'a pas confirmé cette hypothèse. On a cru aussi que le globe de
l'œil était comprimé par les muscles ; cette opinion n'est pas
plus fondée que la précédente. Par les changements qu'éprouvent les images réfléchies dans l'œil, on s'est convaincu que la
courbure antérieure du cristallin devient plus forte quand on ac-
commode l'œil à des objets rapprochés et que cette courbure
s'aplatit au contraire devant des objets éloignés. Si l'on regarde
attentivement l'œil d'un homme qui envisage dans l'obscurité
une bougie allumée, on verra trois images de différente clarté
réfléchies dans l'œil. La plus claire est celle qui est placée le
plus en avant ; elle est droite et provient de la surface antérieure de la cornée. Celle du milieu, qui est renversée, provient de la face postérieure du cristallin, et l'image la moins
distincte, qui est droite, provient de la surface antérieure du
cristallin. En examinant la différence de position de ces deux
images aperçues sur le cristallin, on a pu arriver à la conclusion
que nous venons de citer. On a vu par là que le muscle ciliaire,
qui est circulaire, resserre le cristallin, élastique sur son pourtour, pour l'accommoder aux objets qui sont à une faible distance en augmentant ainsi la convexité du cristallin dans le sens
de l'axe, tandis qu'en se relâchant il permet au cristallin de
reprendre sa forme primitive et d'accommoder ainsi l'œil à la
vision des objets plus éloignés.

Des expériences nombreuses montrent que la distance du
cristallin à la rétine, quand toutes les autres parties de l'œil
restent les mêmes, a une influence essentielle sur la nature des
images de la rétine. On a trouvé aussi que la position de ces
images est très-différente suivant l'éloignement ou le rapprochement des objets. L'expérience de Scheiner, que chacun peut
faire soi-même, est un des essais fondamentaux les plus simples sous ce rapport. On fait, au moyen d'une épingle qui ne
soit pas trop grosse, deux trous dans une feuille de carton. Ces

deux piqûres doivent se trouver à une distance de tout au plus deux millimètres l'une de l'autre. On place alors le morceau de carton devant l'œil, et de telle façon que celui-ci puisse regarder à la fois à travers les deux trous. Si l'on regarde à travers ce carton une épingle, et qu'on la transporte à diverses distances en avant et en arrière, on la voit telle qu'elle est à la distance de vision normale, c'est-à-dire à la distance de 6 à 10 pouces de l'œil. A une autre distance, qu'elle soit plus près ou plus loin de l'œil, on verra l'épingle double, et, suivant qu'on l'approchera ou qu'on l'éloignera davantage de l'œil, ces deux images s'éloigneront d'autant plus l'une de l'autre. Si l'on approche l'épingle trop près de l'œil et que l'on bouche la piqûre du morceau de carton sur le côté droit, l'image double disparaît du côté gauche et *vice versâ*. Mais si l'on place l'épingle plus loin que la distance de vision normale et que l'on bouche le trou placé à droite, l'image double disparaîtra à droite, mais non pas à gauche, comme c'était le cas quand l'épingle était trop rapprochée de l'œil.

L'explication de cette expérience est facile à donner si l'on y réfléchit quelque peu. Les rayons lumineux qui partent d'un objet, que cet objet soit une ligne ou un point, arrivent à l'œil par les deux piqûres du morceau de carton, et forment par conséquent un angle dont le sommet se trouve à l'épingle, et dont l'ouverture dépend de la distance qui sépare les deux trous du morceau de carton. Le cristallin réfracte, en les infléchissant vers l'axe, les rayons lumineux, ce qui fait qu'ils se recoupent en un certain point en arrière du cristallin. Si l'on place l'épingle à la distance convenable, le point de réunion des rayons lumineux tombera sur la rétine ; il ne se formera sur elle qu'une seule image, et le cerveau ne percevra que l'impression d'une image unique.

Si l'on éloigne au contraire un peu trop l'épingle de l'œil, les rayons entrant dans le cristallin seront si peu réfractés, qu'ils ne se couperont que bien loin en arrière de la rétine. Les rayons lumineux frappent donc des places différentes de la rétine et produisent des images que nous percevons comme différentes. Le contraire a lieu quand on rapproche trop l'épingle : les rayons, arrivant sous un angle très-grand, sont fortement réfractés. Ils se coupent en dedans de l'œil avant d'atteindre la rétine, ce qui fait qu'ils produisent sur elle des images croisées. Ce croisement à l'intérieur de l'œil nous explique pourquoi, lorsque l'on rapproche trop de l'œil l'objet qu'on veut examiner et que l'on ferme l'un des trous du morceau de carton, l'image disparaît du côté opposé, tandis que si l'on éloigne trop l'épingle, et que, par conséquent, les rayons se croisent derrière la rétine, l'image double du même côté disparaît.

Cette expérience si simple se retrouve au fond dans toutes celles que l'on a faites pour déterminer l'étendue en ligne droite de la vision distincte. Cette distance se trouve délimitée par les deux points extrêmes entre lesquels on voit une épingle unique et nette. On désigne les deux points extrêmes de cet espace, qui a toujours une certaine longueur, comme le point le plus rapproché et le point le plus éloigné de la vision distincte. La détermination exacte de cette distance est indispensable pour l'emploi des instruments d'optique, le télescope et le microscope par exemple ; elle est aussi d'une grande importance pratique pour déterminer, par exemple, la myopie des recrues. On emploie dans ce dernier cas, pour empêcher la fraude, un appareil un peu différent dans lequel on peut remuer l'objet sans que le conscrit s'en aperçoive. Ces mensurations très-exactes ont prouvé que notre œil ne perçoit pas à la fois tous les rayons lumineux qui le frappent à cause des inégalités de courbure des surfaces réfringentes. Nous ne voyons pas avec le même degré de netteté les objets qui, tout en étant à la même distance de notre œil, sont dans un plan horizontal ou dans un plan vertical. Notre œil est combiné ordinairement de manière à percevoir les rayons du niveau horizontal, et cela dans l'éloignement où ce niveau forme l'horizon, et si l'on veut voir de près et examiner les objets à la même distance, mais dans un plan vertical, il faut une accommodation de l'œil.

La *netteté de la vue*, qui est la faculté que possède l'œil de voir exactement les limites de contour de chaque point d'un objet, dépend de l'égalité de courbure des surfaces réfringentes. C'est à cette condition que tous les rayons qui partent d'un point viendront se rassembler au même endroit sur la rétine, mais comme cette condition ne peut être exactement réalisée pour tous les points de l'espace, nous voyons des images exactes de certains points seulement, tandis que d'autres points se peignent sur la rétine comme des images plus ou moins grandes, peu distinctes et entourées d'une auréole lavée ou d'un cercle de dispersion. On peut remarquer surtout ce manque de netteté dans les contours peu arrêtés des objets qui ne se trouvent pas dans la limite de vision distincte. Leur représentation exacte par la peinture produit la suavité et le moelleux des contours qui distinguent le peintre expérimenté du commençant. Des objets dont les contours sont indistincts à cause d'un éclairage venant de divers endroits à la fois deviennent plus nets quand l'on place, en avant de l'œil, un écran ayant une petite ouverture, servant à faire disparaître les cercles de diffusion. Ces cercles se montrent surtout à nous dans les objets fortement éclairés sous forme de faisceaux de rayons, qui empêchent essentiellement la netteté de vision. Beaucoup d'individus déterminent une vision plus nette en clignotant des yeux; ils ne laissent qu'une toute petite fente pour le passage de la lumière. Ce moyen ne suffit pas pour des yeux qui, comme les miens, sont très-sensibles aux faisceaux de rayons lumineux, et très-astigmatiques en même temps; il faut alors produire un petit orifice en fermant convenablement les doigts de la main.

Une condition essentielle de la vision distincte, est aussi la position des images sur la surface de la rétine même. Les seuls rayons axiles qui arrivent sur la tache jaune ou dans son voisinage immédiat sont perçus d'une manière distincte. Tous les corps dont les rayons s'écartent de 10 degrés seulement de l'axe optique, ne nous offrent plus que peu de netteté; ceux qui sont encore plus écartés de l'axe optique deviennent à peine visibles.

La plupart des hommes se sont si bien habitués à ne percevoir que les images nettes et qui se peignent sur la tache jaune, et à laisser de côté les autres images moins distinctes, que le champ de leur vision directe et distincte devient excessivement petit. Nous pouvons, par une attention soutenue et une volonté un peu ferme, nous habituer à voir beaucoup de phénomènes qui échappent à la vision ordinaire ; et nous pouvons tout aussi bien nous habituer à percevoir assez distinctement les images si peu nettes qui se forment en dehors de la tache jaune et de l'entourage immédiat de l'axe optique ; cette faculté se trouve surtout développée chez les maîtres d'école, par exemple, qui ont à surveiller une classe nombreuse d'écoliers plus ou moins turbulents.

Il y a un endroit sur la rétine qui se trouve encore dans le champ de vision indistincte, mais qui cependant est complétement insensible à la lumière. Le vieux physicien Mariotte, qui a découvert la loi de la pression atmosphérique et de sa diminution graduelle dans les régions supérieures, avait découvert cet endroit par l'expérience. Il suffit, pour s'en convaincre, de dessiner sur un papier blanc deux ou trois points placés sur un plan horizontal, à une distance de deux ou trois pouces. Si l'on fixe avec l'œil droit le point (*a*) parmi les trois points placés sur le

a   *b*   *c*

plan horizontal, en fermant l'œil gauche, on trouvera bientôt, en cherchant un peu et en déplaçant la tête, en l'éloignant ou en la rapprochant, la distance exacte à laquelle on ne voit plus le point *c*. Chez les hommes à vue normale, le point *c* disparaîtra à une distance de 8 pouces à peu près, et cela d'autant plus que l'on regardera un peu à gauche par-dessus le point *a*. Si l'on rapproche le papier, le point *c* redeviendra visible, tandis que le point *b* disparaîtra complétement. Des déterminations exactes nous prouvent que le rayon lumineux qui part du point qui disparaît, doit faire avec l'axe optique un angle de 13 à 17 degrés pour qu'il ne soit pas perçu par l'œil. Si l'on prolonge ce rayon qui disparaît, on voit qu'il tombe exactement sur le point d'entrée du nerf optique dans l'œil. Cet endroit se trouve à 1,8 ligne de Paris à l'intérieur de l'axe optique, et l'endroit aveugle de l'œil n'a pas tout à fait le diamètre d'une ligne de Paris et se présente sous une forme arrondie. Si l'on transporte ces mesures à l'extérieur, on trouve que l'endroit absolument obscur de notre champ visuel à une étendue d'à peu près six degrés, il occupe donc sur l'horizon une espace égale à celle de onze pleines lunes placées les unes à côté des autres. Le lecteur se demandera comment il se fait qu'une tache de cette grandeur échappe complétement à la perception? Elle devrait apparaître lorsqu'on regarde le ciel, comme une tache noire sur la voûte azurée. Trois circonstances nous empêchent de percevoir cette tache insensible et obscure. Nous sommes, en premier lieu, habitués à percevoir les images peu nettes et situées en dehors de l'axe optique, dans le cas seulement où elles ont quelque chose d'extraordinaire, une intensité lumineuse un peu grande, un mouvement rapide ou une forme inaccoutumée. Tous ces caractères manquent à la tache obscure ; l'absence réelle dans cet espace des images des objets dont la présence nous serait révélée par un changement dans la position des yeux, est par conséquent considérée par nous comme un phénomène résultant de notre inattention. Secondement, il est à remarquer que nous regardons ordinairement avec les deux yeux. Or les rayons lumineux qui tombent sur la tache obscure dans l'un des yeux, arrivent dans l'autre sur une place correspondante sensible ; ces rayons, comme nous le verrons plus tard, sont perçus comme une impression se formant sur les deux yeux, car les deux images se combinent dans notre cerveau en une seule sensation. Notre esprit enfin complète les sensations qui manquent à l'endroit obscur par les impressions qu'il perçoit des objets environnants. Il recouvre, au moyen des images voisines, la tache obscure. C'est pourquoi cette place au ciel ne nous semble pas noire comme elle devrait paraître ; notre esprit la recouvre de la couleur bleue environnante. Si l'on fait une tache noire de la grandeur de la tache insensible de l'œil sur un papier blanc, la tache nous semblera blanche, tout comme l'espace occupé par les points noirs nous semble blanc ; si l'on fait tracer sur un papier une ligne droite interrompue à l'endroit correspondant à la tache obscure, la ligne nous semblera entière parce que notre esprit la continuera par-dessus l'endroit insensible de l'œil. Nous voyons, comme le dit un observateur très-savant, la continuation des objets qui s'avancent dans la région non impressionnable du champ visuel de la manière la plus simple et la plus vraisemblable pour notre esprit. Ceci nous est une nouvelle preuve que les représentations que se fait notre esprit au moyen de déductions tirées de nos sensations, arrivent à se confondre à un tel point avec les sensations elles-mêmes que nous ne pouvons plus les distinguer et que nous croyons sentir ce que nous nous représentons seulement par notre esprit.

Nous avons jusqu'ici étudié la vision comme si elle ne se rapportait qu'à un seul œil ; ce n'est cependant pas un luxe pour nous que d'avoir deux yeux ; ils sont conformés de façon à se maintenir dans un état de concordance continuelle. Nous avons deux yeux, et cependant nous ne voyons pas double ; nous sommes donc en droit de nous demander comment il se fait qu'une image double qui se forme sur les deux rétines est perçue simple. On a trouvé, à l'aide de l'expérience, que toutes les images sont perçues simples toutes les fois qu'elles arrivent dans les deux yeux à une distance égale de l'axe optique, mais du côté opposé dans chaque œil. Un objet dont l'image se fait dans l'œil gauche à la distance d'une ligne *en dehors* de l'axe optique, représenté par la tache jaune, ne sera perçue simple que lorsque l'image dans l'œil droit se fera d'une ligne *en dedans* de l'axe optique. On appelle ces points les points identiques de la rétine, ils se recouvriraient si l'on rapprochait les deux yeux de manière à ce qu'ils fussent placés l'un sur l'autre sur la ligne médiane. La partie intérieure de l'un des yeux recouvrira dans ce cas la partie extérieure de l'autre et les deux axes se confondront en un seul.

Tous les points de l'espace, dont les rayons tombent dans des endroits identiques de la rétine, et sont, par conséquent perçus simples, se trouvent dans des plans déterminés du champ de vision, la réunion de ces plans forme l'*horoptère*. On croyait anciennement que l'horoptère devait être nécessairement un cercle. Mais des expériences modernes ont prouvé que la forme de ce plan, ainsi que sa position, varie beaucoup suivant les diverses positions de l'œil. L'horoptère peut être formé, tantôt par un seul point, tantôt par une surface de cône, tantôt encore par deux plans qui se coupent. Les points qui se trouvent en dehors de l'horoptère nous semblent toujours doubles.

Dans la vision ordinaire, nous plaçons toujours nos yeux de telle façon que leurs axes convergent à l'endroit que nous voulons fixer, et il est facile de prouver, par une expérience très-simple, que cette convergence des deux axes optiques est toujours déterminée, quand on fixe un objet. Si l'on fixe l'intersection des barreaux d'une fenêtre derrière laquelle se trouve une tour dans le lointain, l'intersection sera perçue simple et la tour double, et si l'on place en outre son doigt à une certaine distance devant le nez, ce doigt nous semblera double aussi. Si l'on ferme alors l'œil droit, l'image double du doigt disparaîtra du côté gauche, et l'image double de la tour du côté droit, ce qui prouve qu'il y en en effet un croisement des axes optiques.

La convergence des axes optiques nous sert ordinairement à calculer la distance d'un objet; plus un point est rapproché de l'œil, plus il nous faut diriger les deux axes optiques l'un vers l'autre, pour leur permettre de se couper en cet endroit; plus le point est éloigné et plus la direction des axes optiques se rapproche de la parallèle. Nous avons déjà dit que pour apprécier la distance d'un objet, nous formons une abstraction au moyen de la connaissance que nous avons de la grandeur réelle des objets et de leur diminution graduelle de grandeur, avec l'accroissement de la distance. Mais il est certain aussi que cette appréciation de la distance est beaucoup aidée par notre perception plus ou moins consciente de la convergence de nos axes optiques, nécessaire pour la vision distincte de l'objet. Nous dé-

terminons en effet cette distance avec beaucoup plus de difficulté,
lorsque nous regardons un objet inconnu avec un œil seulement ;
mais comme nous arrivons, malgré cela, à une évaluation suffisante de la distance, il faut que d'autres causes entrent en jeu
dans notre appréciation. Nous avons déjà vu plus haut que la
grandeur de l'angle optique sous lequel nous voyons un corps
connu, nous donne un moyen pour en déterminer la distance.
Nous avons aussi une idée plus ou moins consciente de la faculté
d'accommodation de l'œil aussi bien que de la convergence des
axes optiques, et il est évident que l'appréciation des mouvements exercés se transforme pour notre intelligence en évaluation de la distance. Nous nous aidons, enfin, aussi dans tous les
cas par l'observation de l'intensité lumineuse et de la couleur
des objets. Cette observation est très-trompeuse, il est vrai, suivant les circonstances particulières, mais elle a un certain degré d'exactitude pour l'examen des objets connus. Les objets
fortement éclairés semblent plus rapprochés, et ceux qui sont
moins éclairés, plus éloignés. Si le médium, à travers lequel
nous examinons des objets connus, perd de sa transparence ha-
bituelle, ces objets nous semblent s'éloigner ; ils se rapprochent,
au contraire, lorsque cette transparence augmente. Chacun sait
par l'expérience journalière que des objets rapprochés semblent
être assez éloignés par un temps brumeux et par le brouillard.
Les populations qui habitent au pied des montagnes se servent
de la transparence de l'air comme d'un baromètre. On entend
souvent dire en Suisse et dans d'autres lieux, ayant même conformation, à propos du temps probable : « Les montagnes paraissent très-rapprochées, il va bientôt pleuvoir. »

Une action combinée analogue et résultant de réflexions diverses, se remarque dans la détermination de la forme matérielle
d'un objet. L'image formée sur notre rétine est plane ; la perception du relief provient d'une opération intellectuelle, mais en
grande partie inconsciente. Cette perception résulte du fait que
les deux yeux, dirigés sur un objet ayant corps, perçoivent des
images un peu différentes, que nous combinons ensemble pour

en former une seule. Si l'on regarde un corps avec l'œil gauche seul, on voit un peu plus de la surface gauche de ce corps, l'inverse a lieu pour l'œil droit, et la combinaison de ces deux images différentes, surtout dans les limites des contours, nous donnera l'impression du relief. C'est sur ce principe que se basent les instruments appelés stéréoscopes. On place dans ces instruments devant chaque œil une image séparée d'un corps; cette image est construite d'après les règles de la perspective pour cet œil seul. La coïncidence de ces deux images fait qu'on les aperçoit comme un seul objet ayant corps. Si l'on regarde, par exemple, un cône avec un seul œil et sans bouger la tête et que le sommet de ce cône nous ait semblé dirigé vers nous, quand nous l'avons regardé de nos deux yeux, son sommet semblera se diriger vers le nez si l'on ferme un œil. Si l'on fait deux images perspectiviques de ce cône pour les deux yeux, dont chacune soit adaptée à l'un des yeux, le sommet du cône se dirigera vers la droite dans l'image que doit regarder l'œil gauche, et se dirigera à gauche dans l'image dessinée pour l'œil droit. Si l'on met ces deux images à la distance visuelle dans une boîte, par exemple, et qu'on les sépare l'une de l'autre par une cloison médiane, les deux images se combineront dans notre perception et nous sembleront n'en former qu'une seule. Les stéréoscopes, que l'on emploie maintenant partout comme objets d'agrément, sont formés de deux moitiés de lentilles collectives qui servent déjà à superposer les images. Les images, les dessins et les photographies que l'on prépare pour stéréoscopes sont faits de telle façon, que l'une des images est combinée au point de vue de l'œil gauche et l'autre au point de vue de l'œil droit. L'impression de relief peut cependant se produire sur un seul œil, au moyen d'une série de coups d'œil rapides qui perçoivent les différents plans et les différentes impressions comme un tout complet. L'impression de relief se montre aussi pendant l'illumination si courte, que produit une étincelle électrique ou l'éclair. Dans ces deux cas, il est impossible de jeter plusieurs coups d'œil.

Pour voir nettement une image simple au moyen de nos deux

yeux, il faut évidemment que les deux globes oculaires aient un maximum de mobilité, ce qui permet de diriger les axes optiques avec une grande facilité vers un même point. Cependant, lorsque l'un des yeux est mieux construit que l'autre, on s'habitue vite à n'employer que le meilleur et à ne pas fixer les objets avec le plus faible. C'est de ces conditions, ainsi que de nombreux autres états maladifs, surtout dans les muscles de l'œil, que dépend souvent le *strabisme*. On louche, lorsque les axes optiques des deux yeux divergent. Il serait trop long de s'appesantir ici sur les différentes causes qui produisent les positions anormales des yeux que l'on comprend sous cette expression. On comprend facilement combien cet état maladif des yeux, dans lequel les deux axes optiques ne convergent pas en un même point, a d'influences fâcheuses sur la vision en général.

Chaque image produite sur la rétine a besoin d'un certain temps pour être perçue par notre esprit. On peut calculer cet intervalle, si court qu'il soit, au moyen d'instruments. Chacun sait qu'un charbon incandescent que l'on fait tourner rapidement en cercle n'est pas perçu comme un corps isolé, mais comme un cercle de feu. Il est évident qu'il se forme sur la rétine autant d'images qu'il y a de points parcourus par le charbon. Mais ce dernier a le temps de décrire un cercle et de produire une dernière image sur la rétine, avant que l'impression de la première image qu'il a produite soit effacée. C'est ainsi que le charbon est vu comme un cercle de feu. Une quantité de jouets sont basés sur le même principe. On peut, par exemple, sur un disque que l'on fait tourner rapidement, dessiner un danseur de corde dans douze positions différentes; on le voit debout sur la première image, la seconde le représente un peu au-dessus de la corde, et ainsi de suite jusqu'à la dernière image, ce qui fait que la réunion de toutes ces images donne dans son ensemble tous les mouvements rhythmiques exécutés par le danseur. Si l'on tourne rapidement le disque, le danseur semblera exécuter des mouvements très-rapides, car chaque nouvelle image se forme avant que l'impression de celle qui l'a précédée ait disparu. La combinaison de toutes ces images produira l'impression du mouvement. Si l'on détermine la vitesse de rotation de ces appareils, on trouve que la durée d'une image sur la rétine est de 2 à 3 dixièmes de seconde. Il en résulte que toute impression qui succède à une autre dans un délai plus court que deux dixièmes de seconde, est perçue par nos sens comme si elle était combinée avec l'image précédente.

Notre œil n'est pas un instrument complétement achromatique ; il produit, en d'autres termes, des contours colorés qui viennent de ce que les différents rayons de couleur ne sont pas répartis de la même façon. Les images que ces rayons colorés produisent ne se recouvrent pas exactement. On arrive, dans les instruments d'optique, à corriger ce défaut, en employant deux substances dont l'angle de réfraction soit différent. On prend, par exemple, du verre de *flint* et du verre de *crown*, qui font disparaître autant qu'il est possible ces défauts. L'œil ne présente pas cette combinaison, il n'est point achromatique. Ce défaut n'est, d'ailleurs, pas apparent dans la vie ordinaire, parce que, par la lumière solaire ou la lumière du jour, qui sont blanches, les rayons colorés moyens du spectre, savoir : le jaune, le vert et le bleu, dominent, par leur abondance de lumière, le rouge ou le violet, moins lumineux, et effacent, par conséquent, ces deux couleurs.

Ce défaut n'a d'ailleurs rien à faire avec la perception en elle-même des couleurs que nous connaissons dans leur plus grand degré de pureté et de saturation sous l'apparence des couleurs du spectre. La plupart des hommes distinguent non-seulement les différentes couleurs, mais les distinguent aussi de la même façon. Il est vrai que l'habitude joue un grand rôle dans cette perception, surtout par rapport aux nuances plus délicates. Les ouvriers de la fabrique des Gobelins de Paris distinguaient immédiatement des nuances que mon œil, que j'avais cru longtemps assez exercé par la peinture, confondait encore même lorsque j'y mettais toute l'attention possible. Mais en dehors de cette finesse

de perception des nuances, il n'est pas rare de trouver des hommes qui ne peuvent distinguer certaines couleurs; le célèbre
physicien Dalton était dans ce cas. Le vert clair d'un hêtre dont
les feuilles s'épanouissaient au premier printemps, lui semblait
de la même couleur que le rouge de l'uniforme d'un officier anglais. Cette incapacité de distinguer les couleurs ne se remarque
en général que pour les colorations moins intenses. Beaucoup
d'hommes sont incapables de distinguer certaines graduations et
ne s'en doutent pas même. Un de mes amis découvrit chez lui
ce défaut par une simple question de sa femme à laquelle il
avait toujours écrit sur du papier rose pendant une absence qu'il
avait faite. Il croyait fermement avoir employé du papier grisâtre, tandis que son épouse voyait dans le choix de la couleur une
allusion tendre et symbolique. Les nuances du jaune sont celles
qui se distinguent le plus facilement; le contraire a lieu pour les
différentes nuances du rouge et du vert. Quand on confond les
couleurs, ce qui arrive d'ailleurs plus rarement que de confondre
leurs degrés et leurs nuances, c'est alors le rouge et ses divers
mélanges qui échappent le plus facilement à la perception. L'individu qui ne distingue pas une des couleurs du spectre, ne perçoit pas le rouge ; il ne perçoit cette couleur que comme une
clarté plus ou moins forte. Beaucoup de personnes ne peuvent
distinguer le rouge brique, le rouge de la rouille et l'olivâtre
foncé; d'autres ne distinguent pas le rose, le lilas, le gris violacé
et le bleu de ciel. Si l'on observe ces phénomènes avec plus d'attention, on trouve qu'en moyenne un homme sur 10 ou sur 20
souffre de cette incapacité coloristique, comme on pourrait l'appeler. J'ai même trouvé parmi mes amis des peintres de paysage
qui ne distinguaient pas le vert du rouge et ne reconnaissaient les
nuances de ces deux couleurs qu'au moyen des nuances du gris
qu'ils voyaient au lieu du vert et du rouge. Malgré cela leurs
tableaux n'offraient pas de défauts considérables, soit d'harmonie, soit de ton. Des expériences récentes ont prouvé que tous
les hommes sont incapables de percevoir le rouge sur les limites
de leur champ de vision, et au bord extrême du champ de vi-

sion, l'œil ne perçoit même plus aucune couleur, mais seulement des différences de clarté.

Les rapports de notre œil avec les couleurs des corps ont donné lieu à un grand nombre d'expériences qui offrent pour la plupart un certain danger pour l'œil lui-même. On sait que la lumière blanche se compose d'une quantité déterminée de rayons colorés différents qui peuvent être décomposés et isolés au moyen du prisme. Les différents rayons colorés de l'arc-en-ciel sont produits par des ondulations de l'éther qui diffèrent par leur grandeur. Le rayon rouge a la plus grande longueur d'ondulations, et le rayon violet la plus petite. En dehors de ces rayons du prisme, il y en a encore d'autres que nous ne percevons plus comme lumière, mais comme rayons de chaleur non lumineux. Les différentes nuances naissent du mélange des couleurs fondamentales du prisme et le mélange de toutes ces couleurs produit la lumière blanche et incolore.

On croyait autrefois que les mi-teintes mixtes, que l'on produit au moyen de diverses substances colorantes mélangées ensemble, suivaient la même loi que le mélange des rayons colorés eux-mêmes. Pour le physicien comme pour le peintre, il n'y a en dehors du blanc et du noir, que trois couleurs fondamentales ; mais, pour le physicien, ce sont le vert, le violet et le rouge, tandis que pour le peintre, ce sont le jaune, le bleu et le rouge. Le mélange de ces trois dernières couleurs en proportions différentes, produit toutes les couleurs depuis le noir le plus foncé jusqu'aux nuances les plus variées. Le bleu et le jaune produisent le vert, le vert et le rouge le brun, etc. Des expériences récentes ont prouvé que la couleur que l'on obtient en mélangeant deux couleurs différentes ne vient pas de la réunion de deux rayons colorés, mais plutôt du passage de rayons colorés à travers le mélange. Le mélange des diverses couleurs du prisme que l'on peut produire au moyen d'un disque sur lequel on a peint les différentes couleurs et que l'on fait tourner assez rapidement pour que leurs impressions se confondent, nous conduit au résultat suivant : c'est qu'il faut admettre pour les mélanges prismati-

ques cinq couleurs fondamentales, le rouge, le jaune, le vert, le
bleu et le violet, et que le mélange de ces rayons colorés donne
de tout autres tons que le mélange des matières colorantes de
même teinte. Tous ceux qui se sont occupés de peinture s'éton-
neront peut-être des différences que présentent les deux dernières colonnes du tableau suivant de mélanges :

COULEURS.		MÉLANGES DES RAYONS COLORÉS DU PRISME.	MÉLANGES DES MATIÈRES COLORANTES DANS LA PEINTURE.
Rouge et violet donnent	. . . .	pourpre	pourpre
Rouge et bleu	—	rose	violet
Rouge et vert	—	jaune pâle	gris
Rouge et jaune	—	orange	orange
Vert et bleu	—	bleu vert	bleu vert
Jaune et violet	—	rose	gris
Jaune et bleu	—	blanc	vert
Jaune et vert	—	jaune vert	jaune vert
Vert et violet	—	bleu pâle	gris
Bleu et violet	—	indigo	violet foncé

Le jaune et le bleu donnent le blanc dans les couleurs du
prisme et le vert dans les matières colorantes. L'explication de
cette différence se base sur le passage des rayons colorés à travers les mélanges des corps présentant une certaine couleur.
Les corps bleus laissent passer de la lumière verte, violette
et bleue; les corps jaunes, au contraire, laissent passer le vert,
le rouge et le jaune ; les autres rayons colorés sont interceptés.
Si l'on mélange des corps bleus et jaunes, les rayons rouges et
jaunes sont arrêtés par les parties bleues et les rayons bleus et
violets par les parties jaunes ; il n'y a donc que les rayons verts
qui traversent le mélange de ces deux sortes de corps colorés.
On pourrait donc dire qu'en mélangeant les rayons colorés, il
se forme un mélange direct et positif, et que dans le mélange
de matières colorantes, on obtient une couleur indirecte et négative produite par l'exclusion des rayons d'une autre couleur.

Il est très-important, pour la détermination des couleurs, qu'elles arrivent sur la rétine de telle façon que des rayons différemm-
ment colorés atteignent ensemble différents points de la rétine ;

ce fait produit des sensations et des perceptions qui ne ressemblent en rien à celles que chacun de ces rayons aurait produites s'il était arrivé à des moments différents sur la rétine. Les personnes qui observent un peintre au moment où il commence un tableau, ne comprennent pas pourquoi il choisit pour un certain objet une certaine teinte qui est en opposition directe avec l'idée qu'elles se sont faites de la couleur de l'objet que le peintre veut représenter. Ce n'est que lorsque le tableau est fini et que les autres couleurs ont fait ressortir la teinte par leur contraste qu'elles voient que la couleur était bien choisie. Il faut, pour produire ces effets, des circonstances nombreuses et encore inconnues en partie. La lumière blanche n'accepte des couleurs accessoires qu'on appelle complémentaires que lorsque les rayons colorés sont mêlés à de la lumière blanche et que le blanc lui-même n'est pas complétement pur. Voici les couleurs complémentaires que l'on observe dans ces conditions :

> La lumière blanche paraît verte quand elle est accompagnée de rouge,
> La lumière blanche paraît violette quand elle est accompagnée de jaune,
> La lumière blanche paraît bleue quand elle est accompagnée d'orangé,

et *vice versâ*, les parties blanches paraissent rouges, jaunes ou orangées, lorsque d'autres parties du même œil perçoivent en même temps du vert, du violet ou du bleu ; mais comme nous n'employons jamais du blanc complétement pur lorsque nous mélangeons les couleurs et que nous percevons toujours à la fois des rayons différemment colorés, l'observation se complique beaucoup et l'on ne peut adopter que cette thèse générale ; c'est que la couleur plus faible en lumière se mélange d'autant plus avec les tons complémentaires de la couleur plus vive qu'elle se rapproche davantage du blanc. Une couleur rose très-claire, par exemple, placée à côté d'un rouge foncé et fort, prend une teinte gris verdâtre ; il y a alors trois éléments différents qui entrent en jeu, le ton de la couleur, sa saturation plus ou moins grande, et enfin sa vivacité ou intensité lumineuse. Ces trois facteurs, mêlés ensemble, produisent des effets très-différents au point de vue esthétique suivant les individus et même suivant les nations entières, dont ils satisfont plus ou moins bien les goûts.

L'impression produite par une couleur vive sur la rétine se perd peu à peu en passant par une série d'images consécutives qui offrent des différences de coloration déterminées, mais variant probablement suivant les individus et se succédant dans un certain ordre. Ces colorations sont d'autant plus fortes que l'impression a été plus durable. Ces images apparaissent d'abord sans les couleurs complémentaires et disparaissent insensiblement, de sorte qu'on ne peut les poursuivre qu'en y prêtant une attention soutenue. Si l'on regarde longtemps un objet rouge clair ou jaune clair placé sur un fond blanc, et cela jusqu'à ce que l'œil soit fatigué, on verra, en détournant la tête, une image complémentaire de couleur verte ou bleue. On s'est servi de cette réaction pour l'invention de beaucoup de jouets, en faisant, par exemple, des portraits qu'on peint avec des couleurs complémentaires très-vives, la figure en vert, les habits en rouge, etc. Si l'on regarde fixement ces images pendant un certain temps et qu'on jette ensuite vivement son regard au plafond blanc de la chambre, on voit le portrait dans les couleurs complémentaires de l'image, c'est-à-dire avec ses couleurs naturelles. La plupart de ces phénomènes dépendent évidemment du fait que les éléments nerveux qui absorbent une certaine couleur fondamentale se fatiguent momentanément, ce qui fait que les autres éléments nerveux qui ne sont pas entrés en jeu, sont atteints d'une certaine irritation et produisent une sensation correspondante. L'œil qui a fixé pendant un certain temps un objet d'une couleur rouge très-vive, se fatigue et ne percevra plus le rouge pendant un certain temps. Il se remet peu à peu et recommence à percevoir les rayons rouges. Young, se basant sur ces phénomènes et une quantité d'autres semblables, a prétendu qu'il y

avait dans la rétine trois éléments nerveux spécifiquement séparés correspondant aux trois couleurs fondamentales du spectre,
le rouge, le vert et le violet. Helmholtz a appuyé cette opinion, dans ces derniers temps, à l'aide de beaucoup de preuves concluantes, que nous ne pouvons analyser ici. Il est probable que chez les animaux supérieurs, ce sont les cônes de
la rétine qui perçoivent les couleurs. Cette opinion semblerait confirmée par le fait que les animaux qui vivent dans l'obscurité, comme la taupe, le hérisson ou la chauve-souris n'ont
que peu ou pas du tout de cônes. Ils sont aussi très-rares
dans les oiseaux de proie nocturnes, tandis que tous les autres
oiseaux diurnes présentent beaucoup de cônes qui ont même
une structure particulière. La perception des couleurs disparaît
dans l'obscurité, la perception de la lumière reste seule. Un
vieux proverbe affirme avec raison que de nuit tous les chats
sont gris.

Nous attirerons aussi l'attention sur une série particulière de
phénomènes que l'on observe plus ou moins dans chaque œil. Il va
de soi que non-seulement les objets extérieurs, mais encore ceux
qui se trouvent dans l'œil lui-même, donnent naissance à des
images sur la rétine et sont perçus par notre esprit. Il est vrai
que ces dernières images sont en général vagues, ce qui vient
de ce que ces objets ne sont pas à la distance visuelle convenable, mais ils n'en sont pas moins perçus. Dans le cas où les différentes parties de l'œil qui laissent traverser les rayons lumineux, telles que la cornée, le cristallin et l'humeur vitrée, sont
complétement limpides et transparentes, elles ne produiront pas
d'image; mais tout corps un peu opaque sera perçu immédiatement. Les parties de l'œil dont nous venons de parler ne sont,
en effet, jamais complétement limpides, elles présentent un certain trouble dans leur masse. La plupart des hommes ont en
outre de petits défauts dans les médiums de l'œil qui en altè-
rent la transparence. Ces défauts peuvent devenir très-gênants
lorsqu'on regarde le ciel ou qu'on examine des objets avec le
microscope ou le télescope. On peut les éloigner la plupart du

temps par un mouvement rapide de l'œil, mais il arrive quelquefois qu'ils troublent plus ou moins la vision en se plaçant dans l'axe visuel même. Ces corps se présentent souvent sous la forme d'une enfilade de perles, d'un chapelet ou de fils sinueux ; ils reviennent toujours sous la même forme et sont très-visibles surtout quand l'œil est irrité ou commence à se fatiguer. Je crois que tous les savants que je connais et qui s'occupent de microscope ont dans l'œil un défaut de ce genre qui leur est connu ; ce défaut provient de leur genre d'occupation. J'ai moi-même souvent devant les yeux une sorte de cerf-volant comme ceux qui servent de jouet aux enfants. Je me rappelle que déjà dans ma première enfance, j'apercevais souvent cette image qui m'inquiétait alors beaucoup, parce que je la rattachais à toutes sortes d'idées enfantines sur le diable. Beaucoup de personnes sont aveugles d'un œil sans le savoir et ne s'en aperçoivent que lorsque l'œil qui est en bonne santé est attaqué par la maladie. Il en est de même pour les images dont nous venons de parler ; on ne les perçoit, dans la plupart des cas, que lorsque des circonstances particulières en ont révélé la présence.

Il ne faut pas confondre avec ces figures les phénomènes optiques subjectifs, qui proviennent d'irritation et de paralysie partielle de la rétine et du nerf optique. Chaque irritation provoque dans le nerf optique la sensation qui est particulière à ce nerf, savoir la sensation de lumière. La lumière est au nerf optique ce que la douleur est aux nerfs sensitifs. Ce fait nous explique pourquoi, lorsque le nerf optique ou la rétine commencent à être attaqués par la maladie, nous apercevons, quand ces parties sont fortement irritées, toutes sortes de fantômes lumineux étranges, des points brillants et des parties obscures que l'on appelle des mouches volantes. Ces phénomènes se présentent ordinairement quand l'amaurose commence à se produire dans l'œil. Bien des personnes dont la cornée, le cristallin ou le corps vitré présentaient de petits défauts gênants, mais qui n'avaient pas beaucoup d'influence sur la vision, ont passé leur vie dans un état de continuelles inquiétudes. Les images produites par le défaut de ce genre étaient regardées par ces personnes comme des avant-coureurs de l'amaurose et de la cécité. Une connaissance plus approfondie des lois de la vision aurait suffi pour les consoler de ces imperfections de leurs yeux.

LETTRE XV

LES AUTRES SENS

Si le mécanisme de l'œil est aussi clair pour la science que la structure même de cet organe, l'*appareil auditif* est au contraire aussi peu connu, quant à ses fonctions, qu'il est profondément caché dans le crâne. Nous savons bien que nous entendons avec les oreilles, mais on est loin d'avoir éclairci la question de savoir comment s'accomplit cet acte. L'acoustique est une branche de la science encore si incomplète et nos connaissances anatomiques sur l'oreille sont encore si obscures, que la plupart des efforts qu'on a faits pour expliquer cette fonction si importante sont venus se briser contre des difficultés insurmontables. La partie la plus importante de l'organe auditif est cachée dans des os solides. Cet organe est renfermé dans la base du crâne, ce qui empêche qu'on l'observe immédiatement pendant la vie. Nous pouvons étudier facilement les mouvements et les changements qui se passent dans l'intérieur de l'œil, nous pouvons observer aussi la marche des rayons lumineux soit pendant la vie, soit sur un œil enlevé, nous pouvons nous servir facilement de nos intruments pour en analyser tous les détails. Il est, au contraire, presque impossible de se faire une idée sur les fonctions des diverses parties de l'oreille au moyen de la vivisection. Les opéra-

tions nécessaires pour ces observations ont une action si délétère
sur d'autres parties avoisinantes délicates et sur la vie dans son
ensemble, que jusqu'à présent au moins on n'a pu arriver à des
résultats satisfaisants.

Fig. 59. — Les différentes parties de l'organe auditif. — Le pavillon externe conduit vers le canal auditif *a*, fermé au bout par le tympan circulaire. — La cavité
tympanique est ouverte pour laisser voir les parties qui y sont cachées; la trompe
d'Eustache *b* prolonge cette cavité vers l'arrière-bouche, où elle s'ouvre dans le
haut du pharynx. — Les osselets de la cavité tympanique sont dans leur position
naturelle. — Sur l'enclume *c* est articulée la tête du marteau *d*, tandis que le
manche du marteau est engagé dans la face interne du tympan. — L'étrier *f* repose avec sa base dans la fenêtre ovale, conduisant au vestibule, sur lequel s'é-
lèvent les trois canaux semi-circulaires. — La fenêtre ronde *o* conduit de la cavité tympanique au limaçon, derrière lequel se montrent les faisceaux du nerf
acoustique *n* se rendant au labyrinthe. — Les proportions des parties internes
sont considérablement exagérées, tandis que l'oreille externe et le méat auditif
sont de grandeur naturelle.

L'oreille externe forme un demi-entonnoir contourné et cartilagineux au centre du duquel se trouve l'orifice d'un tube, le
canal auditif, qui conduit transversalement à l'intérieur du crâne.

L'extrémité intérieure de ce canal est fermée complétement par une membrane élastique presque verticale et transversale, le *tympan*. On pourrait représenter grossièrement l'oreille externe, la conque auditive, le canal auditif et le tympan en prenant un entonnoir ordinaire que l'on fermerait à son extrémité inférieure avec un morceau de vessie. Il est évident que toute l'oreille externe, pavillon et canal auditif, n'est qu'un appareil conducteur pour les ondes sonores. On a constaté que l'angle sous lequel la conque auditive est séparée du crâne a une assez grande influence sur l'audition. Des oreilles aplaties contre le crâne ne permettent pas d'entendre aussi bien que celles qui en sont écartées de 30 ou de 40 degrés. Si le conduit externe est obstrué par des corps étrangers, si le cérumen, sécrétion cireuse de la muqueuse du conduit, se trouve accumulé en trop grande quantité, ou s'il y a inflammation, la faculté d'audition est toujours affaiblie et peut même disparaître pour faire place à une complète surdité.

Le tympan, qui est légèrement convexe vers l'extérieur et concave vers l'intérieur, sépare le conduit auditif externe d'une seconde cavité, la *cavité tympanique*, qui présente dans son ensemble des conditions semblables à celles du conduit auditif externe : c'est un espace arrondi et creusé dans l'os qui s'ouvre par un tube assez long, la trompe d'Eustache, dans la partie supérieure du palais derrière les ouvertures nasales. Si l'on introduit une sonde à courbure particulière dans une fosse nasale et si on la fait avancer jusqu'à ce qu'on arrive contre la voûte du palais, on atteint facilement, avec une certaine habitude, l'ouverture de la trompe d'Eustache, dont le canal étroit, en se portant obliquement vers le haut et vers l'extérieur, conduit dans la cavité tympanique. La cavité tympanique n'est donc pas une cavité fermée, elle est en rapport avec l'air extérieur au moyen du nez et de la bouche. Si une inflammation ou d'autres transformations maladives ont bouché les trompes d'Eustache, l'audition est sensiblement attaquée, elle devient plus faible et moins distincte. On ne sait cependant encore exactement quels sont les

rapports de ce canal avec les fonctions de l'oreille. Il semble cependant que les trompes d'Eustache soient essentiellement des
appareils résonnateurs et que, d'un autre côté, elles servent à
affaiblir les commotions de l'air contenu dans la cavité tympanique lorsque le tympan est fortement ébranlé. Quand on entend des sons un peu forts, le bruit d'un canon, par exemple,
on ouvre involontairement la bouche. Nous accomplissons évidemment cet acte pour établir une communication directe entre
l'air enfermé dans la cavité tympanique et l'air extérieur et
pour empêcher ainsi un ébranlement trop violent du tympan.
On peut faire entrer, au moyen de mouvements de déglutition
bien combinés, de l'air par la trompe d'Eustache jusque dans la
cavité tympanique.

La cavité tympanique communique librement avec des cellules
qui se trouvent dans les os environnants et surtout dans l'apophyse mastoïdienne de l'os temporal. La cavité tympanique est
d'ailleurs complétement fermée ; si l'on excepte la trompe d'Eustache, elle est indépendante des autres parties de l'organe auditif. De même qu'elle est séparée du conduit auditif externe par
une membrane tendue, le tympan, de même aussi elle présente,
vis-à-vis du tympan et dans le fond de la cavité tympanique, deux
ouvertures fermées par des membranes tendineuses. L'une est de
forme ovoïde et a été appelée pour cela la *fenêtre ovale*, elle
conduit dans une partie importante de l'oreille interne, le *vestibule;* il y a une autre ouverture plus petite, la *fenêtre ronde*,
qui ferme l'entrée du *limaçon*.

On observe une curieuse chaîne de petits osselets, appelés les
osselets de l'oreille, et qui vont depuis le tympan jusqu'à la fenêtre ovale en traversant la cavité tympanique dans toute sa
longueur. Le premier de ces osselets, le *marteau*, est engagé par
son manche au milieu de la membrane du tympan. Le tympan
ne peut donc subir le moindre ébranlement sans communiquer
ses vibrations au marteau. Par sa partie postérieure plus renflée,
la tête, le marteau est articulé sur un second osselet plus petit
qu'on appelle l'*enclume*. Celui-ci a la forme d'une dent molaire

à racines très-écartées. L'une de ces racines est posée horizontalement et à son extrémité se trouve un petit bouton osseux et libre, l'*os lenticulaire*. Ce dernier est engagé entre l'enclume et le sommet du dernier os, l'*étrier*. Le nom du dernier de ces os est le mieux choisi entre ceux des os de l'oreille. Il a tout à fait la forme des étriers que l'on emploie en Europe. Le sommet de l'étrier est articulé avec l'os lenticulaire et par lui avec l'enclume. La base de l'étrier, sur laquelle se poserait le pied dans l'étrier ordinaire, est engagée dans la membrane de la fenêtre ovale exactement comme le manche du marteau dans le tympan; il y a donc, en travers de la cavité tympanique, une série d'osselets mobiles et articulés les uns sur les autres; c'est par eux que se réalise la communication directe entre le tympan et la fenêtre ovale. Cette communication a, comme nous le verrons plus tard, une haute importance par rapport à l'acte de l'audition. Divers petits muscles vont des parois osseuses de la cavité tympanique jusqu'à ces osselets mobiles. Ils s'attachent surtout au marteau et à l'étrier, et leur contraction provoque évidemment la tension des diverses membranes avec lesquelles les osselets communiquent.

L'*oreille interne*, ou *labyrinthe*, forme une cavité fermée de tous les côtés et creusée dans l'os le plus dur de la tête, le rocher; elle présente des canaux nombreux et diversement contournés. La cavité et les canaux sont tapissés d'une muqueuse tendre, ils forment des sacs fermés et remplis de liquide. On distingue dans l'oreille interne, le *vestibule*, cavité allongée dans laquelle viennent aboutir toutes les autres parties de l'organe auditif interne. On y trouve, en outre, trois canaux en forme de demi-cercles, ce sont les *canaux semi-circulaires* qui aboutissent par leurs deux extrémités dans le vestibule comme le feraient des tubes recourbés. On y rencontre enfin un organe curieusement contourné, le *limaçon*, qui ressemble complétement à une coquille d'escargot enroulée; dans l'intérieur de ce limaçon se trouve une cloison qui partage la cavité contournée en deux portions, appelées les escaliers.

La forme des organes auditifs dans la série animale nous donne, jusqu'à un certain point, la mesure de l'importance des diverses parties. Le pavillon externe disparaît le premier, puis le canal auditif; ce qui fait que le tympan est étendu librement sur la peau extérieure. Les mammifères aquatiques et les oiseaux manquent ainsi d'oreilles externes. Dans les reptiles et les amphibies, l'oreille moyenne, c'est à-dire la cavité tympanique, la trompe d'Eustache et les osselets, disparaît peu à peu et l'organe auditif interne est enfoncé profondément dans les os du crâne chez les poissons. La disparition et la déformation du limaçon commencent déjà chez les mammifères inférieurs. Les oiseaux n'ont pas de limaçon contourné, mais seulement un petit sac en forme de bouteille. Ce sac disparaît peu à peu chez les reptiles. La plupart des poissons n'ont qu'un sac auditif interne, qui est même caché en partie dans la cavité cérébrale. Il y a, en outre, un vestibule et trois canaux qui offrent à leur entrée des ampoules assez vastes. Chez les poissons les plus inférieurs, enfin, on voit disparaître les trois canaux semi-circulaires. Chez les invertébrés, il ne reste de l'organe auditif qu'une vésicule simple qui représente le vestibule réduit. C'est dans ce vestibule qu'entre le nerf auditif.

Les différents milieux réfringents de l'œil, la cornée, le cristallin et le corps vitré, représentent un organe conducteur par lequel les rayons arrivent à l'appareil sensitif, la rétine. De même, pour l'organe auditif, l'oreille externe et la cavité tympanique ne sont que des appareils conducteurs servant en même temps à renforcer les ondes sonores qui arrivent jusqu'au nerf auditif et sont perçues par lui. Les parties sensibles de l'organe auditif sont uniquement celles qui contiennent des ramifications du nerf acoustique; parmi ces parties se trouve la membrane interne du vestibule et la cloison spirale du limaçon. Les canaux semi-circulaires du labyrinthe ne contiennent pas de fibres nerveuses. Ces fibres se distribuent encore dans les renflements vésiculaires qui se trouvent à l'entrée des canaux circulaires dans le vestibule, et que l'on appelle *ampoules*, mais elles n'entrent point dans les canaux eux-mêmes. Les tubes des canaux semi-circulaires ne peuvent donc pas être des organes qui perçoivent les sons, ils servent probablement à éliminer et à détruire les ondes sonores qui arrivent des deux côtés et se rencontrent au sommet de leur courbure.

Les rapports que l'on trouve dans la structure des parties acoustiques de l'oreille chez les animaux qui n'ont pas de limaçon sont relativement encore assez simples. Pour en donner un exemple, nous donnons ici une représentation des extrémités nerveuses qui se terminent dans les ampoules des canaux semi-circulaires de la raie. Les raies, comme la plupart des autres poissons, présentent dans les ampoules une sorte de cloison transversale incomplète sur laquelle se trouvent les terminaisons nerveuses. Des cellules cylindriques simples à noyaux recouvrent cette cloison en formant un épithélium. Entre ces cellules et au-dessous d'elles se trouvent des cellules également à noyaux, mais plus petites et arrondies, et qui envoient, vers la surface libre, des bâtonnets minces, rigides et transparents, tandis qu'à leur base se trouvent des filaments fins se dirigeant vers la cloison cartilagineuse de l'ampoule. Les filaments en queue sont quelquefois en relation avec une seconde cellule et semblent se continuer dans les fibres nerveuses qui traversent la cloison et se ramifient subitement en présentant un pinceau de fibrilles extrê-

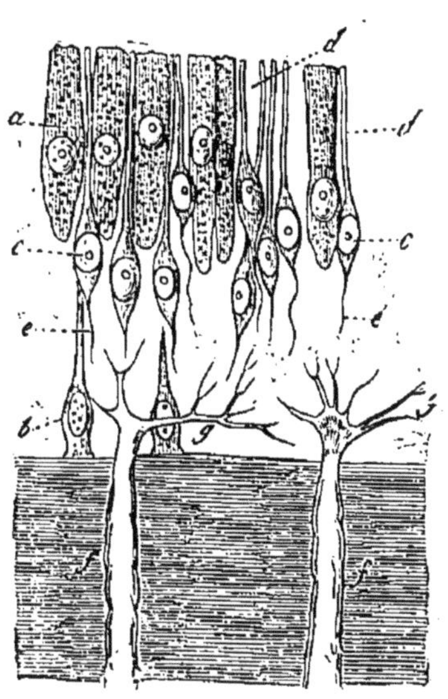

Fig. 60. — Préparation microscopique prise sur la cloison de l'ampoule de la raie bouclée (*Raja clavata*). — *a*, cellules cylindriques à noyau, formant l'épithélium interne; *b*, cellules à noyau se terminant en filaments fins et reposant sur le cartilage traversé par les fibres nerveuses *f* qui se terminent par des ramifications très-fines *g*; les ramifications se continuent très-probablement dans les filaments fins *e*, par lesquels commencent les cellules à noyau *c* dont les terminaisons en bâtonnets auditifs *d* sont engagées entre les cellules *a* de l'épithélium.

mement fines. Les organes essentiellement sensitifs paraissent
donc, ici aussi, être des bâtonnets particuliers entrant en
rapport avec des cellules; on observe une structure analogue
dans les bâtonnets et les cônes de la rétine et dans les bâtonnets que l'on trouve dans la partie sensitive de la muqueuse
nasale.

La structure du limaçon est beaucoup plus compliquée. On
peut se représenter cet organe comme un tube contourné en forme
de vrille. Nous avons déjà remarqué que ce tube est partagé en
deux canaux par une lamelle osseuse horizontale, la lamelle spirale. On a appelé ces deux canaux les escaliers; le canal inférieur communique par la fenêtre ronde avec le vestibule et s'appelle pour cela l'escalier du tympan (*scala tympani*). Le canal
supérieur correspond directement avec le vestibule et s'appelle
pour cela l'escalier du vestibule (*scala vestibuli*). La lamelle spirale, qui est osseuse, est entourée des deux côtés d'une membrane molle. Cette lamelle n'arrive pas jusqu'à la paroi extérieure du canal; il en résulte que si l'on fait macérer cet os, ce
qui éloigne par la putréfaction les parties molles, on trouve que
les deux escaliers ne sont pas complétement séparés. Dans un
limaçon frais, au contraire, les membranes qui recouvrent la
lamelle spirale des deux côtés se séparent l'une de l'autre et forment de cette manière un espace dont la coupe est triangulaire,
c'est le *canal cochléaire* (*canalis cochlearis*); il présente des formations très-curieuses à l'endroit où les deux membranes se séparent l'une de l'autre. On y distingue en effet une sorte de
bourrelet étendu en longueur, appelé l'organe de *Corti*. Cet organe est formé de plusieurs couches de fibres retenues par des
épithéliums tabulaires qui sont percés comme des cribles de nombreux interstices. L'organe, dans son ensemble, ressemble ainsi au
clavier d'un piano où les fibres représenteraient la série des tou-
ches. A la base des fibres, on trouve des cellules ganglionnaires
et par là-dessus des séries de bâtonnets transparents, enfin des
cellules avec des cils excessivement fins. On n'a pas encore pu
découvrir le lien qui rattache ces organes élémentaires aux der-

nières extrémités des fibres du nerf acoustique. Nous sommes cependant en droit de dire, en nous basant sur la différenciation de ces formations terminales, que l'oreille analyse et dissèque probablement les sensations du son de la même manière que la ré-
tine analyse par ses élé-
ments divers les sensations de lumière.

Un corps élastique frap-
pé par un autre entre en vibrations périodiques ou non. Les vibrations qui manquent de périodicité produisent les *bruits*. Les vibrations périodiques sim-

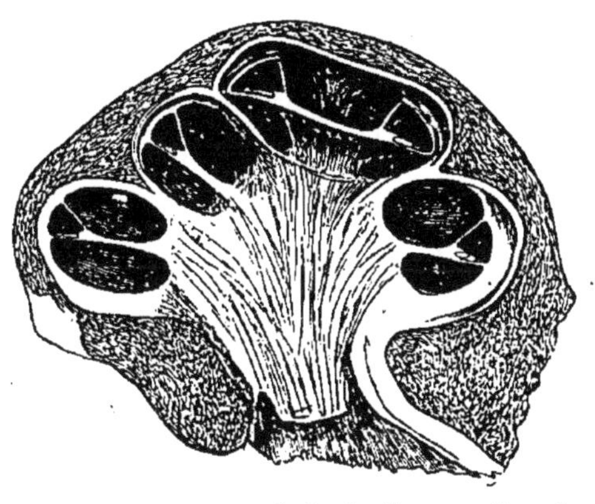

Fig. 61. — Coupe verticale du limaçon d'un fœtus de veau presque arrivé à terme. La colu-
melle ainsi que la lame spirale ne sont pas encore ossifiées. On voit distinctement dans chaque tour les trois cavités ainsi que l'épaississement dû à l'organe de Corti.

ples et semblables au mouvement du pendule, et que l'on ob-
serve dans les diapasons par exemple, produisent les *sons*. Plus les vibrations d'un corps sont nombreuses dans un temps donné, plus aussi le son produit est élevé. Notre organe auditif a certaines limites en dehors desquelles il n'entend pas les sons. Le son le plus bas qui soit appréciable comme tel pour l'oreille est produit par 14 ou 16 vibrations par secondes et ressemble plutôt à un sourd bruissement qu'à un son véritable. Le son le plus élevé que perçoive notre oreille est produit probablement par 70,000 vibrations par seconde. Il n'y a pas de doute qu'il n'existe encore des sons plus élevés qui ne peuvent plus être perçus par notre oreille; des phénomènes nombreux semblent indiquer que les oreilles de beaucoup d'animaux sont construites en vue de percevoir ces sons plus élevés. On remarque déjà des différences sensibles chez les divers indivi-
dus, même quand leur oreille perçoit la plupart des sons avec la même intensité. Quand l'un entend encore un son très-élevé, l'autre ne le perçoit pas du tout; le cri de la chauve-souris se

trouve par exemple à peu près à la limite des sons que l'homme peut encore percevoir, et beaucoup de personnes ne l'ont jamais entendu. Il n'est cependant pas probable que la nature ait donné à un animal un cri qui soit ainsi placé à la limite de la perception du son en général, surtout lorsque ce cri sert d'appel aux individus de la même espèce.

L'oreille ne perçoit pas seulement des sons, elle perçoit aussi des *tons*, c'est-à-dire des sons composés et formés par la réunion d'un certain nombre de vibrations distinctes produites dans un corps par la combinaison d'un son fondamental avec certains sons accessoires plus faibles. Nous percevons alors, outre les vibrations principales, des ondes sonores moins fortes, mais plus courtes ou plus longues, c'est à-dire plus hautes ou plus basses. Le *timbre* spécifique des divers instruments dépend de ces sons accessoires qui se combinent avec le son principal. Nous distinguons par exemple très-bien par leur timbre les *la* du piano, du hautbois, du violon ou de la trompette. Le musicien exercé entend immédiatement, au milieu de divers instruments d'un orchestre, quand même ils jouent tous à l'unisson, l'instrument qui a fait une faute. Helmholtz a analysé les tons des instruments en employant des résonnateurs ; ce sont des cylindres ou des boules de verre creuses et présentant deux ouvertures disposées comme des diapasons dans le but de produire un son déterminé. Si l'on introduit l'une des ouvertures d'un résonnateur pareil dans l'oreille, et qu'on bouche l'autre ouverture, on entend très-fortement le son du résonnateur même, et l'on n'entend que très-faiblement tous les autres sons. Si le son du résonnateur se trouve parmi les sons accessoires qui se produisent dans la note d'un instrument, on entendra ce son au lieu du son principal. Au moyen d'expériences lentes et difficiles, car il faut des résonnateurs très-exactement timbrés pour tous les tons et demi-tons de la gamme, on peut arriver à déterminer quels sont les sons accessoires qui déterminent le timbre particulier d'un instrument donné, et quelle doit être leur force relative pour produire une illusion complète. On imite ainsi, dans les orgues par exemple, le timbre de la voix humaine ou du trombone.

L'emploi des résonnateurs montre déjà que tous les corps sont pour ainsi dire accordés en vue d'un certain son et entrent en vibration aussitôt que ce son vient les frapper. Bien des personnes se sont déjà étonnées d'entendre tout à coup vibrer distinctement et chanter un candélabre de métal qui était placé sur un piano ou dans son voisinage au moment où le musicien frappait la touche qui correspondait à un son déterminé. Il est probable que les divers éléments de l'organe de Corti sont accordés en vue de divers sons et ne sont irrités que lorsque ce son particulier leur est communiqué par les vibrations des autres parties de l'oreille. Ceci nous explique pourquoi nous pouvons entendre et distinguer même clairement une quantité de tons, de timbres et de bruits produits à la fois et comment nous pouvons en former un accord ou une harmonie. C'est là évidemment la fonction du cerveau qui nous apprend à percevoir et à réunir les différents sons pour en faire un tout, comme il apprend à percevoir la lumière et à comprendre l'image que les rayons lumineux produisent.

Cette perception simultanée des différents sons produits à la fois peut, du reste, s'expliquer par la conductibilité de l'oreille.

Les ondes sonores que produit un corps en vibration se communiquent à tous les corps environnants, mais pas partout au même degré. Les vibrations des corps solides se transmettent très-facilement à des corps solides aussi; c'est dans ces corps que les ondes sonores se propagent le plus complétement. La transmission des ondes sonores d'un corps solide à un corps liquide est déjà moins facile, et c'est en passant d'un solide à un corps gazeux qu'elle est le plus incomplète. Le même rapport s'observe quand la transmission a lieu en sens inverse; l'air atmosphérique qui entre en vibration ne communique son mouvement que fort difficilement aux corps solides et aux corps liquides, tandis que les vibrations produites dans les liquides se transmettent très-bien aux corps solides. La faculté de transmission augmente beaucoup quand des membranes élastiques et tendues, ou encore des corps incomplétement solides, servent à transmettre les vibrations. Les ondes sonores de l'air se transmettent par exemple très-facilement à l'eau quand elles ont préalablement mis en vibration une membrane tendue, et la transmission des sons de l'air à un solide se fait avec une grande facilité quand les deux sortes de substances sont mises en rapport par une membrane tendue.

Si l'on examine la structure de l'organe auditif en la rapportant aux lois de conductibilité du son, on voit que cet organe est calculé en vue de transmettre le plus facilement possible, au moyen de ses parties externes et moyennes, les ondes sonores jusqu'au labyrinthe interne, qui est l'organe acoustique essentiel. Les vibrations sonores de l'air, recueillies par le pavillon de l'oreille externe, arrivent par le canal auditif jusqu'à une membrane tendue et élastique, le tympan, qui a évidemment pour but de permettre, et cela aussi complétement que possible, la transmission des ondes sonores aux osselets solides. Ces derniers, dont la chaîne peut être relâchée ou tendue au moyen de muscles, transmettent les ondes sonores, à travers la cavité tympanique, à la fenêtre ovale, seconde membrane tendue qui transmet avec facilité les ondes sonores aux liquides du labyrinthe; ce liquide les propage à son tour jusqu'au nerf acoustique.

Les recherches consciencieuses de Helmholtz sur la perception du son, ont fourni des aperçus nouveaux pour l'étude des sons musicaux et pour l'étude de leurs rapports entre eux. Nous ne pouvons, malheureusement, entrer davantage dans les détails que nous fournirait l'étude de ce sujet.

On sait que les fosses nasales sont le siége de l'*odorat*. Ce ne sont cependant que les parties tout à fait supérieures de la cloison du nez et les deux conques supérieures qui perçoivent l'odeur au moyen des fibres de la première paire, le nerf olfactif. La partie inférieure du canal du nez, par lequel passe l'air pendant la respiration, est tout aussi insensible pour l'odeur que les cavités latérales nombreuses du nez, situées dans l'os frontal, derrière et au-dessus des sourcils, ou que les cavités dans les os des joues et même dans l'os sphénoïde, à la base du crâne. Toute

l'étendue de la cavité nasale, ainsi que les cavités latérales, sont tapissées d'une membrane muqueuse, dite la membrane de Schneider, dont l'élément principal est un épithélium vibratile, qui est continuellement en mouvement et entretient un courant incessant de liquide sur la muqueuse. Les cellules sur lesquelles se trouvent les cils vibratiles sont très-sensibles à toutes sortes de réactifs; elles changent même immédiatement de forme et se boursouflent quand on les met dans l'eau. Ces cellules se laissent enlever facilement; il n'y a qu'à gratter un peu la muqueuse nasale avec les barbes d'une plume, pour retrouver ensuite dans le mucus une quantité de cellules séparées, et dont les cils sont encore en mouvement. Elles se détachent en grande quantité dans le rhume, aussitôt que la période de fort écoulement a commencé.

Les cils disparaissent sur ces cellules à l'endroit où se trouve l'espace restreint, qui sert à l'olfaction. Cet espace se présente à la partie supérieure de la cloison et des conques ; c'est là que se distribuent les fibres du nerf olfactif.

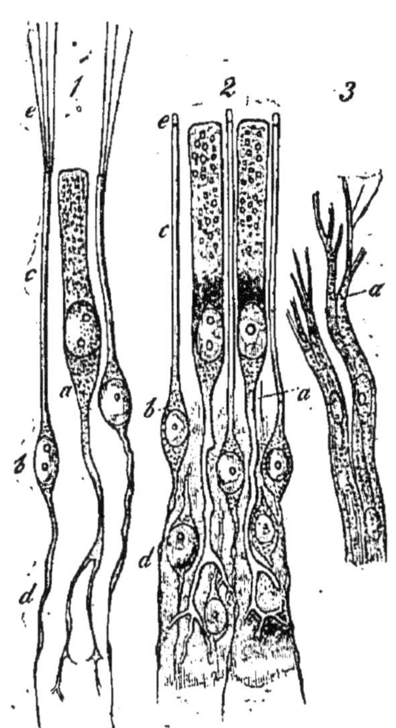

Fig. 62. — Éléments microscopiques de la muqueuse olfactive. — 1. De la grenouille : *a*, cellule épithéliale cylindrique à noyau, se terminant à sa base par un filament ramifié; *b*, cellule à noyau du bâtonnet olfactif *c* qui se termine à son extrémité par un faisceau de longs cils vibratiles *a*, tandis que la cellule porte à sa base un fin filament noueux qui entre en communication avec les fibres du nerf olfactif. — 2. De l'homme : *a*, les cellules épithéliales à queue, entre lesquelles se trouvent les cellules *b* avec leurs bâtonnets olfactifs *c*, leurs terminaisons en bouton *c* et leurs filaments intérieurs *d* communiquant avec les fibres du nerf olfactif. — 3. Fibres du nerf olfactif du chien se divisant en fibrilles très-fines.

On a appelé cette partie qui présente une couleur jaunâtre l'*espace olfactif*. On y remarque des cellules sans cils, longues et cylindriques, présentant vers le bas un noyau muni d'un filament, dont les rameaux vont se perdre dans la muqueuse. Entre ces cellules, on trouve de longs bâtonnets minces présentant une extrémité transparente et cristalline; chez l'homme et chez la grenouille on constate, en outre, la présence de cils excessivement longs. Les noyaux de ces cellules sont placés tout à fait vers le bas, et se terminent en des fils noueux qui entrent à la fin en relation avec les extrémités des fibres du nerf olfactif. Nous voyons par là qu'ici comme dans les autres organes spécifiques des sens, se retrouvent toujours les mêmes éléments de structure, c'est-à-dire des parties en forme de bâtonnets, qui représentent les dernières extrémités des fibres nerveuses et sont destinées à percevoir la sensation spécifique.

La muqueuse du nez ou membrane dite de Schneider ne perçoit, par conséquent, que les sensations du tact et non pas les sensations de l'odorat. Une expérience très-simple confirme cette opinion. On peut remplir complétement d'eau les fosses nasales d'un homme, étendu sur le dos et qui laisse pendre la tête vers le bas et en arrière, sans que l'eau coule dans les ouvertures du fond du palais, et sans que l'individu ne perçoive aucune odeur.

Si l'on prend de l'eau odoriférante au lieu d'eau pure, si l'on met, par exemple, quelques gouttes d'eau de Cologne dans l'eau dont on veut se servir, l'individu ne percevra, malgré cela, aucune sensation d'odorat. Les substances odorantes doivent, par conséquent, si on veut qu'elles déterminent une sensation, arriver sous la forme gazeuse vers l'espace olfactif, et l'on ne sent que les corps qui émettent des vapeurs gazeuses. On a calculé la limite à laquelle certains corps fortement odorants ne sont plus perçus, et l'on est arrivé à des résultats surprenants, par rapport à la finesse du sens de l'odorat. Une espèce d'air qui contient tout au plus un dix-millionième de son volume de vapeur d'essence de rose, offre encore une odeur très-appréciable, et un liquide qui contenait un deux-millionième de milligramme de musc de qualité supérieure, présente aussi une odeur très-reconnaissable. Beaucoup de circonstances accessoires favorisent la sensation. On peut y ranger le mouvement imprimé à l'air, surtout par l'aspiration, ainsi qu'une température convenable. Nous arrêtons notre respiration lorsque nous ne voulons pas sentir une odeur, et nous pouvons ainsi, en activant ou en ralentissant le courant d'air qui circule à travers le nez, augmenter ou diminuer la sensation. On sait bien que pour percevoir facilement une odeur faible, nous faisons comme les chiens, nous flairons en reniflant.

Il ne faut pas confondre avec la perception de l'odorat, dont l'effet plus particulier nous est tout à fait inconnu, les sensations de tact, excessivement fines, que l'on constate dans la muqueuse du nez et qui sont transmises par la branche nasale de la cinquième paire nerveuse. La sensation particulière que produit l'ammoniaque volatile, par exemple, n'est pas une sensation d'odorat, mais une impression de tact déterminée par l'action corrosive de l'ammoniaque sur la muqueuse. Beaucoup de sensations, que nous appelons odeurs, sont probablement le résultat d'une combinaison de l'odorat et du tact ; d'autres encore proviennent de l'action réunie du goût et de l'odorat.

Le rôle que joue l'odorat, par rapport à la sensibilité générale, est très-différent suivant les individus. Les hommes dont l'odorat n'est pas fin ne font guère attention aux sensations qu'il provoque en eux, tandis que chez d'autres, ce sens plus que tout autre détermine le plaisir et la peine, le bien-être et le malaise. Les goûts des individus, comme des nations entières, sont très-différents quant aux parfums, et varient même suivant la mode. Des états particuliers du système nerveux central peuvent déterminer des grandes différences, dans notre prédilection pour certaines odeurs. Plus d'une personne a pu s'étonner de ce que des femmes, qui aimaient passionnément certaines fleurs, avaient une répulsion pour elles en devenant hystériques, et préféraient, au contraire, l'odeur de l'assa-fœtida et de la plume brûlée à toutes les autres.

Nous avons déjà parlé dans une lettre précédente des différents agents, qui entrent en jeu dans la *sensation du goût*. Nous
avons vu que la langue n'est pas seulement le siége de la sensation du goût, mais encore d'une sensation de tact excessivement fine. Ce que nous désignons sous le nom de goût, est ordinairement une combinaison du tact, de l'odorat et du sens du
goût proprement dit. Le goût en lui-même, surtout pour les
substances amères, ne prend naissance que dans les parties postérieures de la cavité buccale, aussi bien sur la langue que sur
l'arc palatin. On ne peut cependant nier qu'outre son tact si
fin, le bout de la langue ne possède aussi la sensation du goût
pour les substances salées ou sucrées. Le mouvement des parties
intéressées, semble être une condition essentielle pour la perception du goût. Toutes les sensations du goût que l'on produit
en touchant simplement ces parties, après les avoir immobilisées,
sont très-peu nettes, et souvent même si indistinctes, que notre
esprit ne peut en trouver l'explication, mais dès que l'on fait un
mouvement de déglutition ou bien que l'on promène la langue
dans la bouche, la sensation devient distincte. Il est évident que
a racine de la langue ne présente pas seulement une très-grande
faculté de perception pour les sensations de goût en général,
mais qu'elle les distingue encore les unes des autres, si fines
qu'elles puissent être. C'est pourquoi les bons connaisseurs en
vins, lorsqu'ils veulent distinguer les nuances plus fines du goût,
et juger de la valeur du liquide, se gargarisent pour ainsi dire,
en avalant goutte par goutte. La finesse du goût est très-différente suivant les individus et les substances que l'on déguste ; les
substances doivent toujours être dissoutes dans un liquide. De
l'eau qui contient un centième de son poids de sucre de canne,
ne nous semble plus sucrée. On perçoit encore la présence du sel
de cuisine quand il n'y en a qu'un cinq-centième, et la présence
de l'acide sulfurique anhydre et du sulfate de quinine quand il
y en a un millionième. Il faut toujours se rappeler, lorsque l'on
fait ces mesures, que la quantité absolue du liquide a aussi son
influence. Une goutte d'un liquide ainsi dilué produit bien moins

facilement une sensation de goût, que lorsque la cavité buccale tout entière est remplie de liquide.

Il faut distinguer le *tact*, qui se trouve d'ailleurs distribué sur toute la surface de la peau, de la sensation de douleur que produit tout nerf sensitif et que l'on observe encore quand l'organe tactile, la peau, est enlevé. Déjà auparavant, en parlant de la propriété des nerfs, nous avons attiré l'attention sur le fait qu'une blessure ou une irritation provoquée dans un nerf sensible, ne produit que de la douleur. Notre faculté de perception localise cette douleur à l'endroit où le nerf irrité se distribue. Nous avons montré aussi que dans l'organe central, il se trouve certains groupes de fibres qui ne perçoivent que le tact, et qu'il y en a d'autres qui ne transmettent que la douleur. D'autres perceptions qui se présentent, lorsque l'on touche l'épiderme, n'ont aucun rapport avec la sensation de douleur. Ces perceptions tactiles se relient, par conséquent, essentiellement à la structure de la peau, et à des fibres particulières que l'on trouve dans l'organe central. On n'est pas encore complétement d'accord sur la structure de la peau au point de vue des rapports des éléments constitutifs avec les diverses sensations. Comme nous l'avons dit plus haut, il se trouve aux endroits où le tact est le plus développé, par exemple à la face interne des doigts, des formations particulières et arrondies que l'on appelle les corpuscules du tact. Ils semblent être formés de feuillets placés les uns sur les autres, et dans lesquels entrent les extrémités nerveuses.

On ne peut attribuer aux corpuscules du tact seuls le sens du tact ou la sensation de la pression. La preuve en est dans le fait que les différentes sensations spécifiques de la peau se perçoivent aussi aux endroits où il n'y a pas de corpuscules du tact. Des expériences semblent avoir prouvé cependant qu'ils produisent une augmentation dans la sensation de pression et atténuent l'influence défavorable que doit exercer pour la sensation, en certains endroits, l'épaisseur de l'épiderme. Ils offrent, en effet, une base d'une certaine dureté aux extrémités nerveuses, ce qui permet à ces dernières de percevoir une pression qu'elles n'auraient pas senties à d'autres endroits.

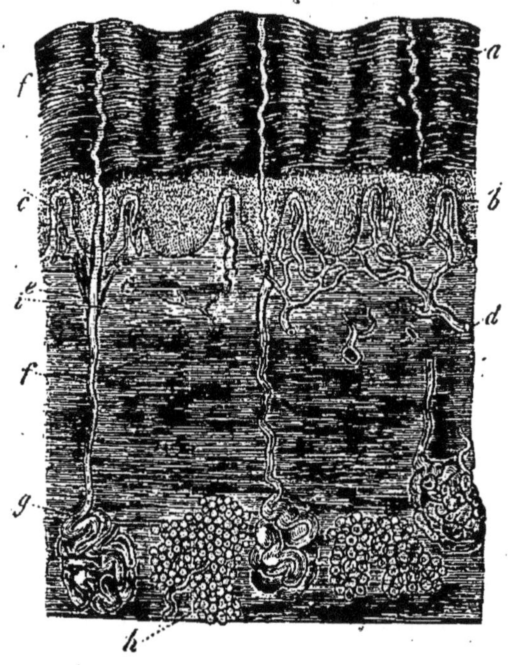

Fig. 63. — Coupe de la peau de l'homme, considérablement grossie. — *a*, couche cornée de l'épiderme; *b*, couche interne de l'épiderme (réseau de Malpighi); *c*, corpuscule du tact faisant saillie dans le réseau de Malpighi; *d*, vaisseaux sanguins du derme; *c*, *f*, canaux excréteurs des glandes sudoripares *g*, entre lesquelles se trouvent des dépôts de graisse *h*; *i*, nerfs se rendant aux corpuscules.

La finesse du tact diffère non-seulement chez les individus, mais encore dans les diverses parties de la peau. Chacun connaît la finesse surprenante du tact des aveugles. On sait qu'ils prêtent leur attention aux sensations même les plus faibles que perçoit leur peau, pour apprécier les différents objets que nous distinguons ordinairement avec la vue. Le tact ainsi développé remplace jusqu'à un certain point la vue, et l'aveugle s'habitue à percevoir avec le tact certaines impressions que nous négligeons, parce que notre œil nous les transmet beaucoup mieux. On n'a pas fait, que je sache, d'observations comparatives sur la finesse absolue du tact des aveugles; ces observations donneraient une mesure exacte du tact aussi bien que les observations faites sur les diverses parties du corps. Ces recherches auraient peut-être leur importance pour l'idée générale que l'on doit se faire de la sensation du tact. On arriverait ainsi à savoir si les sens peuvent matériellement gagner en finesse, ou si le tact si développé qu'on observe chez les aveugles ne provient que d'un exercice plus accompli de leur cerveau, qui s'est appliqué à déchiffrer et à transformer en images objectives les impressions tactiles qui lui sont transmises. Ceux qui ont encore leurs yeux et qui touchent les yeux fermés une pièce de monnaie, sentent peut-être toutes les rugosités que forment les lettres et le relief de l'effigie aussi bien qu'un aveugle, mais ils sont incapables de coordonner ces impressions séparées pour s'en faire un image complète comme le fait l'aveugle.

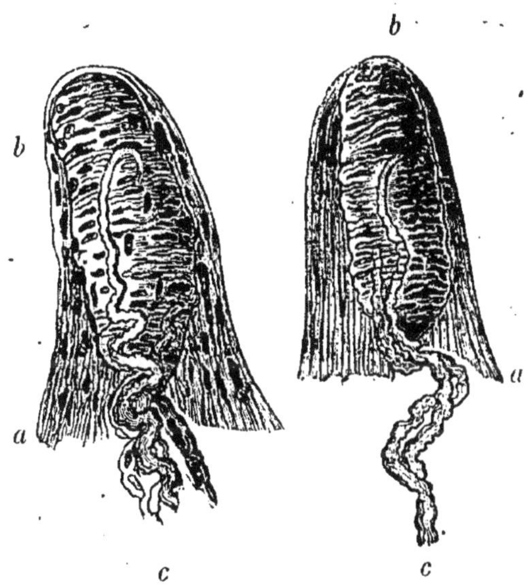

Fig. 64. — Deux corpuscules tactiles. — *a*, couche formée par le derme; *b*, coussinet interne formé par le tissu conjonctif; *c*, nerf entrant dans le corpuscule.

On a déterminé la finesse du tact dans les différentes parties du corps en se servant d'un compas dont les pointes étaient cachées par de petits morceaux de liége. On mesura la distance qu'il fallait mettre entre les deux pointes du compas pour que la peau perçût les deux impressions comme distinctes l'une de l'autre. En appliquant cette méthode au corps tout entier, on a pu faire un tableau comparatif de la finesse du tact sur la peau. Cette détermination est cependant assez arbitraire, car l'on ne trouve pas les mêmes résultats sur les deux moitiés du corps ; la direction dans laquelle on place les pointes du compas et la méthode en elle-même peuvent aussi produire des erreurs. On perçoit, par exemple, dans la plupart des parties du corps et surtout aux extrémités, les pointes du compas beaucoup plus facilement quand elles sont placées transversalement que lorsqu'elles touchent la peau d'un membre dans la direction de son axe longitudinal. Le passage de la sensation qui nous fait distinguer un seul point à celle qui nous permet de percevoir les deux pointes du compas séparément est tout à fait insensible. Le point semble s'étendre quand on ouvre les deux pointes, il semble prendre une forme elliptique, jusqu'à ce qu'enfin les deux extrémités de l'axe de l'ellipse se séparent et soient perçues comme deux points indépendants l'un de l'autre.

L'extrémité de la langue est la partie du corps où le tact est le plus développé. On sent les deux pointes du compas quand elles ne sont distantes que d'une demi-ligne. Viennent ensuite les surfaces internes des dernières phalanges des doigts dont nous nous servons pour le tact. Elles perçoivent en moyenne des corps séparés par une distance de 7/10 de ligne. Les parties rouges des lèvres, les surfaces internes des secondes et des troisièmes phalanges des doigts perçoivent en moyenne une distance d'une ligne et demie. L'extrémité du nez, les côtés et le dos de la langue, les parties extérieures des lèvres perçoivent une distance de deux à trois lignes. Les surfaces dorsales des doigts et des joues donnent une distance de 4 lignes et davantage. On trouve pour le front, en général, à peu près 6 lignes. On perçoit une distance de 9 lignes 1/2 au sommet de la tête et une distance de 10 lignes à la rotule. La partie supérieure du pied donne 12 lignes, le bras proprement dit, 14 lignes, et les fesses 15 lignes. La surface de l'épine dorsale donne en moyenne 24 lignes. On voit par ces chiffres que l'incertitude de la sensation peut atteindre, au milieu du dos, jusqu'à 2 pouces, et nous savons, par notre propre expérience, qu'il en est vraiment ainsi. Sur les autres parties du corps, l'incertitude est plus ou moins grande suivant les circonstances; c'est pourquoi, par exemple, nous ne pouvons saisir immédiatement la puce qui nous pique quand nous ne la voyons pas; nous cherchons ordinairement à côté, parce que cet animal est si petit, qu'il rentre dans les limites dans lesquelles la sensation est incertaine.

La pression que des corps pesants déterminent sur une partie de la peau, provoque une sensation dont nous pouvons jusqu'à un certain point mesurer l'étendue. On peut donc parler du sens de la pression dans la peau, quand même cette expression manque d'exactitude. Partout où se perçoit une sensation de tact, il y a aussi production d'une certaine pression qui diffère selon les divers endroits de la peau. Cette pression, quand elle est très-faible, est ressentie par nous au moyen du duvet qui couvre la peau et qui facilite beaucoup la perception. L'épaisseur de l'épiderme s'oppose d'un autre côté à cette sensation. La finesse du sens de la pression est loin d'être aussi grande que celle du tact ; c'est pourquoi les différences que l'on observe dans les diverses parties du corps sont bien moins considérables. Les différences entre divers poids, dont la base est de même grandeur, ne sont perçues par le bras, par exemple, quand on le tient immobile, que lorsqu'on les remplace rapidement les uns par les autres. Si l'on a laissé s'écouler un certain temps avant de changer les poids, on ne sentira pas une différence de quelques onces pour des poids de deux livres, par exemple. La détermination du poids absolu des corps que nous prenons à la main dépend bien moins de la sensation de pression que de la détermination de la force employée pour soulever le poids. Cette évaluation manque aussi d'exactitude, mais peut atteindre un certain degré de perfection par la puissance de l'habitude. La surface de l'endroit sur lequel s'opère la pression n'influe pas sur la perception de deux pressions simultanées sur notre peau. On a appelé cette perception la *sensation de l'espace*. Elle n'influe pas non plus sur la détermination de l'endroit où se produit la sensation sur la peau ; cette dernière faculté a été appelée le *sens de la localité*. Elle n'influe pas davantage sur la détermination de la direction des mouvements que l'on peut produire sur la surface de la peau.

La *sensation de chaleur*, qui est perçue par la peau, a surtout rapport aux variations de la température extérieure, bien plus qu'à un degré constant de celle-ci. La peau peut nous faire connaître des différences de quelques dixièmes de degré entre dix et quarante-six degrés centigrades, et cela avec assez d'exactitude, mais la sensibilité des différentes parties de la peau n'est pas en raison directe de la quantité de nerfs qui s'y trouvent et de la finesse du tact. Nous avons déjà fait remarquer plus haut que notre peau n'est pas seulement sensible par rapport à la différence des degrés de chaleur qui l'affectent. Elle perçoit aussi la quantité absolue de chaleur qui lui est transmise dans un temps donné; ce dernier cas dépend de la conductibilité des corps. Suivant la grandeur de la surface cutanée qui transmet la sensation de froid ou de chaud, nous percevons cette sensation avec plus ou moins d'intensité. L'eau chaude nous donne une moindre sensation de chaleur, quand nous y plongeons seulement l'extrémité du doigt, que lorsque nous y plongeons toute la main. La sensation de chaud et de froid dépend énormément de la température à laquelle nous sommes habitués. Une cave qui est assez profonde pour offrir toute l'année une température constante, nous semble froide en été et chaude en hiver.

Humboldt raconte qu'il grelottait de froid, à Caracas, un jour que le thermomètre était tombé, en quelques heures, de 10 degrés à peu près, sans que pour cela il soit descendu au-dessous du degré de chaleur du sang.

Les différentes sensations de la peau ont été de tout temps un champ très-exploité par tous les rêveurs fantaisistes ; on a prétendu que le tact était comme la base de tous les sens et qu'il pouvait même les remplacer au besoin. On a dit qu'on pouvait entendre, voir, sentir et goûter avec la peau, et l'on a raconté les histoires les plus curieuses pour soutenir cette assertion. Il n'y a pas de doute que les sensations cutanées peuvent être exagérées, tout aussi bien que les autres sensations, par certains états plus ou moins maladifs du système nerveux central. La peau peut percevoir, dans ces cas, des courants d'air, des différences de chaleur et d'autres impressions qui ne l'affectent pas à l'état normal, et le cerveau qui est dans un certain état d'irritation, peut donner naissance, au moyen de ces impressions passagères, à des hallucinations dont les phénomènes fondamentaux nous échappent. Une chauve-souris à laquelle on a crevé les yeux, évite, en volant, des fils tendus dans une chambre, et ne se frappe pas davantage qu'une autre chauve-souris, qui voit encore clair, contre les murs de la chambre. Les grandes surfaces de peau nue qu'on remarque sur la tête de ces animaux, sont évidemment le siége d'une sensibilité très-prononcée, par laquelle ils peuvent ainsi distinguer les moindres courants d'air. Mais, de cette sensibilité à une sensation spécifique des sens, il y a un abîme que la nature ne peut franchir qu'au moyen des organes spécifiques des sens.

On n'a malheureusement pas encore fait d'expériences exactes sur la sensibilité extrême et maladive que présente la peau à l'égard d'impressions de ce genre. Les histoires véritables que l'on a répandues souvent au sujet de femmes hystériques ou somnambules ont évidemment rapport à une sensibilité plus grande de la peau. La répugnance que les hommes de science ont toujours montrée pour des recherches de ce genre, vient de ce qu'ils ont observé que des phénomènes maladifs très-simples sont souvent défigurés par des imposteurs. Toutes les fois que l'on a prétendu que des somnambules lisaient avec le creux de l'estomac ou d'autres parties de leur corps plus ou moins intéressantes, et cela les yeux bandés, les savants ont pu découvrir quelque tromperie. Jamais personne n'a pu lire, dans ces conditions, avec les mains ou le creux de l'estomac quand le bandeau était complétement opaque. On s'est toujours servi, dans ce cas, de bandes de taffetas, que des personnes amies, comme la mère, le père, etc., attachaient autour de la tête du sujet.

La personne magnétisée pouvait parfaitement voir à travers le bandeau. L'histoire du prix Burdin doit avoir éclairé même les plus crédules. Il y a quelques années, on parlait beaucoup de somnambules qui lisaient les yeux bandés. Le médecin que nous venons de nommer se contenta de déposer à l'Académie une lettre cachetée, avec une somme de 2,000 francs, pour la personne qui pourrait lire le contenu de la lettre sans l'ouvrir. Les 2,000 francs attendent encore la personne qui doit les gagner.

LETTRE XVI

LES MOUVEMENTS

Chacun sait que notre corps est soutenu par une sorte d'échafaudage construit d'une quantité de morceaux différents, formés
d'os et de cartilages. Si l'on examine de plus près cet échafaudage
solide que nous appelons le squelette, on y trouve réalisées deux
conditions essentielles. Il protége d'abord les parties molles en
formant des étuis ou des capsules plus ou moins fermés, tels que
le crâne pour le cerveau et les principaux organes des sens, le
canal vertébral pour la moelle épinière ; il dessine aussi par des
appuis espacés, des cavités plus ou moins considérables servant
à recevoir les viscères de la poitrine et de l'abdomen. Il concourt
d'un autre côté d'une manière très-efficace à l'exécution des mouvements ; les diverses parties du squelette forment en effet des
leviers attachés les uns aux autres par des articulations qui
les rendent plus ou moins mobiles. La manière dont les os se
relient les uns aux autres varie beaucoup suivant les diverses
conditions que doit remplir l'articulation, suivant l'étendue de
son champ d'activité et suivant l'espèce de mouvement qu'elle
doit permettre. On trouve dans certaines parties où il doit y avoir
une certaine élasticité dans l'articulation et une certaine résistance à l'égard d'une action extérieure ou intérieure, des mor-

ceaux de cartilages élastiques et plus ou moins compressibles accollés aux os et placés entre eux. Il n'y a alors, malgré cela, pas de surfaces articulaires propres, au moyen desquelles les os puissent glisser les uns sur les autres. Les corps de vertèbres sont ainsi reliés entre eux par des disques élastiques interposés, tandis que les côtes sont attachées au sternum par des lames cartilagineuses. Dans le premier cas, la motilité des différents corps de vertèbres arrondis et posés les uns sur les autres de manière à former une sorte de colonne, est rendue possible par les coussinets de cartilage fibreux. Ces parties, comme les coussins d'une chaise, peuvent céder à une certaine pression et reprendre leur forme première quand la pression a disparu. La mobilité est réalisée dans les côtes par le fait que les bâtonnets aplatis au moyen desquels elles s'attachent au sternum, peuvent être courbés comme des lames d'épées par une pression ou une traction. Ils rebondissent et reprennent leur position première quand il ne s'exerce plus sur eux aucune traction.

Dans toutes les autres formations articulaires et mobiles, on trouve toujours deux surfaces osseuses qui glissent l'une sur l'autre et sont pour cela recouvertes de cartilages lisses, ainsi que de mucus qui les maintient toujours humides. Nous imitons dans la mécanique cette disposition au moyen des surfaces tournantes lisses et de l'huile dont nous enduisons les joints. On trouve très-rarement dans le corps des surfaces complétement planes glissant les unes sur les autres et agissant seulement par leur déplacement en ligne droite. Le genre particulier de mouvement détermine en général une disposition de surface à courbures différentes, ce qui permet des torsions de toute espèce. La nature s'est montrée très-ingénieuse dans la disposition des différentes surfaces articulaires. On trouve des surfaces articulaires sphériques qui tournent sur une surface presque complétement plane et peuvent ainsi se mouvoir dans tous les sens à peu près. On trouve aussi des énarthroses beaucoup moins libres dans lesquelles la tête de l'os tourne dans une capsule sphérique qui l'entoure presque complétement. On trouve des charnières très-peu mobiles, qui ne permettent de mouvement que dans un seul sens, et, en outre, des charnières très-libres, qui permettent aussi des mouvements latéraux et tournants. On rencontre donc, dans le corps, les modifications les plus variées, produites soit par les dispositions des surfaces articulaires mobiles, soit par l'arrangement des parties avoisinantes, qui empêchent les mouvements trop libres de l'articulation. Qu'il nous suffise d'avoir attiré l'attention sur ces divers rapports. Chacun peut voir sur son propre corps, combien la motilité du bras diffère de celle du coude ou de la main. On peut tourner le bras en cercle comme le rayon d'une roue ; on peut le porter en avant et en arrière, tandis que le coude ne permet que le mouvement d'une charnière qui s'ouvre et se ferme. Le poignet peut faire des mouvements latéraux et des mouvements rotatoires. Il en est de même pour la première articulation des doigts et surtout pour celle de l'index. La seconde et la troisième articulation des doigts ne peuvent faire que des mouvements de charnière. Si l'on compare les extrémités supérieures et les extrémités inférieures, on trouve que les mouvements correspondants se ressemblent, mais qu'ils sont bien plus limités dans les extrémités inférieures. Les mouvements du haut de la cuisse, qui correspondent aux mouvements du haut du bras, sont bien plus faibles dans toutes les directions, parce que la tête du fémur est engagée dans une surface articulaire sphérique, tandis que la tête de l'humérus s'articule sur une surface plus petite et presque plane. Les mouvements du genou, du talon et des doigts du pied sont pour ainsi dire une répétition de ceux du coude, de la main et des doigts, mais ils sont beaucoup plus bornés dans leur extension.

Les surfaces articulaires des os sont rattachées les unes aux autres par des membranes et des ligaments. Leur combinaison fait plus ou moins obstacle à la trop grande mobilité des articulations, qui serait déterminée par la forme des surfaces articulaires. Ces membranes et ces ligaments affermissent en outre les articulations dans tous les sens. Elles empêchent aussi la luxation et la désarticulation des surfaces en arrêtant les glissements latéraux. Plus une articulation est libre, plus son champ d'activité est grand, plus aussi les ligaments seront lâches et les luxations fréquentes.

La capsule intérieure qui entoure immédiatement les surfaces articulaires forme toujours un sac hermétiquement fermé. C'est un tissu de fibres solides recouvert à l'intérieur d'un mucus plus ou moins tenace qui s'engage continuellement entre les surfaces articulaires lisses et empêche aussi complétement que possible le frottement de ces surfaces entre elles.

Une conséquence nécessaire de cette fermeture hermétique des capsules articulaires est l'exclusion de l'air atmosphérique et la formation à l'intérieur de l'articulation d'un espace qui ne contient pas d'air, mais seulement du liquide, et n'exerce par conséquent aucune pression en sens contraire de celle de l'air extérieur. On sait que c'est la pression de l'air qui fait monter l'eau jusqu'à onze mètres à peu près dans un tube complétement vide. Elle fait monter aussi le mercure du baromètre jusqu'à 720 millimètres. C'est cette pression qui dans le corps permet le contact immédiat des surfaces articulaires. La grandeur de ces surfaces est telle que la pression de l'air sur elles maintient en équilibre toutes les parties qui s'y rattachent. On a pu démontrer l'exactitude de cette loi, en se servant surtout de l'articulation du fémur dans la hanche. On a prouvé par des expériences que lorsque la jambe est suspendue en l'air, ce ne sont ni les ligaments, ni les muscles qui la retiennent dans cette position, mais uniquement la pression de l'air sur l'articulation. Cette pression suffit pour maintenir la jambe librement suspendue contre la hanche. Si l'on couche un cadavre sur le ventre et qu'on laisse pendre la jambe en dehors de la table, on peut couper par une incision circulaire, tous les muscles jusqu'à la capsule même de l'articulation. Malgré cela, la jambe restera aussi solidement attachée à la hanche qu'avant l'opération. Les surfaces articulaires de la tête du fémur et de la hanche correspondent si exactement l'une à l'autre, que l'on peut même inciser la capsule sans que la jambe se détache de l'articulation. Mais si l'on fait

depuis l'intérieur, c'est-à-dire depuis le bas ventre, un petit trou
dans l'articulation, l'air entrera avec un sifflement dans l'articulation au moment même de l'opération, et la tête du fémur
sortira de l'articulation, autant que le permet le ligament
central rond qui se trouve à son intérieur. Ce ligament va
du sommet de la tête du fémur, au point le plus profond de la
surface articulaire de la hanche. Si l'on appuie alors la jambe,
en la soulevant, contre le fond de l'articulation, et que l'on
ferme avec le doigt l'ouverture que l'on avait percée, la jambe
restera de nouveau solidement attachée à la hanche. Le doigt
lui-même sera attiré par l'ouverture que l'on a pratiquée comme
par une ventouse ; à l'instant même où l'on éloignera le doigt, la
jambe retombera. On a répété ces expériences en faisant la préparation suivante de l'articulation du fémur. On a scié le haut
de la cuisse et l'on a enlevé les différents os du bassin en ne laissant subsister que les deux morceaux d'os qui étaient articulés
l'un sur l'autre. On a placé ensuite le tout sous la machine
pneumatique en attachant un poids à l'os du fémur. La tête du
fémur était solidement engagée dans son articulation, mais aussitôt qu'on faisait le vide, elle sortait de la cavité circulaire. Si
on laissait revenir l'air sous la cloche de la pompe, elle rentrait
dans cette cavité. On pouvait ainsi répéter le jeu alternatif de
sortie et de rentrée du fémur dans son articulation, en faisant
tour à tour le vide, et en laissant rentrer l'air ensuite.

Si l'on calcule d'après la grandeur de la surface de l'articulation de la hanche quelle doit être la pression de l'air sur elle,
on trouve qu'elle est de 22 à 25 livres. La jambe pèse en
moyenne 18 à 20 livres. Dans la pression atmosphérique ordinaire, le poids de l'extrémité est donc à peu près en équilibre
avec la pression de l'air. Les muscles n'ont, par conséquent, aucun effort à faire pour maintenir la jambe suspendue dans l'air.
On trouve les mêmes rapports au genou, à l'humérus et aux articulations de la main et du pied. Les capsules sont partout hermétiquement fermées et la grandeur des surfaces est partout en
un certain rapport avec le poids des parties qui y sont attachées.

Ce n'est que lorsque l'action sur les articulations devient plus grande que les muscles et les ligaments entrent en jeu pour maintenir les articulations dans leur position normale.

Si l'on examine le squelette de l'homme (*fig. 65*) et si on le compare à celui des mammifères, on voit que déjà la disposition des différents os est en rapport intime avec la station verticale. L'articulation de la partie postérieure du crâne avec la première vertèbre cervicale, qui permet les mouvements de la tête en avant et en arrière, est combinée dans un crâne bien développé de telle façon que la tête balance en équilibre sur sa base. La courbure qu'offrent les vertèbres du cou, d'arrière en avant, sert aussi à maintenir dans le centre de gravité du corps la tête, qui est équilibrée sur la première vertèbre cervicale. La colonne vertébrale présente au contraire dans le dos une courbure vers l'arrière. Les poumons et le cœur, ainsi que le thorax tout entier, se trouvent placés à la surface antérieure de la colonne vertébrale. Toutes ces parties déplaceraient donc le centre de gravité vers l'avant si la courbure de la colonne vertébrale dorsale ne s'y opposait. La cavité abdominale est fermée en bas par le bassin, et la courbure de la colonne vertébrale en cet endroit permet aux intestins de se placer en arrière du centre de gravité. Toutes ces dispositions amènent à ce résultat que le plan de gravitation de la partie supérieure du corps passe, lorsqu'on examine l'individu de profil, à travers les têtes des deux fémurs. Les extrémités antérieures qui doivent faire des mouvements libres, et qui ne servent pas, comme chez tous les quadrupèdes, à supporter le corps pendant la marche, sont partout munies d'articulations très-lâches, et présentent une grande mobilité des divers os les uns à l'égard des autres. Les jambes, au contraire, qui sont destinées à porter le poids entier du corps, offrent une grande fixité dans leurs articulations, et, par conséquent, une mobilité bien moins considérable. A l'exception des animaux sauteurs, qui présentent des proportions toutes différentes, l'homme est l'animal qui a la jambe la plus longue et la plus forte par rapport à l'extrémité antérieure. Le caractère particu-

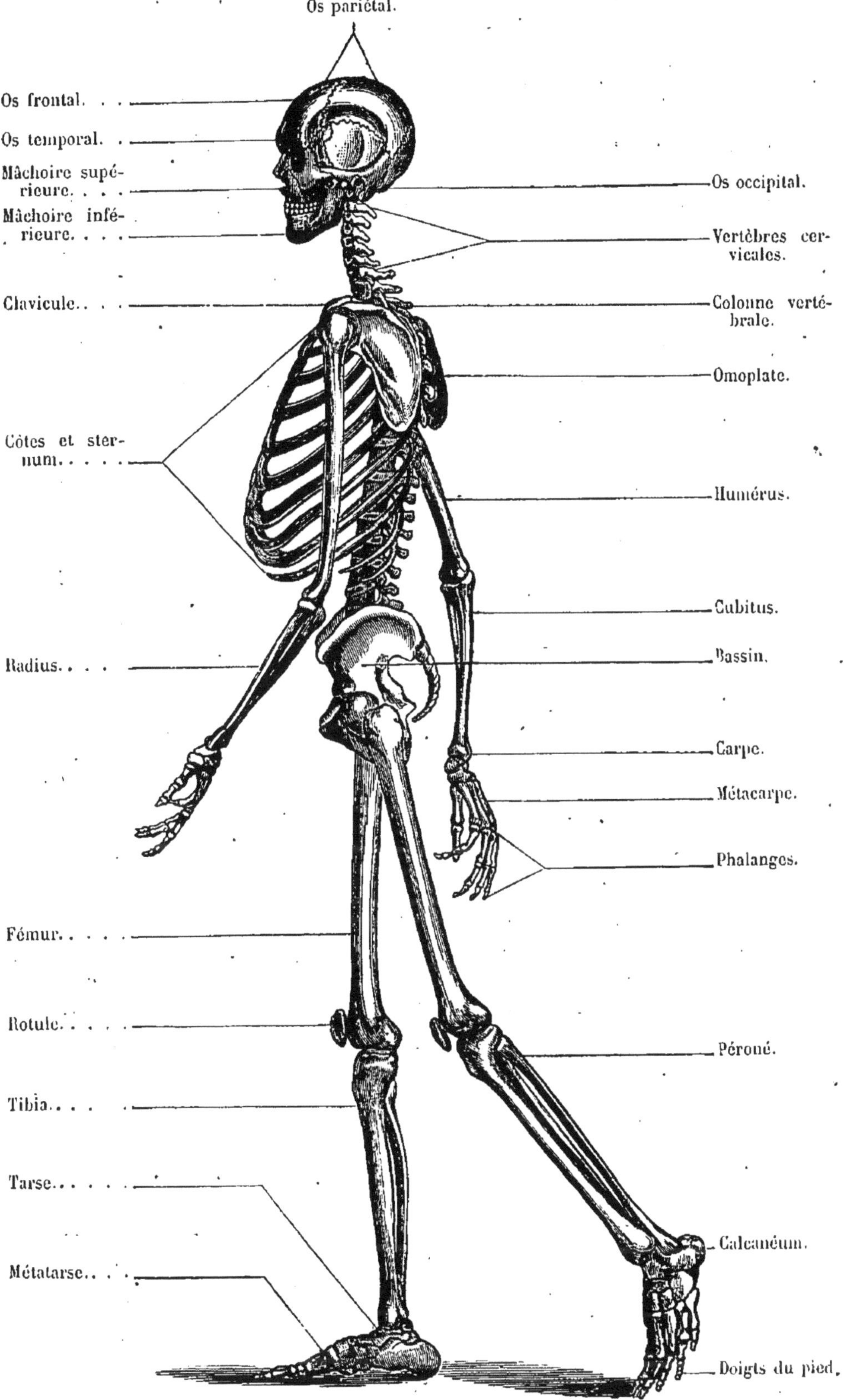

Fig. 65. — Squelette de l'homme vu de profil.

lier du squelette humain se trouve surtout, comme on l'a prouvé sans réplique, dans la forme du pied. La main de l'homme n'a pas une forme particulière; les mains des singes anthropomorphes sont tout aussi mobiles et peuvent faire les mêmes mouvements compliqués, mais les bras sont en général plus longs par rapport aux jambes que chez l'homme, ce qui dépend d'ailleurs du genre de vie de ces animaux essentiellement grimpeurs. C'est aussi de cette vie grimpante que dépend la présence d'une main aux extrémités postérieures des singes. Beaucoup de savants ont cru, mais à tort, que c'était là une supériorité du singe sur l'homme. L'homme se distingue des autres animaux par la solidité des attaches qui relient les doigts de ses pieds, par l'aspect voûté de l'os médian, des os du tarse et du métatarse, l'arrangement en voûte de son pied, et enfin par la disposition particulière de l'articulation du pied avec la jambe. Ces caractères distinctifs sont tout aussi précis que ceux que l'on peut tirer du développement particulier du crâne. Ces dispositions du pied permettent à l'homme de marcher normalement debout, tandis que les autres animaux ne peuvent prendre la position verticale qu'exceptionnellement et pendant un court espace de temps seulement.

Les os, par leur structure particulière, représentent dans les mouvements des leviers roides et inertes agissant sous l'influence des muscles qui font l'office de cordes de traction. Un os ne peut se mouvoir par lui-même ; il lui faut des fibres particulières susceptibles de contractilité et dont la réunion forme ce qu'on appelle des muscles ou, dans le langage ordinaire, de la chair. Chacun connaît les tissus fibreux des parties charnues, chacun sait aussi que ces fibres sont parallèles les unes aux autres, et qu'on peut avec raison comparer un muscle à un faisceau de fibres reliées en un tout par une enveloppe commune de tissu connectif ou tendineux. C'est entre les fibres que se distribuent les vaisseaux sanguins et les nerfs. Si l'on examine au microscope les fibres les plus fines que l'on puisse distinguer dans les muscles, on voit que chacune d'elles est formée d'une gaîne simple, transparente, mince et très-délicate. On trouve disséminés des noyaux de cellules sur cette enveloppe qui a reçu le nom de sarcolemme; si l'on examine la substance qui s'y trouve contenue, on y distingue des stries transversales foncées et quelquefois ondulantes. Ces stries deviennent apparentes lorsqu'on traite la fibre musculaire. avec des substances qui déterminent la coagulation de l'albumine, par exemple de l'alcool; elles sont très-visibles chez tous les animaux supérieurs, et on a appelé les muscles composés de fibres de cette espèce des muscles à stries transverses. On n'a pas encore déterminé clairement la composition de la substance même qui se trouve à l'intérieur du sarcolemme. La plupart des observateurs se rangent maintenant à cette opinion que la substance contractile est formée de granules appelés les éléments de la chair, agglutinés soit dans le sens de la longueur, soit transversalement par une substance facilement soluble. Par suite de cette structure, les fibres se décomposent soit en fibrilles très-fines et longitudinales, soit en petits disques transversaux, suivant que la substance agglutinante est plus ou moins développée dans telle ou telle direction, ou qu'elle est plus ou moins attaquable dans tel ou tel sens. D'autres observateurs de grand talent soutiennent, au contraire, que la striation transversale des fibres musculaires n'est que l'expression optique de fins filaments en spirale. Chaque fibre est indépendante dans les muscles striés; ce n'est que dans le cœur qu'on trouve parfois deux fibres liées ensemble. Ces fibres sont mises en action par les nerfs, et leur contractilité particulière détermine la contraction du muscle tout entier. Le muscle, à son tour, détermine diverses positions des os en exerçant une traction entre les points où il s'attache; il produit ainsi les mouvements. Les fibres musculaires mêmes s'attachent aux os tantôt directement et tantôt par les filaments intermédiaires des tendons. Les fibres tendineuses ne sont pas contractiles par elles-mêmes; elles servent surtout à transmettre la force à des endroits éloignés des membres dont le volume ne doit pas trop augmenter. Les muscles de l'avant-bras, par exemple, exercent leur action sur la main et sur les doigts au moyen de minces tendons qui passent par-dessus le poignet. Il en est de même pour les muscles du bas de la jambe qui s'attachent au cou-de-pied et aux doigts du pied. Les câbles de transmission y glissent même dans des poulies lubréfiées semblables à celles dont on se sert en mécanique.

Si l'on examine au microscope les fibres musculaires au moment de la contraction, on voit que les stries transversales de l'enveloppe se rapprochent les unes des autres et se rident, indiquant ainsi que les éléments des fibres se rapprochent plus intimement et se raccourcissent par eux-mêmes. Les stries transversales de l'enveloppe ne se voient clairement, en général, que lorsque la fibre est véritablement contractée. Plus la contraction est énergique, plus aussi les stries transverses sont apparentes. Les fibres musculaires distendues présentent une enveloppe presque lisse et sans rides. On voit très-distinctement ces phénomènes sur de petits animaux transparents que l'on peut placer, sans les blesser, sous le microscope. On peut prendre, par exemple, de tout jeunes poissons. Si la contraction est très-forte, on arrive même à apercevoir des courbures ondulantes ou en zigzag dans les différentes fibres. On croyait autrefois que c'était là l'expression véritable de la contraction. Mais on s'est convaincu de nos jours que ces incurvations proviennent soit de contractions isolées des fibres musculaires voisines, ce qui détermine un plissement des fibres non contractées, soit de l'élasticité qui s'oppose à la contraction du muscle vivant. Dans la contraction, la fibre musculaire s'augmente dans tous ses diamètres transversaux, tandis qu'elle diminue dans son diamètre longitudinal. Le muscle qui était auparavant étendu dans toute sa longueur devient plus large et plus gros; il se bouffit énormément et semble dur au toucher. Chacun peut s'en convaincre lui-même en examinant le biceps lorsqu'on serre les coudes. On croyait autrefois que la substance musculaire devenait en effet un peu plus épaisse pendant la contraction, et que le muscle contracté occupait un espace absolu plus petit que le muscle à l'état de repos. Des expériences plus exactes ont prouvé, au contraire, que le muscle ne s'épaissit pas; il ne fait que gagner en largeur et en épaisseur pendant la contraction ce qu'il perd en longueur.

La contraction provoque toujours un changement moléculaire dans la masse musculaire. La dureté du muscle contracté vient de la tension de ses fibres et non pas de l'épaississement de sa masse. Cette masse devient, au contraire, plus molle pendant la contraction, comme on l'a prouvé par des expériences. L'état électrique se modifie pendant la contraction. Un muscle en repos est toujours positif dans le sens de sa longueur, tandis que sa section transversale, qu'elle soit naturelle ou produite artificiellement, est toujours négative. Il y a, par conséquent, dans le muscle un courant continuel et faible qui va des côtés positifs de la molécule aux extrémités négatives. On peut imiter avec les muscles la construction d'une pile galvanique en disposant des masses musculaires, comme, par exemple, celle de la cuisse d'une grenouille, de telle façon que la section transversale d'un des morceaux du muscle touche la surface extérieure du morceau voisin. Une pile formée ainsi au moyen de muscles vivants, produit les mêmes mêmes effets qu'une faible pile ordinaire qui fait contracter une cuisse de grenouille préparée. Dans les muscles contractés, au contraire, le courant moléculaire est si affaibli, qu'on peut à peine en constater la présence.

La contraction volontaire dépend de l'influence des nerfs qui se distribuent dans les muscles et dont les tubes primitifs passent entre les fibres musculaires. Les extrémités de ces tubes se fondent dans la masse musculaire de la manière que nous avons déjà décrite. Aussitôt qu'un nerf musculaire est coupé, ce qui détruit sa communication avec le système nerveux central, l'influence de la volonté sur le muscle disparaît, comme nous l'avons déjà dit plus haut. Si l'on irrite alors l'extrémité périphérique du nerf qui communique encore avec le muscle, ce dernier se contractera comme si la volonté agissait sur lui. Si on laisse en repos le membre paralysé par la section des nerfs, l'irritabilité disparaît peu à peu du tronc nerveux vers la périphérie. Dans le commencement, le muscle se contracte toutes les fois que l'on pince le tronc nerveux ; un peu plus tard, le courant de la pile seul, qui est l'appareil irritant le plus énergique par rapport aux nerfs musculaires, produit des contractions. Quelque temps après, il faut appliquer la pile sur les rameaux nerveux plus fins si l'on veut obtenir un résultat. A la fin, il faut que le muscle lui-même soit en communication avec les fils de la pile pour se contracter encore faiblement. Ces contractions même finissent par disparaître ; le muscle devient alors inactif, et ne réagit plus en aucune façon.

La nutrition des muscles qui ont été paralysés par une cause quelconque, se fait plus ou moins difficilement ; les muscles deviennent pâles, flasques et disparaissent peu à peu. On connaît même des cas, dans lesquels des muscles ont été changés complétement en graisse et détruits. On observe sur les membres dont les nerfs ont été coupés, les mêmes phénomènes que sur l'individu vivant qui développe ses muscles par l'exercice, ce qui facilite leur nutrition. Si l'on fait passer journellement des courants galvaniques à travers des membres paralysés, ce qui produit des contractions et maintient les muscles en activité, l'irritabilité se maintiendra beaucoup plus longtemps, elle ne disparaîtra même pas, et le muscle sera toujours nourri, il ne pâlira pas et ne diminuera pas.

Les faits observés nous prouvent déjà que l'irritabilité de la fibre musculaire constitue un phénomène vital particulier à cette fibre. Cette irritablité ne peut être mise en activité que par l'influence nerveuse. On peut se convaincre encore plus facilement de cette circonstance, en examinant l'influence produite sur l'irritabilité quand la nutrition du muscle est arrêtée. Un animal auquel on fait une ligature à l'artère abdominale, marche au commencement avec facilité, mais il chancelle au bout de peu de temps, et ses deux pattes de derrière sont bientôt paralysées de la même façon que si on en avait coupé les nerfs. Dans le commencement, on arrive encore à obtenir des contractions dans les muscles des extrémités au moyen d'irritations galvaniques, mais bientôt on n'y parvient plus. Si l'on fait des expériences comparatives sur le même animal, en arrêtant l'afflux sanguin nutritif d'une patte et en sectionnant les nerfs de l'autre patte, on trouve que l'irritabilité disparaît bien plus vite dans la patte, dont on a fermé les vaisseaux sanguins en empêchant complétement l'arrivée du sang, qu'elle ne disparaît dans la patte paralysée par la section du nerf.

La contractilité est donc une faculté vitale inséparable de la fibre musculaire, et qui ne lui est pas transmise par les nerfs. Les nerfs servent seulement à soumettre les muscles à l'influence de la volonté ; l'impulsion donnée par le système nerveux central se communique aux muscles pour y provoquer les contractions. Des expériences exactes faites récemment, ont prouvé qu'en effet les muscles présentent une contractilité indépendante sous l'influence d'une irritation mécanique, d'une pression ou d'un attouchement avec le manche d'un couteau, et que cette irritabilité dure encore lorsque la conductibilité des nerfs a complétement disparu. Cette contraction, dite idio-musculaire, ressemble alors, par son augmentation et sa diminution graduelle, aux contractions que l'on observe dans les muscles non soumis à la volonté. On peut la distinguer facilement de la contraction produite par les nerfs, qui se fait instantanément, et a été distinguée sous le nom de contraction névro-musculaire.

Si nous nous demandons quelles sont les conditions mécaniques réalisées dans le corps pour permettre les mouvements, nous trouvons avant tout une relation facile à prévoir entre les os et les muscles. Les premiers peuvent être regardés comme des points d'appui ou des leviers auxquels s'attachent les muscles, représentant des sortes de cordes de traction. On voit souvent se produire la relation suivante : selon le besoin ou le hasard, un os servira de point d'appui à un autre os articulé sur lui qui entrera en mouvement, tandis que pour exécuter un moment plus tard un autre mouvement, l'os ayant servi comme point d'appui se déplace, en s'appuyant lui-même sur l'autre os qui est tenu immobile. Si, étant assis, nous soulevons en la tenant étendue la jambe qui repose par terre, le bas de la jambe aura pour point d'appui dans ce mouvement la cuisse, qui repose sur le siége. Si, au contraire, on se lève, le bas de la jambe présentera un point d'appui solide sur lequel se mouvra la cuisse, et le corps sera ainsi soulevé. Rarement se présentent des rapports comme sur les muscles de la face, dans lesquels il n'y a qu'une extrémité qui soit attachée solidement aux os, tandis que l'autre aboutit à la peau ou à des parties mobiles et molles. On ne peut donc obtenir de mouvement qu'à une seule extrémité de ces muscles, quand ils se contractent. Enfin, il y a quelques muscles assez rares dans le corps humain, qui constituent des cercles complets et servent à ouvrir et à fermer quelques ouvertures. On en trouve aux paupières, à la bouche et à l'anus. L'ouverture toute entière, peut être resserrée par une contraction uniforme et venant de tous les côtés à la fois.

Des considérations mécaniques curieuses se rattachent à la façon dont les muscles sont fixés aux os. Les os jouent dans la plupart de nos mouvements le rôle de leviers, et les lois de leur mouvement sont exactement les mêmes que celles qui régissent les leviers de la même espèce, que nous construisons en mécanique. L'avant-bras forme un levier dont le point d'appui est placé au coude, et dont les cordes de traction, les muscles avec leurs tendons, sont tendues entre le point d'appui et l'endroit où l'on a placé les poids à soulever. Il serait trop long d'entrer ici dans les détails sur les lois du levier, qui appartiennent à la statique et à la mécanique pure, et sont cependant du domaine de la physiologie parce que ces mêmes lois se trouvent appliquées dans le corps. Nous rappellerons seulement ici ce qui ressort de l'exemple que nous de venons donner, c'est que les muscles de notre corps réalisent, en général, les conditions mécaniques les moins favorables pour la production seule de la force ; lorsque nous voulons soulever un poids avec le moins de force possible, nous le plaçons sur un bras de levier très-court, en appliquant la force sur un bras de levier très-long. Si nous voulons remuer une pierre qui ne céderait pas aux efforts réunis de dix hommes, nous introduisons sous elle l'extrémité d'une longue perche, et nous appuyons cette perche sur une petite pierre placée dans le voisinage immédiat de l'autre pierre ; nous appliquons ensuite notre force à l'autre extrémité très-allongée de la perche. Si nous voulons soulever un poids avec un levier du second genre, en épargnant de la force, nous plaçons le poids aussi près que possible du point d'appui du levier, et nous tirons à l'autre extrémité. La nature a fait tout le contraire dans le corps, les muscles sont en général adaptés de telle manière qu'ils doivent dépenser une force immense, pour produire un fort petit résultat. Nous connaissons ces faits par l'expérience journalière. Un sac que nous portons à la main, en courbant le bras, nous fatigue bien vite. Si nous le plaçons sur le milieu de l'avant-bras il nous fatigue bien moins, et nous pouvons enfin le porter avec le coude, pendant un nombre d'heures égal au nombre de minutes pendant lesquelles nous le portions à bras tendu. On a calculé ces relations avec beaucoup d'exactitude, et l'on a trouvé que les muscles du mollet d'un homme qui se tient sur la pointe des pieds, doivent développer 80 fois plus de force qu'il n'est nécessaire. Les muscles du mollet supportent donc, dans cette position au lieu de 140 livres que nous prenons pour le poids moyen d'un homme adulte, un poids de 11,200 livres. On voit, par cet exemple, que l'on pourrait appuyer de beaucoup d'autres, que la nature n'a pas cherché à épargner de la force, et que les avantages minimes qu'elle obtient par la formation de protubérances et de saillies, ne peuvent pas combattre la dépense excessive de force.

Il est ordinairement du ressort de notre volonté de mouvoir un muscle seul, ou en même temps avec quelques autres. Beaucoup de mouvements, les plus importants surtout, dépendent de cette action simultanée et combinée de certains muscles, et d'une contraction successive et régulière d'un muscle après l'autre. Cette suite régulière de mouvements isolés, qui doivent produire

un mouvement combiné unique, demande ordinairement un certain exercice, surtout lorsque le mouvement doit être continu et
non pas saccadé. Bien peu de gens peuvent faire tourner en cercle,
au bout de leur bras tendu, un verre plein d'eau sans répandre
quelques gouttes. Il faut, pour produire ce mouvement, une
transmission graduelle de la volonté d'un muscle à un autre,
qui empêche tout mouvement brusque et tout arrêt. On peut
arriver à réaliser ces conditions avec de l'exercice. Il y a cependant certains mouvements combinés qui semblent dès l'abord reliés intimement entre eux, et que la volonté ne peut arriver à
décomposer. Mais dans la plupart des cas, ce n'est que par l'habitude que nous arrivons à produire les mouvements combinés
les plus ordinaires : nous apprenons à courir, à marcher et à
nager après de longs efforts. Nous arrivons aussi à décomposer,
dans leurs contractions particulières et isolées, ces mouvements
combinés et acquis par l'exercice. La plupart des hommes ne peuvent, en étendant la main, courber isolément l'annulaire ou le
petit doigt, mais ils apprennent bientôt, lorsqu'ils sont appelés
à jouer du piano à se servir de chaque doigt isolément. Chaque
exercice durable produit, pour certains mouvements, un retour
habituel de leurs diverses combinaisons qui devient peu à peu
inconscient. Mais ces combinaisons peuvent être facilement détruites, quand on s'habitue à faire d'autres mouvements combinés. L'habileté de certains ouvriers dans les divers métiers
repose, en grande partie, sur cette loi fondamentale de la formation graduelle de certaines combinaisons de mouvements. L'ouvrier qui veut apprendre un métier auquel il est complétement
étranger, ne sera jamais dans le premiers temps, même avec la
meilleure volonté et les plus grands efforts, aussi habile que
l'ouvrier expérimenté qui pratique le même métier depuis des
années. Le premier est obligé de produire les combinaisons de
mouvements, en dirigeant sa volonté sur chaque muscle l'un
après l'autre, et de faire, par conséquent, à côté du travail mécanique, un travail intellectuel indispensable, tandis que le second
exécute les mouvements combinés dans leur série régulière,

d'une manière presque inconsciente, sans avoir besoin pour cela d'une attention particulière.

Parmi les mouvements combinés les plus ordinaires, il y a la marche, dont on a étudié les conditions mécaniques au moyen de recherches très-consciencieuses. Lorsqu'un soldat se tient immobile et droit au commandement de : « Garde à vous ! » son corps repose sur les deux jambes placées ainsi que des colonnes, la ligne de gravitation passe alors entre les deux talons ; mais on peut regarder comme une position plus naturelle, moins fatigante et peut-être moins forcée, la position hanchée dans laquelle le corps repose bien encore sur les deux jambes, mais un peu plus sur l'une que sur l'autre. Le corps s'appuie alors sur la jambe que l'on tient en arrière, tandis que l'autre que l'on avance ne s'appuie que légèrement sur le sol. La ligne de gravitation se trouve alors sur le pied de la jambe placée en arrière, au lieu de passer entre les deux talons. La marche repose sur le fait que le corps est alternativement soutenu par l'une et l'autre jambe. Les jambes, pendant l'exercice de la marche, changent de position et se meuvent en avant. Lorsqu'on fait deux pas, la jambe gauche et la jambe droite avancent alternativement ; c'est ce qui constitue la marche. C'est d'abord la jambe droite qui soutient le corps pendant que l'autre se porte en avant, puis c'est la jambe gauche. La jambe qui se meut en avant se courbe un peu à l'articulation du genou, ce qui l'empêche de toucher le sol pendant la durée de ce mouvement. Elle se porte ainsi en avant comme un pendule, et n'est soutenue que par la pression de l'air. Pendant ce temps, la jambe qui touche le sol se courbe ; et le corps tombe pour ainsi dire en avant. Mais avant que le corps ne tombe réellement, l'autre jambe a terminé son mouvement de pendule, et soutient à son tour le corps, appuyée sur le sol. On lève alors la jambe laissée en arrière, le talon se détache le premier du sol, puis le reste du pied. Cette tension du pied au moment où il se sépare du sol communique au corps un certain élan et le projette ainsi en avant. Le corps, pendant ce mouvement, s'appuie sur la jambe qui a été soulevée la première, et, pendant ce temps, la seconde accomplit son mouvement de pendule, et vient soutenir le corps au moment même de sa chute probable.

Cette analyse de la marche de l'homme nous prouve que le corps tombe continuellement en avant, et qu'il est constamment arrêté dans sa chute d'une façon tout aussi régulière par les mouvements de balancier de la jambe que par l'appui que trouve le pied sur le sol. Il y a donc dans la marche une alternance entre deux temps différents. Dans le premier temps, le corps appuyé sur une jambe se projette en avant, et dans le second temps, il s'appuie sur les deux jambes à la fois. Le second temps est d'autant plus durable et le corps repose plus long-temps sur les deux jambes à la fois, que la marche est plus lente. Plus on marche vite, plus ce temps devient court et il est réduit à zéro quand on se met à courir. La course se distingue de la marche par le fait qu'il n'y a toujours qu'une seule jambe qui soutient le corps et que les deux pieds se relaient l'un l'autre complétement. L'un des pieds abandonne le sol à l'instant même où l'autre vient s'y appuyer. Les mouvements de projection du corps sont naturellement bien plus forts pendant la course, et cette vitesse acquise fait qu'il est d'autant plus difficile de s'arrêter lorsque l'on court, que la course est plus rapide. Lorsque la course devient très-rapide, il y a même un instant où le corps reste suspendu dans l'espace sans soutien d'aucune sorte, il est par conséquent projeté en avant comme lorsque l'on saute. La course est donc une transition entre la marche et le saut, et nous distinguons ces mouvements par la seule raison que dans la course nous combinons une suite de petits sauts peu élevés pour produire un mouvement horizontal dans son ensemble, tandis que le saut indique un effort unique et plus grand dans lequel nous ployons les différentes articulations du pied et même du corps tout entier, pour les détendre ensuite subitement comme des ressorts. Cette action communique au corps un mouvement de projection considérable et les jambes ne font que suivre ce mouvement. L'élévation verticale que peut

atteindre le corps dans le saut, n'est cependant pas si considérable qu'on pourrait le croire au premier abord. Un sauteur
expérimenté peut sans se servir de trapèze ou d'autres appareils
dont l'élasticité augmente la force de projection, sauter par
dessus une barrière ayant même hauteur que lui. Cette hauteur
semble considérable, mais lorsque nous nous rappelons que dans
un saut de ce genre nous attirons les jambes vers le corps, de
sorte que la hauteur du saut est diminuée de toute la longueur
des jambes, notre étonnement est bien moins grand. La hauteur
verticale à laquelle un homme peut projeter son corps ne dépasse
pas cinq pieds. Il ne faut donc pas apprécier la hauteur d'un
saut d'après l'obstacle à franchir, mais d'après la hauteur qu'atteint le sommet de la tête du sauteur. La différence entre la
grandeur de l'individu debout et la hauteur qu'atteint sa tête
lorsqu'il saute, donne la mesure exacte du saut. Il en est de
même pour les animaux. Il suffit, en effet, d'observer un che-
vreuil ou un cerf qui saute par dessus une haie. Les jambes de
devant sont rabattues entièrement sur le ventre ou étendues
droites en avant ; les jambes postérieures, après avoir donné
l'impulsion, s'étendent complétement en arrière, ce qui fait que
toute la partie inférieure de l'animal forme une ligne horizontale. Si l'on admet qu'un cerf a des jambes de deux mètres de
long, il sautera par dessus un obstacle de quatre mètres de haut,
si son corps ne fait qu'un mouvement vertical de deux mètres.

On admet en moyenne que la longueur d'un pas est de deux
pieds ou de 65 centimètres. La marche plus rapide ainsi que la
course n'est pas produite par un allongement du pas, mais bien
par son accélération, la même distance se parcourt ainsi avec une
perte de temps bien moins grande. On a calculé que le soldat français fait 76 pas par minute dans la marche ordinaire, tandis qu'il
en fait 100 au pas accéléré et 116 au pas de course. Il en résulte
que le soldat parcourt une distance de deux pieds et demi par
seconde dans la marche ordinaire, tandis qu'il parcourt 3 1/2
pieds par seconde au pas de course. Des coureurs exercés peuvent
parcourir, dit-on, 14 et même 30 pieds par seconde. C'est là une

vitesse qui atteint presque celle des meilleurs chevaux. Il est facile de concevoir que les mouvements se font dans ce cas d'une autre manière que dans la marche normale décrite plus haut. Le balancement de la jambe ne peut plus entrer en ligne de compte et doit être remplacé par la force musculaire. Le temps qu'il faudrait en effet pour que la jambe accomplît un mouvement de pendule, serait dans ce cas beaucoup trop long. Cependant lorsqu'on examine plus particulièrement la structure du pied de l'homme, on voit que l'homme n'est pas destiné à courir beaucoup. C'est pourquoi on ne trouve pas de profession qui se base sur un mouvement de ce genre.

Il serait trop long d'examiner ici les autres mouvements de l'homme avec autant de détails que celui de la marche. En prenant pour exemple ce mouvement combiné, le mieux connu de tous d'ailleurs, nous avons voulu montrer de quelle manière se font les combinaisons de mouvements. Cet examen nous prouve en même temps, que la volonté peut avoir une influence importante sur les mouvements combinés, qu'elle est en effet capable de modifier séparément chacun des temps de ces mouvements. Il y a cependant certaines combinaisons de mouvements sur lesquelles la volonté n'a que peu d'influence. On remarque dans cette catégorie, les mouvements respiratoires et les mouvements de déglutition. Nous pouvons respirer lentement et vite, d'une manière profonde ou superficielle, retenir ou accélérer notre respiration, aussi bien que marcher, courir ou sauter. Mais il nous est impossible d'arrêter complétement notre respiration, de supprimer tous les mouvements respiratoires, même quand ce ne serait que pour quelques minutes. Si l'on arrête un peu la respiration, on voit se produire des battements de cœur, un tremblement général et des angoisses, et quelque effort que fasse la volonté, elle finit par céder et la respiration recommence de nouveau. Il en est de même pour les mouvements de déglutition; nous pouvons avaler quand nous voulons, mais lorsqu'un aliment a une fois atteint les parties postérieures du gosier, nous l'ingurgitons involontairement malgré tous les efforts que nous puissions faire pour le retenir.

Si dans le groupe de mouvements combinés que nous venons de citer, la volonté joue encore un certain rôle, et si la limite de son influence peut même varier suivant les circonstances et être étendue par un exercice constant, il y a, au contraire dans le corps, toute une série de mouvements entièrement indépendants de notre volonté. Les mouvements du cœur, des intestins, des canaux excrétoires des glandes appartiennent à cette classe de mouvements involontaires, produits en général par des fibres particulières, qu'on appelle les fibres musculaires lisses. Le cœur possède encore des fibres musculaires striées et semblables aux fibres des muscles volontaires. L'intestin et les canaux des glandes, au contraire, ne présentent que des fibres primitives simples qui ne sont pas réunies en faisceaux ni engagées dans une gaine ; elles n'ont par conséquent pas non plus de stries transversales. Nous avons déjà vu que le mouvement involontaire a des rapports particuliers avec le système nerveux central et avec ses extrémités périphériques, par suite de la disposition spéciale du système nerveux sympathique. La continuation régulière des mouvements vermiculaires de haut en bas des intestins et des canaux glandulaires, les contractions du cœur des oreillettes vers les ventricules, sont le produit de mouvements combinés et nécessaires semblables à ceux que nous venons de mentionner à propos des muscles volontaires.

Les tables tournantes et les esprits frappeurs ont attiré dans ces derniers temps l'attention sur une série de phénomènes qui dépendent de l'activité du système musculaire. La volonté a sur les muscles la même influence que le courant de la pile, elle sert d'excitatif pour produire une contraction. Chaque mouvement continu que nous voulons produire, chaque contraction musculaire durable est, pour ainsi dire, le produit d'une suite de petites contractions, dont la sphère d'activité ne dépasse pas la limite que nous lui avons prescrite. La contraction durable d'un muscle ou d'un groupe de muscles, est donc semblable au tétanos qui se produit sous l'influence d'une machine électrique

à rotation, ou d'un moteur à électro-aimant. Les différentes secousses qui produisent dans ce cas des contractions, se suivent
trop rapidement pour permettre entre elles un relâchement du
muscle. La contraction durable d'un muscle est aussi le produit
d'une série d'impulsions volontaires qui se suivent en un espace
de temps très-court et s'ajoutent les unes aux autres, de telle
façon que le muscle ne peut se reposer pendant cette action. On
peut s'en convaincre très-facilement en maintenant l'état de
contraction, jusqu'à ce que la fatigue s'ensuive. L'irritabilité
des muscles, la conductibilité des nerfs et l'activité de la partie
du cerveau d'où part la volonté, s'épuisent à la longue, et au
lieu d'un tétanos durable, on voit se produire des crispations
alternatives. Les différentes impulsions de la volonté deviennent
plus lentes, le muscle leur obéit moins facilement, le mouvement auparavant continu devient saccadé, et montre qu'évidemment il est formé de la réunion d'une série de contractions
distinctes. Si la fatigue devient encore plus grande, il faut une
action énergique de la volonté pour faire disparaître ces contractions alternatives. La partie du cerveau qui préside à la volonté, entre alors dans un état de surexcitation maladive.

En se servant de ces mouvements insensibles qui se suivent rapidement à de courts intervalles, et en utilisant les contractions
simultanées que produisent plusieurs personnes, on parvient à
réaliser des effets de force considérables ; c'est là ce qui arrive
aux gens inexpérimentés et naïfs qui essayent de faire tourner
des tables. La table ne se met en mouvement qu'après un certain temps ; il faut attendre ce moment en maintenant les mains
étendues dans une position très-incommode, jusqu'à ce que les
membres soient fatigués. Cette première période de fatigue se
caractérise par des chocs et des contractions musculaires qui se
suivent à des intervalles appréciables. Toutes les prescriptions
en usage, suivant lesquelles on doit avoir les doigts aussi écartés que possible, en formant une chaîne par l'attouchement des
doigts et en prenant une position penchée sur la table, etc., n'ont
été inventées que dans le but de produire plus rapidement la

période de fatigue et de détourner l'attention de l'action musculaire en la fixant sur des phénomènes secondaires. Les tremblements involontaires entrent en jeu, et tous ces petits effets de forces
se transmettent à la table en lui imprimant une certaine direction. C'est là un fait assez clairement prouvé pour qu'il ne soit
pas nécessaire d'entrer dans de plus nombreux détails à ce sujet.
Aujourd'hui, la démonstration de ces effets purement mécaniques est si bien donnée, qu'il est inutile d'insister davantage.

Mais à cet élément purement mécanique vient s'ajouter un
autre facteur important, surtout lorsqu'il s'agit de personnes
expérimentées et exercées, à savoir l'influence inconsciente de
notre volonté sur nos mouvements : c'est là le premier anneau
d'une chaîne de phénomènes dont le dernier est le somnambulisme. Chaque impulsion volontaire fortement accentuée exerce
une telle influence sur nos actions, qu'elle peut même, d'une
façon inconsciente, diriger jusqu'à un certain point nos mouvements. Cette influence inconsciente de la volonté est d'autant
plus manifeste que les individus ont les nerfs plus faibles. C'est
pour cela que les tables peuvent, en frappant, manifester les
idées et les pensées des personnes se livrant à cette occupation
et cela d'une manière fort étonnante pour quiconque n'est pas
au courant de la physiologie des nerfs. Mais il est facile de
prouver que les réponses des tables ne sont que les reflets des
pensées de la personne qui domine dans le jeu. Chacun sait que
les tables ne parlent et ne répondent que dans une langue que
tous les assistants, ou au moins l'un d'entre eux, peuvent comprendre. Elles restent, au contraire, muettes, ou ne donnent que
des lettres incompréhensibles quand on veut leur faire parler
arabe ou russe dans une société composée de Français.

Ce sont là les causes très-simples de phénomènes qui ont fait
tourner la tête à bien des gens. Triste spectacle, qui nous
prouve que, malgré les lumières dont se vante notre siècle, l'inintelligence et l'incapacité de comprendre les faits tels qu'ils
sont et de les examiner dans leur essence, prédominent toujours
dans la grande majorité des hommes, et formeront toujours un

sabot au char du progrès. On a pu se convaincre, à cette occasion, que les idées extravagantes prennent d'autant plus d'extension et sont d'autant plus difficiles à extirper, qu'elles s'éloignent davantage de la saine raison. Le principe de saint Augustin, *Credo quia absurdum*, guide toujours inconsciemment les foules, qui se croient instruites, mais dont l'instruction entière repose sur des bases fausses.

Je ne parlerai pas des petites supercheries qui ont lieu dans ces amusements de famille, et encore moins des grandes représentations des Hume, Davenport et autres. Quant aux petites comédies de famille, elles peuvent être mises en jeu d'autant plus facilement, qu'on prend moins garde aux acteurs qui se donnent pour mission de tromper des parents et des amis sans esprit de critique. Je sais, par expérience, que ce sont surtout les jeunes filles, pendant leur évolution, les meilleurs « mediums » qu'on puisse employer pour des plaisanteries de ce genre. Il suffit de quelques études, faites dans le domaine des simulations et des tromperies exercées sur des médecins par trop crédules, pour savoir quel trésor inépuisable d'espièglerie est souvent enfoui dans le cœur des jeunes filles de cet âge, si innocentes qu'elles puissent paraître.

En terminant cette lettre, nous parlerons encore d'un phénomène particulier dont nous connaissons seulement l'existence sans pouvoir nous faire une idée très-nette de son utilité. Je veux parler des *mouvements vibratiles*.

La muqueuse du nez, la trachée-artère, les parties génitales internes de la femme sont couvertes d'une couche particulière d'épithéliums formés de petites cellules dont chacune supporte une quantité de cils vibratiles excessivement fins et continuellement en mouvement. Il n'y a que la destruction de la cellule ou des cils qui puisse arrêter ce mouvement, toute autre influence manque d'efficacité. Les cils ne dépendent ni du système nerveux ni de la circulation, et les cils des cellules, arrachés au corps et isolés, vibrent aussi longtemps que la cellule n'est pas décomposée. Le mouvement vibratile est très-répandu

dans le règne animal, et l'on peut presque dire que l'on trouve
d'autant plus de cils vibratiles sur un animal et que l'importance
de leur mouvement pour l'économie du
corps est d'autant plus considérable, que
l'animal est placé plus bas dans l'échelle
des êtres. Ce phénomène ne se remarque,
d'ailleurs, pas seulement dans le règne animal. Les spores de la plupart des plantes
aquatiques inférieures, des algues et des
fucus, par exemple, présentent aussi une
couche de cils vibratiles qui les font mouvoir très-rapidement et en tous sens dans
l'eau. Ces mouvements ressemblent, indubitablement, à ceux qui ont un but ; on pour-

Fig. 66. — Cellules vibratiles isolées. — *a, b*, co-
niques ; *c*, renflée, à
queue courbe ; *d*, allongée à double noyau et
longue queue.

rait croire qu'ils sont volontaires. Le mouvement volontaire au
moyen d'organes moteurs particuliers était, jusque dans nos temps,
le principal critérium servant à distinguer les animaux des plantes
dans le domaine des êtres les plus inférieurs ; mais, par ces
spores, ces deux types organiques, ordinairement si différents,
semblent se donner la main. Les observations modernes ont détruit cette dernière distinction, autrefois si facile à faire. Il est
impossible de distinguer, par le mouvement seul, la spore d'une
algue d'un infusoire de couleur verte. Ce n'est que lorsqu'on
voit la spore de l'algue se déposer et s'allonger en un filament
que l'on reconnaît sa nature végétale. On peut trouver la preuve
de ce fait en examinant le livre du plus grand observateur d'infusoires des temps modernes. Ce livre est rempli de descriptions d'organismes végétaux qu'il a pris pour des infusoires.

Chez beaucoup d'animaux inférieurs, les cils vibratiles sont les
seuls moyens de locomotion ; chez d'autres, ils servent à amener
la nourriture vers la bouche, à faire circuler les aliments dans
l'intérieur du tube digestif et le sang dans l'intérieur des vaisseaux ; ils servent aussi à maintenir en circulation l'eau indispensable à la respiration au moyen des tourbillons qu'ils produisent sur la surface des branchies et de la peau. Il doit y avoir

aussi un courant continuel à la surface des muqueuses vibratiles de l'homme, car les cils qui se trouvent sur une membrane battent toujours dans le même sens. On a cru que ce courant pouvait pousser la mucosité vers l'extérieur et qu'il servait sur d'autres membranes à faire passer des liquides ou de petits corpuscules de l'extérieur à l'intérieur; mais on a trouvé, en général, que le courant allait dans le sens opposé à celui que le but supposé réclamait. Nous ne savons jusqu'à présent pourquoi ces cils se trouvent sur certaines muqueuses, tandis que d'autres en sont dépourvues; nous ne pouvons faire que des suppositions sur la fonction qui leur est échue.

LETTRE XVII

LA VOIX ET LA PAROLE

La perfectibilité illimitée du genre humain et la marche as-
cendante et progressive de sa civilisation ne sont dues, au fond,
qu'à la faculté que possèdent les hommes de communiquer à
leurs semblables leurs pensées au moyen de la parole. Ces pensées deviennent ainsi la propriété de tous, tandis que chez les
animaux elles restent, même dans le cas où elles seraient élaborées, la propriété d'un seul individu, disparaissant avec la mort
de celui-ci et n'ayant, par conséquent, aucune influence sur la
perfectibilité de l'espèce. Je n'irai pas jusqu'à dire que les animaux soient incapables de se communiquer des pensées plus ou
moins complètes suivant leurs aptitudes particulières ; je crois
qu'au contraire la parole des animaux, loin d'être du domaine de
l'imagination pure, existe en effet, mais qu'elle est aussi limitée
que la langue du crétin qui ne peut communiquer à ses semblables que les faits et les phénomènes les plus ordinaires au moyen
de certains mouvements et de certains sons. Les fameux chiens
Scipion et Bragance sont des créations toutes poétiques, mais quel
chasseur n'a vu ses chiens se concerter sur une chasse en commun ? Lorsque deux de ces derniers quittent le chenil ensemble,
marchant d'abord à petits pas, l'un à côté de l'autre, la tête

baissée et le nez au vent ; lorsqu'ils se séparent ensuite tout à coup, l'un d'eux s'en allant directement sur une passe connue du gibier, tandis que l'autre parcourt la forêt et chasse les lièvres à haute voix vers l'endroit où les attend son camarade, peut-on nier, dans ce cas, que les chiens ne se soient entendus d'avance et aient décidé que l'un chasserait tandis que l'autre irait se mettre à l'affût à un endroit déterminé?

Les recherches de Huber sur les fourmis ont prouvé que ces petits animaux si intelligents ont un langage de signes tout aussi complet que le langage des sourds-muets. Les sons qu'émettent beaucoup d'animaux s'adaptent très-bien à leurs habitudes. Chez les uns, ils servent à avertir, chez les autres, à appeler ; ils peuvent ainsi transmettre à leurs semblables une série assez longue de sensations et de sentiments intimes. Nous ne comprenons pas ce langage de signes et de sons, parce que nous ne sommes pas habitués, pour la plupart du temps, à reconnaître l'importance de chacun de ces signes par un examen et une analyse consciencieuse. L'étranger qui entre dans une institution de sourds-muets ne peut saisir davantage les conversations des élèves que le maître comprend très-bien. Si l'on examine le développement du langage. et des caractères de l'écriture qui y correspondent d'après les données historiques, ou si l'on examine le développement du langage de l'enfant depuis sa naissance, on verra que dans le règne animal on retrouve la même gradation dans le développement des différents moyens qui servent à communiquer les pensées. Chez l'animal, ces moyens de communication s'arrêtent à un degré beaucoup plus bas que chez l'homme, car ils sont représentés seulement par des signes et des sons inarticulés. Ceci dépend d'ailleurs du développement intellectuel qui est beaucoup moins élevé chez l'animal. La parole de l'homme n'est donc pas pour lui un avantage absolu et dépendant de la forme du larynx, de même que la peinture et la sculpture ne dépendent pas de la conformation particulière de la main. Il n'y a d'ailleurs pas une seule fonction du corps humain et, par conséquent, aucune activité de l'âme qui soit l'apanage de l'homme seul et qui puisse le distinguer d'une manière absolue de tous les autres animaux. La supériorité de l'homme réside dans la réunion bien combinée des facultés et dans le développement plus grand des facultés animales.

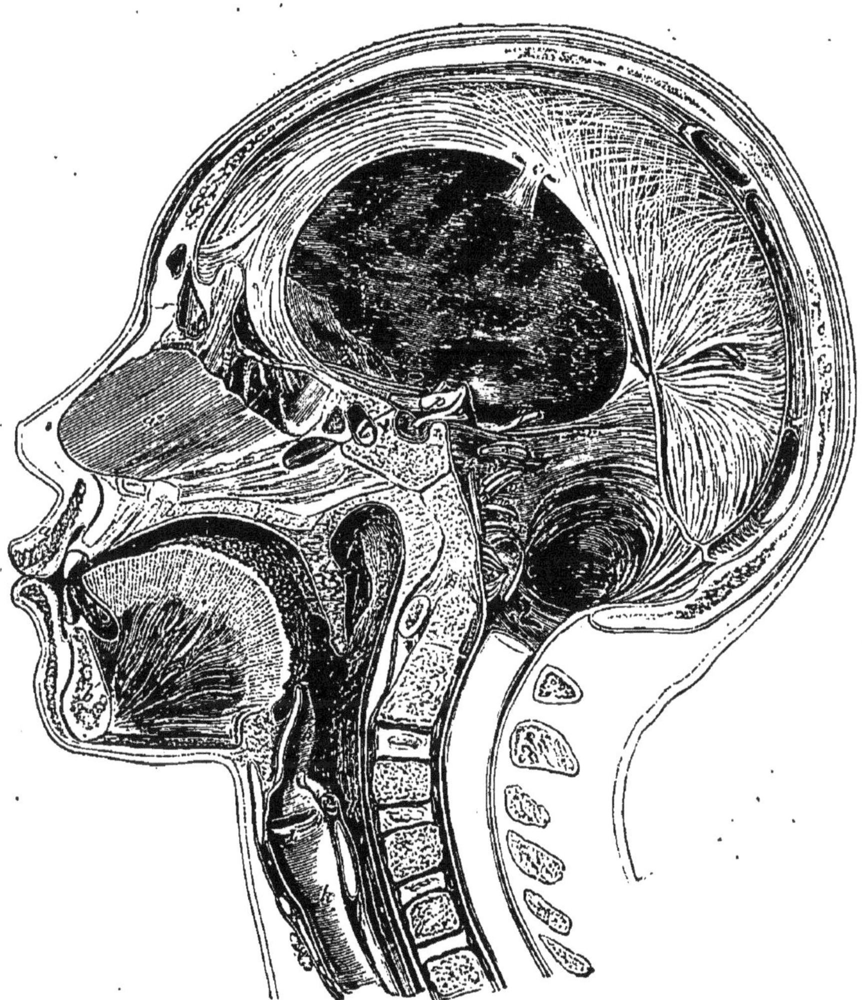

Fig. 67. — Coupe de la tête montrant la position des organes de la voix. — *a*, lèvres; *a'*, cloison du nez; *b*, palais osseux; *c*, langue; *d*, voile du palais; *e*, luette; *f*, ouverture nasale postérieure; *g*, pharynx; *h*, épiglotte; *i*, glotte; *k*, cavité ouverte du larynx; *l*, œsophage.

C'est le *larynx*, que l'on appelle ordinairement aussi la pomme d'Adam, qui est l'organe vocal; il forme chez le mâle une proéminence appréciable à la partie antérieure du cou, et la tradition raconte qu'Adam, en mordant la pomme, se défendit énergiquement contre les insinuations d'Ève, jusqu'à ce que celle-ci lui ait poussé la pomme dans la bouche. Un morceau de cette pomme s'engagea dans la trachée-artère et y resta. Le larynx représente la partie supérieure de la trachée-artère ; il s'ouvre par une fissure longitudinale, la *glotte*, dans la partie postérieure du gosier et à la racine de la langue. Si on regarde dans une glace le fond de la bouche ouverte en comprimant fortement la langue au moyen d'une cuiller, on voit au fond du gosier et des deux côtés deux prolongements membraneux et placés en ogives, les *arcs palatins*, qui peuvent s'avancer vers le milieu et se retirer ensuite. Depuis le haut du palais peut s'abaisser aussi un rideau membraneux muni au milieu d'un prolongement mobile et en forme de crochet, le *voile du palais* avec la *luette*. Ces formations, placées au fond de la bouche, la ferment ordinairement, presque complétement quand elle est close. En arrière on trouve une cavité spacieuse, le *gosier*, dans lequel aboutissent la trachée-artère au moyen de la glotte en avant, l'œsophage en arrière et les cavités nasales par leurs ouvertures postérieures en haut. C'est en cet endroit que se croisent les deux routes que doivent parcourir l'air d'un côté et les aliments de l'autre. La route normale de la respiration passe par le nez, le larynx et la trachée-artère ; la route normale pour les aliments par la bouche, le gosier et l'œsophage. Quand la respiration est tranquille, le courant aérien est séparé en avant de la cavité buccale par les formations mobiles du palais, et n'arrive donc pas dans la route des aliments. Pendant la déglutition, un petit couvercle en forme de soupape, l'*épiglotte*, recouvre la glotte et empêche les aliments de passer dans la trachée-artère. La voie respiratoire peut être ainsi fermée pendant que les aliments passent pour aller dans l'œsophage qui s'ouvre derrière la trachée-artère. Lorsque nous émettons des sons articulés, les deux voies sont ouvertes dans leur partie antérieure, et les parties mobiles du palais, de la langue et de la bouche prennent une

large part à la formation et à la modification de certains sons et
de certaines lettres. Examinons avant tout les conditions nécessaires à la production des sons, et nous verrons ensuite jusqu'à
quel point les sons formés peuvent être utilisés par le langage.

Le larynx est formé par la partie supérieure de la trachée-
artère qui est dilatée en cet
endroit. Les anneaux cartilagineux de la trachée-artère la maintiennent tou-
jours ouverte ; le larynx est
composé de plusieurs cartilages mobiles retenus par
des ligaments nombreux.
Ces cartilages peuvent être
mis en mouvement soit isolément, soit dans leur ensemble, par des muscles, ce
qui donne au larynx, au
total aussi bien qu'à ses parties, une grande motilité. Il
avait été jusqu'à présent
très-difficile d'étudier les
conditions physiques de cet
organe au moyen de l'expérience ; ce n'est que par les
études consciencieuses et
suivies de plusieurs observateurs récents que l'on a
pu triompher de ces difficultés ; par l'emploi du laryngoscope surtout, on a pu se
faire une idée, il est vrai,
encore assez incomplète, de l'activité du larynx.

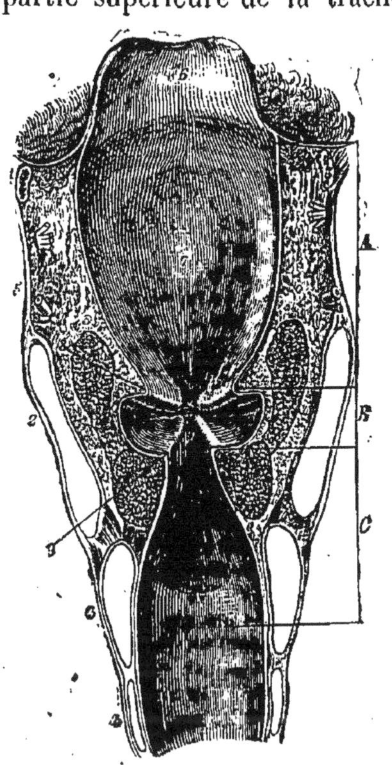

Fig. 68. — Coupe verticale et transversale du
larynx montrant la partie antérieure de la
cavité depuis l'intérieur. — 1, os hyoïde
coupé ; 2, cartilage thyroïde ; 3, cartilage
annulaire ; 4, premier anneau de la trachée-
artère ; 5, membrane entre l'os hyoïde et le
cartilage thyroïde ; 6, épiglotte ; 7, saillie en
creux dans la cavité laryngéenne supérieure
embrassée par *A* ; 8, cordes supérieures ;
B, cavité laryngéenne moyenne (poche de
Morgagni) ; 9, cordes vocales proprement
dites ; *C*, cavité laryngéenne inférieure.

On trouve placé sur le premier anneau de la trachée-artère un
anneau cartilagineux complet : le *cartilage cricoïde*, qui est

aminci en avant et élargi en arrière, ce qui lui donne la forme d'une bague munie d'un cachet. Dans cet exemple, le cachet serait tourné vers l'œsophage et la colonne vertébrale, et la partie amincie de la bague vers l'extérieur. Sur cet anneau repose en avant et en haut un grand cartilage triangulaire qui est formé de deux pièces latérales ayant l'apparence de deux triangles irréguliers ; c'est le *cartilage thyroïde*, et la partie antérieure et saillante dans laquelle se réunissent les deux ailes latérales du cartilage forment la proéminence que l'on remarque sur le cou des individus du sexe masculin. A la partie postérieure de ces deux ailes du thyroïde, et placés entre elles et la partie élargie du cricoïde, se trouvent deux petits cartilages très-mobiles, les *aryténoïdes*, qui donnent ainsi une forme arrondie à la partie supérieure du larynx. Au-dessus du thyroïde se trouve l'*épiglotte*, qui est placée verticalement. L'épiglotte, en s'abaissant d'avant en arrière, peut fermer la partie supérieure du larynx, ouverte par une fente longitudinale, qui est appelée la *glotte*.

Les organes essentiels de la voix sont deux ligaments fibreux et élastiques qui sont tendus d'arrière en avant entre les aryténoïdes d'une part et la paroi interne du thyroïde de l'autre. Ces ligaments sont disposés de telle-façon qu'ils laissent entre eux un espace médian plus ou moins large ; on les appelle les *cordes vocales* inférieures. Ces cordes sont indispensables pour la production du son. Si l'on examine le larynx d'en bas, après l'avoir préalablement séparé de la trachée-artère, on voit que la cavité formée par le cricoïde est limitée en haut par l'ouverture de la glotte. Cette ouverture est placée entre les cordes vocales inférieures. La glotte présente le même aspect d'en haut lorsqu'on relève l'épiglotte et qu'on ôte les *cordes vocales* supérieures. Celles-ci ne servent d'ailleurs qu'à soutenir les parties du larynx et n'entrent pas en jeu dans la production des sons. Si l'on fait sur un animal ou un homme vivant[1] une ouverture dans la trachée-artère ou dans le cartilage cricoïde, au-dessous des cordes vocales,

---

[1] Cette opération, appelée la trachéotomie, devient souvent nécessaire en cas d'occlusion de la glotte par le croup des enfants, la présence de corps étrangers, etc.

ce qui fait que l'air expiré s'échappe non pas par la glotte, mais par l'ouverture artificielle, la production du son disparaîtra complétement. Si l'on ferme l'ouverture avec le doigt, et que l'on oblige ainsi l'air à passer de nouveau à travers la glotte, il y aura de nouveau production de sons. En faisant des expériences sur des animaux ou en observant des suicidés qui s'étaient coupé la gorge dans la partie supérieure du larynx, de manière à mettre la glotte à nu, on a pu fournir la contre-épreuve de la trachéotomie. On a pu voir, en effet, que les sons sont produits par les cordes vocales. On a souvent traité des suicidés qui s'étaient fait une blessure immédiatement au-dessus du thyroïde ou dans la partie supérieure de ce cartilage. Ces malheureux avaient ainsi détruit l'épiglotte et même la partie supérieure du thyroïde, ce qui mettait à nu les cordes vocales. Ils pouvaient alors émettre des sons comme auparavant, et la voix ne disparaissait que lorsque les cordes vocales elles-mêmes étaient blessées.

Il ressort de ces expériences que la trachée-artère forme avec le cartilage cricoïde un tube terminé à sa partie supérieure par deux ligaments élastiques qui laissent entre eux une petite fente; ces ligaments peuvent être plus ou moins tendus; et produisent les sons lorsqu'on souffle à travers le tube pendant l'expiration. L'organe vocal représente, par conséquent, un sifflet à anche avec lequel on produit des sons en faisant vibrer des languettes élastiques membraneuses. Le tube par lequel on souffle est représenté par la trachée-artère, les parties placées au-dessus des languettes formées par les cordes vocales, c'est-à-dire les parties molles du larynx supérieur, l'épiglotte, les cavités gutturale, buccale et nasale, représentent des sortes de prolonges très-compliquées qui renforcent ou modifient le son par leur résonnance.

La différence dans l'élévation des tons que produit le larynx dépend de diverses circonstances, mais une des plus essentielles est le plus ou moins grand degré de tension des cordes vocales, ce qui augmente ou diminue le nombre de vibrations produites dans un temps donné. La largeur de l'ouverture de la glotte n'a

pas d'influence immédiate sur l'élévation des sons ; il est nécessaire cependant que la glotte forme une fissure linéaire dont le
diamètre transversal ne dépasse pas un dixième de pouce. Si la glotte est plus large qu'une ligne, il n'y a plus production de son, mais on observe alors seulement une sorte de râlement. L'air passe en bouillonnant entre les cordes vocales sans pouvoir les faire vibrer et sans arriver à la production d'aucun son.

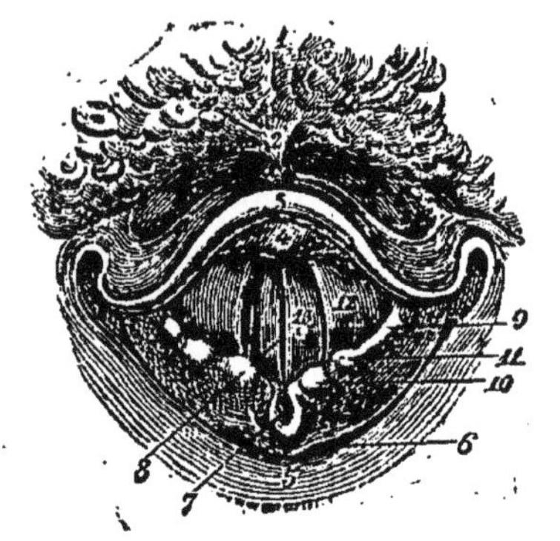

Fig. 69. — Le larynx vu au laryngoscope. (On remarquera que dans cette
figure, les parties étant vues dans un
miroir, on voit les parties antérieures
situées du côté de la langue en haut
et les parties postérieures en bas). —
1, base de la langue ; 2, pli membraneux entre la langue et l'épiglotte ;
3, bord supérieur de l'épiglotte ; 4,
saillie à la base de l'épiglotte ; 5, paroi postérieure du pharynx ; 6, entrée
de l'œsophage, se présentant sous la
forme d'une fente en croissant ; 7,
glotte respiratoire ; 8, glotte vocale ;
9, plis membraneux autour de la glotte
avec des petites éminences, désignées
par les chiffres 10 et 11 ; 12, cordes
supérieures ; 13, cordes vocales inférieures.

L'examen du larynx au moyen du laryngoscope fournit, entre autres, les renseignements suivants sur les fonctions de cet organe.

L'épiglotte, qu'elle soit tirée en avant mécaniquement par la langue ou par la production d'une note élevée, se montre, comme pendant le repos, sous forme d'un arc à flèches fortement recourbé à ses extrémités, lesquelles passent en continuité à la paroi postérieure de l'œsophage ; la lumière de ce dernier se présente sous forme d'une fente étroite courbée en demi-cercle. Dans l'espace circonscrit par l'épiglotte et la paroi de l'œsophage, se dresse un second demi-cercle parallèle à la fente de l'œsophage et formé par un pli cutané garni de petites tubercules en saillie. Au centre se trouve un espace lenticulaire, fendu au milieu par la glotte dont l'ouverture peut être fermée et amoindrie comme par des coulisses par les cordes vocales internes, tandis que les cordes externes remplissent les deux coins latéraux de l'espace lenticulaire.

En faisant abstraction des parties moins importantes, le jeu des parties principales se fait de la manière suivante : lorsqu'on expire tranquillement, l'épiglotte est rabattue en arrière, les cordes vocales largement écartées et l'espace entre l'épiglotte et l'œsophage se présente alors sous forme d'un fuseau allongé transversalement ; lorsqu'on tire pendant l'expiration l'épiglotte en avant au moyen de la langue, la glotte se présente comme un trou de forme carrée, pendant que les cordes vocales paraissent presque disparues ; par l'expiration saccadée, en soupirant par exemple, les cordes vocales se rapprochent davantage, la glotte vocale se montre sous forme de fente assez large, qui se confond avec la glotte respiratoire : la production de notes basses ferme la glotte respiratoire, pour faire passer tout l'air par la glotte vocale à peine élargie, mais couverte par l'épiglotte rabattue ; par la production de notes hautes au contraire, on tire l'épiglotte en avant, découvrant ainsi toute la glotte, devenue à peine perceptible par le rapprochement des cordes vocales ; enfin lorsqu'on expire vivement par intervalles entre le chant, les bords postérieurs des deux glottes vocale et respiratoire s'écartent au point de faire paraître l'ouverture triangulaire.

On sait qu'on peut élever la note que produit une corde tendue en diminuant sa longueur ; il en est de même pour les cordes vocales. Plus leur longueur naturelle est petite et plus on les raccourcit par l'effort de la volonté, plus aussi le son sera élevé. C'est là-dessus que se base la différence entre les sons produits par le larynx d'un homme adulte, et ceux produits par le larynx des femmes ou des enfants. La longueur moyenne des cordes vocales d'un homme est, à l'état de repos, de 18 millimètres et 1/4, et dans leur état de tension maximum, de 23 1/6 millimètres. Chez la femme, les cordes vocales présentent, à l'état de repos, une longueur moyenne de 12 millimètres 2/3 et, dans leur état de tension maximum, de 15 millimètres 2/3. On a trouvé les résultats suivants sur un jeune garçon de 14 ans : 10 millimètres 1/2 à l'état de repos et 14 millimètres 1/2 à l'état de tension maximum. La plus ou moins grande capacité du larynx, la rigidité de ses parois et de ses cordes vocales, provoquent aussi pour leur part des différences entre les sexes et les âges divers. Le larynx de l'homme est bien plus grand que celui de la femme ; l'angle sous lequel se rencontrent les deux ailes du thyroïde à leur partie antérieure est bien plus ouvert, les cartilages sont plus épais et les cordes vocales plus rigides. C'est pour cette raison que le sexe masculin éprouve plus de difficulté à produire rapidement des notes diverses, c'est pour cela aussi que la voix est plus basse et que le timbre est différent. C'est surtout la rigidité des cordes vocales, des cartilages et des muscles qui a ici une influence essentielle. La flexibilité de la voix est en raison directe de son élévation, si l'exercice et l'étude ont développé la voix au même degré. Une voix basse exige généralement pour faire une roulade plus de temps qu'une voix de ténor, et les femmes ont sous ce rapport un grand avantage sur les hommes. Les musiciens connaissaient ce fait bien avant les physiologistes. Les basses-tailles donnent en général des sons pleins, tandis que le ténor pousse des croches et le soprano des trilles en triples-croches. S'il y a quelquefois des exceptions dans des opéras-comiques où l'on entend chanter, sur une mesure plus rapide, des vieillards d'humeur querelleuse, la voix restera en général sur la même note et la parole seule partage en plusieurs sons la note unique plus soutenue.

Les languettes élastiques parmi lesquelles se rangent les cordes vocales peuvent être comparées, sous le point de vue acoustique, aux cordes des instruments ; mais elles ont sur ces dernières cet avantage qu'on peut élever ou abaisser à volonté la note qu'elles donnent. Une languette élastique peut donner deux notes très-différentes avec le même degré de tension, pourvu que cette tension ne soit pas trop forte. La différence des notes provient de ce que la languette vibre tantôt dans toute sa largeur, tantôt seulement au bord. Dans le dernier cas, la note est bien plus élevée et bien plus claire que dans le premier. Cette particularité des languettes élastiques est échue aussi aux cordes vocales humaines et donne lieu à la distinction entre la voix de poitrine et la voix de tête. La voix de poitrine est produite par la vibration ondulatoire complète et dans tous les sens des cordes vocales. Dans la voix de tête le bord intérieur des cordes vibre seul dans toute sa longueur. Plus la corde vocale est tendue, plus il est difficile de la faire vibrer dans toute sa largeur. Si la tension augmente, la partie du bord qui entre en vibration devient de plus en plus petite, et le son de plus en plus élevé. Nous ne pouvons, par conséquent, produire les sons élevés qu'au moyen de la voix de tête, c'est-à-dire en faisant vibrer le bord seul de la corde vocale. Pour les notes moyennes, nous pouvons à volonté les émettre avec la voix de tête ou la voix de poitrine. Si nous produisons dans leur série toutes les notes de la gamme que notre voix peut émettre, en commençant par le son le plus bas, nous faisons vibrer d'abord les cordes vocales dans toute leur largeur, et en augmentant successivement la tension des cordes vibrantes; ainsi nous donnons les notes élevées bien plus aisément avec la voix de poitrine, par laquelle nous maintenons cette vibration des cordes vocales dans toute leur largeur jusqu'au dernier moment. C'est seulement lorsque les cordes, maintenues dans cette vibration totale, ne peuvent plus émettre des notes plus élevées, que nous changeons leur position en ne faisant vibrer que leur bord intérieur. Si nous commençons au contraire la gamme par les notes les plus élevées, en ne faisant vibrer que les bords des cordes vocales, nous émettrons certaines notes avec la voix de tête, tandis que dans le premier cas, nous produisions ces mêmes notes avec la voix de poitrine. La différence des tyroliennes avec les chants-ordinaires, consiste surtout dans le passage rapide de la voix de fausset à la voix de poitrine. Le chanteur tyrolien produit la plupart des notes moyennes qu'un autre chanteur émettra avec la voix de poitrine, avec sa voix de tête. Comme les sons donnés de fausset sont beaucoup plus aigus que les notes plus pleines de la voix de poitrine, ils sembleront bien plus élevés et la différence est bien plus sensible. Beaucoup de chanteurs sont incapables de chanter des tyroliennes, parce qu'ils ne peuvent passer instantanément de la voix de poitrine à la voix de tête. La plupart des chanteurs savent très-bien dans quelle gamme on doit leur donner le fameux *ut*, pour qu'ils puissent l'émettre avec la voix de poitrine.

On peut encore élever le ton produit par une languette qui vibre en renforçant le courant d'air qui passe devant elle ; à tension égale, on peut ainsi, sur les cordes vocales humaines, élever le son d'une quinte tout entière. Il est facile de constater que cet effet de l'air provient surtout de la tension qu'il produit sur les cordes vocales. Plus l'air expiré sort violemment, plus aussi les cordes vocales sont poussées avec force ; les cartilages servant à les tendre peuvent rester dans la même position, tandis que les cordes vocales peuvent enfler comme une voile, ce qui élève la note. Cette proportion nous montre que les modulations, en forte et piano, qu'on fait en chantant, ne sont pas si faciles à produire que se le figurent beaucoup de professeurs de chant, mais qu'au contraire, il faut une étude suivie et beaucoup de pratique pour qu'un chanteur arrive à donner exactement la même note en modifiant la force du son émis. Plus il renforcera le son par l'expiration, plus aussi il devra détendre les cordes vocales pour compenser l'élévation de la note que détermine une expiration plus active. Mais il n'est pas donné à tout le monde de garder toujours en équilibre ces deux forces ; sitôt que l'équilibre est rompu, la voix détonne quand l'expiration devient plus forte.

On peut, en tendant différemment les cordes vocales, arriver à produire, avec un larynx ordinaire, une série de notes formant deux octaves. L'extension ordinaire d'une voix humaine est de deux octaves ou tout au plus de deux octaves et demie, si l'on ne veut produire que des sons purs et musicaux ; la plupart des individus peuvent, il est vrai, émettre encore quelques notes soit plus élevées, soit plus basses, mais elles sont tantôt trop criardes et tantôt trop sourdes pour pouvoir être utilisées dans l'art du chant. Des chanteurs et des chanteuses remarquables ont pu arriver à une extension de voix beaucoup plus grande, mais on n'en connaît pas qui aient pu chanter quatre octaves. Ces proportions nous donnent une loi très-simple : c'est que des chansons, composées pour des voix ordinaires, ne sauraient présenter de mélodies dépassant deux octaves. Les chœurs d'hommes, par exemple, dont les mélodies embrassent plusieurs octaves, et dans lesquels les différentes parties chantent alternativement la mélodie même, peuvent être d'un fort bel effet dans l'ensemble, tandis que, chantés par un seul individu, ils deviendront de vraies cacophonies. La *Wacht am Rhein*, devenue si populaire en Allemagne pendant la dernière guerre, nous en a donné un triste exemple.

Si l'on a, jusqu'à présent, en examinant des larynx sur des cadavres, pu déterminer avec assez d'exactitude la formation des sons, les données plus précises sur les rapports des parties supérieures de l'organe vocal, avec le chant, par exemple, nous font encore complétement défaut. Il est indubitable que ces parties ont une influence capitale sur le timbre, la sonorité et l'ampleur du son, mais nous ne savons pas quelle est l'influence de la glotte, du gosier, des canaux du nez, de la cavité buccale, de la forme de la langue, du palais et des lèvres sur toutes les conditions accessoires indispensables à la perfection du chant.

Le *langage* consiste dans l'emploi des différentes parties qui sont en rapport avec la voix respiratoire, en vue de la production des bruits ou des sons dépendant de la position de ces parties et du courant aérien qui les traverse. La production des sons articulés en eux-mêmes est complétement indépendante de la glotte. On peut, en effet, parler très-clairement en chuchotant et sans produire ainsi un son musical. Un sourd-muet ne comprend pas mieux quand on parle distinctement que quand on chuchote, car il étudie la position des organes vocaux. Des observateurs récents ont voulu reconnaître un degré de perfection matérielle plus grand dans les organes vocaux d'une espèce de singe, en se basant sur l'anatomie du larynx et la présence de quelques petits muscles étrangers au larynx humain. Cette opinion nous montre seulement que ces savants n'avaient pas étudié suffisamment les conditions même du langage articulé. Le larynx et la glotte n'entrent jamais en jeu pour la production des consonnes; ils jouent un rôle dans la production des voyelles, et cela seulement quand on parle haut. Dans ce dernier cas même, ces organes ne servent qu'à produire le son musical qui doit être encore modifié, pour devenir une voyelle, par les cavités buccale et nasale. La glotte, à elle seule, ne pourra jamais prononcer une voyelle, ses vibrations ne servent qu'à émettre un son musical. Si le contraire avait lieu, nous ne pourrions pas chanter sur tous les tons une voyelle quelconque. Il est vrai qu'on choisit généralement la lettre *a* dans les exercices de chant, mais ce choix provient uniquement du fait que l'*a* demande pour sa prononciation que la bouche soit très-grande ouverte. Cette lettre permet donc de conserver au son toute sa pureté primitive, tandis que pour articuler les autres voyelles il faut toujours fermer plus ou moins la bouche, la cavité buccale ou le palais : les sons deviennent ainsi plus ou moins indistincts ou sourds. Les nations qui n'ont pas d'*a* pur dans leur langage, parce qu'elles sont trop paresseuses pour ouvrir la bouche, 'la nation anglaise par exemple, ne peuvent parvenir qu'à grand'peine à employer une méthode de chant agréable pour une oreille exercée.

Tout cela n'empêche pas qu'à chaque voyelle corresponde un son particulier de la cavité buccale qui dépend de la forme de cette dernière et non de sa grandeur. On peut s'en assurer en analysant les voyelles au moyen de diapasons ou de résonnateurs. La cavité buccale est accordée au *si bémol* simple lorsque l'on prononce la voyelle *a* et elle est accordée à l'octave au-dessus quand on prononce l'*o*. La cavité buccale prend alors la forme d'un entonnoir; mais elle prend la forme d'une bouteille à col étroit pour produire les autres voyelles. Le ventre et le col de la bouteille produisent alors deux sons différents, et le son le plus élevé émis par le col obtient plus facilement l'avantage.

Il serait trop long de vouloir expliquer ici quel est le rôle des différentes parties des organes vocaux dans la production des différentes lettres, voyelles ou consonnes. La seule différence entre ces deux sortes de lettres provient de ce que, dans les premières, la glotte émet un son musical véritable, tandis qu'elle ne le fait pas pour les consonnes. Les sons se forment, lorsque ce sont des consonnes, au moyen des parties extérieures des organes vocaux. On peut cependant, dans la plupart des cas, considérer les consonnes comme des bruits particuliers produits par différents organes. Les langages des peuples civilisés ont des consonnes toutes formées par des bruits, les peuples moins civilisés possèdent encore des sons produits par le claquement de la langue ou des lèvres et ayant évidemment tous les caractères d'un son. Il n'est pas besoin d'aller jusque chez les Hottentots pour entendre des sons pareils ; les paysans du canton d'Appenzell claquent de la langue au lieu de dire oui, et ce son n'a pas moins de force que le claquement d'un fouet.

A l'exception de l'*h* aspiré qui est produit par la sortie rapide et subite de l'air expiré, toutes les consonnes sont émises d'après le même principe. La position de l'os hyoïde par rapport au larynx ne change pas, mais la voie respiratoire se resserre quelque part sur le chemin entre la glotte et l'entrée de la bouche, ce qui fait que l'air en passant produit un bruit. On peut distinguer les consonnes en trois groupes suivant l'endroit où se fait ce resserrement. Dans le premier groupe on place les lettres *p*, *b*, *f*, *r*, *m*, pour la production desquelles les deux lèvres ou une lèvre seule réunie à une rangée de dents ferme plus ou moins complétement l'entrée de la bouche ; dans le second groupe se trouvent les lettres *d*, *t*, *s*, *ch*, *j*, *l*, *n*, ainsi que l'*r* prononcé avec la langue ; la fermeture de la voie respiratoire provient ici de la position de l'extrémité antérieure de la langue qui vient s'appuyer contre les dents ou la partie antérieure du palais. Le troisième groupe enfin est formé par les lettres *g* (*gh*), *k*, l'*n* nasal, l'*r* et le *ch* gutturaux. La fermeture se fait alors au moyen des parties postérieures de la langue aidées des parties molles qui forment le fond du palais.

Les passage des différentes voyelles et consonnes les unes aux

autres et la manière dont elles se substituent ont donné naissance à une science particulière, la linguistique comparée. Cette
étude nous a fourni beaucoup de connaissances au sujet de la
distribution des différentes races humaines sur le globe. Il faut
pourtant en user avec discernement, car ce serait aller trop loin
que de vouloir donner une origine commune aux Nègres et aux
Caucasiens à cause de la ressemblance fortuite de quelques sons
de leurs diverses langues. On peut ainsi découvrir des ressemblances entre un chameau et une montagne, et l'on peut avec
un peu d'habileté faire dériver le mot *cheval* du mot latin *equus*,
qui a la même signification. La langue est un produit immédiat de l'esprit créateur d'un peuple ; elle est en rapport intime
avec sa manière de penser. Chaque individu a une certaine
façon de s'exprimer qui tient à son caractère et à sa manière
d'être, comme aussi à son degré de culture intellectuelle.
Il en est de même pour les peuples. Leur caractère et les progrès qu'ils font trouvent leur expression dans les particularités
et les progrès de leur langage. Les peuples chez lesquels un
langage étranger est venu se greffer pour ainsi dire sur une
souche nationale différente, et dont le caractère est en contradiction avec le langage, sont condamnés à la stérilité ; ce n'est
que lorsque cette contradiction s'est changée dans le langage en
un mélange que les peuples peuvent se développer dans une direction particulière. On peut s'assurer de la vérité de ces faits en
examinant l'Europe, dans laquelle la politique a changé de fond
en comble l'*habitus*, si l'on peut s'exprimer ainsi, de beaucoup de nations. Les Anglais ont fait de la confusion de leurs
différentes souches de langages un idiome particulier dont la
brièveté et les modulations uniformes et monotones sont l'expression du caractère de ce peuple. Ils peuvent par conséquent
dével·pper leur langage dans ce sens. En Alsace, au contraire, où
le français et l'allemand sont en lutte, le français étant parlé par
les classes supérieures, et l'allemand étant la langue du peuple, il ne peut s'établir aucune originalité, parce que l'un des
éléments étouffe l'autre. Ces influences sont de longue durée :

le canton de Vaud parle français, a une éducation française, et veut être un canton de la Suisse française ; mais, malgré, cela il a des sentiments allemands, une manière de raisonner et de penser tout allemande, et il restera par conséquent toujours stérile parce que la langue ne correspond pas aux besoins intellectuels du peuple vaudois. Ceci prouvera même aux gens les plus convaincus combien il est absurde de rêver une langue universelle. Cette langue ne satisferait les besoins de personne et serait bientôt transformée en dialectes, comme l'a été la langue primitive des races aryennes ou indo-germaniques. Il s'est formé là, en effet, des langages indépendants, et ce n'est que dans les racines qu'on peut retrouver l'origine commune.

TROISIÈME PARTIE

LA GÉNÉRATION

LETTRE XVIII

LE SEXE

Nous avons, dans toute la partie du livre qui précède, étudié l'homme comme individu isolé, et examiné une à une les diverses fonctions qui composent dans leur ensemble la vie de l'organisme humain ; nous avons cherché à expliquer clairement au moyen de résultats obtenus de diverses manières, comment ces différentes fonctions de la vie se relient les unes aux autres ; nous avons vu que la nutrition, la circulation et la sécrétion s'entr'aident pour assimiler au corps les différentes substances prises dans le monde extérieur, pour leur donner la forme typique qui convient aux éléments du corps humain, et pour rejeter ce qui est sans emploi. Nous avons examiné aussi quels sont les rapports de l'individu avec le monde qui l'environne, et quels sont les organes du corps dont le rôle est de produire la sensation, le mouvement et les fonctions mentales. Nous avons étudié d'abord ce qu'on pourrait appeler la comptabilité en partie double de la vie avec ses recettes et ses dépenses, sa caisse, ses profits et ses pertes ; nous avons vu ensuite ce qu'on pourrait appeler le livre de correspondance avec le livre de copie et le carnet particulier dans lequel sont transcrits les résultats finaux. Dans toutes ces recherches, nous avons pris comme type l'homme adulte, sans nous inquiéter de son sexe et de son développement graduel depuis l'enfance jusqu'à son entière croissance ; nous ne nous sommes occupé que de la conservation de la vie individuelle. Dans les lettres suivantes, il s'agira pour nous d'éclaircir avec tous les détails une autre partie de l'organisme humain et de parler des fonctions qui se rapportent à la conservation de l'espèce et à sa propagation.

Avant de livrer à la publicité en Allemagne la première édition de ces lettres, je me suis longtemps demandé s'il fallait traiter ce sujet dans un livre destiné au grand public. Mes doutes n'ont été ni levés ni confirmés par les amis que je consultai. Comme il arrive toujours dans ces circonstances, les uns parlaient dans le sens affirmatif, les autres dans le sens négatif, et chacun donnait à l'appui de son opinion de concluántes raisons. Une simplé expérience tirée de la librairie me détermina à surmonter mes premières hésitations, et je me décidai à parler des fonctions de la génération avec autant de détails que des autres sujets physiologiques, dont on peut causer dans les réunions que l'on est convenu d'appeler des réunions de bon ton ; mais quant aux questions que je traiterai dans les lettres subséquentes, elles sont du domaine de l'information intime de chacun ou des allusions inconvenantes, faites parfois par ceux qui oublient les mots de Gœthe :

« Il n'est pas permis de parler devant des oreilles chastes de choses dont les cœurs chastes ne sauraient cependant se passer. »

Or, voici mon expérience de librairie, que je puis citer en deux mots.

Il existe une quantité d'opuscules in-12 ou dans un format plus petit encore qui portent souvent des titres fort singuliers, au négoce des plus actifs et traitant justement de ces sujets, qui intéressent au plus haut point tout le monde, mais dont la bienséance défend de parler. Toutes ces élucubrations publiquement ou secrètement répandues sont le produit d'un charlatanisme éhonté qui marche de concert avec une ignorance profonde ; elles trouvent un débit excellent et des acheteurs nombreux. Ces opuscules, contre lesquels les traits de la censure la plus acerbe venaient s'émousser autrefois et qui échappent encore aujourd'hui à la police du colportage ordinairement si bien informée, lorsqu'il s'agit de brochures politiques, répandent dans le monde des absurdités incroyables qui se changent en préjugés presque indestructibles plus tard. C'est pourquoi il m'a semblé opportun de relater ici les résultats atteints par la science moderne qui s'est occupée récemment avec un grand succès de la génération et du développement de l'homme et des animaux; j'espère ainsi donner mon appoint à la vulgarisation d'opinions exactes sur ce sujet. Plus que tous les points traités par la physiologie, celui qui nous occupera ici intéresse le bien-être de l'humanité entière. Il est peut-être encore excusable d'affaiblir son propre corps par l'ignorance ou le mépris des lois physiologiques, mais on n'a pas le droit de transmettre, au moyen de la génération, ses défauts physiques à sa postérité et de ruiner ainsi celle-ci avant même qu'elle soit née. Des plaintes s'élèvent partout au sujet de la décadence de la race, qui fait chaque jour des progrès, et l'on ne se donne pourtant pas la peine de répandre des idées raisonnables au sujet de la génération. Au contraire, on laisse s'introduire partout une littérature malsaine, sans songer que les générations futures ont, elles aussi, le droit de jouir d'une santé florissante.

La propagation de l'espèce est rendue possible chez l'homme et la plupart des animaux par le concours des deux sexes, le sexe masculin et le sexe féminin. Chez les animaux supérieurs, les deux sexes sont distribués sur des individus différents qui se distinguent non-seulement par la construction des organes essentiels de la génération, mais encore par un grand nombre de particularités de leur organisme tout entier. Dans les classes inférieures du règne animal seulement, l'on trouve la réunion des deux sexes sur un même individu; c'est ce que l'on appelle l'hermaphrodisme. On trouve alors rassemblés sur le même individu des organes générateurs mâles et femelles complétement développés. Ce n'est que dans les organismes les plus inférieurs, occupant le dernier degré de l'échelle animale, à cause de la grande simplicité de leur construction, que la génération sexuelle semble être l'exception, et la génération asexuelle, la règle. Avant d'entrer plus avant dans ce sujet, il est nécessaire de donner une description sommaire des organes générateurs en général et des organes de l'homme en particulier; mais il nous semble superflu d'expliquer plus au long les différences sexuelles qui se remarquent dans la construction du corps tout entier. Chacun connaît, en effet, les différences des formes de l'homme et de la femme, et leur description détaillée rentre plutôt dans le domaine de l'art que dans celui de la physiologie.

Les organes *sexuels femelles* sont les organes du corps dans lesquels se forme un germe pouvant, dans certaines circonstances, se développer et devenir un individu nouveau Ce germe, qu'on appelle l'œuf, prend naissance, dans la plupart des cas, dans un organe, l'*ovaire*, différencié d'une manière spéciale pour cette fonction seule. L'œuf, arrivé à maturité, est expulsé de l'ovaire, ce qui lui permet de se développer et de se constituer enfin en dehors de l'organisme maternel en un individu nouveau, propre à mener une vie indépendante. On trouve chez la plupart des animaux des organes particuliers, en tubes, à travers lesquels l'œuf s'avance graduellement vers l'extérieur. Il reçoit en même temps dans ces organes, suivant la condition spéciale de la génération, différentes substances préparées en vue de lui servir de protection ou de nourriture. Ces *oviductes* viennent aboutir parfois immédiatement dans les orifices sexuels extérieurs, tandis que dans d'autres cas il se forme un organe intermédiaire servant à l'incubation et dans lequel l'œuf, placé encore dans l'organisme de la mère, se développe ultérieurement. La plupart des animaux, sans en excepter l'homme, naissent d'œufs. La femme produit aussi bien des œufs que la femelle de l'oiseau ou du poisson, et la différence entre les animaux vivipares et ovipares se trouve seulement dans le fait que l'œuf est expulsé chez les seconds quand il n'a pas encore atteint son complet développement, tandis que chez les premiers il continue son développement à l'intérieur des organes sexuels de la femelle ; dans ce dernier cas, l'individu seul qui y a pris naissance est expulsé. La différence entre les animaux « ovipares » et « vivipares » n'existe donc pas dans le principe, elle est seulement sensible dans le développement ultérieur du germe ; mais on remarque facilement cette différence, parce que chez les ovipares l'œuf atteint en général de plus grandes proportions par la présence de formations protectrices et de substances servant à la nutrition de l'animal qui doit se développer, tandis que chez les vivipares les enveloppes de l'œuf disparaissent pour laisser paraître l'embryon formé aux dépens de l'œuf absorbé et anéanti.

Les *organes sexuels mâles* produisent le sperme, liquide dont le concours est indispensable, en général, au développement de l'œuf. La rencontre des deux produits, ou plutôt leur attouchement immédiat est ordinairement nécessaire pour la formation d'un individu nouveau. Chez les animaux dans lesquels l'œuf est expulsé comme tel de l'organisme femelle, dans un état de développement peu avancé, la rencontre des deux produits sexuels a lieu souvent en dehors de l'organisme femelle, et la fonction sexuelle est limitée dans ce cas à cette simple fécondation. Chez les animaux dont l'œuf se développe dans l'intérieur de l'organisme féminin, la rencontre des produits sexuels à l'intérieur des organes qui recèlent l'œuf est nécessaire. Il y a donc, dans ce cas, une véritable copulation au moyen de laquelle le sperme est introduit dans les organes générateurs femelles. On distingue aussi, dans les organes sexuels mâles, les organes générateurs du sperme appelés les *testicules*, et les *canaux efférents*, par lesquels s'échappe le produit. A cela s'ajoutent encore, chez tous les animaux supérieurs et beaucoup d'autres inférieurs, des organes copulateurs particuliers externes, souvent très-compliqués.

Les *organes générateurs du sperme* ou les *testicules* offrent chez tous les animaux presque sans exception une construction glandulaire ; ils sont formés de la réunion de tubes séparés et plus ou moins longs qui, dans la plupart des cas, s'enchevêtrent

et forment des boucles nombreuses pour aboutir enfin tous ensemble dans un canal unique ; ce canal, le plus souvent, se termine
vers l'extérieur en formant des replis nombreux. Les testicules,
à de rares exceptions près, se présentent au nombre de deux et
sont placés symétriquement des deux côtés de l'axe du corps ;
dans la plupart des animaux vertébrés, on les rencontre à l'intérieur de la cavité abdominale de chaque côté de la colonne
vertébrale. Chez l'embryon humain, ils se trouvent aussi à
la même place au commencement de leur formation, mais ils
descendent vers le moment de la naissance et sortent de la cavité
abdominale par un canal particulier, le canal inguinal, pour
arriver dans le scrotum. Les tubes séminaux excessivement longs
et étroits dont l'enchevêtrement donne lieu au testicule, se
rassemblent d'abord pour former une certaine quantité de canaux efférents, qui s'enchevêtrent à leur tour et forment un
organe renflé et de forme particulière, l'épididyme. De cet organe s'échappe ensuite le canal déférent proprement dit. Chacun de ces canaux déférents se dirige depuis le scrotum vers
le haut du côté du canal inguinal, entre dans ce canal, arrive
ainsi dans l'abdomen et s'élargit pour former une sorte de sac
latéral, la vésicule séminale. Celle-ci est entourée d'une membrane musculeuse et est, pour cette raison, susceptible de contractions énergiques. C'est dans ces vésicules séminales que se
rassemble peu à peu le sperme produit dans les testicules après
avoir traversé le canal efférent. Les vésicules séminales et les
canaux déférents forment ensuite un canal commun qui s'ouvre
de chaque côté par une ouverture très-fine dans l'extrémité postérieure et intérieure de l'urèthre. Ce dernier sert à la fois à l'expulsion de l'urine et du sperme.

La composition du liquide fécondant, du *sperme*, est d'une
grande importance pour nous. Si l'on examine une goutte de ce
liquide au moyen du microscope, avec un grossissement suffisant, on voit au milieu d'un liquide clair et transparent, une
grande quantité de corps excessivement petits et offrant une
forme très-particulière. On serait tenté de prendre, à première

vue, ces corpuscules pour des infusoires, car ils présentent dans le champ du microscope des mouvements très-vifs et très-accentués. Ces *spermatozoïdes*, comme nous les appellerons provisoirement, se présentent chez l'homme comme des corps d'apparence pyriforme et aplatie; on peut les comparer aussi à une raquette à très-longue tige. La partie antérieure, un peu allongée et arrondie au bout, que nous appellerons la tête, se termine en arrière par une queue longue et mince présentant des mouvements semblables à ceux d'un fouet. Cette queue elle-même est si fine à son extrémité, qu'elle nous apparaît alors seulement comme un trait sans qu'on puisse en étudier l'organisation interne. Ni la tête, ni la partie un peu épaissie par laquelle se rattache la queue à la tête (on peut appeler cette partie le corps) n'ont offert jusqu'à présent de traces d'organisation ultérieure. La forme des spermatozoïdes, leur grandeur, les proportions entre la tête et la queue varient énormément chez les différents genres et les différentes espèces d'animaux. Chaque espèce, en effet, présente des spermatozoïdes à aspect particulier, et on peut les distinguer assez facilement de ceux d'une autre espèce. Les formes les plus étranges se remarquent parmi les mammifères chez les rongeurs, les souris et les rats. La tête

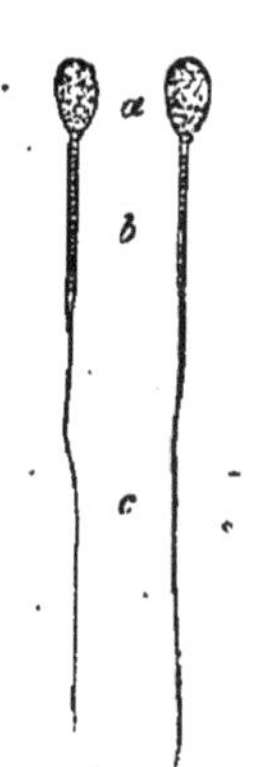

Fig. 70. — Spermatozoïdes de l'homme. — *a*, tête; *b*, corps; *c*, queue.

présente alors le plus souvent la forme d'un disque ou d'une demi-lune. La queue ne s'attache pas à la périphérie du disque mais à une de ses surfaces. Chez d'autres animaux et surtout chez la plupart des amphibies et des oiseaux, la tête du spermatozoïde n'est pas aplatie, mais cylindrique et se terminant en queue par degrés insensibles. Quant à la tête, cylindrique et plus épaisse, elle est souvent contournée en spirale comme le serait un tire-bouchon. Le spermatozoïde ainsi formé tourne dans ses mouvements autour de l'axe de la tête qui est enroulée en spirale, il avance dans le liquide comme une hélice. Les plus gros spermatozoïdes se trouvent chez les salamandres et les tritons; ces animaux sont remarquables aussi par la grandeur de leurs globules sanguins. Ces spermatozoïdes, presque visibles à l'œil nu, offrent aussi une tête en tire-bouchon, et la queue, qui est filiforme, présente en outre une sorte de nageoire large et excessivement fine dont les mouvements ondulatoires produisent des vibrations particulières que l'on croyait autrefois déterminées soit par un véritable épithélium de cils vibratiles, soit par un fil en spirale, tournant autour de l'axe de la queue. La forme la plus différenciée des éléments du sperme se trouve chez les animaux de l'ordre des crustacés, ils ont chez eux la forme de petits tonneaux d'où s'échappent des pointes fixes dans lesquelles on n'a point encore observé de mouvement.

Le mouvement que l'on remarque d'ailleurs dans tous les spermatozoïdes complétement formés de chaque animal, est ondulatoire et provoqué par les vibrations de la queue; on peut le comparer à juste titre au mouvement natatoire d'une anguille ou d'un serpent. Quoique ces vibrations présentent une certaine rapidité, le déplacement qu'elles produisent n'est pourtant que fort lent. On a mesuré ce déplacement au moyen du microscope, et on a trouvé que les spermatozoïdes peuvent parcourir en une minute à peu près l'espace de deux millimètres. Ces mouvements peuvent être arrêtés par des substances attaquant la composition chimique du spermatozoïde, mais ils continuent dans les liquides dont la composition et le degré de concentration n'a pas d'influence fâcheuse. Les spermatozoïdes se meuvent en général isolément, la tête en avant, mais on remarque chez beaucoup d'animaux qu'ils se rassemblent pour former un faisceau; ils sont dans ce cas tous placés dans la même direction, les têtes à côté des têtes, et les queues à côté des queues. Ces faisceaux se meuvent alors en ondulant, comme s'ils formaient un seul filament. Ils se rassemblent même chez les sauterelles autour d'un axe longitudinal commun et présentent ainsi des formes semblables à celles d'une plume; ils avancent alors par ondulation, et leur aspect sous le microscope est un des phénomènes les plus étonnants qu'on puisse observer au moyen de cet instrument.

Les savants ont pris naturellement pour des animaux les éléments du sperme dont nous venons de parler, aussi long-temps qu'on ne connaissait pas dans le corps d'autres éléments de structure animés d'un mouvement propre. Mais lorsqu'on découvrit le mouvement vibratile et qu'on démontra l'existence de cellules à prolongements animés de vibrations propres, la théorie de la nature animale des spermatozoïdes fut ébranlée par sa base. Depuis lors, on a appris à connaître leur développement particulier au milieu des testicules, ce qui a fait abandonner complétement l'opinion que nous venons de relater. On ne trouve en effet de spermatozoïdes mobiles que chez les individus capables d'engendrer. Leur formation constitue la fécondité et leur mort la cessation du pouvoir fécondant. Chez les animaux dont le rut est soumis à un retour périodique, les spermatozoïdes ne se montrent qu'à l'époque des amours et disparaissent après ce temps. On a pu, par conséquent, étudier vers le commencement du rut, le développement des spermatozoïdes chez les animaux à propagation périodique, et lorsqu'on connut l'histoire de leur formation, chez un animal de ce genre, il fut possible de retrouver chez les animaux qui peuvent procréer, pendant l'année entière, les éléments de la semence en voie de formation, et l'on arriva ainsi à étudier leur développement. Voici le résultat de ces observations, étendues depuis à un grand nombre d'animaux.

On ne trouve chez les mammifères et l'homme dans la jeunesse que de petites cellules transparentes dans l'intérieur des tubes séminaux ; ces cellules ressemblent à celles qu'on rencontre aussi dans d'autres formations glanduleuses, mais elles deviennent beaucoup plus grandes au commencement de la virilité, tout en augmentant en même temps par gemmiparité et par fissiparité. Cette augmentation continue pendant tout le temps de la virilité. Les cellules conservent chez beaucoup d'animaux un petit noyau transparent, chez d'autres elles contiennent à la fin une quantité de noyaux arrondis et transparents accolés à la paroi cellulaire, et dont le nombre va jusqu'à dix et quel-

quefois aussi jusqu'à vingt. Chacun de ces noyaux gagne en
transparence, s'allonge et sort latéralement de la cellule. De
l'autre côté, le contenu de la cellule se différencie pour former
la queue du spermatozoïde; cette queue vient s'attacher au
noyau. La substance cellulaire, qui dans le commencement formait une sorte de sac autour du noyau et de la partie supérieure
de la queue, disparaît peu à peu, et ne forme à la fin que la
partie un peu plus épaisse, le corps, qui relie la tête et la queue
du spermatozoïde; ce dernier devient peu à peu libre, dans le
cas où la cellule contenait un noyau unique; si elle en contenait au contraire plusieurs, les spermatozoïdes sont d'abord
réunis en faisceaux, puis ils deviennent libres et se meuvent
isolément. Dans les testicules mêmes, les spermatozoïdes sont
presque toujours encore enfermés au milieu des cellules; ces
cellules disparaissent seulement dans les canaux de l'épididyme
et des tubes déférents. Les noyaux et les spermatozoïdes, dans
leur ensemble, sont d'autant moins développés, que l'on examine les tubes des testicules dans une partie se rapprochant
davantage de l'endroit où ils commencent. L'histoire de ce développement nous montre clairement que les spermatozoïdes ne
sont pas des animaux infusoires ou parasites ayant une formation propre et étant dans le même rapport avec l'organisme
que les parasites et les vers intestinaux; ils représentent au
contraire des éléments mobiles analogues aux cellules vibratiles. On a trouvé dans l'organe auditif de la lamproie des cellules vibratiles formées d'un corps arrondi auquel s'attache un
seul prolongement en forme de fouet, ce prolongement est très-
long et présente des mouvements ondulatoires. Si l'on isole une
pareille cellule vibratile, on s'aperçoit qu'elle ressemble, à s'y
méprendre, à un spermatozoïde. On peut, en effet, la comparer
en tous points à ce dernier.

Les spermatozoïdes sont les seuls éléments de formation de la
semence dont la présence soit *indispensable* à la fécondation.
Leur naissance à l'époque de la puberté et leur disparition après
cette période nous en fournissent déjà la preuve. On peut s'en

convaincre encore mieux par des expériences directes dont nous parlerons plus tard. Le liquide dans lequel nagent les spermatozoïdes, et qui est fourni soit par les testicules, soit par quelques glandes accessoires, est évidemment destiné à permettre la sortie et les mouvements progressifs des zoospermes. Il n'a par lui-même aucun pouvoir fécondant.

Les *organes génitaux femelles*, qui sont construits d'une façon tout à fait analogue à celle des organes mâles, ne peuvent même être distingués de ces derniers au commencement du développement embryogénique ; ils sont tous placés dans la cavité abdominale et même dans la partie la plus profonde de cette cavité, si l'on se représente la femme debout. Les *ovaires*, dans lesquels naissent les germes, sont deux corps aplatis et en forme de fève, suspendus librement à quelques replis du péritoine. La masse principale de ces organes est formée chez l'homme et chez beaucoup de mammifères par un tissu ferme et fibreux. Si l'on examine plus particulièrement les ovaires par rapport à leur structure, on trouve à l'intérieur de ce tissu, et distribuées d'une façon irrégulière, une grande quantité de cavités ou de petites capsules arrondies qui semblent remplies d'un liquide clair et transparent comme de l'eau. Les plus grandes de ces capsules, appelées d'après le nom du savant qui les a découvertes les *follicules de Graaf*, se trouvent à la surface de l'ovaire et placées immédiatement sous l'enveloppe luisante et lisse formée par le péritoine. Les follicules plus petits et moins développés, au contraire, se cachent plutôt à l'intérieur de l'ovaire. On prenait autrefois ces follicules pour des œufs véritables, et l'on n'est arrivé que dans les derniers temps à étudier d'une façon plus précise la vraie construction de ces parties. On a découvert que l'œuf véritable des mammifères ou de l'homme se trouve placé à l'intérieur seulement de ces follicules, et qu'il a tout au plus un quart de millimètre de diamètre, tandis que le follicule, comme nous l'appellerons désormais pour éviter des longueurs, arrive quelquefois jusqu'à atteindre la grandeur d'un pois de petite dimension.

Il est très-important de connaître exactement la structure du follicule ainsi que celle de l'œuf, avant d'étudier plus au long les divers changements qu'ils subissent pendant leur développement. Il faut avant tout se rappeler que l'ovule de l'homme comme celui des mammifères est formé par une sphère excessi-

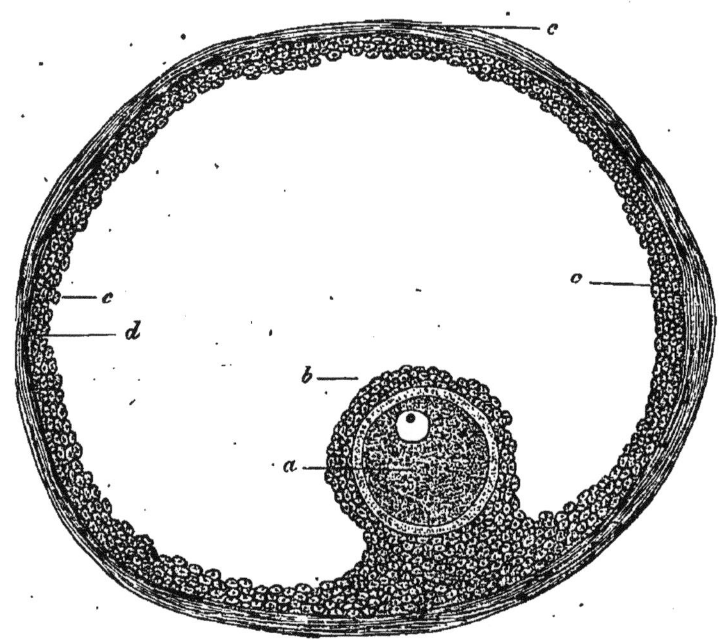

Fig. 71. — Coupe schématique d'un follicule de Graaf fortement grossi. — *a*, l'œuf entouré de la zone pellucide circulaire (membrane vitellaire) et renfermant le vitellus grenu ainsi que la vésicule et la tache germinatives situées excentriquement ; *b*, couches de cellules épithéliales (disque proligère) entourant l'œuf au dehors et se continuant dans les couches de cellules *c* qui tapissent la surface interne du follicule ; *d*, capsule du follicule formée par du tissu conjonctif fibreux ; *e*, limite du follicule.

vement petite que l'on peut encore avec peine apercevoir comme un point, à l'œil nu, avec des conditions de lumière très-favobles. Il faut, pour l'étudier dans ses détails, s'aider du microscope. Si l'on emploie des grossissements suffisants, on aperçoit bientôt les formations suivantes : L'enveloppe extérieure de l'ovule, complétement sphérique, est formée par une membrane épaisse et transparente comme du verre ; elle apparaît sous le microscope comme un anneau complétement translucide et réfringent comme du cristal. Si l'on emploie des grossissements très-forts, on peut distinguer dans cette membrane des tubes poreux excessivement fins et disposés d'une façon rayonnante. On appelle cette enveloppe transparente qui est proportionnellement très ferme et élastique, la *zone pellucide*. Nous remarquerons d'avance qu'elle est l'analogue de la fine membrane qui entoure le jaune dans l'œuf de l'oiseau et qu'on a nommée pour cette raison la *membrane vitelline*.

Le contenu de la zone est formé en grande partie par le *vitellus*, qui a chez les mammifères l'apparence d'une masse granuleuse et jaunâtre présentant à la lumière directe une teinte blanchâtre comme la crème de lait, mais avec la consistance du suif. Si le vitellus est pressé entre deux plaques de verre, il se comporte à peu près comme une boule faite avec de la mie de pain frais, qui a assez de consistance pour qu'on puisse lui faire prendre au moyen des doigts des formes diverses. Le vitellus lui-même est en partie de nature graisseuse, et il est probable que les petits granules distribués au milieu de sa substance sont formés de très-petites gouttelettes de graisse suspendues au milieu d'une masse albuminoïde; c'est une loi, à ce qu'il paraît, générale dans le règne

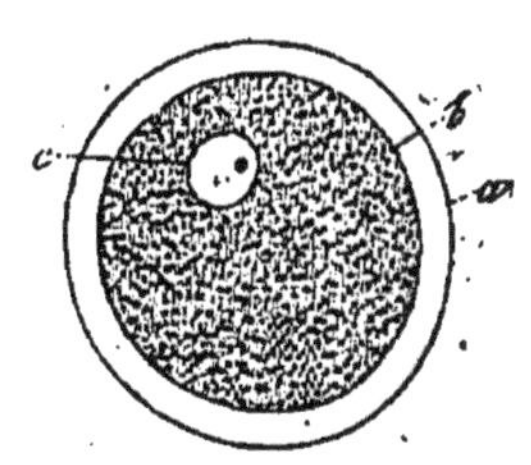

Fig. 72. — Œuf ovarien de la femme, grossi 250 fois. — *a*, zone pellucide; *b*, vitellus; *c*, vésicule germinative renfermant la tache germinative.

animal, que le vitellus soit formé de deux classes différentes de substances, qui sont des corps albuminoïdes et des substances graisseuses. Le vitellus ne remplit cependant pas complétement la cavité de la zone; sur un des points de sa surface et en général tout près de la paroi intérieure de la zone, se trouve une petite vésicule complétement transparente et remplie d'un liquide clair comme de l'eau. Cette vésicule a à peu près cinq centièmes de millimètre de diamètre et présente une enveloppe excessivement fine, dans laquelle est renfermé à son tour le liquide transparent dont nous venons de parler. Cette petite vésicule, appelée la *vésicule germinative* ou *vésicule de Purkinje*, nom qu'elle doit au savant qui l'a découverte, se rencontre dans tous les œufs de l'ovaire, surtout lorsqu'ils sont jeunes, et cela sans exception pour le règne animal tout entier ; elle est par conséquent un élément constant de l'œuf non encore fécondé. Outre ce liquide transparent, on remarque encore à l'intérieur de la vésicule chez les mammifères et chez l'homme, une petite tache arrondie, de couleur foncée et granuleuse, trop petite cependant pour qu'on puisse y reconnaître avec certitude une structure ultérieure. On trouve chez beaucoup d'autres animaux à la place de cette *tache germinative* unique, un nombre plus ou moins grand de formations vésiculaires semblables souvent à des gouttelettes de graisse aplaties, et disséminées sans ordre à la paroi interne de la membrane de la vésicule.

En nous résumant, nous reconnaîtrons que l'œuf humain est formé de deux vésicules sphériques, excentriques l'une à l'autre, et dont la plus petite renfermée dans la plus grande est la vésicule germinative, tandis que la plus grande qui l'entoure est la zone. Chacune de ces vésicules offre un contenu particulier, la vésicule germinative un liquide transparent et fluide dans lequel se trouve la tache germinative granuleuse. Quant à la zone, elle renferme un liquide plus dense, le vitellus, dans lequel, à un certain endroit et près de la périphérie, est placée la vésicule germinative.

L'ovule lui-même est, comme nous l'avons déjà dit plus haut, placé à l'intérieur du follicule de Graaf. Ce dernier est rempli d'un liquide albuminoïde et gluant, et entouré d'une pellicule plus ou moins épaisse, qui enveloppe le liquide comme un sac fermé de toute part. La surface intérieure de cette pellicule est tapissée d'une couche de cellules épithéliales arrondies, dont le nombre augmente près de l'œuf et qui l'entourent de tous côtés. L'œuf est par conséquent enfermé dans une couche de ces cellules et est ainsi fixé à l'endroit qu'il occupe. Si l'on ouvre le follicule pour permettre à l'œuf de sortir, ces cellules épithéliales qui s'attachent assez solidement à la surface de la zone pellucide se séparent de la partie interne du follicule et accompagnent l'œuf. Ce dernier semble alors, sous le microscope, comme entouré d'une couronne ou d'une auréole, mais, en réalité, il est entouré de toute part par ces cellules. On a voulu assigner pendant un certain temps à ces cellules un rôle important, c'est pourquoi on avait donné à cette espèce d'auréole le nom de *disque proligère*; des observations récentes ont prouvé cependant que ces cellules ne jouent aucun rôle dans le développement embryogénique de l'œuf; elles se séparent de l'œuf dans l'oviducte et se perdent complétement. En revanche, on a découvert aussi que ces cellules sont en rapport intime, ainsi que le follicule entier avec son épithélium, avec la formation primitive de l'ovule. L'œuf primitif, en effet, naît de la transformation des cellules épithéliales de l'ovaire. Ces dernières arrivent en même temps que l'œuf dans l'intérieur de l'ovaire au moyen d'enfoncements en forme de boyau, qui s'étranglent par places et se ferment à la fin complétement pour constituer les follicules.

L'ovule primitif, renfermé dans l'ovaire, est constitué des mêmes parties dans toute la série animale, aussi bien chez les invertébrés que chez les vertébrés. On trouve partout comme enveloppe extérieure une membrane vitelline, qui est dans la plupart des cas très-fine et atteint seulement chez les mammifères une épaisseur plus considérable; aussi n'est-ce que chez ces derniers, qu'elle prend le nom de zone pellucide. On trouve partout aussi un vitellus dont la consistance et la couleur peuvent varier beaucoup; sa composition est cependant jusqu'à un certain point la même, car on y rencontre toujours, comme nous l'avons dit plus haut, deux sortes de substances, une substance albuminoïde et une substance grasse. La graisse est plus ou moins liquide; elle est liquide dans le jaune de l'œuf de la poule, par exemple, et d'autres fois plus solide; elle forme souvent des granules microscopiques, comme dans l'œuf des mammifères, tandis que chez les poissons, on la trouve en grosses gouttes visibles à l'œil nu. Cette graisse est sans couleur dans un grand nombre de cas, elle est très-souvent aussi jaune ou orange,

quelquefois même verte, rouge vif ou violette ; la couleur se transmet alors au vitellus tout entier. La vésicule germinative, contenant une ou plusieurs taches germinatives, appartient aussi aux
formations que l'on rencontre dans tous les œufs encore renfermés
dans l'ovaire. Cette vésicule est toujours placée près de la périphérie du vitellus et même le plus souvent accolée à la paroi
interne vitellaire. L'œuf présente donc à l'intérieur de l'ovaire
des caractères constants et très-faciles à reconnaître. Si l'on n'a
découvert l'œuf des mammifères que dans une époque assez récente, cela tient au fait que l'on s'attendait à trouver une formation visible à l'œil nu et offrant quelque analogie avec l'œuf si
connu de l'oiseau. Induits en erreur par l'existence des follicules,
les anciens savants ont négligé d'étudier plus particulièrement le
contenu de ces derniers.

Tous mes lecteurs connaissent l'œuf de la poule, il ne sera donc
pas superflu d'entrer pendant quelques instants dans des détails plus circonstanciés sur sa structure ; nous pourrons ainsi
montrer quels sont les rapports de formation qui existent entre
cet œuf et celui d'un mammifère. Il est facile d'étudier ces
détails de structure en ouvrant quelques œufs frais ou cuits durs,
et ce mode d'observation pourrait grandement contribuer à faire
comprendre les détails que nous avons donnés précédemment.
L'enveloppe calcaire, la *coque*, qui entoure l'œuf de la poule, est
tapissée à son intérieur d'une membrane mince et de la couleur
du lait : on l'appelle la *membrane coquillière*. On rencontre
ensuite le blanc d'œuf, toujours plus épais à l'intérieur du côté
du jaune. L'*albumen*, comme on l'appelle dans le langage scientifique, se montre dans l'œuf cuit composé de couches concentriques. On distingue dans sa masse deux cordons contournés en
spirale, qui vont des deux pôles de l'œuf vers le jaune et semblent
destinés à maintenir ce dernier en place ; ces deux cordons nommés les *chalazes*, formés d'un albumine plus ferme, sont le résultat de la rotation que subit l'œuf en descendant dans l'oviducte. Pendant cette descente, où il tourne autour de son axe, les
couches successives d'albumen sont déposées sur lui. Toutes les

parties extérieures de l'œuf de la poule dont nous venons de parler, c'est-à-dire la coque, la membrane coquillière, l'albumen et les chalazes, *ne se trouvent pas* chez les mammifères, pas plus qu'elles ne se trouvent dans l'œuf de l'oiseau aussi longtemps qu'il est encore enfermé dans l'ovaire. Ces formations ne viennent se déposer successivement sur l'œuf que plus tard, après que l'œuf s'est séparé de l'ovaire et pendant que la sphère vitelline traverse l'oviducte. L'albumen étant plus rapproché du vitellus, se dépose en premier lieu dans la moitié supérieure de l'oviducte ; la coque n'est formée que dans une partie élargie inférieure de l'oviducte. On ne peut donc prendre ces parties en considération lorsqu'on veut comparer l'œuf de la poule à l'œuf ovarien du mammifère.

A l'intérieur de l'albumen de la poule on voit suspendue une sphère orangée, la *sphère vitelline*, dont le liquide un peu épais se solidifie à la cuisson. Frais, ce liquide est maintenu dans sa forme sphérique par une membrane fine mais assez consistante, la *membrane vitellaire*. On peut se convaincre facilement de l'existence de cette enveloppe en séparant le jaune de l'œuf du blanc qui l'entoure et en le piquant ensuite, ce qui permet au liquide de s'écouler. On voit alors la membrane vitelline se plisser manifestement. Il est facile de constater que le jaune est composé de deux substances différentes qu'on

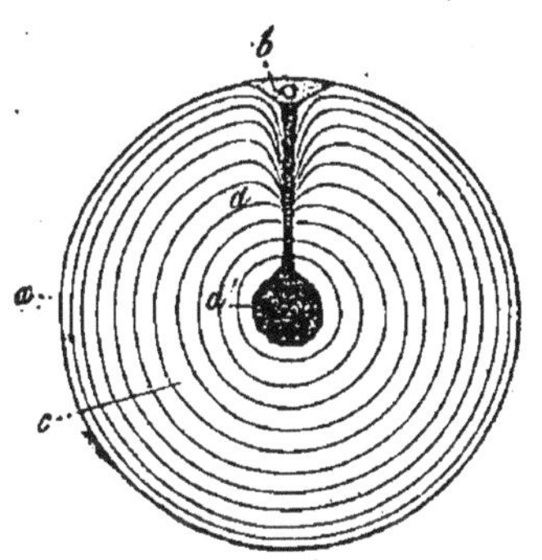

Fig. 75. — Coupe schématique du jaune de l'œuf de la poule. — *a*, membrane vitellaire ; *b*, couche germinative remplissant la vésicule germinative ; *c*, vitellus nutritif jaune, disposé par couches ; *d*, goulot de l'accumulation centrale de vitellus blanc désigné par *d'*.

peut reconnaître très-bien en faisant une coupe verticale à travers un œuf cuit dur.

On trouve à l'intérieur du jaune une masse blanchâtre de peu de consistance, tandis que la substance extérieure paraît toujours plus ferme et plus jaune. Le vitellus intérieur, qui est plus blanc, présente dans son ensemble la forme d'une bouteille dont le fond se trouve au milieu de l'œuf, tandis que le col se dirige vers l'extérieur, à une place qui est toujours tournée en haut lorsque l'œuf est entier et que le vitellus nage dans l'albumen. En cet endroit, toujours reconnaissable lorsqu'on ouvre un œuf sur le côté, on distingue un anneau blanchâtre ordinairement transparent dans son milieu et quelquefois entouré de plusieurs cercles concentriques. On appelle cet endroit *cicatricule, blastoderme* ou *vitellus formatif*. Au milieu du blastoderme se trouve, dans les œufs non encore développés, la *vésicule germinative* avec sa *tache germinative*. La vésicule germinative est aussi excessivement petite chez les oiseaux et on ne peut la voir qu'au microscope; en général, elle a déjà disparu quand l'œuf est pondu, tandis qu'on peut la reconnaître facilement dans l'œuf qui n'a pas encore quitté l'ovaire. Les anneaux blanchâtres entre lesquels est placée la vésicule germinative sont formés d'éléments vitellaires d'une structure particulière. Si l'on étudie la formation de l'œuf de la poule à l'intérieur de l'ovaire et en allant du plus développé au moins, voici ce que l'on remarque : si l'on examine l'ovaire d'une poule qui a, comme chacun le sait, la forme d'une grappe simple et placée immédiatement contre la colonne vertébrale et un peu plus du côté gauche, on s'aperçoit que les œufs sont d'autant plus blanchâtres qu'ils sont plus petits. La cicatricule se voit d'autant moins facilement que l'œuf est plus jeune, et l'œuf primitif se montre à nous comme formé d'une vésicule germinative assez grande et claire, entourée d'un vitellus blanchâtre et granuleux. Les éléments de formation de l'œuf primitif sont par conséquent exactement les mêmes que dans l'œuf du mammifère, et cet œuf se trouve placé aussi bien dans un sac formé par l'ovaire que l'œuf du mammifère est placé dans le follicule. C'est à partir de ce point seulement que commencent les différences, uniquement apparentes pour qui les examine de plus près. Il se forme des dépôts considérables de couches de cellules qui viennent s'attacher aux vitellus granuleux. Ces cellules se présentent à nous comme formant insensiblement le vitellus jaune et la masse principale de l'œuf. Le vitellus blanchâtre et granuleux qu'on trouve à l'intérieur de l'œuf de l'oiseau, ainsi que la vésicule germinative et le vitellus formatif qui se trouve accumulé autour de celle-ci, constituent par conséquent le vitellus primitif. La masse principale jaune ne provient que d'un dépôt intérieur formé postérieurement. C'est ainsi que se différencient la cicatricule, le vitellus jaune de la périphérie et le vitellus blanc intérieur ; on peut s'en assurer déjà à l'œil nu. Cette différenciation ne se produit donc dans l'œuf que lorsqu'il approche de la maturité ; dans l'œuf ovarien non encore développé, le vitellus se présente aussi uniforme dans toutes ses parties que dans l'œuf d'un mammifère. Nous pouvons appeler *vitellus formatif* ou vitellus principal la partie développée en premier lieu et *vitellus nutritif* ou vitellus accessoire la substance jaune ajoutée plus tard. La partie primitive du vitellus se trouve essentiellement en rapport avec la formation première de l'embryon, tandis que la partie jaune déposée plus tard s'emploie au développement ultérieur de l'embryon déjà formé et sert à le nourrir. Cette séparation entre le vitellus de formation et le vitellus de nutrition manque complétement dans l'œuf mûr des mammifères, car chez eux l'embryon est essentiellement nourri par des matières que lui fournit la mère ; mais cette séparation existe dans le commencement, car une partie du vitellus est fournie par le follicule.

On croyait autrefois que les follicules de l'ovaire des mammifères et de l'homme devaient être les œufs véritables, tandis qu'ils représentent en réalité les sacs en forme de grappes qui entourent les œufs des oiseaux et de la plupart des animaux ovipares. Ces sacs ovariens ou *ovisacs* sont en effet tapissés à l'intérieur de cellules offrant une grande analogie avec celles qui entourent l'œuf du mammifère à l'intérieur du follicule et forment le disque proligère. Le follicule des mammifères et de l'homme se distingue par conséquent de l'ovisac d'autres animaux par le seul fait qu'il atteint par rapport à l'œuf un développement considérable et contient une grande quantité de liquide dans lequel nage l'œuf resté petit. Chez les animaux ovipares, au contraire, l'ovisac entoure étroitement de tous côtés l'œuf, qui atteint un grand développement. L'ovaire de la femme ne nous apparaît pas sous la forme d'une grappe comme celui des oiseaux et de beaucoup de mammifères, parce que la substance intermédiaire fibreuse qui se trouve entre les sacs ovariens n'est que fort peu développée chez ces derniers ; dans l'ovaire humain au contraire, cette substance remplit tous les espaces intermédiaires entre les follicules.

Le développement de l'œuf à l'intérieur de l'ovaire a paru de tous temps un problème très-important ; ce problème semble maintenant à peu près résolu. Les *œufs primordiaux* de l'homme, dont le nombre a été évalué à 30-40,000, ne se forment que pendant la période de la vie embryonnaire, comme nous l'avons déjà remarqué, et cela sous l'apparence de cellules épithéliales placées sur l'ovaire. Ces œufs contiennent la vésicule germinative et dans celle-ci, la tache germinative ainsi qu'une couche enveloppante de substance plastique molle et sans enveloppe. Ils ne constituent donc pas par conséquent de véritables cellules, mais bien des *cytodes* à noyaux. Ces œufs primitifs sont alors poussés, et quelquefois en grande quantité, dans des enfoncements, qui deviennent de véritables boyaux en culs-de-sac et se dirigent vers l'intérieur de l'ovaire. Là ils s'entourent d'une couche de cellules épithéliales qui se serrent autour de chaque œuf et forment ainsi le premier développement du follicule de Graaf. Les cellules du follicule produisent alors une substance plastique qui augmente d'abord le vitellus, et se condense enfin sur sa périphérie en formant la membrane d'enveloppe, la future zone pellucide. C'est ainsi que se constitue et se complète la cellule de l'*œuf ovarien mûr*. Aussitôt que ce développement est terminé, le follicule se remplit peu à peu de liquide et son épithélium augmente tellement, qu'il entoure l'œuf et tapisse à l'intérieur la cavité du follicule.

Il serait trop long de parler ici avec plus de détails de la formation des œufs chez les autres animaux. Il est curieux de constater la grande quantité d'œufs primordiaux qui se forment chez l'homme pendant la vie fœtale. La plus grande quantité de ces œufs n'atteint jamais un développement complet. Ils disparaissent en outre pendant la vie de l'individu. Si l'on se souvient qu'à chaque menstruation il se détache un œuf mûr qui est expulsé, comme nous le verrons plus tard, et que la femme peut procréer pendant trente ou trente-cinq ans, on peut évaluer à 400 en moyenne le nombre d'œufs consommés pendant la vie sexuelle de la femme. Il n'y aurait par conséquent qu'un œuf sur cent qui arriverait à la maturation complète dans l'intérieur de l'ovaire. Comme la fécondité moyenne de la femme dans les pays civilisés ne dépasse pas le nombre de quatre enfants, il en résulte qu'un œuf sur dix mille se développe et devient un individu nouveau. Chaque germe a par conséquent le droit de se développer, mais une infime minorité seulement atteint son développement définitif.

L'ovaire se continue chez beaucoup d'animaux immédiatement dans l'*oviducte*, qui expulse les produits au dehors. Chez la femme, au contraire, l'ovaire se trouve complétement isolé et séparé de l'oviducte. Ce dernier forme de chaque côté un tube étroit qui s'ouvre du côté de l'ovaire en forme d'entonnoir. Le bord de cet entonnoir est couvert de franges qui entourent l'ovaire et reçoivent l'œuf qui s'en échappe. Les parois des oviductes sont formées partout de fibres musculaires et peuvent par conséquent se contracter énergiquement. Ces contractions, semblables aux contractions vermiculaires de l'intestin, se propagent de haut en bas et peuvent par conséquent faire descendre, depuis l'entonnoir vers l'extérieur, un corps qui se trouve à l'intérieur de l'oviducte. On rencontre à la surface interne de l'oviducte une grande quantité de glandes qui sécrètent l'albumen, cette surface interne est en outre animée d'un mouvement vibratile très-vif, dont la direction est de haut en bas à partir de l'entonnoir. Les contractions vermiculaires ainsi que la direction du mouvement vibratile sont par conséquent arrangées de telle façon qu'elles peuvent pousser à travers le tube de l'oviducte les corps renfermés dans cet organe et spécialement les œufs.

Les deux oviductes aboutissent chez la femme à leur partie inférieure dans un corps médian appelé l'*utérus*. Ce corps est ordinairement, chez une fille vierge, pyriforme et aplati ; il présente des parois très-épaisses, composées de fibres particulières, et n'a qu'une petite cavité interne de forme triangulaire. Les oviductes viennent aboutir dans les deux angles postérieurs de la cavité. C'est dans l'utérus que le fœtus se développe chez les mammifères ; la forme de cet utérus varie énormément chez les différentes espèces de ces derniers. Ce n'est que dans un petit nombre d'entre eux qu'on trouve un utérus simple comme chez l'homme. Dans la plupart des cas, il est partagé plus ou moins profondément en deux parties latérales appelées les cornes ; c'est à l'extrémité de ces dernières que viennent aboutir les oviductes. L'œuf vient se placer à l'intérieur de cette cavité simple ou double, aussitôt qu'il a traversé l'oviducte. Il y reste jusqu'à ce qu'il soit expulsé au moment de la naissance. L'utérus est pour cette raison excessivement dilatable ; il remplit vers la fin de la grossesse la cavité abdominale presque

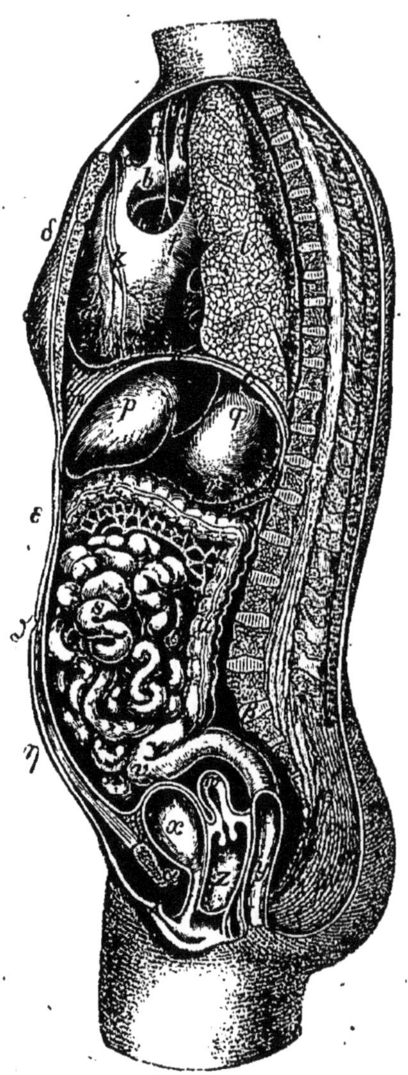

Fig. 74. — Coupe du corps féminin par le plan médian et vertical.— *w*, la matrice coupée par le milieu de manière à montrer la cavité interne ; *x*, vessie urinaire ; *y*, rectum ; *z*, vagin ; *α*, os pubis.

entière, car les autres viscères sont alors repoussés dans un espace très-restreint. Le fœtus lui-même entre en relation organique avec les parois de l'utérus et vient prendre, comme nous le verrons plus tard, sa nourriture dans les vaisseaux sanguins de ce dernier ; c'est pour arriver à ce but que les vaisseaux sanguins de l'utérus grandissent dans la même proportion que l'utérus lui-même ainsi que ses fibres. Les contractions de ces fibres cherchent à chasser, à l'époque de la naissance, le fœtus hors de la cavité utérine et rendent peu à peu à l'utérus un volume à peu près égal à celui qu'il occupait à l'état vierge.

Il serait inutile d'étudier ici d'une manière plus détaillée la forme et la structure des organes génitaux externes. Ils ne sont construits en effet que dans le but de la copulation, et servent à permettre la rencontre des deux matières génératrices, le sperme et l'œuf. Nous parlerons dans les lettres suivantes de l'endroit dans lequel se fait cette rencontre chez les mammifères, ainsi que de la nature des phénomènes qui concourent à ce but.

LETTRE XIX

LA GÉNÉRATION DES ANIMAUX

Tous les organismes, sans exception, vivent un temps déterminé, pendant lequel ils grandissent et se développent, puis se maintiennent dans un état culminant d'équilibre pour s'affaiblir ensuite, se détruire enfin et périr. La disparition de l'espèce serait, par conséquent, fatale, surtout dans le règne animal, puisque la mort est le sort inévitable de tout être organique et que, chez les animaux, la durée de la vie est très-courte, comparée à la durée de celle des plantes ; mais la génération et la propagation fournissent le moyen de conserver l'espèce même après la disparition des individus existants. Si nous examinons le règne animal, nous voyons que cette propagation se fait de diverses manières, et quand on compare les phénomènes qui se passent alors avec ceux que l'on observe chez l'homme, on obtient des résultats très-importants ; nous ne saurions les passer sous silence.

On a parlé beaucoup, et dans une époque reculée aussi bien que de nos jours, de la *génération spontanée* ou *asexuelle* de certains animaux ; on entendait par là la génération immédiate d'animaux vivant au moyen de substances organiques inanimées ou même au moyen de matières inorganiques. Ces substances, suivant cer-

taines croyances, n'avaient, au point de vue de la propagation, aucun rapport avec les individus créés. A mesure que le flambeau de
la science vint éclairer les ténèbres qui enveloppaient encore la génération des organismes animaux, ces idées de génération équivoque, comme on appelait aussi souvent la génération asexuelle,
furent de plus en plus abandonnées. Il est vrai qu'on s'aperçut
bientôt que les anguilles ne naissaient pas, comme le croyait anciennement Aristote, de la boue des rivières, ni les vers des cadavres en pourriture ; mais, malgré cela, on conserve encore, à l'é-
gard de certaines classes d'animaux, l'ancienne opinion, et maint
savant des temps modernes cherche encore à la défendre et à l'appuyer de diverses raisons. C'est surtout à l'égard des infusoires,
des vers intestinaux et de quelques insectes parasites que l'on
croyait devoir admettre une génération équivoque. On a prétendu
qu'ils se produisaient au moyen de substances indifférentes ou
hétérogènes, contenant les éléments des corps organiques, sans
naître pour cela de germes existant dans ces substances. L'explication de beaucoup de phénomènes, en effet, pourrait être favorable à l'opinion que nous venons de relater, et nous voulons en
parler ici plus au long, car il est facile de persuader aux gens
inexpérimentés et aux observateurs superficiels qu'il y a, en
effet, chez ces animaux une génération spontanée.

Si l'on verse de l'eau sur une substance organique quelconque
et qu'on la laisse ainsi quelque temps à l'air libre, il se développe aussitôt une quantité de plantes et d'animaux microscopiques qui grouillent dans la matière en pourriture et semblent
être nés de celle-ci. Le nombre considérable de ces animaux et
de ces plantes microscopiques, leur naissance presque instantanée et leur similitude dans les conditions d'existence analogues, semblent parler en faveur de l'opinion qui veut que ces
organismes plus ou moins parasites naissent de l'action combinée
de l'air, de l'eau et de la substance organique. Il a fallu des expériences décisives pour montrer que les *infusoires* et les champignons formant la *moisissure* existent déjà, soit dans les substances employées pour l'infusion, soit flottants dans l'air au gré

du moindre courant, à l'état desséché et enkysté, ou bien aussi sous forme de germes ou de spores. Ces germes et ces spores trouvent alors dans l'infusion un milieu convenable pour se développer. On a prouvé que la naissance de ces organismes est impossible lorsqu'on a détruit les germes qui se trouvent dans l'air, dans l'eau ou dans la substance organique qu'on a choisie pour l'infusion. Il a fallu prouver aussi que la faculté génératrice de ces organismes inférieurs est, en effet, assez puissante pour produire en quelques heures ou en quelques jours des milliers d'individus.

Des recherches qu'on a faites sur les infusoires et la moisissure prouvent, en effet, que leur activité propagatrice est considérable. Un filament de champignon qui sort en quelques heures d'une spore distribue, au bout de ce temps, des millions de toutes petites spores qui se reproduisent à leur tour avec une rapidité tout aussi grande et augmentent en nombre dans les mêmes proportions. Les infusoires inférieurs se divisent longitudinalement et transversalement, et chaque animal produit par cette division peut, au bout de quelques heures, se partager de nouveau. Leur propagation représente, par conséquent, une série géométrique. Les rotifères eux-mêmes, qui appartiennent à une classe particulière et plus hautement organisée d'animaux vermiformes, augmentent si rapidement en nombre au moyen de leurs œufs qu'une seule femelle peut, en quelques jours, avoir une descendance de plus d'un millier d'individus. La propagation si rapide au moyen de la descendance directe des organismes que nous venons de mentionner (ces organismes se trouvent en grand nombre dans les infusions), est donc amplement prouvée, et la vitalité de ces plantes et de ces animaux ainsi que de leurs germes n'est pas moins considérable. Les rotifères, les tardigrades et les infusoires, humectés d'eau, recommencent à vivre même après être restés desséchés pendant des années. On peut même les dessécher complétement en les tenant pendant deux mois dans le vide de la pompe pneumatique, on peut les exposer ainsi séchés à fond pendant un temps assez court à une chaleur de plus de

100 degrés; malgré cela, ces animaux recommencent à vivre lorsque leurs tissus sont imbibés d'eau, tandis qu'ils périssent dans l'eau chauffée à 50 degrés. Secs, ils peuvent, par conséquent, supporter des températures très-élevées, qui les tueraient à l'état humide. Ces animaux sont d'ailleurs si légers, qu'une fois desséchés, le moindre courant d'air les emporte. On a prouvé, dans ces derniers temps, qu'une quantité d'infusoires s'entourent d'enveloppes particulières, s'enkystent, pour employer le terme technique, lorsque l'eau dans laquelle ils vivent commence à manquer. Ils peuvent ainsi, protégés contre une dessiccation complète, attendre pendant un temps assez long un moment favorable, c'est-à-dire une humidité nouvelle qui leur permette de recommencer à vivre. Ce n'est pas seulement dans la poussière ordinaire, mais encore dans la poussière des vents alizés, qui souvent est entraînée à des distances énormes à travers les régions supérieures de l'atmosphère, grâce aux courants réguliers qui y règnent, qu'on a découvert une quantité de kystes, d'animaux et de plantes microscopiques desséchés. Tous ces organismes si légers sont enlevés par le vent de dessus les flaques d'eau desséchées et se distribuent ainsi sur une partie considérable de la surface terrestre. On peut donc dire avec raison que l'air est continuellement rempli de germes excessivement petits et d'animalcules desséchés, et que les molécules de poussière que nous voyons scintiller dans un rayon de soleil ne sont en grande partie pas autre chose que des germes et des organismes à l'état de dessication et n'attendant qu'un milieu favorable pour se propager.

. Une expérience assez simple nous donne la preuve directe de cette opinion; presque toutes les recherches expérimentales, si multipliées et si variées, que l'on a installées depuis quelques années, reposent sur cette expérience fondamentale, qui a toujours donné le même résultat. On cherche, par cette expérience, à détruire dans une infusion de substance organique tous les germes qui pourraient s'y trouver et à ne laisser entrer ensuite que de l'air dans lequel tous les germes aient été détruits aussi par un procédé quelconque. S'il se formait, sous ces conditions, des infusoires ou de la moisissure, on avait la preuve que ces organismes peuvent se développer par génération asexuelle sans le secours de germes. S'il ne s'en formait pas, on était obligé d'attribuer leur naissance aux germes suspendus dans l'air ou nageant dans l'eau. On a fait cette expérience de la façon suivante : on met de la viande, par exemple, avec de l'eau dans un vase, et après l'avoir cuite longtemps, on ferme le vase de telle façon que l'on puisse faire passer à volonté un courant d'air à travers le bocal. Cette cuisson prolongée a détruit tous les germes microscopiques, toutes les plantes et tous les animaux qui se trouvaient auparavant dans l'eau ou sur la viande. Quant au courant d'air, on le fait passer auparavant à travers un tube chauffé au rouge, contenant de l'acide sulfurique, de la potasse caustique ou une autre substance de ce genre; on détruit de cette façon tous les germes qui flottent dans le courant atmosphérique ou qui avaient été enlevés par lui, sans pour cela changer en aucune façon la composition de l'air lui-même. La viande se décompose et entre en putréfaction sans que l'on puisse apercevoir la moindre trace d'infusoires ; mais si l'on ouvrait le flacon, en laissant entrer par une ouverture, quelque petite qu'elle fût, un courant d'air qui n'eût pas subi auparavant les opérations dont nous avons parlé plus haut, on verrait en quelques heures se développer une grande quantité d'organismes végétaux ou animaux, de la moisissure ou des infusoires.

Des expériences analogues, variées de mainte façon, ont servi de point de départ à toutes les discussions sur la fermentation, la putréfaction et tous les phénomènes de ce genre qui sont basés sur la présence de champignons microscopiques et d'infusoires et n'ont pas un caractère purement chimique. Toutes ces actions sont, en effet, produites par le développement et la vie d'organismes de ce genre, et elles peuvent être arrêtées par leur destruction. Mais ces expériences n'impliquent pas que la génération asexuelle soit impossible pour les organismes les plus simples; on est même forcé de repousser complétement cette conclusion, qui va au delà des faits constatés. Toutes ces expériences prouvent seulement qu'il ne se développe pas d'organisme de ce genre sous les conditions dans lesquelles on a fait jusqu'ici les expériences ; elles ne prouvent pas l'impossibilité de la production d'organismes ou de substance organique vivante en général. Nos connaissances sur les conditions nécessaires à la production d'êtres vivants sont encore bornées ; nous ne pouvons affirmer que toutes les circonstances dans lesquelles peut se manifester la vie soient épuisées par les expériences faites jusqu'à ce jour. Les organismes sur lesquels on a expérimenté jusqu'ici et que les uns prétendaient avoir créés, tandis que les autres mettaient en doute, et certes avec raison, ces créations spontanées, ont, il faut bien se le dire, une organisation déjà relativement très-élevée. Ce sont, en effet, des champignons, des moisissures et des infusoires, tandis que les organismes, que les recherches des derniers temps nous ont faits connaître, sont amorphes, mais présentent cependant des manifestations vitales. La génération spontanée, telle que nous pouvons la concevoir, ne pourra porter que sur la création de cette substance organique fondamentale ayant vie mais ne possédant point encore de forme déterminée ; elle devient inacceptable pour des organismes plus élevés qui se présentent déjà comme des différenciations ultérieures de cette substance fondamentale.

Une autre classe d'animaux, à laquelle on attribuait autrefois une génération asexuelle, est celle des *vers intestinaux* ou plutôt de tous les parasites intérieurs en général qui vivent aux dépens d'autres animaux. On ne trouve pas seulement ces vers intestinaux dans l'intestin et dans ses dépendances ou dans d'autres cavités, dans lesquelles ils peuvent pénétrer depuis l'extérieur ; on les rencontre encore à l'intérieur d'organes complétement fermés qu'il faut détruire pour en faire l'examen ou dans lesquels il faut se frayer violemment un chemin. Le tournis des moutons et du gros bétail est produit par la présence à l'intérieur du cerveau d'un ténia enkysté, d'un scolex vésiculaire qui s'y développe et comprime le cerveau. On trouve très-souvent, à l'intérieur des yeux des poissons, au milieu du corps vitré, une grande quantité de

vers, on en rencontre dans les muscles d'un grand nombre d'animaux et de l'homme, on en voit même quelquefois dans les
membranes internes et même dans les cartilages et les os. Il est
impossible que ces vers soient entrés directement de l'extérieur
dans ces organes fermés de toute part. Quelle autre opinion paraît ici admissible que celle des anciens savants? Ils prétendaient, en effet que ces parasites s'étaient formés aux dépens de
la substance de l'animal vivant et continuaient à vivre à l'endroit où ils s'étaient formés. A cela vient s'ajouter que chaque
espèce d'animaux présente des parasites particuliers et que très-
peu d'espèces seulement de vers intestinaux sont communes à
plusieurs types. Comment serait-il possible que ces parasites passent d'un individu à un autre, puisqu'ils périssent, en général,
immédiatement après être sortis des organismes dans lesquels ils
vivent? N'est-il pas bien plus probable que ces parasites naissent
dans l'animal lui-même? Leur mort, après leur passage dans un
autre animal ou à leur mise en liberté, ne nous démontre-t-elle
pas que leur existence est impossible en dehors de l'organisme
dans lequel ils sont nés?

Les recherches modernes sur les vers intestinaux ont donné des
réponses complètes à toutes ces questions; ce serait un tour de
force que de vouloir défendre encore l'opinion qui fait de ces organismes le résultat d'une génération spontanée. L'anatomie d'a-
bord a montré que les organes sexuels, aussi bien que les germes
et les œufs, se trouvent en quantité énorme chez les vers intestinaux. Un ténia, par exemple, présente dans chacun de ses articles, dont il possède plusieurs milliers, un appareil sexuel, mâle
et femelle, complet, et chaque article contient des centaines et
même des milliers d'œufs qui se conservent intacts même dans
des liquides en putréfaction et des substances corrosives, et
n'éprouvent pas de dommage lorsqu'on les dessèche. Un seul
lombric (ascaride) produit en un an dans ses ovaires filiformes,
environ six millions d'ovules microscopiques dont la vitalité
semble excessivement grande. A quoi servirait une accumulation
aussi colossale de germes dans ces parasites et dans beaucoup

d'autres, si ces germes étaient inutiles à la propagation de l'espèce? S'il était vrai que les parasites prissent naissance aux
dépens des organismes qui les cachent, les millions d'œufs que
développe un seul de ces individus seraient une prodigalité
incompréhensible de la part de la nature. Dans ce cas l'expulsion
des germes à l'extérieur, qui revient même chez quelques espèces
à des époques régulières, serait de toute inutilité. On sait que les
vers solitaires de certains poissons expulsent au printemps leurs
articles remplis d'œufs, que ces articles arrivent à l'extérieur,
tandis que la tête ou le scolex, comme l'appelle le langage scientifique, privé de ces articles, reste attaché dans l'intestin. Derrière ce scolex naissent, pendant l'été et l'automne, de nouveaux
articles qui, peu à peu, se remplissent d'œufs pendant l'hiver et
sont expulsés de nouveau au printemps. Chez le ver solitaire
humain à articles larges, le *Bothriocephalus latus*, on remarque
une périodicité analogue dans l'époque d'expulsion des articles.
Ces périodes reviennent, d'après ma propre expérience, deux
fois par an, au printemps et en automne. C'est à ces époques
que les dérangements produits par un ver solitaire deviennent
plus violents et se terminent par l'expulsion des articles gorgés d'œufs et arrivés à maturité. Chez les chiens et même chez
la plupart des animaux affligés de vers solitaires, l'expulsion
d'articles isolés, et remplis d'œufs mûrs qui s'en vont avec les
excréments, est presque continuelle. Le lombric ou ascaride
et d'autres vers ronds rampent au dehors de l'anus de leurs
hôtes dès qu'ils contiennent des œufs mûrs ou des petits
vivants; chez d'autres, au contraire, les œufs sont expulsés
avec les excréments de l'hôte. On remarque par conséquent
dans la plupart des parasites intestinaux une émigration des
parasites eux-mêmes, ou encore de leurs œufs ou de leurs petits; cette émigration est toute normale et une des conditions
de leur existence.

Les faits dont nous venons de parler semblent rendre probable que les œufs des vers intestinaux expulsés en si grande
quantité sont produits en nombre aussi considérable pour leur

permettre de périr par milliers sans que pour cela l'espèce s'éteigne. Un de ces œufs trouve par hasard un milieu favorable dans lequel il pourra se développer, tandis que les autres, moins heureux, périssent sans avoir atteint le but. On peut même affirmer, sans crainte d'être démenti, que les influences nuisibles qui menacent de destruction les œufs doivent être très-nombreuses et avoir une action très-puissante pour empêcher une véritable invasion de vers intestinaux. Un adulte ou un enfant qui a une douzaine de lombrics dans son intestin, ce qui n'est d'ailleurs pas rare, expulse avec ses matières fécales en une année 72 millions d'œufs. Les matières fécales sont employées, dans beaucoup de pays, dans l'horticulture et l'agriculture, comme engrais, tandis que dans d'autres elles se déversent sans trouver d'emploi, dans les ruisseaux et les fleuves. Des millions d'œufs sont ainsi détruits, mais l'un d'eux peut arriver, directement ou indirectement et d'une manière encore inconnue, dans l'intestin d'un homme, et le seul individu qui naîtra de cet œuf suffira pour produire de nouveau des millions d'œufs soumis aux mêmes hasards.

Les recherches qu'on a faites sur la propagation des vers solitaires ont, jusqu'à un certain point, élucidé les moyens par lesquels ils arrivent dans les divers organismes. Le cycle complet du développement de la plupart d'entre eux est, en effet, exactement connu. Parmi ces espèces si parfaitement décrites, on remarque le ver solitaire étroit de l'homme (*Tænia solium*) que l'on trouve surtout en France et en Allemagne ; en Suisse, en Pologne et en Hollande se rencontre une autre espèce, le ver solitaire large (*Bothriocephalus latus*). Le ténia proprement dit vit dans l'intestin de l'homme, ses articles mûrs et remplis d'œufs se séparent de temps en temps, sont expulsés et arrivent ainsi avec les excréments dans les fosses d'aisances. Chacun sait que le porc est un animal domestique assez malpropre ; il fouille en effet dans toute espèce d'immondices, et il ne faut pas s'étonner s'il avale, avec la nourriture qu'il cherche dans les fumiers, une grande quantité d'articles et d'œufs de ténia. L'œuf du ver solitaire, arrivé dans l'appareil digestif du porc, commence à se développer, l'embryon se forme et arrive bientôt à pouvoir briser l'enveloppe de l'œuf et à sortir sous sa véritable forme. L'embryon devenu libre est formé d'une sphérule microscopique excessivement petite qui peut se contracter et se dilater énormément, et est armée à la partie antérieure de six crochets pouvant se mouvoir dans tous les sens. L'animal, au moyen de ces crochets, se fraye un chemin à travers les tissus du corps et arrive ainsi à l'endroit où il doit se développer. Il est probable qu'il se sert en partie du courant sanguin pour continuer sa route. On a démontré d'ailleurs l'existence de ce mode de locomotion pour d'autres espèces qui pénètrent dans les vaisseaux sanguins, sont charriées avec le sang, de la même manière que les corpuscules sanguins avec lesquels ils sont mêlés, et arrivent ainsi à leur destination. Il se peut aussi que l'embryon du ténia perfore directement les tissus eux-mêmes, car on a observé chez d'autres animaux, et surtout dans le foie et le cerveau des lapins, des moutons, etc., des canaux très-fins forés par des vers intestinaux connus. L'endroit où doit arriver dans le porc l'embryon du ténia est le tissu cellulaire sous-cutané et intermusculaire. L'embryon microscopique s'attache alors solidement dans ces parties, il grossit et développe un scolex avec un cou très-court qui se termine à la partie inférieure par un grand sac rempli de liquide. L'embryon devient ainsi peu à peu un ver vésiculaire, et chacun connaît le ver cystique du porc sous le nom de *ladrerie*. La police sanitaire défend, dans beaucoup de pays, la vente de la chair des cochons ladres, mais ce serait une grande naïveté que de croire que l'on en jette la viande. Il est vrai qu'on détruit les vers cystiques en faisant cuire ou rôtir la viande, une température élevée au delà de 60 degrés les tuant infailliblement ; mais, malgré cela, les vers vésiculaires arrivent souvent en bon état jusque dans l'estomac de l'homme, par la viande fraîche. On a remarqué que les juifs orthodoxes, qui ne mangent pas de porc, ne sont jamais affligés du ver solitaire. On a observé aussi que les individus forcés par leur métier à manier beaucoup la viande fraîche, comme les bouchers, les cuisiniers, etc., sont plus sujets que d'autres au ver solitaire ; ils ont en effet l'habitude, en découpant la viande ou en faisant de la charcuterie, de tenir leur couteau entre les dents et de goûter la viande fraîche qu'ils viennent de hacher.

Les vers arrivent ainsi dans l'estomac de l'homme. Là, la vésicule se sépare et le scolex arrive avec le chyme dans l'intestin grêle où il s'attache au moyen de sa trompe munie de crochets et de ses ventouses. Il grossit alors de plus en plus et devient un ver solitaire pouvant atteindre jusqu'à plusieurs mètres de long, dont se séparent enfin des articles et des œufs arrivés à maturité ; ceux-ci recommencent le même cycle de développement.

On a nourri des cochons de lait, qui ne peuvent jamais être ladres à leur naissance, avec des articles du ténia de l'homme et on leur a donné ainsi la ladrerie. On a fait manger à des hommes des vers cystiques de la ladrerie fraîche, et on leur a donné ainsi le ver solitaire. On a fait les mêmes observations sur des espèces voisines de ténias habitant d'autres animaux, et on a trouvé partout le même résultat. On sait maintenant que le tournis des moutons provient d'un ver cystique particulier, le *cœnurus cerebralis*, qui se développe dans le cerveau du mouton quand ce dernier a avalé les œufs d'un ver solitaire particulier, répandus dans l'herbe avec les excréments d'un chien de berger. Le chien, à son tour, est atteint du ver solitaire, parce qu'il mange avec avidité les vers vésiculaires contenus dans le cerveau des animaux tombés ou abattus. On sait que les chiens de chasse sont souvent affligés d'un autre ver solitaire, parce qu'il est d'usage de leur donner à la chasse les intestins du gibier tué. On trouve en effet, surtout chez le lièvre et le lapin, des vers vésiculaires qui se développent dans le foie de ces animaux. Le gibier, à son tour, sera atteint du ver vésiculaire, s'il avale les articles et les œufs du ver solitaire qui se trouvent dans les excréments du chien de chasse. On sait aussi que le chat mange avec la souris les vers vésiculaires qui se trouvent dans le foie de celle-ci ; ces vers deviennent des vers solitaires dans l'intestin du chat. Le ver vésiculaire de la souris et du rat provient à son tour des œufs de ce ténia que le rongeur avale en mangeant des substances auxquelles sont mêlées des excréments de chat.

L'exemple suivant nous montrera combien les embryons microscopiques et les vers vésiculaires sont communs. Les scarabées de la farine et leurs larves, si connues sous le nom de vers de farine, qui se trouvent partout, sur nos greniers, dans les tas de céréales, sont, en certaines localités, remplis à l'intérieur de vers cystiques enfermés en général dans des capsules et attachés en dedans de la cavité générale du corps, à la surface extérieure de l'intestin et de l'estomac. Voici comment s'exprime le savant qui a découvert ce fait : « Les vers de farine et les scarabées que je ramassais au grenier de ma maison paternelle étaient, dans le sens le plus strict du mot, tellement bourrés de vers cystiques à divers degrés de développement, que je puis évaluer, sans exagération, à plusieurs millions le nombre de vers solitaires enkystés qui se trouvaient dans ce seul grenier. » Ne pourrait-on pas se croire entouré de toute part de germes, de kystes, de vers cystiques et de jeunes vers solitaires dont des millions peuvent périr avant qu'un individu arrive dans l'intestin d'un animal dans lequel il puisse se développer ? Les poules et autres oiseaux avalent avec avidité les vers de farine. Les animaux à l'engrais de nos fermes mangent du son et avalent avec cette nourriture, non-seulement une quantité de vers de farine contenant des vers enkystés, mais encore les excréments de ces insectes. Dans la farine dont le boulanger se sert pour saupoudrer le pain, ainsi que dans celle qui reste attachée à la face inférieure du pain lorsqu'on roule le pain qu'on vient de cuire, se trouve une quantité d'excréments de vers de farine qui sont mangés par les animaux domestiques et contiennent sans doute des œufs de vers solitaires ou des vers encore enkystés. Nous ne savons pas encore où et comment ces vers se fixent, mais il est indubitable qu'ils arrivent à leur lieu de destination par l'un des moyens mentionnés plus haut.

Les observations dont nous venons de parler expliquent la présence d'animaux parasites dans des organes complétement fermés, et même là où il n'y a pas de route qui conduise à l'extérieur, comme par exemple au milieu des muscles, dans le cerveau, dans les yeux, etc., les embryons et les jeunes percent avec la plus grande facilité les tissus des animaux qu'ils habitent; ils sont souvent même pourvus de piquants, de crochets et d'autres instruments de ce genre qu'ils perdent plus tard, lorsqu'ils ont atteint l'endroit où ils doivent continuer leur développement. On a fait beaucoup d'observations sur des pérégrinations de ce genre, je ne reparlerai ici que de quelques-unes d'entre elles.

On trouve à une certaine époque de l'année, dans les grenouilles, une espèce de filaire très-commune qui se meut librement dans la cavité abdominale et se rencontre ordinairement dans les environs des grands troncs vasculaires qui vont du foie au cœur. Cette filaire est vivipare. Les parties génitales internes qui contiennent des œufs à la partie supérieure, sont remplies vers leur extrémité inférieure d'une grande quantité de jeunes se mouvant avec beaucoup de vivacité et ressemblant complétement aux anguillules du vinaigre, que chacun connaît pour les avoir observées lui-même. Si l'on examine le sang d'une grenouille dans laquelle on a trouvé des filaires contenant des jeunes, on voit ces jeunes nager en grande quantité dans les vaisseaux sanguins et circuler dans le corps avec les globules. J'ai examiné encore dernièrement, à Genève, des grenouilles chez lesquelles on trouvait, dans les plus petits capillaires des palmures des pieds et des membranes transparentes de l'œil, de jeunes filaires de cette espèce. Elles se mouvaient en serpentant et avec rapidité, et semblaient se trouver complétement dans leur élément. Ces vers disparaissent du sang après un certain temps, mais on trouve à ce moment tous les viscères abdominaux et surtout les organes glandulaires et le péritoine, parsemés d'innombrables petits points blancs que l'on reconnaît pour des capsules sous le microscope. Ces capsules se trouvent à l'intérieur des tissus et toujours dans le voisinage des vaisseaux sanguins, et on les voit quelquefois arrangées comme une enfilade de perles le long des petits troncs vasculaires sanguins du mésentère, par exemple. Chacune de ces capsules contient une filaire enroulée qui perce au bout de quelque temps la membrane enveloppante pour arriver dans la cavité abdominale et atteindre son complet développement.

Si l'on examine la distribution des parasites se trouvant à l'intérieur des organes, on voit qu'ils se fixent presque toujours aux environs des vaisseaux sanguins grands ou petits et surtout aux endroits où ces vaisseaux n'ont que des parois minces et peuvent être par conséquent facilement percés. Les capsules se trouvent toujours tout près des vaisseaux sanguins dans la substance des tissus même, il est donc indubitable que beaucoup de parasites vivant à l'intérieur des organes y parviennent encore jeunes et microscopiques par la voie des vaisseaux sanguins qu'ils transpercent. Ils circulent ensuite pendant un certain temps dans les vaisseaux avec le sang, et abandonnent de nouveau le courant sanguin lorsqu'ils arrivent aux endroits propices à leur développement. Ils se fixent alors à l'intérieur des tissus. Les observations dont nous venons de parler ne sont pas les seules qui prouvent la circulation des vers intestinaux au milieu du sang. On a remarqué le même fait sur des poissons, des chiens et d'autres animaux encore.

On a découvert, il y a quelques années, un ver filiforme quasi-microscopique qui fut trouvé à l'état enkysté et en quantités innombrables dans les muscles de certains cadavres humains. Cette découverte fit beaucoup de bruit. Les muscles étaient parsemés de petits points blancs qu'on reconnut être des capsules de la grosseur d'une mince tête d'épingle. A l'intérieur de ces capsules, le ver encore asexué était enroulé en spirale comme dans un cocon. On connaît maintenant exactement l'histoire de la trichine (*trichina spiralis*), nom qu'on a donné à ce vers ; la trichine vit par millions dans les muscles des lapins, des porcs et des hommes, et non pas dans ceux des chiens; elle se nourrit de fibres musculaires et s'encoconne aussitôt qu'elle a atteint une grandeur convenable. Dans cet état elle attend pendant plusieurs mois le moment de sa délivrance : si la chair attaquée, qui contient quelquefois des milliers de capsules par pouce cube, n'arrive pas dans l'intestin d'un autre animal dans lequel la trichine puisse se développer, le ver finit par périr, la capsule se remplit de calcaire et n'offre plus aucun danger ; mais si l'on mange la chair attaquée, le vers asexuel devient libre dans l'estomac, et les trichines délivrées entrent dans l'intestin, développent des organes sexuels, s'accouplent et donnent naissance à d'innombrables petits qui sortent alors de l'intestin, entrent dans les tissus, les transpercent pour arriver aux muscles et produisent souvent par leur nombre une maladie mortelle. On connaît aujourd'hui les symptômes particuliers de cette maladie que l'on prenait autrefois pour une fièvre rhumatismale ou typhoïde, on sait par quel moyen on peut la découvrir ; aussi ne s'écoule-t-il pas d'année dans laquelle on n'entende parler d'une épidémie de trichines dans un endroit quelconque, en Allemagne surtout. Les épidémies de trichinose éclatent subitement dans une localité restreinte, faisant plus ou moins de victimes, et on peut toujours en découvrir l'origine dans un porc tué à l'endroit même, et dont on a pris la chair encore fraîche pour en faire des cervelas ou d'autres préparations analogues non cuites entrées dans la consommation. C'est surtout dans l'Allemagne du Nord et du centre, où l'on fait paître les cochons et où l'on consomme des quantités considérables de cervelas, de saucisses et d'autres mets composés de viande de porc hachée, peu ou point cuite, et à peine fumée, en même temps que des jambons frais non cuits, que s'observent ces épidémies. Dans les pays au contraire où l'on nourrit les porcs seulement avec des substances cuites en n'en mangeant la chair que bien cuite ou grillée, les trichinoses sont inconnues. Il va sans dire que des animaux aussi microscopiques que les jeunes trichines ne laissent dans les tissus qu'ils percent aucune ouverture et aucune cicatrice qui puisse indiquer l'endroit où ils ont passé. Il est impossible de découvrir la cicatrice d'une blessure faite avec une aiguille, il est bien plus difficile encore de découvrir la trace laissée par un animal tellement microscopique qu'il en faudrait réunir plusieurs centaines pour atteindre la grosseur d'une seule aiguille. L'exemple que nous avons choisi plus haut à propos de la filaire de la grenouille, prouve que cette dernière circule dans le sang du batracien. La trichine est surtout dangereuse parce qu'elle passe d'un individu de même espèce à un autre et peut même passer d'une espèce à l'autre. Le lapin qui mange de la chair de lapin affectée de trichinose est attaqué par la maladie aussi bien que l'homme qui mange de la chair d'un porc atteint de trichinose. Dans la plupart des vers vésiculaires, au contraire, il y a une migration involontaire allant d'un herbivore à un carnivore ; l'animal infectant est mangé par l'animal infecté et devient malade à son tour par les excréments de ce dernier.

Une fois que l'éveil fut donné à propos des vers microscopiques circulant dans le sang et des parasites enkystés qui se trouvent dans tous les viscères, dans les replis du péritoine, etc., on fit des observations répétées qui donnèrent lieu à la loi presque générale suivante : Les parasites peuvent, surtout lorsqu'ils sont encore jeunes, parcourir les tissus en les perçant. On a bientôt trouvé aussi que cette loi s'applique surtout quand les parasites sont transportés d'un animal à l'autre, et on est certain maintenant que le développement de beaucoup de parasites se fonde uniquement sur leurs migrations à travers différents animaux. Le ver parasite, qui commence son existence dans un certain animal, n'atteint en lui ordinairement qu'un certain degré de développement, auquel il s'arrête toujours lorsqu'il ne transporte pas ailleurs son domicile. Si le premier hôte est mangé par un autre animal dans l'intestin duquel le parasite arrive ainsi, le parasite y continuera son développement. Dans la plupart des cas, le développement sexuel du parasite est lié à une migration de ce genre. On trouve, par exemple, dans l'épinoche ordinaire, petit poisson que l'on rencontre dans toutes les eaux et dans

toutes les mares de l'Europe centrale, un ver solitaire particulier -
dont les parties génitales ne se développent jamais, tant que le
ver reste dans le poisson. Si un animal à sang chaud, un oiseau
aquatique, un rat d'eau, ou une autre bête de ce genre mange
l'épinoche, le ver solitaire se fixe dans l'intestin de ce dernier
et se développe alors de telle façon qu'on l'a pris autrefois pour
un animal d'une espèce différente. Ses articles contiennent dans
cet état des organes sexuels complétement développés avec des
œufs mûrs qui arrivent dans l'eau au moyen des excréments des
oiseaux, sont mangés par les épinoches qui se nourrissent, en
grande partie, de substances végétales et animales en putréfaction, et recommencent le cycle de leur développement dans l'intestin de ces derniers.

Ces exemples, que je pourrais multiplier indéfiniment, prouvent que beaucoup de parasites doivent parcourir le cycle de leur
développement dans différents animaux et surtout dans ceux
qui se servent de proie les uns aux autres, ce qui permet au parasite de passer immédiatement d'un animal à l'autre et de se
métamorphoser ainsi peu à peu ; mais il y a aussi des espèces de
parasites qui vivent pendant un certain temps libres comme
d'autres animaux, et ne deviennent parasites que pendant une
certaine période de leur vie. On trouve souvent, dans différentes
eaux, un ver long d'une aune, cylindrique et atteignant l'épaisseur d'un fil, c'est le dragonneau (*Gordius aquaticus* des zoolo-
gistes). On ne sait pas exactement combien de temps cet animal
nage librement dans l'eau, mais il est certain qu'on peut le
conserver vivant dans un verre d'eau, pendant des mois entiers, et qu'il reste assez longtemps comme parasite dans la
cavité abdominale des sauterelles. Beaucoup d'observateurs ont
déjà remarqué que les dragonneaux sortent du corps d'une
sauterelle qui semble malade et ne l'abandonnent complétement que lorsqu'ils trouvent un terrain humide ou de l'eau
dans laquelle ils puissent se développer. Il est certain maintenant que les jeunes dragonneaux s'enfoncent de vive force dans
le corps des larves aquatiques d'insectes, passent avec celles-ci

dans l'intestin des poissons qui les mangent, s'enkystent dans le tissu de l'intestin même, et sortent enfin pour vivre librement dans l'eau et se jeter quelquefois sur des sauterelles dans la cavité ventrale desquelles ils passent une villégiature.

Un autre genre de génération de beaucoup de vers intestinaux est encore plus étonnante. On la connaît maintenant sous le nom de *génération alternante*. Nous voulons décrire ici plus particulièrement une de ces métamorphoses, car une simple définition ne suffirait pas pour rendre complétement claire ce terme de génération alternante. On trouve dans les poumons et les trachées de beaucoup d'oiseaux aquatiques des parasites particuliers faisant partie des vers plats et appelés *monostomes*, qui produisent des petits vivants ayant tout à fait l'apparence d'infusoires et pouvant nager dans l'eau au moyen de cils vibratiles. Le phénomène le plus curieux que l'on observe dans les petits du monostome, est que les deux tiers postérieurs du corps, transparent et sans intestins, se remplissent d'une substance blanchâtre et moins transparente qui semble être au commencement un organe de la larve, car elle a toujours la même position et est toujours la même dans toutes les larves. Mais on s'aperçoit bientôt que ce corps blanchâtre remue et constitue un ver en forme de sac avec deux prolongements latéraux et une extrémité postérieure pointue. Ce ver se meut assez lentement de côté et d'autre, se contracte, se dilate, et brise pour ainsi dire à la fin la larve qui le contenait pour devenir libre. L'enveloppe vibratile reste abandonnée et se décompose bientôt. Il est donc sorti de la larve, qui nageait librement, un sac vermiculaire à mouvements assez lents, et dont la nature se rapproche déjà davantage de celle du monostome.

En multipliant ces observations, on a appris à connaître de nos jours toute une série de sacs vermiculaires de ce genre que l'on trouve en général dans les animaux aquatiques, les escargots et les coquilles. Les uns sont complétement organisés, présentent une tête, une cavité buccale, un pharynx et un tube intestinal assez court. Les autres, qui se trouvent au bas de l'échelle, sont des filaments creux ayant quelques renflements ; ils sont assez allongés, creux, entortillés et ordinairement immobiles. On reconnaît, entre ces deux formations, une quantité de degrés différents de développement. Ce sont des boyaux contractiles sans organes distincts, ou des sacs à mouvements lents, présentant des intestins atrophiés et de formes très-diverses. Tous ces sacs vermiculaires se ressemblent en un point, c'est qu'il se forme en quantité à leur intérieur des bourgeons libres, qui ressemblent, au commencement de leur développement, à une accumulation de substance granuleuse et se développent peu à peu pour former des vers particuliers appelés *cercaires*. Ces cercaires présentent à la face ventrale deux ventouses au moyen desquelles elles peuvent se fixer. Elles ont en outre une bouche, un tube intestinal en forme de fourche, et ordinairement une longue queue que l'on peut nettement distinguer de la partie antérieure du corps. La partie antérieure, sans la queue, ressemble complétement aux vers plats que l'on appelle distomes, et dont l'un, la douve, qui habite le foie du mouton, est bien connu. Ces cercaires présentent aussi en général une armature buccale particulière, un dard, une pointe, ou une couronne de crochets de grande utilité pour leur vie ultérieure. Les cercaires, en effet, dès qu'elles sont complétement développées, abandonnent le boyau vermiculaire qui les contenait, en sortant par des ouvertures particulières, et arrivent ainsi dans les cavités intérieures des limaçons et des mollusques. Le boyau vermiculaire, que l'on a appelé la *nourrice* dans le but d'avoir un terme général pour tous les phénomènes de ce genre, se décompose à la fin après le développement complet des cercaires qu'il a produites. Ce n'est qu'un moyen terme destiné à augmenter considérablement le nombre des jeunes vers par une gemmiparité abondante dans son intérieur.

Les cercaires, une fois délivrées du boyau vermiforme, cherchent à sortir des cavités du corps de l'escargot. Elles passent ordinairement par les ouvertures des canauxaquifères. Les contractions de l'escargot favorisent la sortie des cercaires ; c'est pourquoi l'on voit souvent dans le voisinage de lymnées, qui contiennent des nourrices ou des cercaires, se former un véritable nuage au moment où l'animal se contracte brusquement et rentre dans sa coquille ; il semble alors qu'une vapeur jaunâtre sorte de l'escargot pour se distribuer dans l'eau. Ce nuage n'est autre chose qu'une accumulation de cercaires chassées dans l'eau en même temps que le liquide des canaux aquifères par une contraction subite. Les cercaires nagent alors dans l'eau autour de l'escargot. Leur manière de nager est très-curieuse, elles contractent et dilatent en effet alternativement le corps et jettent de côté et d'autres la queue en formant des figures qui ressemblent à un huit renversé (∞) attaché à l'animal. Les cercaires tourbillonnent pendant un certain temps dans l'eau, puis elles s'attachent à des larves d'insectes ou à d'autres animaux aquatiques, percent leur enveloppe au moyen des armatures qu'elles présentent à leur extrémité antérieure et s'introduisent ainsi dans ces animaux. Pendant qu'elles pénètrent ainsi dans l'insecte, elles perdent leur queue qui était leur organe de locomotion et rampent alors sous la forme de distomes non encore complétement développés dans l'intérieur des animaux. Elles s'enkystent ensuite, s'entourent d'une capsule transparente et restent enfermées dans cette enveloppe jusqu'à ce qu'un oiseau ou un autre animal, favorable à leur développement, mange la larve de l'insecte dans laquelle elles se sont enkystées. Un distome sort alors du kyste détruit par la digestion de l'animal qui l'a avalé ; il devient propre à la génération, et produit une quantité d'œufs dans lesquels se forment des larves ; celles-ci recommencent le même cycle de développement en produisant des nourrices et des cercaires.

Nous voyons par là que la nature a assuré la propagation des vers intestinaux par deux moyens différents. D'abord l'augmentation presque incroyable des œufs et des germes, et d'un autre côté des migrations et des métamorphoses volontaires ou involontaires très-curieuses, ce qui permet la conservation de l'espèce dans les circonstances les plus étranges et les plus difficiles. Il est vrai que nos recherches sur tous ces rapports sont encore aujourd'hui fort peu avancées. Mais malgré cela, nous pouvons déjà affirmer que l'on trouve, chez la plupart des vers intestinaux, des migrations à travers divers animaux ou bien aussi un état de complète liberté, dans lequel le ver vit ordinairement dans l'eau, ou au moins dans les endroits humides. Les germes, les œufs, les larves et les petits se trouvent partout dans les fossés, les mares, les marais et les prairies basses; on les rencontre aussi dans la nourriture, qu'elle soit composée d'animaux vivants ou de plantes, aussi bien que dans l'eau, et il y a partout certaines voies par lesquelles un individu au moins arrive à sa destination, tandis que des milliers et des millions de ses semblables périssent sans pouvoir atteindre l'endroit qu'ils doivent habiter. Les voies qu'ils parcourent semblent quelquefois être calculées en vue d'un pur hasard, et l'on voit ici encore que le développement d'un individu n'est garanti que par des circonstances prises en grand. C'est, en effet, un hasard qu'un escargot soit mangé, tandis que des centaines d'autres terminent leur vie d'une autre manière, et c'est encore un hasard, pour un ver intestinal, que de pouvoir se développer par ce moyen refusé aux autres vers de son espèce; mais il est indispensable, pour la propagation et la conservation d'un certain genre de vers, qu'une certaine quantité d'escargots soit mangée par un certain nombre d'animaux. Il est indubitable qu'en examinant ces proportions en grand, au point de vue statistique, on trouverait que ces hasards sont en nombre constant et reviennent à des époques régulières, de même que le nombre des fractures de jambes est, chaque année, dans une proportion constante dans une population donnée. Toutes ces expériences et tous ces essais prouvent, d'une façon péremptoire, que même dans les cas où l'on pourrait admettre une génération asexuelle, la présence d'un individu générateur est toujours nécessaire pour produire un autre être organisé.

Ici encore il y a des variations nombreuses dans le mode de développement et de séparation des sexes; la génération dépendant de la réunion de deux individus de sexes différents, ne

peut être considérée que comme un degré tout à fait supérieur.
On trouve chez les animaux inférieurs des modes de propagation
très-divers, que nous mentionnerons ici succinctement, et l'on remarque, en même temps, une certaine dépendance à l'égard des
conditions extérieures, dépendance que l'on ne constate pas
chez les animaux supérieurs. Beaucoup d'animaux inférieurs,
en effet, peuvent se multiplier de diverses façons, et suivant les
circonstances ou les saisons, ils préfèrent l'un ou l'autre mode
de propagation.

Beaucoup d'entre mes lecteurs connaissent probablement certains petits animaux gélatineux que l'on trouve attachés aux tiges
des lentilles d'eau; ils sont fixés par une extrémité de leur corps
aux racines, et présentent à l'autre extrémité plusieurs bras
qu'ils peuvent contracter à volonté et qui forment une sorte de
couronne autour de la bouche. Ces animaux, appellés *hydres
d'eau douce* ou *polypes à bras*, rappellent beaucoup d'individus
de la même famille vivant dans la mer; ces derniers forment
alors des colonies qui s'attachent à différents corps. Ces colonies sont composées d'une masse gélatineuse fondamentale qui
s'étend souvent comme une croûte à la surface des corps et forme
un amas générateur commun, sur lequel se développent les
polypes isolés. Cette croûte s'étend de plus en plus et envoie,
comme le feraient des pieds de fraises, des prolongements et des
stolons, sur lesquels naissent de nouveaux polypes, et la propagation et l'augmentation d'un polypier de ce genre est souvent
bornée au seul développement de ces prolongements ou stolons.

Les polypes isolés se multiplient pourtant quelquefois d'une
manière particulière; il se forme latéralement sur leur corps
une sorte de sac extérieur qui s'allonge peu à peu, s'ouvre, et
devient à la fin un boyau allongé autour de l'ouverture antérieure
duquel bourgeonnent des bras. Le jeune polype se sépare peu à
peu du corps de la mère et va se fixer quelque part pour commencer une vie indépendante. Cette propagation par bourgeonnement est la plus ordinaire chez l'hydre d'eau douce.

On remarque en outre chez les polypes marins un troisième

mode de développement qui correspond en partie à la propagation par nourrice des parasites que nous avons décrite plus haut. Il se forme aussi sur les côtés du polype un bourgeon qui devient peu à peu un animal gélatineux à corps discoïde et arrondi, ressemblant à une ombrelle bombée ou à une cloche. Au bord de cette cloche pendent de nombreux filaments natatoires et on trouve à son intérieur une bouche centrale qui se continue dans des sacs stomacaux plus larges et dans des canaux très-ramifiés. Quiconque a visité le bord de la mer a pu remarquer ces êtres curieux qui nagent par milliers sur l'eau et sont ornés de nuances très-tendres. Les vagues les poussent vers le rivage et ils incommodent souvent les baigneurs par leurs propriétés urticantes. Ces *méduses* développent à leur intérieur des œufs et des petits présentant d'abord la forme d'infusoires, qui nagent librement dans la mer au moyen d'une enveloppe de cils vibratiles, mais se fixent cependant bientôt et deviennent un polype complet. Les polypes peuvent de cette façon se propager à de grandes distances, car la méduse nage librement dans la mer et les jeunes polypes qu'elle produit peuvent aussi se mouvoir librement au commencement de leur développement.

On peut réunir ces divers modes de propagation, la fissiparité, la gemmiparité et la propagation par bourgeons sous le nom de *génération asexuelle*. Il n'existe pas ici de matières génératrices particulières, il n'y a pas de germes spéciaux dont se développe l'individu nouveau. Dans la génération sexuelle, au contraire, il y a des substances génératrices particulières que nous avons distinguées déjà en œufs et en sperme. Il faut alors, dans la plupart des cas, comme nous l'avons déjà indiqué plus haut, que le sperme rencontre immédiatement l'œuf pour réveiller le germe qui est à l'état de repos et pour provoquer le développement de l'individu nouveau. Les spermatozoïdes constituent indubitablement l'élément reproducteur, ce qui semble déjà prouvé par le fait qu'ils se développent à l'époque de la puberté seulement. Une expérience directe prouve complétement cette propriété des spermatozoïdes. On peut filtrer le sperme de la grenouille sans que les spermatozoïdes traversent le filtre avec le liquide. Il est impossible de féconder une grenouille femelle avec le liquide filtré, tandis que la masse restée sur le filtre, qui contient des spermatozoïdes, conserve toutes ses propriétés fécondantes.

Chez beaucoup d'animaux, et surtout chez les mollusques, les organes reproducteurs mâles et femelles se trouvent réunis chez le même individu et ordinairement de telle façon que le testicule et l'ovaire sont engagés l'un dans l'autre comme deux gants. Mais les canaux efférents des organes de germination sont ordinairement disposés de telle sorte que les matières expulsées ne peuvent se rencontrer sur leur route, et qu'une fécondation réciproque est nécessaire pour permettre aux œufs de se développer. C'est pourquoi nous voyons toujours dans l'escargot commun de nos jardins une fécondation réciproque de deux individus.

Chez tous les animaux supérieurs, les insectes, les arachnides, les crustacés, ainsi que chez tous les vertébrés presque sans exception, on trouve les sexes séparés sur des individus différents ; une réunion de ces individus est nécessaire pour la fécondation. Il y a en même temps une certaine période pendant laquelle a lieu l'acte de la fécondation. Les œufs ont besoin d'un certain temps pour se développer à l'intérieur des ovaires ; ils grossissent peu à peu, sont expulsés lorsqu'ils sont mûrs, amenés au dehors par l'oviducte, et peuvent ainsi entrer en contact avec l'élément reproducteur mâle. Cet élément mâle s'est développé pendant ce temps d'une manière correspondante à l'intérieur des organes génitaux, et il est complétement formé à l'époque de la maturité des œufs. Cette époque représente en même temps le maximum de développement de la vie individuelle. Beaucoup d'insectes, en effet, n'existent dans leur dernière métamorphose qu'en vue de la propagation de l'espèce. Ils meurent après un temps assez court et presque immédiatement après la copulation.

On a été jusqu'ici très-peu renseigné sur l'influence de la semence sur l'œuf, et de nos jours encore on n'a pas résolu tous les problèmes qui s'y rapportent. Quoique chez la plupart des animaux l'œuf se développe seulement en dehors de l'organisme de la mère, et n'est fécondé qu'en dehors de ce dernier, quoiqu'on ait trouvé chez la plupart des œufs des canaux dans l'enveloppe extérieure, à travers lesquels des liquides ou des corps aussi miscroscopiques que les spermatozoïdes peuvent passer pour arriver jusqu'à la sphère vitelline, on n'a pas encore pu arriver à constater un rapport matériel déterminé entre les spermatozoïdes et l'embryon qui doit se développer. On a été obligé cependant de rejeter nécessairement l'opinion des anciens savants, d'après laquelle le spermatozoïde entrait dans la sphère vitelline et formait ainsi les premières ébauches de l'embryon. On a dû abandonner cette thèse avec plus de raison encore lorsque l'on eut appris à connaître plus exactement la formation de la première ébauche embryonnaire qui est composée de tissus particuliers, de cellules.

Les recherches modernes ont prouvé cependant que les spermatozoïdes arrivent en effet jusqu'à l'œuf et se fondent alors avec le vitellus qui doit former l'embryon, et cela, soit par des ouvertures particulières pratiquées dans les enveloppes de l'œuf, soit par une perforation de ces membranes produite par les spermatozoïdes. Ce fait est maintenant évident dans la plupart des classes d'animaux, et l'on a vu les spermatozoïdes à l'intérieur de l'œuf fécondé, même là où on ne pouvait constater aucune ouverture dans les enveloppes de l'œuf. Si l'on tient compte du fait que beaucoup d'animaux présentent des poches ou des réservoirs particuliers par lesquels les œufs peuvent être, après la copulation, fécondés à l'intérieur de l'organisme de la mère, on est obligé d'adopter l'opinion que, dans la plupart des cas, l'entrée des spermatozoïdes dans l'œuf est un acte très-important, quand même on ne connaît pas encore exactement les transformations que subit alors le spermatozoïde. Là où il y a des ouvertures particulières, des micropyles, pratiquées dans les enveloppes de l'œuf lui-même, et à travers lesquels les spermatozoïdes peuvent pénétrer à l'intérieur, on voit que ces ouvertures sont évidemment établies dans le but de préparer des voies permettant la rencontre immédiate du vitellus avec les spermatozoïdes.

Ces observations ont évidemment une haute importance pour l'étude de la naissance de l'être nouveau. Les mystères disparaissent ainsi complétement et un fait matériel et incontestable vient les remplacer. Chacun des deux parents donne, dans l'acte de la copulation, son appoint à la formation de l'être nouveau, l'organisme femelle donne l'œuf et l'organisme mâle le spermatozoïde fécondant. Il ne semblera donc pas étonnant que le résultat de ce mélange de substances différentes soit un produit mélangé et que les enfants réunissent en eux un certain nombre des particularités que l'on observe chez leurs parents.

Les observations des dernières années prouvent cependant qu'il ne faut pas faire de la rencontre des deux produits générateurs une loi générale et indispensable, car on a découvert maintenant une série de faits montrant qu'il peut se former des œufs complets chez des femelles capables d'engendrer et de se copuler, même sans qu'il y ait fécondation. Ces œufs peuvent se développer et engendrer des petits d'une façon tout à fait normale. On a fait des observations sur la *parthénogenèse* (c'est ainsi qu'on a appelé la genèse par œufs sans fécondation) surtout chez les animaux articulés, tandis que les vertébrés n'en ont pas encore présenté d'exemples. Chez les crustacés inférieurs, comme par exemple les branchiopodes, ainsi que chez les insectes, on voit que ce mode de propagation est assez répandu ; il est même très-important chez les abeilles, surtout pour l'existence de la colonie. Tous les œufs fécondés de la reine deviennent, en effet, des femelles ou des ouvrières, et tous les œufs non fécondés des mâles. Chez d'autres insectes, on observe le fait contraire, les œufs fécondés produisant des mâles et les œufs non fécondés des femelles. Chez d'autres encore, comme par exemple le ver à soie, la parthénogenèse ne semble être, pour ainsi dire, qu'un expédient servant à suppléer, dans des cas spéciaux, à la fécondation qui n'a pas eu lieu, car les œufs non fécondés deviennent aussi bien des mâles que des femelles. Il est, par conséquent, impossible de faire une loi générale pour l'influence de la semence dans l'acte de la reproduction. Elle semble avoir, en effet, dans quelques cas, une action spécifique sur le sexe de l'individu qui doit être formé, tandis que, dans d'autres cas, cette action paraît ne pas s'exercer.

Ces observations prouvent cependant que le mélange matériel des éléments du sperme avec l'œuf est une condition pour le mélange des particularités caractéristiques des parents. On connaît deux races d'abeilles que l'on élève toutes deux pour leur miel : la race jaune ou italienne, et la race du nord, qui est brune. Si l'on fait féconder une femelle d'une race par un mâle de l'autre race, les individus qui naîtront des œufs fécondés, c'est-à-dire les reines et les ouvrières, présenteront des caractères mélangés ; ce sont de vrais métis, tandis que les mâles qui naissent des œufs non fécondés présentent les caractères complets de la mère. C'est là une preuve indubitable du fait que la fécondation a transporté matériellement, au moyen de la semence, les caractères du père sur l'œuf de la mère ; les œufs dans lesquels ont pénétré des spermatozoïdes sont les seuls, en effet, qui produisent des petits présentant les caractères du père.

LETTRE XX

LA GÉNÉRATION DE L'HOMME

On reconnaît, surtout chez les mammifères, l'époque à laquelle les femelles sont aptes à la reproduction par le retour périodique de certains phénomènes connus sous le nom de *rut*. Les animaux deviennent tristes, leurs mouvements inquiets, et si on les examine, on trouve ordinairement que les parties génitales externes sont plus rouges, bouffies et dans un certain état d'inflammation ou d'irritation. Ces phénomènes commencent insensiblement et arrivent graduellement jusqu'à une certaine hauteur pour s'affaiblir ensuite. Quand le rut est encore à son plus haut degré, la femelle repousse le mâle qui la poursuit avec ardeur, elle ne permet au mâle de s'approcher que lorsque les phénomènes d'inflammation ont faibli ; ces phénomènes sont souvent accompagnés de l'écoulement d'un mucus sanguinolent. Chez les animaux, ces symptômes du rut, qui reviennent périodiquement, ont évidemment une cause plus profonde dépendant exclusivement de la fonction des ovaires en bon état de santé. Des femelles dont on a détruit ces organes (ce que l'on pratique· surtout chez les truies destinées à l'engrais), ne présentent plus le phénomène du rut, tandis que l'enlèvement des oviductes ou de l'utérus, quand même il détruit complètement la possibilité de copulation et de propagation, n'empêche pas du tout le retour périodique du rut. Ce phénomène est donc indubitablement lié de la manière la plus intime à la vie des ovaires et au développement des œufs qui s'y trouvent formés, ce qui n'empêche pas que l'irritation produite dans les ovaires ne s'étende sur toute la sphère des organes génitaux. On trouve, en effet, chez les animaux en chaleur, la surface totale des muqueuses internes qui tapissent le vagin, l'utérus et les oviductes, couverte de mucus abondant et fortement rougie par les vaisseaux sanguins gorgés de sang. Les vaisseaux de l'ovaire se montrent également injectés, et l'on remarque dans l'ovaire lui-même des changements très-curieux dans les rapports des follicules avec les ovules.

On admettait anciennement, comme une loi assez générale, que le rut des mammifères était le signe de la maturité de quelques-uns des œufs contenus dans l'ovaire, on croyait que la copulation était une irritation provoquant la séparation de ces œufs mûrs, ce qui permettait aux substances génératrices de se rencontrer dans l'intérieur de l'organe femelle. On croyait ainsi pouvoir admettre une différence entre les mammifères et les autres animaux, chez lesquels les œufs se détachent de l'ovaire et sont expulsés d'une façon tout à fait indépendante de la copulation elle-même. Des expériences modernes ont pourtant démontré que cette opinion était entièrement erronée et que chez les mammifères, aussi bien que chez tous les autres animaux, les œufs se séparent périodiquement de l'ovaire, indépendamment de l'influence de la copulation, pour s'avancer vers l'extérieur à l'époque du rut. Les résultats des expériences mentionnées plus haut ont des conséquences trop importantes à l'égard de la génération de l'homme pour que nous n'entrions pas dans de plus grands détails à leur égard. Avant de le faire cependant, nous examinerons plus particulièrement le mécanisme par lequel les œufs se séparent de l'ovaire.

Mes lecteurs se souviennent que l'œuf des mammifères et de l'homme, qui a environ deux dixièmes de millimètres de diamètre, est placé tout près de la surface du follicule, et que le follicule se rapproche d'autant plus de la surface de l'ovaire qu'il est lui-même plus développé. La surface de l'ovaire est tapissée d'une membrane très-fine qui est un repli du péritoine, et cette membrane est soulevée par les follicules développés de manière

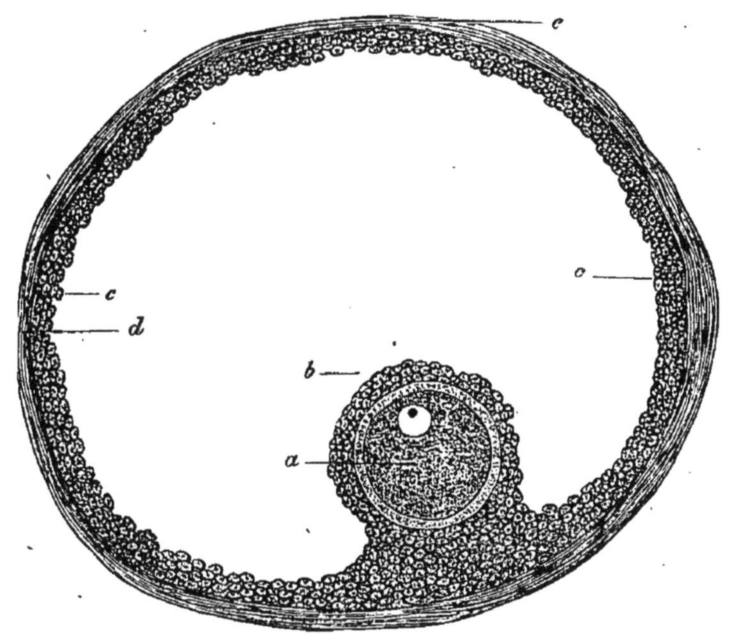

Fig. 75. — Coupe schématique d'un follicule de Graaf fortement grossi. — *a*, l'œuf entouré de la zone pellucide circulaire (membrane vitellaire) et renfermant le vitellus grenu ainsi que la vésicule et la tache germinatives situées excentriquement; *b*, couches de cellules épithéliales (disque proligère) entourant l'œuf au dehors et se continuant dans les couches de cellules *c* qui tapissent la surface interne du follicule; *d*, capsule du follicule formée par du tissu conjonctif fibreux; *e*, limite du follicule.

à former une bosselure ou une verrue en forme de demi-sphère. Par suite de sa position à l'intérieur du follicule, l'œuf se trouve placé au point culminant de cette bosselure, tout près de la paroi interne de l'enveloppe péritonéale. On remarque, au commencement du rut, un afflux sanguin plus considérable vers l'ovaire et une exsudation plus active du liquide qui remplit le follicule. Les parois du follicule lui-même semblent rougies, en état d'inflammation, et l'on voit très-souvent à leur surface des réseaux

très-riches de vaisseaux remplis de sang. La membrane péritonéale du follicule, sous l'influence de cette action inflammatoire,
s'amollit peu à peu, près de l'endroit où se trouve l'œuf. Le
follicule est fortement tendu en même temps et plein d'un liquide
blanchâtre et albuminoïde ; il s'ouvre enfin à l'endroit le plus
élevé et là où les membranes enveloppantes se sont le plus amol-
lies et amincies, et laisse sortir l'œuf ; ce dernier tombe alors dans
l'entonnoir ouvert de l'oviducte et est transporté plus loin par lui.
On a expliqué ce fait en disant que le follicule crevait, pour ainsi
dire, par suite de l'accumulation considérable de liquide exsudé
qui s'était faite à son intérieur, et qu'il permettait, en crevant, à
l'œuf de sortir ; mais on aurait pu reconnaître facilement la fausseté de cette opinion en observant attentivement l'ovaire des animaux ovipares, des poissons par exemple. Chez ces animaux, en
effet, il n'y a que fort peu de liquide accumulé entre l'œuf et le sac
ovarien. Ce sac, partout accollé à l'œuf, n'est formé que par une
membrane mince, se ramollissant par l'inflammation et perdant
sa consistance, après la sortie de l'œuf, jusqu'à devenir une gélatine peu épaisse à laquelle les vaisseaux sanguins donnent un
certain soutien. L'endroit où l'œuf est sorti du follicule de
l'homme ou d'un mammifère n'apparaît jamais, immédiatement
après cette sortie, comme une déchirure produite par une rupture, mais comme un petit orifice à peine visible à l'œil nu et
entouré en général d'un cercle vasculaire apparent. L'endroit où
doit se former cette ouverture est déjà indiqué longtemps avant
la sortie de l'œuf par un espace plus aminci. L'expulsion de l'œuf
se fait donc de la manière suivante : les cellules qui tapissent le
follicule augmentent énormément, se changent en graisse ; en
outre, des vaisseaux avancent depuis la paroi vers l'intérieur,
enserrent de plus en plus l'espace intérieur et facilitent le ramol-
lissement de la membrane du follicule.

Après l'expulsion de l'ovule, l'inflammation du follicule devient, dans la plupart des cas, si intense qu'il y a extravasion
d'une certaine quantité de sang qui s'épanche dans le follicule ;
il se fait en même temps une exsudation de matière cellulaire

plastique qui sort souvent par l'ouverture, comme le ferait un champignon. Cette masse se gonfle d'abord de plus en plus, en remplissant entièrement le follicule, et rétrograde ensuite en arrière par une série de métamorphoses graduelles pour reprendre, après un temps assez long, l'apparence d'un corps arrondi, en général de couleur jaunâtre, qui a été appelé pour cette raison par les anatomistes, le corps jaune. A l'extrémité de ce corps jaune, là où est sorti l'œuf, on distingue alors une cicatrice ordinairement rayonnante et à l'intérieur une sorte de tampon sanguin, entouré d'une épaisse membrane offrant des plis nombreux, produite par la transformation graduelle de la couche cellulaire interne du follicule. Le tampon diminue insensiblement, tandis que la membrane plissée devient plus épaisse, plus dure, se contracte, puis disparaît de plus en plus, et l'on ne trouve à la fin qu'une cicatrice au-dessous de laquelle se remarque un tissu plus ferme de petites dimensions et à contours dentelés. La formation d'un corps jaune est donc la conséquence nécessaire de la sortie d'un œuf hors du follicule. Nous verrons cependant plus tard que le volume d'un corps jaune devient beaucoup plus considérable et que sa cicatrice se conserve pendant toute la vie s'il y a eu fécondation de l'œuf sorti et gravidité. Cette circonstance est facilement explicable par l'état d'irritation plus grand des parties génitales internes pendant la grossesse. Les corps jaunes, au contraire, qui se sont formés après la sortie d'un œuf sans que celui-ci ait été fécondé plus tard et sans qu'il y ait eu grossesse à la suite, disparaissent bientôt complétement et ne laissent pas de cicatrice durable.

Pour réfuter l'opinion des anciens savants qui faisaient de la séparation des œufs, chez les mammifères, une conséquence de l'irritation provoquée par l'arrivée du sperme dans les parties génitales internes, il fallait prouver que les œufs se détachent aussi, même quand les organes conducteurs sont fermés et que le sperme ne peut arriver jusqu'à l'ovaire. Il fallait démontrer, en outre, que les œufs arrivent aussi dans l'oviducte chez les animaux qui n'avaient point été fécondés par le mâle.

Les expériences qu'on a faites à ce sujet prouvent d'une manière péremptoire que chez des chiennes et des lapines dont on avait enlevé, en les coupant, des morceaux de l'utérus, le rut revenait après la guérison de la blessure, comme si l'opération n'avait pas eu lieu. En examinant, après la copulation, les parties génitales internes, on trouva que la semence et les zoospermes qui se mouvaient avec vivacité, étaient arrivés jusqu'à l'endroit où la cavité de l'utérus était fermée par une cicatrice; d'un autre côté, l'ovule avait abandonné l'ovaire, et avait commencé sa migration à travers l'oviducte. En examinant des animaux en chaleur, et dont pendant toute l'époque du rut, on avait éloigné le mâle, on a trouvé qu'ici encore les œufs étaient sortis de l'ovaire et entrés dans l'oviducte. On observa même chez des femelles, qui n'avaient jamais mis bas, et présentaient pour la première fois le phénomène du rut, la présence dans l'oviducte d'œufs expulsés, et la formation de corps jaunes naissants dans les follicules. Il est donc prouvé maintenant que les œufs des mammifères se détachent périodiquement de l'ovaire, après être arrivés à maturité au moment où se présente le phénomène du rut. Ces œufs continuent leur marche à travers les oviductes vers l'utérus. La maturation de l'œuf et le commencement de sa migration se manifestent à l'extérieur par le rut. Si le but du rut est alors rempli, et si la copulation se fait au moment propice, les œufs, cheminant le long de l'oviducte, rencontreront les zoospermes sur leur route, seront alors fécondés et se développeront. Si la copulation n'a pas lieu, les œufs périssent et se dissolvent probablement à l'intérieur des organes génitaux eux-mêmes.

Chez la femme on observe des rapports particuliers qui rendent très-difficile l'application de la loi que nous venons de donner. La puberté se manifeste chez elle par un écoulement de sang, particulier et périodique, que l'on appelle la *menstruation* ou les règles mensuelles. Cet écoulement se présente, en effet, à l'état normal, périodiquement à chaque mois lunaire, c'est-à-dire au bout de vingt-huit jours; il se manifeste ordinairement par un état maladif peu prononcé, par un affaissement général, tandis qu'à la fin de la menstruation, la santé devient meilleure et le désir sexuel plus grand. La menstruation dépend aussi bien que le rut des animaux, de l'état normal des ovaires. Dans les maladies ovariennes qui attaquent à la fois les deux organes, quand ceux-ci sont atrophiés ou non complétement développés, la menstruation n'a pas lieu, elle disparaît aussi avec la fin de l'âge de la fécondité. Il y a donc une grande analogie entre la menstruation et le rut des mammifères, cette analogie devient cependant moins complète par le fait que la menstruation revient très-souvent et ne donne pas à l'acte de la copulation des limites aussi absolues que le rut. Le mammifère femelle ne s'apparie en effet qu'immédiatement après le moment où le rut atteint son maximum, mais non pas dans l'époque intermédiaire, tandis que chez la femme, il n'y a pas d'époque fixe pour la satisfaction de l'appétit vénérien. Cette différence dépend probablement de la nature originellement plus libre de l'homme, qui est, dans toutes les circonstances, bien moins soumis au temps et au lieu que l'animal.

On croyait autrefois que l'existence d'un corps jaune dans l'ovaire était une preuve irrécusable de conception. Les recherches modernes ont cependant montré qu'à chaque menstruation, il s'ouvre un follicule, qu'il en sort chaque fois un œuf, et que chaque fois il se forme dans l'ovaire un corps jaune comme témoin de cette sortie de l'œuf. Ce corps jaune qui se développe après la menstruation, semble cependant plus petit et beaucoup moins développé que celui qui se trouve dans l'ovaire si la fécondation a eu lieu; si l'on se rappelle que la fécondation et le développement du fœtus entretiennent dans les organes génitaux internes une irritation continuelle, que l'afflux sanguin continue pendant des mois entiers avec une grande intensité, il est facile de comprendre que l'exsudation formant la cicatrice doit être beaucoup plus importante dans le follicule entretenu dans un état d'inflammation considérable pendant les mois de grossesse. C'est pourquoi le corps jaune formé à la suite d'une grossesse deviendra

bien plus considérable que celui qui se développe après une menstruation. Dans ce dernier cas, en effet, l'irritation des organes
ne continue pas, et tout rentre bientôt dans l'état normal.

On voit, par ce qui précède, que dans la menstruation les œufs
se détachent régulièrement et commencent leur migration.
L'état de congestion dans lequel se trouvent les organes génitaux internes pendant la période de l'expulsion de l'œuf, se
manifeste surtout dans la partie élargie et dans les replis de
l'entonnoir qui forme l'extrémité interne de l'oviducte. Ces replis
se relèvent et entourent si étroitement l'ovaire de tous côtés que
l'œuf doit tomber dans la cavité interne. Cet œuf, arrivé dans
le tube de l'oviducte, est poussé vers le bas par les mouvements
vermiculaires de cet organe ainsi que par le mouvement vibratile.
Dans le cas où il y aurait copulation, l'œuf rencontre le sperme
dans l'oviducte. Celui-ci vient donc à la rencontre de l'œuf à
mi-chemin et l'on se demande par quel moyen se fait cette
marche progressive du sperme dans l'intérieur des organes.

Si l'on examine les organes génitaux internes d'animaux
tués immédiatement après la copulation, on trouve que l'utérus
tout entier est rempli jusque dans ses parties postérieures de
zoospermes qui se meuvent avec une grande vivacité. Les
zoospermes entrent peu à peu dans l'oviducte et on trouve qu'ils
ont avancé d'autant plus qu'il s'est écoulé plus de temps depuis
la copulation. Il arrive même quelquefois que la copulation
a lieu assez longtemps avant la sortie des œufs et que par conséquent les zoospermes peuvent arriver jusque sur l'ovaire lui-
même. On a fait beaucoup d'observations irréfutables dans lesquelles on a vu des zoospermes sur l'ovaire lui-même. Dans la
plupart des cas cependant ils n'arrivent pas jusque-là, mais rencontrent les œufs sur leur route; on trouve même souvent les
œufs arrivés jusqu'à la partie moyenne ou inférieure de l'oviducte, entourés de toute part de zoospermes, et ces zoospermes
sont même souvent chez quelques mammifères enfouis dans les
couches d'albumine qui se forment dans l'oviducte.

Les mêmes rapports semblent exister chez la femme. Il est

probable aussi que la fécondation ne peut avoir lieu dans la règle que lorsque le sperme arrive par la copulation elle-même jusqu'à la cavité de l'utérus. C'est pour cette raison probablement que la fécondation devient plus facile quelque temps ou immédiatement après la menstruation, parce que pendant l'écoulement, l'orifice de l'utérus est ramolli et ouvert. Mais des cas nombreux et ne laissant aucun doute, prouvent que la fécondation a eu aussi lieu quelquefois quand même le sperme était arrivé aux organes génitaux externes seulement. Un vieux médecin de Berlin, qui devait à ses manières agréables la confiance de ses clients et clientes, en a cité plusieurs cas irréfutables tirés de sa grande expérience; par conséquent, dans certaines circonstances assez rares, le sperme peut arriver jusqu'à l'intérieur depuis les parties génitales externes. Mais il faut dire aussi qu'évidemment ces cas sont excessivement rares et que dans la règle les zoospermes doivent être portés, par la copulation, dans les organes internes.

Les faits que nous avons exposés prouvent qu'il y a évidemment une migration des zoospermes à l'intérieur des organes génitaux de la femme, mais il est indubitable d'un autre côté qu'il n'existe pour le sperme aucun organe moteur particulier à l'intérieur des parties génitales. Ce sont évidemment les zoospermes eux-mêmes, qui, par leurs mouvements uniformes et rampants, avancent insensiblement. Sur les mille et mille zoospermes qui arrivent dans l'intérieur de l'utérus par une copulation, il n'y en a peut-être que fort peu qui atteignent l'oviducte; mais ce nombre si restreint suffit pour réaliser une fécondation. Il est vrai que chez beaucoup d'animaux se trouvent des dispositions beaucoup plus compliquées par lesquelles le sperme peut être porté au lieu de sa destination. Chez beaucoup de mollusques et de crustacés, chez les premiers surtout, on trouve de vraies machines séminales formées de boyaux remplis d'une substance gélatineuse. Ces machines séminales, que le mâle place dans lé voisinage des organes femelles ou dans leur orifice, se bouffissent au contact de l'eau par le gonflement de la substance gélatineuse et crèvent à la fin de telle façon que le sperme est projeté à une assez grande distance.

Il est en général certain que les femmes sont le plus aptes à la reproduction à la fin de la menstruation. C'est pourquoi on calcule la fin de la grossesse et l'époque probable de la naissance en admettant que la conception a eu lieu dans les huit jours après la dernière menstruation. L'expérience et la théorie semblent démontrer que dans la période qui s'écoule entre deux menstruations, il y a un temps plus ou moins long, pendant lequel la fécondation est possible, mais ne se présente que dans des cas plus rares. Il est vrai que l'on peut admettre les opinions les plus diverses sur la durée de cette époque intermédiaire et sur la place qu'elle occupe dans la période dont nous venons de parler. Le résultat final, la fécondation, dépend en effet de plusieurs facteurs indépendants en partie les uns des autres.

Le premier facteur qui doit entrer ici en ligne de compte est le rapport de temps existant entre la séparation de l'ovule et le commencement de la menstruation. Les faits que l'on a recueillis en disséquant des jeunes filles et des femmes mortes pendant l'époque de la menstruation, ne nous donnent pas plus un temps exact, sur lequel on puisse s'appuyer, que l'autopsie d'animaux en rut. On sait seulement que la menstruation, le rut, le déchirement du follicule et la migration des œufs à travers l'oviducte, sont des phénomènes intimement liés les uns aux autres. Mais on a reconnu aussi que la menstruation et le rut sont souvent déjà terminés ou près de leur fin quand le follicule ne s'est pas encore ouvert pour laisser sortir l'œuf. Ici donc, l'expulsion de l'œuf a lieu après les signes extérieurs seulement. Dans d'autres cas, au contraire, les œufs étaient déjà entrés dans l'oviducte avant que la menstruation ait commencé ou que le rut se soit manifesté. Il est facile de comprendre que ces rapports variables amènent une incertitude de plusieurs jours pour la détermination du moment de la fécondation.

Un second facteur est en rapport avec la migration des œufs dans l'oviducte et les phénomènes de développement qu'ils présentent dans cet organe. Nous verrons en poursuivant nos recherches, que la semence et l'œuf doivent se rencontrer nécessairement à l'intérieur de l'oviducte, et que la fécondation n'est plus possible aussitôt que l'œuf a traversé l'oviducte et est arrivé dans l'utérus. Deux observateurs seulement ont pu, jusqu'à présent, découvrir des œufs humains dans l'oviducte, et les recherches qu'ils ont faites, si importantes qu'elles soient d'ailleurs, ne peuvent cependant décider la question de savoir combien de temps il faut à l'œuf humain pour traverser ce tube. On remarque chez les animaux des rapports de temps très-divers. Il faut à l'œuf du lapin trois jours en moyenne pour traverser l'oviducte, il faut quatre à cinq jours à celui du mouton et de la vache, et huit à douze à celui du chien. Il est probable que l'œuf humain se rapproche sous ce rapport de celui du chien. On voit, par conséquent, que la fécondation de l'ovule peut se faire pendant un espace de temps assez long, puisque dans les cas où l'ovule ne commence sa migration qu'à la fin de la menstruation, la fécondation est possible, même douze à quatorze jours après la fin des règles, tandis que dans les cas contraires, quand l'œuf a commencé sa migration avant que la menstruation se soit présentée, la fécondation ne pourrait avoir lieu que dans l'époque même de la menstruation ou immédiatement après.

Rappelons ici encore un troisième facteur nécessaire à ces déterminations ; c'est la durée de la vie des zoospermes à l'intérieur des organes génitaux femelles, c'est-à-dire dans l'utérus et les oviductes. Cette durée n'a presque pas de limite chez beaucoup d'insectes ; chez toutes les espèces dont les femelles hivernent, la copulation a lieu en automne, et le sperme est conservé dans une poche latérale particulière, dans laquelle les zoospermes restent vivants jusqu'à l'été suivant, moment où l'insecte pose ses œufs. Chez les reines d'abeilles, qui ne sont fécondées qu'une fois à leur première sortie de la ruche, les zoospermes restent même vivants, dans le réservoir séminal, pendant tout le temps de la vie de la reine. Il faut toujours un certain temps aux zoospermes pour voyager à travers les organes génitaux femelles, et il est certain que l'on peut trouver cinq à huit jours après la copulation des zoospermes encore vivants à l'intérieur des organes géni- taux des mammifères femelles. Il est vrai que, dans les derniers jours, leur nombre diminue beaucoup. Cette période de la con- servation en vie des zoospermes dans les organes génitaux de la femme, dure peut être encore plus longtemps ; peut-être dé- passe-t-elle même la durée d'une menstruation à une autre. On peut supposer le cas où la semence, introduite peu de temps avant l'époque de la menstruation par l'acte de la copulation, pourrait être arrivée jusque dans les oviductes avant le com- mencement de l'écoulement des règles. Cet écoulement aurait expulsé sans doute la semence hors de l'utérus, mais, dans le cas supposé, les zoospermes auraient déjà dépassé l'organe inondé de sang et rencontré, dans les oviductes, l'œuf détaché qui se- rait fécondé quand même. Si l'on réunit tous ces faits, on trouve que la fécondation serait plus probable, dans le cas où la copu- lation aurait eu lieu quelques jours avant la menstruation, et jusqu'à 12 ou 14 jours après, tandis qu'elle n'aurait lieu que rarement dans l'époque intermédiaire, tout en étant cependant possible à toutes les époques.

On a cherché à résoudre la question par des recherches statis- tiques, en comparant dans les registres de l'état civil les dates du mariage avec la naissance du premier enfant issu de ces ma- riages, et on a cherché à en tirer une conséquence, en se basant sur le fait que la plupart des mariages se font entre deux époques de menstruation, c'est-à-dire, 2 à 18 jours après la fin de l'é- coulement. Il est facile de comprendre que ces recherches, n'em- brassant d'ailleurs qu'un petit nombre de cas, n'ont donné que des résultats très-peu exacts. L'auteur de ces travaux ne s'est occupé, chose curieuse, que d'un certain nombre d'exemples et a choisi pour ses observations, les classes moyennes et élevées de la société. Il est vrai que la plupart des naissances du premier enfant se divisent en deux périodes, l'une de 270 à 280 jours après le mariage, et l'autre de 287 à 294. L'époque intermédiaire entre ces deux périodes présente aussi des cas de naissance, quoiqu'en moins grand nombre. Il faut aussi faire entrer en ligne de compte, dans des recherches de ce genre, le fait que la période de la grossesse n'est pas toujours exactement la même, ce qui produit une incertitude dans le résultat. Cette incertitude ne peut être réduite au minimum, que lorsqu'on base ses observations sur un très-grand nombre de cas.

LETTRE XXI

L'ŒUF DANS L'OVIDUCTE — LA FORMATION DES CELLULES

L'œuf des mammifères présente dans le tiers supérieur de l'oviducte une forme exactement semblable à celle que nous avons décrite, à propos de l'œuf à l'intérieur de l'ovaire. Il a toujours un vitellus sphérique et homogène, à un endroit duquel on peut quelquefois apercevoir la vésicule germinative, quoique dans la plupart des cas elle ait déjà disparu ; le vitellus nous apparaît alors sous la forme d'une sphère complétement homogène. La zone pellucide constitue l'enveloppe extérieure de ce vitellus. Dans les premiers temps, encore attachés en cercle et semblables à une auréole, se remarquent les cellules du disque proligère restées attachées à l'œuf, lorsque celui-ci s'est séparé du follicule de Graaf. Ces cellules se détachent cependant bientôt, et la zone pellucide devient alors complétement nue.

L'oviducte des lapins, et, comme il semble, de la plupart des mammifères inférieurs, sécrète une substance transparente et semi-solide qui forme des couches autour de l'œuf, et ressemble complétement par son aspect au *blanc d'œuf* des oiseaux. On remarque très-souvent une quantité de zoospermes enfermés entre les couches de cette masse ; ils ont été peut-être entourés par l'albumine sécrétée pendant leur marche vers l'inté-

rieur de l'œuf. Cette sécrétion d'albumine manque complètement chez les mammifères supérieurs, le chien, par exemple, et
on·pouvait, par conséquent, s'attendre à ce qu'on n'en trouverait
pas chez le mammifère le plus parfait, l'homme. Les deux seuls
observateurs qui ont réussi jusqu'à présent à voir des œufs humains dans ·l'oviducte ont en effet constaté qu'ils n'étaient pas
entourés d'albumine.

L'œuf présente des modifications très-énergiques dans la partie inférieure de l'oviducte, où il arrive entouré de ses couches
d'albumine, s'il y en a, délivré des cellules du disque proligère,
et dépourvu de la vésicule germinative, qui a déjà disparu; tout
en engendrant peut-être ces modifications dans le vitellus que
l'on·a désigné sous le nom de *fractionnement vitellaire*. Ce fractionnement, qui aboutit définitivement à la constitution des éléments formateurs de l'embryon, commence dans les œufs, même
avant leur fécondation, mais il ne continue pas de la façon normale
que nous décrirons tout à l'heure, il devient au contraire irrégulier, si la fécondation n'exerce pas bientôt son influence. C'est
pourquoi nous avons admis plus haut comme une condition nécessaire de la fécondation, le fait que la semence doit rencontrer
l'œuf encore à l'intérieur de l'oviducte, et qu'elle n'est plus efficace dès que l'œuf a dépassé ce canal pour entrer dans l'utérus.
Le fractionnement commence ordinairement dans la partie inférieure, mais quelquefois déjà dans la partie médiane de l'oviducte;
comme la fécondation ne peut rendre à ce fractionnement sa
régularité, si elle a été une fois troublée, notre affirmation se
trouve justifiée.

Le fractionnement lui-même commence par une contraction
de la masse vitelline tout entière. On peut reconnaître cette
contraction, dans les œufs à membrane vitelline solide, par le
fait que le vitellus se retire un peu de la surface interne de la
membrane vitellaire. Le vitellus se fend ensuite, il se forme en
effet un grand cercle sous forme de sillon à sa surface ; le sillon
se creuse de plus en plus, en entamant d'abord seulement la
surface, et finit par séparer le vitellus en deux portions égales.

Si l'on examine, au moyen du microscope, un œuf de mammifère au commencement du fractionnement, on voit que le vitellus
est formé de deux moitiés complétement isolées et séparées l'une
de l'autre. Ces deux moitiés ont une forme ovale et ne sont réunies
que par la pression de la zone pellucide. Si on ouvre, en effet,
l'œuf au moyen d'une aiguille effilée, les deux moitiés se séparent et on peut facilement les examiner isolément. Le vitellus est
par conséquent divisé en deux moitiés dont chacune est, sous
certains rapports, semblable à la sphère vitelline primitive.

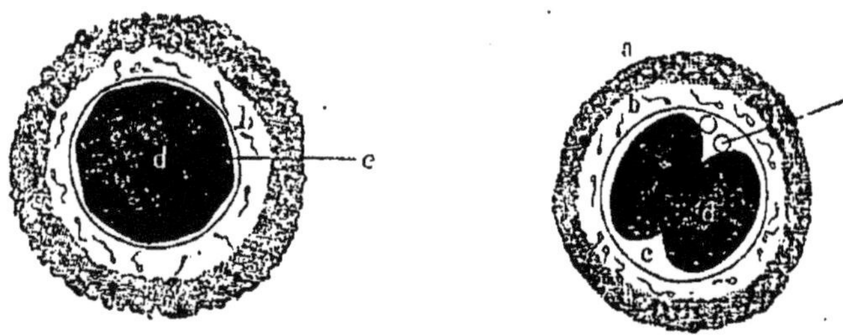

Fig. 76. — Œuf de chienne pris dans la partie inférieure de l'oviducte, immédiatement avant le commencement de la segmentation. La contraction a donné au vitellus une forme polyédrique. Les cellules épithéliales du soi-disant disque proligère, qui restent attachées à l'œuf du chien pendant toute sa migration à travers
l'oviducte, sont presque dissoutes. — *a*, cellules épithéliales; *b*, zone pellucide
sur laquelle se montrent des spermatozoïdes; *c*, espace entre le vitellus *d* contracté
et la membrane vitellaire (zone pellucide).

Fig. 77. — Œuf de chienne quelques heures plus tard. Les cellules épithéliales de la
périphérie sont encore plus diminuées; le vitellus est séparé en deux segments ou
sphères de fractionnement. On voit entre ces moitiés les vésicules claires sorties
du vitellus. — *a*, cellules du disque proligère; *b*, zone pellucide; *c*, cavité de
l'œuf; *d*, sphères de fractionnement; *e*, vésicules claires dites de direction.

Chacune de ces sphères de fractionnement contient en effet, à son
tour, à l'intérieur, une vésicule transparente formée d'une membrane fine et remplie d'un liquide limpide; elle ressemble, jusqu'à un certain point, à la vésicule germinative, mais elle en diffère cependant par le fait qu'on ne peut ordinairement y découvrir de formations analogues à la tache germinative. Pour ma
part, d'accord avec beaucoup d'observateurs consciencieux qui
ont examiné ces vésicules des sphères de fractionnement chez
les mammifères et les grenouilles, je n'ai pu me convaincre de

l'existence chez ces animaux de formations granuleuses à l'intérieur des vésicules, je n'ai jamais pu apercevoir autre chose qu'un liquide complétement homogène et limpide. D'autres observateurs, non moins dignes de foi, prétendent avoir vu, à l'intérieur de ces vésicules, chez différents animaux, des noyaux granuleux. Mais tout en affirmant ce fait, ils vont plus loin en soutenant que, non-seulement la présence de ces noyaux est constante, mais encore que tout l'acte de ce fractionnement se développant de plus en plus dépend de l'activité de ces noyaux. Suivant eux, le noyau granuleux à l'intérieur de la vésicule transparente se dédouble d'abord ; la vésicule suit ce mouvement en se divisant en deux vésicules, contenant chacune la moitié du noyau divisé, et autour de ces vésicules à noyaux la masse vitellaire se concentre enfin en formant deux nouvelles sphères.

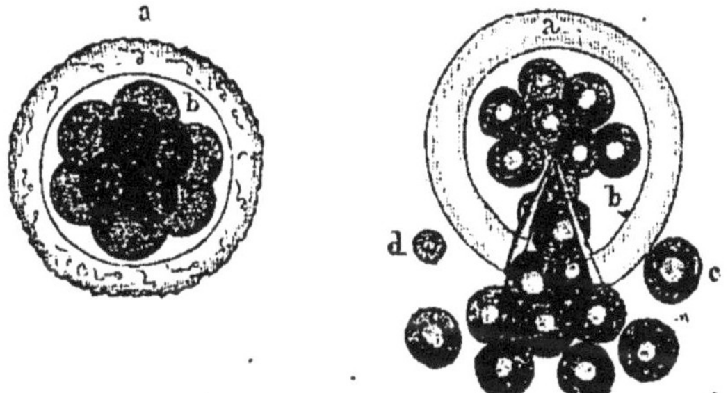

Fig. 78. — Œuf de chienne quelques heures plus tard. Les cellules du disque proligère sont presque entièrement résorbées ; le vitellus est divisé en douze sphères de fractionnement. — *a*, zone, *b*, cavité de l'œuf ; *c*, sphères de fractionnement.

Fig. 79. — Œuf de chienne vers la fin du fractionnement. On l'a ouvert pour faire sortir les sphères de fractionnement munies de leurs noyaux clairs. On aperçoit encore d'un côté une vésicule de direction devenue grenue et en train de se dissoudre. — *a*, zone ; *b*, cavité de l'œuf ; *c*, sphère de fractionnement ; *d*, vésicule de direction.

Quel que soit le mode primitif de formation, il est constant que si l'on examine l'œuf peu de temps après le premier fractionnement, on observe, au lieu de deux sphères, quatre sphères plus petites et ordinairement complétement arrondies, dont chacune présente aussi une vésicule transparente à son intérieur. Chacune de ces quatre sphères est complétement isolée des autres et ressemble en tous points, excepté pour la grandeur, à la sphère vitellaire primitive. Le fractionnement continue ensuite exactement suivant une série géométrique dont l'exposant est 2. On trouve des œufs composés de 8, 16, 32, 64 sphères de fractionnement, et chacune de ces sphères présente, à son intérieur, une vésicule transparente; la sphère elle-même est formée d'une agrégation de substance vitellaire granuleuse entourant la vésicule. La seule différence qui existe entre ces nombreuses sphères de fractionnement et la sphère vitelline primitive réside dans le plus petit volume des premières et dans la moindre grandeur de la vésicule que ces sphères contiennent. Ce fractionnement, combiné avec le décroissement des sphères enfermées dans la zone, donne au vitellus, en se continuant suivant le moment du fractionnement, la forme d'une grappe, d'une mûre ou d'une framboise. En ouvrant l'œuf, il est facile de séparer les sphères de fractionnement les unes des autres et de les reconnaître comme éléments indépendants.

Le phénomène que nous venons de décrire chez les mammifères était déjà connu auparavant chez les œufs d'autres animaux, surtout chez ceux de la grenouille. On l'a constaté maintenant dans tout le règne animal, mais on a reconnu aussi deux modifications essentielles reliées cependant entre elles par des passages. Ce phénomène curieux, ces proportions strictement géométriques apparaissant dans les premières manifestations de la vie de l'œuf, n'ont pas manqué d'attirer au plus haut degré l'attention des naturalistes. On a essayé d'un côté à poursuivre cet acte dans ses manifestations extérieures, et on a découvert qu'il était soumis à des modifications importantes. On a cherché aussi quelle était la cause profonde du phénomène et quels sont les rapports des sphères de fractionnement d'un côté avec les parties primitives qui composent l'œuf, et de l'autre avec les éléments de formation de l'embryon.

Le premier problème que l'on chercha à résoudre fut celui du sort de la vésicule germinative. On n'avait pu retrouver cette

vésicule, qui se rencontre constamment dans tous les œufs ovariens, après l'acte de la fécondation et aussitôt que le fractionnement avait commencé. On n'avait pas davantage pu découvrir la
tache germinative granuleuse ou les nombreuses taches germinatives vésiculaires. De nos jours encore, il règne beaucoup d'incertitude sur ce point; c'est aux observateurs futurs à éclaircir
la question. On ne sait pas encore au juste si les vésicules transparentes que l'on remarque dans les sphères de fractionnement
se sont produites par un partage de la vésicule germinative et en
seraient, par conséquent, les descendants directs, ou si la vésicule germinative, telle qu'elle existait d'abord, disparaît avant
le commencement du fractionnement; dans ce cas, les noyaux
des sphères de fractionnement auraient une naissance indépendante. Chez beaucoup d'animaux, c'est le procédé par scission
qui semble se produire, tandis que chez d'autres, c'est la disparition de la vésicule germinative qui semble précéder la formation de nouveaux noyaux de fractionnement. Cette question est
d'autant plus difficile à résoudre, que plus souvent on ne peut
déterminer avec précision, dans les œufs présentant ce fractionnement complet, l'endroit où se trouvait à l'origine la vésicule
germinative. Il est vrai qu'il y a des animaux chez lesquels le
fractionnement du vitellus n'est pas complet. Ce n'est qu'une
partie plus ou moins limitée du vitellus qui se fractionne, le
reste de la substance vitellaire conservant plus ou moins longtemps son aspect informe primitif. Le fractionnement limité
se trouve chez les oiseaux, les reptiles, la plupart des poissons
et les poulpes ou céphalopodes, tandis que les œufs des autres
mollusques, des mammifères, des amphibies, des poissons cartilagineux les plus inférieurs, des vers, etc., présentent le fractionnement complet. Chez les animaux à fractionnement partiel
il n'y a qu'une partie du vitellus qui se soulève; elle forme des
sortes de collines ou de bourrelets, dans lesquels on remarque
des vésicules transparentes. Les bourrelets se divisent de plus en
plus pour former des sphères de fractionnement, mais ils ne
sont, en général, pas exactement délimités dès leur apparition

du côté intérieur où se trouve la substance vitelline amorphe. Le point essentiel est que le fractionnement partiel part d'un point parfaitement déterminé et se propage dans tous les sens, en recouvrant, suivant les cas, la surface totale de l'œuf ou seulement une partie de cette surface. On voit alors très-clairement que le point central, depuis lequel se propage le fractionnement, se trouve à la place occupée dans l'œuf non fécondé par la vésicule germinative. On reconnaît en même temps que ce point forme le centre du développement embryogénique. Il est probable que dans les œufs à fractionnement complet, le même phénomène a lieu. La vésicule germinative indiquerait par conséquent dans l'œuf non fécondé, l'endroit d'où part le développement embryogénique.

Le sort de la tache germinative simple ou des taches germinatives plus nombreuses n'est pas encore bien connu, et l'explication exacte du phénomène dans un avenir rapproché n'est guère facile à donner, surtout lorsqu'il s'agit de la tache germinative simple et granuleuse que l'on observe chez les mammifères. Si, ce qui est possible dans bien des cas, la membrane mince de la vésicule germinative se dissout et permet ainsi au liquide qu'elle renfermait de se mêler à la substance vitellaire, il serait impossible de découvrir et de reconnaître, avec les moyens dont nous disposons actuellement, la tache germinative au milieu des nombreux éléments vitellaires granuleux. Des observations répétées paraissent cependant avoir prouvé que la tache ou les taches germinatives ne sont pas du tout intimement liées à la formation des tissus embryonnaires eux-mêmes, et qu'elles disparaissent même, dans certains cas, déjà à l'intérieur de la vésicule germinative avant que celle-ci soit dissoute. Il semble évident que la vésicule et la tache germinatives représentent plutôt des parties de l'œuf en voie de formation que des organes essentiels du germe complétement développé. Elles sont très-nécessaires à la naissance de l'œuf, elles sont les éléments indispensables de sa formation ; mais leur importance diminue à mesure que l'œuf approche, de la maturité. L'œuf ne devient capable de se développer que par la fécondation. La vésicule germinative n'est pas nécessaire à cette fécondation et ne contribue pas à la rendre efficace. Des expériences ont prouvé clairement que la fécondation peut avoir lieu quand la vésicule germinative a déjà disparu, et que le fractionnement, cette introduction à la formation des cellules constituantes, a déjà commencé dans l'œuf. Il est donc probable que la vésicule germinative avec la tache germinative représentent plutôt un organe de formation de l'œuf disparaissant, parce qu'il est devenu inutile, à l'époque de la maturation de l'œuf. Le même fait se remarque dans beaucoup d'autres organes très-importants pour l'animal en voie de formation, et qui disparaissent pendant le développement ultérieur.

Au commencement du fractionnement, on constate toujours dans l'œuf un mouvement moléculaire interne considérable se manifestant surtout par une contraction intense. Cette contraction est naturellement d'autant plus forte que le fractionnement entame l'œuf plus profondément, et dans les œufs à fractionnement complet, cette action est si puissante que des gouttelettes de substance vitelline liquide sortent par le pôle de fractionnement. On croyait autrefois, lorsqu'on ne connaissait pas encore exactement ce phénomène, devoir attribuer une influence importante à ces *vésicules de direction* (voy. *fig.* 77, p. 540), car c'est ainsi que l'on appelait ces gouttelettes ; mais on a pu se convaincre plus tard que leur présence ne fait qu'indiquer une contraction plus grande des masses vitellines se préparant à se fractionner. Ces vésicules disparaissent plus tard complétement, et sans laisser aucune trace, dans le liquide qui entoure les sphères de fractionnement.

Tous les phénomènes qui se passent à l'intérieur de l'œuf jusqu'au commencement du fractionnement, c'est-à-dire la disparition de la tache et de la vésicule germinatives, la contraction de la masse vitelline et l'exsudation d'une partie du liquide du vitellus, tendent à faire du vitellus lui-même un matériel de formation uniforme et homogène duquel l'embryon avec ses divers organes se différencie de nouveau. Des changements intérieurs accompagnent les phénomènes externes ; ces transformations ne se manifestent d'abord que par le mouvement des molécules qui se concentrent, mais plus tard ils sont appréciables à l'œil dans les endroits où se trouvent des éléments vitellaires dont on peut constater les modifications ultérieures.

Ces changements deviennent, il est vrai, beaucoup plus rapides encore lorsque les sphères de fractionnement se développent davantage, pour former, à la fin, les cellules embryonnaires qui en naissent ; ils commencent cependant déjà avec les premières manifestations des phénomènes de la vie naissante dans l'œuf. Ils deviennent saisissables à l'œil par une réduction et un rapetissement insensible des éléments vitellaires d'abord plus grossiers. Les gouttelettes d'huile, les granules, les corps gras et albuminoïdes plus solides que l'on trouve disséminés dans la substance vitellaire de beaucoup d'animaux, deviennent insensiblement plus petits et se liquéfient de plus en plus ; le matériel de formation est devenu ainsi à la fin beaucoup plus clair et beaucoup plus transparent. On distingue ordinairement, à première vue dans les œufs, l'endroit où se formera l'embryon, par sa transparence qui est plus grande que celle du reste de la masse. Cette métamorphose interne dépend du vitellus lui-même et non pas de l'embryon qui doit naître, car elle se présente aussi dans le cas où le matériel de formation du vitellus suit un mode de développement anormal. On a constaté chez certains vers, qu'il dépend évidemment de circonstances fortuites qu'un seul œuf, ou qu'une seule sphère vitelline se partagent en plusieurs parties, dont chacune produit un embryon complet. C'est aussi par suite de circonstances particulières que chez beaucoup de mollusques dont les sphères vitellaires ne sont pas entourées d'une membrane et sont enfermées dans une enveloppe commune, plusieurs de ces sphères vitellaires se réunissent pour former un embryon commun, ou restent isolées dans d'autres cas. On observe aussi que des parties isolées se détachent souvent du vitellus des mollusques

pour se développer librement et devenir des éléments constituants des tissus, des cellules vibratiles par exemple, sans que
ces parties détachées prennent part à la formation de l'embryon
lui-même.

Revenons aux sphères de fractionnement pour étudier leur sort
ultérieur ; nous verrons leur nombre augmenter toujours et
leur volume diminuer à mesure de plus en plus. L'augmentation des sphères, d'après une proportion géométrique dont l'exposant est 2, nous prouve déjà que chaque sphère de fractionnement se divise en deux sphères plus petites et que chacune
des sphères venant de naître est de nouveau capable de se diviser. Mais il faut se demander aussi quels sont les éléments
constitutifs des sphères de fractionnement, d'où part cette division en deux moitiés, si c'est la vésicule transparente centrale
qui se divise par un mode quelconque, de manière que chaque
part de la vésicule devient ensuite un centre d'attraction autour
duquel les éléments vitellaires isolés se groupent sous la forme
de sphère, ou si c'est dans la substance vitellaire amorphe
même que réside la tendance au groupement en sphères ; il
en résulterait dans ce dernier cas, comme conséquence, que la
vésicule transparente se développe d'une façon secondaire seulement dans les sphères déjà formées.

On ne peut donner de réponse satisfaisante à ces questions au
moyen des observations faites jusqu'à ce jour. Il est indubitable
d'un côté que l'on trouve quelquefois et surtout chez certains
animaux des sphères de fractionnement contenant deux noyaux
transparents ou même un seul noyau en forme de biscuit.
L'observation indiquerait ici immédiatement qu'il faut chercher le principe primitif de l'augmentation dans la division
du noyau, qu'il soit une masse visqueuse ou une vésicule. La
masse vitellaire se grouperait ensuite en deux sphères nouvelles
autour du noyau ainsi séparé en deux moitiés. On a fait d'un
autre côté des observations d'après lesquelles on a vu des sphères
de fractionnement en forme de semelle, composées de deux
sphères encore reliées par un pont de substance et où l'une des

sphères incomplétement séparées n'avait point de noyau. Ces observations parleraient donc en faveur du second mode de fractionnement où l'initiative de la division serait prise par la substance vitellaire, et non par les noyaux. En résumé, il est donc probable que, pas plus dans ce cas que dans d'autres, ayant rapport à certaines parties organiques, on ne peut admettre un mode uniforme pour l'augmentation et que l'on rencontre dans la nature tantôt un mode de développement et tantôt l'autre.

La détermination exacte de ces rapports est surtout importante parce que le fractionnement représente le commencement de la formation des parties élémentaires au moyen desquelles se développe l'embryon. L'embryon lui-même, à une certaine époque, est composé entièrement de *cellules*, c'est-à-dire de formations vésiculaires qui ressemblent complétement aux parties élémentaires dont les tissus des plantes sont construits. Ce n'est que de ces cellules élémentaires primitives composant l'embryon, que naissent les tissus si divers dont sont formés les organes de l'adulte. La découverte de la concordance primitive dans la structure cellulaire des plantes et des animaux, est un des plus beaux résultats que la science moderne ait atteint, elle a été le point de départ de travaux féconds dans le champ de la recherche microscopique, et l'on peut s'attendre encore à des découvertes importantes basées sur cette ressemblance. Le développement embryonnaire tout entier dépend de la vie, de la naissance et du développement graduel des cellules, et tous les faits qui ont rapport à cette naissance et à la fonction des cellules en général, ont par conséquent un grand intérêt. L'histoire de la naissance et de l'augmentation des sphères de fractionnement constitue en même temps l'histoire de la naissance des cellules animales en général; les sphères de fractionnement ne sont en effet que des cellules naissantes et deviennent de véritables cellules aussitôt qu'elles ont atteint, par leur division incessante, la grandeur que doivent avoir les cellules élémentaires de l'embryon. Comme tous les organes de l'embryon sans exception sont composés à l'origine d'une agrégation de cellules, il sera bon d'expliquer ici, pour éviter les répétitions inutiles, la vie des cellules en général, leur naissance, leur développement et leur sort définitif. Nous allons, par conséquent, développer ici rapidement la *théorie cellulaire* telle qu'elle est admise de nos jours dans la science.

Les sphères de *fractionnement* nous sont maintenant familières, nous savons que ce sont des corps sphériques dont la substance est groupée autour d'un centre représenté par une vésicule. Cette substance qui a toujours une certaine consistance, souvent même plus considérable que la substance vitellaire primitive, se maintient dans sa forme sphérique par sa propre tenacité et non, comme on le pourrait croire, par la présence d'une membrane enveloppante particulière. On a souvent discuté sur l'existence des membranes enveloppantes autour des sphères de fractionnement, mais on a oublié qu'un accord devenait impossible dans les cas où l'on parlait de sphères de fractionnement d'âges différents, car les sphères qui ne présentent pas à l'origine de membrane, s'entourent en effet à une certaine époque d'une enveloppe particulière. La sub-stance gélatineuse fondamentale dans laquelle sont distribués les granules de la masse vitellaire et des sphères de fractionnement s'épaissit graduellement à la périphérie de la sphère ; elle devient enfin une membrane simple et sans structure dont on peut d'autant plus facilement démontrer l'existence en crevant la sphère de fractionnement de manière à faire écouler son contenu, que la membrane est plus ancienne. On peut s'expliquer le durcissement successif de la couche corticale en examinant la formation, à la surface de la colle cuite par exemple, d'une couche coagulée plus solide. Dans le commencement on ne peut constater, dans ce cas, que la présence d'une couche plus consistante, formée à la surface par l'influence de l'air. Cette couche passe insensiblement à la masse interne encore liquide et ne peut en être séparée ; mais elle se coagule bientôt pour former une membrane simple que l'on peut enlever et séparer de la colle. Le même phénomène se présente dans les sphères de fractionnement. La séparation entre la membrane enveloppante et la substance interne enveloppée est d'autant plus facile à constater que les sphères deviennent plus petites. Lorsque cette séparation est terminée et constatable, nous donnons le nom de *cellules* aux éléments constituants des tissus que nous avons devant nous. On constate alors certains phénomènes vitaux qui ont surtout leur siége dans la membrane enveloppante la cellule, la *paroi cellulaire*.

En poursuivant la formation graduelle des sphères de fractionnement et le développement de la paroi cellulaire, nous avons appris à connaître en même temps la genèse de la cellule elle-même en indiquant ses différentes parties. Toutes les cellules qui sont nées de sphères de fractionnement (car ce sont elles qui composent l'embryon) toutes les *cellules embryonnaires primitives* sont formées des parties suivantes :

1° D'une membrane enveloppante extérieure et sans structure, la *paroi cellulaire*, qui a la forme d'une vésicule sphérique, née par la condensation de la couche périphérique d'une sphère de fractionnement ;

2° D'un *contenu* plus ou moins liquide, granuleux et tendre, appelé le *protoplasme*, formé de la substance vitellaire primitive qui a été entourée graduellement, après avoir pris sa forme sphérique, par la paroi cellulaire, épaissie à la périphérie ;

3° Enfin d'une vésicule interne creuse et remplie d'un liquide transparent : le *noyau*, qui se trouve, à l'origine, au milieu de l'accumulation formée par la substance granulée, et renferme dans quelques cas un *nucléole* granuleux.

On ne peut pas encore déterminer avec certitude quelle est la formation primordiale dans la construction des cellules au moyen de sphères de fractionnement. On ne sait-si c'est le contenu granuleux ou sphérique, le noyau ou le nucléole enfermé dans le noyau. Mais il est certain que la paroi cellulaire est une formation secondaire, entourant la sphère de substance vitellaire ; cette dernière existait auparavant avec son noyau, et, dans presque tous les cas, on peut reconnaître clairement les trois parties intégrantes indiquées des cellules embryonnaires primitives, savoir le noyau, le contenu et la paroi cellulaire. Mais on se demande ensuite si toutes les cellules du corps d'un animal naissent de la même manière ?

Lorsqu'on énonça pour la première fois cette grande idée de la formation cellulaire primitive de tous les tissus animaux, on pensa qu'il était nécessaire de donner un schéma général de la formation des cellules, d'après les observations déjà faites, surtout dans le règne végétal. En partant du principe, que des formations analogues doivent naître d'une façon analogue aussi, on soutint que ce schéma devait être général pour toutes les cellules sans exception. La nécessité d'une genèse analogue pour toutes les cellules, n'est cependant pas du tout prouvée par le fait, que l'on observe des phénomènes vitaux semblables dans des formations vésiculaires d'aspect et de contenu très-différents et dont le sort final peut être très-divers. Cette similitude des phénomènes vitaux nous permet seule de réunir des conformations du reste très-diverses, sous un nom commun, celui de *cellules*. Si quelqu'un voulait soutenir que tous les animaux doivent naître de la même manière, on rejetterait cette opinion au moyen de l'expérience, qui nous a appris à connaître différents modes dans la naissance des animaux. Si quelqu'un, pour nous servir d'un exemple qui se rapproche davantage de notre sujet, posait cette loi : que toutes les différentes espèces de fibres qui se trouvent dans les tissus animaux doivent être nées de la même façon, nous serions obligés de rejeter cette loi au moyen des données de l'expérience. Il en est de même pour les cellules. Nous appelons cellules, un certain groupe de parties élémentaires, et ces cellules se ressemblent sous certains points de vue, mais peuvent différer dans d'autres conditions, et l'expérience nous apprend déjà qu'il y a des cellules naissant d'une façon tout à fait différente de celle que nous avons décrite plus haut.

Voici comment devaient se développer les cellules végétales et animales, d'après l'opinion émise, en premier lieu, par le fondateur de la théorie cellulaire. Dans la substance amorphe et granuleuse fondamentale que l'on trouve à beaucoup d'endroits dans les tissus en voie de formation, et qu'on appelait le *cyto-blastème*, un granule particulier augmentant de volume, formait un centre d'attraction, un *nucléole*, autour duquel devaient se grouper les granules de la substance fondamentale pour former un corps arrondi ou lenticulaire, le *nucléus*. D'un côté de ce noyau devait se déposer une couche membraneuse d'abord accolée au noyau, et grandissant insensiblement pour former une vésicule au côté intérieur de laquelle on trouvait attaché le noyau. Cette vésicule, représentant la *paroi de la cellule* naissante, était, suivant la théorie, dans le même rapport avec le noyau que le verre d'une montre avec la montre même ; cette vésicule s'augmentant seulement par l'entrée insensible du contenu liquide, elle arriverait ainsi, peu à peu, à atteindre la grandeur des cellules ordinaires, dans lesquelles le noyau n'est que fort petit par rapport à la cellule. Il est clair que d'après cette théorie de la formation des cellules, il ne pouvait entrer par endosmose qu'un contenu liquide à l'intérieur de la cellule, et on a souvent cru, en effet, que les granules se trouvant dans le contenu cellulaire étaient les produits d'un dépôt ultérieur.

La formation des cellules au moyen des sphères de fractionnement, nous prouve déjà que les cellules animales primitives prennent naissance d'une façon tout à fait différente. Si l'on considère comme une cellule l'œuf primitif (et rien ne s'oppose à cette manière de voir), on doit convenir que la multiplication de la cellule se base sur la division de son contenu tenace, division qui continue jusqu'à ce que les sphères s'entourent de membranes cellulaires et deviennent elles-mêmes des cellules, sans que la paroi cellulaire primitive de la cellule ovarienne, c'est-à-dire la membrane vitelline, n'entre en jeu dans cette série de prolifications.

Les recherches modernes ont prouvé, en effet, que la partie essentielle de la cellule, le contenu tenace et granuleux, appelé le *protoplasme*, formait la substance organique fondamentale.

Cette substance constitue à elle seule la trame des organismes les plus inférieurs, que l'on ne peut placer ni dans le règne végétal ni dans le règne animal ; elle possède toutes les propriétés essentielles nécessaires à la vie, la motilité, la contractilité, la faculté de faire des échanges avec les milieux environnants ; toutes les autres parties de la cellule, le noyau, le nucléole et la paroi cellulaire, ne sont évidemment que des différenciations secondaires de cette substance. On a appris à connaître maintenant toute une série d'éléments constitutifs des tissus, dans les animaux supérieurs aussi bien que dans les animaux inférieurs, correspondant aux sphères de fractionnement par le fait qu'il n'y a aucune trace d'une membrane enveloppante extérieure ; on ne trouve plus qu'un amas de protoplasme qui tantôt existe comme tel, tantôt est disposé autour d'un centre, le noyau. On a appelé ces éléments constitutifs, qui peuvent se changer en véritables cellules en s'entourant d'une membrane, des *cytodes*. Il est donc indubitable maintenant que la cellule animale en général ne s'adapte pas toujours au schéma invariable que l'on avait cru devoir autrefois déterminer pour elle. Il est prouvé qu'elle n'est qu'une formation ultérieure pouvant naître des formations primitives plus simples, c'est-à-dire des amas de protoplasme dépourvus de noyaux et des cytodes. Elle ne représente dans beaucoup de cas, qu'un état transitoire, duquel se développent les éléments constitutifs secondaires du corps, tels que les bres, les tubes, etc.

Il est clair que cette opinion théorique, fondée sur l'examen des faits, nous permet de faire naître de toute substance organique amorphe des éléments constitutifs des tissus, c'est-à-dire des cytodes et des cellules. On a prouvé dans ces derniers temps, d'une façon irréfutable, qu'il se forme en effet de ces éléments nouveaux dans certains cas normaux et pathologiques.

Nous observons dans les cellules une quantité de fonctions vitales particulières, dues au protoplasme, au contenu de la cellule et à la paroi cellulaire ; ces fonctions nous forcent de regarder la cellule comme une sorte d'organisme existant par lui-même et possédant une vie particulière. Cette vie se manifeste par l'accroissement de la cellule dans certaines directions, par des changements se produisant dans les matières contenues dans son intérieur, par l'absorption et l'expulsion de certaines substances, et même souvent par des phénomènes de mouvement et un certain cycle de vie, au moyen duquel la cellule se forme, se développe, se multiplie, passe à l'état d'autres formations élémentaires ou se dissout dans d'autres cas. Il est vrai que chaque cellule se développe d'après le type de l'organisme auquel elle appartient, et en rapport avec l'organe dont elle constitue une partie, mais sa vie est cependant, sous de nombreux rapports, indépendante de l'existence de cet organisme, et peut même continuer quelquefois pendant un certain temps, sans être en connexion avec lui. La meilleure représentation que je connaisse de la vie d'un organisme formé de cellules, est la comparaison avec une ruche d'abeilles. Chaque abeille ouvrière est poussée par son instinct et par l'organisation de son corps tout entier à construire les rayons de miel, suivant une forme déterminée. Chaque ouvrière est attachée à sa ruche, et ne travaille dans cette ruche que lorsque la reine s'y trouve. Tout en étant ainsi subordonnée à la ruche entière, l'abeille reste libre de chercher le miel, la cire, tous les matériaux, en un mot, aux endroits qu'il lui plaît, et d'en apporter la quantité qui lui paraît nécessaire. Les cellules qui constituent un organisme en voie de formation se comportent, jusqu'à un certain point, de la même façon ; elles se développent suivant certaines lois qui régissent le type auquel appartient l'organisme, mais chaque cellule, tout en présentant cette activité en vue de la formation d'un ensemble déterminé, possède une vie individuelle plus ou moins bornée et pouvant se modifier suivant certaines circonstances.

Les changements qui se produisent à l'intérieur des cellules ont une importance essentielle par rapport à leur vie ; il en est de même pour les transformations que subit le contenu lui-même. Ces phénomènes semblent avoir leur origine soit dans le contenu lui-même, soit dans la paroi de la cellule. Les phénomènes d'endosmose simple, qui se présentent dans toutes les membranes animales, se retrouvent aussi dans les cellules, car elles augmentent de volume et crèvent même dans des liquides non concentrés, tandis que dans des liquides concentrés, elles perdent une partie de leur contenu de liquide, se rident et diminuent de volume. Mais, outre ces phénomènes, on remarque que la paroi de la cellule a des rapports particuliers avec les liquides qui entourent la cellule. Nous avons déjà discuté, en parlant de la sécrétion, la question de savoir si les cellules trouvées dans les canaux des glandes produisent par elles-mêmes les substances secrétées ou les extrayent seulement du liquide nutritif commun. Nous avons adopté cette dernière opinion pour quelques cas, parce que l'on peut démontrer la présence dans le sang de certaines substances secrétées, et nous avons reconnu en même temps que cette faculté d'attraction, pour certaines substances, que possède la paroi cellulaire, ne diffère que fort peu de la faculté de former à nouveau ces substances. Nous avons vu enfin que cette formation de substance a lieu, en effet, dans d'autres cas. Chaque cellule est pour ainsi dire un filtre spécifique et un lieu de formation pour certaines substances, elle manifeste son activité vitale, par le fait qu'elle attire et qu'elle absorbe dans une solution contenant des substances différentes, les seules qui, par leur nature, sont dans un certain rapport avec la paroi cellulaire et coopèrent à la formation du contenu cellulaire spécifique. Les globules sanguins attirent à eux, du milieu du sang, toute l'hémoglobine. Les cellules des reins extrayent du même sang l'urine, les cellules du foie le sucre et la biliverdine. Ce sont là des substances que l'on ne trouve à l'état normal que dans ces cellules, et qui souvent ne se rencontrent dans le sang qu'en quantités indéterminables.

La paroi cellulaire n'est pas seulement intéressée à cette absorption de substances spécifiques particulières, elle entre en jeu aussi dans beaucoup d'autres phénomènes. La liquéfaction graduelle du contenu part, par exemple, de la paroi cellulaire, dans les cellules dont le contenu présente de gros granules. Les granules qui disparaissent les premiers, sont ceux qui se trouvent près de la paroi, et les granules qui entourent le noyau se dissolvent les derniers, ce qui fait que les cellules dans lesquelles cette liquéfaction n'est pas encore achevée, ressemblent à un anneau opaque, entouré d'un bord plus clair. Le dépôt de masse granuleuse suit dans les cellules, dont le contenu est d'abord liquide, une marche inverse. Les granules se rassemblent d'abord autour du noyau, et ne sé rapprochent que graduellement de la périphérie. Les cellules s'épaississent quelquefois de telle façon, que de nouvelles couches se déposent contre la paroi cellulaire. La paroi cellulaire elle-même résiste, lorsqu'elle est vieille, plus fortement aux réactifs chimiques, elle se dissout par exemple plus difficilement dans l'acide acétique. Tous ces faits nous prouvent que la membrane cellulaire joue un rôle considérable dans les phénomènes vitaux de la cellule.

La substance interne de la cellule, le protoplasme, atteint dans d'autres cellules le plus haut degré de développement en acquérant la contractilité et la motilité. Les cils des cellules vibratiles ne sont que des prolongements protoplasmiques fibreux qui deviennent mobiles. L'indépendance de ces cellules vibratiles peut être si grande, qu'elles se détachent et se meuvent librement, comme on l'a observé surtout dans les cellules vibratiles des embryons de certains gastéropodes. De la motilité indépendante des cellules vibratiles à la délivrance complète de la cellule il n'y a qu'un pas, et la nature semble en effet l'avoir franchi. Les cellules vibratiles détachées dont nous venons de parler, ressemblent si complétement à beaucoup d'infusoires que le savant qui les a découvertes, les avait prises pour des animaux. Les observations modernes nous ont appris qu'il y a en effet beaucoup d'êtres organiques inférieurs, dont la nature flotte indécise entre celles de plantes et d'animaux, et qui sont, comme nous l'avons déjà remarqué plus haut, formés uniquement de protoplasme, d'une ou de plusieurs cytodes, ou encore d'une seule cellule. Or, tous ces différents degrés de développement de la cellule, qui se présentent comme de véritables organismes ayant une vie individuelle et indépendante, jouissent non-seulement de la motilité, mais encore de la sensibilité. L'organisme informe si curieux qu'on appelle Bathybius, et qui est accumulé en immense quantité au fond de la mer, forme un protoplasme complétement amorphe ; la plupart des monères que l'on a distinguées en diverses espèces dans les derniers temps sont composées de cytodes ; les grégarines et beaucoup d'autres organismes microscopiques sont enfin, pendant un certain temps de leur existence, de simples cellules. Nous connaissons aujourd'hui une foule d'animaux et surtout de plantes unicellulaires. D'autres animaux ne présentent que pendant un certain temps cet état inférieur de formation, ils se perfectionnent plus tard; ce sont par exemple la plupart de ces tubes germinateurs des sporocystes, dont nous avons parlé plus haut à propos de la génération alternante par nourrice. Ce ne sont d'abord que des cellules animales simples produisant des petits à leur intérieur. L'œuf lui-même représente, dans son état primitif, une simple cellule; la tache germinative en est le nucléole, la vésicule germinative le noyau, le vitellus le contenu, et la membrane vitellaire la paroi.

En scrutant le développement de ces rapports que nous ne pouvons qu'indiquer ici, il devient aisé de remarquer comment la cellule se subordonne graduellement à la totalité de l'organisme. Dans les animaux les plus inférieurs, la cellule ou l'état qui conduit à la cellule, cytode ou protoplasme, représentent l'organisme tout entier. Sur un degré plus élevé de l'échelle, la cellule ne représente l'organisme que pendant une période transitoire, mais possède alors encore toutes les fonctions animales, la sensation et le mouvement, à un état peu développé il est vrai. Si l'on remonte encore dans l'échelle des êtres, l'organisme est primitivement une cellule immobile, devenant ensuite un amas de sphères protoplasmiques, de cytodes ou de cellules dont les différentes parties peuvent se séparer, acquérir du mouvement et même mener une vie distincte pendant un certain temps. Chez les animaux supérieurs enfin, la cellule de l'œuf ne devient pas mobile, et aucune cellule constituante des tissus ne peut se séparer pour mener une vie indépendante pendant un certain temps de l'amas formant l'animal ou son germe. Certaines cellules particulières acquièrent seules la motilité, tandis que la plupart se dépouillent complétement par des métamorphoses de leur nature primitive et deviennent des éléments constitutifs secondaires des tissus, éléments dont la vie dépend entièrement de la vie collective de l'organisme.

Il serait trop long de poursuivre ici les transformations des différentes cellules en particulier. Elles se font par prolongement dans différentes directions, ce qui produit des formes étoilées ou allongées, présentant des queues; elles sont alors aussi pyriformes, ovales ou cylindriques; elles se divisent enfin pour former des fibres solides, ou se changent en tubes en s'attachant les unes aux autres. Elles se transforment aussi par le dépôt de couches ou de fibres, soit à l'extérieur ou à l'intérieur de la paroi cellulaire, ou encore en recevant différentes substances; elles se transforment enfin par la dissolution des parois des noyaux, et par d'autres procédés analogues. Toutes ces transformations offrent un grand nombre de phénomènes, elles diffèrent dans chaque tissu, et il me faudrait faire ici l'anatomie microscopique de tous les organes particuliers et la genèse de toutes les parties des tissus, si je voulais parler de toutes ces métamorphoses qui tendent toutes à détruire les phénomènes vitaux particuliers de la cellule pour les subordonner à la vie générale de l'organisme.

Les substances qui se trouvent en dehors de la cellule, acquièrent une grande importance par la destruction de la vie particulière de la cellule dans l'organisme. Les cellules sont rattachées les unes aux autres, chez les animaux de même que chez les plantes, par une substance amorphe plus liquide chez les animaux, la *substance intercellulaire*. On trouve aussi dans les plantes des *vacuoles intercellulaires* qui jouent un rôle important : ce sont des espaces vides qui se remarquent au milieu des cellules isolées et sont remplis ordinairement d'un liquide circulant. Ces substances et ces vides intercellulaires n'acquièrent en général d'importance chez les animaux que lorsque la nature cellulaire des tissus commence à disparaître par des métamorphoses ultérieures. Les grands vaisseaux sanguins, en effet, et tous les canaux des glandes sans exception, ne sont d'après leur développement que des vides intercellulaires nés par la disjonction de masses cellulaires primitivement compactes, et le sang ainsi que les différents liquides de sécrétion ne sont, d'après leur origine, que de la substance intercellulaire liquide. Nous entrerons dans de plus grands détails à cet égard lorsque nous examinerons la formation des rameaux sanguins et celle des canaux des glandes; nous verrons que la circulation du sang prend sa place si importante pour l'économie des animaux supérieurs au moment seulement où la structure cellulaire primitive de l'embryon disparaît, et nous constaterons aussi que les ébauches des différents organes se construisent au moyen de cellules, et cela sans l'intervention de la circulation. Ces cellules remplissent en effet dans les premiers temps toutes les fonctions qui se font plus tard par l'intervention du liquide sanguin.

LETTRE XXII

L'ŒUF ET SES ENVELOPPES DANS L'UTÉRUS

Nous avons poursuivi dans la lettre précédente le développement de l'œuf jusqu'au moment où les sphères de fractionnement, réduites à leur plus petite dimension, s'entouraient de membranes et devenaient ainsi de véritables cellules. La masse vitellaire dans son ensemble a de nouveau acquis, au moment où l'œuf entre dans l'utérus, sa forme sphérique primitive, et les élévations verruqueuses à sa surface indiquent seules, dans l'œuf intact, que le vitellus, dans le dernier état de son fonctionnement, est composé encore d'éléments sphériques. Aussitôt que les sphères de fractionnement se sont changées en cellules, les fonctions des parois cellulaires apparaissent, elles transforment la structure intérieure des cellules et la nature de leur contenu. Les cellules des œufs des mammifères se placent de plus en plus vers la périphérie, tandis qu'à l'intérieur il se rassemble du liquide et que l'œuf augmente de volume par l'absorption de liquide exsudé dans l'utérus. Les cellules adhèrent en même temps plus fortement les unes aux autres par leur surface, comme si elles étaient agglutinées par une substance intercellulaire, elles ne se désagrégent plus lorsqu'on ouvre l'œuf, comme le faisaient auparavant les sphères de fractionnement. Elles ne forment plus

qu'une couche tenace et membraneuse dans laquelle les cellules
s'aplatissent par la pression qu'elles exercent les unes sur les autres, elles prennent des formes hexagonales ; une couche de cellules de ce genre, vue par sa surface, présente alors à peu près
l'aspect d'une fenêtre antique, dans laquelle des carreaux hexa-
gonaux sont reliés les uns aux autres par des filets de plomb.
La marche des cellules vers la périphérie atteint son maximun
dans la formation de la couche membraneuse dont nous venons
de parler ; cette couche, fortement adhérente à la paroi interne de
la zone, est formée des plus belles cellules tabulaires hexagonales
que l'on puisse voir. Chacune de ces cellules présente un noyau
central clair : c'est la vésicule primitive et transparente de la
sphère de fractionnement. Le contenu granuleux est d'abord distribué d'une manière uniforme dans la cellule, mais on voit bientôt commencer l'absorption graduelle de ces granules plus foncés
par les parois cellulaires, et comme la cellule même est aplatie,
les granules qui persistent le plus longtemps se présentent sous
forme d'un anneau de substance granuleuse groupée autour du
noyau transparent.

Pendant que ces transformations se font dans les cellules
elles-mêmes, l'œuf s'agrandit de plus en plus par l'absorption
de liquide à l'intérieur, et la zone elle-même s'étend considérablement. La zone, primitivement semblable, sous le microscope,
à un anneau brillant et proportionnellement assez épais, placé
autour de la sphère vitellaire, présente, au moment où l'œuf
arrive dans l'utérus, l'apparence d'une membrane fine et si
mince, qu'on ne peut plus découvrir en elle de double contour.
Cette extension graduelle de la zone qui s'est développée pendant le fractionnement, la transformation des sphères de fractionnement en cellules, et le dépôt de ces sphères en une couche
continue périphérique, constituant un sac membraneux rempli
d'un liquide clair, toutes ces actions réunies ont donné à l'œuf,
une fois arrivé dans l'utérus, une apparence toute différente. Il
est presque transparent, du volume d'une grosse tête d'épingle,
et composé de deux membranes minces emboîtées l'une dans

l'autre; l'une, extérieure et sans structure, représente la zone très-amincie que l'on appelle alors le *chorion*, tandis que l'autre, intérieure, est formée des cellules agglutinées les unes aux autres. Nous appelons cette membrane intérieure, formée de cellules, la *vésicule* ou *membrane blastodermique;* c'est dans cette expansion cellulaire que se développent les premières formations embryonnaires.

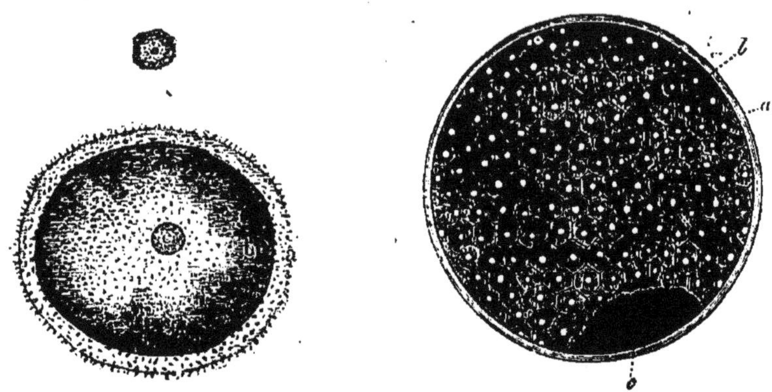

Fig. 80. — Œuf de chien, de grandeur naturelle et grossi, pris dans l'utérus. L'œuf est formé de deux vésicules membraneuses emboîtées l'une dans l'autre; la membrane extérieure, constituée par la zone démesurément distendue, est couverte de villosités et porte dorénavant le nom de chorion; la membrane interne, la vésicule germinative, est séparée du chorion par un intervalle. On voit dans l'intérieur de l'œuf l'accumulation opaque, l'aire germinative, sur laquelle se développera l'embryon. — *a*, zone à villosités (chorion); *b*, vésicule germinative; *c*, aire germinative.

Fig. 81. — Œuf de lapin pris dans l'utérus. — *a*, zone pellucide; *b*, vésicule germinative formée de cellules hexagonales en pavé; *c*, accumulation de cellules internes.

L'œuf du cochon d'Inde, qui diffère par beaucoup de particularités curieuses des œufs d'autres mammifères, se distingue surtout aussi par le fait que son enveloppe extérieure, la zone, se perd complétement dans l'utérus; l'œuf ne représente alors qu'un corps cellulaire simple qui se confond avec la muqueuse de l'utérus en s'y attachant; il ne se forme pas autour de l'œuf de membrane extérieure.

On reconnaît dès l'abord, aussitôt que la membrane blastodermique s'est formée dans toute la périphérie de l'œuf, que toutes les cellules n'ont pas été employées dans ce but, mais qu'à un certain endroit il y a encore une accumulation de matériel sous forme de cellules foncées, constituant un amas arrondi et incomplétement délimité à la paroi interne de la membrane blastodermique. Tandis que dans les cellules aplaties de cette membrane, les granules foncés ont disparu en ne laissant qu'une couche annulaire autour du noyau, on trouve dans l'amas dont nous venons de parler des cellules qui ont encore conservé leur forme primitive de vésicules arrondies et remplies complétement d'une masse granuleuse; il en résulte qu'elles ressemblent, sous tous les rapports, beaucoup plus aux sphères de fractionnement primitives, que les cellules aplaties et devenues transparentes de la membrane blastodermique. Cet amas de cellules, que nous appellerons dorénavant l'*aire germinative*, constitue l'endroit où se formera plus tard l'embryon; l'aire germinative est le point central dont part la formation du nouvel être, et les cellules qui y sont accumulées constituent le matériel de construction des premiers éléments de l'embryon. Toutes les formations nouvelles dont nous parlerons dans la suite, et dont la succession continue sert à former l'embryon, commencent d'abord dans l'aire germinative, et quelques-unes même ne le dépassent jamais. Le reste du liquide contenu dans le vitellus qui s'est déposé à l'intérieur de la membrane blastodermique, et présente l'aspect d'une gélatine un peu épaisse, ne s'y trouve, à ce qu'il paraît, que dans le seul but d'aider à la construction du matériel des cellules. Ce liquide est absorbé graduellement, à l'exception d'un reste de peu d'importance, et pendant ce temps il se dépose des couches toujours nouvelles de cellules servant à former les organes dans l'aire germinative.

Ce dépôt successif, cette prolification des masses cellulaires qui doivent former le corps de l'embryon, nous prouve l'existence évidente d'un développement qui va de l'extérieur à l'intérieur. Les cellules périphériques sont toujours plus avancées dans leur ensemble que celles qui sont placées à l'intérieur vers le centre de l'œuf, et l'on peut affirmer en général que dans tout le développement embryonnaire, un organe et une couche cellulaires sont d'autant plus développés qu'ils se trouvent plus près de la périphérie. Si l'on étudie cette tendance dans ses rapports avec l'œuf dans son ensemble, l'activité formatrice irait de l'extérieur à l'intérieur, de la périphérie vers le centre ; mais il faut bien se rappeler aussi que le centre des formations embryonnaires n'est, en général, pas placé à l'intérieur de l'œuf, mais à l'endroit où était située la vésicule germinative dans l'œuf non fécondé ; par suite de la formation antérieure de l'œuf, le vitellus était placé excentriquement autour de l'endroit où se formait l'embryon. Cet endroit est pour les formations embryonnaires le centre depuis lequel elles se développent dans toutes les directions, aussi bien vers le centre de l'œuf qu'à la surface de la membrane blastodermique dans tous les sens. On distingue par conséquent dans l'œuf une double tendance dans les constructions qui s'accomplissent. D'un côté, il se constitue un matériel qui, travaillé de l'extérieur à l'intérieur, se dépose continuellement par de nouvelles couches sur la face ventrale de l'embryon. Ce matériel sert en même temps à former des organes qui se développent en rayonnant de l'axe de l'embryon à la périphérie. On peut donc avec raison comparer l'embryon à une formation parasitique dont le germe a été placé quelque part dans l'œuf, et qui s'étend depuis cet endroit dans tous les sens par-dessus l'œuf, l'entoure et l'envahit par l'action de son développement très-actif pour l'absorber à la fin complétement.

La première formation reconnaissable dans l'amas foncé des cellules de l'aire germinative est la division de cette aire en deux couches concentriques cellulaires, et placées l'une sur l'autre. L'aire germinative est formée alors d'une double couche de cellules dont chacune est plus épaisse au centre de l'aire germinative même que vers la périphérie. La couche intérieure, plus épaisse, passe immédiatement sur ses bords dans les cellules polyédriques et aplaties de la membrane blastodermique ; cette dernière, formée d'une couche cellulaire simple sur toute la périphérie de l'œuf, paraît pour cette raison épaissie et semblable à un bouclier dans l'aire germinative. On ne distingue au commencement la couche intérieure de cellules que sur l'aire germinative même, mais cette couche s'étend bientôt de tous côtés sous la couche extérieure de la membrane blastodermique, et couvre peu à peu l'œuf tout entier pour se fermer au pôle opposé à l'aire germinative, en formant ainsi une vésicule saccoïde. Les cellules de cette couche interne sont plus foncées et plus granuleuses que celles de la couche externe. On peut facilement, par conséquent, en déterminer les limites. On a observé des œufs dans lesquels cette couche interne de cellules ne recouvrait qu'un tiers ou la moitié de la sphère, tandis qu'elle l'entoure complétement dans d'autres œufs. Aussitôt que le cercle est fermé, la membrane blastodermique se trouve formée de deux sacs emboîtés l'un dans l'autre. L'œuf est composé par conséquent, aussitôt que la formation de ces deux feuillets est terminée, d'un liquide vitellaire intérieur clair et tenace, entouré de trois sacs concentriques sphériques. Le sac le plus extérieur est fermé par une membrane fine et sans structure. C'est la zone pellucide excessivement distendue, qui se couvre déjà alors de villosités. Les deux sacs intérieurs sont formés chacun d'une couche cellulaire qui s'épaissit à l'endroit de l'aire germinative. Ce sont ces deux couches qui prennent part à la formation de l'embryon.

L'embryogénie n'a été appréciée à sa juste valeur que depuis le commencement de notre siècle ; comme on ne savait au commencement vaincre complétement les difficultés qui s'opposent aux recherches sur l'œuf des mammifères, on choisit, pour les observations, l'œuf de l'oiseau et surtout celui de la poule parce que l'on pouvait toujours se procurer, par une incubation soit naturelle, soit artificielle, des œufs à un certain état de développement. On reconnut ici aussi la membrane blastodermique et sa division en plusieurs couches ou feuillets, et comme on avait remarqué que de chacun de ces feuillets se développait un groupe particulier d'organes servant à former le corps de l'embryon, on fit pour chacun des feuillets des schémas généraux, et on examina la genèse de l'embryon d'après ces divisions schématiques fondamentales. Les anciens observateurs, dont les recherches furent reconnues exactes depuis par tous les savants exempts de préjugés avaient constaté que le germe était composé dès l'abord de deux couches cellulaires ou feuillets, l'un supérieur l'autre inférieur ; on a retrouvé ces deux feuillets chez tous les animaux, même chez les plus inférieurs, comme par exemple notre polype hydraire d'eau douce. On a donné à ces couches les deux noms généraux d'*ectoderme* pour l'extérieure et d'*entoderme* pour l'intérieure. Les organismes les plus inférieurs, comme les éponges, les polypes etc., sont même pendant toute leur vie uniquement formés de ces deux couches primitives, tandis que dans les animaux supérieurs ces deux couches se fondent de beaucoup de manières, s'enchevêtrent et se replient l'une dans l'autre, ce qui fait disparaître plus ou moins l'ébauche primitive. On a trouvé par exemple chez le jeune poulet, qui sous ce rapport ressemble complétement à l'homme, qu'il se forme, bientôt après le commencement de l'incubation, par un épaississement et un fractionnement du feuillet inférieur, un feuillet supérieur ou extérieur, un feuillet médian et un feuillet inférieur ou interne. Ces trois feuillets se confondent au bord de l'aire germinative. Après beaucoup d'hésitation sur le rôle de ces feuillets, on a fini par appeler le feuillet supérieur *feuillet sensoriel*, le médian, *feuillet germinomoteur*, et l'inférieur, *feuillet trophique* ou *glandaire*. Du feuillet supérieur se développent la peau extérieure, les organes des sens et le système nerveux central ; du feuillet moyen, le squelette, les muscles et les organes génitaux, et du feuillet inférieur le canal intestinal avec ses dépendances.

Pour nous représenter les rapports de ces trois feuillets avec la position des organes, supposons un instant que le corps de l'homme soit ouvert par une section verticale faite dans la ligne médiane depuis la bouche jusqu'au bassin, et que les cavités pectorale et abdominale soient ouvertes de cette façon. Admettons que l'on ait agi à l'égard d'un cadavre humain de la même manière qu'à l'égard d'un animal tué par le boucher, qui ouvre le corps tout entier pour enlever les viscères. Pour compléter cet exemple, supposons que le cadavre ainsi préparé, avec la surface abdominale et l'estomac, qui représenterait l'intestin tout entier et ses dépendances (le poumon, le foie, etc.) ouverts, soit étendu sur une sphère ; celle-ci se trouverait ainsi entourée par les parois ouvertes de tous les organes dont nous venons de parler. Dans quelle position se présenteront les différentes parties du corps humain après cette opération ?

On reconnaîtra comme parties extérieures la peau avec les organes des sens s'ouvrant à sa surface, la colonne vertébrale avec la tête, les membres, les masses musculaires et les os qui forment le tronc. Le cerveau et la moelle épinière seront ainsi les organes les plus extérieurs, n'étant couverts que de la peau des muscles et des os qui leur servent d'enveloppe. Immédiatement sous la moelle épinière et du côté de la sphère, la colonne vertébrale se courbe autour de cette dernière, et les membres, les bras et les jambes se présentent comme des expansions latérales de cet axe courbé. Tous ces organes correspondent aux deux feuillets extérieurs de la membrane blastodermique. Ils en naissent et présentent par conséquent aussi une position externe, aussitôt que l'on place le corps de l'adulte dans une position correspondante à celle que l'embryon occupe par rapport au vitellus. Entre les organes dont nous venons de parler et la sphère sur laquelle nous avons étendu le corps se trouvent les viscères, qui remplissent les cavités de la poitrine et de l'abdomen. Il y a en avant le cœur, en contact immédiat avec la sphère, au-dessus de lui les poumons, la trachée-artère et l'œsophage, et plus en arrière, l'intestin avec ses glandes. Tous ces viscères sont étendus entre les organes animaux et la sphère, et entourent immédiatement cette dernière. Ils forment une couche qui est par rapport aux organes de la vie animale une couche interne, ils correspondent par conséquent au feuillet glandaire de la membrane blastodermique.

La préparation et la position du corps, telles que nous venons de les décrire, doivent être bien comprises ; il faut qu'elles soient gravées dans la mémoire, car elles donnent une image de la position embryonnaire et aident continuellement à faire comprendre les différents rapports que l'on voit naître dans le développement successif des organes. La sphère sur laquelle nous avons supposé que le corps était étendu sert à représenter le vitellus. Les embryons de tous les vertébrés sans exception sont courbés avec la face ventrale autour du vitellus, et suivant la différence des proportions, la sphère vitelline est tantôt complétement enfermée par les parois abdominales, tantôt seulement en partie ; dans ce dernier cas le reste est séparé de l'organisme sous forme d'une vésicule et demeure placé comme *sac vitellaire* en dehors de la paroi du corps. Cette position de l'embryon par rapport au vitellus n'est pas la même chez tous les animaux. L'embryon des insectes, par exemple, se recourbe avec la face dorsale autour du vitellus et la face ventrale est placée d'une manière périphérique par rapport à ce dernier. Chez les céphalopodes, le vitellus est placé dans l'axe du corps, et opposé à la tête, tandis que chez la plupart des autres mollusques on ne peut constater la présence de cette opposition.

On a voulu découvrir dans le cochon d'Inde une exception à cette position, caractéristique pour tout le règne animal, des formations embryonnaires par rapport au vitellus. L'embryon de ce rongeur est en effet placé, le dos tourné, contre une vésicule adhérente à l'utérus. Celle-ci a été prise à tort, par les observateurs, pour la vésicule vitellaire, car elle provient de l'union du feuillet muqueux primitif avec la paroi de l'utérus. L'exception que paraît présenter le cochon d'Inde vient seulement du fait que la vésicule ombilicale, dont nous parlerons plus tard, ne devient pas une vésicule, mais s'unit aux formations qui partent de l'utérus ; en se soudant à ces produits utérins de manière à former une membrane inclinée de tout côté, elle simule la cavité de l'œuf. Les parois abdominales se ferment d'ailleurs chez le cochon d'Inde exactement de la même façon, du côté du cordon ombilical et des vaisseaux vitellaires, que les parois abdominales des mammifères et de l'homme. Nous décrirons dans le cours de cette lettre ce mode uniforme de fermeture. L'exception n'est par conséquent qu'apparente, elle n'existe pas en réalité, et cette première observation, répétée de nos jours, a fait reconnaître que le premier observateur était arrivé par des explications erronées à des résultats complétement faux.

Revenons aux feuillets de la membrane blastodermique. Ces couches distinctes de cellules organiques, ces feuillets germinatifs existent sans doute et ont une importance prépondérante dans la formation des organes ; mais on ne peut pas nier, d'un autre côté, que cette importance a été exagérée théoriquement. Ces exagérations ont souvent même nui à l'adoption des faits sur lesquels se basaient des théories très-étendues. Au lieu d'admettre que ces feuillets croissent dans différentes directions, augmentant çà et là par des accumulations nouvelles de cellules et par des dépôts de couches formés par le vitellus, on les comparait à des draps ou des tapis, on les faisait se plier, s'étendre de différentes façons, pour former ici une glande, là un tube, à un autre endroit encore une enveloppe membraneuse. De nos jours encore, on a probablement attribué une influence beaucoup trop importante à cet élément mécanique de la croissance, en voulant même le soumettre à des calculs basés sur les plissements d'une membrane élastique. Il est cependant indubitable que par la croissance inégale de certaines parties, d'autres sont gênées dans leur développement, poussées de côté, plissées et modifiées de mainte façon. On reconnaît enfin, dans les trois feuillets, des amas de cellules étendus en couches et formant des expansions et accumulations qui représentent, au commencement, des groupes tout entiers d'organes. Les organes se forment en certains endroits dans ces ébauches par la croissance et l'accumulation de cellules dont l'activité est différente ; de ces cellules naissent graduellement des parties élémentaires, telles que les exigent la structure et la forme des organes spéciaux qui s'y rapportent. Tout en laissant son importance à cette activité des cellules dans l'aire germinative et la membrane blastodermique, nous n'irons pas jusqu'à nier la séparation de la membrane blastodermique en feuillets, ni le plissement de ces feuillets par l'influence mécanique des parties avoisinantes. L'un n'exclut pas l'autre, et la division de la membrane blastodermique est maintenant si évidente et prouvée d'une manière si irréfutable qu'il serait vraiment absurde de la nier pour des raisons toutes théoriques.

L'œuf des mammifères se trouve déjà dans l'utérus, lorsque les changements décrits plus haut se réalisent en lui. C'est alors que l'œuf commence à s'allier plus étroitement à l'utérus lui-même, et cela de la façon suivante : il se forme à la surface extérieure de la zone excessivement amincie des *villosités* particulières (*fig.* 80, p. 562), qui s'engrènent avec les villosités et les renfoncements que l'on observe à l'état normal dans la muqueuse de l'utérus. On peut se représenter cette union, en comparant les villosités de la zone et celles de l'utérus aux dents d'une scie, ou aux doigts de deux mains croisées. Ces villosités sont reliées les unes aux autres par une substance agglutinante. Dans l'origine, la surface de la zone tout entière est couverte de ces prolongements, mais ils se séparent les uns des autres et disparaissent graduellement à des places différentes, suivant l'espèce d'animaux à laquelle on a affaire, lorsque l'œuf se développe de plus en plus. Elles s'accumulent en même temps à d'autres endroits, augmentent en développement et entrent en rapport plus intime avec l'utérus. Les villosités deviennent plus tard, par les vaisseaux qui se développent en elles, de vrais organes nutritifs du fœtus. Chez l'homme, elles s'arrêtent dans l'œuf à un endroit déterminé, et plus ou moins elliptique; elles forment en cet endroit, en s'unissant aux villosités qui partent de l'utérus, une sorte de gâteau solide, le *placenta*. De ce placenta sortent d'un côté les vaisseaux sanguins, amenant des substances nutritives à l'embryon, et de l'autre côté y entrent des ramifications des vaisseaux utérins, desquels le fœtus tire sa nourriture. Nous examinerons par la suite plus particulièrement cet organe important, mais nous ferons remarquer qu'il naît des villosités dont les premiers commencements sont distribués partout sur la zone.

Dans l'espèce humaine, l'utérus se prépare encore à la réception de l'œuf d'une manière particulière, que l'on ne retrouve identiquement la même que chez les singes; dans la plupart des autres mammifères, la formation résultant de cette réception éprouve des modifications différentes. Il se forme en effet,

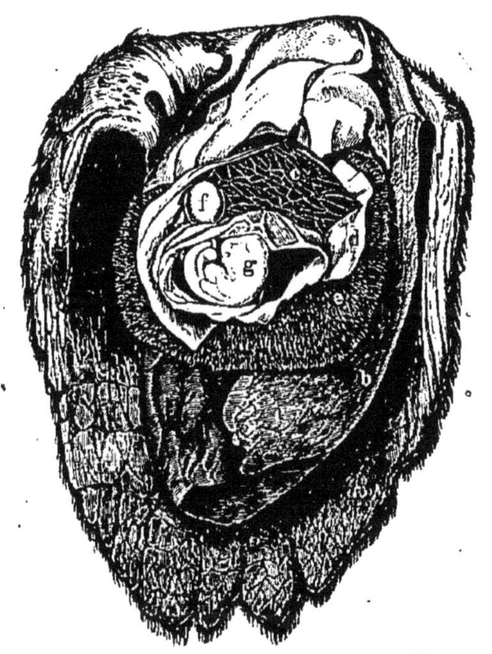

Fig. 82. — Œuf humain d'environ deux mois, expulsé par une fausse couche. La membrane caduque ou décidue, épaissie et gorgée de sang d'une façon anormale, forme un double sac. Dans ce sac et réuni à lui, en haut, se trouve le chorion villeux, séparé de l'amnios par une substance gélatineuse et réticulée. La vésicule ombilicale se trouve dans cet espace entre l'amnios et le chorion, et envoie sa tige vers l'ombilic de l'embryon, qui lui-même est enfermé dans le sac de l'amnios, incisé dans le but de faire voir l'embryon. — *a*, sac interne; *b*, sac externe de la décidue; *c*, espace rempli de gélatine réticulée entre l'amnios et le chorion; *d*, surface interne lisse du chorion; *e*, surface externe villeuse; *f*, vésicule ombilicale; *g*, embryon enveloppé par l'amnios, assez serré.

dans la cavité interne de l'utérus, une membrane particulière d'un aspect floconneux, que l'on appelle la *membrane caduque*, ou la *décidue*. On a discuté beaucoup sur la structure et l'arrangement de cette membrane caduque, mais il semble qu'on soit tombé d'accord de nos jours sur ce point, qu'elle représente la couche muqueuse interne de l'utérus, dont les glandes particulières se sont plus développées, ce qui donne à la membrane caduque son aspect tendre et réticulé. La *décidue* est toujours lisse à la surface externe, qui est tournée vers les parois de l'utérus, tandis que sa surface interne est veloutée et couverte de villosités. On découvre, par un examen plus attentif, à l'intérieur de cette membrane, de nombreux vaisseaux sanguins très-fins, ainsi que des tubes allongés et en général cylindriques, qui s'ouvrent à sa surface interne. Ces tubes ne sont évidemment pas autre chose que des canaux très-développés des glandes de la membrane interne de l'utérus; celles-ci sont si petites et si peu développées dans l'utérus en dehors de l'époque de la grossesse, qu'on ne peut même démontrer clairement leur existence dans la plupart des animaux.

La formation de la décidue commence et se termine dans l'utérus, même dans les cas anormaux où l'œuf n'arrive pas jusque dans la cavité de la matrice. On connaît des cas dans lesquels l'œuf n'a pas été reçu dans l'oviducte, mais est tombé tout fécondé dans la cavité intestinale, où il s'est développé. C'est ce qu'on appelle la grossesse extra-utérine. Dans d'autres cas, l'œuf reste dans l'oviducte et se développe dans son intérieur sans arriver jusqu'à l'utérus. On a trouvé, malgré cela, dans tous ces cas une membrane caduque dans la matrice. La membrane est le résultat de l'état d'irritation produit dans l'utérus par la fécondation. C'est une formation dépendant uniquement de l'utérus, et l'œuf arrivant dans la cavité de la matrice rencontre devant l'ouverture de l'oviducte la membrane caduque, qui s'y est formée. Il vient alors se placer au milieu d'elle, comme une graine dans un champ labouré. L'œuf est encore excessivement petit en arrivant dans l'utérus, car il a dans ce moment, comme nous l'avons fait remarquer plus haut, à peine la grandeur d'une grosse tête d'épingle. L'œuf, arrivant dans l'utérus, ne peut donc guère exercer une impression mécanique appréciable sur la membrane caduque. Il s'introduit dans un des plis ou un des enfoncements de la muqueuse tendre et floconneuse, peut-être aussi dans un canal

glandulaire, s'y arrête et est entouré de tous côtés par les vé-
gétations de la membrane. Celle-ci forme, par conséquent, une
enveloppe nouvelle et même double autour de l'œuf. Cette enveloppe n'entre, chez l'homme, dans aucun rapport plus intime
avec les formations embryonnaires elles-mêmes. Elle reste une
enveloppe, un sac double entourant l'œuf et replié sur lui-
même. C'est pourquoi nous pouvons laisser la décidue complètement de côté.

L'œuf, qui chez l'homme n'est certainement pas plus grand
qu'une tête d'épingle ordinaire, pendant le temps où se forme la
membrane blastodermique, grossit, dans les premiers temps de
son séjour dans l'utérus, essentiellement par endosmose. Il absorbe le liquide qui, grâce à l'irritation inflammatoire des parties
génitales, s'est épanché partout dans la masse tendre et ramollie
de la membrane caduque. Cette absorption ne suffisant plus,
dans la suite, pour le développement rapide de l'embryon, une
liaison organique s'établit au moyen des villosités du chorion
d'un côté et de l'utérus de l'autre. Les vaisseaux de l'embryon
et ceux de la mère se prolongent dans les villosités et s'engrènent mutuellement. Comme nous avons l'intention de donner
encore dans le cours de cette lettre un aperçu succinct du développement de l'œuf en général, il sera nécessaire d'entrer dans
quelques détails sur la formation du placenta et la fonction échue
à cet organe intermédiaire si important.

Nous avons vu plus haut que les villosités, qui se développent
à la surface extérieure de l'œuf, s'engagent entre les villosités
de la muqueuse utérine, c'est-à-dire de la caduque, et cela de
telle sorte que cet engrenage organique ne s'établit que sur un
espace assez limité dans l'œuf humain. L'enveloppe extérieure
de l'œuf, la zone pellucide distendue, qui reçoit maintenant le
nom de chorion, est donc au commencement seule, sur cet espace
limité, attachée à l'utérus; la membrane blastodermique, au
contraire, qui se trouve à l'intérieur du chorion, ne présente aucune liaison organique avec l'utérus. Peu à peu, pendant que l'embryon se développe d'une manière que nous décrirons plus tard,

il se détache sur toute la surface extérieure du blastoderme une couche de cellules formant une sorte d'extension membraneuse. Elle vient partout s'unir à la zone, et forme en même temps,

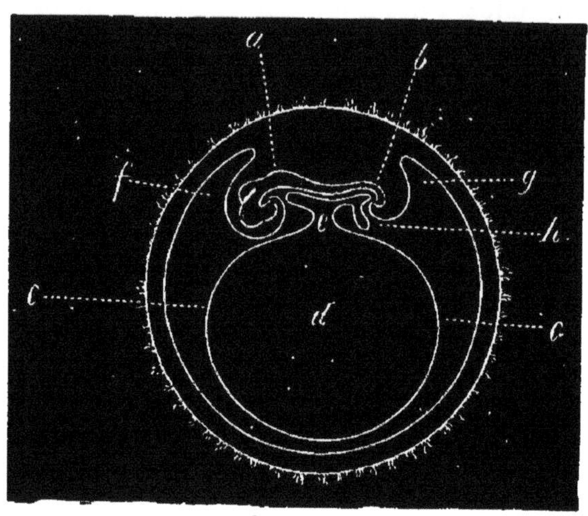

Fig. 83. — Coupe schématique d'un œuf de mammifère pour montrer les différentes enveloppes en voie de formation. — *a*, partie céphalique; *b*, partie caudale de l'embryon; *c*, enveloppe du vitellus, devenant petit à petit vésicule ombilicale; *d*, le vitellus; *e*, le canal vitellaire conduisant à l'intestin et devenant la tige de la vésicule ombilicale; *f*, pli antérieur (capuchon céphalique), et *g*, pli postérieur (capuchon caudal) de l'amnios; *h*, allantoïde. Le tout est entouré du chorion garni de villosités.

chose curieuse, un sac fermé de toute part, autour de l'embryon. Ce sac, dont nous décrirons plus tard la formation avec plus de détail, se remplit de liquide et se nomme l'*amnios*. Le feuillet extérieur du blastoderme, qui est venu s'attacher intimement à la zone et s'est éloigné ainsi du reste de la sphère vitelline, s'unit complétement avec la zone et ne forme avec elle qu'une seule membrane mince, sur laquelle sont placées à l'extérieur les villosités. Chez les mammifères dont l'œuf s'entoure dans l'oviducte d'une couche d'albumen, cette couche elle-même s'unit aussi intimement à la zone; la membrane villeuse représente un produit compliqué et formé de l'union de l'albumen, de la zone et d'une couche cellulaire interne, fournie par le blastoderme. Ce sac extérieur, le *chorion*, est donc, par son développement, une formation multiple, constituée d'un côté par une partie de l'œuf primitif, la zone ; de l'autre, par une substance produite dans l'oviducte par l'organisme femelle, l'albumen ; il s'y ajoute enfin une couche cellulaire provenant du futur embryon. Les villosités elles-mêmes, qui, dans leur état de développement le plus élevé, font paraître l'œuf comme couvert complétement de mousse, sont produites par le dépôt de molécules particulières venant se fixer à la surface extérieure du chorion. L'embryon a besoin, pour son développement ultérieur, de l'ar-

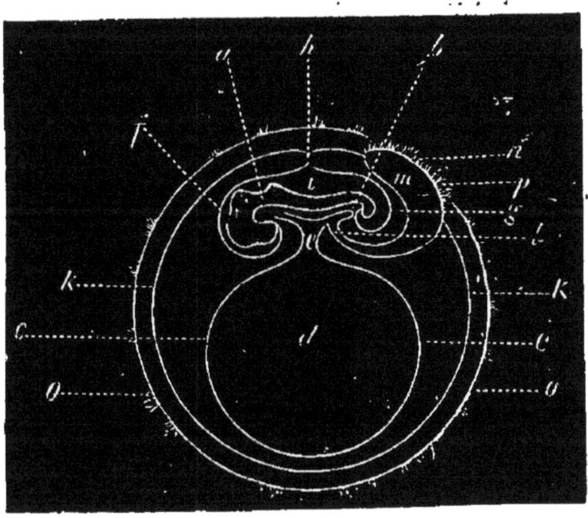

Fig. 84. — Figure schématique, semblable à la précédente, des enveloppes plus développées. — Les lettres *a-g* ont la même signification ; *h*, endroit où les plis de l'amnios se soudent au-dessus du dos et forment : *i*, le sac intérieur ou le véritable amnios, et *k*, le sac extérieur qui s'applique à la face interne du chorion *o* et se confond avec lui ; *l*, tige de l'allantoïde ; *m*, allantoïde ; *n*, villosités de l'allantoïde en voie de développement destinées à former le placenta.

rivée de substances venant de la mère, et, pour permettre ce charriage, il se forme à la partie postérieure de l'embryon une vésicule, d'abord double, puis simple, très-riche en vaisseaux, et qui vient se terminer au chorion à l'endroit où ces villosités sont venues s'engager dans celles de l'utérus. Cette vésicule très-vasculaire, appelée l'*allantoïde*, contient deux artères, qui reçoivent du sang du système vasculaire de l'embryon. Ces *artères-ombilicales* forment des capillaires à la surface de l'allantoïde et se réunissent enfin pour former une ou deux *veines ombilicales*, qui ramènent le sang dans la veine cave de l'embryon. Aussitôt que l'allantoïde a atteint les villosités du chorion, elle vient se placer contre elles et pousse des faisceaux de capillaires alors dans leur intérieur. Chaque villosité contient ainsi, comme les villosités intestinales, une sorte de réseau enchevêtré de vaisseaux capillaires, à travers lesquels passe le sang pour arriver des artères ombilicales dans les veines ombilicales.

Pendant que ces réseaux partant de l'embryon se développent dans les villosités du chorion, le système vasculaire de l'utérus s'est aussi développé et est venu s'introduire dans les villosités partant de la muqueuse utérine ; mais la formation des vaisseaux semble se faire ici jusqu'à un certain point d'une manière différente. Il est vrai que les artères de la matrice se divisent comme à l'ordinaire en capillaires toujours plus fins, mais ces capillaires ne se rassemblent pas graduellement pour former des rameaux veineux plus grands ; ils s'élargissent au contraire subitement pour former des sinus assez considérables qui enveloppent de tous côtés les villosités du chorion avec leurs réseaux capillaires. La substance spongieuse et poreuse du *placenta* est donc formée, dans sa structure intime, des réseaux capillaires des villosités du chorion, des réseaux artériels des villosités utérines et des sinus ou vacuoles veineux dans lesquels ces artères déversent leur sang ; ce sang rentre ensuite dans la circulation sanguine de la mère par les veines de l'utérus.

On voit, par cette explication, que le sang de la mère n'entre pas en rapport direct avec celui de l'embryon. La circulation sanguine de l'embryon est partout fermée et les capillaires forment dans les villosités du placenta des réseaux tout aussi fermés que dans tous les autres organes. La circulation de la mère n'est pas moins distincte, et une influence réciproque entre le sang de la mère et celui de l'embryon n'est, par conséquent, possible que par un échange d'osmose à travers les parois des vaisseaux des deux systèmes circulatoires. Il n'y a, par conséquent, que des substances liquides ou gazeuses qui puissent passer du sang de la mère dans celui de l'embryon, ou *vice versâ*, et la nutrition de l'embryon ne peut se réaliser que par un échange osmotique continuel. Les parois de tous les vaisseaux placentaires sont excessivement minces et tendres, et l'enchevêtrement si complet des capillaires embryonnaires, dont les réseaux sont d'ailleurs complétement baignés de liquide, avec le sang des sinus veineux du placenta maternel, présente toutes les conditions favorables à une osmose excessivement rapide et complète. Nous avons vu, dans la lettre sur l'absorption, qu'un agrandissement considérable de la surface et une plus grande rapidité dans le courant, favorisent grandement l'osmose. Ces deux facteurs se présentant développés à un haut degré dans les dispositions que nous venons de décrire; il est donc indubitable, et on l'a d'ailleurs prouvé par des expériences, que les substances dissoutes dans le sang de la mère passent très-rapidement dans celui de l'embryon, et que l'embryon enlève au liquide sanguin de la mère toutes les substances nécessaires à son agrandissement et à son développement.

La nutrition générale et la sécrétion de l'embryon se basent, par conséquent, uniquement sur la circulation sanguine dans le placenta. L'embryon n'entre pas en relation avec le monde extérieur. Il ne peut entrer en contact avec l'air atmosphérique ou recevoir des substances de l'extérieur, car il est complétement entouré d'un sac rempli de liquide, l'amnios. La nutrition se fait d'une façon toute analogue à celle d'un tissu du corps. Nous avons vu plus haut, en décrivant les différents phénomènes nutritifs, que les substances devenues inutiles aussi bien que les gaz divers naissant de la transformation de la substance organique, sont reçus dans le sang au moyen des phénomènes d'osmose qui ont lieu dans les capillaires. Ils sont emmenés par le sang et enlevés à leur tour par filtration dans les organes de sécrétion. L'urée et l'acide carbonique qui se forment par la décomposition de la chair musculaire sont emmenés par le sang et remplacés par l'oxygène et les substances protéiques. Il en est de même pour l'échange, entre le sang du fœtus et celui de la mère, qui a lieu dans le placenta. Les différentes

substances inutiles et les gaz formés pendant la croissance et
la nutrition des organes embryonnaires, sont amenés dans le
placenta, à l'état de dissolution, par le courant sanguin des
artères ombilicales, et y sont échangées par osmose contre les
substances dissoutes et nécessaires à l'embryon, ainsi que contre
l'oxygène amené par le sang de la mère. Si l'on a compris la
nutrition des substances du corps, on n'a qu'à substituer à ces
matières un liquide, le sang de l'embryon, pour s'expliquer
clairement la fonction du placenta. La discussion que l'on a
engagée dans le but de savoir si le placenta était un organe de
nutrition, de sécrétion ou de respiration, n'est pas même admissible. Le placenta réunit toutes ces fonctions non différenciées :
c'est un organe servant à l'échange de toutes les substances gazeuses ou liquides qui se trouvent dissoutes dans le sang de l'embryon d'un côté, et dans celui de la mère de l'autre. Il remplace l'action des poumons, des reins, de la peau et même du
foie, car, comme on l'a découvert dernièrement, il se forme aussi
du sucre dans certaines parties du placenta.

L'*allantoïde*, par laquelle les vaisseaux ombilicaux arrivent aux
villosités du chorion, et qui représente, par conséquent, une
formation très-importante pour l'embryon, perd bientôt chez
l'homme sa constitution vésiculaire et se change en un cordon de
substance solide contourné d'une manière particulière et renfermant les vaisseaux ombilicaux. On l'appelle le *cordon ombilical.*
Si l'on coupe transversalement le cordon ombilical d'un embryon humain, on voit qu'il est formé d'une substance gélatineuse dans laquelle on rencontre les lumières de trois vaisseaux
sectionnés ; ce sont les deux artères ombilicales et la veine ombilicale, qui est ordinairement simple. Mais si l'on coupe le
cordon ombilical d'un animal, on trouve, outre ces trois ouvertures vasculaires, un autre canal situé au milieu du cordon. Il
n'est pas rempli de sang, mais d'une substance aqueuse ; ce n'est
autre chose que la tige creuse de l'allantoïde. Dans la plupart
des animaux, en effet, l'allantoïde reste une vésicule pendant
toute la vie embryonnaire, et cette vésicule se développe plus

ou moins, suivant les différents ordres de mammifères. Dans les rongeurs, les lapins et les lièvres, par exemple, l'allantoïde forme une vésicule qui présente plus ou moins la forme d'un flacon et garde proportionnellement le volume que l'allantoïde présente, dans les premiers temps, chez l'embryon humain. C'est pourquoi ces animaux ont, comme l'homme, un

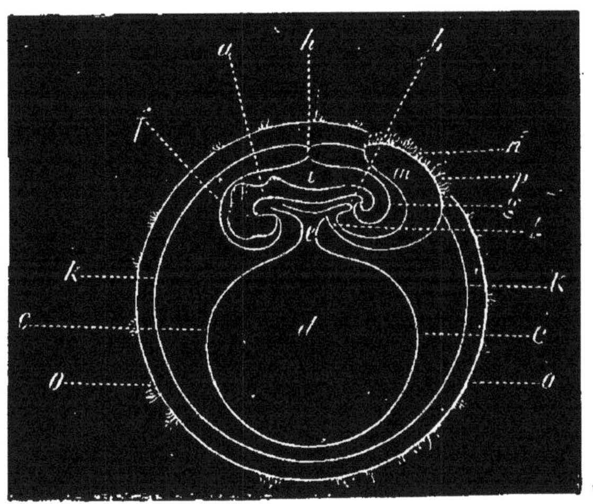

Fig. 85. — Figure schématique, semblable à la précédente, des enveloppes plus développées. — Les lettres *a-g* ont la même signification; *h*, endroit où les plis de l'amnios se soudent au-dessus du dos et forment : *i*, le sac intérieur ou le véritable amnios, et *k*, le sac extérieur qui s'applique à la face interne du chorion *o* et se confond avec lui; *l*, tige de l'allantoïde; *m*, allantoïde; *n*, villosités de l'allantoïde en voie de développement destinées à former le placenta.

placenta simplement discoïde, qui se développe à l'endroit où l'allantoïde pyriforme vient se placer contre le chorion. Chez les chiens et les chats, cette allantoïde se développe beaucoup plus; elle entoure la surface interne du chorion en poussant son prolongement de gauche à droite, de manière à atteindre par son extrémité l'endroit d'où elle était partie. Elle forme ainsi autour de l'œuf, qui est elliptique et pointu aux deux extrémités, un anneau, dans les environs duquel les villosités viennent partout s'unir à l'utérus en forme de canal ; il se forme ainsi un placenta zonaire. L'allantoïde couvre, par conséquent, chez ces animaux carnassiers, la plus grande partie de l'œuf; elle se développe bien davantage encore chez les moutons,.les veaux et les chevaux. L'allantoïde s'y étend tellement qu'elle remplit en peu de temps.non-seulement tout l'espace intérieur du chorion, mais qu'elle le déchire même bientôt aux deux pôles de l'œuf en dehors duquel elle s'étale. L'œuf a ainsi la forme d'une demi-lune et pousse vers le haut et le bas deux cornes longues et recourbées. Les villosités et les réseaux vasculaires sont alors distribués chez ces animaux sur toute la surface de l'œuf, ils ne forment pas un placenta uni dans toutes ses parties, mais des amas qui s'introduisent dans des endroits correspondants de la surface de l'utérus ; on les appelle des *cotylédons*.

L'histoire de l'embryogénie présente une quantité de discussions sur l'existence de l'allantoïde chez l'homme. Ces discussions furent terminées par des observations très-exactes, faites sur des embryons très-jeunes. On a prouvé qu'il y avait évidemment une allantoïde, qui se porte à partir du nombril vers la place du placenta, mais s'oblitère bientôt après, et devient un cordon solide. C'est pour cela que l'embryon humain est privé complétement de l'enveloppe formée chez les animaux par l'allantoïde.

Il y a dans l'œuf humain une autre formation vésiculaire qui joue un rôle passager analogue, c'est la *vésicule ombilicale* (*fig.* 82, p. 571 et *fig.* 86, p. 582). Pour comprendre le développement de cette partie, il faut se rappeler que la membrane blastodermique est composée de deux feuillets entourant le liquide vitellaire et que le plus intérieur de ces feuillets, le feuillet trophique, qui est en contact immédiat avec le liquide vitellaire, est destiné à former l'épithélium de l'intestin. Il faut se rappeler encore que la partie épaissie du blastoderme, appelée par nous l'aire germinative, est seule employée à former le corps de l'embryon. On peut, par conséquent, affirmer avec raison, que le premier commencement de l'intestin n'est autre chose qu'une expansion en forme de bouclier à la surface du sac vitellaire. Pour que cette expansion devienne le tube intestinal, il faut que ses bords se relèvent et se rapprochent de manière à former ainsi une rainure, dont les bords, en se rapprochant toujours davantage, se soudent à la fin et transforment la rainure en tube. C'est ce qui arrive en effet (voy. *fig.* 95, p. 597). La masse qui est destinée à former l'intestin se soulève en se séparant du vitellus, du côté duquel elle forme une gouttière ouverte et placée dans l'axe longitudinal du corps. Les bords de cette gouttière se rencontrent depuis l'avant et l'arrière vers le milieu, pour former un tube. Une grande partie du liquide vitellaire avec le feuillet trophique du blastoderme qui l'entoure, reste par conséquent en dehors du tube, sous la forme d'une vésicule. Cette vésicule est d'abord reliée à l'intestin par une large fissure placée dans le sens longitudinal, mais plus tard par un canal ouvert. Ce canal aboutit à peu près au milieu de l'intestin, dans l'intestin grêle. Il est d'abord très-court et largement ouvert, mais à mesure que les parois abdominales de l'embryon se ferment dans la ligne médiane, la tige de la veine ombilicale s'allonge. Cette tige sort du corps de l'embryon par l'ouverture ombilicale avec les vaisseaux ombilicaux et la tige de l'allantoïde, pour s'élargir en vésicule vers la périphérie de l'œuf. Ce canal de la vésicule ombilicale reste très-longtemps ouvert chez beaucoup d'animaux, par exemple chez les lapins, et la vésicule elle-même présente alors un assez grand développement pendant toute la vie de l'embryon et est important pour la nutrition du fœtus à cause des vaisseaux qu'elle renferme. La tige de la vésicule s'allonge beaucoup chez l'homme, mais elle se ferme bientôt et disparaît complétement dans le cordon ombilical, sans que dans la plupart des cas, il en reste aucune trace ; il en est de même pour la vésicule ombilicale. Si j'ai dit plus haut que le cordon ombilical contenait, outre les vaisseaux, le canal de l'allantoïde devenu solide, je n'avais pas indiqué sa composition complète, car il renferme, en outre, la tige atrophiée de la vésicule ombilicale. Si nous voulions nous représenter le cordon ombilical comme il devrait être quand ces diverses formations ne se sont pas atrophiées ou fermées, nous trouverions encore dans ce cordon, outre les trois vaisseaux, deux tubes creux, dont l'un appartiendrait à l'allantoïde et l'autre à la vésicule ombilicale.

Il manque, par conséquent, dans l'embryon de l'homme plusieurs enveloppes nées de formations vésiculaires et que l'on trouve chez les animaux. L'embryon humain présente, en re-

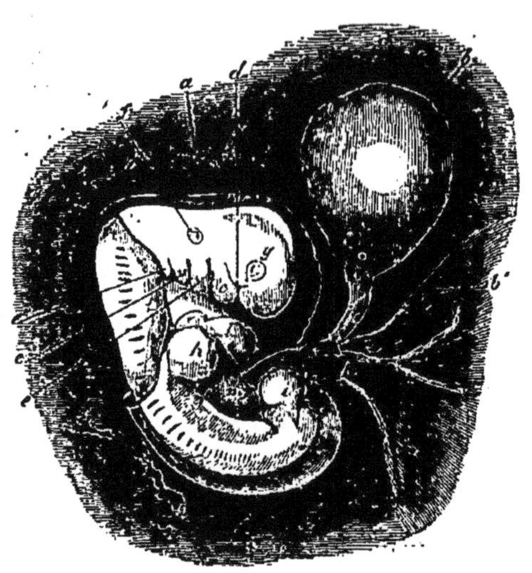

Fig. 86. — Embryon humain âgé de quatre semaines. — *a*, amnios très-serré, enlevé sur une partie du dos depuis la courbure nuchale; *b*, vésicule ombilicale (vitellus); *b'*, canal vitellaire (tige de la vésicule ombilicale); *c*, premier arc viscéral (mâchoire inférieure); *d*, prolongement maxillaire de cet arc formant la mâchoire supérieure; *e, e', e''*, deuxième, troisième, et quatrième arc viscéral; *f*, vésicule auditive; *g*, œil; *h*, membre antérieur; *i*, membre postérieur; *k*, cordon ombilical; *l*, cœur; *m*, foie.

vanche, une enveloppe extérieure fournie par l'utérus, c'est la membrane caduque dont nous avons parlé plus haut, et qui manque à la plupart des animaux. Si l'on examine la formation de l'œuf dans le cadavre d'une femme dont la grossesse soit déjà assez avancée, on trouve que l'embryon est entouré des enveloppes suivantes : d'abord, le long des parois de l'utérus, la membrane caduque aplatie et détruite en partie par l'absorption. Cette membrane est interrompue à l'endroit où s'attache le placenta. A l'intérieur de la caduque se trouve le chorion, qui entre dans le placenta lui-même et ne peut être isolé dans toute l'étendue de cet organe. Immédiatement contre le chorion se trouve une troisième enveloppe qui n'en est séparée que par une faible couche de substance albuminoïde. C'est l'amnios contenant une grande quantité de liquide, le *liquide amniotique*. Ce dernier est formé essentiellement, d'après sa composition chimique, d'une dissolution d'albumine et de sel

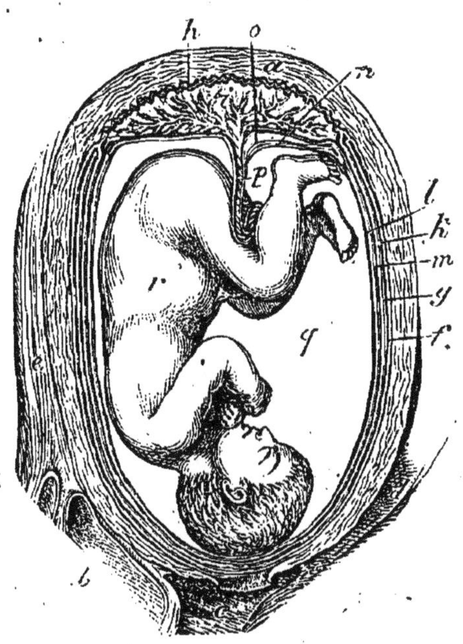

Fig. 87. — Coupe de l'utérus contenant l'embryon développé. — *a*, paroi de l'utérus; *b*, coupe de la vessie urinaire; *c*, vagin; *d*, périné (espace entre l'utérus et le rectum); *e*, paroi du ventre; *f* et *g*, caduque vraie et réfléchie; *h*, limite entre les villosités embryonnaires et celles provenant de l'utérus; *i*, placenta; *k*, chorion; *l*, amnios; *m*, liquide albumineux entre ces deux enveloppes; *n*, *o*, feuillet réfléchi de l'amnios couvrant le placenta sur sa face interne; *p*, cordon ombilical; *q*, cavité de l'amnios remplie par la liqueur amniotique; *r*, embryon.

de cuisine dans l'eau. Cette dissolution est plus concentrée au commencement de la grossesse que plus tard. L'embryon nage librement dans ce liquide, il n'est suspendu que par l'abdomen, au moyen du cordon ombilical qui va de l'ombilic au placenta. L'épiderme de l'embryon se continue aminci sur le cordon ombilical, et forme ainsi une gaîne membraneuse autour de ce dernier. Cette gaîne passe immédiatement dans l'amnios à la surface interne du placenta. L'amnios forme, par conséquent, un sac complétement fermé autour de l'embryon ; ce dernier est entouré de toute part par le liquide amniotique. Le sac de l'amnios se déchire à la naissance et l'embryon sort par la déchirure du chorion et de l'amnios.

La formation et la naissance de *l'amnios* ne peut que difficilement s'expliquer sans l'aide de figures schématiques ; c'est d'ailleurs un des points les plus obscurs du développement embryonnaire. Les recherches de nos temps, faites sur des embryons encore très-jeunes, ont seules pu éclaircir complétement la genèse de l'amnios et ont prouvé que ce sac, entièrement fermé, se forme par un plissement curieux du feuillet séreux et périphérique du blastoderme. On se rappelle que ce feuil-

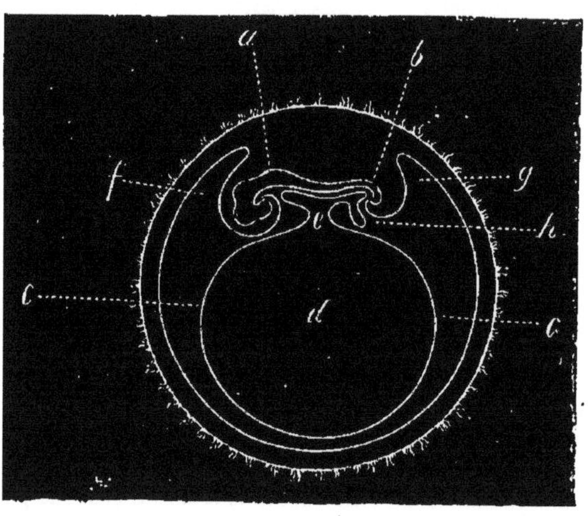

Fig. 88. — Coupe schématique d'un œuf de mammifère pour montrer les différentes enveloppes en voie de formation. — *a*, partie céphalique ; *b*, partie caudale de l'embryon ; *c*, enveloppe du vitellus devenant petit à petit vésicule ombilicale ; *d*, le vitellus ; *e*, le canal vitellaire conduisant à l'intestin et devenant la tige de la vésicule ombilicale ; *f*, pli antérieur (capuchon céphalique), et *g*, pli postérieur (capuchon caudal) de l'amnios ; *h*, allantoïde. Le tout est entouré du chorion garni de villosités.

let était, au commencement, placé de toute part contre la paroi intérieure du chorion. Il s'unit, avec cette paroi intérieure du chorion, sur toute la périphérie de l'œuf, excepté à l'endroit où se trouve l'aire germinative, c'est-à-dire l'embryon futur. Pendant que l'embryon se développe, il s'éloigne de la périphérie en s'enfonçant vers le vitellus, et entraîne, avec lui, un repli du feuillet séreux, repli qui se développe de plus en plus. Nous avons vu que la surface périphérique externe de l'aire germinative correspond à la face dorsale de l'embryon. L'embryon futur est donc placé avec sa surface dorsale, dans les premiers temps du développement, immédiatement contre la surface interne du chorion. A mesure qu'il s'en éloigne, le repli formé par le feuillet séreux du blastoderme, grandit. L'embryon est donc suspendu dans ce repli comme un objet que l'on porte dans un linge. Peu à peu, à mesure que l'embryon s'éloigne du chorion, ce repli s'agrandit, ses bords se rapprochent, se soudent et forment ainsi un sac complet ; l'embryon est alors suspendu dans le sac comme dans un linge que l'on ramasse dans la main par le haut. Les bords du sac sortant de la main se continueraient dans la périphérie en s'attachant de toute part au chorion. Le sac ainsi formé, qui dans les commencements est ouvert dans la région dorsale du côté du chorion (voy. *fig.* 88), se ferme peu à peu complétement par l'union de ses bords, et forme ainsi le sac clos de toutes parts de l'amnios. L'amnios est d'abord serré assez étroitement autour de l'embryon, mais il se développe rapidement en se remplissant de liquide, pour devenir ainsi peu à peu le sac élargi dans le liquide duquel nage l'embryon.

Il est très-difficile de se rendre clairement compte de ce mode de formation de l'amnios ; on peut pourtant y parvenir de la manière suivante. Supposons que la peau extérieure de l'adulte, au lieu d'être fermée au nombril, forme, en cet endroit, une très-grande vésicule attachée au nombril. Si l'on place le corps humain par sa surface ventrale sur cette vésicule, que l'on doit supposer assez grande pour dépasser le corps de tous côtés, la vésicule formera de toute part un repli sur son bord, au moyen duquel la partie de la vésicule tournée vers le corps passe à la partie périphérique. Supposons enfin que cette vésicule soit assez considérable pour pouvoir se réunir sur le dos par-dessus la tête et les jambes. Si l'on coud ensemble, par-dessus le dos, les bords du repli de la vésicule, l'homme sera enfermé dans un sac double, et l'endroit où l'on a cousu le sac correspondra au milieu du dos. Le sac extérieur correspond au feuillet extérieur du blastoderme ; si l'on enlève le sac extérieur (il disparaît dans la nature en s'unissant au chorion), le sac intérieur, l'amnios, restera tel quel. On peut atteindre le même but en prenant une vessie de cochon fermée et en représentant le corps de l'embryon par un objet solide quelconque, un petit pain, par exemple, et en agissant de la manière décrite plus haut. Il n'y a pas de meilleure manière de se représenter ce phénomène, tel qu'il a lieu dans la nature et tel qu'il a été constaté par l'observation. Il faut d'ailleurs, pour comprendre clairement le développement embryogénique, toujours avoir recours à dés essais plastiques de ce genre, qui sont beaucoup plus intelligibles que les meilleures figures.

L'EMBRYON, SA PREMIÈRE ÉBAUCHE ET SON SYSTÈME NERVEUX

Nous avons abandonné l'œuf au moment où, à un endroit déterminé de la sphère vitellaire, s'est formée l'aire germinative
ovale. La composition de cette aire au moyen de cellules accumulées pouvant se diviser en trois feuillets a déjà été examinée
aussi. La première ébauche de l'embryon se présente alors au milieu de cette aire germinative sous la forme d'une *nacelle* allongée
et ovoïde qui fait saillie. La masse cellulaire y est plus accumulée
et concentrée que dans les parties avoisinantes, c'est pourquoi
elle paraît plus foncée. Les deux feuillets supérieurs du blastoderme sont seuls employés pour la formation de cette nacelle,
le feuillet muqueux n'y contribue en aucune façon. A l'extrémité que l'on reconnaît plus tard comme extrémité antérieure,
lorsque l'embryon se développe, la nacelle est plus élargie qu'à
l'extrémité postérieure. Sa délimitation n'est pas très-exacte,
elle se perd dans la masse cellulaire de l'aire germinative qui
l'entoure. Ce soulèvement de la nacelle est évidemment fondé
sur l'activité et l'augmentation plus grande des masses cellulaires qui composent les feuillets supérieurs de l'aire germinative, et commencent à se grouper suivant un axe longitudinal
pour former l'ébauche de l'embryon. A peine cette nacelle s'est-

elle soulevée et délimitée plus distinctement, qu'il se forme sur son axe longitudinal médian une ligne blanchâtre et plus élevée, la *bandelette primitive*, ou la *plaque axiale*; elle ne se présente sous cette forme que pendant un temps très-court. On remarque bientôt en effet, au milieu de l'embryon et par conséquent dans l'axe longitudinal de son corps naissant, une ligne transparente et mince qui s'arrête en avant et en arrière à peu de distance du bord de la nacelle; on reconnaît que cette ligne est formée par un sillon peu profond, qui semble plus clair parce que le matériel cellulaire est plus entassé des deux côtés du sillon, dans la nacelle, que dans le sillon lui-même. Pendant que ce *sillon primitif* se creuse peu à peu, en présentant des limites plus exactes vers le haut et le bas, et qu'en même temps ses bords se relèvent pour former des renflements, la nacelle se concentre de tous côtés vers le sillon, s'allonge sensiblement et se resserre un peu vers le milieu; ses deux extrémités paraissent alors plus larges. La nacelle se présente par conséquent à nous, peu de temps après la première apparition du sillon primitif, sous la forme d'une élévation allongée placée dans le diamètre de l'aire ger-

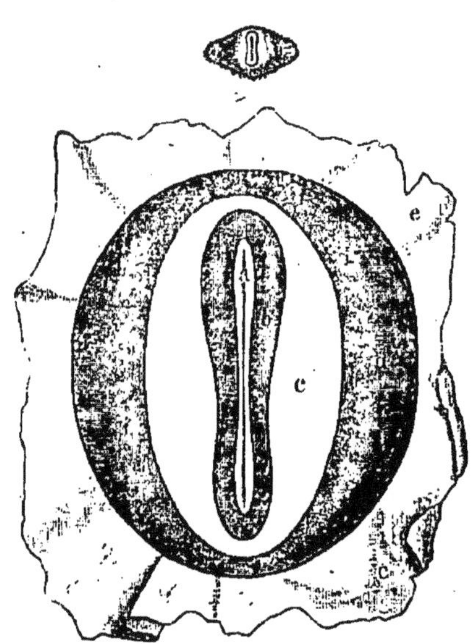

Fig. 89. — Œuf de chien présentant la première ébauche de l'embryon en forme de semelle. La petite figure du haut donne la grandeur naturelle de l'œuf; la figure inférieure présente l'é- bauche embryonnaire grossie et étalée. Le sillon dorsal avec la chorde dorsale au fond est fermé; l'ébauche elle-même, constituée par les plaques dorsales, est entourée d'une aire claire (les plaques ventrales) et d'une aire plus opaque à distance (aire germinative). — *a,* sillon dorsal; *b,* plaques dorsales; *c,* aire claire; *d,* aire germinative opaque; *e,* mem- brane de la vésicule germinative.

minative, qui est presque circulaire. La nacelle prend ainsi la forme d'un biscuit ou d'une semelle, et elle est fendue à sa surface supérieure, jusqu'à une certaine profondeur, par un sillon creusé plus profondément au milieu, où il est nettement accusé comme un canal largement ouvert. Cette fente, le *sillon primitif* ou *sillon dorsal*, est un peu plus large à ses deux extrémités qu'au milieu ; elle rappelle pour cette raison complétement la forme de biscuit qu'affecte la nacelle. Nous pouvons déjà appeler la nacelle l'embryon, car elle correspond en effet au corps de ce dernier et nous pouvons par conséquent dire que la première ébauche de l'embryon de l'homme, ainsi que de tous les vertébrés sans exception, est formée d'un soulèvement allongé en forme de biscuit, à la surface dorsale duquel est creusé un sillon présentant des bords renflés. Il n'y a pas d'embryon chez les animaux invertébrés qui présente cette forme primitive, tandis que tous les embryons de vertébrés sont formés dans leur état primitif d'une façon tout à fait analogue, ce qui nous prouve déjà que ces derniers appartiennent tous à un seul et même plan d'organisation, à une seule et même souche primitive.

Une section à travers un embryon qui atteint cette période de développement nous montre les parties disposées de la même manière que chez l'embryon du poulet dont nous donnons ici une coupe. Le sillon dorsal qui se présente au milieu s'est for-

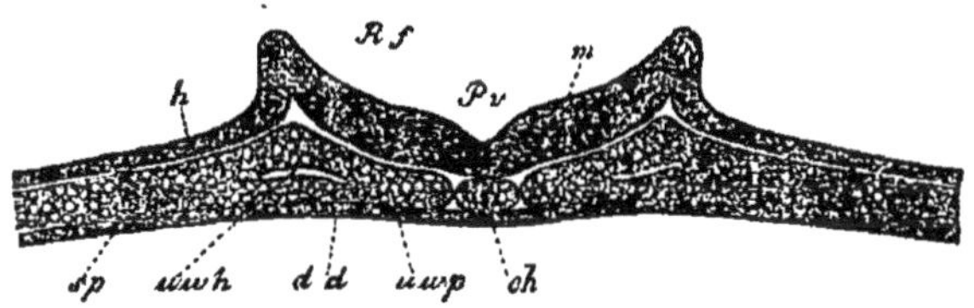

Fig. 90. — Coupe transversale et verticale de l'ébauche embryonnaire d'un poulet âgé de vingt-quatre heures, grossi 90 fois. — *Rf*, sillon dorsal ; *m*, tube nerveux en formation ; *Pv*, fond du sillon dorsal ; *h*, couche épidermoïdale (feuillet corné), (toutes ces parties appartiennent au feuillet sensitif) ; *ch*, chorde dorsale ; *uwp*, première ébauche des vertèbres primordiales ; *uwh*, cavité qui s'y forme ; *sp*, plaques latérales (toutes ces parties appartiennent au feuillet moteur) ; *dd*, feuillet muqueux ou trophique.

tement enfoncé, tandis que les côtés qui formeront le tube médullaire se sont soulevés et passent immédiatement dans les prolongements latéraux qui deviendront la peau, c'est-à-dire le feuillet sensoriel. Au-dessous du sillon primitif dont elle est séparée, se trouve la corde dorsale, dont nous parlerons plus tard et qui représente une formation à part. Des deux côtés de cette corde se trouve le feuillet germino-moteur qui est granuleux dans la figure, et forme déjà, en se sectionnant, les plaques vertébrales primitives creuses dans leur intérieur. Au-dessous on remarque le feuillet trophique qui n'est pas divisé et présente une épaisseur constante ; ce feuillet délimite l'embryon du côté du vitellus.

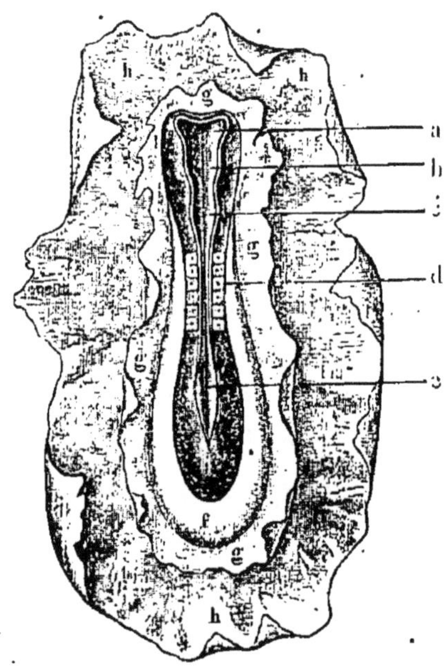

Fig. 91. — L'embryon d'un œuf de chien âgé de vingt jours. L'ébauche embryon-naire, qui était courbée autour de l'œuf par sa face ventrale, a été détachée et éta-lée à plat avec les membranes qui l'entourent, de manière à être vue du dos. Le sillon dorsal est encore largement ouvert ; il est entouré partout d'un bord clair qui indique le premier dépôt de la substance nerveuse sur le fond et les parois du sil-lon. On voit au fond et dans la ligne médiane la chorde dorsale sous forme d'une bande plus foncée. — *a*, prosencéphale ; *b*, mésencéphale ; *c*, épencéphale (tous les trois encore sous forme de sinuosités du sillon ; *c*, sinus rhomboïdal posté-rieur ; *d*, corps de vertèbres primordiales ; *f*, plaques latérales ; *g*, feuillets moyen et externe de la vésicule germinative, encore réunis ; *h*, feuillet muqueux ; *i*, corps de l'embryon.

Maintenant que nous avons constaté le fait, que le sillon dorsal, avec ses circonvallations latérales qui se réuniront pour former le canal médullaire, appartient uniquement au feuillet sensoriel, nous nous occuperons en premier lieu du développement du système nerveux, en laissant de côté pour le moment les autres parties représentées dans la coupe.

Aussitôt que le sillon primitif est ébauché, il s'élargit, surtout à sa partie antérieure, et forme plusieurs diverticules latéraux, primitivement au nombre de trois. Le sillon s'élargit aussi quelque peu à la partie postérieure et présente à cet endroit la forme d'une lancette. Aussitôt que les élargissements antérieurs et le renflement postérieur en forme de lancette se sont formés dans le sillon, il se développe sur le plancher et le long des bords du sillon une couche mince de substance transparente qui se détache clairement de la masse plus foncée des rebords renflés. Cette substance claire, qui, comme nous l'avons dit, ne forme qu'une couche très-mince tapissant le sillon, est *l'ébauche primitive du système nerveux central*, c'est par conséquent le système nerveux central, le cerveau et la moelle épinière, qui se différencient d'abord sur le plancher d'un sillon ouvert, placé à la face dorsale. Les renflements qui entourent ce sillon correspondent aux enveloppes non encore différenciées du système nerveux central, c'est-à-dire la peau, les os, les muscles et toutes les autres formations qui composent le corps tout entier à l'exception des intestins. Le système nerveux central est par conséquent le premier de tous les organes du corps qui se présente à nous sous une forme déterminée, et on reconnaît aussi en lui l'organe primaire le plus important du vertébré en général ; mais avant de suivre plus loin son développement, il ne sera pas superflu de faire ici quelques remarques sur la manière dont les différents organes se forment dans le corps.

Nous avons vu que l'aire germinative ne se présente d'abord à nous que sous la forme d'un amas cellulaire unique qui s'est divisé en deux, plus tard en trois feuillets, l'un, extérieur, devant former l'épiderme et le système nerveux central avec les organes principaux des sens, l'autre moyen, pour le système osseux et musculaire, les organes sexuels, et les organes circulatoires, et un dernier feuillet interne pour l'intestin et les glandes. Nous

avons vu en outre que le premier de ces feuillets représentait
d'abord une masse cellulaire homogène, qui, s'étendant dans
différentes directions, formait l'ébauche d'un sillon, et que dans
ce sillon se développait la première ébauche d'un organe différencié, le système nerveux central. Ce système se distingue des
cellules environnantes par la structure particulière de la substance
qui le compose. Ces dernières, en effet, conservaient encore une
composition homogène. Or ce qui se présente dans le système
nerveux se voit partout dans la naissance des premières ébauches
d'autres organes ; il se forme toujours, au commencement, des
ébauches générales, représentant des groupes entiers d'organes ;
ces ébauches générales se constituent au moyen de la masse
cellulaire plastique qui est indifférente, et se partagent à leur
tour par la différenciation de leurs éléments pour devenir les
ébauches des organes isolés. Le développement de l'embryon ne
se fait donc pas de telle façon qu'un organe déterminé se forme
le premier, puis un autre, puis un troisième et ainsi de suite ; il
ne se fait pas de manière qu'un organe isolé formerait ainsi le
centre autour duquel se grouperaient peu à peu les autres organes
pour compléter l'organisme. Il se constitue au contraire des
ébauches représentant des groupes entiers d'organes. Ces groupes
se différencient de plus en plus et par degrés pour former les
organes isolés. L'œuf est pour ainsi dire l'embryon dissous. On
peut le comparer à une dissolution de sels différents que l'on
cherche à séparer les uns des autres par la cristallisation. Quoique la solubilité de ces sels isolés soit différente, le chimiste
sait bien que tous les sels, dont le degré de solubilité est voisin,
se précipitent ensemble pour la plus grande partie, et qu'un sel
en entraîne un autre avec lui au fond du vase. Ce n'est que par
des cristallisations et des lavages répétés que ces groupes de
substances, déposées ensemble, peuvent être divisés en plusieurs sels différents. Le développement embryonnaire se fait
d'une façon analogue. Il se développe d'abord des groupes d'organes d'une forme indéterminée, qui ne peuvent être séparés dans
les divers organes hétérogènes qu'ils représentent, car on ne re-

marque aucune différence dans leurs cellules composantes élémentaires. Cette différence ne s'y accuse que peu à peu. Elles se développent selon la nature particulière de l'organe auquel elles appartiendront, et ce développement des principes élémentaires marche de concert avec celui de la forme extérieure, jusqu'à ce que l'organe tout entier devienne ce qu'il est dans l'adulte, soit pour la forme extérieure, soit pour la structure interne.

C'est une peine perdue et qui dénote une ignorance complète des lois du développement, que de chercher à découvrir le rôle des ébauches générales de l'embryon en les attribuant à un organe déterminé. On a soulevé des discussions interminables sur le rôle du sillon primitif, qui se présente le premier dans l'ébauche primitive de l'embryon. Les uns prétendaient que ce sillon creux et rempli de liquide était l'ébauche primitive du système nerveux, et que les renflements qui l'entourent correspondaient aux enveloppes du système nerveux central. Les autres croyaient que ces renflements correspondaient à la substance nerveuse centrale elle-même et représentaient ses ébauches primitives. Les deux opinions sont erronées. Aussi longtemps que la couche mince de substance nerveuse ne s'est pas différenciée sur le plancher du sillon, les renflements homogènes, ainsi que la nacelle, dans laquelle ils passent latéralement sans présenter de ligne de démarcation distincte, correspondent à tous les organes du feuillet supérieur sans exception. De même que la substance nerveuse se sépare d'abord de cette ébauche générale, de même les os, les muscles, le derme, etc., se séparent du feuillet moyen.

Si nous examinons maintenant le développement corrélatif du système nerveux central, il est nécessaire avant tout d'avoir bien présente à la mémoire sa première apparition. Le système nerveux est formé alors d'une couche mince et homogène tapissant le plancher d'un sillon ouvert à la surface dorsale. A l'extrémité antérieure de ce sillon se remarquent trois excavations latérales, tandis qu'à la partie postérieure se présente un élargissement en

fer de lance. La partie du système nerveux central qui est placée
contre le plancher du tube formé par les vertèbres et le crâne
lorsqu'on se représente l'homme couché sur le ventre, se forme
par conséquent la première dans l'ébauche. Cette partie constitue,
comme nous l'avons vu plus haut, le tronc cérébral, c'est la partie
motrice et sensible du système nerveux central dont naissent les
nerfs périphériques. On reconnaît par conséquent le tronc cérébral dans ses premières ébauches avant tous les autres organes
du corps, et surtout avant les nerfs qui ne sont encore différenciés
nulle part dans la masse du corps enveloppante. Celle-ci est formée à cette époque de cellules complétement homogènes dans lesquelles l'examen le plus minutieux ne peut découvrir la moindre
différence. Les sinus que l'on remarque à l'extrémité antérieure
du sillon et qui sont également tapissés d'une couche mince de
substance nerveuse, correspondent aux divisions principales et
ultérieures du cerveau. La partie moyenne et plus étroite du sillon correspond à la moelle épinière, et son élargissement postérieur à un écartement particulier de la moelle épinière dans la
région lombaire, qui disparaît bientôt. Cet écartement se maintient cependant chez beaucoup d'animaux, les oiseaux, par exemple, et on le trouve quelquefois développé d'une façon anormale, chez les nouveau-nés, sous forme d'un sac, situé dans la
région lombaire, et rempli de liquide.

La première tendance dans la formation du système nerveux
central est la fermeture du sillon par une voûte; le sillon devient ainsi un tube fermé et tapissé de toute part de substance
nerveuse. On observe que les renflements délimitant le sillon et
ses excavations se soulèvent dans ce but, et vont graduellement à
la rencontre l'un de l'autre depuis les deux côtés vers la ligne
médiane, comme les parties voûtées d'un tunnel en construction. Les renflements sont alors formés de cellules encore homogènes, et les bords de la substance nerveuse vont à la rencontre
l'un de l'autre dans la même mesure que la construction cellulaire
forme sa voûte et se ferme sur la ligne médiane. Il en est de
même pour la substance nerveuse qui se ferme presque partout

sur la ligne médiane aussi. Pendant que cette action a lieu, l'élargissement lenticulaire postérieur du sillon disparaît déjà peu à peu, les excavations antérieures au contraire restent élargies et deviennent des vésicules par leur évolution ultérieure. Ce n'est qu'à un seul endroit, sur la nuque et là où se trouve chez l'adulte la moelle allongée, que la substance nerveuse ne forme pas de voûte ni de tube, elle conserve en cet endroit, la forme primitive d'un sillon creux, ouvert vers le haut ou couvert seulement d'un feuillet très-mince. Les renflements qui se différencient plus tard pour former les enveloppes protectrices du système nerveux central se voûtent en effet aussi en cet endroit et ferment complétement le canal ; le développement ultérieur du système nerveux central se fait par conséquent dans un tube complétement fermé, dans lequel on distingue en avant trois vésicules cérébrales primitives.

Pendant que ces phénomènes se passent, la couche extérieure épidermoïdale du feuillet sensoriel se sépare du canal médullaire placé au-dessous et maintenant fermée ; dans une coupe, les dif-

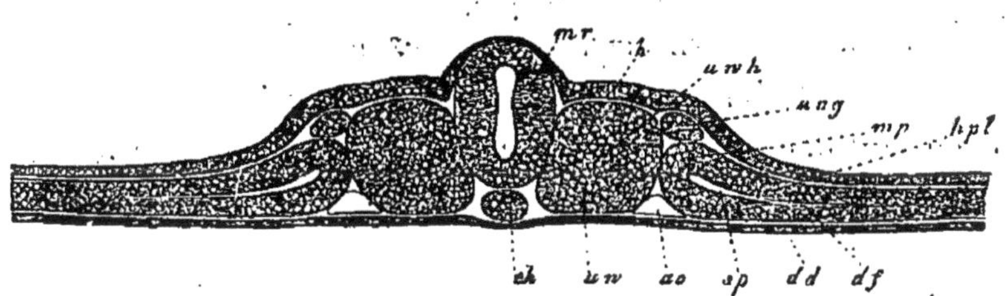

Fig. 92. — Coupe d'un embryon de poulet âgé de deux jours, grossie 90 fois. — h, feuillet corné aminci au point de réunion du tube médullaire mr qui est fermé et constitue maintenant la moelle épinière creuse ; ch, chorde dorsale ; uw, vertèbre primitive dont la cavité centrale uwh est remplie ; hpl, plaques cutanées, et df, plaques fibreuses intestinales, formées par différenciation des plaques primitives et séparées par la fente sp ; ao, aortes primitives ; ung, conduits des reins primordiaux.

férentes parties se trouvent ainsi déjà essentiellement modifiées. Le feuillet sensoriel qui, dans une coupe précédente (fig. 90), passait dans le canal médullaire, se continue maintenant par-dessus ce canal ; le canal médullaire est devenu un tube complétement fermé avec une grande cavité à l'intérieur. Les parties appartenant au feuillet moyen se sont différenciées davantage, tandis que le feuillet muqueux n'a pas encore subi de transformation.

L'extrémité antérieure du sillon primitif paraît légèrement enfoncée vers l'intérieur à la première apparition des sinus latéraux destinés aux yeux. La vésicule cérébrale antérieure a pour ainsi dire la forme du cœur dans un jeu de cartes. La partie qui présente l'entaille du cœur de cartes se trouve en avant, et la pointe en arrière, tandis que les deux ailes s'étendent latéralement. Mais cette conformation ne conserve pas longtemps cet aspect; la partie entaillée s'égalise, devient saillante en avant et forme bientôt un coin proéminent qui se sépare de plus en plus des ailes latérales de la vésicule. A mesure que cette séparation avance, le coin proéminent se développe, il devient peu à peu une sorte de vésicule qui se partage enfin dans la ligne médiane et forme ainsi deux moitiés latérales. Celles-ci s'étendent avec une grande rapidité, et forment deux vésicules antérieures qui grandissent énormément et recouvrent les autres vésicules cérébrales. Ces deux vésicules antérieures forment le *prosencéphale*, elles deviennent en se développant *les hémisphères du cerveau proprement dit*. Le prosencéphale *ne* se trouve par conséquent *pas du tout* dans les sinus primitifs du sillon et dans les trois vésicules cérébrales primitives. Il ne se développe qu'après que ces vésicules ont été ébauchées, au moyen de l'extrémité antérieure du tube nerveux, d'abord enfoncée. Cette extrémité sort entre les deux ailes latérales de la vésicule cérébrale antérieure.

Cette paire antérieure de sinus latéraux, avec la partie médiane qui les relie entre eux, constituant d'abord la première vésicule cérébrale primitive, s'appelle dorénavant le *cerveau intermédiaire ou optique*, parce que c'est de lui que les yeux prennent naissance. A mesure que la formation de la substance nerveuse progresse, les ailes ou sinus latéraux de cette vésicule se séparent de la partie médiane et s'étendent en même temps latéralement. Ils se présentent bientôt sous la forme de deux sacs ronds, dont chacun est relié à la partie médiane par un petit tube court, mais large. Ces deux sacs à prolongement latéral sont les rudiments *des yeux*; on les appelle souvent les sinus oculaires. La tige creuse qui relie chacun de ces sinus avec la partie cérébrale

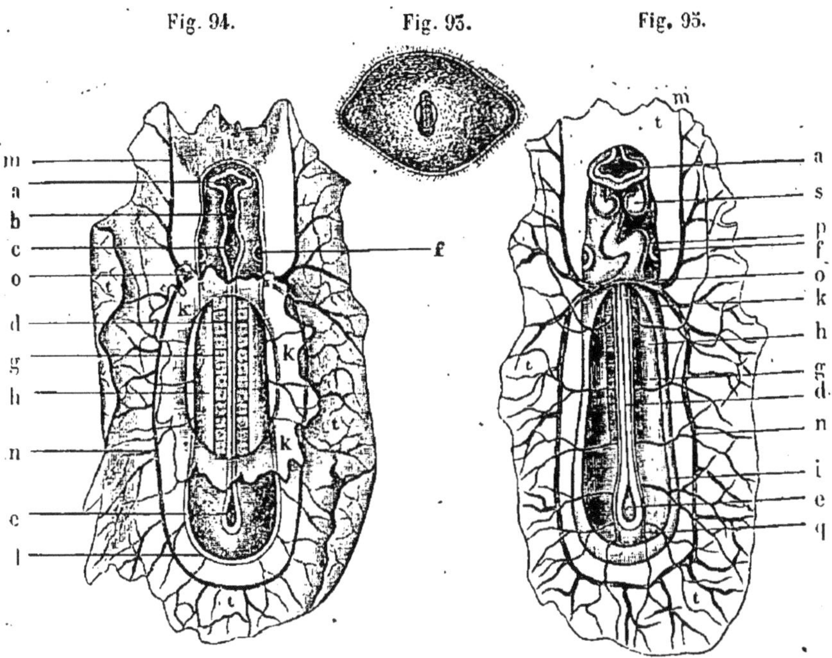

Fig. 93-95. — Œuf de chien, âgé de vingt-trois jours, grandeur naturelle. On y voit le chorion extérieur, hérissé de villosités, et la vésicule intérieure formée par les membranes embryonnaires, avec l'embryon placé au milieu, dont la figure 94 donne, grossie dix fois, une vue du dos et la figure 95 une vue du ventre. Le tube nerveux est fermé, sauf dans les sinus cérébraux et le sinus rhomboïdal postérieur; la courbure céphalique s'accuse de manière que la partie antérieure de la tête avec les sinus oculaires est déjà inclinée sur la face ventrale. Les vésicules auriculaires sont formées; l'amnios s'est déjà étendu de tous côtés sur l'embryon, sauf une partie du dos où il laisse encore une lacune ovalaire; le cœur, la première circulation, le premier arc viscéral sont ébauchés; les plaques ventrales ne sont pas encore fermées, mais largement ouvertes, de manière que la partie postérieure de l'embryon ressemble à un baquet largement ouvert. — *a*, prosencéphale avec les sinus oculaires latéraux; *b*, mésencéphale; *c*, épencéphale; *d*, moelle épinière; *e*, sinus rhomboïdal; *f*, vésicule auriculaire; *g*, corps des vertèbres; *h*, plaques dorsales; *i*, bords retroussés de ces plaques, devant former les parois ventrales; *k*, amnios déchiré sur le pourtour, ouvert au dos; *l*, pli de l'amnios entourant l'embryon; *m*, veine vitellaire antérieure; *n*, veine vitellaire postérieure faisant un cercle avec la précédente; *o*, grande veine cardiale, dans laquelle e réunissent les deux veines pour entrer ainsi dans le tube cardiaque *p*, tordu en S; *q*, artères vertébrales postérieures donnant les artères vitellaires; *s*, premier arc viscéral formant la mâchoire inférieure; *t*, feuillet muqueux; *u*, impression résultant de la courbure céphalique.

moyenne est le *nerf optique* primitif. La vésicule moyenne dans laquelle aboutissent ces nerfs optiques se voûte et forme une portion impaire, semblable d'abord à un tube, d'où se développeront plus tard les *couches optiques*. La seconde vésicule cérébrale primitive n'est jamais soumise à un développement analogue à la première. Elle s'arrête toujours à un degré de développement moins complet. Elle constitue les *tubercules quadrijumeaux*, en formant sur la ligne médiane une voûte qui se déprime considérablement au sommet. Nous avons déjà mentionné plus haut, en nous occupant des fonctions du système nerveux central, le fait que les corps quadrijumeaux sont en relation intime avec la faculté de la vision.

La troisième vésicule cérébrale primitive peut être partagée en deux parties. Dans la partie antérieure, la *vésicule du postencéphale ou du cervelet*, la substance nerveuse forme une voûte complète et produit ainsi le cervelet, tandis que dans l'*épencéphale* la substance nerveuse ne se développe que sur le plancher et ne s'élève pas pour former des parties voûtées.

Chez les vertébrés supérieurs et l'homme, il se produit pendant le développement du cerveau deux ou même trois courbures très-curieuses faiblement indiquées chez les vertébrés inférieurs. Au commencement de son développement, l'embryon s'incurve d'une manière uniforme, comme un arc autour de la sphère de l'œuf, et il n'y a qu'à le séparer de cette sphère pour pouvoir l'étendre horizontalement sur sa face ventrale. Aussitôt que les vésicules cérébrales primitives se sont développées, les rapports changent. La tête de l'embryon, dont la surface inférieure s'est séparée de la périphérie de l'œuf, se courbe vers l'intérieur du côté de la sphère, et la partie antérieure de la tête se rabaisse en formant un angle vers la poitrine de l'embryon. Cette action se produit à l'endroit où se formera plus tard le pont de Varole, à la limite du mésencéphale et du postencéphale; l'angle formé est si considérable qu'il dépasse un angle droit. La base du postencéphale et celle du mésencéphale, primitivement situées dans le même plan, ne sont séparées l'une de l'autre, aussitôt que la courbure a atteint son maximum, que par un prolongemènt assez mince de substance intermédiaire. On a appelé cette courbure, la courbure céphalique. Elle correspond à l'extérieur avec une protubérance en forme de bosse, et le cerveau moyen est placé exactement au sommet de cette bosselure.

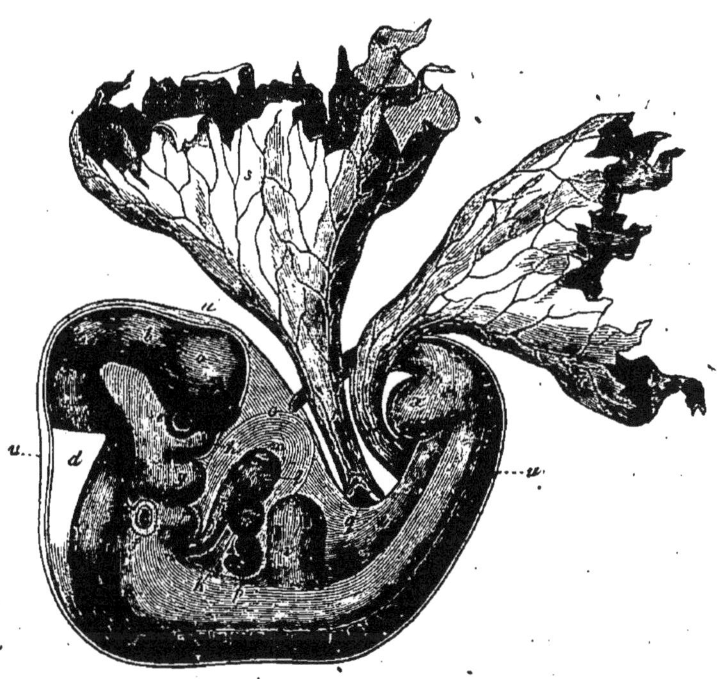

Fig. 96. — Embryon de chien âgé de 26 jours, grossi cinq fois et vu de côté. — *a*, prosencéphale avec la courbure du vertex; *b*, cerveau intermédiaire; *c*, mésencéphale; *d'*, cervelet; *d*, épencéphale; *e*, œil; *f*, vésicule auriculaire avec sa tige (nerf auditif); *g*, mâchoire supérieure; *h*, mâchoire inférieure (premier arc viscéral); *i*, second arc viscéral; *k*, oreillette droite du cœur; *l*, ventricule gauche; *m*, ventricule droit; *n*, bulbe aortique; *o*, foie; *p*, péricarde; *q*, lacet de l'intestin dans lequel débouche la tige *r* de la vésicule ombilicale *s*; *t*, allantoïde; *u*, amnios; *v*, extrémité antérieure; *x*, extrémité postérieure; *w*, colonne dorsale; *y*, queue; *z*, nez; 1, courbure céphalique; 2, courbure nuchale.

Une seconde incurvation, qui n'est pourtant pas aussi marquée que la première, mais atteint malgré cela presque la grandeur d'un angle droit, se présente au passage de la moelle épinière dans le postencéphale. Cette incurvation, qu'on appelle la *protubérance nuchale*, est aussi particulière aux vertèbres supérieurs et n'est qu'indiquée dans les vertébrés inférieurs. On reconnaît enfin une troisième incurvation entre le mésencéphale et le pro-sencéphale qui sont repliés vers le vitellus. On peut appeler cette incurvation, l'angle du vertex. Aussitôt que ces trois incur-vations se sont complétement développées, on ne peut représen-ter mieux la partie antérieure de l'embryon qu'en courbant toutes les articulations d'un doigt, l'index, par exemple, autant qu'il est possible de le faire. La surface du côté de la courbure correspond alors à la face ventrale de l'embryon, la première articulation à l'angle du vertex, la seconde articulation à la courbure céphalique et l'articulation qui joint le doigt à la main à la courbure nuchale de l'embryon.

Ces incurvations n'ont pas un caractère passager qui permet-trait d'étendre facilement l'embryon sur une surface horizontale. Elles sont plutôt fondées sur des rapports organiques intimes et surtout sur le développement des parties solides du squelette et de la membrane entourant le cervelet; les différentes parties du cerveau se développent ensuite par-dessus ces portions so-lides. L'existence de ces deux incurvations qui rendent beaucoup plus difficile l'étude des parties situées à la surface inférieure du cou, permet de diviser les embryons des vertébrés en deux gran-des sections; la première de ces sections renferme les mammi-fères, les oiseaux et les reptiles écailleux; elle présente un angle très-grand à la tête et à la nuque. Ces embryons ont en outre un amnios qui les enveloppe et de plus une allantoïde qui permet le développement de vaisseaux servant à nourrir les fœtus. Les an-gles de la tête et de la nuque ne sont que fort peu développés, et à peine indiqués dans la seconde grande section qui contient les vertébres inférieurs, les poissons et les amphibies nus. Il man-que en outre complétement à ces embryons un amnios qui se dé-veloppe de la substance de l'embryon lui-même, il n'y a pas non plus chez eux d'allantoïde. Il est facile de comprendre que ces dif-férences indiquent un plan tout autre dans le développement embryonnaire, ce qui donne raison aux naturalistes qui adoptent cinq classes et non pas seulement quatre classes dans les verté-brés. Ces derniers savants séparent les reptiles écailleux, c'est-à-dire les tortues, les crocodiles, les lézards et les serpents, des amphibiens nus, des grenouilles et des salamandres. Nous ne pouvons entrer ici dans de plus grands détails sur ces questions qui sont très-intéressantes, tant pour l'étude de l'embryon en général que par rapport aux déductions que l'on en peut tirer pour les recherches zoologiques.

Si nous poursuivons encore en quelques mots le développement des différentes parties cérébrales, il faut, avant tout, remarquer que le dépôt et la formation de la substance nerveuse plus solide, se font surtout depuis le plancher et les parties latérales. Les cavités des différentes cellules cérébrales, originairement très-grandes, se remplissent peu à peu et sont réduites ainsi aux proportions qu'elles conservent chez l'adulte. Les parties solides de la substance cérébrale n'apparaissent par conséquent d'abord que sous l'aspect de couches feuilletées très-minces qui tapissent le plancher, les parois et le plafond des vésicules cérébrales. La grande ténuité et la grande délicatesse de ces couches rendent les recherches très-difficiles, car ces formations disparaissent pour ainsi dire au commencement, à cause de la transparence vitreuse que présente la substance nerveuse aussi bien que les masses cellulaires encore indifférentes qui entourent les couches. Plus tard, lorsque les enveloppes du crâne et de la colonne vertébrale sont devenues moins transparentes, et que, d'un autre côté, la substance nerveuse elle-même s'est rassemblée en plus grande masse et a perdu, par conséquent, de sa transparence, la ténuité de cette substance, qui se dissout, pour ainsi dire, sous l'influence de sa propre pression, devient un obstacle essentiel aux investigations. C'est pourquoi le développement ultérieur de chacune des parties du cerveau n'a été acquis à la science que dans les derniers temps.

Les *hémisphères du cerveau proprement dit* se forment, comme nous l'avons déjà remarqué, au moyen de l'extrémité impaire du tube nerveux primitif, qui devient peu à peu une protubérance vésiculaire. Le développement de la substance nerveuse se fait, surtout dans le commencement, d'avant en arrière, et produit, par conséquent, la séparation de plus en plus grande de cette extrémité et des sinus optiques; ces derniers n'en sont, dans le commencement, qu'incomplétement séparés. Pendant que les parties voûtées se rencontrent sur la ligne médiane, il se produit en cet endroit un enfoncement qui partage ainsi en deux moitiés la vésicule cérébrale, simple dans l'origine. Ces deux moitiés sont encore dans le commencement reliées l'une à l'autre par une cavité commune. L'agrandissement de la masse nerveuse est surtout très-considérable dans les hémisphères, qui se développent de plus en plus vers l'arrière, dépassent dans leur croissance le cerveau intermédiaire, puis latéralement le mésencéphale, et recouvrent ces deux vésicules cérébrales de telle façon qu'ils atteignent enfin le postencéphale, peu à peu complétement recouvert à son tour. Dans le commencement, les parties moyennes du cerveau ne sont recouvertes que latéralement par les voûtes des hémisphères; en regardant par conséquent le cerveau depuis en haut, on peut encore voir le mésencéphale sur la ligne médiane, tandis que cela devient, comme on le sait, impossible plus tard. La partie antérieure du mésencéphale, les couches optiques, sont recouvertes par la voûte vers la fin du troisième mois dans l'embryon humain; la partie postérieure ou les tubercules quadrijumeaux dans le cinquième mois, et vers la fin du septième mois, les hémisphères recouvrent déjà le cervelet aussi complétement que chez l'adulte. Une conséquence inévitable de ce développement si rapide des parties voûtées des hémisphères et de l'accroissement de leur masse, est un plissement à leur surface et la formation de sillons, correspondant aux protubérances intérieures de la substance; dans la suite, lorsque les parois cérébrales sont devenues plus épaisses, ces sillons primitifs s'aplanissent. Plus tard se forment à la surface des circonvolutions caractéristiques, qui diminuent d'autant plus de nombre et de profondeur que l'on descend plus bas dans l'échelle des mammifères. Les circonvolutions ne se développent complétement que vers la fin de la grossesse, et sont évidemment en partie le résultat de la croissance plus rapide du cerveau, par rapport à la capsule crânienne qui l'entoure. Pendant que les parties voûtées se développent ainsi, la masse nerveuse augmente aussi sur le plancher, sur les côtés et sur le plafond en forme de voûte de la cavité des hémisphères, et cela, avec une grande rapidité. Le pli qui séparait les deux hémisphères l'un de l'autre se creuse de plus en plus, et forme enfin une cloison qui sépare la cavité cérébrale, originairement simple, en deux cavités latérales. Sur le plancher de ces cavités latérales s'élèvent alors deux protubérances, présentant à l'origine la forme d'une fève; ce sont les ébauches des *corps striés*. L'espace qui reste entre ces protubérances et le plafond des hémisphères diminue tellement, que la masse nerveuse entre presque partout en contact avec elle-même, et que les cavités cérébrales de l'adulte peuvent à peine contenir une cuillerée à thé pleine de liquide. Il résulte donc de l'histoire du développement des hémisphères, que les corps striés appartiennent essentiellement au tronc cérébral des hémisphères, qu'ils représentent un développement spécial du plancher de la vésicule hémisphérique, et qu'on ne peut jamais les retrouver en dehors de cette vésicule hémisphérique.

Le développement du *mésencéphale* est, sous tous les rapports, beaucoup plus simple que celui du prosencéphale, et la formation des parties voûtées surtout, est considérablement amoindrie par le développement des hémisphères. Si l'on examine plus particulièrement la façon dont se développe le cerveau intermédiaire, on reconnaît qu'il ne forme pas de voûte fermée, mais que le tronc cérébral seul, en se développant davantage, a rempli en cet endroit, depuis le plancher, la cavité laissée libre par les hémisphères. La cavité primitive reste donc sous forme d'une fente que l'on pourrait examiner librement, depuis le haut, si les voûtes des hémisphères ne la dépassaient pas. Des deux côtés de cette fente se trouvent les *couches optiques* que l'on reconnaît, par conséquent, comme étant des parties essentielles du tronc cérébral.

Les formations qui se développent en dehors des couches optiques sur le plancher, ou plutôt à la surface inférieure du cerveau intermédiaire, sont plus compliquées, et constituent en cet endroit l'infundibulum et l'hypophyse. L'infundibulum lui-même représentait, comme on le croyait anciennement, une protubérance du plancher de la cavité du cerveau intermédiaire, qui descendait, immédiatement avant l'extrémité de l'axe du squelette osseux, de la chorde dorsale, vers la cavité buccale. Il faut se rappeler ici que chez les jeunes embryons dans lesquels se forme le sinus de l'infundibulum, la cavité nasale avec ses canaux postérieurs n'est pas encore formée, le plafond de la cavité buccale représente, par conséquent, à cette époque, le plancher sur lequel repose la base du cerveau. Supposons que les parties osseuses du palais soient enlevées, et que les cavités buccale et nasale soient ainsi changées en une seule cavité spacieuse, et l'on comprendra ce qui se passe chez le fœtus. Pendant que le plancher du cerveau intermédiaire s'enfonçait un peu vers le bas, on supposait qu'un sinus du plafond de la cavité buccale venait à sa rencontre, en s'élevant de plus en plus ; ce sinus formait ainsi à la fin un sac dont le fond est placé du côté du cerveau, tandis que sa cavité correspond vers le bas avec la cavité buccale par une ouverture. On supposait ensuite que cette ouverture se fermait peu à peu, et que le sac se fermait ainsi pour venir s'unir à l'expansion en forme d'entonnoir ; cette dernière venait à sa rencontre depuis le cerveau pour former ainsi l'hypophyse, que l'on observe à la base du cerveau de l'adulte, immédiatement derrière l'endroit où se croisent les nerfs optiques. Suivant cette manière de voir, l'hypophyse n'était donc pas une partie primitive du cerveau, mais une production du plafond de la cavité buccale, qui se séparait plus tard de la muqueuse buccale pour s'unir à la base de l'infundibulum venant à sa rencontre. Les savants modernes ont, il est vrai, confirmé la plus grande partie des faits sur lesquels se base cette explication, mais ils ont élevé des doutes fondés au sujet de la manière dont ces parties devaient se former.

Les transformations que subit le mésencéphale proprement dit, ou la *cellule des tubercules quadrijumeaux*, sont excessivement simples. La substance nerveuse se développe presque également de tous côtés, et la cavité primitive se change ainsi en un canal fin, l'aqueduc de Sylvius, qui passe dans la ligne médiane entre les quatre tubercules. Ces derniers ne forment au fond qu'une seule masse, divisée par un sillon superficiel et en forme de croix.

La formation de la voûte de la *cellule du postencéphale* reste d'abord, de beaucoup en arrière dans son développement. Elle reste stationnaire dans un tube qui n'est fermé que par la substance enveloppante, jusqu'à ce qu'enfin la substance nerveuse forme, depuis les côtés et le haut, une voûte à la partie antérieure. Cette voûte représente ainsi une lamelle placée perpendiculairement sur le tronc cérébral et ressemble, vue de côté, à une colonne droite. Cette colonne, qui est la première ébauche du cervelet, se développe alors surtout vers l'arrière, et cela seulement dans sa partie supérieure ; vue de côté, cette ébauche ressemble pour cette raison à un crochet épais et court. Ce crochet vient peu à peu s'étendre, en grandissant, sur la masse nerveuse accumulée sur le plancher de l'épencéphale, qui ne forme jamais de voûte. Il semble se terminer en une sorte de couvercle placé sur le sinus rhomboïdal, et recouvre l'épencéphale comme les hémisphères du cerveau proprement dit recouvrent le mésencéphale. Tandis que le cervelet se développe ainsi dans ses parties et pousse des prolongements vers les côtés pour former ses hémisphères, la substance nerveuse du tronc du postencéphale et de l'épencéphale grandit aussi, et forme en cet endroit ces différents cordons, ces amas grisâtres et ces masses fibreuses transversales, que les anatomistes connaissent sous le nom de pont de Varole, d'olives et de pyramides.

La formation de la *moelle épinière* dans toute sa longueur est très-simple, la substance nerveuse primitive présentant ici la forme d'une gouttière évasée, qui pousse depuis le plancher des prolongements vers les côtés, s'épaissit peu à peu, forme enfin une voûte et se ferme ensuite en haut le long de la ligne médiane, après que la cavité intérieure s'est presque complétement fermée.

Par suite de cette clôture, un canal d'axe assez fin subsiste assez
longtemps au milieu de la moelle épinière, mais se remplit
encore, avant la naissance de l'embryon, presque entièrement de
substance nerveuse.

Le développement des éléments du système nerveux est très-
différent, selon la nature de ces éléments. Les cellules nerveuses,
qu'elles se trouvent dans le cerveau ou dans les ganglions, représentent toujours des transformations directes de cellules embryonnaires, qui poussent des prolongements s'unissant aux
tubes nerveux. Ces derniers naissent de cellules fusiformes et
présentant des noyaux que l'on retrouve sur la gaîne des nerfs
périphériques. Ces cellules se réunissent et forment des tubes
aplatis et de couleur pâle, qui semblent d'abord grisâtres, mais
présentent peu à peu des bords plus foncés, ce qui permet de reconnaître en eux la moelle graisseuse et le cylindre axe. Les terminaisons des nerfs, enfin, naissent de cellules fusiformes ou
étoilées qui se terminent en fibrilles excessivement fines, pâles
et rameuses, dont la réunion forme un réseau à larges mailles.
Ces fibres s'épaississent peu à peu, et aussitôt qu'elles ont atteint
un certain degré d'épaisseur, leur masse se différencie, de façon à
présenter à leur intérieur un tube primitif très-fin, il est vrai,
mais reconnaissable à ses rebords foncés. Comme cette différenciation se fait depuis le centre vers la périphérie, il semble
que le tube primitif s'allonge depuis l'organe central jusque dans
la substance de la fibre embryonnaire de couleur pâle. Ce n'est
pas le cas cependant, car, même dans les organes, chez lesquels
un défaut de conformation, a produit une séparation d'avec le
cerveau et la moelle épinière, ainsi que chez les embryons qui
sont complétement privés de système nerveux central, on voit se
former des nerfs dans les organes périphériques.

LETTRE XXIV

LES ORGANES DES SENS

Le développement des trois principaux organes des sens, de la tête, l'œil, l'oreille et le nez, est dans un rapport défini avec celui du cerveau. On reconnaît, il est vrai, dans les rapports, une certaine gradation qui n'est pas sans importance pour la valeur de ces organes. L'ébauche primitive de l'œil apparaît de fort bonne heure ; elle représente d'abord une partie du cerveau lui-même et les portions extérieures qui servent à former l'œil ne viennent s'ajouter que plus tard à cette ébauche. L'oreille se montre bientôt après l'œil. Son ébauche semble d'abord isolée et n'entre que plus tard, quoique cependant encore assez tôt, en rapport avec le système nerveux central. Le nez enfin se développe beaucoup plus tard que les deux autres organes des sens, il n'entre aussi que fort tard en rapport avec le cerveau par le nerf olfactif.

Quant à ce qui concerne l'*œil*, nous avons vu que les ébauches des deux yeux se trouvent dans les évolvures latérales de la première vésicule cérébrale primitive, la cellule cérébrale intermédiaire. Cette observation ne confirme donc en aucune façon l'opinion qu'on avait émise à savoir, que les yeux naissaient d'un rudiment impair unique qui se partageait en deux moitiés dans la suite du développement, chaque moitié devenant en-

suite un œil. On croyait pouvoir expliquer, de cette manière,
les monstres connus sous le nom de cyclopes, qui présentent,
au lieu de deux yeux latéraux, un seul œil médian. La fausseté
de cette théorie est cependant indubitable, car les observations
prouvent d'une manière péremptoire que les deux rudiments
primitifs des yeux apparaissent latéralement, sous forme d'évolvures vésiculaires qui descendent, il est vrai, graduellement et
sont réunies pendant un certain temps au moyen de leurs tiges
creuses.

La vésicule latérale qui représente le rudiment primitif de
l'œil et qu'on a appelée la vésicule primaire de l'œil, se recouvre déjà, dans les premiers temps, en haut et depuis les côtés
d'une voûte de substance nerveuse. Elle présente alors la forme
d'une poire creuse, dont la queue, creuse aussi, se continue dans
le cerveau intermédiaire. Sur le côté inférieur, cette vésicule
présente une gouttière ou un sillon existant dès le commencement, qu'on a appelé, improprement, la fente oculaire ; elle suit
longitudinalement le nerf optique et se dirige vers la partie
antérieure. Cette gouttière a une influence décisive sur la formation de toutes les parties postérieures de l'œil, la rétine, le corps
vitré, la sclérotique et la choroïde. Elle se ferme plus tard de la
manière suivante : les bords se rapprochent et se soudent, de manière à recevoir l'artère centrale de la rétine qui, dans les mammifères et l'homme, court dans l'axe du nerf optique et donne
lieu à la tache insensible du champ de vision dont nous avons
parlé plus haut (Lettre XIV). La vésicule oculaire primitive elle-
même, est remplie de liquide communiquant, par la tige creuse,
avec le liquide de la cavité cérébrale. Comme ce liquide est complétement transparent, et que la substance nerveuse elle-même
est très-transparente aussi, les yeux apparaissent dans cet état
primitif de développement sur le côté de l'embryon comme deux
anneaux concentriques très-clairs, dont le centre se montre
sous forme d'un orifice arrondi. Les vésicules oculaires pyriformes, situées d'abord, avec le cerveau, assez profondément dans
les tissus embryonnaires, avancent dans le cours du développe-

ment de plus en plus vers l'extérieur, car l'accroissement des hémisphères qui se forment en voûte entre elles, les pousse toujours
plus vers les côtés. Leur tige creuse, d'abord en forme de gouttière, par suite de l'enfoncement creux qu'elle présente, s'allonge
ainsi de plus en plus et deviendra plus tard le nerf optique. C'est
à cause de ce déplacement successif que les jeunes embryons ont
comme les veaux les yeux placés tout à fait latéralement sur la
tête. Les yeux présentent déjà dans leur première apparition
une grandeur relativement considérable; maint commençant a
pu, pour cette raison, les méconnaître dans les premiers embryons
qu'il examinait.

Par suite de leur marche en avant, les vésicules oculaires ne
sont recouvertes, en dedans de la couche cellulaire de l'épiderme,
que d'une couche mince de substance embryonnaire, tandis qu'à
la base de chaque vésicule, entre elle et le cerveau et autour du
nerf optique creux, se trouve amassée une quantité assez grande
de blastème. La couche de cellules tabulaires transparentes qui
forment l'épiderme général de l'embryon, passe par-dessus les
vésicules oculaires sans former aucun repli, aucun enfoncement.
La marche du développement dans son ensemble est la suivante :
à l'intérieur de la vésicule se dépose, du milieu du liquide que
l'on y trouve, la substance nerveuse de la rétine, comme dans le
cerveau, tandis que toutes les autres parties de l'œil et surtout
les enveloppes, se différencient dans la substance embryonnaire
environnante, et cela de telle façon que la couche épidermoïdale,
ainsi que la substance placée au-dessous et provenant des plaques céphaliques, forme par une involvure le cristallin et le corps
vitré. Les parties, en s'avançant vers l'intérieur, repoussent la
couche extérieure de la vésicule oculaire primitive, qui s'infléchit
en dedans et fait disparaître à la fin la cavité de la vésicule
oculaire primitive.

Le premier organe qui se forme ensuite, est le *cristallin*. Au
milieu de la membrane cellulaire mince qui recouvre la vésicule
oculaire et représente une continuation de l'épiderme, on
aperçoit, déjà dans les premiers temps, une fosse en forme d'as-

siette, dont le fond se creuse toujours plus vers l'intérieur. Cette fosse représente bientôt une sorte de bourse communiquant au dehors par une ouverture d'abord large, qui se rétrécit cependant de plus en plus pour se fermer ensuite complétement, ce qui fait que la bourse primitive reste seule sous forme d'un petit sac sphérique fermé de toute part, et attaché à la paroi interne de l'épiderme. Ce petit sac, dont toute la surface est formée de cellules polyédriques aplaties, semblables à celles qui forment l'épiderme, n'est autre chose que le cristallin. Ce cristallin, qui représente primitivement une capsule à parois assez épaisses, se remplit à l'intérieur et surtout depuis le fond, de cellules striées devenant plus tard, en s'allongeant, les véritables fibres du cristallin. Le cristallin n'est, par conséquent, pas autre chose qu'une involvure saccoïde de l'épiderme, qui vient à l'encontre de l'ébauche oculaire vésiculaire partant du système nerveux, à peu près de la même façon que l'involvure du plafond buccal que nous avons décrite plus haut, qui forme l'hypophyse et vers laquelle s'avance l'infundibulum depuis le mésencéphale. Par suite de ce mode de formation particulier du cristallin constatée récemment par plusieurs observateurs comme général à toutes les classes des vertébrés (on le retrouve même dans les sépias), le cristallin se présente toujours dans de très-jeunes embryons accolé à la surface interne de l'épiderme. Il ne se sépare que plus tard de l'épiderme en avançant davantage vers le fond de l'œil, pour arriver à atteindre à peu près le centre du globe de l'œil, position qu'il occupe dans l'adulte.

Aussitôt que le cristallin s'est détaché sous forme d'une bourse, on voit qu'il est entouré de toute part d'un tissu contenant des cellules provenant des plaques céphaliques; en avant, ce tissu fournit le matériel de formation à toutes les parties qui se trouvent entre le cristallin et l'épithélium de la cornée, provenant du feuillet corné; en arrière, ces cellules forment les parties situées entre le cristallin et la surface antérieure de la rétine. Les parties qui naissent de ce matériel par différenciation et scission graduelle sont, par conséquent, en avant, le tissu conjonctif de la cornée avec son

épithélium postérieur et la paroi antérieure de la capsule du cristallin ; en arrière, la paroi postérieure de la capsule du·cristallin,
le corps vitré et la membrane, dite hyaloïde, qui l'enveloppe.

Le *corps vitré* se forme, par conséquent, en même temps qué
le cristallin par la même involvure venant de l'épiderme, et
tandis qu'il augmente de grandeur et que le cristallin avance
toujours davantage vers l'intérieur, la paroi antérieure de la
vésicule oculaire primaire s'incurve, pour ainsi dire, en forme
de coupe. Elle représenterait, par conséquent, dans les premiers
temps, une cupule large et peu profonde munie d'une tige
courte ; elle serait creuse à l'intérieur et formée de deux feuillets,
à peu près comme les coupes de verre doubles, que l'on a ar-
gentées en fixant à l'intérieur du verre, le métal par précipitation
chimique. La moitié de la cupule tournée vers le cerveau se
continue dans la tige creuse du nerf optique ; quant à la surface
tournée vers le cristallin, elle forme une excavation peu profonde
d'abord, et entre ces deux feuillets, dont l'un est infléchi, se
voit d'abord encore à l'intérieur la cavité comprimée de la vésicule oculaire primaire. Mais, en même temps que cette inflexion
de la paroi antérieure se produit et s'agrandit, les bords de la
cupule ainsi produite s'avancent toujours plus vers le cristallin, à
l'exception de la partie où se trouve, sur la cupule, la continuation de la gouttière du nerf optique. Le corps vitré et le cristallin augmentent. La cupule ressemble de plus en plus à un verre
à pied. La cavité intérieure disparaît par la formation de substance nerveuse, qui se dépose de préférence sur la paroi infléchie, laquelle paraît plus épaisse que la paroi postérieure. La
cavité du nerf optique se remplit complétement de fibres. La
gouttière primitive se ferme par la soudure de ses bords, comme
nous l'avons décrit, et la vésicule primitive munie d'une tige
creuse devient ainsi la *rétine* cupuliforme avec le *nerf optique*
solide qui s'y attache.

Deux figures schématiques expliqueront clairement l'avancement graduel de ces formations. Ces figures représentent des
coupes de l'œil, mais chacune d'elles combine toujours plusieurs

états successifs. Dans la première de ces coupes (*fig.* 97), le cristallin forme une poche à parois épaisses, qui communique cependant encore avec l'extérieur. Derrière lui se trouve le blastème, la substance embryonnaire non encore différenciée, qui communique avec les plaques céphaliques et a été marquée en pointillé pour que l'on puisse la distinguer. La vésicule

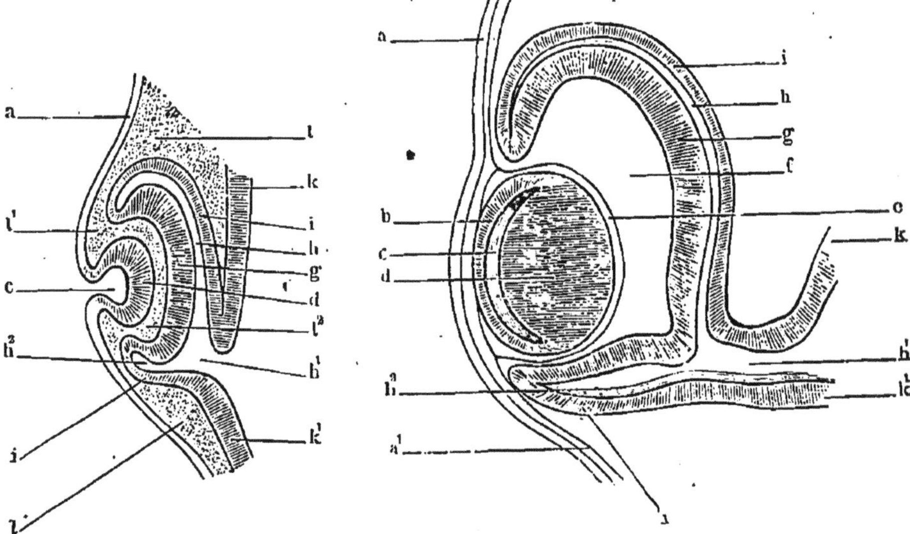

Fig. 97. — Coupe de l'œil avant la fermeture du sac lenticulaire.

Fig. 98. — Coupe de l'œil après la fermeture du sac lenticulaire.

Les différentes lettres ont la même signification dans les deux figures. — *a*, couche épidermoïdale (feuillet corné); *a*¹, couche interne de la cornée; *b*, paroi antérieure du cristallin; *c*, cavité du cristallin; *d*, paroi postérieure du cristallin; *e*, capsule lenticulaire; *f*, corps vitré; *g*, paroi antérieure et refoulée de la vésicule oculaire primitive, devenant rétine; *h*, cavité de la vésicule oculaire; *h*¹, continuation de cette cavité dans celle du cerveau (canal du nerf optique); *h*², partie de cette cavité dans le voisinage de la fente de l'œil; *i*, paroi postérieure de la vésicule oculaire primitive, devenant plus tard la couche pigmentaire de la choroïde; *k* et *k*¹, continuation de la vésicule oculaire dans les parois cérébrales; *l*, tissu des plaques céphaliques qui fournit, en *l*¹, la partie antérieure de la capsule lenticulaire ainsi que la couche interne de la cornée, et, en *l*², la partie postérieure de la capsule lenticulaire ainsi que le corps vitré.

primitive de l'œil s'est déjà infléchie par involvure et représente une capsule aplatie et creuse à l'intérieur, correspondant avec la cavité cérébrale par une ouverture, le nerf optique creux. Dans la seconde coupe, le cristallin est entièrement séparé et rempli complétement de matières fibreuses, depuis la partie intérieure, à l'exception d'un espace en demi-lune. La cornée avec ses différentes couches, la capsule du cristallin et le corps vitré sont complétement différenciés, la coupe formée par la rétine a accompli son inflexion, ses bords se sont avancés, et sa cavité intérieure a presque totalement disparu.

La membrane vasculaire de l'œil ou *choroïde* paraît être formée, d'après les dernières observations, de deux lamelles différentes ; la couche la plus intérieure, tournée vers la rétine et contenant le pigment noir, se dépose dans la couche extérieure de la vésicule primitive de l'œil ; elle appartient, par conséquent, primitivement à la rétine. La couche extérieure ou lamelle vasculaire se différencie, au contraire, aux dépens de la masse qui forme la cornée et la sclérotique. Cette formation séparée des deux couches qui constituent plus tard une seule membrane, explique peut-être la structure anormale des yeux des albinos, chez lesquels le pigment manque complétement, tandis que la couche vasculaire existe et se voit, par transparence, à travers la pupille.

Dans le commencement, la choroïde ne va que jusque vers le bord du cristallin, et ne paraît pas coloiée sur toute sa surface, car le dépôt de pigment part de sa partie supérieure et antérieure, pour s'étendre successivement vers la partie inférieure et postérieure. Pendant longtemps, on remarque une ligne non colorée représentant une lacune dans la pigmentation, cette ligne va obliquement de l'arrière et d'en bas vers le haut et la partie antérieure. On remarque surtout très distinctement cette ligne lorsqu'on regarde la tête d'en bas (*fig.* 99) ; c'est la fente choroïdale. Ce trait incolore est placé à l'endroit où se trouvait la gouttière de la vésicule primitive de l'œil, qui se continue d'un côté vers le nerf optique en forme de capsule creuse et de l'autre vers la rétine. Si

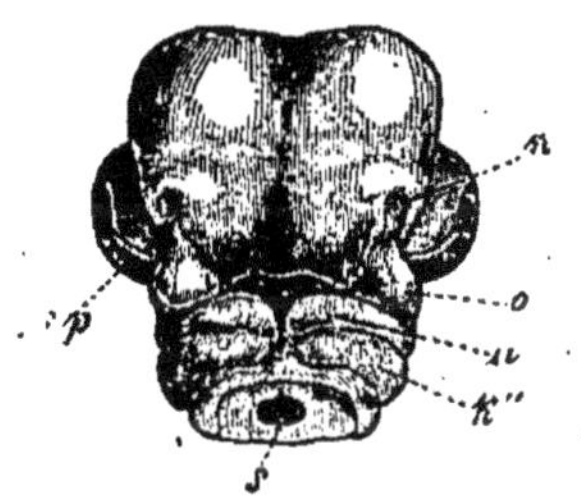

Fig. 99. — Tête d'un embryon de poulet vu d'en bas. — *n*, fossette nasale ; *o*, mâchoire supérieure ; *u*, mâchoire inférieure ; *k″*, second arc branchial ; *sp*, fente de la choroïde de l'œil ; *s*, œsophage.

cette gouttière ou ce sillon ne se ferme pas et reste ouvert, et si
par le développement de la substance, qui se trouve à son intérieur, le sillon se continue en outre dans l'*iris*, qui naît de la
couche vasculaire, la gouttière deviendra une véritable fente, à
laquelle les oculistes ont donné le nom de colobome de l'iris.

Si l'on examine, par conséquent, l'œil de l'embryon à cette
époque, on reconnaît qu'il est formé de la manière suivante : il
y a une membrane extérieure contenant la cornée, la sclérotique, la couche vasculaire de la choroïde et les muscles, cette
membrane a une assez grande épaisseur. Immédiatement contre
cette paroi est placé le cristallin qui est d'une grandeur consi-

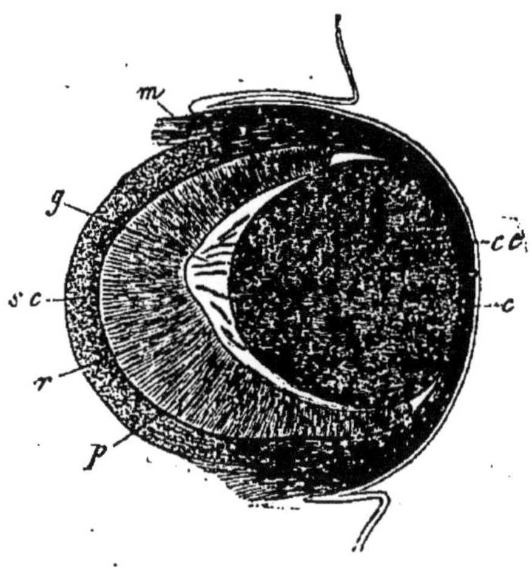

Fig. 100. — Coupe d'un œil d'embryon de veau. — *cc*, couche épidermoïdale formée
de cellules (*c*, cornée; *sc*, sclérotique et couche vasculaire de la choroïde; *m*, muscles), confondue en une seule enveloppe commune non encore différenciée;
c, cristallin; *g*, corps vitré; *p*, pigment noir; *r*, rétine.

dérable. Derrière lui se trouve le corps vitré traversé de vaisseaux sanguins, et, en arrière de ce corps, la rétine, très-
épaisse et en forme de coupe. Plus tard, lorsque la choroïde s'est
complétement différenciée, on ne trouve pas encore de chambre
antérieure comme celle qui existe dans l'œil de l'adulte, il n'y
a pas non plus d'iris ayant la forme d'un rideau vertical et mobile ; on voit au contraire que la choroïde, largement découpée,
s'applique immédiatement à la membrane extérieure de l'œil,

et que le cristallin touche à la paroi interne de la membrane extérieure de l'œil, en rencontrant à sa périphérie le bord découpé de la pupille qui est percée dans la choroïde. A ce moment, la *cornée* et la *sclérotique* se différencient davantage pour devenir les enveloppes extérieures du globe de l'œil. Ces enveloppes ne pouvaient être au commencement exactement distinguées du blastème qui les entourait ; elles se ressemblent beaucoup à leur première apparition, parce que la sclérotique est d'abord complétement transparente comme la cornée, et que ses fibres particulières ne se développent que plus tard.

La dernière formation du globe intérieur de l'œil dépend du recul du cristallin vers le fond de l'œil et du développement de la chambre antérieure : la formation de l'iris s'y rattache, et aussi celle de certaines membranes passagères, qui ferment la pupille dans l'embryon et la mettent en rapport avec la capsule du cristallin. Le rideau libre de l'iris naît évidemment par le fait, que le bord antérieur de la choroïde se sépare en partie de la cornée qu'il touchait, et produit d'abord des replis et des prolongements en forme de dents de scie, qui se déposent sur la capsule du cristallin et constituent les *processus ciliaires*. Ce n'est qu'alors que l'iris se développe au bord intérieur de l'anneau sous forme d'une membrane primitivement transparente, qui grossit de plus en plus et contient alors du pigment. Aussitôt que l'iris s'est formé, son ouverture médiane, la pupille, se ferme au moyen d'une membrane transparente, mais très-vasculaire, qui se conserve jusque vers la naissance et disparaît seulement à cette époque par résorption. Cette membrane appelée la membrane pupillaire, ne représente que la partie antérieure d'un sac qui se continue vers l'intérieur à travers la pupille vers la capsule du cristallin, et l'entoure complétement. Ce sac, riche en vaisseaux, que l'on a appelé le sac pupillaire et dont l'existence a été souvent mise en doute, mais que l'on a reconnu maintenant d'une façon évidente, subit aussi un développement rétrograde à l'approche de la naissance et disparaît complétement. Comme il entoure de toute part le cristallin et s'attache aux bords de ce dernier, en avançant vers l'avant et vers la pupille, sa formation semble être en un certain rapport avec le recul du cristallin ; ce rapport n'a cependant pas encore été déterminé exactement.

Jusqu'au commencement du troisième mois, à peu près, le globe de l'œil se présente encore entièrement à découvert, à la surface extérieure de la tête, et l'épiderme passe par-dessus, sans former des plis. Les paupières commencent alors à se montrer sous forme de deux plis membraneux étroits, qui grandissent bientôt, s'avancent l'un vers l'autre par-dessus la surface antérieure du globe de l'œil, recouvrent déjà vers la fin du troisième mois complétement le globe, et s'unissent même à l'endroit où se formera plus tard l'ouverture des paupières. Chez l'embryon humain, cette ouverture se forme déjà assez longtemps avant la naissance ; chez beaucoup d'animaux, au contraire, comme par exemple les carnassiers, les petits naissent avec des yeux, d'abord fermés, qui ne s'ouvrent que quelques jours après la naissance.

L'oreille, c'est-à-dire l'oreille interne ou le *labyrinthe*, se voit dans sa première ébauche de chaque côté de la nuque comme une petite vésicule, complétement ronde et transparente, présentant des parois épaisses et ayant, sous le microscope, l'apparence d'un anneau. Chaque vésicule est complétement sphérique et séparée de la cellule cérébrale postérieure, l'épencéphale, aux côtés de laquelle elle est placée. On croyait, autrefois, que la vésicule auriculaire primitive devait son existence à une évolvure cérébrale, semblable à celle qui donne naissance au rudiment de l'œil. Des recherches récentes ont cependant prouvé que la vésicule naît, au contraire, comme le cristallin, d'une involvure de la peau, qu'elle représente d'abord une fossette, puis une bourse ouverte à l'extérieur, et enfin un sac fermé, et qu'elle est, par conséquent, complétement isolée du système nerveux central, dès le commencement; elle n'entre que plus tard en relation avec le cerveau postérieur par une tige creuse, naissant d'une façon tout à fait indépendante, le nerf auditif. Comme la tête est proportionnellement énorme dans l'embryon et ne se raccourcit relativement que plus tard, par la concentration de la base du crâne, la vésicule auriculaire semble, dans le commencement, excessivement éloignée de la vésicule oculaire. Il arrive très-souvent que de jeunes embryologistes prennent pour l'extrémité de la tête, le pli céphalique qui ne se trouve cependant que vers le milieu de la tête. Ils s'étonnent alors de ce que les deux vésicules auriculaires primitives soient placées aussi loin en arrière sur le cou, tandis qu'elles se trouvent, en effet, immédiatement à côté de l'origine de la cavité du cerveau postérieur, au-dessus de l'extrémité antérieure du cœur. Cette position s'explique par l'incurvation, très-forte dans cette région, qui fait appliquer la tête contre la poitrine.

La vésicule de l'oreille augmente rapidement dans tous les sens, et sa forme sphérique se change bientôt en celle d'une pyramide à trois faces, dont le sommet est dirigé vers le haut. La pointe supérieure de cette pyramide se sépare alors un peu de la base de la vésicule de l'oreille et forme une cavité particulière qui se conserve longtemps, mais semble disparaître plus tard sans laisser de traces. La vésicule de l'oreille, que nous pouvons déjà maintenant appeler le labyrinthe, se développe alors, et pousse, au côté opposé à la cavité dont nous venons de parler, un prolongement en forme de bourse, qui devient bientôt le *limaçon*. La vésicule développe en même temps, à l'endroit où se formeront plus tard les canaux semi-circulaires, des élargissements sphériques et des excavations qui se réunissent dans leur partie moyenne, se soudent et deviennent ainsi les canaux semi-circulaires, qui naissent par conséquent de la vésicule auriculaire primitive. Quant à la base de la pyramide, elle reste saccoïde et forme le vestibule du labyrinthe. La formation par évolvure, depuis le sac du labyrinthe, des canaux semi-circulaires eux-mêmes, est prouvée par le fait que les canaux sont d'abord courts, relati-

vement assez larges, très-peu recourbés, séparés les uns des autres par une quantité assez petite de substance intermédiaire, et
accolés au vestibule. En même temps, la base du crâne fournit
des masses cellulaires qui se développent en passant à l'état de
cartilage, entourent l'organe de l'audition et s'introduisent,
pour ainsi dire, entre les différentes parties de cet organe, en
les distançant toujours davantage. Pendant que cette substance
cartilagineuse intermédiaire se développe, les canaux se recourbent de plus en plus, et deviennent en même temps plus minces
et plus allongés ; les orifices des canaux seuls, qui aboutissent
dans le labyrinthe, conservent leur volume primitif : ils se développent même en forme de sac et deviennent les *ampoules*. Dans
la plupart des poissons, l'oreille reste pendant tout le temps de
leur vie à ce degré de développement ; elle ne contient, chez ces
animaux, que des canaux semi-circulaires, le vestibule représentant un sac calcaire inférieur qui sert surtout à l'expansion du
nerf auditif. Cette oreille, tout entière, demeure cachée dans
les os et les cartilages de la tête, et ne présente jamais des parties externes. Dans les animaux supérieurs, il se forme encore,
à côté du labyrinthe primitif de l'oreille, l'appendice du *limaçon*,
si important pour l'audition, mais dont nous ne pouvons poursuivre ici plus exactement le développement.

L'oreille moyenne et *l'oreille externe*, qui sont destinées à
amener à l'oreille interne les ondes sonores, se forment d'une
manière tout à fait indépendante du labyrinthe, au moyen
des arcs branchiaux primitifs et des fentes branchiales de l'embryon. Nous verrons plus tard que l'embryon des animaux supérieurs possède, en effet, au moment où commencent à se former
le visage et le cou, de véritables fentes branchiales, séparées les
unes des autres par des prolongements recourbés en forme d'arcs,
les arcs branchiaux ou viscéraux. Le plus antérieur de ces arcs
branchiaux devient, en grande partie, la mâchoire inférieure, et
l'extrémité supérieure de la fente qui le sépare du second arc
branchial, se change en oreille moyenne et externe. Ces phénomènes semblent incroyables au premier abord, et ce ne sont, en

effet, que les recherches modernes, qui ont appris à connaître dans toute leur exactitude les phénomènes qui se passent dans ce développement. Si l'on examine le crâne d'un adulte auquel on a enlevé la mâchoire inférieure, on voit descendre, derrière l'ouverture externe de l'oreille, une pointe allongée et styloïde, à laquelle est attaché primitivement l'os hyoïde, auquel est suspendue la langue. Cette pointe forme par elle-même une partie de l'os temporal, dans lequel est enfoncée l'oreille moyenne. Si l'on suppose alors que la mâchoire inférieure, au lieu d'être mobile sur son articulation, y soit attachée et fasse corps avec l'os temporal, on verrait entre la mâchoire inférieure et l'apophyse styloïde une fente qui mène dans la partie postérieure de la cavité buccale et au-dessus de la partie supérieure de laquelle se trouveraient le canal auditif et l'oreille moyenne. Un seul coup de marteau suffirait pour ouvrir avec un ciseau cette cavité tympanique fermée, et pour la changer ainsi en partie supérieure de la fente. On rencontre au commencement une formation de ce genre dans l'embryon ; au lieu d'une mâchoire inférieure librement articulée au crâne, on trouve un cordon de blastème qui s'en va, d'une façon non interrompue, depuis la base du crâne vers la partie inférieure de la face, en entourant la cavité buccale ; c'est l'ébauche de la mâchoire inférieure. Au lieu de l'apophyse styloïde et de la corne de l'os hyoïde qui présente plusieurs articulations, on rencontre un second bâtonnet de blastème, séparé du premier par une fente profonde qui mène dans le gosier.

L'extrémité supérieure de cette fente se sépare alors du reste par l'expansion du blastème, et forme un tube qui mène du dehors à l'intérieur, en présentant un coude par le développement particulier des diverses parties. Ce coude lui-même s'élargit, prend une forme vésiculaire, et devient la *cavité tympanique ;* le prolongement extérieur devient le canal auditif externe, et la partie intérieure, allant vers le gosier, devient la *trompe d'Eustache.* Les osselets de l'oreille interne naissent, soit des deux arcs branchiaux eux-mêmes, soit du blastème qui sépare l'oreille moyenne de la partie inférieure de la fente branchiale. Le *marteau* et l'*enclume* naissent du premier arc branchial, et le premier de ces osselets forme, pour ainsi dire, comme nous le verrons plus tard, la base de la mâchoire inférieure tout entière. L'*étrier* se forme au moyen du second arc branchial, et n'est autre chose que le prolongement supérieur de l'apophyse styloïde qui s'est séparé. L'*anneau du tympan*, ainsi que le tympan lui-même, se forme au moyen de la substance qui sert à fermer les fentes branchiales.

L'*oreille externe* se forme au moyen d'un repli de la peau qui se soulève par degrés et prend petit à petit la forme de pavillon, qu'elle présente chez l'adulte.

Il ressort de ce que nous venons de dire, que l'oreille est aussi, d'après son origine, un organe compliqué qui résulte, dans la suite du développement embryonnaire, de l'union de plusieurs parties d'abord complétement séparées. Le labyrinthe naît, indépendamment des autres parties, au moyen d'une involvure de l'épiderme. La substance nerveuse vient à sa rencontre, depuis l'intérieur, et entre dans le labyrinthe sous forme de nerf auditif, tandis que l'oreille moyenne s'attache depuis l'extérieur au labyrinthe et vient s'unir à lui. Si l'on cherchait à découvrir des points de comparaison entre l'oreille et l'œil, on serait obligé de reconnaître que le système du cristallin se développe d'une façon analogue à celle de la vésicule du labyrinthe, en allant de l'extérieur à l'intérieur ; tandis que pour la naissance du nerf auditif, on ne peut retrouver d'analogie dans l'œil. Quant à la formation de l'oreille moyenne et extérieure, elle a un certain rapport, quoique assez éloigné, avec la formation des paupières.

Le *nez* se présente d'abord sous forme de deux fossettes ovales et allongées, qui se trouvent à la surface antérieure de la tête, près de la ligne médiane. Si l'on tirait une ligne d'un vésicule oculaire à l'autre, elle rencontrerait ces deux fossettes nasales et extérieures, qui sont complétement plates et même un peu relevées au-dessus de la surface de la tête par l'évolvure de leurs bords. A l'encontre de chacun de ces enfoncements s'avancent, depuis la partie inférieure des hémisphères, et cela depuis l'endroit où s'élève le corps strié sur le plancher des hémisphères, une formation utriculaire qui se rapproche peu à peu de la partie interne de la fossette nasale, vient s'unir à elle et forme ainsi le *nerf olfactif*. La première ébauche du nez est représentée, par conséquent, de chaque côté, par une fossette extérieure et fermée en arrière, à la surface intérieure de laquelle s'attache le nerf olfactif qui est creux.

Les recherches récentes ont seules pu prouver d'une façon tout à fait certaine que ces fossettes nasales ne correspondent pas aux ouvertures nasales extérieures, mais plutôt à l'endroit où le nerf olfactif rencontre, chez l'adulte, la muqueuse nasale à travers la lame criblée de l'ethmoïde. Le nez extérieur, tout entier, ainsi que les canaux qui s'ouvrent en arrière, entre le nez et le palais, se forment par conséquent autour de ces fossettes nasales primitives, et sont, pour ainsi dire, le vestibule ajouté plus tard au corps principal de ces fossettes. Les fossettes nasales entrent d'abord en rapport avec la cavité buccale, au moyen d'un sillon peu profond qui se continue à leur surface inférieure, dans une direction oblique, et que l'on a appelé le sillon nasal. En même temps le rebord renflé de la fossette nasale se développe, surtout vers la partie supérieure, et forme un prolongement nasal extérieur et un autre intérieur, qui viennent se réunir, d'un côté, avec la mâchoire supérieure, et de l'autre, avec un prolongement renflé, descendant du front, l'apophyse frontale. Le sillon nasal primitif se change ainsi en une cavité nasale qui s'ouvre, à l'intérieur, dans la cavité buccale, et se prolonge plus tard encore davantage vers l'arrière, par suite du développement du palais.

Le mode de formation du palais osseux, qui avance peu à peu vers l'intérieur, nous explique très-facilement une monstruosité

que l'on connaît sous le nom de gueule de loup. La mâchoire
supérieure se développe très-souvent, en effet, d'une manière
incomplète, elle n'arrive pas jusqu'à la cloison interne qui sépare les deux fossettes nasales, et on trouve alors une fente longitudinale qui met en rapport la cavité buccale avec la cavité
nasale. On reconnaît le manque de réunion, à l'extérieur, par le
bec-de-lièvre qui est quelquefois double et souvent développé
seulement d'un seul côté.

LETTRE XXV

LE SQUELETTE

L'origine de la première ébauche du squelette nous ramène aux premiers temps du développement embryonnaire, c'est-à-dire à l'époque où le sillon primordial s'est formé dans le feuillet séreux du blastoderme. C'est dans ce feuillet, comme nous l'avons dit, que se développe le système nerveux. Immédiatement après la formation du sillon, on reconnaît dans l'axe longitudinal du corps un cordon cylindrique, plus ou moins foncé et semblant fermer le plancher du sillon primitif; en réalité ce cordon est recouvert à sa partie supérieure d'une petite quantité de substance embryonnaire. On appelle ce cordon, qui est complétement cylindrique, la *chorde dorsale;* elle se présente très-tôt dans tous les embryons, mais se développe beaucoup plus dans les vertébrés inférieurs que dans les mammifères. Elle se forme de la façon suivante : Des cellules remplies dans le commencement d'une masse granuleuse foncée s'arrangent en ligne les unes à côté des autres et se fondent ensuite en une masse homogène. Dans cette masse, se développent de petites cellules complétement transparentes qui agrandissent peu à peu, refoulent les matières granuleuses primitives et donnent ainsi au cordon un aspect complétement transparent. Il en résulte ainsi que la chorde dorsale, immédiatement après sa formation, parait plus foncée que la masse embryonnaire qui l'entoure, tandis que le contraire a lieu plus tard.

Au moment où cette masse cellulaire se développe dans la chorde même, il se produit à l'extérieur autour de la chorde une

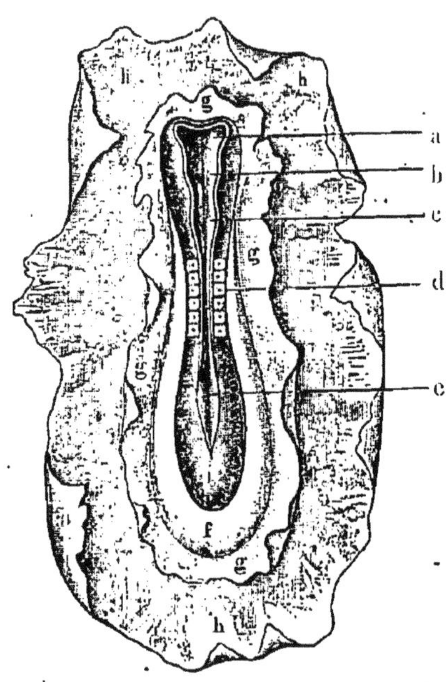

Fig. 101. — L'embryon d'un œuf de chien âgé de vingt jours. L'ébauche embryonnaire, qui était courbée autour de l'œuf par sa face ventrale, a été détachée et étalée à plat avec les membranes qui l'entourent, de manière à être vue de dos. Le sillon dorsal est encore largement ouvert; il est entouré partout d'un bord clair qui indique le premier dépôt de la substance nerveuse sur le fond et les parois du sillon. On voit au fond et dans la ligne médiane la chorde dorsale sous forme d'une bande plus foncée. — a, prosencéphale; b, mésencéphale; c, épencéphale (tous les trois encore sous forme de sinuosités du sillon); e, sinus rhomboïdal postérieur; d, corps de vertèbres primordiales; f, plaques latérales; g, feuillets moyen et externe de la vésicule germinative, encore réunis; h, feuillet muqueux; i, corps de l'embryon.

différenciation qui donne lieu à des taches foncées et quadrangulaires particulières; elles apparaissent toujours par paires, augmentent en nombre, et leurs premiers vestiges correspondent aux vertèbres cervicales postérieures. On appelle ces petits cubes les *vertèbres primitives*, ils sont formés d'une masse cellulaire granuleuse foncée et sont évidemment le produit d'une différenciation du feuillet moyen ou germino-moteur qui donne naissance à plusieurs formations.

La vertèbre primitive se partage, en effet, en deux parties par la formation d'une cavité interne ; il se forme une plaque musculaire supérieure et une plaque vertébrale proprement dite inférieure, cette dernière entoure peu à peu non-seulement la chorde, mais encore la moelle épinière ; elle est d'abord membraneuse et forme ainsi une colonne vertébrale et des arcs vertébraux membraneux, qui ne sont pourtant pas articulés et forment une gaîne continue autour de la chorde et un tube autour de la moelle épinière. Dans ces tubes continus se différencient les ébauches cartilagineuses des corps de vertèbres de la masse des arcs vertébraux, qui ne correspondent pas toujours les uns aux autres et enfin les racines et les ganglions des nerfs cérébraux. Cette action est si rapide que dans l'homme les corps de vertèbres sont déjà cartilagineux dans la huitième semaine, tandis que l'ossification de la colonne vertébrale commence avec le troisième mois. On reconnaît encore, même assez longtemps après la naissance, les vestiges de la chorde dorsale à l'intérieur des corps des vertèbres et des ligaments intervertébraux.

Tout corps de vertèbre forme donc primitivement un anneau autour de la chorde ; cet anneau est renflé des deux côtés chez les vertébrés supérieurs. La croissance ultérieure des corps de vertèbres vers l'intérieur refoule graduellement la chorde qu'ils enferment ; celle-ci disparaît presque complétement chez les vertébrés supérieurs, tandis qu'on la retrouve chez les poissons sous la forme d'une substance gélatineuse placé dans les cavités des vertèbres. Les corps des vertèbres se développent en outre d'une façon différente chez les poissons et les amphibies nus, ces corps n'apparaissent pas d'abord des deux côtés de la corde comme des plaques quadrangulaires, ils forment, au contraire, dès l'origine des anneaux complets autour de la corde, et ces anneaux présentent partout une épaisseur égale.

Il se sépare en outre dans la masse embryonnaire qui doit former les parois de l'abdomen des pièces de squelette indépendantes, qui s'incurvent vers la parte inférieure et tendent à entourer les viscères. Ces portions de squelette qui deviennent suivant les vertèbres auxquelles elles correspondent, des *côtes* ou des *apophyses tranverses* et *obliques*, se développent aussi d'une manière indépendante les unes des autres dans le feuillet germino-moteur de la substance embryonnaire. Elles ne se réunissent que plus tard avec le corps de la vertèbre. On a souvent représenté la formation des vertèbres et des apophyses vertébrales, comme si le corps de la vertèbre se formait le premier et que de ce centre partaient en rayonnant les différentes apophyses, s'incurvant d'un côte vers le haut pour entourer la moelle épinière et de l'autre côté vers le bas pour entourer les viscères et les grands vaisseaux, ce qui donnerait alors au schéma typique de la vertèbre la forme d'un 8 dont le point d'entre-croisement représenterait le corps de la vertèbre ; vers le haut et le bas se trouveraient les apophyses tendant à entourer les organes que nous venons de mentionner. Cette image est en effet exacte, mais le 8 se forme d'une façon différente, chacune de ses deux moitiés se développant indépendamment de l'autre et ne se réunissant que plus tard au centre.

La condition essentielle pour la naissance d'une vertèbre est la chorde, et l'on peut énoncer cette loi qu'il ne se forme nulle part un corps de vertèbre qui n'ait eu auparavant une chorde pour lui servir de base. C'est pourquoi l'on voit chez les embryons dont la partie postérieure s'allonge pour former une queue, la chorde se continuer peu à peu dans la queue et exciter pour ainsi dire à la formation des vertèbres. La chorde de beaucoup d'animaux conserve pendant toute la vie son état embryonnaire primitif. Le vertébré le plus inférieur que l'on connaisse aujourd'hui, l'amphioxus, ne présente pas d'autre partie squelettique. On trouve chez les lamproies et les cyclostomes en général, ainsi que chez les esturgeons, des parties cartilagineuses recourbées et indépendantes les unes des autres qui viennent s'ajouter à cette chorde persistante. En remontant dans la série des vertébrés, on retrouve toutes les phases du développement que

l'on reconnaît chez les embryons à propos de la construction de
la colonne vertébrale des animaux adultes.

Nous avons remarqué plus haut que la plaque vertébrale la
plus antérieure se montre immédiatement derrière la postencéphale; la chorde avance cependant au delà de ce premier corps
de vertèbre cervicale. L'extrémité antérieure de la chorde engagée comme un pieu pointu dans la masse embryonnaire qui
l'entoure, se trouve entre les deux vésicules de l'oreille, à l'endroit où commence la cellule du mésencéphale. On n'a jusqu'à
présent jamais trouvé d'embryon chez lequel l'extrémité antérieure de la chorde ait dépassé en avant le mésencéphale.

Là masse embryonnaire dans laquelle est engagée la pointe de
la chorde et que nous appellerons son blastème d'entourage, se
continue dans les masses molles qui enveloppent le cerveau et
forme ainsi un *crâne primordial membraneux* qui ne présente
ni suture ni division et ne peut être facilement séparé des couches cellulaires qui l'entourent.

De ce crâne primordial membraneux se développe alors par
la différenciation des éléments des tissus, le *crâne primordial
cartilagineux*, de la façon suivante.

Le blastème d'entourage de la chorde, dans lequel, comme nous
l'avons dit plus haut, se différencient les premières ébauches des
vertèbres, forme en partant depuis l'extrémité antérieure de la
chorde dorsale deux prolongements particuliers et dirigés vers
l'avant, qui se recourbent autour de l'hypophyse du cerveau et se
rencontrent en avant de cet organe. Ces deux prolongements cylindriques, qu'on a appelés les *lames crâniennes latérales*, partent
d'une plaque un peu plus large du blastème d'entourage de la
chorde qui se développe sous la vésicule postencéphalique. Elles
rappellent dans leur ensemble, avec la chorde, la figure d'une raquette dont on se sert pour jouer au volant. Le manche de la
raquette est représenté par la chorde et les parties latérales par
les deux lames crâniennes latérales. Sur la plaque plus large que
l'on appelle la plaque nuchale, s'élève perpendiculairement un
éperon cartilagineux qui entre dans l'angle cervical entre la sc-

conde et la troisième cellule cérébrale primitive. Cet éperon représente pour ainsi dire l'axe autour duquel se forme la courbure
cervicale. On a appelé cet éperon la *lame crânienne moyenne*,
il correspond à la tente du cervelet et ne s'ossifie pas, tandis
que les plaques crâniennes latérales jouent un rôle important
dans le développement ultérieur du crâne osseux.

Autour du cerveau tout entier, il se différencie une couche de
substance cartilagineuse formant une capsule continue qui enveloppe de toute part la substance nerveuse. Cette capsule cérébrale cartilagineuse n'a pas de relation organique avec les
parties que nous venons de décrire et surtout avec la base du crâne
en forme de raquette. On peut l'en séparer facilement. La capsule forme un tout continu, que l'on ne saurait mieux se représenter qu'en examinant le crâne d'un requin. Ce dernier est
aussi un tout compacte entourant le cerveau de toute part, et
ne présentant pas de séparation. Il en est de même pour la *capsule cérébrale primitive* de l'embryon. Elle est formée d'un seul
morceau reposant sur les lames crâniennes sans s'unir avec elles
à l'origine.

On voit par cette explication que le crâne primitif de l'embryon est formé de la réunion de parties très-différentes, complétement indépendantes les unes des autres, et ne pouvant
par conséquent appartenir à un type unique de développement.
Les parties qui sont en relation plus intime avec la chorde ou
le système vertébral sont les lames céphaliques latérales, la
plaque nuchale d'où partent les lames céphaliques, ainsi que
la *plaque faciale* dans laquelle elles se réunissent en avant de
l'hypophyse. Les capsules cartilagineuses du cerveau, des organes auditifs et du nez, ont des ébauches tout à fait indépendantes du système vertébral et n'ont absolument rien à faire avec
lui. Si l'on poursuit le développement des différentes parties du
crâne osseux, il faut bien examiner de laquelle de ces différentes
bases cartilagineuses naît un os spécial, car cet examen nous
donne par lui-même une explication sur la nature de chaque os
particulier.

Nous remarquons ici, en général, que chaque os ou au moins la plupart d'entre eux, présente une base cartilagineuse aux dépens de laquelle se développe ensuite la substance osseuse. J'ai dit *la plupart* des os, parce que l'on connaît quelques exemples d'os qui se développent immédiatement du blastème embryonnaire, sans qu'il se forme auparavant de base cartilagineuse. Les recherches modernes semblent nous autoriser à adopter cette loi générale, que l'ossification ne se fait pas par la transformation du tissu cartilagineux en tissu osseux, mais que plutôt les centres osseux, partout où ils se forment, naissent du tissu conjonctif et refoulent, en se développant, le tissu cartilagineux qui les entoure. Ils déterminent, en effet, l'absorption et la fusion de la masse cartilagineuse. Lorsque même les bases cartilagineuses embryonnaires ont exactement la même forme que les os qui leur succèdent (ce qui arrive d'ailleurs rarement), le tissu cartilagineux ne s'est pas changé en os, mais a été remplacé par le tissu osseux. L'os qui remplace le cartilage, a d'ailleurs, comme nous l'avons dit, rarement la même forme que ce dernier, car les bases cartilagineuses représentent, dans la plupart des cas, des masses continues qui sont décomposées en morceaux par l'ossification partant de centres osseux isolés.

On a attaché autrefois beaucoup d'importance à la formation de ces centres osseux, et l'on a élevé beaucoup de discussions sur leur nombre et leur position dans les différents éléments cartilagineux; mais on a enfin dû reconnaître que ces recherches ne peuvent donner que fort peu de résultats ayant un intérêt général. On ne s'est pas donné moins de peine pour déterminer l'époque à laquelle les différents os commencent leur ossification dans le fœtus humain. On s'est assuré, en faisant ces recherches, que l'ossification ne se fait pas dans l'ordre dans lequel apparaissent les bases cartilagineuses. Beaucoup de portions du squelette restent par conséquent très-longtemps cartilagineuses, tandis que d'autres s'ossifient presque immédiatement après leur apparition, en présentant même primitivement un caractère osseux.

La base cartilagineuse, en forme de raquette, qui est constituée par les lames céphaliques latérales, ainsi que par leurs plaques initiales et terminales, entoure de toute part l'hypophyse
qui s'est formée, comme nous l'avons vu plus haut, avec le concours d'une évolvure de la muqueuse buccale. Si l'on examine le
crâne osseux d'un adulte après en avoir enlevé le couvercle, ce
qui permet de voir la surface intérieure de la base sur laquelle
repose le cerveau, on voit que l'hypophyse est cachée dans une
excavation profonde de l'os sphénoïde, que l'on a appelée la selle
turcique. Cette excavation correspond donc indubitablement à
l'espace dans lequel s'avance librement l'extrémité antérieure de
la chorde, et cet espace est entouré par les deux lames céphaliques
latérales. La selle turcique est, en un mot, le reste de la cavité
perpendiculaire à travers laquelle la muqueuse buccale a fait une
évolvure saccoïde, contribuant à la formation de l'hypophyse.
Cette ouverture est d'abord plus grande que l'hypophyse, mais
elle se rétrécit peu à peu autour d'elle par l'ossification des lames
céphaliques latérales, qui forment de cette façon dans le crâne
osseux un seul os, le corps du sphénoïde. Le corps du sphénoïde
n'entoure, par conséquent, jamais une partie de la chorde dorsale, il représente plutôt une plaque horizontale primitivement
percée au milieu d'un trou vertical. Le développement du corps
du sphénoïde ne ressemble donc pas du tout au développement
normal d'un corps de vertèbre ; il faut cependant reconnaître
que le sphénoïde s'est formé au moyen du blastème d'entourage
de la chorde dorsale qui le dépasse en avant.

L'os occipital représente, dans sa formation, le type exact
d'une vertèbre. Le corps de l'os forme, en se développant, un
anneau autour de la chorde qu'il enveloppe graduellement, et absorbe, à la fin, complétement. Les parties latérales qui entourent
la moelle allongée, naissent, comme les apophyses des vertèbres,
sous forme de portions isolées, dans le tube qui entoure la
moelle allongée.

La portion antérieure de la base cartilagineuse du crâne, dans
laquelle se réunissent les deux lames céphaliques latérales, re-

présente primitivement une plaque mince à peine plus large que la lame céphalique elle-même. Cette plaque faciale s'ossifie de la même façon que les lames latérales, elle développe un noyau osseux qui s'unit bientôt au sphénoïde proprement dit, mais en reste quelquefois séparé en formant le sphénoïde antérieur. Le blastème d'entourage de la chorde forme donc à lui seul, dans le crâne osseux, l'os occipital, ainsi que les os qui entourent immédiatement la selle turcique, de même que le plancher de cette selle. Les os du crâne n'ont donc, pour la plupart, aucun rapport avec cette base cartilagineuse, provenant du blastème de la chorde; c'est là un point sur lequel nous reviendrons dans un instant avec plus de détails.

Les deux capsules cartilagineuses qui entourent les vésicules auriculaires constituent une seconde formation primitive. Ces capsules s'ossifient d'une manière indépendante, et forment le rocher qui représente, chez le nouveau-né, un os complétement séparé, lequel ne s'unit que plus tard aux os temporaux. Les rochers sont, par conséquent, d'après leur développement, des parties complétement isolées et indépendantes; ils n'ont pas de rapport particulier avec les autres portions du squelette.

Nous avons déjà fait remarquer, en étudiant le développement du nez, que les capsules cartilagineuses primitives, qui entourent les fosses nasales, présentent un mode de développement isolé, et n'entrent que plus tard en rapport avec les autres os. L'os ethmoïde et les os nasaux, le vomer et l'os intermaxillaire appartiennent indubitablement à cette capsule nasale cartilagineuse primitive, et n'ont aucun rapport ni avec la base osseuse du crâne, ni avec la capsule cérébrale primitive.

La capsule cérébrale cartilagineuse même ne s'ossifie jamais dans aucun animal, dans aucune circonstance; jamais il ne se développe d'os en elle, et les différents morceaux, dont la réunion forme la voûte osseuse du crâne; les os frontaux, les os pariétaux, l'écaille de l'os occipital, les temporaux et les ailes du sphénoïde, sont des os particuliers; ce sont des plaques protectrices qui viennent, pour ainsi dire, se déposer depuis l'exté-

rieur sur la capsule cérébrale cartilagineuse, en formant ainsi
une capsule osseuse extérieure, qui enferme complétement la
capsule cartilagineuse interne, et finit par détruire cette dernière par son développement continu. On peut, à certaines époques, séparer facilement la capsule cérébrale cartilagineuse, que
l'on a appelé aussi le *crâne primordial*, de ces plaques protectrices externes et la mettre ainsi à nu. Cette capsule cartilagineuse
reste telle quelle, pendant toute la vie, chez beaucoup de poissons, et les autres os, dont nous avons parlé, conservent les mêmes rapports avec elle qu'à l'origine ; il n'y a, pour se convaincre
de ces rapports, qu'à examiner la tête d'un brochet cuit. La
cuisson a suffi pour désagréger les fibres qui relient les os aux
cartilages. On pourra séparer, sans difficulté, la plupart des os
du crâne, et il restera, après cette opération, une capsule cartilagineuse interne qui entoure immédiatement le cerveau. Il est
vrai que la valeur de ces observations devient moins grande
parce qu'il n'y a pas de cartilage qui se change directement en
os ; mais il n'en est pas moins important de constater que les os
fondamentaux de la base du crâne se développent *dans* le blastème d'entourage de la corde, tandis que les plaques protectrices se forment *sur* ce blastème.

Le développement de la *face* et des os qui la composent, n'est
pas moins compliqué que celui du crâne, et l'isolement des différentes ébauches primitives, desquelles se développent les divers
os, est poussé encore plus loin s'il est possible. Dans la formation
des corps des vertèbres et du crâne primordial, le développement
sur la ligne médiane, autour d'un axe moyen, est un facteur
important. On reconnaît, au contraire, que le développement de
la face se fait évidemment d'une façon symétrique, et qu'il part
des deux côtés pour s'unir vers la ligne médiane de la face ventrale. Ce mode de formation est produit par le fait que toutes les
parties de la face sont primitivement destinées à former des anneaux autour de l'endroit où commence le tube digestif, c'est-à-
dire autour de la cavité buccale. Ces anneaux se développent par
la rencontre de portions recourbées de substance embryonnaire

qui s'incurvent sur la ligne médiane ventrale, et finissent par se réunir en cet endroit.

Depuis longtemps déjà on avait vu sur le côté du cou, dans les embryons très-jeunes, des fentes transversales, mais on n'avait pas donné à cette observation toute l'importance qu'elle méritait. On s'est occupé plus tard très-sérieusement de ce phénomène. On reconnut que ces fentes transversales sont séparées les unes des autres par des tractus recourbés, dans lesquels venaient aboutir des arcs vasculaires, que ces arcs naissant du cœur se recourbaient vers le haut et se réunissaient immédiatement au-dessous de la chorde pour former la grande artère moyenne du corps, l'aorte. On reconnut avec raison que cet arrangement offrait une grande analogie avec la structure des branchies des poissons. On remarque chez ces animaux, lorsque l'on soulève les opercules, les ouïes, ou branchies qui sont connues de tous les amateurs de poisson à cause de leur belle couleur rouge. On reconnaît en effet, que le poisson est frais ou ne l'est pas, suivant que la couleur est d'un rouge plus ou moins vif. Si l'on examine ces branchies de plus près, on trouve qu'elles sont formées de petits feuillets rayonnants et pointus qui reposent sur des arcs osseux. Ces arcs branchiaux osseux et articulés sont séparés les uns des autres par des fentes qui mènent dans la cavité buccale. Il n'y a, pour s'en assurer, qu'à prendre le premier poisson blanc venu et à enlever au moyen de ciseaux l'opercule et les feuillets branchiaux, qui sont rouges. On a ainsi une représentation de ces arcs osseux et des fentes qui les séparent les uns des autres. Sur chacun de ces arcs passe une grande artère qui sort presque immédiatement du cœur, se distribue dans les feuillets branchiaux et se rassemble de nouveau pour former un tronc qui se réunit à celui du côté opposé immédiatement sous la colonne vertébrale, et contribue ainsi à former le tronc de l'aorte. L'aorte naît, par conséquent, chez les poissons, des vaisseaux des arcs branchiaux, et tout le sang chassé du cœur traverse nécessairement ces vaisseaux des arcs branchiaux.

La même structure se retrouve à une certaine époque chez l'embryon ; tout le sang chassé hors du cœur traverse les arcs vasculaires qui se trouvent sur les tractus recourbés de substance embryonnaire dont nous avons parlé plus haut. Le sang se rassemble ensuite sur la ligne médiane, on a appelé pour cela ces tractus les *arcs branchiaux* et les fentes qui les séparent, les *fentes branchiales*, pour indiquer ainsi l'analogie que l'on remarque dans la formation de ces parties. Plus tard, pour exclure la signification respiratrice, on·les a appelés aussi *arcs viscéraux* et *fentes viscérales*. A l'époque de cette découverte

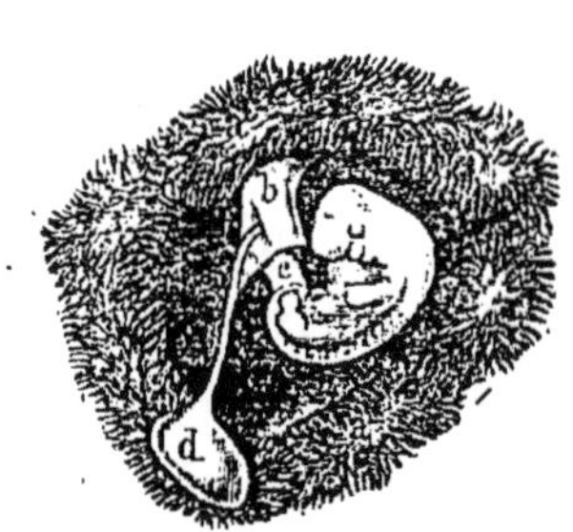
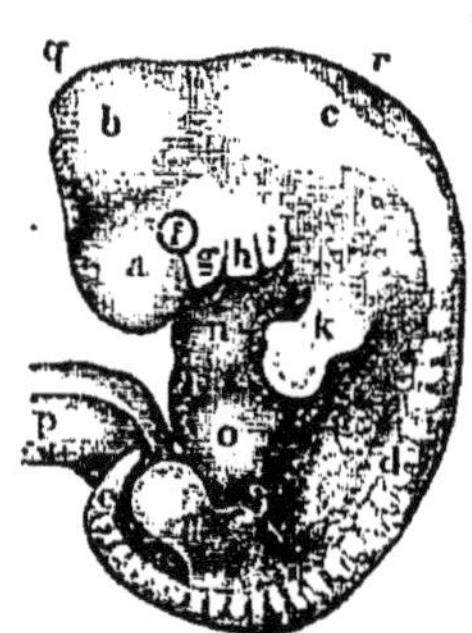

Fig. 102. — Œuf humain âgé d'environ cinq semaines. L'amnios est enlevé, le chorion avec ses villosités est ouvert, la vésicule ombilicale ainsi que l'embryon sont intacts. — *a*, chorion ; *b*, reste de l'amnios attaché au cordon.ombilical *c* ; *d*, vésicule ombilicale attachée à une tige assez longue.

Fig. 103. — L'embryon de cet œuf plus' fortement grossi. — *a*, prosencéphale ; *b*, mésencéphale ; *c*, épencéphale ; *d*, colonne dorsale ; *e*, queue, fortement développée à cette époque, se rapetissant plus tard ; *f*, œil ; *g*, mâchoire supérieure ; *h*, premier arc viscéral (mâchoire inférieure) ; *i*, second arc viscéral ; *k*, extrémité antérieure ; *l*, extrémité postérieure ; *n*, cœur ; *o*, abdomen, rempli surtout par le foie ; *p*, cordon ombilical ; *q*, courbure céphalique ; *r*, courbure nuchale.

fleurissait encore la philosophie de la nature, et l'on ne manqua pas de s'en servir pour appuyer les théories qui avaient cours dès ce temps-là. Mais malgré cela, aucun savant, s'occupant d'embryogénie n'eut l'idée de soutenir que ces arcs branchiaux pussent servir en effet à la respiration. On savait très-bien que la respiration des poissons est une fonction des réseaux capillaires qui tapissent les feuillets branchiaux, mais on s'était persuadé par l'observation qu'il ne se développe jamais sur les arcs branchiaux des embryons des vertébrés supérieurs des feuillets branchiaux respiratoires de ce genre. Ne nous semble-t-il pas relire les combats de Don Quichotte contre les moulins à vent, lorsque nous voyons un savant fantaisiste qui s'occupait d'embryogénie et que nous avons déjà cité, écrire un volumineux traité contre la fonction respiratoire de ces arcs branchiaux des embryons, lorsque l'on n'avait jamais vu personne soutenir une opinion semblable ?

On trouve dans les premières époques du développement des mammifères, mais seulement après le développement des ébauches des yeux, de la vésicule auriculaire et de la courbure céphalique, de chaque côté du cou, cinq fentes branchiales séparant les uns des autres quatre arcs branchiaux qui diminuent de grandeur et d'importance d'avant en arrière. Tous ces arcs branchiaux se forment peu à peu, l'arc-antérieur le premier, et l'arc postérieur en dernier lieu. Ils surgissent sur le haut du cou sous forme de petites verrues qui grossissent graduellement et vont à la rencontre les uns des autres dans la ligne médiane et vers le côté ventral.

L'*arc viscéral* antérieur est, sous tous les rapports, le plus important, aussi bien à cause de sa grandeur qu'à cause des formations ultérieures qu'il engendre. Nous avons déjà parlé de cet arc branchial lorsque nous nous sommes occupé de l'oreille, et nous avons indiqué la part qu'il prend à la formation de l'oreille moyenne. De cet arc naissent d'un côté la mâchoire supérieure, l'os jugulaire et les os palatins et ptérygoïdiens. Un blastème part de la partie supérieure de cet arc à l'endroit où il s'attache à la base du crâne, vient se fermer dans la ligne médiane en allant vers l'avant et l'intérieur, finit par s'accoller à la cloison de la capsule nasale et forme ainsi un toit horizontal qui sépare les cavités nasales de la cavité buccale. On a jusqu'à présent considéré cette masse tout entière, dans laquelle les os dont nous avons parlé se forment isolément, comme un prolongement intérieur de l'arc duquel se développe la mâchoire inférieure, mais il est possible que l'analogie avec des vertébrés plus

ciférieurs amène les savants à considérer ce prolongement
nomme un arc viscéral indépendant..

Fig. 104. — Embryon de chien âgé de vingt-six jours, grossi cinq fois et vu de
côté. — *a*, prosencéphale avec la courbure du vertex ; *b*, cerveau intermédiaire ;
c, mésencéphale ; *d'*, cervelet ; *d*, épencéphale ; *e*, œil ; *f*, vésicule auriculaire avec
sa tige (nerf auditif) ; *g*, mâchoire supérieure ; *h*, mâchoire inférieure (premier
arc viscéral) ; *i*, second arc viscéral ; *k*, oreillette droite du cœur ; *l*, ventricule
gauche ; *m*, ventricule droit ; *n*, bulbe aortique ; *o*, foie ; *p*, péricarde ; *q*, lacet de
l'intestin dans lequel débouche la tige *r* de la vésicule ombilicale *s* ; *t*, allantoïde ; *u*, amnios ; *v*, membre antérieur ; *x*, membre postérieur ; *w*, colonne dorsale ; *y*, queue ; *z*, nez ; 1, courbure céphalique ; 2, courbure nuchale.

La partie extérieure du premier arc viscéral, qui représente
un arc largement ouvert entourant depuis les deux côtés l'ouverture antérieure du canal buccal, forme dans sa masse la mâchoire
inférieure et cela par suite de phénomènes très-curieux. Il se développe, en effet, un bâton cartilagineux cylindrique et recourbé
constituant un tout homogène, qui s'étend depuis la capsule crânienne contre laquelle il s'appuie, jusqu'au-dessous de l'entrée
de l'intestin, sur la ligne médiane, où il se réunit au bâton venant du côté opposé. L'extrémité supérieure de ce bâton cartila-

gineux s'ossifie et forme le marteau, qui est le plus important des osselets de l'oreille. Quant à l'extrémité inférieure, elle ne s'ossifie jamais, mais ne forme pour ainsi dire qu'un axe sur la surface extérieure duquel se développe la mâchoire inférieure, sous forme d'une plaque protectrice. On avait déjà remarqué depuis longtemps qu'il existe chez les embryons et dans le troisième ou le quatrième mois chez le fœtus humain, un bâton cartilagineux logé à la surface interne de la mâchoire inférieure dans un sillon particulier. Ce bâton sort de la cavité tympanique et se relie par sa partie supérieure au marteau. On a appelé ce bâton cartilagineux le cartilage de Meckel, d'après le nom de celui qui l'a découvert. Ce bâton cartilagineux reste tel quel chez beaucoup d'animaux pendant toute la vie, et il n'y a qu'à enlever avec une fourchette chez un brochet cuit, la chair qui est attachée sur le côté intérieur de la mâchoire inférieure, pour se faire une idée des rapports que l'on retrouve dans l'embryon. On reconnaîtra alors que la mâchoire inférieure forme une feuillet osseux qui est enroulé vers l'intérieur sous forme d'une gouttière, et qu'à l'intérieur de ce tube se trouve un bâton cartilagineux traversant la mâchoire inférieure dans toute sa longueur.

Le *second arc viscéral*, qui est beaucoup plus petit que le premier, sert à former avec sa partie supérieure la cavité tympanique, et développe aussi dans son intérieur un bâton cartilagineux qui s'ossifie à la partie supérieure, et forme l'étrier, ainsi que l'apophyse styloïde du temporal. La partie moyenne de ce bâton cartilagineux disparaît ou devient plutôt un ligament fibreux, auquel est suspendue la partie antérieure ossifiée formant la petite corne de l'os hyoïde.

Le *troisième arc viscéral* renferme, lui aussi, dans le commencement, un bâton cartilagineux qui cependant ne sert que dans sa partie supérieure à permettre la formation des os. Il forme la grande corne de l'os hyoïde ainsi que le corps de cet os. La même masse du troisième arc viscéral semble contribuer, à son point de réunion, à la naissance du larynx, et la masse du second arc, à la naissance de la langue. On a prétendu que la langue était un développement du point de réunion du premier arc viscéral, mais il me semble que l'anatomie des vertébrés inférieurs nous donne la preuve d'une petite faute d'observation, qui peut être facilement commise à cause des difficultés qui entourent ces recherches. Le quatrième arc viscéral ne développe pas de parties osseuses, il sert à former les enveloppes musculeuses du cou.

Les fentes viscérales primitives disparaissent toutes par la réunion des différents arcs ; la première fente se conserve seule et devient la cavité buccale ; il en est de même pour la partie supérieure de la seconde fente, qui est employée à la formation de l'oreille moyenne. L'union des arcs viscéraux eux-mêmes se fait très-rapidement, tandis que, l'ossification n'est que fort lente. C'est une loi générale de la formation des os dans les arcs viscéraux, qu'il se forme d'abord des bâtons cartilagineux non divisés, autour desquels se déposent des lames osseuses entourant depuis l'extérieur les cartilages primitifs. Nous avons prouvé qu'il en était ainsi dans la mâchoire inférieure en particulier ; on constate le même fait dans les vertébrés inférieurs à l'égard des autres arcs branchiaux, qui prennent chez ces animaux un bien plus grand développement.

Si nous examinons encore rapidement ici le développement des *extrémités*, nous ne le faisons qu'en vue de montrer comment d'une forme primitivement lourde peuvent naître, par une séparation graduelle, les formes spéciales des membres. Les extrémités apparaissent sous forme de nageoires ou de palettes arrondies sans qu'on y trouve la séparation des doigts ou des divisions spéciales. La séparation des doigts ne se produit que plus tard et cela de la façon suivante : on voit apparaître à l'intérieur de la nageoire en forme de palette des tractus cartilagineux entre lesquels la substance est graduellement absorbée. Ceci nous explique pourquoi il naît souvent des enfants, chez lesquels les doigts sont réunis les uns aux autres par une sorte de palmure.

Le développement du squelette en général nous donne la solution de plusieurs problèmes d'un intérêt plus général, et qu'il n'est peut-être pas inutile de mentionner ici, parce que l'on s'est souvent appuyé sur l'embryogénie pour les poser. Au commencement du siècle, presque tous les naturalistes allemands et aussi quelques hommes marquants en France émirent l'opinion qu'il y avait à la base de toutes les formations squelettiques un type primitif commun, et que c'était dans la vertèbre qu'il fallait chercher ce type primitif. On regardait le crâne comme un développement particulier de plusieurs vertèbres céphaliques, chez lesquelles les apophyses supérieures surtout s'étaient développées d'une façon anormale pour entourer le cerveau. On recherchait les corps de ces vertèbres dans les os de la base du crâne, et l'on fixait leur nombre de trois à six et même à sept, suivant les différentes opinions. On alla encore plus loin dans cette théorie, on ne restaura pas seulement les vertèbres céphaliques avec toutes leurs différentes parties, on regarda même les mâchoires, les arcs branchiaux et les membres, comme des prolongements latéraux des vertèbres de la tête et du tronc. Les mâchoires étaient pour les uns des membres, pour les autres des côtes, et cette rage spéculative des partisans de la théorie de la vertèbre ne se borna pas aux vertébrés. On a cherché même à reporter ces opinions sur les invertébrés, et à imposer, pour ainsi dire, des vertèbres à tout le règne animal. Si l'on examine aujourd'hui quelques-uns de ces livres in-folio, qui parlent de vertèbres primitives, de vertèbres intermédiaires, secondaires et tertiaires, on ne comprend vraiment pas comment les naturalistes ont pu pendant un certain temps marcher ainsi à tâtons dans l'obscurité. Les savants sensés réduisirent cependant bientôt à leur juste valeur ces exagérations romantiques, mais malgré les protestations de ces observateurs, on continua à admettre généralement que le crâne osseux n'est qu'une continuation modifiée de la colonne vertébrale. On se basa surtout sur les résultats de l'embryogénie, et il est par conséquent de notre devoir d'expliquer ici en peu de mots jusqu'à quel point cette théorie est appuyée par les faits.

Il faut se demander d'abord si l'on peut constater dans le

crâne osseux l'existence de formations qui, d'après leur origine,
n'ont aucune relation, soit avec l'axe du système vertébral, la
chorde, soit avec le blastème qui en dépend, et qui en même temps
n'ont aucun rapport avec le système nerveux central, quant à
leur origine.

Les arcs viscéraux avec les parties du squelette qui en naissent, présentent une indépendance complète du système vertébral
et sont des formations entièrement indépendantes. On a voulu les
considérer comme des côtes modifiées, sans cependant appuyer
cette opinion sur d'autres faits que celui-ci : c'est qu'ils entourent
la cavité buccale comme les côtes entourent les viscères de la poitrine. Si l'on examine la naissance des deux parties, en les comparant l'une à l'autre, on reconnaît une différence si grande que
l'on est obligé d'abandonner cette opinion comme inadmissible.
Le blastème, dans lequel naissent les côtes, est une formation
homogène, une extension aplatie de masse embryonnaire, dans
laquelle les différents bâtonnets cartilagineux des côtes se différencient et s'ossifient plus tard. Ces côtes ne sont jamais séparées
par des fentes ; jamais une côte ne se forme indépendamment des
autres, dans le blastème, pour se réunir seulement plus tard à
elles et former un tout. Les arcs viscéraux, au contraire, représentent des sortes de petites verrues isolées, qui vont insensiblement les unes à la rencontre des autres, sont séparées par des fentes, et dont les tractus cartilagineux s'ossifient, surtout par un
dépôt de plaques. Le système des formations branchiales est donc
tout à fait à part, et n'a aucun rapport avec les vertèbres, ce qui
résulte aussi du fait que le nombre de ces arcs diffère chez les divers animaux, tandis que le nombre des côtes correspond exactement au nombre des vertèbres auxquelles elles appartiennent.

Un esprit sain ne peut absolument pas comprendre comment
l'on peut faire des extrémités des prolongements latéraux des
vertèbres, car on pourrait, avec autant de raison, considérer les
poumons, le foie, ou quels organes que ce soit, comme des prolongements des vertèbres, tous ces organes ayant autant de rapports avec les vertèbres que les extrémités. Ni les uns, ni les

autres, en réalité, ne dépendent en aucune façon des vertèbres.

Il ne nous reste, par conséquent, des nombreux os composant le squelette, que les véritables vertèbres et les os qui, dans le crâne, sont en rapport plus intime avec la chorde ou le cerveau. Si nous voulons avoir ici une base certaine pour la comparaison, il nous faut d'abord demander comment naissent les vertèbres, et quels sont les critériums sur lesquels on peut se baser, pour reconnaître la nature vertébrale d'une formation quelconque.

La réponse à cette question se fait d'elle-même par ce qui précède. Un corps de vertèbre ne se forme que du blastème qui entoure la chorde. Sa naissance n'est pas explicable sans la présence de la chorde. Là, où il n'y a pas de chorde, il ne peut pas se former non plus de vertèbre. Les corps des sphénoïdes antérieur et postérieur naissent, il est vrai, d'une masse cartilagineuse horizontale, percée perpendiculairement, mais comme cette masse se relie au blastème de la chorde dorsale, on peut les regarder comme des corps de vertèbres qui s'éloignent cependant assez fortement du type primitif.

Les plaques protectrices de la capsule cérébrale primitive forment, en revanche, un système particulier ; elles ne se développent chez les mammifères que dans la partie supérieure et les parties latérales du crâne. On a prouvé qu'une formation de plaques protectrices de ce genre se faisait aussi chez les poissons, à la partie inférieure, sous la base du crâne, entre cette base et la muqueuse buccale, et les os que l'on appelle, chez les poissons ordinaires, le sphénoïde et le vomer (c'est-à-dire l'épée dans la tête du brochet), sont des plaques protectrices inférieures de cette espèce.

On a tort, par conséquent, de considérer le crâne tout entier comme une colonne vertébrale modifiée. L'extrémité de la colonne vertébrale se trouve dans l'os occipital, et les deux corps des sphénoïdes peuvent seuls être regardés comme des vertèbres modifiées. Quant aux autres parties, elles appartiennent à des systèmes différents, et sont des annexes complétement étrangères au type vertébral.

41

LETTRE XXVI

LES VISCÈRES

Le développement des viscères, et avant tout celui du *canal intestinal*, qui représente leur axe primitif commun, nous ramène aux premiers temps de la formation embryonnaire, pendant lesquels on trouve un blastoderme composé de trois feuillets. Le feuillet intérieur ou feuillet *muqueux* touche alors immédiatement le liquide du vitellus, et forme un sac qui s'épaissit à l'endroit de l'aire germinative par une accumulation de cellules. La transformation de cet épaississement aplati en un tube fermé, semblable, dans les premiers temps, à un cylindre creux tout à fait droit, se fait ainsi : l'embryon se sépare peu à peu du vitellus et s'en détache ; la fermeture de la cavité abdominale et de ses parois, ainsi que la fermeture du tube intestinal, sont les résultats de cette action. Comme nous l'avons déjà dit plus haut, l'embryon, au commencement de son développement, repose en effet, à plat sur le liquide vitellaire, et l'aire germinative se confond dans tout son circuit avec les prolongements des feuillets germinatifs. Aussitôt que l'embryon se développe de plus en plus, la tête de l'embryon, la première, se détache complétement du vitellus. Cette séparation continue, en arrière, à la surface inférieure du cou par le bourgeonnement des arcs viscéraux. L'embryon repose alors à plat sur le vitellus, avec toute la face ventrale du tronc, mais il se soulève aussi peu à peu en cet endroit, se referme à partir de l'avant, de l'arrière et des côtés vers le milieu, et se détache ainsi du vitellus. Je ne peux mieux représenter ce phénomène à mes lecteurs qu'en les priant de faire un pli, avec les deux mains, sur un bas tricoté étendu, en partie, sur une boule à ravauder. La boule représente ici la sphère vitellaire, le bas, le blastoderme qui entoure ce liquide. Si l'on prenait deux bas, l'un sur l'autre, le bas intérieur représenterait le feuillet muqueux, et le bas extérieur les feuillets germino-moteur et sensoriel. En essayant de faire, avec les deux mains, un pli sur ces deux bas, on sera obligé de les soulever un peu et de les séparer de la boule. Si l'on suppose maintenant que les bords de ce repli aient été cousus ensemble à l'endroit où on les a saisis d'abord, et qu'on continue ensuite à coudre, à partir de tous les côtés vers le milieu du repli, jusqu'à ce qu'on ait ainsi cousu le repli dans toute son extension, cette manière de procéder donnera une image exacte de ce qui se passe dans le développement de l'embryon. Au moment où l'on a commencé à coudre le repli, il forme, lorsqu'on le regarde depuis la boule, un sillon allongé, qui n'est fermé qu'aux deux extrémités, et se présente ainsi à nous, à peu près sous l'aspect d'une navette de tisserand. A mesure que l'on continue à coudre, en se dirigeant vers le milieu, la rainure se referme, et il ne reste, à la fin, qu'une ouverture au milieu. Lorsqu'on a enfin fermé cette ouverture, le repli tout entier s'est changé en un double tube qui n'offre plus d'ouverture du côté de la boule:

Pendant que l'embryon se détache ainsi du vitellus avec la tête d'abord, et que les parois latérales vont à la rencontre l'une de l'autre pour effectuer la séparation, on voit se développer une cavité d'abord fermée en arrière, qui s'ouvre bientôt dans le sillon formé par l'intestin, et se réunit alors avec lui pour devenir ainsi un tube continu. On a appelé cette cavité, la cavité intestinale céphalique ou la *porte antérieure de l'intestin*. Les parois sont formées par les trois feuillets, elles se fendent plus tard, dans leur partie antérieure, en donnant naissance, en cet endroit, à une cavité dans laquelle se développe le cœur. L'extrémité postérieure et fermée correspond alors, d'après la position du cœur, au gosier, au palais et à l'œsophage lui-même.

Il se forme, de la même façon, en partant de l'extrémité postérieure de l'embryon, une *cavité intestinale postérieure du bassin* ou une *porte postérieure de l'intestin*, qui conduit aussi au sillon intestinal. Le tube intestinal forme donc, lorsqu'il est arrivé à ce degré de développement, un sillon se continuant en deux tubes vers les deux extrémités du corps. Le sillon est placé dans l'axe longitudinal du corps. Les parois du tube intestinal sont comparativement très-épaisses, et la cavité interne très-faible. Le tube entier n'est, pour ainsi dire, qu'un cylindre droit, creux, composé de cellules et fendu au milieu.

Le feuillet muqueux, aussi bien que le feuillet germino-moteur, contribue à la formation de l'intestin moyen. Le second de ces feuillets se fend dans le sens de son épaisseur et se divise ainsi en deux couches, dont l'une, intérieure, devient la couche fibreuse de l'intestin. Celle-ci s'unit alors au feuillet muqueux pour entourer l'intestin, tandis que la couche extérieure forme les parois de l'abdomen. Ces deux couches se séparent toujours de plus en plus l'une de l'autre, la première étant complétement employée à fournir l'intestin, la seconde servant à fermer les parois abdominales externes ; elles contribuent ainsi, indépendamment l'une de l'autre, à accomplir la fermeture du côté du vitellus. Le sillon intestinal donne naissance, en se fermant de plus en plus, à l'*ombilic intestinal* qui se continue en *cordon ombilical;* par ce cordon, la cavité intestinale communique encore avec le vitellus longtemps après la fermeture complète du tube intestinal. La paroi de l'abdomen se referme jusqu'à l'*ombilic abdominal* ou *externe*, par lequel, jusqu'à la naissance, passent les vaisseaux sanguins qui servent à nourrir l'embryon.

A partir du moment où le tube intestinal s'est fermé jusqu'à l'ombilic intestinal, le développement ultérieur de l'intestin se base surtout sur un allongement rapide du tube; il s'agrandit

ainsi et se plisse en formant des anses. A un endroit déterminé,
tout près de l'entrée antérieure du tube intestinal primitivement
droit, se forme un renflement qui représente l'*estomac*. L'estomac est primitivement placé dans l'axe longitudinal du corps,
mais il se tourne peu à peu et prend une position transversale.
Ce serait aller trop loin, et cela sans résultat, que d'entrer ici
dans de plus grands détails sur la formation des anses de l'intestin, des plicatures du péritoine et du mésentère. Toutes ces actions, en effet, ne peuvent être comprises qu'au moyen d'études
sur les embryons eux-mêmes. Des figures ne donneraient ici aucun éclaircissement précis. Nous atteindrions encore bien moins
notre but par des descriptions, car nous ne pourrions donner ainsi
une image exacte de ces actions, même à celui qui connaîtrait à
fond l'anatomie de l'adulte.

Certaines glandes, parmi lesquelles le foie et le pancréas sont
les plus importantes, sont en relation avec le tube intestinal.
Comme on avait reconnu, avec beaucoup de justesse, que la
muqueuse tapissant les canaux de ces glandes n'est pour ainsi
dire qu'une continuation de la muqueuse interne de l'intestin,
on avait cru pouvoir en déduire que ces glandes n'étaient que
des évolvures poussées par l'intestin. On cherchait alors déjà à
expliquer la formation de beaucoup d'organes par des plissements
des feuillets du blastoderme, et on admettait par conséquent
que le tube intestinal poussait, à un endroit déterminé, un cul-
de-sac latéral, que ce cul-de-sac grandissait peu à peu, se ra-
mifiait de plus en plus, et représentait ainsi peu à peu les nombreux cæcums et canaux du tissu glandulaire. Ces théories de
l'évolvure des glandes bientôt généralisées, se basaient d'ailleurs
sur des faits qui leur donnaient quelque appui. On avait observé que les glandes, dans leur ébauche primitive, formaient
de petites proéminences noueuses placées immédiatement sur
le tube intestinal, que ces glandes ne présentaient que peu de
canaux, à peine ramifiés à l'intérieur, et que le nombre des ces
canaux et leur ramification allait en augmentant avec le développement de l'embryon.

Maintenant que l'on connaît les phénomènes vitaux de la cellule, on a pu trouver la clef véritable de ces modes de développement. La science moderne, en rejetant les représentations mécaniques que l'on avait rattachées à la théorie des évolvures, montra en même temps qu'il y avait, en effet, quelque chose de vrai dans l'évolvure même des glandes. On a poursuivi dans ces derniers temps la formation du foie surtout chez les poissons et les mammifères ; malgré quelques différences de détail, le procédé est cependant le même dans son ensemble.

On remarque que chez les embryons de poissons qui sont très-transparents, il naît une accumulation cellulaire compacte et assez considérable à l'extrémité antérieure du tube intestinal dans le temps où il s'est déjà fermé en partie. On ne peut d'abord reconnaître dans cette accumulation aucune excavation. Peu à peu naissent par écartement dans cette masse cellulaire, deux cavités semblables à des culs de sac, dont l'une se développe en ligne droite vers l'avant, tandis que l'autre se courbe en s'écartant vers le bas. La cavité antérieure forme, chez les poissons, l'œsophage qui est très-court. Quant au cæcum plutôt dirigé vers le bas, et autour duquel s'est rassemblée une plus grande quantité de cellules, il correspond au foie. La formation des canaux des glandes se continue de telle façon que les masses cellulaires d'abord compactes se séparent et forment des canaux de plus en plus ramifiés, et cette ramification va même si loin que l'on n'a pu suivre qu'à grand'peine le développement ultérieur. Ces observations nous prouvent que les canaux des glandes sont indubitablement des canaux intercellulaires formés par l'écartement des masses cellulaires, primitivement compactes, du feuillet muqueux. On peut dire sous ce rapport que la cavité intestinale entre graduellement dans la masse cellulaire compacte de la glande, et l'on peut dans ce sens défendre l'opinion d'une évolvure de l'intestin dans la glande.

On a observé aussi, chez les mammifères, le développement du foie dans ses premiers commencements. Les parois du tube intestinal se composent, chez ces animaux, de couches cellulaires très-épaisses, et le long de leur surface interne se sépare déjà très-tôt dans l'embryon une couche mince formée de cellules plus claires. La première ébauche de la glande se distingue comme un épaississement à peine visible, qui correspond à un petit renflement de la couche intestinale transparente interne. A mesure que cette proéminence se développe, l'évolvure s'avance et forme des cavités qui augmentent et se ramifient en partant de l'évolvure primitive de la couche intestinale interne. Ces excavations se forment toujours aux dépens de masses cellulaires compactes qui apparaissent dès l'abord à l'intérieur de la masse totale, sous forme de cordons solides. Ces cordons indiquent pour ainsi dire à l'avance les canaux qui se formeront plus tard ; ils se creusent dans leur axe par l'écartement des cellules. On voit, par conséquent qu'ici aussi les canaux des glandes représentent au commencement des cavités intercellulaires creuses. La membrane qui tapisse le canal glandulaire se forme probablement par l'union des cellules qui se sont écartées et donnent naissance de cette façon à une couche membraneuse.

Dans les glandes qui au commencement n'ont pas de relation avec le tube intestinal, comme par exemple les testicules, les canaux glandulaires se développent nonobstant d'une façon toute analogue. Ces organes représentent d'abord une masse cellulaire compacte, dans laquelle se forment peu à peu par écartement des espaces intercellulaires ramifiés ne s'unissant que plus tard aux canaux excréteurs.

Le *foie* est de tous les organes glandulaires de la cavité abdominale celui qui est le plus développé, il est même chez l'embryon beaucoup plus considérable que chez l'adulte. Ce volume proportionnellement si grand du foie, organe d'autant plus important par sa masse que les embryons sont plus jeunes, s'explique facilement par les rapports intimes dans lesquels cette glande se trouve dans le fœtus avec le développement du sang. Nous en parlerons plus particulièrement lorsque nous nous occuperons du système sanguin.

On ne connaît pas encore aussi exactement qu'il serait désirable le développement *des poumons*. Ils semblent naître d'une même masse cellulaire en commun avec le larynx, la trachée-artère, le pharynx et l'œsophage ; cette masse cellulaire ne se différencie du reste que peu à peu. Chez les plus jeunes embryons des mammifères dans lesquels on a pu reconnaître les poumons, on a trouvé derrière la cavité branchiale, dans une masse cellulaire assez épaisse, un élargissement vésiculaire qui se terminait en arrière en deux culs-de-sac latéraux présentant la forme d'une bouteille et entre lesquels descendait au milieu l'œsophage, qui est droit. Ce sont là les mêmes rapports que nous retrouvons d'une manière constante chez les grenouilles. Chez ces animaux, en effet, les sacs pulmonaires vésiculaires et l'œsophage partent immédiatement d'une cavité commune. On a vu chez des embryons plus âgés les deux poumons affecter la forme de diverticules proéminents qui semblaient reposer immédiatement sur l'œsophage. On reconnaissait cependant par un examen plus attentif qu'ils étaient en rapport avec une trachée-artère isolée et accolée contre la paroi antérieure de l'œsophage, dont on pouvait cependant la séparer par la pression. Il n'y aurait par conséquent au commencemment qu'une ébauche commune pour ces organes, et le tube primitivement simple dans lequel aboutissent les poumons et l'œsophage, se séparererait pendant le développement en trachée-artère et larynx d'un côté, en pharynx et en partie supérieure de l'œsophage de l'autre.

Les ramifications des canaux qui traversent le tissu pulmonaire semblent se former d'une manière analogue aux canaux des glandes, bien qu'ils n'atteignent qu'ultérieurement leur développement complet. Les poumons n'ont d'ailleurs en aucune façon, pendant la vie embryonnaire, la même importance qu'après l'expiration de cette période. Nous avons vu que chez les adultes la masse sanguine tout entière passe par les poumons pour échanger par le contact des substances gazeuses avec l'air atmosphérique. Dans l'embryon, l'arrivée de l'air ne peut avoir lieu, et les poumons ne reçoivent, par conséquent, pas plus de sang qu'il n'est nécessaire pour leur propre nutrition. La grande masse du sang passe, comme nous le constaterons plus tard, à côté des poumons par un canal particulier qui mène de l'artère pulmonaire dans l'aorte. Les poumons paraissent, par conséquent, jusqu'à la naissance, être plutôt des organes glandulaires compactes, ne remplissant qu'en partie la cavité pectorale. Ils sont d'ailleurs, comparés au cœur, d'autant plus petits que l'embryon est plus jeune.

Les organes *génito-urinaires* sont le dernier groupe de viscères abdominaux ; leur étude a de tous temps donné beaucoup de peine aux embryologistes. Les métamorphoses extérieures qui se passent autour de ces organes sont en effet très-variées, aussi bien que les transformations successives très-remarquables qui ont lieu dans leurs parties internes. C'est dans l'examen de ces organes que l'on put se convaincre pour la première fois de l'insuffisance de la théorie qui voulait faire naître tous les organes sans exception par des plicatures des trois feuillets primitifs du blastoderme. On ne savait auquel de ces différents feuillets se rapportait la formation du système génito-urinaire. Il est vrai que de nous jours encore on attribue surtout au feuillet moteur leur formation. Les différents phénomènes auxquels donne lieu ce développement, sont malgré cela loin d'être connus.

On remarque déjà dans de très-jeunes embryons, chez lesquels le sillon intestinal est à peine indiqué, un amas de blastème étiré sur la surface interne de la colonne vertébrale en voie de formation ; cet amas va depuis le cœur jusque vers l'extrémité du tronc sous forme de deux tractus latéraux. Si on examine de plus près cet amas, on voit que chaque tractus est formé par une série de prolongements en cul-de-sac, qui ressemblent à peu près aux dents d'une roue d'engrenage. Les extrémités arrondies de ces dents sont tournées vers la ligne médiane, tandis qu'on remarque des deux côtés, à l'extérieur, deux lignes compactes dans lesquelles viennent se fondre les bases des dents. Ces deux tractus, ainsi que les dents, sont d'abord solides ; ce sont des agrégations de masses cellulaires compactes qui se creusent cependant bientôt et représentent alors, comme il est facile de le comprendre, une série de cæcums transversaux dont les extrémités renflées sont tournées vers la ligne médiane, tandis qu'ils s'ouvrent tous dans deux canaux excrétoires communs qui courent le long du côté extérieur. Ces cæcums transversaux s'enchevêtrent peu à peu de telle manière qu'ils représentent un organe compacte, une véritable glande symétrique, qui descend des deux côtés de la colonne vertébrale, dans toute la longueur de la cavité abdominale; leur canal excrétoire s'ouvre dans l'allantoïde.

On a appelé ces organes, d'après le nom de celui qui les a découverts, *les corps de Wolff* ou *les reins primordiaux*. On les retrouve sous cet aspect chez tous les embryons, mais avec une extension plus ou moins grande, et ils sont d'autant plus développés que l'embryon est plus jeune. On remarque à leur égard un fait curieux, c'est que leurs canaux excréteurs se développent dans le commencement tout à fait séparément des glandes mêmes et plutôt sur la face dorsale du feuillet moteur ; ils apparaissent d'abord en cet endroit sous la forme de cordons cellulaires solides qui se creusent plus tard, avancent vers le côté ventral et s'unissent à la fin aux *corps de Wolff*.

Il était naturel que les savants s'occupassent dès l'abord du rôle de ces organes extraordinaires, qui n'ont qu'une existence embryonnaire et disparaissent avec l'apparition des véritables reins. On sait maintenant qu'ils naissent en même temps que l'allantoïde et que, dans les mammifères au moins, leurs canaux excréteurs aboutissent dans l'allantoïde, dont le liquide contient des éléments de l'urine ; aussi n'y a-t-il plus de doute que ces corps ne soient de véritables glandes produisant une sécrétion qui ressemble par sa composition chimique à celle de l'urine et contient de l'acide urique. Ces corps de Wolff sont d'ailleurs tout à fait analogues aux reins, quant à leur structure, car on voit se développer dans leur intérieur des corpuscules de Malpighi renfermant des cellules vibratiles. La fonction des corps de Wolff est donc dans le même rapport avec la vie embryonnaire que la fonction des reins avec la vie d'adulte. L'allantoïde est le réservoir primitif dans lequel, chez les vertébrés supérieurs, se dépose la sécrétion des corps de Wolff, et son développement est dans un certain rapport avec celui de ces organes. C'est pourquoi nous voyons aussi chez l'homme, où l'allantoïde disparaît si vite et ne prend qu'un très-petit développement, les corps de Wolff n'atteindre qu'un degré très-inférieur de développement.

Les *reins* sont, sans contredit, dans un rapport réciproque déterminé avec les corps de Wolff, mais on ne peut tirer de ce fait la conséquence qu'ils se forment aux dépens de la substance des reins primordiaux. Ils naissent plutôt d'un blastème particulier, qui se rassemble à la partie dorsale des corps de Wolff, entre eux et la colonne vertébrale. Cette accumulation cellulaire donne naissance à cet endroit à deux amas ovales de cellules solides visibles seulement, depuis la face ventrale, lorsqu'on a enlevé les corps de Wolff. Les canaux urinaires se forment dans les reins exactement comme dans les autres glandes, par l'écartement des amas cellulaires encore compactes. Dès le commencement déjà, un cordon solide cellulaire semble partir de la masse cellulaire ovale des reins pour se diriger vers le bas; ce cordon se creuse plus tard et forme l'uretère avec le hile. Ce n'est que lorsque le développement des canaux des reins à l'intérieur de la masse cellulaire solide atteint un certain degré, que les reins prennent la forme de grappes, résultant de ce que le matériel cellulaire se rassemble davantage autour des différents canaux glandulaires, et apparaît en cet endroit plus compacte que dans les espaces intermédiaires. On a prétendu que cet aspect lobulaire des reins, qui se conserve pendant toute la vie chez beaucoup d'animaux, chez l'ours par exemple, indiquait l'arrangement primitif de cette glande, qui se formerait ainsi par l'union de lobules isolées. En s'appuyant sur cette opinion erronée, on n'a pas craint de construire les théories les plus étourdissantes sur la comparaison de l'embryon avec les vertébrés inférieurs. On voit que ces opinions fantaisistes sont complétement réfutées par l'observation.

Les *organes sexuels germinateurs*, les *testicules* et les *ovaires* semblent apparaître à peu près en même temps que les reins, ou même immédiatement avant eux ; ils naissent d'un petit amas cellulaire isolé, qui représente un cordon allongé se déposant aux bords intérieurs et sur la face ventrale des corps de Wolff. Ce dépôt permet seul de distinguer des reins les organes sexuels germinateurs, car la forme primitivement allongée de ces derniers devient très-vite plus arrondie et se rapproche ainsi de celle des reins. Il est naturellement impossible de distinguer, dans les premiers temps, les testicules des ovaires, car tous deux sont formés d'un petit amas de cellules qui n'a pas encore développé, à son intérieur, de tissus spécifiquement différents. Cette séparation se fait cependant bien vite remarquer, car le testicule devient plus arrondi et présente, à son intérieur, les canaux spermatiques, tandis que l'ovaire reste plat et allongé, et prend en même temps une position oblique pour se placer ensuite transversalement à l'axe du corps. C'est là la position qu'il présente chez l'adulte. En outre, il ne se développe jamais dans les ovaires des animaux supérieurs de tubes semblables à ceux des testicu- les ; il se forme, au contraire, à l'intérieur des ovaires, ces involvures que nous avons décrites à l'occasion du développement de l'œuf, et d'où naîtront les follicules par séparation. Ces follicules se forment, d'après les plus récentes observations, autour de la vésicule germinative primitive, et grossissent plus tard, lorsque le vitellus se dépose. Les parties sexuelles excrétoires, c'est-à-dire les *canaux déférents* et les *oviductes*, se développent un peu différemment, car les canaux excréteurs des corps de Wolff contribuent à leur formation, en même temps que *les canaux de Müller*. Les parties excrétoires forment des cordons, d'abord solides, placés à la partie intérieure des canaux efférents des reins primordiaux, et les suivent dans leur parcours. Ces cordons se creusent ensuite, et présentent, à la partie antérieure, à l'endroit où ils rencontrent les organes générateurs, une fissure allongée servant d'orifice. Dans le sexe féminin, cette fissure reste et devient l'entonnoir de l'oviducte. Dans le sexe masculin, au contraire, cette extrémité antérieure, d'abord ouverte, s'unit aux testicules d'une façon encore à peine connue, et forme ainsi l'*épididyme* avec le *canal spermatique*. Les organes sexuels excréteurs se développent, par conséquent, d'une manière tout à fait isolée des organes germinateurs, auxquels ils ne s'unissent que plus tard dans le sexe masculin. Cette marche de formation est cependant, jusqu'à un certain point, parallèle dans les deux sexes. On peut, en effet, dans un des deux sexes, rencontrer des organes rudimentaires correspondant à des organes développés dans l'autre ; on en trouve un exemple dans un petit renflement situé au point de réunion des deux canaux efférents, et qui représente l'utérus ; mais cette question de la coopération des diverses parties primitives à la formation des organes définitifs est si compliquée, que nous renonçons à entrer ici dans plus de détails là-dessus.

Il nous faudrait entrer ici dans quelques détails sur le développement des parties génitales externes, ainsi que des réservoirs qui se forment, de diverses façons, dans les organes génito-urinaires. La naissance de la *vessie urinaire* mérite ici, avant tout, un examen plus attentif, car elle est en rapport intime avec la naissance de l'allantoïde, qui, comme nous l'avons vu plus haut, est d'une si grande importance pour la formation du placenta, et joue un rôle considérable dans le développement du fœtus. L'allantoïde même semble naître de deux masses cellulaires primitivement séparées, sortant de la partie postérieure du corps et représentant, à l'origine des masses tout à fait solides. Ces deux amas de cellules se réunissent cependant bientôt, deviennent creux et entrent en relation intime avec le tube intestinal ; la cavité de l'allantoïde arrive ainsi à aboutir dans l'extrémité postérieure de l'intestin. On croyait, pour cette raison, à l'époque où on ne connaissait pas encore le mode de formation primitif de l'allantoïde, qu'elle était une évolvure vésiculaire de la surface ventrale du canal intestinal. L'allantoïde, comme nous l'avons vu plus haut, croît très-rapidement par-dessus l'embryon, s'étend avec son extrémité renflée contre la surface couverte de villosités du chorion, et conduit ainsi les vaisseaux ombilicaux vers l'endroit où s'attache le placenta. Pendant que les parois abdominales de l'embryon se ferment, en se rapprochant de tous les côtés vers l'ombilic, l'allantoïde s'est resserrée dans son milieu, et s'est partagée, comme une besace, en deux moitiés : l'une, extérieure, va de l'ombilic au placenta, s'atrophie rapidement chez l'homme, et concourt à la formation du cordon ombilical solide ; l'autre partie, qui est intérieure, est enfermée dans les parois abdominales, et va de l'ombilic à l'extrémité postérieure de l'intestin. La partie postérieure de ce sac interne devient la vessie, tandis que la partie antérieure se transforme en un cordon solide, que l'on connaît, chez l'adulte, sous le nom d'*ouraque*.

Il ressort de cette explication qu'il n'existe, primitivement, qu'une seule cavité commune pour toute la partie inférieure des organes génito-urinaires et de l'intestin ; c'est à la face antérieure de cette cavité que vient aboutir l'allantoïde. L'intestin se sépare, en premier lieu, de l'allantoïde et des organes génito-urinaires excréteurs qui se déversent dans l'allantoïde. Le fœtus a, par conséquent, un orifice commun pour les organes génito-urinaires et un autre pour l'intestin. Les parties que l'on comprend, chez l'adulte, sous le nom de parties externes, manquent complétement. Leur développement et surtout leurs rapports avec les organes excréteurs sont encore bien imparfaitement connus. Il nous est d'autant moins possible de les examiner que nous devrions supposer, chez nos lecteurs, une connaissance de l'anatomie de ces parties, que nous n'avons pas décrites de plus près pour des raisons que chacun comprendra facilement. Il faut cependant remarquer que la forme des organes génitaux extérieurs est, primitivement, presque la même dans les deux sexes, et que de légers arrêts de développement de telle ou telle partie suffisent pour produire les nombreuses monstruosités, souvent décrites à faux comme des cas d'hermaphrodisme. On reconnaît très-distinctement, dans la plupart de ces monstruosités, à quel sexe elles appartiennent, par la structure des organes générateurs internes, quelque anormales que soient les parties externes. Il est impossible de concevoir que, chez les mammifères supérieurs et chez l'homme, les deux sexes soient réunis à l'état de développement.complet sur le même individu; c'est pourquoi on ne peut parler d'hermaphrodisme proprement dit pour les êtres de cette catégorie. On a construit, à propos de la ressemblance primitive des organes génitaux externes et internes et à propos de l'impossibilité de distinguer, dès le commencement, le testicule des ovaires, une quantité de théories absurdes sur l'asexualité primitive, le caractère féminin primitif de l'embryon, etc. Toutes ces théories, on le croira facilement, ne méritent pas qu'on y attache quelque importance. Il est certain que l'œuf renferme primitivement les ébauches de tous les organes de l'embryon, et il est de même indubitable que, dès le commencement, l'œuf présente l'ébauche des organes génitaux spéciaux, qui apparaissent extérieurement, aussitôt que l'exige le type du sexe.

LE SYSTÈME VASCULAIRE SANGUIN

Il faut prendre en considération, dans l'étude du développement du système vasculaire sanguin, tant de facteurs propres à amener de la confusion, qu'il paraît nécessaire de traiter la conformation de cet important système en examinant, l'un après l'autre, ses diverses parties élémentaires. Il sera donc utile de parler d'abord de l'origine du cœur, de la circulation première du sang et des vaisseaux, et d'indiquer ensuite de quelle façon les premières ébauches du système sanguin se transforment pour donner naissance au mode de circulation que nous avons étudié précédemment chez l'adulte.

Les plus anciens observateurs étaient plus ou moins d'accord sur un point : c'est que le cœur était le premier organe qui se formât dans l'embryon ; par suite de cette erreur d'observation, ils étaient amenés à croire que du cœur comme point central, il était procédé à la formation particulière de tous les autres organes, et que le cœur était aussi nécessaire pour le développement embryonnaire que pour la vie subséquente. L'erreur de ces savants provenait surtout de cette circonstance que les ébauches si transparentes du système nerveux leur échappaient, tandis qu'ils découvraient bientôt le cœur à cause de sa couleur rouge et de la vivacité de ses mouvements. Mais quoique des recherches subséquentes aient démontré la fausseté de cette manière de voir, l'apparition prématurée du cœur peut être considérée comme caractérisant essentiellement les vertébrés. Chez beaucoup d'animaux invertébrés, le cœur est le dernier organe dont on découvre les premières ébauches ; chez tous ces animaux sans exception, la plupart des organes ont atteint des degrés importants de leur développement avant que le cœur ne paraisse. Chez les embryons des animaux vertébrés, au contraire, il faut, pour voir la première formation du cœur, remonter aux premiers temps du développement embryonnaire, principalement à ce moment où l'embryon, encore plat, est étendu avec la face ventrale par-dessus le vitellus, et où les vésicules cérébrales primitives, la chorde et les premières plaques vertébrales, viennent de se déposer, pendant que la cavité intestinale céphalique est en voie de formation. L'embryon commence, à ce moment, à se séparer de la surface vitelline par son extrémité céphalique. Tandis que cette extrémité se détache et présente une surface inférieure libre, on voit sur cette surface abdominale ou vitelline de la tête un amas cylindrique de cellules qui suit toute la longueur de la tête, d'avant en arrière, et s'est différencié dans la paroi antérieure de la cavité intestinale céphalique, ramifiée par fissuration. A peu près à l'endroit où se termine le postencéphale, ou même un peu en arrière, c'est-à-dire à la place où sortiront les extrémités antérieures, cet amas de cellules forme deux pédoncules latéraux, qui s'étendent, sans limite définie, vers le côté, par-dessus le bord de l'embryon, et se perdent sur la surface vitelline sans qu'on puisse indiquer exactement leur contour. Ce cylindre cellulaire solide et muni de deux pédoncules, à la partie postérieure, nous représente l'ébauche primitive du cœur, qui d'abord est tout à fait horizontale et appliquée exactement sur le vitellus, ou plutôt enfermée entre l'extrémité antérieure de l'embryon et le vitellus, à l'extérieur. Chez les mammifères, la partie antérieure de la tête est repliée du côté du vitellus, par suite du développement de l'angle cervical ; comme nous l'avons

expliqué plus haut, le cœur conserve à peu près sa position horizontale. Mais chez les poissons, par exemple, qui présentent
un angle céphalique à peine indiqué, et un angle cervical plus
fortement développé, le cœur se place, à un certain moment de
la vie embryonnaire, presque perpendiculairement à l'axe du
corps.

Chez ces derniers animaux, dont les embryons sont excessivement transparents, on peut se convaincre très-facilement du fait
que le cœur représente primitivement une masse cellulaire complétement solide, qui n'offre pas de cavité à son intérieur. Cette
cavité se développe peu à peu dans l'axe du cordon cardiaque et
probablement par écartement, peut-être aussi par une décomposition partielle des cellules qui se trouvent dans le centre du
cordon. Aussitôt que cette cavité intérieure est ébauchée, les contractions alternatives du cœur commencent, quoique cet organe
ne soit alors formé que de cellules simples et arrondies, non encore développées en fibres. La plupart des observateurs modernes se sont convaincus de ce fait, et beaucoup d'entre eux
ont vu avec raison dans ces contractions d'un organe formé seulement de cellules, une preuve de la contractibilité des cellules
primitives. Il est aussi certain que la cavité en tube du cœur
est complétement isolée dans les premiers temps de sa formation, et que cette cavité ne se continue primitivement ni en
avant dans les vaisseaux de l'embryon, ni en arrière dans les
deux pédoncules de l'ébauche du cœur. Le liquide qui se trouve
dans cette cavité est soumis, sans qu'il trouve d'issues, à un mouvement de va-et-vient par les contractions rhythmiques du tube
cardiaque. On peut s'en convaincre surtout par le fait que quelques cellules se détachent souvent de la paroi intérieure du cœur
et sont alors poussées vers le haut et le bas dans la cavité du
cœur, avec le liquide que celle-ci contient, et cela sans que ces
cellules puissent sortir du tube cardiaque.

Il ressort de ces observations, confirmées par les savants modernes au sujet des animaux les plus différents, que le cœur se
forme d'une manière tout à fait indépendante, que sa cavité n'a

primitivement aucune relation avec quel vaisseau que ce soit, et qu'il faut considérer cette dernière comme un grand espace intercellulaire, dont les parois sont formées par les masses cellulaires du tube cardiaque. Il est complétement indifférent, sous ce dernier rapport, de savoir si cet espace intérieur est formé par la décomposition ou la liquéfaction des cellules centrales du tube cardiaque, ou par l'écartement de ces cellules. Cette dernière opinion semble cependant plus vraisemblable, parce que l'on trouve souvent à l'intérieur du tube des cellules arrachées qui sont poussées de côté et d'autre. Dans les deux cas cependant, l'importance de la cavité cardiaque comme espace intercellulaire demeure la même dans son essence.

.Pendant que s'observe la première formation du tube cardiaque primitif, il se développe en même temps à la surface du feuillet muqueux, dans la périphérie de l'embryon, une couche particulière de cellules qui sont surtout destinées à donner naissance aux premiers éléments du sang. Cette action a lieu sur toute la circonférence d'un cercle, ayant le milieu de l'embryon pour centre, et dont le diamètre serait d'un quart plus long que l'embryon lui-même On peut distinguer à la circonférence de ce cercle, bientôt après l'apparition de la première ébauche du cœur, une couche cellulaire membraneuse ayant un aspect tacheté, car on y remarque des ilots foncés, entourés d'un réseau de substance plus claire. Cette couche cellulaire membraneuse, d'abord étroitement unie au feuillet muqueux, mais qu'on peut séparer plus tard de ce feuillet, était nommée tant par les anciens que par les nouveaux embryologistes, le feuillet vasculaire. Malgré la séparation que l'on peut faire entre ce feuillet vasculaire d'un côté et le feuillet muqueux de l'autre, on ne peut assigner au premier de ces feuillets le même rang qu'aux autres feuillets composant le blastoderme, car, comme nous le verrons tout de suite, il ne prend pas part à la formation des organes du corps, mais reste en dehors de l'embryon, sur le vitellus. Il serait, par conséquent, préférable de donner à ce feuillet vasculaire le nom de *couche* ou d'*aire hématogène.*

Cette couche hématogène est exactement délimitée à la périphérie par un cercle plus foncé interrompu seulement vis-à-vis de la partie antérieure de l'embryon. Si l'on examine maintenant cette couche dans son développement ultérieur, on voit que tout autour des parties foncées, les couches intermédiaires plus claires s'écartent graduellement, et qu'il se forme des cordons cellulaires solides réunis les uns aux autres comme les mailles d'un réseau. Ceux-ci emprisonnent des îlots plus clairs, caractérisés souvent par des amas de cellules foncées. Les cordons des mailles se délimitent de plus en plus, forment un réseau serré, se creusent ensuite à l'intérieur de la même façon que le cordon cardiaque, s'élargissent en divers endroits, et deviennent ainsi un réseau de canaux grossiers, munis d'épaisses parois et renferment des amas de cellules embryonnaires foncées qui se développent pour donner naissance aux globules sanguins. Ces vaisseaux, qui sont nés dans la couche hématogène, paraissent d'abord isolés, mais dès qu'ils sont assez développés pour que l'on puisse distinguer leurs cavités intérieures, on voit que ces cavités se sont unies depuis les deux côtés avec les pédoncules postérieurs du tube cardiaque et sont venus aboutir dans ce tube. Lorsque l'union s'est faite, la première circulation commence, car les contractions rhythmiques du cœur, déjà en jeu avant la réunion, propagent leur action sur le liquide renfermé dans les mailles vasculaires de la couche hématogène. Pour comprendre cette première circulation, il est nécessaire de s'occuper aussi des vaisseaux qui se sont formés dans le corps même de l'embryon ; le tube cardiaque lui-même s'est allongé pendant le développement des vaisseaux et recourbé en forme d'un S. Tandis qu'il était auparavant impossible de distinguer clairement son extrémité antérieure, on peut se convaincre en ce moment que ce tube se partage en avant, aussi bien qu'en arrière, en deux pédoncules qui viennent entourer l'œsophage près de la base du crâne, passent par dessus ce dernier et se réunissent sous la chorde dorsale et en arrière pour former ainsi un tronc court, qui suit la chorde et va se terminer vers la queue. Le tube cardiaque se termine par conséquent en avant en deux arcs aortiques qui par leur réunion forment une aorte médiane. Cette aorte se par-

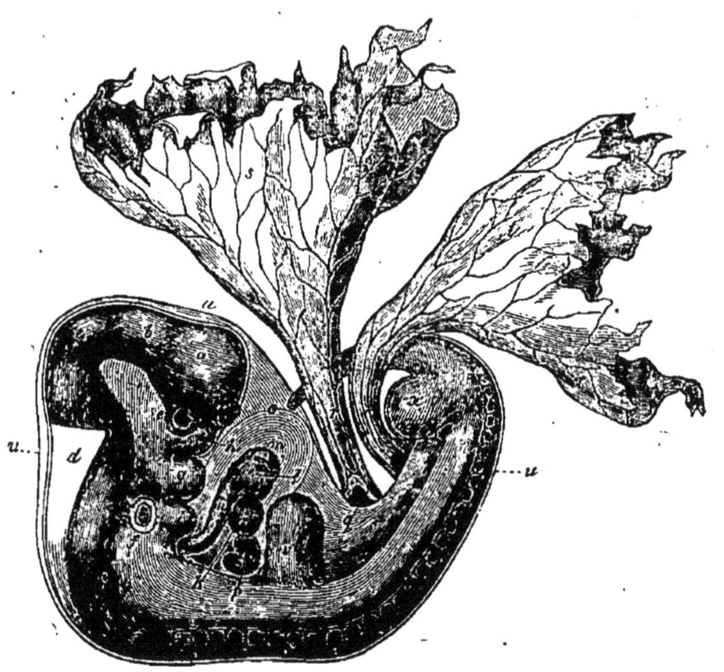

Fig. 105. — Embryon de chien âgé de vingt-six jours, grossi cinq fois et vu de côté. — *a*, prosencéphale avec la courbure du vertex; *b*, cerveau intermédiaire; *c*, mésencéphale; *d'*, cervelet; *d*, épencéphale; *e*, œil; *f*, vésicule auriculaire avec sa tige (nerf auditif); *g*, mâchoire supérieure; *h*, mâchoire inférieure (premier arc viscéral); *i*, second arc viscéral; *k*, oreillette droite du cœur; *l*, ventricule gauche; *m*, ventricule droit; *n*, bulbe aortique; *o*, foie; *p*, péricarde; *q*, lacet de l'intestin dans lequel débouche la tige *r* de la vésicule ombilicale *s*; *t*, allan-toïde; *u*, amnios; *v*, membre antérieur; *x*, membre postérieur; *w*, colonne dorsale; *y*, queue; *z*, nez; 1, courbure céphalique; 2, courbure nuchale.

tage sur son parcours, vers la partie postérieure, en deux troncs latéraux qui suivent les vertèbres et s'en vont jusque vers l'extrémité du corps, en envoyant des deux côtés des rameaux transversaux se ramifiant à leur tour dans la couche hématogène. La première circulation de l'embryon se fait, par conséquent, de la manière suivante. Le sang est poussé par le tube cardiaque courbé en S (lettre *d*) (*fig.* 106) dans les deux arcs aortiques, traverse l'aorte primitivement simple, puis les deux artères vertébrales (*e*) (*fig.* 106), qui en naissent en arrière, et se distribue enfin dans les réseaux de la couche hématogène par l'intermédiaire des deux artères vitellines latérales (lettre *f*) (*fig.* 106) qui naissent des artères vertébrales. Le cercle plus foncé qui entourait cette couche à la périphérie s'est changé en un vaisseau continu, la veine circulaire (*a*) (*fig.* 106) qui entoure presque de toute

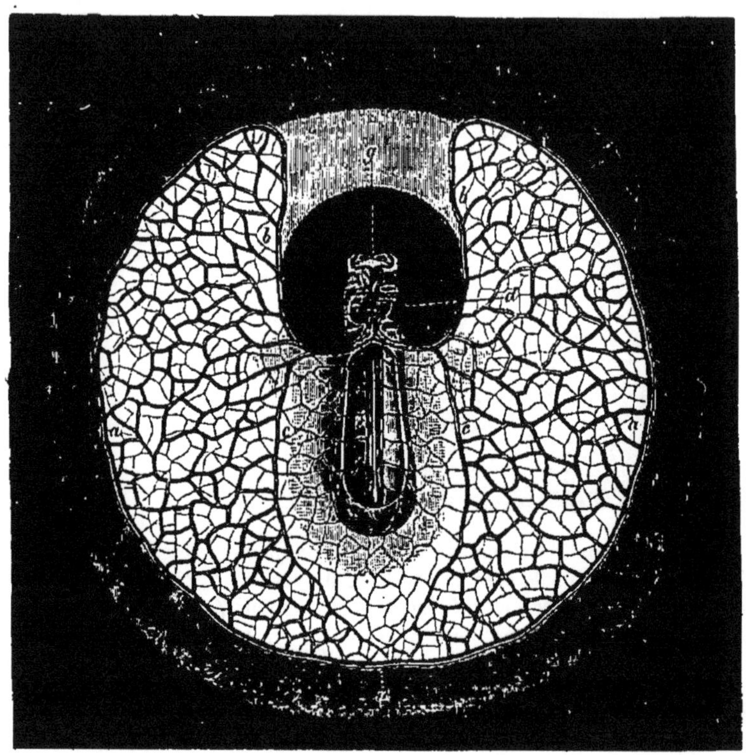

Fig. 106. — Embryon de lapin vu de la face ventrale et montrant la première circulation développée. — *a*, veine circulaire; *b*, veine vitelline antérieure; *c*, veine vitelline postérieure, se réunissant pour former les pédoncules du tube cardiaque; *d*, le cœur courbé en S; *e*, artères vertébrales; *f*, artères vitellines latérales; *g*, le cerveau avec les vésicules oculaires primitives.

part l'embryon, mais s'incurve dans le voisinage de la tête et forme ainsi deux troncs (veines vitellines antérieures *b*) (*fig.* 106), par lesquels le sang arrive dans les deux pédoncules du tube cardiaque. Le sang se rassemble de la même façon, à l'endroit qui correspond à l'extrémité postérieure de l'embryon, en deux troncs latéraux (veines vitellines postérieures, *c*), dans lesquels il coule d'arrière en avant vers le tronc commun des veines vitellines et arrive à travers celui-ci dans le processus cardiaque; il recommence ensuite à nouveau son circuit, après avoir passé à travers le cœur. Si on examine un embryon de cette période couché sur le dos, avec le feuillet vasculaire étalé, le fœtus apparaît comme l'axe de deux demi-lunes qui se touchent à leurs extrémités postérieures, mais sont séparées l'une de l'autre en avant. La périphérie extérieure de ces demi-lunes est formée par la veine circulaire, la périphérie interne par les veines vitellines. Ces demi-lunes sont reliées au tube cardiaque à peu près vers le milieu, par deux processus dirigés en avant, les processus cardiaques. Cette première circulation est donc, par rapport à l'embryon, tout à fait extérieure. On ne retrouve des vaisseaux réticulés et correspondants aux capillaires que dans la couche hématogène et non pas dans la substance embryonnaire, car celle-ci ne présente absolument pas de vaisseaux, à l'exception de l'aorte et des deux artères vertébrales. La première circulation est par conséquent combinée dans le but de former dans le voisinage immédiat du vitellus, dans la couche hématogène, un réseau capillaire qui permette facilement l'arrivée de substances depuis le vitellus.

Nous nous éloignerions trop du but que nous poursuivons dans notre exposé, si nous voulions expliquer ici de quelle manière cette première circulation se transforme peu à peu et de quelle façon elle passe, par de nombreux changements successifs, au système circulatoire que nous retrouvons dans le fœtus déjà développé. Le tube cardiaque primitivement simple forme peu à peu une boucle, s'élargit en certaines endroits, tout en se rétrécissant à d'autres, et devient ainsi, en se cloisonnant de différentes manières, le cœur de l'adulte dont nous avons appris à connaître l'aspect dans une lettre précédente. Dans le développement ultérieur des organes embryonnaires, il se développe dans leur intérieur des vaisseaux qui passent sur leur parcours par les métamorphoses les plus variées, avant d'arriver ainsi à la forme définitive de la circulation. On a souvent prétendu que les organes naissaient d'un dépôt partant de ces vaisseaux, on a dit qu'il se formait d'abord des arcs vasculaires, entre lesquels se déposait et s'accumulait ensuite la substance organique. L'observation prouve au contraire que *tous les organes sans exception* sont formés à leur naissance de masses cellulaires compactes, dans lesquelles n'apparaissent que plus tard des vaisssaux. On peut avec une entière certitude affirmer que les vaisseaux ne se développent qu'ultérieurement dans les organes, lorsque les cellules de ces derniers commencent déjà à se différencier et à se transformer en tissus particuliers. Aussi longtemps qu'un organe ne contient que des cellules embryonnaires primitives, partout semblables entre elles, l'activité vitale de ces cellules suffit pour la nutrition et le développement de l'organe. Mais aussitôt que les cellules commencent à se changer en parties élémentaires spéciales, et qu'elles développent dans leur sein tantôt des fibres, tantôt des épitheliums, des tubes nerveux ou des cylindres musculaires, il se forme aussi à des endroits déterminés des vaisseaux, dont les capillaires président à la nutrition de l'organe, en remplaçant ainsi dans ses fonctions la vie cellulaire végétative qui disparaît graduellement. Les vaisseaux se forment par conséquent sur le lieu même, de la même façon que d'autres parties élémentaires, par la différenciation des cellules primitives, et n'entrent donc pas plus dans les organes par leur accroissement qu'ils n'en sortent.

On peut cependant se demander de quelle façon naissent *les vaisseaux* et sous quel point de vue il faut les considérer par rapport à la théorie cellulaire. Il est indubitable maintenant que le cœur et les grands vaisseaux qui se trouvent dans la couche hématogène et dans l'embryon, se forment par l'écartement de cordons cellulaires primitivement compactes. Ce n'est pas seulement dans le cœur que l'on a directement observé ce mode de formation, on l'a reconnu aussi dans les troncs et les rameaux vasculaires qui naissent dans la couche hématogène. Les masses cellulaires qui se sont écartées les unes des autres, forment les parois de ces sillons vasculaires primitifs, et l'union de ces cellules les unes aux autres est primitivement si faible qu'on a observé souvent des cellules qui se détachaient de ces parois et étaient entraînées dans le courant sanguin. Les cellules limitantes des vaisseaux s'unissent bientôt plus intimement les unes aux autres, et forment alors une paroi vasculaire isolée, dans laquelle se développent des fibres, au moins dans la plupart des cas. Il est probable, d'après des observations modernes, que tous les vaisseaux qui apparaissent primitivement dans les embryons possèdent des parois nées de couches cellulaires multiples, et que, par conséquent, tous les vaisseaux apparaissant dans les premiers temps du développement doivent être considérés comme de véritables espaces intercellulaires qui se sont creusés entre les amas de cellules. On avait même poussé très-loin les conséquences résultant de ces observations ; on prétendait que tous les vaisseaux se creusaient par une impulsion provenant du cœur ; ce dernier injectait, pour ainsi dire, par ses contractions, le liquide qu'il contenait dans les amas lâchement réunis des cellules. On peut qualifier d'absurde une explication de ce genre, car il serait impossible de comprendre pourquoi les voies sanguines se creusent toujours au même endroit, chez des milliers et des milliers d'embryons, et comment un cœur, formé de masses cellulaires lâches, pourrait développer assez de force pour écarter, les uns des autres, des amas cellulaires au moyen du liquide qu'il met en mouvement. Indépendamment de ce raisonnement, on peut encore s'appuyer sur des observations exactes, qui prouvent que les espaces intercellulaires de ce genre se forment d'une manière tout à fait isolée les uns des autres. Ce n'est que plus tard, lorsqu'ils se sont déjà développés, que ces espaces entrent en communication avec les voies sanguines déjà existantes. Là où les faits sont en contradiction avec la théorie, toute discussion devient inutile, et la théorie doit céder le pas.

Les vaisseaux capillaires du corps se forment d'une façon toute différente de celle des troncs plus grands et de celle des vaisseaux embryonnaires qui s'étendent, par exemple, sur l'aire germinative. On aperçoit, d'abord, des cellules à-noyaux transparents, avec des angles arrondis placés les uns à côté des autres, donnant naissance, par la fusion des parois intermédiaires, à des tubes un peu plus larges qui viennent s'ouvrir dans les troncs plus grands. Il se forme ensuite, par un bourgeonnement de ces cellules, de petites pointes fixes et de petits angles de consistance fibreuse, qui s'allongent rapidement, continuent à croître à travers les tissus, et s'unissent enfin pour former un réseau de canaux très-ténus. Ce réseau est si serré que le plasme seul peut y circuler ; ces canalicules s'élargissent ensuite par la pression de la colonne sanguine ; il y entre, de temps en temps, un globule sanguin qui réussit à les traverser. Ainsi se développe, peu à peu, un réseau complet, et chaque petit vaisseau s'élargit suffisamment pour laisser passer les globules.

Le *sang* lui-même n'est pas (nous l'avons du reste expliqué plus au long dans une lettre précédente) un liquide homogène, il est composé d'un sérum incolore et de globules sanguins colorés qui présentent, dans chaque animal, une forme et une grandeur particulières, et se distinguent, à première vue, de tous les autres tissus. On peut se demander, maintenant, de quelle façon naissent ces éléments particuliers du sang ; on a fait les recherches les plus variées sur ce point, et tandis qu'autrefois on n'avait devant soi que des observations contradictoires, il semble qu'on a pu arriver aujourd'hui à les réunir en un tout concordant.

Les premières *cellules sanguines*, car c'est le nom qu'il faut évidemment leur donner, ne sont pas autre chose que des amas cellulaires provenant soit des organes, soit de la couche hématogène. Nous avons vu que, dans le cœur comme dans les gros vaisseaux, aussitôt que leur lacune intérieure commence à se former, des cellules intérieures isolées ou des amas cellulaires tout entiers se détachent et sont entraînés dans le courant sanguin. On observe la même action sur les masses cellulaires plus foncées de la couche hématogène, autour de laquelle se forment les sillons vasculaires. Aussitôt que ces sillons sont entrés en relation avec la cavité du cœur, les cellules plus foncées sont, peu à peu, mises en mouvement par l'impulsion que leur communique le cœur ; elles sont entraînées et forment ainsi les premiers globules sanguins, qui ne se distinguent d'abord en aucune façon des cellules embryonnaires primitives ; ils sont, en effet, complétement incolores, ronds et bien plus grands que les globules aplatis de l'adulte ; on constate en outre chez eux, comme dans toutes les cellules embryonnaires, des noyaux distincts et un contenu granuleux. Le contenu de cès premières cellules sanguines correspond, en effet, complétement à celui des autres cellules primitives. C'est pourquoi il est composé, chez les grenouilles, par exemple, de petites plaques vitellines plus solides, tandis qu'il est de nature granuleuse et plus fine chez les mammifères. La transformation de ces cellules en globules sanguins colorés, se fait de la façon suivante : le contenu granuleux est peu à peu absorbé et disparaît. La cellule, primitivement très-grande, diminue de volume, s'aplatit, et se divise en deux cellules plus petites par fissiparité. Ces deux cellules se remplissent alors d'hémoglobine. Cette substance est, comme l'on sait, distribuée d'une manière tout à fait uniforme dans la masse des globules sanguins. L'augmentation numérique ultérieure des cellules sanguines se fait ensuite, comme nous l'avons vu plus haut, par fissiparité.

Les résultats essentiels obtenus dans l'étude de la formation des vaisseaux et du sang nous prouvent, par conséquent, que tous les grands vaisseaux apparaissent sous forme d'espaces intercellulaires, jusqu'à ce qu'ils deviennent, par une différenciation graduelle de leurs parois, des tubes indépendants. Les vaisseaux capillaires, au contraire, sont des lacunes intérieures des cellules qui s'ouvrent dans ces espaces intercellulaires. L'observation nous démontre, en outre, que les globules sanguins naissent, soit de cellules embryonnaires primitivement arrachées, soit aussi dans des centres de formation particuliers à l'intérieur des vaisseaux déjà formés. Le foie des mammifères représente un foyer de formations ultérieures de ce genre, et donne naissance, de cette façon, aux globules.

Le passage de la circulation embryonnaire à celle qui s'établit après la naissance et chez les adultes, est une partie trop importante de l'histoire du fœtus pour que nous ne lui consacrions pas quelques lignes. Nous avons vu que chez l'adulte le cœur est partagé complétement en deux moitiés, une gauche et une droite ; que le sang est poussé, dans le corps entier par la moitié gauche du cœur, et qu'il arrive jusque dans le cœur droit, à travers les capillaires des veines du corps ; de là, grâce à une nouvelle impulsion, il arrive dans les poumons, d'où il revient dans la moitié gauche du cœur. Nous avons constaté, en outre, que le sang change de composition dans les capillaires seuls, et qu'il n'y a, chez l'adulte, pas d'autre relation entre le sang artériel et le sang veineux que par le moyen des capillaires. Nous avons décrit, au commencement de cette lettre, la première circulation du sang dans l'embryon comparée à ces rapports ; nous avons vu que cette circulation présente un caractère essentiel, c'est qu'on ne peut constater aucune différence entre le sang veineux et le sang artériel. Le cœur ne représente qu'un tube simple, depuis lequel le sang suit le corps dans toute sa longueur, sans se distribuer dans la substance de ce dernier. Toute la masse sanguine, au contraire, passe à travers les artères vitellines sur le vitellus, pour revenir ensuite, par les veines vitellines, dans le tube cardiaque simple. Il faut se demander, maintenant, comment se relient ces deux extrêmes et surtout comment se comporte la dernière circulation de l'embryon immédiatement avant la naissance.

On ne trouve, primitivement, que deux arcs aortiques qui se réunissent, sans se ramifier, sous la colonne vertébrale, et forment ainsi la grande artère du corps, l'aorte. Mais il se développe, peu à peu, depuis le cœur, autant d'arcs vasculaires que l'on compte de paires d'arcs branchiaux. Tous ces arcs entourent l'œsophage, et se réunissent au-dessus de lui dans l'aorte ; plusieurs de ces arcs s'atrophient bientôt, tandis que d'autres, surtout un gauche et un droit, se développent davantage. En même temps se forme la cloison intérieure des ventricules ; un de ces arcs artériels aortiques appartient donc à la moitié gauche du cœur et l'autre à la moitié droite. Au lieu d'une oreillette double et séparée par une paroi verticale, on ne reconnaît, à ce moment, qu'un sac veineux simple dans lequel aboutissent les vaisseaux veineux arrivant d'en haut et d'en bas. La vésicule vitelline a disparu ainsi que toute sa circulation. Le placenta, au contraire, s'est développé avec l'aide de l'allantoïde, et tous les organes du corps, sans exception, reçoivent du sang par les artères, et le renvoient au cœur au moyen des veines. La circulation a acquis ainsi, peu à peu, une forme particulière dont le caractère essentiel est que la moitié supérieure et la moitié inférieure du corps, sont nourries par des moitiés différentes du cœur. Une partie du sang est poussée vers le placenta, hors de l'embryon, pour s'échanger dans cet organe avec la masse sanguine provenant de la mère. Dans cette forme intermédiaire de la circulation, le sang s'échappe du ventricule gauche, à travers un vaisseau important, l'aorte gauche ou supérieure, et se distribue dans la tête et les extrémités supérieures. Après avoir passé par les capillaires de ces organes, le sang se rassemble de nouveau en un tronc unique, la veine cave supérieure, qui s'ouvre, à son tour, dans le sac veineux commun, mais un peu plus sur le côté droit. Le sang est poussé par ce sac veineux dans le ventricule droit, il le traverse et arrive dans l'aorte inférieure, à droite, qui s'infléchit du côté de la colonne vertébrale, envoie des rameaux aux poumons, au foie et à tous les viscères, et se distribue enfin dans les extrémités. Cette aorte inférieure fournit deux troncs artériels à la cavité abdominale ; ce sont les artères ombilicales qui appartenaient d'abord à l'allantoïde, et traversent, à ce moment, le cordon ombilical, pour aller vers le placenta dans lequel ils se distribuent. Le sang de l'aorte droite et du ventricule droit nourrit, par conséquent, la moitié inférieure du corps, les viscères et le placenta ; il revient des extrémités par les veines inférieures, et du placenta par une veine ombilicale. Il se mêle ensuite au sang venant du foie, dans un grand vaisseau, la veine cave inférieure ; celle-ci s'ouvre dans le sac veineux commun du cœur, mais un peu du côté gauche. Le sang de la veine cave inférieure, en prenant cette direction dans le vaisseau qui le contient, arrive, par conséquent, plutôt dans le ventricule gauche, et continue sa route après l'avoir traversé, en se jetant dans l'aorte gauche ou supérieure.

La moitié supérieure du corps reçoit donc à elle seule tout le sang du ventricule gauche. L'aorte de ce ventricule se distribue entièrement dans cette moitié, et renvoie toute sa masse sanguine dans la moitié droite de l'oreillette. L'aorte gauche est nourrie surtout par la veine cave inférieure, qui reçoit le sang revenant du placenta. Ce sang a été en rapport avec le sang de la mère, et a subi, par conséquent, des transformations analogues à celles qui se font, plus tard, par le moyen des poumons. Cette action nous explique pourquoi la moitié supérieure du corps se développe davantage dans les premiers temps de la vie embryonnaire. La moitié inférieure du corps ne reçoit, par l'intermédiaire de la veine cave supérieure du ventricule droit et de l'aorte droite inférieure, que du sang déjà modifié dans les systèmes capillaires de la moitié supérieure du corps, mais la communication se faisant dans le sac veineux commun du cœur, il se mêle cependant à ce sang une partie du sang qui revient du placenta. La circulation pulmonaire est uniquement représentée, à cette époque, par un tronc artériel de fort peu d'importance, partant de l'aorte droite et revenant par une petite veine qui va aboutir dans la veine cave inférieure. La circulation hépatique est déjà plus considérable, car le sang arrivant des intestins se rassemble dans une veine porte, qui se ramifie dans le foie ; d'un autre côté, la veine ombilicale qui revient du placenta, envoie des rameaux dans la substance du foie. Les capillaires du foie formés, par conséquent, par la veine porte et les veines ombilicales, se rassemblent en des veines hépatiques qui se déversent dans la veine cave inférieure.

Pendant que le fœtus se rapproche ainsi de la maturité, il se forme peu à peu une paroi dans le sac veineux commun du cœur ; cette paroi, qui le partage en deux oreillettes, est cependant tou-

jours encore percée d'une ouverture de communication considérable, l'ouverture ovale (*foramen ovale*). Les deux aortes se sont
placées l'une contre l'autre, et se sont réunies en une seule à l'endroit où la crosse de l'aorte droite se dirige vers l'arrière. L'artère pulmonaire est devenue plus grande. La crosse de l'aorte
droite, depuis la naissance de l'artère pulmonaire jusqu'au point
de réunion, s'appelle alors le conduit de Botal (*ductus arteriosus
Botalli*). La circulation du foie s'est plus exactement délimitée, et
la circulation entière présente immédiatement avant la naissance
dans le fœtus l'arrangement indiqué dans la figure 107 ci-après.

Le sang va du ventricule gauche à travers l'aorte gauche et,
en décrivant une courbe, il se distribue dans les vaisseaux de
la moitié supérieure du corps. Immédiatement après avoir distribué ces vaisseaux (carotides et artères scapulaires), l'arc
s'ouvre dans l'aorte descendante venant du ventricule droit, laquelle aorte reçoit par conséquent un peu de sang venant du
ventricule gauche. Mais la plus grande quantité du sang de
l'aorte gauche se distribue dans la tête et les bras, revient dans
l'oreillette droite par la veine cave supérieure, et est chassée
ensuite, par le ventricule droit à travers l'aorte droite. Une partie de ce sang (la moins considérable) arrive dans les poumons
au moyen de l'artère pulmonaire, la masse principale de son
côté traverse l'arc aortique droit (conduit de Botal) entre dans
l'aorte descendante gauche et se distribue dans les intestins et
les extrémités inférieures. Deux grands rameaux de cette aorte
descendante gauche, les artères ombilicales, conduisent dans le
placenta le sang qui revient ensuite de cet organe par la veine
ombilicale. Le sang des extrémités postérieures traverse la veine
cave inférieure et se dirige vers le cœur. Ce tronc inférieur de la
veine cave reçoit, en passant à travers le foie, un grand tronc de
la veine ombilicale, c'est le conduit veineux d'Arantius. Le reste
du sang de l'artère ombilicale se distribue dans la substance du
foie, soit au moyen de rameaux particuliers, soit par l'intermédiaire de la veine porte, et tout le sang du foie retourne par
les veines hépatiques dans la veine cave inférieure. Celle-ci s'ou-

vre plutôt dans la moitié gauche de l'oreillette, qui reçoit, en outre, les veines pulmonaires ; l'ouverture est cependant placée de telle manière qu'elle aboutit aussi dans l'oreillette droite.

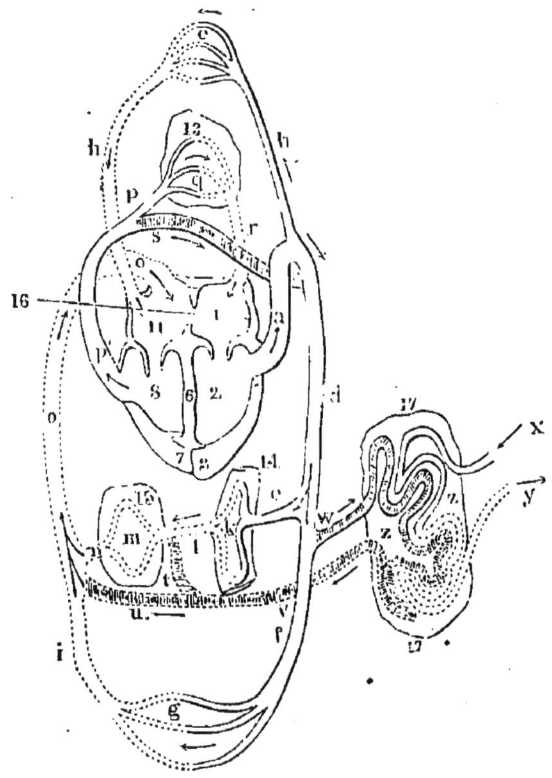

Fig. 107. — Schéma de la circulation de l'embryon, peu de temps avant la naissance. On a disposé cette figure de la même manière, comme la figure schématique représentant la circulation de l'homme adulte, p. 12, fig. 5, et, pour faciliter la comparaison, on a employé les mêmes lettres et chiffres comme dans cette dernière. Les systèmes capillaires sont indiqués par de simples ramifications ; tous les vaisseaux menant vers le cœur (veines) sont marqués par des contours ponctués, tandis que les vaisseaux allant vers la périphérie (artères) sont désignés par des contours pleins ; des flèches indiquent la direction du courant sanguin. Les vaisseaux qui oblitèrent après la naissance et sont mis hors de service par la respiration aérienne, sont marqués par des hachures transversales.

1, oreillette gauche ; 2, cavité du ventricule gauche ; 3, pointe du cœur ; 6, cloison séparant les deux ventricules ; 7, pointe du ventricule droit ; 8, cavité du ventricule droit ; 11, oreillette droite ; 13, poumons ; 14, intestin ; 15, foie ; 16, trou, ovale (foramen ovale) perçant la cloison des oreillettes et établissant une communication entre les deux oreillettes ; 17, placenta.

a. courant artériel du corps (aorte gauche) ; b, courant artériel de la tête et des bras ; c, système capillaire de la moitié supérieure du corps ; d, courant artériel pour la moitié inférieure du corps ; e, courant artériel desservant les organes digestifs ; f, courant artériel pour les parties inférieures ; g, système capillaire de ces parties ; *h*, courant veineux venant de la moitié supérieure du corps (veine cave supérieure) ; *i*, courant veineux venant des parties inférieures ; *k*, système capillaire des organes digestifs ; *l*, veine porte ; *m*, système capillaire du foie ; *n*, veines hépatiques ; *o*, veine cave inférieure ; *p'*, aorte droite ; *p*, artère pulmonaire ; *q*, système capillaire des poumons ; *r*, veine pulmonaire ; *s*, conduit artériel de Botal, établissant une communication entre l'aorte droite et l'aorte gauche ; *t*, branche allant de la veine ombilicale au foie ; *u*, conduit veineux allant de la veine ombilicale à la veine cave (conduit veineux d'Arantius) ; *v*, veine ombilicale ; *w*, artère ombilicale ; *x*, vaisseaux artériels se portant de l'utérus vers le placenta ; *y*, vaisseaux veineux allant du placenta à l'utérus ; *z*, système capillaire du placenta.

Dans le fœtus arrivé à maturité, la circulation pulmonaire est par conséquent préparée par l'agrandissement de l'artère pulmonaire, quoique la plus grande partie du sang passe encore par le ventricule droit dans l'aorte, au moyen du conduit de Botal. La séparation des deux oreillettes est aussi considérablement augmentée ; la circulation placentaire de son côté est brusquement interrompue à la naissance. Les vaisseaux ombilicaux se ferment, les artères pulmonaires s'agrandissent considérablement, et le conduit de Botal est peu à peu abandonné comme le bras mort d'une rivière. Le conduit se ferme bientôt et toute la masse sanguine arrive alors par le ventricule droit dans les poumons et à travers ceux-ci dans l'oreillette gauche. L'ouverture de la veine cave inférieure se place entièrement dans l'oreillette droite, dans laquelle la veine cave supérieure aboutissait dès l'origine. La fosse ovale se ferme, et c'est ainsi que s'accomplit le passage entre la circulation de l'embryon et la forme de circulation de l'adulte. En même temps, il s'établit une distinction entre les deux sortes de sang, l'artériel et le veineux. Quelquefois, par suite d'arrêts de développement, la fosse ovale de la cloison qui sépare les deux oreillettes demeure ouverte, ou bien aussi le canal de Botal restent perméables ; dans ces cas les deux sangs, artériel et veineux, se mêlent et il résulte de cet état anormal une oxydation incomplète du sang, qui prend alors une couleur plus bleuâtre, facilement reconnaissable par transparence sous la peau. Les enfants qui présentent ce phénomène, appelé cyanose, offrent des défectuosités générales dans l'acte de la nutrition, et si l'ouverture anormale de communication ne se ferme pas, ils sont en général voués à une mort prématurée.

LETTRE XXVIII

COUP D'ŒIL GÉNÉRAL

En examinant les différents organes indépendamment les uns des autres, comme nous l'avons fait jusqu'à présent, on ne peut tirer de ces études une idée générale des phénomènes qui se passent dans l'embryon. Nous chercherons, par conséquent, à donner une rapide esquisse de la marche que suivent le développement de la forme d'un côté et l'apparition des phénomènes vitaux de l'autre. Ces différents rapports permettent, en effet, d'arriver à maintes conclusions importantes pour la physiologie toute entière.

Il est indubitable que chez tous les animaux qui se sont formés de cellules embryonnaires primitives, on peut reconnaître une marche de développement commune par rapport à la genèse de ces cellules. Le fractionnement de l'œuf ou plutôt du vitellus; la division qui s'opère dans sa masse et dans les sphères vitellines, qui ne présentent bientôt plus qu'une grandeur égale à celle des cellules embryonnaires, auxquelles elles donnent naissance, ce sont là des phénomènes qu'on a reconnus comme communs à tout le règne animal. Le matériel se construit partout de la même manière, autant qu'on a pu le constater jusqu'à présent. Les recherches récentes ont probablement réussi aussi à prouver qu'une seconde évolution est l'apanage de tous les types ; je veux parler de la division du germe primitif en deux couches, une extérieure et une intérieure, l'ectoderme et l'entoderme ; tels sont les noms qu'on leur a donnés, noms qui correspondent aux deux feuillets germinatifs primitifs.

Si nous nous en tenons strictement aux faits élucidés jusqu'à présent, nous sommes forcé de reconnaître que depuis ce moment la communauté typique disparaît, et que le règne animal se divise en plusieurs formes différentes s'éloignant les unes des autres dans le cours de leur développement ; ces formes ne peuvent être réduites les unes dans les autres. Comme ces deux phénomènes communs, la formation de cellules et la formation de couches, peuvent se présenter dans tous les types animaux ; on en déduit en même temps que les différenciations entre les formes commencent à l'instant où l'on peut distinguer le cachet particulier imprimé à la marche du développement.

Si l'on examine pourtant l'évolution ultérieure de ces formes elles-mêmes, on reconnaît bientôt qu'à côté d'une certaine variété dans les détails, s'accentuent chez elles indubitablement certains plans d'organisation communs aux grandes divisions du règne animal. Il faut se demander ici d'où vient cette communauté typique et d'où viennent ces différences.

Le Darwinisme a cherché à répondre à ces deux questions. Il considère comme appartenant à la même souche tous les êtres chez lesquels on peut reconnaître des traits communs de développement, il pense que ces traits communs ont été transmis par les ancêtres et que les différences ont été acquises peu à peu par les descendants et transmises à leur tour par ceux-ci à leur propres descendants. Les caractères communs sont d'autant plus primitifs qu'ils sont plus généraux. Les caractères spéciaux et différenciant les types les uns des autres ont été acquis d'autant plus tard qu'ils se présentent dans un nombre plus restreint de formes. L'histoire du développement de l'individu représente, par conséquent, par des traits plus resserrés et souvent plus ou moins effacés, l'histoire des différentes phases que le type a parcourues.

Elle répète passagèrement des formations et des rapports dans l'organisation, qui se présentaient chez les ancêtres d'une manière durable pendant la vie. Lorsqu'il s'agit par conséquent de prouver la parenté plus ou moins grande de certains animaux en comparant leurs formes, l'embryogénie comparée a le premier rang.

Prenons un exemple : les Balanes sont des animaux sessiles, munis de coquilles calcaires à structure si particulière que depuis une dizaine d'années seulement on a cessé de les prendre pour des espèces d'escargots, c'est à-dire des mollusques ; on découvrit alors que de leur œuf sort un animal nageant librement dans l'eau et ressemblant dans les grands traits de son organisation aux petits des Cyclopes, sortes de petits crustacés habitant par millions, toutes les flaques d'eau. On reconnut, en outre, que les jeunes Balanes, au lieu d'acquérir des pattes natatoires et de se mouvoir librement dans l'eau, se fixent et se changent peu à peu en un animal de forme étrange. Par suite de ces découvertes, tous les naturalistes se sont accordés à dire que les Balanes sont des crustacés d'abord voisins des Cyclopes, et que les particularités observées chez eux ont été acquises par l'accommodation à un genre de vie sessile. L'embryogénie a, par conséquent, découvert le plan d'organisation primitif de ces animaux et a donc prouvé qu'il faut les rapporter avec les Cyclopes à une souche commune. Il s'agirait maintenant de ramener, par des recherches semblables à celles que l'on a déjà faites, non-seulement tous les crustacés, mais encore tous les articulés, à une forme fondamentale se présentant soit dans les larves, soit encore dans l'œuf, et concordant avec celle qu'on observe dans les Cyclopes et les Balanes. Dans ce cas, la descendance commune de cette forme fondamentale serait prouvée pour tous les Articulés. Cette forme fondamentale aurait alors acquis des différences dans la suite des temps par l'accommodation aux circonstances extérieures et par la transmission héréditaire. Les différences auraient été acquises à une époque d'autant plus reculée chez les ancêtres qu'elles apparaissent plus tôt dans le cours du développement individuel, et les développements spéciaux du type primitif et de la forme primordiale passeraient à l'arrière plan par rapport aux accommodations acquises plus tard dans les mêmes proportions. Il existe donc, pour nous servir de l'exemple choisi plus haut, des Articulés chez lesquels les trois paires de pattes primitives de la forme commune n'apparaissent que très-tôt, c'est-à-dire dans l'œuf, et ne s'y présentent dans ce cas que comme des moignons promptement disparus, sans articulation. Il serait absurde de vouloir prétendre que la forme primitive ait possédé ces membres sous l'aspect de moignons immobiles, sans articulations, et inutiles. S'ils devaient servir à l'animal primitif (et ce n'est qu'à cause de leur utilité qu'ils pouvaient être transmis aux descendants,) il fallait qu'ils fussent articulés et utiles à la locomotion. Au moyen de l'examen minutieux de différentes embryogénies dans un même type, on peut reconnaître ce qui dans un animal est formation primitive, ce qui est accomodation héréditaire, et ce qui représente le reste de la formation primitive qui a passé à l'arrière plan. C'est justement par cette série continuelle de trois facteurs agissant les uns sur les autres, que l'on reconnaît dans l'embryon un organisme en voie de formation et non pas un être fini et capable de vivre. Il possède à une certaine époque des ébauches plus ou moins développées des organes qui servaient à son ancêtre dans la lutte pour l'existence, sans qu'il lui soit possible d'utiliser ces ébauches dans le même but, car elles ne se développent pas jusqu'à pouvoir servir à un usage réel. L'embryon présente en même temps des organes qui se développent par dessus les autres, qui ont été acquis plus tard et se forment en vue d'un usage ultérieur.

Cherchons maintenant à appliquer ces principes à l'embryogénie de l'homme. L'homme est avant tout un vertébré; il y a, par conséquent, dans le développement de l'embryon humain certains traits, communs à tous les embryons de vertébrés, et d'un caractère purement embryonnaire, ne se rencontrant jamais par conséquent dans l'animal adulte. L'embryon possède en outre d'autres traits qui peuvent se conserver dans les degrés inférieurs, mais qui disparaissent dans les vertébrés supérieurs, et il en montre d'autres enfin qui n'apparaissent que dans les dernières périodes ou même après la vie embryonnaire et se développent pendant le cours de la vie indépendante. Il serait trop long de prouver ici comment les différentes époques d'apparition des divers caractères, dans la vie embryonnaire, peuvent servir utilement de base pour l'étude du groupement de ces caractères ; on parvient ainsi même à reconnaître leur importance relative. Il nous incombera d'abord d'examiner les différents points par lesquels l'embryon de l'homme et des mammifères supérieurs a des rapports plus intimes avec l'organisation des mammifères inférieurs.

L'embryon des vertébrés possède, à sa première apparition, un corps plat, en forme de guitare, qui présente, dans la direction longitudinale, un sillon creux, le sillon primordial. On n'a pas encore trouvé d'embryon chez lequel manque ce sillon ; on en a cependant déjà examiné un grand nombre, et on a reconnu que chez tous les vertébrés, sans exception, c'est le premier organe qui se différencie. On n'a trouvé aucun organe semblable dans les embryons des invertébrés, quoique dans les embryons des ascidiens, il existe quelque chose d'analogue, ce qui permet, par conséquent, de considérer le sillon primordial comme un signe caractéristique de tous les embryons de vertébrés sans exception. La forme primitive du cerveau et de la moelle épinière, telle qu'elle se présente avant la fermeture du tube primordial, ne se retrouve dans aucun animal adulte. Aussi, est-il probable que ce tube ouvert n'a jamais existé chez un animal développé, car nous ne pouvons nous représenter un système nerveux, mis à nu, à la surface du corps. On ne trouve, par conséquent, des analogies qu'au moment où les bords du sillon primordial ont formé une voûte, et qu'à l'intérieur du système nerveux se sont développées aussi certaines parties voûtées. On connaît, jusqu'à présent, un seul animal chez lequel, à ce qu'il semble, il n'existe pas de cellule cérébrale primitive ; on ne voit, en effet, dans l'Amphioxus adulte, que des renflements fort peu importants de la moelle épinière cylindrique qui se termine brusquement en avant, sans qu'on puisse distinguer de cerveau. On n'a pas non plus réussi à prouver la formation de chambres cérébrales à la première apparition du système nerveux central dans l'embryon de l'Amphioxus. On reconnaît au contraire dans le développement embryonnaire des différentes parties du cerveau, des analogies frappantes avec l'état de ces mêmes parties, tel qu'il est constitué chez divers animaux adultes. Nous rappelons, par exemple, la petitesse primitive des hémisphères du cerveau proprement dit ; l'obtection graduelle, par les masses des hémisphères qui la recouvrent, de la cellule cérébrale moyenne, dont l'excavation, primitivement considérable, se remplit, peu à peu, de substance solide ; enfin, la large ouverture primitive que l'on remarque dans le cerveau postérieur, partie bientôt recouverte par le cervelet. Toutes ces différentes phases de développement du cerveau se reconnaissent dans certains animaux, on peut les suivre pas à pas, quoiqu'elles ne se présentent pas toutes ensemble, car, suivant le type de l'animal, l'une s'accentue davantage, tandis que les autres s'arrêtent dans le développement. Chez les poissons, par exemple, le cervelet devient beaucoup plus grand que chez les amphibiens, chez lesquels il reste à un degré tout à fait embryonnaire et ne représente qu'un petit pont mince, tandis que le cerveau, proprement dit, est beaucoup plus accompli chez les amphibiens que chez les poissons. On voit, par conséquent, se passer ici la même chose, pour les organes particuliers, que pour le développement embryogénique, en général, car on peut découvrir des analogies dans les degrés de formation des différentes parties aussi bien que dans le plan d'organisation, tandis qu'on ne peut guère en trouver pour l'organe ou pour l'embryon, par rapport à la combinaison générale de toutes les parties.

Le développement du squelette nous présente des faits entièrement analogues, et leur comparaison peut être poussée encore bien plus loin que dans le système nerveux. La chorde est, aussi bien que le sillon primitif, le caractère général de tous les

embryons de vertébrés, elle ne manque chez aucun d'entre eux,
et dans le poisson le plus inférieur dont nous venons de parler,
elle forme même la seule partie du squelette que l'on puisse reconnaître. On ne trouve, chez cet animal, aucune trace de capsule cartilagineuse entourant le cerveau et la moelle épinière. Il
n'y a pas trace d'anneaux autour de la chorde, pas trace de toutes
les parties du squelette qui forment la tête. On retrouve, chez
tous les vertébrés et tous les embryons, des formations placées
au-devant de l'extrémité antérieure de la chorde dans le crâne ;
ces formations n'appartiennent pas essentiellement à la chorde et
par conséquent au système vertébral. Il n'en est pas de même chez
l'animal dont nous venons de parler ; sa chorde se termine immédiatement à l'extrémité antérieure du corps. Il y a plus encore,
cette même chorde, qui donne à l'embryon du vertébré une
physionomie toute particulière, se trouve aussi dans les embryons des Ascidiens, et soutient dans leurs larves, qui nagent
librement dans la mer, l'organe moteur, la queue. Le même
observateur russe, Kowalewsky, qui eut le premier le bonheur
d'étudier l'embryogénie de l'Amphioxus, au moins dans ses caractères principaux [1], a prouvé aussi qu'il existait de nombreuses
ressemblances entre le développement de ce vertébré plus inférieur d'un côté, et celui des Ascidiens, de l'autre, par rapport à
la formation du système nerveux, de la chorde, des intestins, des
fentes branchiales, etc. C'étaient là des rapports que les recherches subséquentes ne pouvaient que constater. Ces observations
ont, il est vrai, jeté une grande lumière sur la descendance et
l'origine des vertébrés, mais rien de plus, car on reconnaît non
sans étonnement que, dans les Ascidiens, les parties dont l'importance est capitale pour la formation du vertébré, comme le
système nerveux central et la chorde, ne jouent, chez eux, qu'un

---

[1] Dans une édition allemande précédente, je disais : « L'embryogénie de cet animal curieux donnerait de plus grands résultats pour la science qu'une demi-douzaine
de voyages au long cours sur de rapides voiliers. C'est malheureusement une malé-
diction qui pèse sur les gouvernements de ne pas connaître les besoins de la science
et de dépenser inutilement les secours qu'ils lui offrent à l'endroit même où ils sont
le plus inutiles. » Combien j'avais alors raison !

rôle tout à fait secondaire, car la chorde, par exemple, est rejetée à la fin de l'état larvaire et ne se présente même pas du tout dans quelques espèces, tandis qu'en même temps, le système nerveux, les organes respiratoires, etc., suivent une voie de développement toute différente. Si nous voulons, par conséquent, faire dériver d'une souche commune, les Ascidiens, d'un côté, et les vertébrés de l'autre, ce qui a eu lieu récemment, nous serons forcés de reconnaître que les deux types ont poursuivi leur développement dans une direction presque diamétralement opposée, en partant d'une origine commune.

Revenons maintenant à la chorde des vertébrés, à son développement ultérieur et à sa transformation en système osseux.

Les nombreuses recherches sur le squelette, qu'on a faites depuis le commencement de ce siècle surtout, nous permettent de retrouver, jusqu'à un certain point, chez différents animaux, toutes les phases de développement que nous connaissons dans l'embryon. Nous avons des animaux à chorde persistante et à apophyses vertébrales ossifiées, d'autres à corps de vertèbres annulaires, à base crânienne embryonnaire, à capsule cérébrale cartilagineuse et indivise, à arcs branchiaux primitifs, à plaques de recouvrement isolées. Bref, nous avons dans des animaux toutes les modifications possibles du squelette, variées jusqu'à l'infini. Il serait trop long de répéter ici tous ces faits, car nous avons déjà, à propos du développement du squelette, dit quelques mots sur ce sujet, à différents endroits.

L'état primitif du système intestinal ne se présente chez aucun vertébré ; chez tous, sans exception, l'intestin est un tube présentant un orifice antérieur, la bouche, et un orifice postérieur, l'anus. Mais c'est dans les rapports entre la bouche et les arcs branchiaux, que l'on peut retrouver tous les états embryonnaires, aussitôt que l'on examine les vertébrés les plus inférieurs ; chez beaucoup d'entre eux, les mâchoires restent à l'état d'arcs branchiaux. Les différentes métamorphoses de ces derniers peuvent se retrouver, pas à pas, dans les animaux. Il en est de même du système vasculaire. Toutes les différentes structures du cœur, depuis le tube simple jusqu'à l'organe à quatre loges, toutes ces formes successives de l'organe central et toutes les transformations que subit la circulation dans l'embryon lui-même, se retrouvent à l'état permanent chez divers animaux, et forment ainsi une espèce de contrôle pour les rapports que l'on observe dans l'embryon. L'anatomie comparée, employée avec circonspection, est, par conséquent, un des secours les plus importants pour l'embryogénie, au point de vue de la forme.

Dans toutes les parties du corps il y a des fonctions et des organes reliés les uns aux autres et qui ne peuvent se concevoir les uns sans les autres. La fonction de chaque organe dépend de sa construction spécifique. Aussitôt que cette structure présente des déviations, la fonction change aussi ; il est, par conséquent, tout naturel que le développement des fonctions marche de concert avec le développement des organes dans l'embryon, et présente toujours la même relation avec les organes, pendant qu'ils acquièrent leur structure définitive. Dans la nutrition du fœtus, la végétation cellulaire commune est graduellement remplacée par le sang, et se différencie suivant les divers tissus, et l'on observe la même chose pour les fonctions de chaque organe. Primitivement confondus les uns dans les autres, les tissus se différencient toujours davantage, et les fonctions spéciales n'apparaissent que lorsque les tissus spéciaux, qui s'y rattachent, se sont développés. Pour tous les organes du corps, à l'exception d'un seul, il n'y a jamais eu de doute à ce sujet. Il n'est jamais venu à l'idée de personne de prétendre que la faculté de sécrétion puisse exister séparément de la glande, et la contractilité séparément de la fibre musculaire. On n'a pas davantage prétendu que les muscles, les glandes et tous les autres organes se formaient et se développaient d'abord, et qu'ensuite, à un certain moment, la fonction soit venue s'insinuer chez eux et s'y implanter pour se servir ensuite des organes comme instruments. L'absurdité d'une telle idée est si évidente que l'on n'avait pas même le courage d'y réfléchir, à propos de ces organes.

Mais ce que l'on était forcé de rejeter, comme tout à fait faux,

chez les organes dont nous venons de parler, on le trouvait tout
à fait compréhensible lorsqu'il s'agissait du cerveau, par suite de
spéculations philosophiques et théologiques. On regardait comme
tout à fait naturel et on le trouve encore parfois, que le cerveau
ne soit qu'un instrument dont l'âme se serve pour arriver à exprimer ce qu'elle veut. Suivant que cet instrument était plus ou
moins complet, l'âme pouvait, si l'on peut s'exprimer ainsi,
jouer sur lui des airs plus ou moins bien composés. C'est ainsi
que l'on expliquait des différences que l'on remarque dans l'activité de l'âme chez les individus. En conservant cette opinion,
on avait l'avantage de séparer cette fonction du cerveau, que l'on
appelait l'âme, de l'instrument dont elle se servait, on en faisait
quelque chose d'immatériel, ayant une existence propre, et l'on
arrivait ainsi à affirmer que l'âme pouvait encore exister après la
destruction de l'instrument. Pendant que chez tous les autres organes on considérait la fonction comme une propriété de la matière
combinée d'une certaine manière dans l'organe, on faisait une
exception pour le cerveau en regardant l'âme comme une individualité séparée et immortelle ; on lui donnait encore une quantité d'autres propriétés plus impossibles les unes que les autres.

Par suite de ces idées bouffonnes, on entamait des discussions singulières sur le moment où l'âme entrait dans le corps
de l'embryon. Les uns pensaient que c'était à l'instant où les
premiers mouvements se montraient dans le fœtus. L'âme annon-
çait à l'organisme maternel qu'elle avait faite son entrée, et le
priait ainsi de lui accorder l'hospitalité, en opérant des contractions dans les bras et les jambes de l'embryon. Beaucoup d'autres philosophes prétendaient qu'on ne pouvait se représenter
comment l'âme pouvait traverser les enveloppes fermées et le liquide qui entourait l'embryon pour arriver jusqu'à ce dernier ;
ils soutenaient que l'âme s'introduisait avec la première inspiration du nouveau-né : l'être immatériel, suspendu dans l'air,
entrait ainsi dans le corps de l'embryon ; d'autres encore faisaient arriver l'âme au moyen du sperme dans l'œuf, dans lequel
elle restait à l'état latent jusqu'à la naissance.

Ces différentes idées eurent, surtout en droit criminel, des applications singulières. L'âme était le principe humain ou divin dans l'homme, et le corps n'était qu'un instrument passager : un attentat contre un individu ne pouvait avoir d'importance que dans le cas où l'âme se trouvait effectivement dans son corps. La destruction du fruit, après sa prise en possession par l'âme, devait être par conséquent un crime bien plus grand que la destruction du fœtus encore privé d'âme, et le législateur dut, par conséquent, s'inspirer des spéculations des philosophes et des théologiens. On distinguait entre l'avortement et l'infanticide, et l'on plaçait le moment où il fallait séparer les deux crimes, à des époques différentes, d'après les diverses opinions.

La théologie surtout, qui, de tout temps, a cherché à enrayer le progrès des sciences naturelles, implanta ces idées dans l'embryogénie et chercha à les y maintenir. Puisque l'âme représentait son champ d'activité, elle devait s'en occuper, non pas seulement aussi longtemps qu'elle restait dans le corps, mais encore lorsqu'elle avait abandonné sa demeure terrestre, et pour ne pas voir échapper de ses mains ce qui faisait la base et l'objet de son existence, la théologie était forcée de maintenir à tout prix une âme séparée du corps, immatérielle, et vivant encore après la mort du corps.

Il n'est probablement pas nécessaire de représenter ici au lecteur des explications plus spéciales pour lui montrer de quelle façon la saine physiologie a envisagé la question. Il n'y a, par conséquent, que deux voies pour examiner la question ; ou bien la fonction de chaque tissu, de chaque organe est un être spécial et immatériel qui ne se sert de ce tissu ou de cet organe que comme d'un instrument, ou bien la fonction est une propriété de la matière, qui se présente à nous sous une forme et dans une composition déterminée. Dans ce dernier cas, les fonctions de l'âme ne seront que des fonctions de la substance cérébrale, elles se développent avec cette substance, et disparaissent lorsque celle-ci est détruite. L'âme n'entre donc pas dans le corps du fœtus comme l'esprit malin dans le corps du possédé, mais elle est, au contraire, un produit du développement du cerveau, de même que l'activité musculaire est un produit du développement des muscles, et la secrétion un produit du développement glandulaire. Aussitôt que les substances constitutives d'un cerveau se réunissent de nouveau, sous la même forme, les fonctions qui appartiennent à ces formes et à ces combinaisons réapparaîtront, et l'activité que l'on a appelée l'âme, prendra de nouveau naissance.

La physiologie, qui ne connaît que des fonctions des organes matériels et les voit disparaître aussitôt que l'organe est détruit, a donc anéanti ces rêveries rentrées déjà trop dans le domaine de la vie commune. Nous avons vu dans les lettres sur les fonctions du système nerveux, que nous pouvons détruire l'activité mentale en blessant le cerveau. Nous pouvons tout aussi bien reconnaître par l'observation du développement embryonnaire ou du développement de l'enfant, que les fonctions spirituelles se développent dans le même rapport que le cerveau lui-même, c'est-à-dire graduellement. On ne connaît pas d'expression de l'activité de l'âme chez le fœtus, mais on retrouve chez lui les fonctions qui appartiennent principalement au tronc cérébral, comme les mouvements réflexes et d'autres expressions de l'influence nerveuse. Après la naissance seulement, on voit se développer les fonctions mentales, et le cerveau reçoit alors, peu à peu, le développement matériel qu'il est susceptible d'acquérir. L'activité spirituelle subit aussi, dans le cours de la vie, certaines tranformations correspondantes, s'arrêtant complétement avec la mort de l'organe.

La physiologie est donc catégoriquement opposée à une immortalité individuelle comme aussi à toutes les idées qui se rattachent à celle d'une existence spéciale de l'âme. Elle n'a pas seulement le droit de dire son mot dans toutes ces questions, il faut encore lui reprocher de n'avoir pas plus tôt cherché à indiquer la seule bonne voie par laquelle ces questions peuvent être résolues. On a prétendu que la physiologie allait trop loin lorsqu'elle s'occupait d'autre chose que du substratum matériel, mais elle veut, au contraire, étudier les fonctions de ce substratum et tout ce qu'elle reconnaît comme fonction de ce genre rentre dans le cercle de ses attributions.

On a cherché à échapper aux conséquences des études physiologiques, à ce qu'on nomme leur matérialisme désespérant, en disant que les fonctions spéciales mêmes n'étaient pas immortelles, mais bien l'idée qui est à la base de leur développement. La cause fondamentale qui fait naître les organes et leurs fonctions serait éternelle, et la fonction participerait ainsi à l'immortalité de la cause de cette fonction. Je suis forcé d'avouer que ce raisonnement ne me semble pas clair le moins du monde. La matière avec les forces qui s'y rattachent est le seul principe indestructible que nous connaissions. Les sciences, basées sur ce principe, sont, il est vrai, en opposition directe avec la théologie ; celle-ci nous apprend, en effet, que rien n'est plus périssable que la matière ; elle donne pour exemple le bois qui brûle dans un fourneau ou le cadavre qui pourrit dans la terre. Mais le carbone du bois est indestructible et éternel aussi bien que l'hydrogène et l'oxygène avec lesquels il était combiné dans le bois. La combinaison et la forme dans laquelle apparaissait la matière est destructible, mais la matière ne l'est jamais. Cette dernière présente une certaine quantité de forces ou de fonctions, comme l'on voudra, qui lui sont propres et en sont inséparables dès l'origine. Les fonctions de la matière se différencient dans certaines directions dépendant des différentes proportions de combinaisons des substances, ainsi que des formes que ces substances acquièrent ; ce sont là des directions que nous apprenons à distinguer et à reconnaître comme des forces séparées, et comme des lois régissant ces forces. Si l'on prétend, par conséquent, que les substances composant notre corps sont indestructibles, cela est parfaitement exact, et si l'on en tire la conséquence que les fonctions de cette matière sont aussi indestructibles, c'est là aussi une vérité indubitable. Mais les fonctions dépendant de la forme et des combinaisons des différents organes sont destructibles comme ces organes, et réapparaissent seulement quand la matière se présente de nouveau sous la même forme et dans la même composition.

Les différents phénomènes du développement embryonnaire ne peuvent être rapportés à une idée fondamentale directrice, les dirigeant d'une manière consciente ou inconsciente vers un but final ; on ne peut admettre une telle théorie, pas plus qu'on ne comprend une âme isolée présidant aux phénomènes vitaux du corps. L'œuf, une fois formé, ne peut se développer que dans le sens imposé par la structure et le mélange des substances dont il est construit ; changez cette composition matérielle de l'œuf, et vous transformerez aussi nécessairement son développement final. On a produit des monstruosités artificielles en faisant différentes blessures à l'œuf ou à l'embryon en voie de formation, sans que l'idée fondamentale dirigeante ait pu résister à cette déviation imposée à son plan. On changeait ainsi non pas seulement la composition matérielle, mais l'idée elle-même qu'on avait ainsi en son pouvoir. Les embryologistes se sont jusqu'à présent trop peu occupés de ces questions dont l'importance ne paraissait pas assez grande vis-à-vis des recherches nécessitées par les transformations matérielles de l'embryon. Ils implantèrent sans s'en douter différentes idées médicales dans l'embryogénie et parlèrent d'une idée fondamentale d'après laquelle l'embryon se développait. Le médecin parlait de même dans le temps d'un pouvoir guérissant de la nature ou de la force vitale s'opposant d'une manière soi-disant systématique aux envahissements de la maladie. De nos jours, on trouve cette idée d'une force vitale fort grotesque ; cette force se défendrait contre un refroidissement au moyen de la transpiration, d'un écoulement de mucus, d'un dépôt formé dans l'urine ou d'une diarrhée. On trouvera tout aussi ridicule, dans peu de temps, une idée fondamentale présidant au développement embryonnaire, et cherchant à se défendre contre des attaques extérieures par le développement de monstruosités de toutes sortes.

Il n'est plus besoin que de quelques indications pour présenter l'histoire de l'embryon comme un tout et pour montrer comment les différents organes se coordonnent dans leur développement. Nous allons examiner d'un autre côté, de quelle manière se comporte le fruit, dans son développement, vis-à-vis de l'organisme maternel. On peut faire ici à volonté des divisions, en regardant comme particulièrement important tel ou tel moment dans le développement du fœtus. On sait que la gravidité dure en tout dix mois lunaires ou quarante semaines. Les variations dans la durée moyenne de la gravidité proviennent surtout de l'ignorance dans laquelle on est sur le terme à donner au commencement de la gravidité. La meilleure méthode, sous ce rapport, est de compter depuis la dernière menstruation ; l'œuf s'est séparé en effet à ce moment de l'ovaire et a été fécondé.

On peut compter comme première période du développement de l'embryon humain le temps qui s'écoule jusqu'à la fin de la cinquième semaine. A cette époque l'embryon a atteint une longueur de trois lignes et les organes essentiels se sont déjà différenciés, le chorion forme une membrane villeuse entourant l'embryon ; il n'est cependant nulle part fixé aux parois de l'utérus. L'embryon lui-même s'est cependant refermé presque complètement dans la ligne médiane, à l'exception de l'ombilic qui a la forme d'une fente. A son extrémité postérieure sort l'allantoïde. Au milieu de l'abdomen, à l'endroit où se recourbe l'intestin alors presque droit, sort la vésicule ombilicale. L'amnios vient de se former, mais représente encore un sac serré et entourant étroitement l'embryon. Les cellules cérébrales sont formées, les hémisphères du cerveau proprement dit déjà fortement développés et les yeux contiennent un dépôt de pigment noir. Les arcs branchiaux sont déjà avancés dans leur développement et ont presqu'atteint le point auquel ils commencent à se fermer. Les membres ont l'air de nageoires aplaties et sans divisions. Le corps se termine par une queue. Les parties solides du squelette ne sont représentées que par la chorde et les plaques vertébrales. Le cœur et le foie sont proportionnellement très-grands, les corps de Wolff commencent déjà leur développement rétrograde. Les poumons, les reins et les organes génitaux viennent de se différencier.

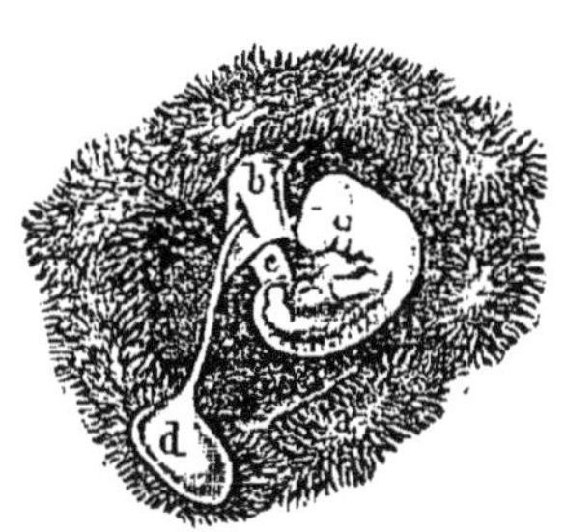 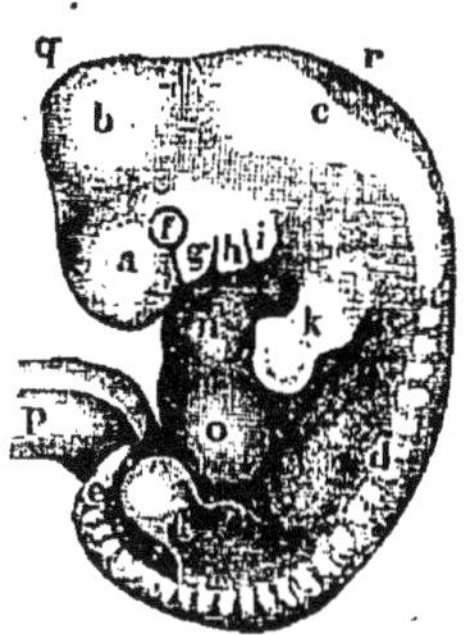

Fig. 108. — Œuf humain âgé d'environ cinq semaines. L'amnios est enlevé, le chorion avec ses villosités est ouvert, la vésicule ombilicale ainsi que l'embryon sont intacts. — *a*, chorion; *b*, reste de l'amnios attaché au cordon ombilical *c*; *d*, vésicule ombilicale attachée à une tige assez longue.

Fig. 109. — L'embryon de cet œuf plus fortement grossi. — *a*, prosencéphale; *b*, mésencéphale; *c*, épencéphale; *d*, colonne dorsale; *e*, queue, fortement développée à cette époque, se rapetissant plus tard; *f*, œil; *g*, mâchoire supérieure; *h*, premier arc viscéral (mâchoire inférieure); *i*, second arc viscéral; *k*, extrémité antérieure; *l*, extrémité postérieure; *n*, cœur; *o*, abdomen, rempli surtout par le foie; *p*, cordon ombilical; *q*, courbure céphalique; *r*, courbure nuchale.

Dans la seconde époque, qui va jusqu'à la fin du troisième mois lunaire ou de la douzième semaine, l'embryon tend surtout à s'unir, au moyen du placenta, avec l'utérus. L'embryon lui-même grandit considérablement, ses organes internes présentent en même temps un développement qui augmente continuellement. Les angles du crâne se sont peu à peu émoussés et la tête elle-même a acquis une forme arrondie, elle s'est séparée aussi du cou. Les bases cartilagineuses de tous les os du crâne se sont différenciées, et l'on voit déjà en quelques endroits un commencement d'ossification. La séparation entre les cavités buccale et nasale est devenue complète par la fermeture du plafond du palais. Les paupières sont déjà formées et collées l'une à l'autre. Les lèvres ferment la bouche de la même manière, tous les organes de la cavité thoracique et de la région inguinale se trouvent dans leur position relative. Quant à l'estomac, il est encore court, placé verticalement et à peine séparé de l'intestin. Les reins sont lobulaires. Les testicules ou les ovaires sont placés immédiatement sous les reins. Les organes générateurs externes se ressemblent énormément ; on peut pour cette raison à peine distinguer la forme extérieure des deux sexes. Les membres sont complétement développés, mais relativement encore petits, et leurs proportions ne sont pas les mêmes que chez les adultes, car les extrémités sont relativement bien plus grandes que la partie moyenne. Le placenta est complétement développé et le chorion n'est plus floconneux.

Toute l'époque allant jusqu'au troisième mois lunaire, et jusqu'au développement complet des rapports entre la mère et l'embryon, peut être regardée comme le premier temps de la gravidité. Pendant ce temps, les signes extérieurs de la gravidité sont encore très-trompeurs et incertains, et peuvent être confondus facilement avec d'autres états maladifs. L'état de congestion dans les parties génitales, provoqué par l'installation de l'œuf, se manifeste par différents phénomènes, d'ordre nerveux surtout. C'est une irritation de l'estomac, des nausées et des vomissements ayant beaucoup d'opiniâtreté et résistant à tous les remèdes. A cela viennent s'ajouter très-souvent des accidents hystériques de toute sorte. On sait que les appétits des femmes enceintes ont, de tout temps, été en butte à la satire. Aussitôt que la réunion entre la mère et le germe est devenue complète, au moyen du placenta, ces phénomènes maladifs disparaissent peu à peu ; la femme enceinte se porte mieux, par conséquent, vers le milieu et la fin que dans le commencement de sa grossesse.

La troisième époque de la formation embryonnaire se termine à peu près au commencement du sixième mois, car, à cette époque, l'embryon est déjà capable de continuer à vivre en dehors de l'organisme de la mère. Il est facile de comprendre que tous les organes sont déjà assez développés, que la circulation pulmonaire peut commencer, ainsi que la nutrition, par l'intestin, et que les glandes sont capables d'entrer en fonction. L'épiderme, d'abord mou et couvert de mucosités, devient plus ferme et se couvre presque partout de poils laineux particuliers qui disparaissent plus tard. Les ongles commencent à devenir cornés, quoique leur consistance soit à peine plus grande que celle du reste de la peau ; celle-ci n'est attachée que faiblement à la surface du corps, elle forme des plis et des rides ; le visage de l'embryon surtout, présente ainsi l'apparence de celui d'un vieillard. Ces rides disparaissent plus tard par suite d'une accumulation de graisse sous la peau ; mais cette apparence peut se conserver chez des embryons malades et mal nourris : on la considère toujours comme un signe infaillible de non-maturité ou de constitution maladive.

Pendant ce temps, l'embryon devient long de quinze pouces, à peu près, et atteint un poids d'environ deux livres ; en ce moment les signes extérieurs particuliers de la gravidité se développent, chez la mère, avec beaucoup plus d'intensité qu'auparavant. L'utérus, distendu, avance graduellement par-dessus le bord du petit bassin, et l'orifice de la matrice subit des transformations spécifiques. L'abdomen se porte de plus en plus en avant, et les intestins sont repoussés vers le haut et l'arrière par l'extension de l'utérus.

Dans la dernière époque de la gravidité, la masse de l'embryon, ainsi que les préparatifs pour sa séparation d'avec la mère, subissent surtout l'influence du développement, et il n'y a alors guère de changements importants à constater dans la structure des organes. Un enfant à terme pèse de six à sept livres ; sa longueur atteint de dix-huit à vingt pouces ; il est accroupi dans l'utérus, la tête en bas et la partie postérieure en haut. La tête est recourbée vers la poitrine, les bras sont croisés, les pieds ramenés vers le corps ; sa position est, en un mot, celle d'un hérisson enroulé. Les ongles de l'enfant sont durs et cornés, le menton est indiqué, les os de la tête sont tous déjà formés, quoique non encore réunis les uns aux autres. On distingue, pour cette raison, sur le crâne deux ouvertures plus considérables, qui, par leur forme différente et par leur grandeur, sont d'un grand secours pour les accoucheurs ; ceux-ci reconnaissent par leur moyen la position de l'embryon. L'ouverture antérieure ou la grande fontanelle, a une forme rhomboïdale et est placée à l'endroit où les deux frontaux et les deux pariétaux se rencontrent, par conséquent à la hauteur du front et un peu derrière la place où commencent les cheveux. La petite fontanelle, qui est triangulaire, est placée de même sur la ligne médiane, à l'endroit où les deux pariétaux se rencontrent.

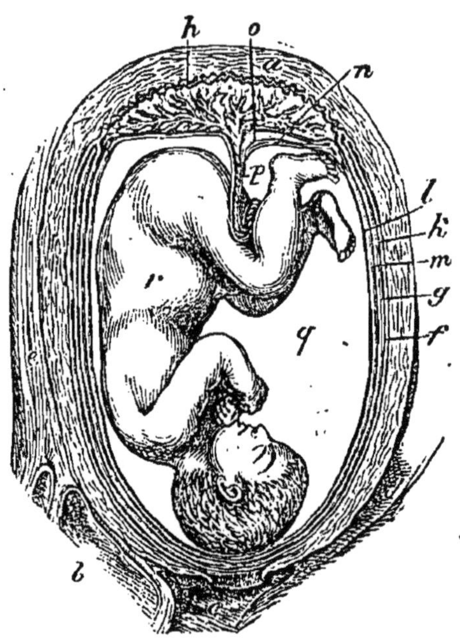

Fig. 110. — Coupe de l'utérus contenant l'embryon développé. — *a*, paroi de l'utérus; *b*, coupe de la vessie urinaire; *c*, vagin; *d*, périné (espace entre l'utérus et le rectum); *e*, paroi du ventre; *f* et *g*, caduque vraie et réfléchie; *h*, limite entre les villosités embryonnaires et celles provenant de l'utérus; *i*, placenta; *k*, chorion; *l*, amnios; *m*, liquide albumineux entre ces deux enveloppes; *n*, *o*, feuillet réfléchi de l'amnios couvrant le placenta sur sa face interne; *p*, cordon ombilical; *q*, cavité de l'amnios remplie par la liqueur amniotique; *r*, embryon.

Au moment de l'accouchement, l'embryon est expulsé de l'organisme maternel, et doit commencer une vie indépendante. Nous n'avons pas l'intention d'entrer ici dans plus de détails sur le mécanisme de cet acte. Les signes précurseurs de la naissance sont une tension continue et des douleurs vives dans l'utérus, ainsi qu'un élargissement graduel de son orifice. Lorsque ces phénomènes ont duré quelques temps, l'utérus commence à se contracter, d'abord à longs intervalles, puis à intervalles plus courts. Les douleurs reviennent de temps en temps, et servent à pousser le fœtus vers l'ouverture de la matrice, en même temps aussi, le liquide rassemblé dans les membranes est poussé en avant vers l'orifice. Les membranes de l'œuf forment alors une vésicule fortement tendue à l'orifice de la matrice ; cette vésicule finit par crever et.laisser échapper le liquide. Les douleurs augmentent de plus en plus, puis l'embryon est poussé peu à peu la tête en avant, le visage tourné en arrière, à travers l'ouverture du bassin et les parties génitales externes. Dans cet acte, la tête, fort grosse, est le plus grand obstacle à vaincre, mais comme les os du crâne ne sont pas encore complétement réunis les uns aux autres, ils glissent les uns sur les autres et diminuent ainsi le diamètre de la tête. Le corps de l'enfant suit facilement, aussitôt que la tête est sortie. Après cette expulsion arrive une période plus ou moins longue.de repos suivie de nouvelles contractions, qui expulsent à leur tour le placenta qui s'est détaché. L'utérus reprend ensuite peu à peu ses dimensions antérieures pendant les relevailles.

L'embryon lui-même commence, avec la première inspiration, sa vie indépendante. Au moment où les poumons se remplissent d'air et où le placenta s'est séparé de l'utérus, la circulation a pris une autre direction. L'enfant ne peut plus s'assimiler de substances appartenant au sang de la mère et a besoin alors d'une nutrition indépendante qui ne se fait, il est vrai, dans le commencement, qu'au moyen d'une sécrétion particulière de la mère, le lait.

LETTRE XXIX

INFLUENCE DES PARENTS — MONSTRUOSITÉS

La condition matérielle de la génération qui semble donnée par l'entrée d'un zoosperme dans l'œuf, se base essentiellement sur une observation faite depuis longtemps et répétée souvent, c'est que non-seulement les particularités de la mère, mais encore celles du père se transmettent à la descendance. Tant que prévalut l'opinion de la seule action de contact de la semence mâle, qui déterminait dans l'œuf une sorte de fermentation produisant, pour former l'embryon, un groupement particulier des éléments, la transmission des caractères paternels restait une énigme que l'on ne pouvait résoudre d'aucune façon. Aujourd'hui, l'observation, à ce qu'il paraît, a prouvé que l'embryon est un produit de deux facteurs s'unissant matériellement, le zoosperme du père et l'œuf de la mère, aussi ne doit-on plus s'étonner de nos jours du fait que les particularités matérielles des deux parents se transmettent au germe. La ressemblance dans les familles nous en donne déjà la preuve, et quoiqu'on en ait abusé à l'égard de maris souvent trompés, on ne peut la nier complétement. On la reconnaît surtout par les ressemblances que des étrangers trouvent entre les enfants d'une même famille, malgré la différence de leurs traits. Cette ressemblance générale nous semble surtout frappante lorsque l'on se trouve en présence d'une race étrangère dont les membres vous semblent tous taillés sur le même patron. On se rappelle encore très-bien en Allemagne de l'impression que firent les hordes russes à leur arrivée dans ce pays, en 1813, pendant la soi-disant guerre de délivrance. On ne pouvait distinguer les Kalmoucks et les Baschkirs entre eux, parce que la concordance générale de leurs traits frappait seule, et que les différences individuelles échappaient à l'œil étonné. J'ai moi-même été confondu maintes fois avec mon frère, et avec la meilleure volonté du monde, je n'ai pu reconnaître aucun trait de ressemblance entre lui et moi. Très-souvent aussi des personnes qui n'avaient jamais vu auparavant que mon père ou ma mère, m'ont reconnu à première vue.

Cette ressemblance de famille ne se distingue pas seulement dans le visage, mais encore dans toutes les autres parties du corps, et cela d'une façon encore bien plus étonnante, ces parties étant moins soumises aux variations provenant de dépôts graisseux ou d'influences psychiques. Mon attention a été attirée dès mon enfance sur ce point, par une discussion qui eut lieu en ma présence. On voulait savoir si je ressemblais à mon père ou à ma mère, si, c'est ainsi que l'on s'exprimait, j'étais un *Vogt* ou un *Follenius*. Les raisons étaient aussi bonnes d'un côté que de l'autre, enfin une de mes tantes résolut catégoriquement la question en s'écriant : « Regardez donc sa main, c'est la main d'un Vogt ; » et dans son orgueil de famille, elle ajouta : Il n'y a pas au monde une autre famille possédant une telle main et des doigts en queue de canard de ce genre !

Si ces observations sont justes, ce qui est indubitable, on est fondé à tirer cette conclusion, que les parties internes présentent d'une façon analogue le cachet de la ressemblance de famille. Certaines particularités de forme doivent donc se retrouver dans tous les organes ; elles nous échappent par la raison que nous n'avons pas tous les jours devant les yeux les attaches qui les relient ; il n'en n'est pas de même des parties extérieures. Nous agissons pour toute chose comme à l'égard des Baschkirs dont nous avons parlé plus haut. Nous commençons par chercher les ressemblances, et ce n'est qu'après des recherches longues et répétées que les différences nous apparaissent. Il ne faut donc pas s'étonner si les anatomistes n'ont pas encore réussi à découvrir des ressemblances de famille dans la forme des poumons, du foie, du cœur, etc. L'existence de ces ressemblances est cependant tout aussi probable que celle du visage et des mains, et c'est de là que provient probablement l'hérédité des différents états maladifs. Cette preuve nous est cependant facile à donner pour *un* organe, au moyen de la fonction qui se manifeste à l'extérieur, je veux parler du cerveau. On dit, il est vrai, que les hommes d'esprit ont en général des enfants bêtes ; cependant, en examinant la chose de plus près, on retrouve toujours les bases des propriétés intellectuelles du père et de la mère dans l'enfant, quoiqu'elles soient alors souvent combinées d'une manière particulière et développées dans un seul sens. Gœthe a, par conséquent, bien raison de dire :

« De mon père, je tiens la manière d'être, l'expérience de la vie, le sérieux ; — de ma mère, l'humeur joyeuse et l'imagination. »

Pour ceux qui considèrent l'âme comme immatérielle et implantée pour ainsi dire dans le corps, cette ressemblance de famille est une énigme impossible à résoudre ; pour l'expliquer, ils devraient admettre que les âmes des parents se partagent au moment du coït, ce qui porterait une grave atteinte à l'individualité de l'âme. Quant à ceux qui, en se fondant sur l'observation et les faits, ne regardent l'activité de l'âme que comme une fonction du substratum matériel de la substance cérébrale, et qui sont convaincus que la forme et la matière déterminent la fonction, il ne leur paraîtra pas étrange que les particularités de forme, dans le développement du cerveau, soient transmises par les parents et aient nécessairement pour conséquence des particularités spécifiques dans l'activité de l'âme.

Pour décider lequel des deux individus procréants, du père ou de la mère, a le plus d'influence sur la descendance, il faut exami-

ner les cas de croisements entre différentes espèces d'hommes et.
d'animaux. On peut dire en général que dans ces croisements,
les particularités de l'hybride se partagent entre celles du père
et celles de la mère. Ainsi, les métis de blancs et de nègres représentent à peu près le milieu entre les deux parents. Dans l'é-
lève des animaux, on part, au moins en occident, de l'opinion
que le père est l'élément prédominant,· et l'on met, par conséquent, beaucoup plus de soin au perfectionnement des taureaux,
des étalons et des boucs, qu'à celui des femelles correspondantes.
En Orient, on part de l'opinion contraire. Les Arabes donnent
beaucoup plus de valeur aux juments , ils font même les arbres
généalogiques de leurs meilleurs chevaux en se basant sur les
mères et non sur les pères.

Les recherches statistiques ont prouvé, que sous le rapport du
sexe de la postérité, l'âge des deux parents a une influence capitale, et il est probable que cette influence se manifeste encore
dans d'autres particularités. Il semble maintenant assez certain
qu'il naît d'autant plus de garçons dans un mariage, que le père
est plus âgé par rapport à la mère. On peut admettre une diffé-·
rence de six à dix ans comme étant la proportion dans laquelle
les deux parents se font équilibre. Si l'âge des deux parents est
le même, ou si la femme est plus âgée, la probabilité sera dans
le sens d'un nombre plus grand de filles. La plus grande proportion de nouveau-nés du sexe mâle par rapport aux filles, qui
varie entre 102 et 107 pour 100, suivant les différents pays, provient par conséquent uniquement du fait que les maris sont
en moyenne de 10 à 15 ans plus âgés que leurs femmes.
La statistique est par conséquent d'un avis diamétralement opposé à celui du peuple ; elle nous apprend en effet que, dans
des mariages de vieillards avec de jeunes filles, il naîtra des
garçons, selon toute probabilité.

Il s'agit encore de savoir si d'autres circonstances, comme par
exemple l'alimentation des parents et surtout de la mère, peuvent
avoir de l'influence sur le sexe de l'enfant qui doit naître. C'est
là une question dont nous devons nous occuper ; mais on n'a jus-

qu'à présent mis en avant, pour la résoudre, que des rêveries et des théories vides de sens dont l'observation a eu facilement raison. Les anciens croyaient déjà que l'ovaire ou le testicule droit produisait des garçons, et le gauche des filles ; mais dans l'antiquité déjà, cette opinion, qui était assez fortement enracinée, fut réfutée complétement. Il faut, par conséquent, avouer que l'observation, sous ce rapport, n'a pas encore donné de résultats, mais il serait niais de prétendre que la détermination du sexe des enfants par les parents eux-mêmes soit opposée au pouvoir de la Providence sur la terre. On fit jadis la même objection au vaccin et au paratonnerre, qui modifièrent en effet considérablement l'ordre établi par la Providence par rapport à la mortalité et aux incendies. Cette objection est d'autant plus insensée que l'homme a déjà, involontairement il est vrai, directement changé l'ordre établi par la Providence. Les États ont déjà profondément modifié l'ordre primitivement établi en arrangeant les conditions de majorité de telle façon, qu'on ne peut leur suffire que dans un âge avancé. Beaucoup d'États ont ainsi contribué à la naissance d'un nombre beaucoup plus grand de garçons, ce qui n'aurait pas eu lieu avec une liberté complète. On peut penser, au contraire, que ce sera seulement lorsque l'on connaîtra les conditions nécessaires à la production d'un sexe déterminé, et qu'ainsi les parents pourront à volonté choisir par avance le sexe de leurs enfants, que la proportion primitive sera rétablie par ce libre choix.

Les monstres, qui sont assez communs, non-seulement chez l'homme, mais encore chez les animaux et même les animaux sauvages, ont passé, depuis une haute antiquité, pour des signes de la colère divine annonçant un malheur, une vengeance, ou d'autres choses de ce genre. Cette opinion était une conséquence nécessaire de la croyance, qui donnait à chaque être organique un créateur conscient, au lieu de le faire naître par des lois naturelles. En effet, on ne comprend pas pourquoi il faudrait abandonner cette opinion d'un mauvais présage, manifesté par les monstres, si l'on reconnaît qu'ils ont été volontairement créés.

Si l'être organique a été produit par un créateur conscient, on doit aussi attribuer un but conscient aux monstres,

Les repoussantes figures que présentent beaucoup de monstres, ont donné lieu aux présages les plus divers, mais surtout à des comparaisons fort curieuses, avec une quantité de choses qui inspiraient du dégoût. On reconnaît de même dans les formes bizarres des stalactites, des ressemblances qu'aperçoit seulement l'individu initié par avance, tandis que les autres personnes les cherchent inutilement. On voyait ainsi dans les monstres toutes sortes de combinaisons d'animaux repoussants avec des formes humaines. En partant des taches de naissance, jusqu'aux monstres les plus caractéristiques, le peuple a adopté une sorte de chaîne fantastique dont les anneaux augmentent chaque jour en nombre d'une façon inespérée. Chacun sait que dans les musées anatomiques, les monstruosités forment la partie intéressante de la collection, et si on écoute les conversations auxquelles elles donnent lieu, on est forcé d'admettre que, malgré le progrès dont nous nous glorifions si fort, le peuple a encore bien des préjugés.

Le peuple ne cherche pas, en général, la cause de la naissance des monstres dans le germe ou dans le fœtus, mais dans la mère ; et l'on croit assez généralement que les femmes enceintes peuvent *avoir des envies*, et que le fœtus porte par suite de cette envie, une déformation qui rappelle jusqu'à un certain point la forme et l'apparence de l'objet qui a fait impression sur la femme enceinte. Une femme enceinte s'effraye à la vue d'un dindon qui s'avance vers elle. L'enfant qui naît aura sur le bras une tumeur sanguine érectile de couleur bleue rougeâtre. Il est clair que la femme enceinte a été impressionnée par le dindon ; l'excroissance charnue que cet oiseau porte sur le bec et qu'il bouffit lorsqu'il est irrité, a été imitée par la nature sur le bras de l'enfant. Il existe des centaines et des milliers d'histoires de ce genre, toutes arrangées d'une façon analogue, et l'on peut bien dire que plus d'une malheureuse femme enceinte passe tout le temps pendant lequel elle a conscience de son état, en butte à la frayeur et au chagrin ; elle craint en effet d'avoir eu des envies et de donner naissance à un monstre. La théorie de ces envies est probablement aussi ancienne que le genre humain lui-même, et comme, à notre époque, on respecte et vénère les erreurs d'autant plus qu'elles sont plus anciennes, celle-ci mérite quelque attention. En effet, c'est le patriarche Jacob qui le premier a fondé la théorie de la tromperie, permise sur le principe des envies, car il plaça devant les moutons de son beau-père, qui étaient à l'abreuvoir, de petits bâtons tachetés, et produisit ainsi des agneaux tachetés. Les Hébreux croyaient donc fermement à cette théorie. Les anciens Grecs y ajoutaient foi également, car Hippocrate, en s'appuyant sur cette croyance, sauva de l'accusation d'adultère, dit-on, une princesse qui avait donné naissance à un négrillon, quoique son mari fût blanc. Hippocrate prétendit que la princesse avait eu envie du portrait d'un nègre suspendu au-dessus de son lit. Il est probable que le père de la médecine ne réussirait guère, de nos jours, à faire accepter cette théorie dans les Indes occidentales ou au Brésil. Un éleveur emploierait plutôt de nos jours, pour produire des agneaux tachetés, des béliers et des brebis différemment colorés, et ne songerait guère à de petits bâtons peints de couleurs diverses. Les résultats ainsi obtenus seraient probablement plus satisfaisants que ceux que l'ancêtre des Juifs obtint avec son système.

Il est indubitable que l'union entre la mère et le germe est assez grande dans les mammifères pour que certaines influences puissent être transportées de l'organisme matériel sur celui de l'enfant. Il n'y a cependant pas d'union directe entre la mère et le germe, mais nous avons vu que les masses sanguines des deux êtres ont une action réciproque continuelle l'une sur l'autre, et qu'une endosmose active se fait ainsi entre elles. Nous savons aussi combien est rapide, chez les personnes irritables, l'action de certaines affections sur la nutrition et la composition du sang tout entière. On comprend facilement que ces transformations se transportent sur la masse sanguine du fœtus, produisent des dérangements dans la nutrition et peuvent, en d'autres termes, rendre le fœtus malade. Nous savons bien que les maladies de la mère se transmettent à l'enfant, que des mères syphilitiques ont donné naissance à des enfants attaqués à un haut degré par cette maladie, que certaines humeurs se transmettent de la mère à l'enfant, mais toutes ces actions sont cependant plus rares qu'on pourrait le croire, et l'influence de l'organisme maternel sur celui de l'enfant, moins considérable qu'on ne serait en droit de s'y attendre. Les fausses couches, qui se présentent si souvent, ne peuvent être alléguées comme une preuve de l'influence de la mère, car elles sont surtout le résultat des états maladifs des organes sexuels ou de l'organisme maternel. La plupart des fausses couches tombent sur le quatrième ou cinquième mois de la grossesse, c'est-à-dire sur une époque où l'embryon est presque complétement développé. Mais il croît rapidement à cette époque, et l'extension considérable de l'utérus produit des dérangements dans les autres organes. Aussitôt que ces organes sont habitués à ce plus grand volume qu'occupe la matrice, les fausses couches deviennent plus rares. C'est là une preuve certaine que ces accidents proviennent surtout de l'état des organes maternels.

Les organes de l'embryon existent déjà, comme nous l'avons vu plus haut, pour la plus grande partie à la fin du second mois de la gravidité, et depuis ce moment ils ne font que continuer leur développement. La liaison plus intime entre l'utérus et l'embryon ne se fait cependant que lorsque les ébauches principales des organes sont déjà formées. L'action réciproque des deux masses sanguines dans le placenta ne s'exerce qu'après cette époque, et il est par conséquent fort invraisemblable que des influences psychiques, antérieures à cette époque, puissent avoir de l'effet sur la vie de l'embryon et le développement de ses organes. La plupart des histoires, qui cherchent à prouver les envies qu'aurait eues la femme enceinte, se rapportent aux derniers mois de la gravidité; à ce moment les organes ont déjà dépassé l'état de développement qu'ils présentent dans la monstruosité. Si l'on prétend qu'une femme enceinte a donné naissance à un enfant ayant une gueule de loup par exemple, parce que dans le cinquième ou le sixième mois elle a eu peur d'un objet quelconque, on peut hardiment affirmer que c'est impossible, car à ce moment le palais osseux et la fente buccale primitive devraient déjà être fermés depuis longtemps. La monstruosité existait par conséquent avant l'action, effroi ou envie, qui, soi-disant, en a été la cause.

Une grande quantité de faits acquis à la science nous prouvent que déjà dans l'ébauche primitive de l'enfant, agissent quelquefois des rapports propres à produire des monstruosités. Dans les fausses couches qu'on a examinées jusqu'à présent, presque tous les œufs, s'ils étaient encore jeunes, étaient évidemment malades, car, soit l'embryon, soit ses membranes présentaient des déviations de la structure normale. Certaines difformités se transmettent dans les familles, et plus d'un organisme maternel donne naissance à des germes qui présentent dans certains organes une direction anormale dans le développement. Certaines femmes, par exemple, ne donnent naissance qu'à des enfants ayant six doigts à la main, des becs de lièvre ou un développement insuffisant du cerveau. Il y en a d'autres dont plusieurs enfants sont normalement développés et d'autres difformes. La présence constante des mêmes défauts de conformation dans les produits d'un même organisme maternel, nous permet de poser en principe que les germes produits par cet organisme maternel portent en eux-mêmes, dès le commencement, la cause d'une déformation de ce genre.

On connaît encore des cas dans lesquels l'influence de la semence peut être aussi regardée comme anormale. Dans un troupeau de vaches de la Silésie, qui avait un seul taureau, il se présenta, dans l'espace d'un an, dix cas de monstruosités. On éloigna le taureau, et l'élève du bétail devint normal. Il n'y a donc pas de doute que l'œuf ne puisse apporter avec lui dans sa formation primitive certaines directions anormales dans son organisation, mais que ces directions peuvent aussi être introduites par l'influence de la semence du mâle. Cette influence cependant n'est limitée qu'à quelques particularités inhérentes à l'organisme en entier, mais elle ne s'étend pas à des déformations accidentelles. On a cependant raconté quelques cas de ce genre; il est né des poulains et des jeunes chiens avec des queues raccourcies; leurs parents avaient été pendant plusieurs générations traités selon la mode anglaise. Mais ces cas pourraient paraître d'autant moins constatés, que des mutilations de ce genre pratiquées systématiquement pendant des siècles par des peuples entiers, par exemple l'aplatissement de la tête dans les races américaines, la mutilation des pieds chez les Chinois, la circoncision chez les Orientaux et les Juifs, et la perforation de l'oreille chez les autres peuples civilisés et non civilisés, ne sont jamais transmises aux descendants.

Nous avons toutes les preuves irrécusables que le fœtus, pendant son développement, peut devenir malade d'une façon toute indépendante, et que des déformations peuvent se retrouver chez lui par suite de ces maladies. Elles produisent surtout des accumulations aqueuses dans les diverses cavités des organes embryonnaires ; il en résulte des formes de monstruosités très-diverses. Beaucoup d'autres monstruosités, comme par exemple, des abcès dans le bassin, proviennent certainement de maladies correspondant plus ou moins avec celles des adultes. Les influences extérieures peuvent même donner lieu à des monstruosités maladives de ce genre. Des exemples plus ou moins fondés nous prouvent qu'un coup donné sur le bas-ventre de la mère, peut produire chez le fœtus des déformations mécaniques, et que des rapports particuliers dans l'œuf, comme l'enroulement du cordon ombilical, peuvent donner lieu à des blessures de ce genre. On a même produit des monstruosités artificielles au moyen de blessures mécaniques faites à l'embryon.

Il résulte de toutes ces observations que la formation primitive des germes et du liquide fécondant, et les dérangements accidentels que peut subir le fœtus pendant son développement, suffisent parfaitement pour expliquer les difformités du fruit. Les

explications vieillies et déraisonnables, basées sur le principe des
envies, nous sont maintenant inutiles, si nous voulons comprendre la production des monstruosités. Si toutes les femmes
enceintes qui ont eu peur ou qui ont subi une impression désagréable quelconque, devaient mettre au jour des enfants difformes, il ne naîtrait que·des monstres ; nous n'en sommes pas
encore arrivés là, malgré la fameuse·dégénérescence de la race
humaine, défendue encore comme un fait par des·ignorants de
tout âge.

Tandis qu'anciennement on se bornait à considérer avec étonnement les formes anormales que présentent les monstruosités,
et qu'on croyait devoir admettre pour elles une action immédiate
de la force créatrice, on finit par reconnaître, grâce au développement de l'esprit scientifique, que la diversité d'aspect dans les
difformités obéit cependant à certaines lois. On apprit d'autant
mieux à comprendre ces lois, que l'on connut davantage les phénomènes embryogéniques. A mesure qu'on avançait dans l'étude
du développement primitif des embryons, on reconnut que beaucoup de difformités provenaient d'un arrêt de développement, par
lequel l'embryon était resté stationnaire à un degré inférieur de·
formation. Lorsqu'on voyait, par exemple, des nouveau-nés
dont les parois abdominales étaient fendues en avant, en laissant
à nu les intestins, il était facile de s'assurer au moyen de la connaissance de l'embryogénie, que cette formation appartenait à
une époque antérieure ; les parois abdominales à l'état normal
ne se sont pas encore fermées à cette époque dans le nombril.
On appela ces difformités ainsi·que d'autres cas analogues, des
arrêts de développement, et l'on réunit sous ce nom tous les cas
dans lesquels une structure, normale à une époque antérieure du
développement, s'était conservée dans le corps de l'embryon plus
longtemps que ne l'exigeaient les lois de formation du corps embryonnaire. Ces arrêts de développement rapprochaient, comme
on peut bien le croire, ces embryons des animaux, toutes les fois
qu'ils présentaient des caractères embryonnaires se conservant à
l'état adulte chez des vertébrés inférieurs. Dans d'autres cas, au

contraire, les arrêts de développement se manifestent dans des caractères embryonnaires qui ne se développent jamais d'une manière stable, mais n'apparaissent que comme des formes passagères. Ces arrêts de développement sont surtout d'un grand intérêt lorsqu'ils se présentent dans des ébauches primitives, ou dans des caractères dont on peut prouver l'acquisition par le type à un certain état de son développement. Dans ce cas, l'arrêt de développement est un atavisme, c'est-à-dire un retour à une forme permanente dans un ancêtre quelconque. Précisons ces phénomènes au moyen d'un exemple. L'ouverture des parois abdominales, bien qu'elle soit un arrêt de développement manifeste, ne peut guère être regardée comme un atavisme, car nous ne connaissons aucun organisme vertébré dans lequel elle se retrouve à l'état permanent. Il n'y a pas non plus de probabilité qui nous permette d'admettre que cette formation ait jamais eu ce caractère. D'autres formations, au contraire, telles que la conservation des fentes branchiales du cou, les gueules de loup, etc., sont en effet des atavismes ; nous connaissons des vertébrés inférieurs chez lesquels elles existent à l'état permament. Tous les arrêts de développement du cerveau que nous appelons des microcéphalies sont dans le même cas, car ils présentent des états de formation du cerveau que l'on reconnaît comme permanents chez d'autres vertébrés inférieurs. Ces états sont parcourus normalement dans les vertébrés d'un ordre supérieur.

Ces arrêts de développement expliquent, sans aucun doute, beaucoup de monstruosités. Il faut cependant remarquer que nous ne connaissons peut-être pas un seul arrêt de développement qui reste exactement au point auquel il était arrivé au commencement ; au contraire, la partie qui a subi cet arrêt, continue, malgré cela, presque toujours à se développer dans une certaine direction, et arrive ainsi à un état anormal plus ou moins différent de la formation embryonnaire. On a voulu séparer ce développement particulier, lequel suit, pour ainsi dire, une route oblique, en le mettant en une classe à part lorsqu'il atteint un certain degré, mais on a négligé, dans ce cas, les transitions de toutes sortes. On regardait, par exemple, les fissures du palais, la gueule de loup, dont nous avons parlé plus haut, comme un arrêt de développement pur ; il n'en était pas de même pour la fissure de l'iris, le colobome. L'iris s'ébauche, dès le commencement, sous l'aspect d'une formation arrondie et sans fissure, mais il ne se développe ainsi que lorsque la fente primitive de l'œil s'est déjà fermée. Cette fente reste-t-elle ouverte, l'iris ne peut se développer autrement que sous la forme d'un anneau fendu. Tandis que l'on regardait la fente de l'iris comme quelque chose de particulier, et la gueule de loup comme un arrêt de développement pur, on oubliait que la mâchoire supérieure osseuse, ne présente jamais une fente semblable à celle que l'on constate dans la gueule de loup. La mâchoire, en effet, ne s'ossifie que lorsque la fente s'est déjà fermée au moyen des ébauches cartilagineuses des os.

Si nous sommes en mesure de prouver l'existence des arrêts de développement, nous ne pouvons dire, au contraire, quelles causes spéciales président à leur formation ; il n'y a probablement pas de doute que des ébauches, primitivement anormales dans les tissus du germe et des influences accidentelles, se présentant ultérieurement, peuvent produire des arrêts de développement ; mais nous ne savons pas pourquoi des causes générales de ce genre s'attachent à tel ou tel organe spécial et l'arrêtent dans son développement, et nous ne pouvons approfondir cette question avant de savoir pourquoi un défaut général attaque, dans l'adulte, tel ou tel organe spécial.

Nous avons parlé surtout, dans ce qui précède, des difformités d'un seul individu, d'un seul embryon ; elles sont caractérisées par le fait que des arrêts de développement ont donné à certaines parties de cet embryon un développement anormal. Ce changement qualitatif dans le développement tient, par conséquent, au hasard ou à une ébauche primitive dans le germe. Il y a, en outre, une autre classe très-curieuse de difformités, qui se distingue surtout par une augmentation quantitative s'effectuant dans l'ébauche embryonnaire ; certaines parties se doublent dans le germe. Ce phénomène peut même aller si loin que deux individus, presque complets, peuvent naître d'un seul germe. On a souvent prétendu que ces *monstres doubles* étaient le résultat de l'union de deux germes qui, pour une raison quelconque, se combinaient d'une façon plus ou moins complète. Une opinion de ce genre, sur la naissance des monstres doubles, semble, en effet, la plus fondée au premier abord ; comment ne pas l'admettre, lorsqu'on connaît des monstres doubles qui ne sont réunis l'un à l'autre que par une seule partie de leur corps, et présentent, à côté de cela, deux corps complétement développés. En voyant les frères siamois, ou les jumeaux italiens (*Rita, Christina*), qui ne sont réunis, l'un à l'autre, que par un mince lien dans la région pectorale, et qu'on aurait pu peut-être couper, chacun aura probablement pensé dès l'abord que ce phénomène était dû à une union fortuite de deux embryons. Si l'on se rappelle pourtant, que depuis la plus petite augmentation dans un organe insignifiant, jusqu'à la séparation presque complète des monstres doubles, il y a une chaîne non interrompue de formes de passage et qu'on ne peut trouver, sous ce rapport, aucun point d'appui, le phénomène prend un tout autre aspect. Personne n'aura, par exemple, l'idée de trouver, dans la présence d'un doigt surnuméraire chez un nouveau-né, une preuve à l'appui de ce que cet enfant est né de deux germes combinés, dont l'un a disparu tout entier, sauf un doigt, et dont l'autre s'est développé d'une façon complète. Mais, nous l'avons déjà dit, il existe toute une série de duplications depuis cet exemple si simple jusqu'à celui des frères siamois.

Ces faits nous permettent déjà de croire que les monstres doubles ne sont pas le résultat de l'union de deux germes, mais plutôt de la scission et de l'augmentation d'un germe. Une autre loi excessivement importante et qui n'a pas encore souffert d'exception jusqu'à présent, vient à l'appui de notre thèse. Les monstres doubles sont en effet toujours réunis au moyen de parties d'organes et de systèmes de même nom ; on n'a, par exemple, jamais vu de monstre double dans lequel la tête d'un des monstres ait été attachée à l'abdomen ou au dos de l'autre monstre, où la surface abdominale d'un des enfants ait été attachée à la surface dorsale de l'autre, ou le foie de l'un au cœur de l'autre, mais on les a toujours trouvés tête contre tête, abdomen contre abdomen et membre contre membre. Cette loi nous montre qu'évidemment on ne peut admettre l'union fortuite de deux germes, mais que bien plutôt un seul germe se partage ou se double plus ou moins.

Les monstres doubles sont relativement si rares qu'on n'a pu faire que très-peu d'observations sur des embryons non développés et encore très-peu avancés en âge, dans lesquels commençait le dédoublement ; on connaît cependant une formation double, exactement décrite et datant du troisième jour d'incubation dans un œuf de poulet. Les deux embryons étaient placés dans une aire germinative, en forme de croix ; ils étaient unis par la tête, tandis qu'ils étaient séparés, en arrière, et que l'ébauche du cœur était même double. Le vitellus était simple, il n'était, par conséquent, pas possible que deux germes se soient trouvés dans le même œuf. On a aussi découvert, tout dernièrement, que des œufs de brochet fécondés, transportés sur un véhicule, pendant un certain temps, donnaient naissance à une grande quantité de monstres doubles, parce que les œufs avaient été secoués pendant plusieurs heures.

On a observé jusqu'à présent plusieurs cas dans lesquels un seul follicule de Graaf contenait deux œufs. D'après ce que nous avons dit, il va de soi qu'on ne peut s'appuyer sur ces faits pour l'explication des monstres doubles ; il n'est pas dit que deux œufs enfermés, l'un à côté de l'autre, dans le même follicule, s'unissent nécessairement. On ne peut d'ailleurs comprendre comment une telle union pourrait s'effectuer, car l'œuf est entouré dans le follicule, et pendant son passage à travers l'ovaire, par la zone qui est relativement très-épaisse. Plus tard, lorsque la zone s'amincit et se change en chorion, l'embryon est déjà si développé que l'union ne peut plus s'effectuer ; ces cas devraient plutôt servir à expliquer la naissance de jumeaux. Il se peut cependant très-bien que les jumeaux proviennent de la rupture de deux follicules de Graaf.

On connaît quelques cas assez rares dans lesquels des embryons, plus ou moins développés, étaient enfermés dans un autre fœtus. On ne connaît pas de règle pour ces phénomènes. On a trouvé des portions d'embryon ou des embryons tout entiers, enfermés dans la cavité abdominale, dans l'anus ou à d'autres endroits, et cette absence de règle sur l'endroit où est enfermé le second embryon, semble prouver justement que dans ces cas il y avait en effet deux germes dans l'œuf, que l'un des deux recouvrit l'autre, et finit par l'enfermer. On a observé aussi, quelquefois, qu'un seul œuf contenait deux vitellus, dont l'un était, en général, plus petit et moins développé que l'autre, ce qui pourrait bien expliquer ces cas assez rares d'embryons enfermés, et la formation duplicative qui en résulte.

Il serait trop long d'insister ici sur les différentes formes que présentent les monstres en général. Il suffit d'avoir attiré l'attention sur les types généraux et d'avoir montré que l'ébauche individuelle du germe a l'action essentielle sur la formation des monstruosités. L'organisme maternel n'influe que parce qu'il produit le germe à son intérieur et lui imprime par conséquent un certain cachet primitif, se conservant dans le développement ultérieur. Une influence ultérieure de la mère sur le fœtus ne peut se faire que par le sang. La composition sanguine de l'organisme matériel peut transformer celle du fœtus jusque dans son essence, et produire ainsi des maladies fœtales, qui sont la cause de monstruosités permanentes. Mais ces maladies ne forment, comme on l'a reconnu, qu'un appoint bien faible pour les monstruosités; elles n'en produisent que très-peu, et ne sont surtout jamais la cause des monstres que l'on attribue ordinairement aux envies de la mère. La crainte des envies est, par conséquent, dérisoire, et il vaudrait bien mieux, pour l'étude des monstruosités, enlever du répertoire physiologique toute la vieille théorie des envies, et reconnaître que ces théories ne sont admissibles en aucune façon.

Ce qui précède doit prouver déjà que nous devons rejeter toutes les conclusions venant de l'idée à laquelle on a donné le nom d'idée de l'espèce. On a été obligé de distinguer, d'après ce principe, différentes classes dans les monstruosités, suivant qu'elles n'atteignent pas à cette idée, qu'elles la dépassent, ou qu'elles s'en éloignent. Si l'on examine cette opinion de plus près, on y retrouve l'idée d'un créateur conscient, indépendant de la matière et qui la façonne d'après ses caprices. Nous avons déjà expliqué plus haut que nous n'adoptons pas cette opinion, mais que nous reconnaissons plutôt dans le germe une quantité de matière déterminée qui se développe forcément en un certain sens par suite de sa composition. Si cette composition matérielle dévie primitivement en un point quelconque, si elle a été influencée plus tard par un hasard quelconque, le résultat de ces perturbations matérielles sera la monstruosité dans le sens le plus général. Nous reconnaissons ici encore que d'après notre opinion, le matérialisme le plus pur peut seul arriver dans la science à des résultats satisfaisants.

LETTRE XXX

LE COURS DE LA VIE

Le développement de l'homme est loin d'être terminé, au moment où commence pour lui une vie indépendante, par la séparation d'avec l'organisme matériel. Cette vie elle-même présente un cycle déterminé de phénomènes qu'elle parcourt, ses fonctions varient suivant l'âge de l'organisme ; nous avons uniquement appris à connaître jusqu'à présent, à l'exception du développement embryonnaire, les fonctions de l'organisme humain par rapport à l'adulte, il nous faut maintenant, pour finir toute cette description, montrer comment l'organisme arrivé à la hauteur de ces fonctions, reste ensuite longtemps stationnaire et s'approche enfin de la destruction et de la mort par l'affaiblissement graduel de ces fonctions.

L'enfant à la mamelle est destiné surtout à être nourri par l'organisme maternel ; le lait représente d'ailleurs, d'après sa composition, l'idéal d'un aliment ; de même que le sang représente pour ainsi dire l'organisme dissous, de même on pourrait regarder le lait comme une dissolution de l'aliment typique. Le lait de chaque espèce animale présente, dans sa composition, une proportion particulière des différentes substances constituantes, mais toutes les espèces de lait sans exception ont ceci de commun qu'elles contiennent de la graisse, du sucre, une substance protéique, des phosphates et d'autres sels ; ce ne sont que les proportions qui varient. Nous voyons par là que le lait suffit à lui seul à tout ce que nous pouvons exiger plus tard d'un aliment complet. Les parties graisseuses sont représentées par le beurre, qui nage dans le lait sous forme de petites sphères, et dont la grande fusibilité permet l'introduction facile dans l'organisme. La caséine, la seule substance protéique du lait, est en même temps la plus soluble d'entre elles. Le sucre de lait est parmi les sucres celui qui entre le plus difficilement en fermentation ou en décomposition. Le nourrisson trouve donc dans le lait de sa mère toutes les substances nécessaires à la nutrition de ses organes, à la formation de ses muscles et de sa graisse ; le phosphate de chaux dont il a besoin pour former la substance de ses os se rencontre aussi dans les sels dissous du lait.

Sous l'influence de cette nutrition, le nourrisson s'habitue peu à peu à la vie indépendante, tandis qu'en même temps les différentes fonctions se développent davantage et deviennent fixes. La respiration, fort incomplète dans le commencement, se renforce graduellement, et la calorification en est le résultat immédiat. Dans le commencement, quand le trou ovale et le conduit de Botal sont encore ouverts, la respiration peut s'arrêter un certain temps, tandis que plus tard, quand ces ouvertures de communication se sont fermées, le besoin de respirer se présente à un haut degré. C'est pourquoi des enfants qui semblent être nés morts peuvent reprendre vie, après que l'acte de la respiration s'est arrêté pendant des heures entières. L'enfant a, à cette époque, un besoin beaucoup plus grand de conservation extérieure de la chaleur, à cause de ce développement moins grand de la respiration. C'est pourquoi des vêtements plus chauds sont un besoin indispensable pour le nourrisson. Les fonctions végétatives se développent cependant relativement beaucoup plus rapidement et avec beaucoup plus de force que les fonctions dépendant du système nerveux central. Ce fait trouve une explication facile dans le développement proportionnellement plus faible de la substance cérébrale, quoique celle-ci augmente en volume beaucoup plus dans la première époque de l'enfance que plus tard. Cette augmentation est même si grande que le cerveau d'un nourrisson gagne, dans la première année, en volume, à peu près exactement autant que pendant tout le reste de la vie, mais la substance cérébrale elle-même est encore bien plus liquide et bien plus pâteuse que dans une époque ultérieure. Les différences entre la substance grise et la substance blanche, et les particularités des éléments microscopiques ne s'accentuent que pendant l'époque où l'enfant est à la mamelle. Les parties voûtées surtout sont à la naissance et chez l'enfant, bien moins développées que le tronc cérébral, ce qui explique le fait que dans les premiers temps l'activité mentale est bien inférieure aux fonctions spéciales du tronc cérébral. Les premiers mouvements du nourrisson sont surtout des mouvements réflexes, comme par exemple, lorsqu'il tette ou lorsqu'il respire. Ces mouvements sont provoqués par des besoins intérieurs, tandis que les mouvements réflexes accidentels et provenant d'influences extérieures ne sont pas même exactement combinés dans le commencement. Nous voyons ainsi chez le nourrisson des contractions musculaires obéissant aux lois de la réflexion, à la suite de certaines sensations douloureuses. Ces mouvements ne sont d'abord pas combinés d'une manière exacte et ne lui permettent pas, par conséquent, d'éloigner la cause de la douleur. La combinaison manque aussi aux mouvements volontaires dans cette époque de la vie. La coordination est, comme nous l'avons vu dans les lettres sur le système nerveux, surtout le résultat d'un exercice fréquent. Son insuffisance empêche probablement le nourrisson de se tenir debout, et donne à l'enfant une démarche chancelante. On a voulu expliquer ces faits uniquement par la faiblesse primitive des muscles et le manque de solidité de la charpente osseuse, c'est évidemment à tort ; le nourrisson saisit le doigt qu'on lui présente avec une certaine vigueur, il exerce une pression qui prouve suffisamment que les muscles possèdent déjà une énergie considérable, et que les bases du squelette supportent déjà un assez grand développement de force. Le nourrisson ne peut malgré cela saisir avec certitude un objet qu'on lui offre, parceque la coordination des différentes contractions musculaires que nécessite un mouvement de ce genre, est pour lui impossible. Le nourrisson cherche, par conséquent, à saisir un objet, à marcher ou à ramper, mais ces mouvements ressemblent à ceux d'un individu atteint de crampes ; chez ces derniers les muscles obéissent bien à la volonté, mais en se contractant tantôt trop violemment et tantôt d'une manière insuffisante ; toute coordination en vue d'un but utile est ainsi rendue impossible. Il en est de même pour une grande quantité de mouvements combinés, que le nourrisson n'apprend à faire que peu à peu. Il arrive, par exemple, à mouvoir les yeux dans tous les sens, tandis qu'il n'a pas la faculté de les diriger vers un certain point, ou en d'autres termes de regarder dans une certaine direction. Cette activité spirituelle si peu développée est en relation intime avec le peu de précision des impressions des sens. Le nourrisson se conduit à peu près comme un animal auquel on a enlevé par l'ablation des grands hémisphères une partie de ses fonctions cérébrales supérieures ou même la totalité de ces fonctions. Les mouvements réflexes prouvent que les nerfs périphériques des sens reçoivent les impressions du monde extérieur, car ces mouvements en sont la suite. Le nourrisson ferme en effet les paupières devant une lumière vive, son iris est sensible, etc. Mais ces impressions ne sont pas perçues par la conscience, car les organes de cette perception, les hémisphères du cerveau proprement dit, ne sont pas encore complétement développés. Avec le développement graduel des hémisphères, les différentes activités spirituelles sortent graduellement de leur somnolence primitive, les impressions des sens sont perçues par la conscience, qui en fait un tout et les imprime dans la mémoire, les mouvements deviennent combinés, leur présence et leur mesure se subordonnent à la volonté, et l'opportunité des mouvements se développe ainsi. Toutes ces transformations graduelles sont dans le rapport réciproque le plus exact avec le développement intérieur du cerveau.

On trouve, déjà dans le nourrisson, des traces de beaucoup de dispositions corporelles et mentales (ces deux ordres de faits vont toujours ensemble), qui se développent plus tard plus complétement et plus manifestement. Nous reconnaissons ici le même phénomène que nous avons déjà remarqué dans le germe. Nous voyons percer dès l'abord des particularités individuelles, données au germe par la génération ou la naissance, et développées par lui jusqu'au moment où elles apparaissent dans le nourrisson ou dans l'enfant. De même que la ressemblance de famille ne se présente et ne se développe que graduellement chez l'enfant, dont les angles saillants du visage sont effacés, et dont tous les traits sont cachés sous une couche de graisse, de même nous voyons les ressemblances de famille n'apparaître que peu à peu dans les facultés mentales ; ces ressemblances forment une partie essentielle des particularités individuelles. L'observateur attentif retrouve déjà dans le nourrisson les germes de ces particularités. Des mères ayant plusieurs enfants, savent très-bien que l'un d'eux était dès son enfance d'un tempérament irritable, qu'il criait ou pleurait continuellement, avait un sommeil agité sans être malade, et montrait une affection immodérée pour certaines personnes et une antipathie invincible pour d'autres. Ce même nourrisson devenait un peu plus tard plus mobile dans ces caprices que la girouette d'un toit ; il voulait dans une seule minute une douzaine de choses différentes, oubliait aussi vite qu'il apprenait, et s'occupait à l'école d'une quantité de choses étrangères à l'étude, en devenant ainsi le désespoir de ses maîtres. Son frère, au contraire, dormait déjà, comme nourrisson, toute la journée, ne pleurait que lorsqu'il avait faim, se trouvait également bien sur les bras de chacun, comprenait difficilement lorsqu'il était enfant, mais avait reçu en revanche, de la nature, un esprit de suite, qui lui permettait de contre-balancer la trop grande lenteur de son esprit.

On se demandera peut-être comment l'éducation peut avoir une influence sur ces dispositions primitives et sur le développement indépendant du substratum matériel des fonctions de l'intelligence. Cette influence est cependant prouvée d'une manière évidente par l'expérience, nous ne la nierons pas non plus, tout en la considérant comme bien plus limitée qu'on ne le croit communément. Nous croyons aussi que la pédagogie des maîtres d'école et des régents n'a eu de tout temps, sur le développement spirituel et corporel de l'homme, que fort peu d'influence. L'homme est avant tout un animal sociable, destiné à vivre en grande communauté, et à se préparer à ce genre de vie dans l'enfance par l'esprit d'imitation. C'est pourquoi nous voyons l'enfant adopter non-seulement les habitudes extérieures, mais encore les habitudes mentales du cercle dans lequel il se trouve; il s'habitue à suivre les mêmes idées, à faire les mêmes déductions, et à voir toutes choses de la même façon que ceux sur lesquels il prend exemple. Cette acceptation de la manière d'être des autres est, il est vrai, très-modifiée par les dispositions primitives de l'enfant. Plus ces dispositions auront de rapport avec les habitudes du cercle dans lequel vit l'enfant, et mieux il acceptera ces dernières, car le développement naturel de son esprit le pousse à les admettre. Dans le cas contraire, il sera arrêté dans son développement aussitôt que les habitudes et les vues de ceux qui l'entourent, seront en opposition trop directe avec ses dispositions. C'est pourquoi l'éducation de l'enfant au sein de sa famille et dans la société de ses parents, est un besoin si urgent pour son développement normal, et pour le perfectionnement des dispositions qui lui ont été données par son père et sa mère par la procréation. Par la même raison, cependant, la réclusion d'un enfant dans sa famille est le meilleur moyen de pousser à son plus haut degré le développement partiel de certaines facultés morales et physiques ; on arrive ainsi à gâter la race. La vie dans la famille doit servir à mûrir les dispositions implantées dans l'enfant par la génération. Les connaissances et les relations avec des personnes d'autres opinions, doivent em-

pêcher le développement trop partiel de ces dispositions. L'isolement s'est de tous temps vengé sur ceux qui s'y étaient condamnés, et si l'on peut attribuer à une cause quelconque l'abâ-
tardissement moral indiscutable de la noblesse et des familles qui
occupent un rang encore plus haut dans la société, on doit la
trouver évidemment dans ce crime contre la nature sociable de
l'homme, que ces familles privilégiées commettent en isolant
leurs enfants en bas-âge.

Il est facile de voir pourquoi les relations, et l'activité quoti-
dienne à laquelle on force certaines facultés de l'esprit peuvent
arriver à développer ces facultés. Tout organe dans le corps,
quel qu'il soit, peut être fortifié, complété, et développé partiellement. Nous pouvons à volonté développer les bras et les
jambes d'un enfant d'ailleurs en bonne santé, en fortifiant ses
muscles par l'exercice. On ne peut pas seulement augmenter
dans tous les sens, la force musculaire en général, mais on peut
encore arriver à développer partiellement tel ou tel muscle, ou
bien toute une série de muscles. Nous pouvons aussi atteindre le
même résultat pour les organes internes. Nous arrivons à déterminer, par une nourriture particulière, non-seulement une accumulation de graisse ou une certaine maigreur, mais encore le
développement partiel de certains organes. Quoique ces essais
ne soient pas mis en pratique sur l'homme, on les a souvent
faits sur des animaux, et nous savons par exemple très-bien de
quelle façon il faut nourrir une oie pour développer énormément
son foie. Le cerveau n'échappe pas à ces lois, l'exercice appliqué
à certaines de ses fonctions, sert aussi à développer le substratum matériel, et c'est pourquoi on peut très-facilement
exciter, depuis l'extérieur, un développement exclusif de certaines activités de l'esprit déterminées. Nous pouvons parfaitement conduire un esprit doux à la rêverie ou à la mélancolie,
et un esprit indépendant à l'orgueil ; c'est là que réside la
puissance exercée par l'éducation sur le développement spirituel.
Je crois qu'on est obligé de nier, en vertu de principes physiologiques, la possibilité de détruire telle ou telle disposition

de l'esprit, puisque son substratum matériel existe et qu'on ne peut l'enlever. On ne peut davantage donner par l'éducation un nez aquilin à un enfant prédestiné à avoir plus tard un nez plat ou retroussé. Si, par conséquent, des maîtres d'école et des pédagogues se vantent de pouvoir inspirer aux enfants des sentiments généreux, il ne reste plus qu'à répondre par un sourire de pitié à une telle preuve d'amour-propre ; et si cette action doit même s'exercer pendant quelques heures de la journée à l'école, tandis que l'enfant apprend à lire ou à écrire, on peut traiter de complétement puéril une assertion de ce genre.

Une époque essentielle dans la vie de l'enfant est celle où les dents commencent à se montrer, et où l'homme à venir est appelé à se nourrir de substances plus solides que le lait. La nature elle-même nous prouve à cette époque que le lait de la mère est insuffisant pour le développement rapide des organes. La forme des dents de lait montre évidemment que l'enfant doit surtout se nourrir de viande, ou, en d'autres termes, de substances albuminoïdes servant à la construction de la chair musculaire. Les membres du nourrisson sont proportionnellement très-petits et peu développés, surtout par rapport à la tête, qui est difforme, et dans laquelle le crâne arrondi et en forme de vessie, a un poids disproportionné avec celui du corps. L'activité formatrice a pour tendance, lorsque l'enfant est déjà un peu plus âgé, de développer essentiellement les extrémités, qui croissent proportionnellement beaucoup plus que la tête ; le volume extérieur de cette dernière augmente moins, après les premières années de la vie, que les parties internes. L'énergie de la fonction respiratrice et des diverses sécrétions n'est pas encore dans le même rapport que plus tard. L'enfant perd, proportionnellement à son corps, moins d'acide carbonique et de matières solides de l'urine que l'adulte, par la raison bien simple que les recettes et les dépenses ne se font pas équilibre, que les premières sont beaucoup plus importantes et que le corps augmente rapidement en masse et en poids. C'est pourquoi c'est une grande faute que de nourrir les enfants et les jeunes gens pendant leur croissance, de telle façon que la fonction respiratoire et la production de graisse soient plus favorisées que l'assimilation de substances albuminoïdes. Les aliments farineux, qui n'amènent à l'organisme à peu près que de l'amidon et du sucre, sont par conséquent des bases fort vicieuses pour la nourriture de l'enfant ; il ne faut les donner que dans la quantité nécessaire pour la conservation de la fonction respiratoire. L'introduction de chaux et d'acide phosphorique est au contraire un besoin essentiel ; ces substances servent à développer convenablement le squelette, qui croit rapidement, et ne pourrait par conséquent se bien former, sans cette arrivée de substances. Les sécrétions du nourrisson et de l'enfant, et surtout l'urine, ne contiennent pas de phosphate de chaux comme celles de l'adulte. Les malheureux enfants qui souffrent de la maladie anglaise, c'est-à-dire les enfants rachitiques, perdent par l'urine la chaux destinée à former leurs os, et remplacent cette perte en prenant la chaux sur les murs, qu'ils grattent, et en avalant du mortier ; ils cèdent ainsi à un instinct irrésistible.

Si c'est la tâche de la physiologie de découvrir quelles sont les fonctions du corps, il est certainement aussi de son ressort d'examiner la façon dont ces fonctions peuvent être fortifiées, et normalement combinées dans la vie indépendante. On reconnaît qu'un besoin essentiel de l'enfant est un exercice actif de la force musculaire de toute sorte, et une accélération de la circulation sanguine normale, qui prend facilement une direction anormale vers la tête et la poitrine par la formation du cerveau, et l'augmentation du besoin respiratoire. Les hydropisies du cerveau si fréquentes, les inflammations de la trachée-artère, et les fluxions de poitrine proviennent essentiellement de cette direction anormale du sang qui va vers la partie supérieure du corps. On favorise ce phénomène en recouvrant la tête et en enveloppant la partie supérieure du corps, tout en laissant les jambes nues. On s'appuie sur l'exemple des enfants des paysans qui courent pieds nus, même en hiver, et sont malgré cela en bonne santé. Ce fait est parfaitement exact ; mais ces derniers ont en même temps la tête nue et ne sont souvent que fort peu vêtus ; quant aux enfants élevés en serre-chaude, que l'on mène promener nu-pieds une fois par jour à la mode anglaise, et qui le reste du temps doivent rester assis en enfants bien élevés, et auxquels on enveloppe la tête, la poitrine et le cou, comment pourraient-ils se développer normalement ?

Sous le rapport moral, les parents sont en général tout aussi absurdes. On retrouve là le même système qui cherche à emmailloter d'un côté et laisse à nu de l'autre. L'enfant veut être entretenu et instruit, mais ce ne sont pas des langues et des difficultés grammaticales qui excitent sa curiosité, mais, au contraire, les objets du monde extérieur, les actions de ceux qui l'entourent ; il veut comprendre toutes les impressions que reçoivent ses sens, découvrir leur pourquoi, et il demande des explications à ses parents. C'est à ces impressions immédiates de ses sens que l'enfant rattache ses productions indépendantes que nous appelons des jeux de son imagination. Il réunit alors, dans sa manière de penser si peu coordonnée, ce qu'il a vu et senti, sous la forme d'images comprises de lui seul, et qui semblent aux parents plus âgés des rêves de leur propre cerveau. Au lieu de satisfaire à sa curiosité primitive sur les choses naturelles, au lieu d'en expliquer les causes et de lui donner ainsi, d'une façon raisonnable, une nourriture intellectuelle, on détruit cet instinct primitif à coups de grammaire, on l'entraîne sur des chemins détournés pitoyables ; le but ordinaire des parents est de cacher ainsi leur ignorance. De là vient cette stupide habitude de faire commencer aux enfants le latin à l'âge de six ou même de cinq ans, de là vient aussi cette idée erronée, que les sciences naturelles ne puissent servir à former l'intelligence ; on leur assigne le rang d'un calcul de mémorisation, qu'il faut s'assimiler aussi tard que possible. L'enfant veut savoir pourquoi il tonne ou pourquoi il fait des éclairs, pourquoi l'eau ne se dirige pas vers le sommet des montagnes, et pourquoi il pleut aujourd'hui et il fait beau temps demain. Au lieu de le lui expliquer, on dit : « C'est le bon Dieu qui l'a fait », ou bien on le renvoie à sa déclinaison latine.

Le commencement de *la puberté* indique cette période de la vie, dans laquelle la croissance du corps s'arrête, les différentes fonctions se placent en équilibre, et où enfin, comme apogée, la fonction de la procréation peut s'accomplir. Chacun sait que des signes extérieurs indiquent le commencement de la puberté; dans le sexe mâle, tels que l'apparition des poils de la barbe, l'élargissement du larynx et la transformation de la voix qui en résulte. Il n'y a pas de doute que ces évolutions ne soient en liaison intime avec l'apparition de la fonction génératrice, c'est pourquoi elles n'ont pas lieu chez les eunuques. Dans le sexe féminin, c'est surtout le développement des seins qui indique l'apparition des règles et avec elles la maturité. On trouve dans le sexe féminin moins de signes extérieurs de cette première expulsion d'œufs capables d'être fécondés, car la voix, bien que devenant plus pleine et plus sonore, ne présente pas cette période de passage criarde que l'on observe chez l'homme.

Nous ne voulons pas ici donner de plus grands détails sur l'ennoblissement de l'appétit sexuel par l'amour, et sur l'influence que cet appétit exerce sur toute la vie en général. Ce n'est pas que nous croyions ce sujet étranger à la physiologie, mais la longueur même de ces lettres nous empêche de répéter ici des choses que personne n'ignore. Qu'on nous permette cependant d'ajouter encore quelques mots sur la vieillesse et la mort, car les opinions concordent moins à ce sujet.

Chaque organisme décrit un certain cycle de vie depuis sa première apparition jusqu'à sa destruction finale. Il atteint un point culminant, dans lequel ses fonctions sont toutes en harmonie les unes à l'égard des autres, et il redescend ensuite. Ce point culminant se trouve à des époques très-différentes par rapport à l'existence entière de l'organisme et l'organisme peut y demeurer pendant des temps très-variables. Des papillons peuvent rester à l'état de chenilles ou chrysalides pendant des années, pour ne vivre que quelques jours à l'état parfait, et pour périr immédiatement après. Le point culminant du développement de ces animaux est donc placé à la fin de leur existence. Chez d'autres animaux, on le trouve plus près de la naissance. Dans les Cirripèdes, par exemple, il faut chercher ce moment dans la jeunesse, car l'animal nage alors librement dans l'eau, possède des yeux et une tête nettement indiqués, ainsi que des organes de locomotion articulés; l'animal d'un âge plus avancé, au contraire, est fixé, n'a ni tête, ni yeux, et ne présente que des pattes rabougries. On a appelé ces cas, dans lesquels la vie abandonne vite ce point culminant et continue ensuite pendant longtemps dans un état inférieur, la métamorphose rétrograde. Chaque animal, chaque organisme subit cependant une métamorphose rétrograde qui le mène à la mort, et on a prouvé cette métamorphose d'une façon frappante dans les animaux qui se rapprochent le plus de l'homme, les singes. Chez les singes, elle commence déjà à l'âge adulte, pendant que les mâchoires s'allongent, que le crâne perd sa forme arrondie, et que toute la tête s'éloigne de cette ressemblance avec l'homme que présentait le jeune singe. L'animal lui-même se montre plus stupide et plus féroce, et toutes ses facultés spirituelles deviennent plus bornées et plus insupportables dans leur expression.

Tandis que dans cet exemple, le point culminant passe déjà avec la virilité, il est, au contraire, intimement lié avec elle dans l'homme, et l'homme commence à baisser aussitôt que la fonction génératrice a disparu. Que ce moment arrive un peu plus tôt ou un peu plus tard, cela ne fait rien à la chose, le nombre des années ne doit pas entrer en ligne de compte. Si l'on raconte de Thomas Parre que jusqu'à l'âge de cent quarante ans, il put satisfaire aux devoirs conjugaux, la vieillesse ne commença pour ce mortel, exceptionnellement favorisé, qu'à cette époque si tardive. La nutrition perd graduellement de son intensité dans la vieillesse, il en est de même de toutes les fonctions du corps dont l'énergie s'en va, tandis que ces fonctions même marchent à une destruction graduelle. Les fonctions mentales, ainsi que l'intelligence, faiblissent aussi de plus en plus. Lichtenberg disait de sa propre vieillesse : « Je mets maintenant tout mon reste de chandelle sur une épargne ; la mèche brûle encore, mais il n'y a plus de flamme. Lorsque autrefois je pêchais dans ma tête des idées et des pensées, je prenais toujours quelque chose. Les poissons ne viennent plus maintenant, ils commencent à se pétrifier dans la vase, et je suis obligé de les détacher à coups de marteau. Quelquefois je ne peux en avoir que des morceaux, comme si c'étaient des fossiles du Monte-Bolca, et je suis obligé ensuite de réunir ces morceaux en un tout. » Lichtenberg dépeint ainsi en quelques mots caractéristiques les particularités de l'activité spirituelle du vieillard. La perception des choses extérieures, la fécondité intérieure de l'esprit disparaissent peu à peu dans la vieillesse, les différentes facultés s'éteignent, et la mort met fin à cette annihilation successive.

Le respect que la vieillesse inspire à tout homme bien élevé a de tous temps fait regarder cet âge comme l'expression du plus haut développement de l'intelligence. Si l'on regarde comme un maximum, la disparition des passions, l'insensibilité à l'égard des impressions extérieures, le manque d'élan, la platitude des productions spirituelles et l'opposition à tout progrès, on a raison d'accorder au vieillard la sagesse qu'on lui attribue ordinairement. S'il s'est occupé de sciences ou d'autres travaux nécessitant un esprit supérieur, le vieillard s'en tient exclusivement à ses opinions et à ses idées ; il n'est plus capable de contribuer à leur avancement, il ne comprend, au contraire, aucun progrès, et se plaint de ce que l'on recule ; il se méfie presque toujours de toute nouveauté et lui refuse son approbation ; s'il l'accepte, il ne comprend pas les nouvelles voies qui vont s'ouvrir, il ne saisit pas les transformations que subit la science et qui tendent à la modifier, il trouve, au contraire, que tout lui était déjà connu depuis longtemps, ou que les faits nouveaux n'ouvriront pas d'horizons nouveaux. Toute chose est, au contraire, restée pour lui ce qu'elle était auparavant. Quant à la force créatrice de l'esprit, on peut dire sans se tromper que toutes les productions de vieillards véritablement conçues à cette époque de la vie, pourraient être détruites sans que les sciences ou les lettres, dans le sens le plus étendu du mot, en souffrent le moins du monde.

Une mort nécessaire met fin à cette métamorphose rétrograde du corps et à l'activité morale ; elle ne vient pas d'un état maladif particulier, mais d'un affaiblissement uniforme de l'activité vitale de tous les organes. Cet affaiblissement, il est vrai, provoque en général dans tel ou tel organe spécial une maladie mortelle.

La physiologie accompagne l'organisme jusqu'ici, elle n'a plus raison d'être après sa destruction.

LETTRE XXXI

PHYSIOLOGIE STATISTIQUE

Pour le géomètre, qui part d'un point de vue absolu, et regarde comme un tout la surface de la terre, il n'y a plus ni montagnes, ni vallées, ni élévations, ni dépressions de terrain ; une seule surface à courbure uniforme enveloppe pour lui la terre, et les montagnes les plus gigantesques n'y apparaissent que comme de petits grains de sable. Il fallut d'abord arriver au sommet de la spéculation mathématique, du haut de laquelle les inégalités du relief disparaissent pour faire place à un niveau général, pour concevoir enfin cette abstraction de la forme moyenne de la terre, pour pouvoir calculer les diamètres du globe, sa grandeur, son volume et ses rapports astronomiques avec les autres astres. Il faut considérer la société sous le même point de vue ; le regard de l'observateur isolé se trouve attiré par un fait isolé ainsi que par une personnalité marquante. L'expérience, telle que l'entendent la plupart des hommes, n'est ordinairement que l'application de ces faits isolés, marquants, par conséquent anormaux et étrangers à la société tout entière. En procédant ainsi, on attribue à la société des qualités qu'elle n'a pas et qu'on croit lui avoir découvertes. Lorsqu'il s'agit de trouver des normales générales pouvant s'appliquer à la société

dans son entier, il faut agir comme le géomètre et diriger son regard sur les masses. Plus ces masses seront grandes, plus les faits
que l'on compare et dont on tire des résultats seront nombreux,
plus aussi disparaîtront les détails, les individus et leurs particularités et plus aussi apparaîtra une moyenne qui deviendra
une loi générale. Cette moyenne est, il est vrai, une pure
abstraction, il est possible que sur des milliers·de facteurs qui
servent à la déterminer, il n'y en ait pas un seul qui coïncide
exactement avec elle, mais malgré cela, elle représentera un
point, autour duquel tous les facteurs se grouperont et cela
dans son voisinage immédiat. C'est pourquoi l'on peut, en
examinant beaucoup d'individus qui se ressemblent par rapport
au point que l'on veut examiner, obtenir une moyenne pour
certaines valeurs, et cette moyenne deviendra la normale de ces
valeurs. Plus il y aura d'individus examinés, plus l'espace auquel
ces investigations se rapportent sera étendu, plus aussi cette
moyenne sera exacte ; elle se rapprochera d'autant plus de la
loi véritable et représentera d'autant mieux, pour des faits nouveaux, le nombre normal. L'observateur, par exemple, qui
ne peut qu'étudier le cercle de connaissances dans lequel il
se meut, pour arriver à déterminer la grandeur moyenne en
mesurant des individus à l'âge de vingt ans, sera sujet à des
erreurs bien plus grandes que celui qui compare les listes de
recrutement d'un pays. L'un a observé peut-être des habitants
des villes, ou des individus placés dans une certaine position, et
ayant des particularités communes ; la moyenne qu'il indiquera
sera ainsi trop grande ou trop petite. Pour l'autre, ces erreurs
disparaîtront, car ses observations s'appliqueront à un grand
pays et à tous ses habitants âgés de vingt ans. La moyenne se
rapprochera davantage de la vérité, sans cependant l'exprimer
exactement. L'Anglais, par exemple, est en moyenne un peu plus
grand que le Français, l'habitant du nord a une stature plus
élevée que l'habitant du midi. La race Germanique est plus
grande que la race Celtique ou la race Romane. Ce n'est
que l'observateur calculant d'après les listes de recrutement

de tous les pays de la terre (heureusement ces listes n'existent pas) qui pourrait obtenir la vraie moyenne pour le genre humain tout entier ; tous les autres observateurs s'en rapprochent d'autant plus qu'ils se sont occupés de plus grandes masses.

Il ressort de ces recherches extensibles aux rapports les plus divers, une moyenne idéale qu'on a appelée l'homme moyen. Cet *homme moyen* n'a jamais existé et n'existera jamais. C'est une grandeur idéale, une valeur moyenne, une abstraction, mais c'est en même temps l'état normal de l'homme dans son développement temporaire sur la terre. Nous pouvons déterminer la grandeur qu'atteindra cet homme moyen à un certain âge, combien de fois son cœur battra, combien de fois il respirera, quelle force il pourra développer et quel est le volume et la grandeur de ses différents organes et des parties qui le composent. Cet homme moyen, en étant la normale, représente en même temps l'idéal esthétique dans lequel tous les organes sont également développés et concordent harmoniquement entre eux. C'est inconsciemment que l'on applique, en général, cette normale à la détermination des représentations de l'homme. Le peintre ou le sculpteur, qui ne s'écarterait que d'un vingtième de la longueur normale des bras, serait certainement en butte à la critique, et un écart plus considérable encore semblerait à chacun une erreur grossière.

L'homme moyen ressort, par conséquent, de l'examen de la société dans son ensemble. Ses rapports avec la société, les transformations que cette société, ainsi que les autres influences extérieures lui font éprouver, sont l'objet d'un examen semblable. Le nombre des naissances et des décès, des mariages et des crimes, est soumis aussi à une normale certaine et presque invariable. Elle dépend de l'état de la société et des influences extérieures indépendantes de l'homme. Les conditions auxquelles est soumis l'homme sociable moyen, varient beaucoup dans le cours des temps, et avec elles les résultats qu'on peut en tirer. La durée moyenne de la vie, le rapport entre les décès et les naissances, tout cela change par l'accumulation de la population dans les grands centres, par les différences dans le genre de vie, la nourriture et les occupations. De mauvaises années, des hivers froids, des étés chauds, des marécages, des exhalaisons et une quantité d'autres agents indépendants de la volonté de l'homme peuvent avoir leur influence. Moins ces facteurs seront étendus par rapport au temps et à l'espace que l'on prend en considération, plus aussi disparaîtront leurs effets, qui s'accentueront d'autant plus dans le cas contraire.

Ce n'est pas seulement la sphère purement matérielle dans laquelle s'agite l'homme, c'est encore la sphère intellectuelle qui peut être étudiée de la même façon, et qui nous donne des résultats analogues. Il est vrai que les difficultés d'observation sont ici plus grandes, car on ne peut lui appliquer que des actes étant dans un certain rapport avec la société elle-même; ces actes sont pour cela surveillés et enregistrés par elle ; on range dans cette catégorie les crimes, les mariages ou d'autres choses de ce genre qui laissent une trace durable. Mais le résultat n'en est que plus beau, et fournit une preuve concluante pour la vérité des lois que nous avons déduites plus haut de la physiologie des fonctions mentales. Plus ces actions sembleront dépendre de la libre volonté de chacun, plus elles seront soumises à une loi strictement limitée qui impose à ce que l'on appelle le libre arbitre son impératif catégorique. L'homme sociable moyen, tel que nous pouvons l'observer dans ses productions, dans la vie morale et dans ses actes, n'a plus de libre arbitre. Il obéit à la loi inébranlable qui ressort de son organisation. Ce côté de l'observation est loin d'avoir été étudié et compris suffisamment. On sent plutôt les résultats qu'on ne connaît la loi elle-même. Les anciens historiens s'en tenaient aux personnalités et aux faits marquants ; l'étude des états intérieurs et du développement lent des masses, voilà la tâche des historiens modernes. L'histoire, sous ce point de vue, cherche à approfondir comment l'homme moral moyen, qui n'a pas de libre arbitre, s'est développé dans la suite des temps, et à quelles lois fondées sur l'organisation ce développement a été soumis. Une étude de ce genre ne pourra être commencée que lorsqu'on aura appris à reconnaître l'importance des résultats obtenus sur de grandes masses.

Poursuivons d'abord l'homme moyen dans son développement individuel pendant la vie. Déjà à la naissance, on remarque une différence dans le développement du corps des deux sexes. Le garçon nouveau-né est en général de 1/20 à 1/10 plus pesant et de 1/67 à 1/50 plus grand qu'une fille qui vient de naître. Les garçons nouveau-nés pèsent, en effet, en moyenne 3,20 kilogrammes, les jeunes filles 2,91 kilogrammes et les garçons nouveau-nés atteignent une grandeur de 0,496 millimètres, tandis que les jeunes filles ne mesurent que 0,483 millimètres. Immédiatement après la naissance, l'enfant n'absorbe que fort peu de nourriture, et comme il expulse d'abord une grande quantité de méconium, il perd de son poids dans les trois premiers jours ; mais le poids augmente ensuite avec une rapidité extraordinaire, tandis qu'en même temps le corps s'allonge considérablement, de sorte qu'à la fin de la première année, l'enfant a grandi de 2/5 depuis sa naissance. La croissance en longueur s'arrête plus vite que l'augmentation de poids, car la première est déjà terminée entre vingt et trente ans, tandis que l'homme atteint le maximum de son poids dans sa quarantième année et la femme dans sa cinquantième. L'homme est alors 3,37 fois plus grand et pèse 20 fois plus que le garçon nouveau-né ; la femme à l'âge de 50 ans, au contraire, n'est que dix-neuf fois plus pesante que lorsqu'elle vient de naître et 3,22 fois seulement plus grande. Si l'on représente par 1 le poids du nouveau-né, on obtient les chiffres suivants pour le développement général de l'homme pendant la durée de sa vie :

AGE.	HOMME.	FEMME.	AGE.	HOMME.	FEMME.
0	1,000	1,000	14	12,113	12,612
1	2,953	3,021	15	13,631	13,872
2	3,544	3,667	16	15,522	14,975
3	3,897	4,052	17	16,516	16,258
4	4,447	4,467	18	18,078	17,736
5	4,928	4,935	20	18,769	17,966
6	5,388	5,498	25	19,666	18,310
7	5,969	6,028	30	19,821	18,670
8	6,488	6,557	40	19,897	18,980
9	7,078	7,340	50	19,831	19,299
10	7,663	8,083	60	19,557	18,660
11	8,469	8,815	70	18,600	17,701
12	9,319	10,246	80	18,072	16,966
13	10,744	11,320	90	18,072	16,955

Ce tableau nous montre que la masse du corps diminue continuellement dans la vieillesse, quoique cette diminution soit proportionnellement moins considérable que l'augmentation pendant la jeunesse. Le corps diminue aussi continuellement en longueur dans la vieillesse, après avoir gardé la même hauteur de l'âge de 30 à l'âge de 50 ans.

Si on examine le développement de l'esprit chez l'homme moyen, on trouve des résultats concordants. Ce n'est que dernièrement qu'un médecin âgé a attiré mon attention sur ce fait, que dans la vieillesse le volume du crâne diminue, non-seulement, comme on pourrait le croire, par le dessèchement du cuir chevelu et la chute des cheveux, mais encore, à ce que m'assurait ce médecin, par une véritable diminution du crâne osseux. Il ne faut pas s'étonner si, par rapport aux productions de l'esprit, on retrouve la même proportion, et si on doit appliquer à toutes les professions le dicton de « vieux soldat, vieille bête. » On a cherché à expliquer le développement du talent dramatique, en comparant les années de production des plus grands auteurs anglais et français, et surtout en classant ces œuvres d'après leur valeur. Les meilleures tragédies ont été faites entre l'âge de 30 et 40 ans ; les meilleures comédies entre l'âge de 40 et de 55 ; ces chiffres s'expliquent quand on se rappelle que pour la tragédie, il faut plus de pathos, d'imagination, de passion et de sentiment, et pour la comédie, au contraire, plus de connaissance du monde,

plus d'observation et plus d'esprit de critique. Les œuvres dra-
matiques faites dans le temps où leurs auteurs étaient âgés de plus
de 55 ans, en Angleterre et, en France, sont pour la plupart
indignes d'être transmises à la postérité, et ne doivent leur conservation qu'au nom même des poëtes, devenus célèbres par des
ouvrages antérieurs. On trouve la même proportion dans les
autres arts et dans les sciences. Les systèmes philosophiques qui
eurent une influence puissante sur la marche des sciences,
les grands changements introduits par certains hommes dans
le domaine de la religion, des mœurs et des coutumes ;
les grandes découvertes et les grandes améliorations qui donnèrent un nouvel élan aux arts et aux métiers, provinrent
et proviennent encore toutes d'hommes qui n'avaient pas dépassé le point culminant de leur développement corporel et
moral. L'activité des vieillards est limitée, pour les esprits pri-
vilégiés, à la réunion et à la correction des projets et des pensées qui ont pris naissance dans un âge moins avancé, tandis
que chez un individu moins bien partagé, l'activité disparaît
ou s'engage même dans une voie pernicieuse. Nous voyons
par exemple *Newton*, inventer le calcul différentiel à l'âge de
vingt-quatre ans, et trouver, une fois arrivé à la fleur de l'âge,
la théorie de la pesanteur en se basant sur ses observations antérieures. Plus tard, au contraire, il n'écrivit plus que des pam-
phlets théologiques oubliés depuis longtemps, sans aucune
valeur, que son activité antérieure condamnait pour ainsi dire.
Lagrange travaillait déjà à dix-sept ans aux lois des variations.
Raphaël avait terminé toutes ses œuvres à l'âge de trente ans,
et *Mozart* avait fait ses chefs-d'œuvre lorsqu'il atteignit le même
âge. Le *Christ*, *Schelling* et *Feuerbach*, nous fournissent la
même preuve dans le domaine des sciences philosophiques,
Alexandre le Grand et *Napoléon*, dans la sphère de l'art militaire, *Arkwright* et *Jacquart*, dans le domaine des inventions.
Partout nous retrouvons la même loi, l'activité productrice de
l'esprit se termine avec celle du corps, et dans la vieillesse,
le cerveau diminue tout aussi bien que les autres organes.

Lorsqu'il s'agit de la société, les proportions les plus importantes sont celles qui ont trait à la mortalité. Nous avons déjà dit que dans tous les grands pays, il naît plus de garçons que de filles, et que la moyenne pour l'Europe, autant que l'on peut comparer les listes de populations, est de 106 garçons pour 100 filles. Nous avons aussi déjà appuyé sur le fait que ces proportions dépendent surtout de la différence d'âge des parents, et que dans les pays où les conditions climatériques ou législatives ne permettent à l'homme de ne se marier que tard, le nombre des garçons nouveau-nés devient d'autant plus grand. C'est pourquoi nous trouvons en Russie près de 109 garçons pour 100 filles. En France, en Autriche, en Prusse et dans les Pays-Bas, à peu près la moyenne. Dans le Wurtemberg, les pays rhénans et surtout en Angleterre, moins de la moyenne, c'est-à-dire 104 à 105 garçons seulement pour 100 filles. Ces chiffres nous expliquent aussi pourquoi, dans les unions légitimes contractées seulement lorsque le mari a atteint une certaine position dans la société, la proportion des garçons est plus considérable que dans les naissances illégitimes, qui sont en général le fruit de l'amour de deux parents de même âge. Mais déjà, dans les premières années, cette proportion disparaît entre les deux sexes, car il y a proportionnellement plus de garçons mort-nés, et il meurt aussi plus de nourrissons mâles, par rapport aux filles.

C'est dans la première année que la mortalité est le plus considérable. Le passage de la vie fœtale au genre de vie du nourrisson, nécessite une telle quantité de transformations capitales dans l'organisme, le nourrisson lui-même a besoin de tant de soins pour conserver toutes ses fonctions, qu'il ne faut pas s'étonner s'il meurt dans les premiers mois de la vie à peu près un tiers des nouveau-nés dans les pays civilisés ; en Russie, au contraire, plus de la moitié. Dès que le nourrisson a passé la première année, les dangers qu'il pourrait courir sont de beaucoup diminués ; à l'âge de cinq ans, l'enfant est arrivé à un tel point, qu'il n'est presque plus exposé aux chances fâcheuses. Il est donc beaucoup plus probable que l'enfant de cinq ans vive encore plusieurs années, que le nouveau-né, qui n'a pas encore passé cette période critique. Si l'on examine combien d'individus, sur une certaine quantité de nouveau-nés, sont encore en vie à un certain âge, on obtient des chiffres qui peuvent servir de base pour le calcul de la durée probable de la vie. Ces calculs sont de la plus grande importance pour les tontines, les assurances sur la vie et d'autres entreprises de ce genre. Nous donnons ici un aperçu du nombre d'individus nés sur 10,000 qui sont encore en vie à différents âges :

AGE.	PRUSSE D'APRÈS HOFFMANN 1826 A 1834.	BELGIQUE D'APRÈS QUÉTELET.	CANTON DE BERNE D'APRÈS SCHNEIDER.
1	7,506	7,753	7,782
10	5,310	5,826	6,982
20	4,852	5,345	6,559
30	4,303	4,676	6,033
40	3,748	4,089	5,446
50	3,078	3,479	4,686
60	2,264	2,724	3,680
70	1,242	1,702	2,096
80	399	587	591
90	51	68	23

Les circonstances accessoires, dépendant d'actions extérieures, ont sur la mortalité une influence extraordinaire. La richesse ou la pauvreté viennent ici en première ligne, surtout dans l'enfance, qui a besoin de soins assidus. On a trouvé, en comparant les listes de mortalité des différents quartiers de Paris, que dans les quartiers riches et aisés, il y avait sur 100 morts 32 enfants ; dans les quartiers pauvres, au contraire, pour le même nombre de morts, 59 enfants. A Berlin, la proportion est encore plus effrayante ; sur 100 morts de familles pauvres, il y avait 34 enfants au-dessous de 5 ans ; tandis que pour un nombre égal de morts venant de familles aisées et riches, on ne put pas même compter un enfant de cet âge. Mais, plus tard, l'influence de la pauvreté se montre encore, bien qu'à un moindre degré ; rappelons-nous, en effet, que l'organisme qui a échappé aux mauvaises chances des cinq premières années, doit avoir beaucoup de force vitale. Les classes les plus pauvres de Paris, comme les chiffonniers, s'éteignent dix ans avant les classes riches. De 25 à 80 ans, ils payent à la mort un tribut relativement bien plus grand. Ce n'est que dans l'époque de la vie où la richesse permet de dépenser toutes les forces de la jeunesse, que la mortalité des classes riches est égale à celle des classes pauvres. Le pauvre, dit un auteur moderne, ne perd pas seulement une quantité de jouissances, mais encore une série d'années de sa propre vie et de celle de ses enfants. Le sort pèse sur lui du commencement à la fin de sa vie, la mort l'atteint, ainsi que ses descendants, dans toute sa cruauté, tandis que les riches ne sont pour ainsi dire atteints que par hasard.

La profession de l'homme, sa position et ses travaux ont une grande influence sur la durée de sa vie ; ceux qui doivent travailler dans des espaces clos, ou à l'air libre par tous les temps, ceux qui n'ont que peu de profit et qui sont souvent dérangés dans leur sommeil, vivent moins longtemps que ceux qui ont moins de soucis, moins de travail, un sommeil tranquille, et qui prennent l'air modérément et à leur gré. L'oisiveté est une des premières conditions pour une longue vie ; c'est pourquoi l'on voit, dans tous les pays, les religieux, qui ont le privilége de vivre dans l'inaction, vivre le plus longtemps de tous les hommes. Les médecins, au contraire, qui sont fort souvent dérangés dans leur repos nocturne, ont partout la vie la plus courte parmi les classes lettrées. *Riecke* trouva, pour les classes lettrées du Wurtemberg, que les prêtres catholiques vivaient le plus longtemps ; immédiatement après eux, viennent les prêtres protestants, puis les fonctionnaires de l'État, pour lesquéls, il est vrai, la balance penche en faveur des hautes charges et non en faveur des employés subalternes. Puis viennent les gardes forestiers, ensuite les régents, accablés de travail et mal payés, et enfin les médecins qui ont la vie la plus courte. Lombard, de Genève, a choisi dans les registres mortuaires, de 1796 à 1830, tous les individus morts, âgés de plus de seize ans, et les a rangés d'après leurs différentes professions. La durée moyenne de la vie des 8,488 individus, auxquels il appliqua ces calculs, était de 55 ans. Les professions suivantes dépassèrent cette moyenne. Les charpentiers, les tanneurs, les maçons et les horlogers 55 ans et une fraction, les cafetiers 56 ans, les perruquiers 57 ans, les scieurs de long, les marchands, les huissiers et les fondeurs 59 ans, les jardiniers et les tisserands 60 ans, les orfévres et les employés subalternes plus de 61 ans et demi, les marchands en gros 62 ans, les prêtres réformés 64 ans, les capitalistes 66 ans, les employés supérieurs et les syndics de la république 69 ans. On pourrait tirer des principes appliqués plus haut au développement intellectuel, la conséquence suivante, que Genève, pendant l'époque dont nous venons de parler, n'a pas été gouvernée avec une sagesse extraordinaire. Au-dessous de la moyenne de 55 ans, se trouvèrent les fabricants de literie, les paysans, les graveurs, les forgerons, les imprimeurs, les cordonniers, les tailleurs, les tonneliers et les médecins, qui vivaient tout au plus 54 ans. Les bouchers vivaient 53 ans, les journaliers, les monteurs de boîtes, et les imprimeurs sur étoffe 52 ans, les cochers et les scribes 51 ans, les boulangers, les menuisiers, les bijoutiers et les bateliers 49 ans, les émailleurs 48 ans, les serruriers 47 ans, et les vernisseurs 44 ans. La cause du peu de durée de la vie réside pour beaucoup de ces professions dans la misère et la nutrition insuffisante ; chez d'autres, la mortalité prématurée tient à la profession même, les ouvriers respirant des substances dangereuses ou des gaz exhalés par des métaux.

L'accumulation d'hommes dans de grands centres, par exemple, dans des villes populeuses, donne naissance à une quantité de causes de mortalité qui n'existent pas à la campagne. Chacun connaît l'influence pernicieuse des habitations étroites, sans lumière et sans air ; celle d'une nourriture falsifiée ou gâtée, et d'une quantité d'autres agents qui, tantôt n'existent pas à la campagne, tantôt n'ont pas d'influence essentielle, parce qu'ils sont plus disséminés. On reconnaît ici encore que ces actions sont plus nuisibles dans les premières années de la vie ; arrivé à un âge plus avancé, l'homme est même placé dans des conditions plus favorables dans les villes. L'accumulation des grandes fabriques est le facteur le plus dangereux. Mulhouse nous en donne la preuve : de 1823 à 1834, la durée probable de la vie, pour les nouveau-nés, n'était que de 7 ans 1/2, tandis que pour le reste du département du Haut-Rhin, cette durée, quoique encore assez faible à cause du grand nombre de localités industrielles que renferme le département, montait cependant à 13 ans 1/2, par la présence d'une plus grande quantité d'agriculteurs. Nous pouvons, par conséquent, tirer sans crainte de toutes nos recherches la conclusion suivante, c'est que partout où une grande accumulation de population, le manque de ressources matérielles et des travaux fatigants agissent en commun, l'homme est placé dans les plus mauvaises conditions par rapport à la durée de la vie. Le bien-être, la satisfaction de tous les besoins, les habitations plus disséminées et une vie de paresse augmentent, au contraire, la durée de l'existence. Il est assez curieux, il est vrai, que justement le travail, condition essentielle du progrès, porte avec lui le germe de la décadence de l'humanité; mais nous pouvons, d'un autre côté, regarder comme une preuve de progrès le fait, qu'à notre époque, la durée moyenne de la vie a, en effet, considérablement augmenté, depuis cinquante ans, dans les pays que l'on a pu étudier plus à fond ; les efforts faits dans ce sens, ont été, on peut le dire, couronnés de succès.

Il serait trop long d'examiner ici, avec plus de détails, toutes les autres causes qui peuvent avoir de l'influence sur la mortalité: ce sont les conditions climatériques, les années de famine, de disette et de guerre, la peste et les maladies contagieuses. Remarquons cependant ici que justement la mort, que personne ne peut éviter, peut être modifiée, dans ses résultats, par la volonté et les effets de la société, dans toutes les limites du possible. Aucun facteur, dans la physiologie statistique, n'est aussi incertain, aussi variable et aussi dépendant des causes extérieures et des conditions législatives de la société, que la durée moyenne de la vie.

Lorsque nous examinons le développement mental de la société, les choses se passent tout différemment; on pourrait croire qu'ici tous les agents devraient varier dans les plus grandes limites, mais il n'en est rien. Ces limites sont si resserrées, qu'il est difficile de constater les fluctuations. Quetelet a fait, en Belgique, des recherches sur les résultats des examens scolaires. Pendant vingt ans, presque toujours la même commission, avec quelques faibles changements dans le personnel, fut appelée à examiner et transcrivit les résultats obtenus au moyen de chiffres conventionnels. La moyenne de tous ces chiffres donne l'expression du savoir de l'individu interrogé, et on peut la comparer avec la moyenne d'autres individus. La moyenne, pour tous les individus, est l'expression de la valeur des études dans leur ensemble, et on peut la comparer avec celle des autres années. On a trouvé, de cette façon, que l'influence des professeurs sur la moyenne des réponses des élèves est assez insignifiante; elle ne varie, en général, dans les différentes années, que dans des limites fort étroites.

Le mariage semble être parmi les actes qui intéressent l'État, celui qui dépend le plus de la volonté individuelle, et l'on pourrait croire que le chiffre annuel des mariages dans un certain pays varie énormément suivant les circonstances. C'est justement le contraire qui a lieu; le nombre des décès en Belgique, par exemple, est bien moins constant que celui des mariages. Ce dernier chiffre est resté, par rapport au nombre des habitants, exactement le même pendant vingt années consécutives. Les Belges payent plus régulièrement leur tribut à la mairie qu'au fossoyeur. Ce n'est pas seulement en général que ce chiffre est resté constant, il est encore demeuré le même par rapport à l'âge, et la proportion des mariages entre garçons et filles, entre garçons et veuves, entre veufs et jeunes filles, entre veufs et veuves est restée exactement la même. Si l'on avait fait des lois qui ne permissent qu'un certain nombre de mariages, et cela pour un âge déterminé, elles n'auraient pu être mieux observées que maintenant, où le mariage est complétement laissé

à la volonté de chacun et à l'accord entre les deux parties.
La même loi se répète pour les crimes, pour les blessures volontaires que se font les recrues pour échapper au service militaire,
pour les correspondances postales, car chaque année on met à la
poste une certaine quantité de lettres ouvertes, de lettres ayant
des adresses illisibles et d'autres manquant d'adresse. Tous ces
actes qui semblent accidentels et absolument dépendants de la
libre volonté de chacun, sont réglés législativement pour ainsi
dire. Leur nombre est dans un certain rapport avec la
société et l'on peut, par conséquent, affirmer que le libre arbitre existe bien pour l'individu isolé, mais non pour la société,
la nation, ou l'humanité entière qui marche en avant d'après
certaines lois ayant un cachet de nécessité absolue. Ces lois,
tout en dirigeant les actes individuels et en leur donnant leur
cachet particulier, dépendent cependant, d'un autre côté, des influences extérieures et de l'organisation particulière des peuples.
Le Wallon, par exemple, se marie en moyenne deux ans avant le
Flamand, et les veufs des deux sexes se remarient plus souvent
chez le premier peuple que chez le second. La tendance au crime
atteint son point culminant, en France, à vingt-quatre ans, en
Angleterre à vingt-cinq, en Belgique à vingt-six, tandis que les
différents crimes atteignent leur maximum d'après l'âge des criminels dans l'ordre suivant : vol, viol, coups et blessures, assas-
sinat volontaire, meurtre, empoisonnement ; les faux arrivent
en dernière ligne.

On voit, par conséquent, que les crimes avec violence se
commettent plutôt dans les jeunes années, et les crimes accompagnés d'une certaine ruse dans un âge plus avancé. Pour le suicide, il y a des lois analogues ; le penchant au suicide se développe dès l'enfance, augmente considérablement chez l'adulte et
croît continuellement, mais d'une façon plus lente, jusqu'à la
vieillesse la plus avancée.

Nous sommes arrivé à la fin de notre tâche, elle n'a pu être complétement remplie puisqu'elle s'appliquait à un sujet si vaste et présentant d'ailleurs beaucoup de lacunes ; puissions-nous être parvenu à avoir expliqué clairement des actions souvent compliquées et à avoir jeté une lumière quelquefois passagère sur l'homme, son organisation et ses fonctions. « J'avais passé beaucoup de temps dans l'étude des sciences abstraites, dit Pascal, mais le peu de gens avec qui on peut en communiquer m'en avait dégoûté. Quand j'ai commencé l'étude de l'homme, j'ai vu que les sciences abstraites ne lui sont pas propres, et que je m'égarais plus de ma condition en y pénétrant, que les autres en les ignorant, et je leur ai pardonné de ne pas s'y appliquer. Mais j'ai cru trouver au moins bien des compagnons dans l'étude de l'homme, puisque c'est elle qui lui est propre. J'ai été trompé. »

Puissions-nous échapper chaque jour davantage à ce reproche.

FIN.

PARIS. — IMP. SIMON RAÇON ET COMP., RUE D'ERFURTH, 1.

CATALOGUE

DES LIVRES DE FONDS

DE

C. REINWALD & CIE

LIBRAIRES-ÉDITEURS

ET COMMISSIONNAIRES POUR L'ÉTRANGER

15, rue des Saints-Pères, 15

———

DIVISION DU CATALOGUE

———

PARIS

Octobre 1874

PUBLICATIONS PÉRIODIQUES

Archives de Zoologie expérimentale et générale. Histoire naturelle — Morphologie — Histologie — Evolution des animaux. Publiées sous la direction de Henri de Lacaze-Duthiers, membre de l'Institut, professeur d'anatomie et de physiologie comparée et de zoologie à la Sorbonne. Première année, 1872, Deuxième année, 1873, formant chacune un volume grand in-8 avec planches noires et coloriées. Prix du volume, cartonné toile. . . . . . 32 fr.

Le prix de l'abonnement, par volume ou année de quatre cahiers, avec au moins 24 planches est : Pour Paris, 30 fr.; — les Départements, 32 fr.; — l'Étranger, le port en sus.

Les deux premiers cahiers de la troisième année sont publiés.

Revue d'Anthropologie. Publiée sous la direction de M. Paul Broca, secrétaire général de la Société d'anthropologie, directeur du laboratoire d'anthropologie de l'École des hautes études, professeur à la Faculté de médecine. 1872 et 1873. — 1ʳᵉ et 2ᵉ année ou vol. I et II.

La Revue paraît par fascicules trimestriels de 12 feuilles grand in-8 avec planches, figures et tableaux.

Prix de l'abonnement pour Paris, 20 fr. par an; les Départements, 22 fr.; le port en sus pour l'étranger.

Les trois premiers fascicules de 1874 (3ᵉ année ou 3ᵉ volume) sont en vente.

Matériaux pour l'histoire primitive et naturelle de l'Homme, et l'étude du sol, de la faune et de la flore qui s'y rattachent, revue mensuelle illustrée fondée par G. de Mortillet, et continuée par Eugène Trutat et Émile Cartailhac, membres des sociétés géologiques de France, d'anthropologie de Paris, etc. Format in-8. Neuvième volume ou dixième année, 1874. Nombreuses gravures. Prix de l'abonnement : pour la France 12 fr.; pour l'étranger. . . . . 15 fr.

Prix de la collection : Tomes I à IV, à 10 fr.; tome V, 12 fr.; tome VI (années 1870-71), 12 fr.; tome VII (1872), 12 fr.; tome VIII (1873), 12 fr.

Indicateur de l'Archéologue. Bulletin mensuel illustré, fondé en 1872 par M. Gabriel de Mortillet, et dirigé par M. Am. de Caix de Saint-Aymour, avec le concours des archéologues français et étrangers. In-8, avec planches et gravures. Prix par an : Pour la France, 12 fr. Pour l'Étranger. . . . . 15 fr.

Ce journal paraît par cahiers de 3 à 4 feuilles, à partir du mois de septembre 1872.

L'Indicateur de l'Archéologue paraît très-régulièrement et très-exactement au commencement de chaque mois, par cahiers de trois à quatre feuilles, et forme, à la fin de l'année, un fort volume, avec tables par noms d'auteurs et par matière. Il renferme de nombreuses illustrations qui en font un véritable Album archéologique.

Le tome Iᵉʳ (1873) de l'Indicateur de l'Archéologue formant un beau volume in-8ᵉ de 512 pages, illustré de 147 gravures sur bois. Prix : broché. . . . . 12 fr.

Bulletin mensuel de la librairie française, publié par C. Reinwald et Cⁱᵉ, 1874. Seizième année. Prix de l'abonnement : Paris et la France, 2 fr. 50. Pour l'étranger, le port en sus.

Ce Bulletin paraît au commencement de chaque mois, et donne les titres et les prix des principales nouvelles publications de France, ainsi que de celles en langue française éditées en Belgique, en Suisse, en Allemagne, etc.

I. — DICTIONNAIRES

NOUVEAU DICTIONNAIRE UNIVERSEL

DE LA

LANGUE FRANÇAISE

Rédigé d'après les travaux et les mémoires des membres

DES CINQ CLASSES DE L'INSTITUT

ACADÉMIE FRANÇAISE
ACADÉMIE DES INSCRIPTIONS ET BELLES-LETTRES, ACADÉMIE DES SCIENCES, ACADÉMIE
DES BEAUX-ARTS, ACADÉMIE DES SCIENCES MORALES ET POLITIQUES

CONTENANT

la dernière forme orthographique,
les étymologies, la prononciation et la conjugaison de tous les verbes irréguliers et défectifs
les définitions, les acceptions propres et figurées, l'explication des expressions familières,
des formes poétiques, des locutions populaires et des proverbes;
les termes particuliers aux sciences, aux arts et à l'industrie, une étude
sur les principaux synonymes, et la solution de toutes les difficultés grammaticales
que présentent l'orthographe des participes et les règles
de concordance et de construction

ENRICHI D'EXEMPLES

EMPRUNTÉS AUX ÉCRIVAINS, AUX PHILOLOGUES ET AUX SAVANTS LES PLUS CÉLÈBRES
DEPUIS LE XVIᵉ SIÈCLE JUSQU'A NOS JOURS

PAR M. P. POITEVIN

Auteur du *Cours théorique et pratique de langue française*, adopté par l'Université

NOUVELLE ÉDITION, REVUE ET CORRIGÉE

Cet ouvrage forme 2 volumes in-4°, imprimés sur papier grand raisin, en caractères
neufs, par MM. Firmin Didot frères, imprimeurs de l'Institut.

Prix de l'ouvrage complet: 40 francs
RELIÉ EN DEMI-MAROQUIN TRÈS-SOLIDE : 50 FRANCS

DICTIONNAIRE

DES TERMES D'ARCHITECTURE

EN FRANÇAIS, ALLEMAND, ANGLAIS ET ITALIEN

PAR DANIEL RAMÉE

Architecte, auteur de *l'Histoire générale de l'architecture*

Un volume grand in-8 (1868). Prix. . . . . 8 fr.

DICTIONNAIRE TECHNOLOGIQUE

DANS LES LANGUES

FRANÇAISE, ANGLAISE ET ALLEMANDE

Renfermant les termes techniques usités dans les arts et métiers et dans l'industrie en général

Rédigé par M. Alexandre TOLHAUSEN

Traducteur près la Chancellerie des brevets à Londres

Revu et augmenté par M. Louis TOLHAUSEN

Consul de France à Leipzig.

Iʳᵉ PARTIE : **Français-allemand-anglais.** 1 vol. de 825 et XII pages (1873), format in-16
Prix, broché.. . . . .(10 fr.
IIᵉ PARTIE : **Anglais-allemand-français.** 1 vol de 848 pages et XIV pages (1874.)
Format in-16. Prix, broché. . . . . . 10 fr.
La IIIᵉ PARTIE : **Allemand-français-anglais,** est sous presse.

DICTIONNAIRE TECHNOLOGIQUE

FRANÇAIS-ALLEMAND-ANGLAIS

Contenant
Les termes technologiques employés dans les arts et métiers
l'architecture civile, militaire et navale, les ponts et chaussées et les chemins de fer
la mécanique, la construction des machines, l'artillerie, la navigation, les mines et les usines
les mathématiques, la physique, la chimie, la minéralogie, etc.

PAR E. ALTHANS, L. BACH, J. HARTMANN, É. HEUSINGER DE WALDEGG, E. HOYER
G. LEONHARD, O. MOTHES, G.-A. OPPERMANN, C. RUMPF, F. SANDBERGER, B. SCHŒNFELDER
G.-PH. THAULOW, W. UNVERZAGT, H. WEDDING

PUBLIÉ PAR C. RUMPF ET O. MOTHES

PRÉCÉDÉ D'UNE PRÉFACE PAR M. CHARLES KARMARSCH
Premier directeur de l'École polytechnique de Hanovre

3 VOLUMES GRAND IN-8° (WIESBADEN, 1868 A 1870)

Iʳᵉ PARTIE. **Allemand-anglais-français.** 12 fr. | IIᵉ PARTIE. **Anglais-allemand-français.** 14 fr.
IIIᵉ PARTIE. **Français-allemand-anglais.** . . . . . . 13 fr. 50

DICTIONNAIRE TECHNOLOGIQUE DE POCHE

POUR L'INDUSTRIE ET LE COMMERCE

FRANÇAIS-ALLEMAND-ANGLAIS

Extrait du grand dictionnaire technologique en trois langues, par MM. RUMPF, MOTHES et
UNVERZAGT, contenant un grand nombre de termes appartenant à la matière commerciale, ainsi que les dénominations de divers articles portés aux tarifs des douanes.
3 volumes in-18. — 1ᵉʳ volume, *Allemand-Anglais-Français.* — 2ᵉ volume, *Anglais-
Allemand-Français.* — 3ᵉ volume, *Français-Allemand-Anglais.*

Prix de chaque volume : Broché, **3 fr. 50,** cart. toile anglaise **4 fr.**

DICTIONNAIRES DE TAUCHNITZ-EDITION

Dictionnaire français-anglais et anglais-français, par WESSELY. 1 vol. in-16. **2 fr.**

Dictionnaire anglais-allemand et allemand-anglais par WESSELY. 1 vol. in-16. , **2 fr.**

Dictionnaire anglais-italien et italien-anglais, par WESSELY. 1 vol. in-16. . . . . . **2 fr.**

Dictionnaire anglais-espagnol et espagnol-anglais, par WESSELY et GIRONÈS. 1 vol. in-16. . . . . **2 fr.**

La reliure en toile pleine se paye 1 fr. de plus par volume.

A COMPLETE DICTIONARY

OF THE ENGLISH AND FRENCH LANGUAGES

For general use, with the Accentuation and a litteral Pronunciation of every word in both languages. Compiled from the best and most approved English and French authorities, by W. JAMES and A. MOLÉ. In-12. Broché.. . . . . 7 fr.

A COMPLETE DICTIONARY

OF THE ENGLISH AND ITALIAN LANGUAGES

For general use, with the Italian Pronunciation and the Accentuation of every word in both languages and the Terms of Sciences and Art, Mechanics, Railways, Marine, etc. Compiled from the best and most recent English and Italian Dictionaries, by W. JAMES and Guis. GRASSI. In-12. Broché. . . . . 6 fr.

A COMPLETE DICTIONARY

OF THE ENGLISH AND GERMAN LANGUAGES

For general use. Compiled with special regard to the elucidation of modern litterature, the Pronunciation and Accentuation after the principles of Walker and Heinsius, by W. JAMES. In-12. Broché.. . . . . 5 fr.

II — BIBLIOGRAPHIE

CATALOGUE ANNUEL

DE LA

LIBRAIRIE FRANÇAISE

Années 1858 à 1869

PUBLIÉ PAR C. REINWALD ET Cie

PRIX DE CHAQUE ANNÉE, FORMANT UN BEAU VOLUME IN-8, CARTONNÉ A L'ANGLAISE : 8 FR.

BULLETIN MENSUEL DE LA LIBRAIRIE FRANÇAISE

PUBLIÉ PAR C. REINWALD ET Cie

1874 — 16e ANNÉE

Prix de l'abonnement : Paris et la France, 2 fr. 50. Étranger, le port en sus

Ce Bulletin paraît au commencement de chaque mois, et donne les titres et les prix des principales nouvelles publications de France, ainsi que de celles en langue française éditées en Belgique, en Suisse, en Allemagne, etc.

BIBLIOTHECA AMERICANA VETUSTISSIMA, a description of works relating to America, published between the years 1492 and 1551. publiée par H. HARRISSE. 1 volume grand in-8 (New-York, 1866.). . . . . 100 fr.

III. — SCIENCES NATURELLES

OUVRAGES DE CH. DARWIN

L'ORIGINE DES ESPÈCES

AU MOYEN DE LA SÉLECTION NATURELLE

OU LA LUTTE POUR L'EXISTENCE DANS LA NATURE

Traduit

sur l'invitation et avec l'autorisation de l'auteur sur les 5ᵉ et 6ᵉ éditions anglaises

AUGMENTÉ D'UN NOUVEAU CHAPITRE ET DE NOMBREUSES NOTES ET ADDITIONS

DE L'AUTEUR

Par J.-J. MOULINIÉ

1 vol. in-8°, (1873). Prix. cartonné à l'anglaise. . . 8 fr.

DE LA VARIATION DES ANIMAUX ET DES PLANTES

SOUS L'ACTION DE LA DOMESTICATION

Traduit de l'anglais par J.-J. MOULINIÉ

Préface par CARL VOGT

2 vol. in-8°, avec 43 grav. sur bois (1868). — Prix cart. à l'anglaise. 20 fr.

LA DESCENDANCE DE L'HOMME ET LA SÉLECTION SEXUELLE

Traduit de l'anglais par J.-J. MOULINIÉ. Préface par CARL VOGT

DEUXIÈME ÉDITION, REVUE PAR M. EDM. BARBIER

2 vol. in-8 avec grav. sur bois. (1874). Prix cart. à l'anglaise : 16 fr.

DE LA FÉCONDATION DES ORCHIDÉES

PAR LES INSECTES

ET DU BON RÉSULTAT DU CROISEMENT

Traduit de l'anglais par L. RÉROLLE

1 vol. in-8°, avec 34 grav. sur bois (1870). Cart. à l'anglaise. Prix : 8 fr.

L'EXPRESSION DES ÉMOTIONS CHEZ L'HOMME ET LES ANIMAUX

Traduit par SAMUEL POZZI et RENÉ BENOIT

1 vol. in-8, avec 21 grav. sur bois et 7 photographies. Cart. à l'angl. . 10 fr.

Sous presse :

VOYAGE D'UN NATURALISTE AUTOUR DU MONDE

A bord du navire *The Beagle*

Traduit de l'anglais par M. E. BARBIER

1 vol. in-8.

HISTOIRE DE LA CRÉATION DES ÊTRES ORGANISÉS

D'APRÈS LES LOIS NATURELLES

PAR ERNEST HÆCKEL

Professeur de zoologie à l'Université de Iéna

Conférences scientifiques sur la doctrine de l'évolution en général et celle de Darwin, Gœthe et Lamarck en particulier

Traduites de l'allemand par le Dr LETOURNEAU

ET PRÉCÉDÉES D'UNE INTRODUCTION BIOGRAPHIQUE PAR LE PROFESSEUR **CH. MARTINS**

1 vol. in-8 avec 15 planches, 19 gravures sur bois, 18 tableaux généalogiques et une carte chromolithographique (1874). Prix : cartonné à l'anglaise. . 15 fr.

OUVRAGES DE CARL VOGT

Professeur à l'Académie de Genève, président de l'Institut genevois

---

LEÇONS SUR LES ANIMAUX UTILES ET NUISIBLES

LES BÊTES CALOMNIÉES ET MAL JUGÉES

Traduction de G. BAYVET

Un vol. in-12 avec gravures (1867). Prix . . . . 2 fr. 50

LEÇONS SUR L'HOMME

SA PLACE DANS LA CRÉATION ET DANS L'HISTOIRE DE LA TERRE

NOUVELLE ÉDITION FRANÇAISE ENTIÈREMENT REFONDUE PAR L'AUTEUR

(Sous presse — Pour paraître en 1875)

LETTRES PHYSIOLOGIQUES

PREMIÈRE ÉDITION FRANÇAISE DE L'AUTEUR

(Sous presse — Pour paraître en décembre 1874)

MANUEL D'ANATOMIE COMPARÉE

PAR CARL GEGENBAUR

Professeur à l'Université de Heidelberg

AVEC 319 GRAVURES SUR BOIS INTERCALÉES DANS LE TEXTE

TRADUIT EN FRANÇAIS SOUS LA DIRECTION DE

CARL VOGT

Professeur à l'Académie de Genève
Président de l'Institut genevois

1 vol. grand in-8 (1874). Prix : broché, 18 fr.; cartonné à l'anglaise, 20 fr.

LA SÉLECTION NATURELLE

ESSAIS

Par Alfred-Russel WALLACE

TRADUITS SUR LA DEUXIÈME ÉDITION ANGLAISE, AVEC L'AUTORISATION DE L'AUTEUR

PAR LUCIEN DE CANDOLLE

1 vol. in-8° cartonné à l'anglaise. Prix . . . . 8 fr.

LE DARWINISME ET LES GÉNÉRATIONS SPONTANÉES

ou Réponse aux réfutations

DE MM. P. FLOURENS, DE QUATREFAGES, LÉON SIMON, CHAUVEL, ETC.

SUIVIE D'UNE LETTRE DE M. LE DOCTEUR F. POUCHET

PAR D. C. ROSSI

Un vol. in-12. Prix . . . . 2 fr. 50

OUVRAGES DU Dᴿ LOUIS BUCHNER

L'HOMME SELON LA SCIENCE

SON PASSÉ, SON PRÉSENT, SON AVENIR

ou

D'où venons-nous? — Qui sommes-nous? — Où allons-nous?

Exposé très-simple

suivi d'un grand nombre d'éclaircissements et remarques scientifiques

TRADUIT DE L'ALLEMAND PAR LE Dᴿ LETOURNEAU

ORNÉ DE NOMBREUSES GRAVURES SUR BOIS

DEUXIÈME ÉDITION

1 vol. in-8° (1874). Prix. . . . . 7 fr.

FORCE ET MATIÈRE

ÉTUDES POPULAIRES

D'HISTOIRE ET DE PHILOSOPHIE NATURELLES

Ouvrage traduit de l'allemand avec l'approbation de l'auteur

QUATRIÈME ÉDITION

REVUE ET AUGMENTÉE DU PORTRAIT ET DE LA BIOGRAPHIE DE L'AUTEUR

1 vol. in-8° (1872). . . . . 5 fr. -

CONFÉRENCES SUR LA THÉORIE DARWINIENNE

DE LA TRANSMUTATION DES ESPÈCES

ET DE L'APPARITION DU MONDE ORGANIQUE

APPLICATION DE CETTE THÉORIE A L'HOMME

SES RAPPORTS AVEC LA DOCTRINE DU PROGRÈS ET AVEC LA PHILOSOPHIE MATÉRIALISTE

DU PASSÉ ET DU PRÉSENT

Traduit de l'allemand avec l'approbation de l'auteur

D'APRÈS LA SECONDE ÉDITION

PAR AUGUSTE JACQUOT

1 vol. in-8° (1869) . . . . 5 fr.

RECHERCHES SUR LES RACES HUMAINES
DE LA FRANCE
PAR ANATOLE ROUJOU
Docteur ès-sciences

1 vol. in-8 de 196 pages. Prix, broché. . . . 2 fr. 50

ÉTUDES SUR LES TERRAINS QUATERNAIRES
DU BASSIN DE LA SEINE ET DE QUELQUES AUTRES BASSINS

PAR ANATOLE ROUJOU
Docteur ès-sciences

Brochure de 100 pages in-8. Prix, broché. . . 1 fr. 50

MÉMOIRES D'ANTHROPOLOGIE
DE PAUL BROCA

TOME I.

1 vol. in-8 avec grav. sur bois dans le texte, cart. à l'angl. Prix : 7 fr. 50

Le tome II paraîtra en novembre 1874

CONGRÈS INTERNATIONAL
D'ANTHROPOLOGIE ET D'ARCHÉOLOGIE
PRÉHISTORIQUES

Compte rendu de la 2ᵉ Session. — Paris, 1867.

1 vol. gr. in-8°, avec 91 grav. sur bois intercalées dans le texte. 12 fr.

Il reste encore quelques exemplaires du Compte rendu de la première session (Neuchâtel, 1866)
publiée par M. G. de Mortillet. Brochure in-8°. Prix : 5 francs.

Le même. Compte rendu de la cinquième session. Bologne 1871. 1 vol. grand in-8,
avec planches intercalées dans le texte (Bologne, 1873). . . . . 20 fr.

Le même. Compte rendu de la sixième session, Bruxelles, 1872. 1 vol. grand in-8
avec 90 planches (Bruxelles, 1873). 50 fr.

ANTHROPOLOGIE
—

L'ANCIENNETÉ DE L'HOMME
PROUVÉE PAR L'EXPLORATION
DES CAVERNES ET DES CITÉS LACUSTRES
AVEC NOTES ET PLANCHES EXPLICATIVES
PAR LE Dʳ D. RIOLACCI

In-8 avec planches. . . . . 3 fr.

LE LIVRE DE LA NATURE

ÉLÉMENTS DE MINÉRALOGIE, GÉOGNOSIE ET GÉOLOGIE

DÉDIÉS AUX AMIS DES SCIENCES ET AUX BIBLIOTHÈQUES POPULAIRES,

A L'USAGE DES LYCÉES ET DES COLLÉGES

PAR FRÉDÉRIC SCHOEDLER

Docteur ès sciences, directeur de l'École industrielle, à Mayence

Traduit de l'allemand sur la 18ᵉ édition, par HENRI WELTER

1 vol. in-8 avec 206 gravures sur bois et 2 planches coloriées. . . . 3 fr. 50

Le premier volume du LIVRE DE LA NATURE, contenant la Physique, l'Astronomie et la Chimie, traduit par AD. SCHELER et formant 1 vol, in-8 avec 557 gravures et 2 cartes astronomiques, est en vente au prix de 5 francs.

L'ASTRONOMIE, LA MÉTÉOROLOGIE ET LA GÉOLOGIE

MISES A LA PORTÉE DE TOUS

Par H. LE HON

Sixième édition, revue, corrigée et augmentée, ornée de 80 gravures.

1 vol. in-12. — Prix : 5 fr.

PRÉCIS ÉLÉMENTAIRE DE GÉOLOGIE

PAR J.-J. D'OMALIUS D'HALLOY

HUITIÈME ÉDITION

(Y compris celles publiées sous les titres d'*Éléments* ou *Abrégés de géologie.*)

1 vol. in-8 avec cartes et gravures sur bois (Bruxelles, 1868)

Prix : 10 fr.

LEÇONS DE PHYSIOLOGIE ÉLÉMENTAIRE

Par le professeur HUXLEY

TRADUITES DE L'ANGLAIS PAR LE Dʳ DALLY

1 vol. in-12 avec de nombreuses figures intercalées dans le texte. — Prix, broché, 3 fr. 50
Relié toile, 4 fr.

LE LIVRE DE L'HOMME SAIN ET DE L'HOMME MALADE

PAR LE PROFESSEUR CH. BOCK

DE LEIPZIG

Traduit de l'allemand sur la sixième édition, et annoté par le docteur Victor Desguin et M. Camille van Straelen. — Ouvrage enrichi de planches et de gravures intercalées dans le texte, et précédé d'une Introduction sur la nécessité de faire de l'étude de l'homme la base de tout système rationnel d'éducation, par le docteur Desguin.

2 vol. in-8. (1866-1868.) Prix : 10 fr.

LES EAUX MINÉRALES ET LES BAINS DE MER DE LA FRANCE

NOUVEAU GUIDE PRATIQUE DU MÉDECIN ET DU BAIGNEUR

PAR LE Dʳ PAUL LABARTHE

Précédée d'une Introduction par le professeur A. GUBLER

1 vol. in-12. Prix, broché, 4 fr. Relié toile . . . . 5 fr.

GUIDE POUR L'ANALYSE DE L'URINE
DES SÉDIMENTS ET DES CONCRÉTIONS URINAIRES
AU POINT DE VUE PHYSIOLOGIQUE ET PATHOLOGIQUE
PAR LE Dʳ ARTHUR CASSELMANN
Traduit de l'allemand avec l'autorisation de l'auteur, par G. E. STROHL
Brochure in-8 avec 2 planches. Prix. . . . . 2 fr.

INSTRUCTION
SUR L'ANALYSE CHIMIQUE QUALITATIVE DES SUBSTANCES MINÉRALES
PAR G. STAEDELER
Revue par HERMANN KOLBE
Traduite sur la 6ᵉ édition allemande par le Dʳ L. GAUTIER
AVEC UNE GRAVURE DANS LE TEXTE ET UN TABLEAU COLORIÉ D'ANALYSE SPECTRALE
In-12, cartonné à l'anglaise. Prix. . . 2 fr. 50

ÉCHINOLOGIE HELVÉTIQUE
MONOGRAPHIE DES ÉCHINIDES FOSSILES DE LA SUISSE
Par E. DESOR et P. DE LORIOL
ÉCHINIDES DE LA PÉRIODE JURASSIQUE
1 vol. in-4, avec atlas in-folio de 61 pl. (1868 à 1872). Prix, cartonné. 160 fr.
(L'ouvrage a été publié en 16 livraisons à 10 fr.)

DE LA SCIENCE EN FRANCE
PAR JULES MARCOU
1 vol. in-8 (1869). Prix . . . . 5 fr.

SE VENDENT SÉPARÉMENT A 2 FRANCS
1ᵉʳ FASC. : LE CORPS DES MINES ET LA CARTE GÉOLOGIQUE DE FRANCE
2ᵉ FASC. : L'ACADÉMIE DES SCIENCES ET L'INSTITUT DE FRANCE
3ᵉ FASC. : LE MUSÉUM D'HISTOIRE NATURELLE OU JARDIN DES PLANTES

ÉTUDES SUR LES FACULTÉS MENTALES DES ANIMAUX
COMPARÉES A CELLES DE L'HOMME
PAR J.-C. HOUZEAU
MEMBRE DE L'ACADÉMIE DE BELGIQUE]
2 vol. in-8 (Mons, 1872). . . . . 12 fr.

LA CINÉSIOLOGIE OU LA SCIENCE DU MOUVEMENT
Dans ses rapports avec l'éducation, l'hygiène et la thérapie. Études historiques, théoriques et pratiques, par N. DALLY. In-8 avec 6 planches (1857). . 10 fr

L'ORDRE DES PRIMATES ET LE TRANSFORMISME
Par M. E. DALLY. Brochure in-8 (1868). . . . . 2 fr

DU TYPHUS FAMÉLIQUE ET DE QUELQUES MALADIES VOISINES
Conférence faite le 9 février 1868 par le professeur R. VIRCHOW. Traduit de l'allemand par le docteur HENRI HALLOPEAU. Brochure in-8 (1868). 1 fr. 50

IV. — HISTOIRE, POLITIQUE, GÉOGRAPHIE, ETC.

MOEURS ROMAINES DU RÈGNE D'AUGUSTE

A LA FIN DES ANTONINS

PAR L. FRIEDLÆNDER

PROFESSEUR À L'UNIVERSITÉ DE KŒNIGSBERG

TRADUCTION LIBRE FAITE SUR LE TEXTE DE LA DEUXIÈME ÉDITION ALLEMANDE

Avec des considérations générales et des remarques

PAR CH. VOGEL

Tome Iᵉʳ (1865), comprenant la ville et la cour, les trois ordres, la société et les femmes.
Tome II (1867), comprenant les spectacles et les voyages des Romains.
Tome III (1874), comprenant le luxe et les beaux-arts, avec un supplément au tome premier.
Tome IV et dernier (1874), comprenant les belles-lettres, la situation religieuse et l'état de la philosophie, avec un supplément au tome deuxième.

4 VOL. IN-8. PRIX DE CHAQUE VOL. BROCHÉ. . . 7 FR.

(Les tomes III et IV portent le titre : *Civilisation et mœurs romaines*, du règne d'Auguste à la fin des Antonins).

L'ouvrage allemand publié à Berlin, de 1865 à 1871, n'a que 3 volumes.

LA CONSTITUTION D'ANGLETERRE

EXPOSÉ HISTORIQUE ET CRITIQUE

DES ORIGINES, DU DÉVELOPPEMENT SUCCESSIF ET DE L'ÉTAT ACTUEL DES INSTITUTIONS ANGLAISES

PAR ÉDOUARD FISCHEL

Traduit sur la seconde édition allemande comparée avec l'édition anglaise de R. JENERY SHEE

Par CH. VOGEL

2 volumes in-8 (1864). Prix de l'ouvrage : **10 fr.**

ESSAI SUR TALLEYRAND

PAR SIR HENRY LYTTON BULWER, G. C. B.

ANCIEN AMBASSADEUR

Traduit de l'anglais avec l'autorisation de l'auteur par **M. GEORGES PERROT**

Un volume in-8. Prix : **5 fr.**

ESSAI SUR LES ŒUVRES ET LA DOCTRINE DE MACHIAVEL

AVEC LA TRADUCTION LITTÉRALE DU *PRINCE*

ET DE QUELQUES FRAGMENTS HISTORIQUES ET LITTÉRAIRES

PAR PAUL DELTUF

Un volume in-8 (1867). Prix : **7 fr. 50**

TERRE SAINTE

PAR CONSTANTIN TISCHENDORF

AVEC LES SOUVENIRS DU PÉLERINAGE DE S. A. I. LE GRAND DUC CONSTANTIN

1 vol. in-8° avec 3 gravures (1868). . 5 fr.

THÉODORE PARKER, SA VIE ET SES OEUVRES

UN CHAPITRE DE L'HISTOIRE DE L'ABOLITION DE L'ESCLAVAGE AUX ÉTATS-UNIS

PAR ALBERT RÉVILLE

1 vol. in-12 (1865) Prix. . . . . . 3 fr. 50

ÉTAT ÉCONOMIQUE ET SOCIAL DE LA FRANCE DEPUIS HENRI IV JUSQU'A LOUIS XIV (1589-1715), par A. Moreau de Jonnès, membre de l'Institut. 1 vol. in-8°. (1867.) Prix. . . . . 7 fr.

LE CONGRÈS DE VIENNE (1814-1815). Histoire de l'origine, de l'action et de l'anéantissement des traités de 1815, par D. Ramée. In-8°. (1866.) Prix. 2 fr. 50

L'ÉCOLE HISTORIQUE EN ALLEMAGNE, par S. Vainberg. In-8° (Paris, 1869). 1 fr. 50

ALBUM VON COMBE-VARIN. Zur Erinnerúng an Theodor Parker und Hans Lorenz Küchler. Mit 5 lithographischen Tafeln. 1 vol. in-8. (1865.) Prix. . . 6 fr.

VIE ET TRAVAUX DE ÉDOUARD LARTET. Notices et discours publiés à l'occasion de sa mort. In-8°. (1872.) 1 fr. — Avec portrait photogr. . . . . 1 fr. 50

ESSAIS SUR L'HISTOIRE POLITIQUE DES DERNIERS SIÈCLES, par Jules van Praet. 1 vol. gr. in-8°. (1867.). . . . . 7 fr. 50

ESSAIS SUR L'HISTOIRE POLITIQUE DES DERNIERS SIÈCLES, par Jules van Praet. 2° série. 1 vol. grand in-8 (Bruxelles, 1874.). . . . . 7 fr.

DU GOUVERNEMENT OU PRINCIPES DE POLITIQUE POSITIVE, par Ph. de Tayac. 1 vol. in-8°. (1862.). . . . . 6 fr.

LA SUÈDE AU XVI° SIÈCLE. Histoire de la Suède sous les princes de la maison de Wasa, Éric XIV, Jean III, Sigismond, par A. de Flaux. In-8°. (1868.) 7 fr. 50

LES INSURGÉS PROTESTANTS SOUS LOUIS XIV. Études et documents inédits publiés par G. Frosterus. In-12. (1866). Prix.. . . . . 2 fr.

LES CHASSEURS DES ALPES ET DES APENNINS. Histoire complète de la guerre de l'indépendance italienne en 1859, par Louis de la Varenne. 1 vol. in-8. (Florence, 1860.). . . . . 8 fr.

V. — ARCHÉOLOGIE ET SCIENCES PRÉHISTORIQUES

LES HABITANTS PRIMITIFS DE LA SCANDINAVIE
ESSAI D'ETHNOGRAPHIE COMPARÉE
MATÉRIAUX POUR SERVIR A L'HISTOIRE DU DÉVELOPPEMENT DE L'HOMME
Par SVEN NILSSON
PROFESSEUR A L'UNIVERSITÉ DE LUND

PREMIÈRE PARTIE : L'AGE DE LA PIERRE

TRADUIT DU SUÉDOIS SUR LE MANUSCRIT DE LA TROISIÈME ÉDITION PRÉPARÉE PAR L'AUTEUR

Un vol. grand in-8 (1868) avec 16 planches. — Prix : 12 fr. cartonné

LES PALAFITTES
OU CONSTRUCTIONS LACUSTRES DU LAC DE NEUCHATEL
Par E. DESOR
ORNÉ DE 95 GRAVURES SUR BOIS INTERCALÉES DANS LE TEXTE
In-8 (1865). Prix. . . . . 6 fr.

LES ARMES
ET LES OUTILS PRÉHISTORIQUES RECONSTITUÉS
Texte et gravures par le vicomte LEPIC
Grand in-4 de vingt-quatre planches à l'eau-forte, avec texte descriptif. Prix : **12 fr.**

LE MACONNAIS PRÉHISTORIQUE
MÉMOIRE
Sur les âges primitifs de la pierre, du bronze et du fer en Mâconnais et dans quelques contrées limitrophes
OUVRAGE POSTHUME
PAR H. DE FERRY
Membre de la Société géologique de France, etc.
AVEC NOTES, ADDITIONS ET APPENDICE, PAR A. ARCELIN
Accompagné d'un Supplément anthropologique, par le docteur PRUNER-BEY
Un volume in-4 et atlas de 42 planches (1870). — Prix : 12 fr.

ÉTUDE PRÉHISTORIQUE SUR LA SAVOIE
SPÉCIALEMENT A L'ÉPOQUE LACUSTRE
(AGE DU BRONZE)
Par André PERRIN
In-8 avec atlas gr. in-4 de 20 planches lithographiées. — Prix : 12 fr.

OUVRAGES DE M. GABRIEL DE MORTILLET

LE SIGNE DE LA CROIX AVANT LE CHRISTIANISME
Avec 117 gravures sur bois
In-8° (1866). Prix . . . . 6 fr.

PROMENADES PRÉHISTORIQUES A L'EXPOSITION UNIVERSELLE
In-8° (1867), avec 62 figures. Prix . . . . 3 fr. 50

ORIGINE DE LA NAVIGATION ET DE LA PÊCHE
1 vol. in-8° (1867), orné de 38 figures. Prix . . . 2 fr.

REVUE
D'ANTHROPOLOGIE
PUBLIÉE
SOUS LA DIRECTION DE M. PAUL BROCA
Secrétaire général de la Société d'anthropologie
Directeur du laboratoire d'anthropologie de l'Ecole des hautes études
Professeur à la Faculté de médecine

1872 ET 1873 — 1ʳᵉ ET 2ᵉ ANNÉE OU VOL. I ET II

La Revue paraît par fascicules trimestriels de 12 feuilles grand in-8, avec planches, figures et tableaux

Prix de l'abonnement pour Paris, 20 fr. par an ; les départements, 22 fr.
le port en sus pour l'étranger.

Les 3 premiers fascicules de 1874 (3ᵉ année ou 3ᵉ volume) sont en vente.

MATÉRIAUX
POUR
L'HISTOIRE PRIMITIVE ET NATURELLE DE L'HOMME
ET L'ÉTUDE DU SOL, DE LA FAUNE ET DE LA FLORE QUI S'Y RATTACHENT
REVUE MENSUELLE ILLUSTRÉE
Fondée par G. DE MORTILLET
ET CONTINUÉE PAR
Eugène TRUTAT & Émile CARTAILHAC
Membres des Sociétés géologique de France, d'anthropologie de Paris, etc.
FORMAT IN-8 — NOMBREUSES GRAVURES
NEUVIÈME VOLUME OU DIXIÈME ANNÉE, 1874

PRIX DE L'ABONNEMENT. { Pour la France. . . . . 12 fr.
{ Pour l'Étranger. . . . . . . 15 fr.

Prix de la Collection : Tomes I à IV, à 10 fr.; Tome V, 12 fr ; tome VI, (années 1870-71), 12 fr.
tome VII (1872), 12 fr.; tome VIII (1873), 12 fr.

Les quatre premières livraisons de la 10ᵉ année (1874) sont en vente

HABITATIONS LACUSTRES DE LA SAVOIE.

Deuxième mémoire, par LAURENT RABUT. In-8, avec album de 17 planches gr. in-4. (1868). . . . . 10 fr.

LES PALAFITTES

Ou constructions lacustres du lac de Paladru (station des Grands-Roseaux), près Voiron (Isère), par M. ERNEST CHANTRE. In-folio avec atlas de 15 planches lithogr. (Grenoble, 1871). . . . . 15 fr.

STATIONS PRÉHISTORIQUES

De la vallée du Rhône, en Vivarais, Châteaubourg et Soyons. Notes présentées au Congrès de Bruxelles dans la session de 1872, par MM. le vicomte LEPIC et JULES DE LUBAC. In-folio, avec 9 planches. (Chambéry, 1872). . . . . . 9 fr.

L'HOMME ET LES ANIMAUX DES CAVERNES DES BASSES-CÉVENNES

Par M. ADRIEN JEANJEAN. In-8, avec planches. (Nimes, 1871.). . . . . 2 fr. 50

LES SÉPULTURES DE SAINT-JEAN DE BELLEVILLE (SAVOIE)

Par le comte COSTA DE BEAUREGARD. In-folio, avec 8 planches. (1867). .. .12 fr.

AGE DE LA PIERRE ET LES SÉPULTURES DE L'AGE DE BRONZE

Dans le département de l'Aisne, par A. WATELET. Grand in-4, avec 6 planches lithographiées (1866). 6 fr.

LE DANEMARK A L'EXPOSITION UNIVERSELLE DE 1867

Étudié principalement au point de vue de l'archéologie, par VALDEMAR SCHMIDT. In-8. (1868.) Prix. . . . . 4 fr.

L'AGE DE PIERRE ET LA CLASSIFICATION PRÉHISTORIQUE

D'après les sources égyptiennes. Réponse à MM. Chabas et Lepsius, par ADRIEN ARCELIN. Brochure grand in-8. Prix . . . . 1 fr. 50

(Extrait des *Annales de l'Académie de Mâcon*.)

ITHAQUE — LE PÉLOPONÉSE — TROIE

Recherches archéologiques, par HENRY SCHLIEMANN. 1 vol. in-8, 4 gravures lithographiées et 2 cartes. Prix. . . . . 5 fr.

TOMBES CELTIQUES DE L'ALSACE

Résumé historique sur ces monuments, suivi d'un mémoire sur les tombes et les établissements celtiques du sud-ouest de l'Allemagne, par MAXIMILIEN DE RING. In-folio, avec une carte et 2 planches lithogr. (Strasbourg, 1870.). . 12 fr.

LA NÉCROPOLE DE VILLANOVA

Découverte et décrite par le comte-sénateur JEAN GOZZADINI. Grand in-8, avec gravures. (Bologne, 1870).. . . . . 2 fr.

RENSEIGNEMENTS SUR UNE ANCIENNE NÉCROPOLE A MARZABOTTO

(Près Bologne). Par LE MÊME. Grand in-8, avec gravures. (Bologne, 1871). 1 fr.

DISCOURS D'OUVERTURE DU CONGRÈS D'ARCHÉOLOGIE ET D'ANTHROPOLOGIE PRÉHISTORIQUES

Session de Bologne 1871. Par LE MÊME. Grand in-8. (Bologne, 1871) . . 50 c.

VI. — LITTÉRATURE

SCÈNES DE LA VIE CALIFORNIENNE

ET ESQUISSES DE MŒURS TRANSATLANTIQUES

PAR BRET-HARTE

**Traduites par M. AMÉDÉE PICHOT et ses Collaborateurs
de la REVUE BRITANNIQUE**

1 volume in-12. Prix. . . . . 2 fr.

COMME UNE FLEUR

Autobiographie traduite de l'anglais par AUGUSTE DE VIGUERIE

Un volume in-12. (1869.). Prix . . . . 2 fr.

LA VIE DES DEUX COTÉS DE L'ATLANTIQUE

Autrefois et Aujourd'hui

TRADUIT DE L'ANGLAIS, PAR Mme DE WITT

Une parole dure, par l'auteur de John Halifax
Souvenirs d'un vieux bedeau, par l'auteur des Annales de Copsley
L'âme voilée, par miss Ingelow. — L'embouchure de Leamy, par miss Yonge
Une marque, par miss Ingelow

1 vol. in-12. Prix. . . . . 2 fr.

LA RABBIATA ET D'AUTRES NOUVELLES

PAR PAUL HEYSE

Traduites de l'allemand par MM. GUSTAVE BAYVET et ÉMILE JONVEAUX

1 vol. in-12. Prix. . . . . 2 fr.

LES TRAGÉDIES DU FOYER

Par PAUL DELTUF

Un volume in-12. (1868.). Prix. . . . . 2 fr.

HISTOIRE DE LA POÉSIE PROVENÇALE

COURS FAIT A LA FACULTÉ DES LETTRES DE PARIS PAR M. C. FAURIEL
Membre de l'Institut.

3 vol. in-8. (1847). Prix . . . 21 fr.

LA MÈRE L'OIE

POÉSIES, ÉNIGMES, CHANSONS ET RONDES ENFANTINES
Illustrations et vignettes par L. RICHTER et F. POCCI

IN-8, CARTONNÉ (1868). PRIX. . . . . » 2 FR.

CHOIX DE NOUVELLES RUSSES

DE LERMONTOFF, DE POUSCHKIN, VON WIESEN, ETC.

Traduit du russe, par M. J.-N. Chopin, auteur d'une *Histoire de Russie,* de l'*Histoire des révolutions des peuples du Nord, etc.* 1 vol. in-12. (1874). . 2 fr.

MÉMOIRES D'UN PRÊTRE RUSSE, OU LA RUSSIE RELIGIEUSE
Par M. Ivan GOLOVINE. 1 vol. in-8. 7 fr.

LE DÉMON

LÉGENDE ORIENTALE, PAR LERMONTOFF, TRADUCTION (EN VERS) DE T. ANOSSOW
1 vol. in-8. . . 5 fr.

IMPRESSIONS DE VOYAGE D'UN RUSSE EN EUROPE
1 vol. in-12. . . . . 2 fr. 50

THE POETICAL WORKS OF LORD BYRON

Collected and arranged with notes, by WALTER SCOTT, THOMAS MOORE, lord BROUGHTON, THOMAS CAMPBELL, etc. New and compl. edition, with portrait. 1 v. gr. in-8 (London). 10 fr.

EMILIA WYNDHAM

Par l'auteur de « Two old men's tales ; Mount Sorel, etc. » (Mrs Marsh.) Traduit librement de l'anglais par l'auteur des *Réalités de la vie domestique, Veuvage et Célibat.* 2 volumes in-12 réunis en un seul. (1853.) . . . . 5 fr.

HERTHA, OU L'HISTOIRE D'UNE AME

Par FRÉDÉRIKA BRÉMER. Traduit du suédois avec l'autorisation de l'auteur et des éditeurs, par M. A. GEFFROY. 1 vol. in-12. (1856.) . . . . 3 fr. 50

CHARLOTTE ACKERMANN

Souvenirs de la vie d'une actrice de Hambourg au xviiiᵉ siècle, par M. OTTO MULLER, traduction de J.-Jacques PORCHAT. 1 vol. in-8°. . . . . 2 fr.

VII. — *THÉOLOGIE ET PHILOSOPHIE*

DE LA VÉRITÉ DANS L'HISTOIRE
DU CHRISTIANISME
LETTRES D'UN LAÏQUE SUR JÉSUS
Par Ch. RUELLE
Auteur de la *Science populaire de Claudius*

LA THÉOLOGIE ET LA SCIENCE — M. RENAN ET LES THÉOLOGIENS
LA RÉSURRECTION DE JÉSUS D'APRÈS LES TEXTES — LECTURE DE L'ENCYCLIQUE

1 vol. in-8 (1866). Prix. 6 fr.

JÉSUS — PORTRAIT HISTORIQUE
Par le professeur Dʳ SCHENKEL
TRADUIT DE L'ALLEMAND SUR LA TROISIÈME ÉDITION, AVEC L'AUTORISATION DE L'AUTEUR

1 vol. in-8 (1865). Prix. 6 fr.

ESSAI DE PHILOSOPHIE POSITIVE AU XIXᴱ SIÈCLE
LE CIEL — LA TERRE — L'HOMME
Par Adolphe d'ASSIER
Première partie : LE CIEL — 1 vol. in-12 (1870)

Prix. . . . . 2 fr. 50

DECRETALES PSEUDO-ISIDORIANÆ ET CAPITULA ANGILRAMNI
AD FIDEM LIBRORUM MANUSCRIPTORUM RECENSUIT
FONTES INDICAVIT, COMMENTATIONEM DE COLLECTIONE PSEUDO-ISIDORI PRÆMISIT
PAULUS HINSCHIUS
2 volumes grand in-8 (Leipzig 1863). 21 fr.

BIBLIA HEBRAICA
AD OPTIMAS EDITIONES IMPRIMIS EVERARDI VAN DER HOOGHT ACCURATE RECENSA ET EXPRESSA
CURAVIT
ARGUMENTIQUE NOTATIONEM ET INDICES NECNON CLAVEM MASORETHICAM ADDIDIT
C. G. G. THEILE
Editio stereotypa. 1 vol. in-8. 9 fr.

NOVUM TESTAMENTUM, GRÆCE ET LATINE. Textus latinus ex vulgata versione Sixti V, P. M., jussu recognita, et Clementis VIII, P. M. auctoritate edita repetitus. Editio stereotypa A. S. R. consistoria catholica per regnum Saxoniæ approbata. 1 vol. in-12. . . . . 5 fr.

LES DOGMES DE L'ÉGLISE DU CHRIST, expliqués d'après le spiritisme, par Apollon de Boltinn. Traduit du russe. 1 vol. in-8 (1866). Prix. . . . . . . 4 fr.

VIII. — LINGUISTIQUE — LIVRES CLASSIQUES

TRAITÉ DE PRONONCIATION FRANÇAISE

ET

MANUEL DE LECTURE A HAUTE VOIX

GUIDE THÉORIQUE ET PRATIQUE DES FRANÇAIS ET DES ÉTRANGERS

PAR M. JULES MAIGNE

Professeur de littérature française

Un vol. in-12 (1868). — Prix, broché, 2 fr. 50, cartonné : 3 fr.

SYLLABAIRE ALLEMAND

PREMIÈRES LEÇONS DE LANGUE ALLEMANDE

avec un nouveau traité de prononciation et un nouveau système d'apprendre les lettres manuscrites

PAR F.-H. AHN

Troisième édition. In-12 (1872). . . . . 1 fr.

LECTURES ALLEMANDES A L'USAGE DES COMMENÇANTS

PAR E.-H. SANDER

Professeur de langue allemande à l'École d'application d'état-major

Un vol. in-18, cartonné. . . 1 fr. 25

NOUVEAU MANUEL DE LOGARITHMES à sept décimales, pour les nombres et les fonctions trigonométriques, rédigé par C. Bruhns, docteur en philosophie, directeur de l'Observatoire et professeur d'astronomie à Leipzig. — 1 vol. grand in-8, édition stéréotype. Prix. . . . . 5 fr.

IX. — DIVERS

LES ÉCRIVAINS MILITAIRES DE LA FRANCE

PAR THÉODORE KARCHER

Un vol. gr. in-8, avec grav. sur bois intercalées dans le texte. Prix : 6 fr.

CAMPAGNE DES RUSSES DANS LA TURQUIE D'EUROPE

En 1828 et 1829

TRADUIT DE L'ALLEMAND DU COLONEL BARON DE MOLTKE

PAR A. DEMMLER

Professeur à l'École impériale d'état-major

2 vol. in-8 et atlas (1854). Prix. . . . . . 12 fr.

MANUEL DE FORTIFICATION PERMANENTE

Par A. TÉLIAKOFFSKY, colonel du génie. — Traduit du russe par A. GOUREAU

Un vol. in-8 avec un atlas de 40 planches (1849).   20 fr.

INSTRUCTIONS AUX

CAPITAINES DE LA MARINE MARCHANDE NAVIGUANT SUR LES COTES DU ROYAUME-UNI

EN CAS DE NAUFRAGE OU D'AVARIES

In-8 (1871). .   2 fr. 50 c.

ESSAI SUR L'HISTOIRE DU CAFÉ

PAR HENRI WELTER

Un vol. in-12 (1868). — Prix : 3 fr. 50

J. DE LIEBIG

SUR UN NOUVEL ALIMENT POUR NOURRISSONS

(LA BOUILLIE DE LIEBIG)

AVEC INSTRUCTION POUR SA PRÉPARATION ET SON EMPLOI

Brochure in-12 (1867). — Prix : 1 fr.

SWITZERLAND and the principal parts of southern Germany. Handbook for Travellers by BERLEPSCH and KOHL. 1 vol. in-32 with maps, plans, panoramas and designs. Prix, cartonné à l'anglaise . . . . 7 fr. 50

NOUVEAU GUIDE EN SUISSE, par BERLEPSCH. — Deuxième édition illustrée. 1 vol. in-12, avec cartes et plans, panoramas, gravures sur acier, etc. Cartonné à l'anglaise. 5 fr.

GUIDE A LONDRES, avec tableau synoptique des itinéraires des principales villes de l'Europe à Londres. (*Guide Jeffs.*) In-12, publié par W. Jeffs, à Londres. . . . . 3 fr.

VIENNE-MIGNON. Pérégrinations dans Vienne et ses environs, par BUCHER et K. WEISS. Traduit de l'allemand par le professeur B. PELLICHET DE GIVISIEZ. Orné d'un plan de la ville, du palais de l'Exposition universelle, de 6 plans de théâtres et de 50 gravures sur bois. 1 vol. in-32 cartonné à l'anglaise. (Vienne, Faesy et Frick, 1873.). 4 fr.

BIBLIOTHÈQUE DES SCIENCES CONTEMPORAINES

PUBLIÉE AVEC LE CONCOURS

DES SAVANTS ET DES LITTÉRATEURS LES PLUS DISTINGUÉS

Par la Librairie C. REINWALD et Cⁱᵉ, 15, rue des Saints-Pères

Depuis le siècle dernier, les sciences ont pris un énergique essor en s'inspirant de la féconde méthode de l'observation et de l'expérience. On s'est mis à recueillir, dans toutes les directions, les faits positifs, à les comparer, à les classer et à en tirer les conséquences légitimes.

Les résultats déjà obtenus sont merveilleux. Des problèmes qui sembleraient devoir à jamais échapper à la connaissance de l'homme ont été abordés et en partie résolus.

Mais jusqu'à présent ces magnifiques acquisitions de la libre recherche n'ont pas été mises à la portée des gens du monde : elles sont éparses dans une multitude de recueils, mémoires et ouvrages spéciaux. Et cependant il n'est plus permis de rester étranger à ces conquêtes de l'esprit scientifique moderne, de quelque œil qu'on les envisage.

De ces réflexions est née la présente entreprise. Chaque traité formera un seul volume, avec gravures quand ce sera nécessaire, et de prix modeste. Jamais la vraie science, la science consciencieuse et de bon aloi, ne se sera faite ainsi toute à tous.

Un plan uniforme, fermement maintenu par un comité de rédaction, présidera à la distribution des matières, aux proportions de l'œuvre et à l'esprit général de la collection.

CONDITIONS DE LA SOUSCRIPTION

Cette collection paraîtra par volumes in-12 format anglais, aussi agréable pour la lecture que pour la bibliothèque ; chaque volume aura de 10 à 15 feuilles, ou de 350 à 500 pages. Les prix varieront, suivant la nécessité, de 3 à 5 francs.

COLLABORATEURS : MM. P. **Broca**, professeur à la Faculté de médecine de Paris et secrétaire général de la Société d'anthropologie ; général **Faidherbe** ; Charles **Martins**, professeur à la Faculté des sciences de Montpellier ; Carl **Vogt**, professeur à l'Université de Genève ; Ed. **Grimaux**, professeur agrégé à la Faculté de médecine de Paris ; Georges **Pouchet**, préparateur du laboratoire d'histologie à l'École des hautes études ; G. de **Mortillet**, directeur adjoint du musée de Saint-Germain ; docteur **Topinard**, conservateur des collections de la Société d'anthropologie ; docteur **Joulie**, pharmacien en chef de la Maison de santé ; André **Lefèvre** ; Amédée **Guillemin** auteur du *Ciel* et des *Phénomènes de la physique* ; docteur **Thulie**, membre du Conseil municipal de Paris ; Abel **Hovelacque**, directeur de la *Revue de linguistique* ; **Girard de Rialle** ; docteur **Dally** ; docteur **Letourneau** ; Louis **Rousselet** ; J. **Assézat** ; Louis **Asseline** ; docteur **Coudereau** ; **Giry**, paléographe-archiviste ; Yves **Guyot** ; **Gellion-Danglars** ; **Issaurat** ; Armand **Adam** ; Edmond **Barbier**, traducteur de Lubbock et de Darwin.

Les ouvrages en cours d'exécution ou projetés comprendront : *l'Anthropologie, la Biologie, la Linguistique, la Mythologie comparée, l'Astronomie, l'Archéologie préhistorique, l'Ethnographie, la Géologie, l'Hygiène, l'Économie politique, la Géographie physique et commerciale, la Philosophie, l'Architecture, la Chimie, la Pédagogie, l'Anatomie générale, la Zoologie, la Botanique, la Météorologie, l'Histoire, les Finances, la Mécanique, la Statistique*, etc.

TABLE ALPHABÉTIQUE DES NOMS D'AUTEURS